Schlüsselkonzepte zur Physik

Klaus Lichtenegger

Schlüsselkonzepte zur Physik

Von den Newton-Axiomen bis zur Hawking-Strahlung

 Springer Spektrum

Klaus Lichtenegger
Graz, Österreich

ISBN 978-3-8274-2384-9   ISBN 978-3-8274-2385-6 (eBook)
DOI 10.1007/978-3-8274-2385-6

Die Deutsche Nationalbibliothek verzeichnet diese Publikation in der Deutschen Nationalbibliografie; detail-
lierte bibliografische Daten sind im Internet über http://dnb.d-nb.de abrufbar.

Springer Spektrum

Planung: Andreas Rüdinger, Vera Spillner
Zeichnungen: S. 63, 126, 190, 245, 252 von Martin Lay

Gedruckt auf säurefreiem und chlorfrei gebleichtem Papier

Springer Berlin Heidelberg ist Teil der Fachverlagsgruppe Springer Science+Business Media
(www.springer.com)

Vorwort

Dieses Buch ist kein Lehrbuch im klassischen Sinn, aber es ist auch keineswegs ein populärwissenschaftliches Werk, in dem physikalische Phänomene lediglich auf qualitativem Niveau diskutiert werden und man auf Formeln völlig verzichtet.

Die Ausrichtung dieses Buches ist eine andere: Gerade wenn man sich mit einem so vielfältigen und detailreichen Gebiet wie der Physik beschäftigt, kann man leicht die Übersicht über die Zusammenhänge verlieren – oder sie im schlimmsten Fall gar nicht erst bekommen.

Zudem hat man oft nur die Möglichkeit, sich mit einem Thema sehr intensiv auseinanderzusetzen (etwa durch Besuch einer ganzen Vorlesung oder Durcharbeiten eines kompletten Lehrbuches). Ansonsten findet man dieses Thema bestenfalls als bloßen Ausblick irgendwo kurz erwähnt. Knappe und dennoch ernsthafte Darstellungen eines Gebietes sind typischerweise Mangelware.

Diese Darstellungen möchte das vorliegende Buch geben, in Form von ein- oder zweiseitigen Essays, in denen jeweils ein Schlüsselkonzept oder -phänomen der Physik diskutiert wird. Für das Buch als Ganzes standen drei Ziele im Vordergrund:

- Ein Anliegen war es, die Fundamente der wichtigsten Teilgebiete der Physik so zusammenzustellen, dass man sie sich innerhalb kurzer Zeit wieder ins Gedächtnis rufen kann. Zudem soll es dem Leser ermöglichen, schon bei erstmaligem Kontakt mit einem Thema zu erkennen, wo es einzuordnen ist und welche Querverbindungen zu anderen Gebieten bestehen.

- Zudem wollen wir aufzeigen, wie sich manche Konzepte quasi als rote Fäden durch weite Bereiche der Physik ziehen. Bei einigen, etwa der Energieerhaltung, ist das recht offensichtlich. Bei manchen Zusammenhängen jedoch, die anfangs entweder wie Selbstverständlichkeiten oder wie bloße Kuriositäten wirken, zeigt sich erst später, welch enorme Tragweite sie besitzen.

   Ein Musterbeispiel dafür ist die Äquivalenz von träger und schwerer Masse, die – meist ohne dass auch nur darüber nachgedacht wird – im Newton'schen Gravitationsgesetz enthalten ist ($\Rightarrow$ S. 18), die aber später zu einer wesentlichen Grundlage der Allgemeinen Relativitätstheorie wurde ($\Rightarrow$ S. 226).

   Ein anderes Beispiel ist das Prinzip von Eichinvarianz und Eichfreiheit ($\Rightarrow$ S. 64), das sich in der Elektrodynamik eher als Nebenprodukt ergibt, auf dem aber zu einem guten Teil jene Quantenfeldtheorien beruhen ($\Rightarrow$ S. 250, S. 252, S. 256), die gemeinsam das Standardmodell der Elementarteilchenphysik bilden.

- Nicht zuletzt möchten wir Themen ansprechen, die vielleicht weniger fundamental, aber faszinierend und typischerweise auch von erheblichem Interesse sind. Zumeist sind auch diese von der Grundidee her nicht schwierig zu verstehen.

Die Auswahl der Themen ist natürlich in gewissem Ausmaß willkürlich. Während bei vielen Essays wohl breiter Konsens besteht, dass in der Tat Schlüsselkonzepte besprochen werden, führen einige doch deutlich über die Fundamente hinaus. Umgekehrt gibt es eine Vielzahl von Themen, gar ganzen Themenbereichen, die keinen Platz gefunden haben, so bedeutend, spannend und grundlegend sie auch sind.[1]

Auch in den Beiträgen selbst konnten – schon aus Platzgründen – viele Tatsachen, die sicherlich erwähnenswert gewesen wären, nicht erwähnt werden. Auf einige davon wird in den Anmerkungen (ab Seite 295) eingegangen, wo sich meist auch Quellenangaben und Literaturhinweise finden.

Das Niveau der Essays ist durchaus unterschiedlich. Es kann sogar vorkommen, dass im gleichen Beitrag der gleiche Sachverhalt zweimal behandelt wird – einmal in einer leichtverdaulichen Darstellung und dann noch einmal etwas formaler und präziser, etwa bei der Darstellung der Quantenchromodynamik ($\Rightarrow$ S. 252). In vielen Fällen werden Zusammenhänge in voller Allgemeinheit angegeben. Manchmal jedoch erschienen illustrative Beispiele hilfreicher als allgemeine Formeln.

Viele Essays hätten in mehr als einem Kapitel ihren Platz finden können. Das Planck'sche Strahlungsgesetz ($\Rightarrow$ S. 104) beispielsweise würde zum Themenkomplex Licht (Kapitel 4) ebenso gut passen wie zur Thermodynamik (Kapitel 5), wo es letztlich untergebracht ist. Zugleich war dieses Gesetz auch der Anstoß zur Quantenmechanik (Kapitel 7) und strenggenommen sogar die erste Anwendung einer Quantenfeldtheorie (Kapitel 11). Das Ising-Modell ($\Rightarrow$ S. 202) ist ein Modell zur Beschreibung des Magnetismus von Festkörpern und daher in Kapitel 8 untergebracht, zugleich ist es aber inzwischen eines der wichtigsten Modelle der Statistischen Physik (Kapitel 5) geworden, insbesondere zur Untersuchung von Phasenübergängen ($\Rightarrow$ S. 106).

Viele Symbole werden in verschiedenen Gebieten der Physik in ganz unterschiedlichen Bedeutungen verwendet, μ kann etwa je nach Kontext eine reduzierte Masse, eine materialabhängige Permeabilität oder der Betrag eines magnetischen Moments sein. Zudem sind für die gleiche Größe teils mehrere unterschiedliche Symbole üblich, etwa W und E für die Energie.

Beim Recherchieren und Nachschlagen wurden zwangsläufig verschiedene Quellen benutzt, und auch wenn versucht wurde, die Notation in diesem Buch einheitlich zu halten, so wird es doch wahrscheinlich nicht an allen Stellen gelungen sein. Eine Liste der verwendeten Symbole und Abkürzungen findet sich ab Seite 406.

---

[1]Diese Willkür ist natürlich durch Vorlieben des Autors gefärbt. Insbesondere wird an einigen Stellen doch bemerkbar sein, dass es sich bei ihm um einen *theoretischen* Physiker handelt, selbst wenn es ihm ein Anliegen war, nach Möglichkeit auch auf Schlüsselexperimente einzugehen. Auch, dass er sich lange Zeit mit mathematischer Physik und mit Quantenfeldtheorie auseinandergesetzt hat, wird sich an manchen Stellen erkennen lassen.

Neuartige wissenschaftliche Erkenntnisse sind in diesem Buch nicht enthalten. Alles, was hier zu lesen ist, findet sich auch, meist deutlich ausführlicher, in anderen Quellen.[2] Neu sind allenfalls die didaktische Aufbereitung und die Art der Zusammenstellung.

Der Autor ist Leserinnen und Lesern außerordentlich dankbar für weitere Hinweise auf interessante Themen, auf zusätzliche Zusammenhänge und Querverbindungen sowie auf Verbesserungsmöglichkeiten in der Darstellung. Sollten Tipp- oder gar sachliche Fehler gefunden werden, so bittet er auch hier – nach einem Blick in etwaige bis dahin schon veröffentlichte Errata – um Rückmeldung. Ergänzungen und Errata werden auf der Webseite zum Buch, `http://www.springer.com/978-3-8274-2384-9`, veröffentlicht.

Danksagung: Mein Dank gilt Berenike, meinen Eltern, meinem Bruder und meiner übrigen Familie für ihre vielfältige Unterstützung und Geduld während der Jahre, die dieses Buchprojekt immer wieder Teile meine Zeit in Anspruch genommen hat.

Mein Dank gilt weiterhin Bianca Alton und Andreas Rüdinger für die Begleitung dieses Projekts in der Frühphase sowie Sabine Bartels und Vera Spillner für die Fortführung dieser Begleitung bei Spektrum-Springer. Besonderer Dank gilt Michael Zillgitt für präzise Korrekturen und zahlreiche hilfreiche Anmerkungen.

Außerordentlicher Dank gilt Weggefährten und Freunden, die mit Diskussionen, Fragen und Antworten wesentliche Anstöße zu diesem Buch gegeben haben, allen voran Martina Blank und Bernhard Schrausser, zudem Christopher Albert, Lisa Caligagan, Doris Berger, Rosa Dennig, Nina Feldhofer, Florentine Frantz, Ralf Gamillscheg, Andrej Golubkov, Babette Hebenstreit, Vanessa Landmann, Wolfgang Lukas, Christine Mair, Manuela Maurer, Martin Maurer, Ingrid Reiweger, und Thomas Traub. Viele von ihnen haben zudem noch das eine oder andere Kapitel des Manuskripts durchgesehen und wertvolle Anmerkungen gemacht haben.

Dank gebührt weiterhin Lehrenden, Betreuern, Kolleginnen und Kollegen der Technischen Universität Graz, der Karl-Franzens-Universität Graz, der NYU New York, den engagierten Studierenden der Basisgruppe Physik, sowie meinen Kolleginnen und Kollegen am Kompetenzzentrum Bioenergy2020+.

Graz, 9. März 2015

Klaus Lichtenegger

---

[2]Eine Ausnahme sind vielleicht die Bemerkungen zum Wissenschaftsbetrieb ($\Rightarrow$ S. 290). Diese Dinge sind zwar den meisten, die in diesem Bereich arbeiten, bewusst, man wird sie aber kaum jemals irgendwo aufgeschrieben oder gedruckt finden.

Zu Aufbau und Handhabung dieses Buches

Die Beiträge sind in sich geschlossen und dementsprechend im Prinzip unabhängig voneinander lesbar. Oft ist es aber doch hilfreich, insbesondere die Beiträge eines Kapitels in der vorgegeben Reihenfolge durchzusehen.

Der Schwierigkeitsgrad der Beiträge steigt bis zum Kapitel 12 tendenziell an, wobei auch spätere Kapitel immer wieder einfach zugängliche Beiträge enthalten. Querverweise – sowohl vor als auch zurück – tauchen meist als Verweise auf einen einzelnen Beitrag [z.B. ($\Rightarrow$ S. 284)] auf, gelegentlich wird auch auf ein ganzes Kapitel verwiesen. Kapitel 13 schließt den in Kapitel 1 begonnenen Bogen und enthält wieder Beiträge zu sehr allgemeinen und grundlegenden Themen.

Zusätzliche Anmerkungen, die den Rahmen von einer Seite bzw. zwei Seiten pro Beitrag gesprengt hätten, wurden mit hochgestellten Buchstaben [a], [b], [c], ... markiert und sind im Anhang ab Seite 295 zu finden, wo auch die Quellen (vor allem für Abbildungen) und Literaturhinweise zu den Beiträgen angegeben sind.

Ein Symbolverzeichnis findet sich ab Seite 406, danach folgen ab Seite 410 eine Liste von Abkürzungen, Vorsilben und ein ausführlicher Index.

Anmerkung zu geschlechtsneutralen Formulierungen

Die Physik war (und ist wohl bis heute, wenn auch inzwischen wenigstens in etwas geringerem Ausmaß) eine stark männerdominierte Diziplin. Bis vor wenigen Jahrzehnten waren für Frauen die Hürden für ein naturwissenschaftliches Studium oder gar für die Anerkennung der männlichen Kollegen sehr hoch; Lehr- und Forschungstätigkeit war ihnen oft nur auf Umwegen möglich.

Trotz dieser massiven Einschränkungen haben einige Frauen bedeutende Beiträge zu Mathematik und Physik geleistet. So stammt eines der weitreichendsten Theoreme der gesamten theoretischen Physik von der – vor allem im Bereich der Algebra tätigen – Mathematikerin Emmy Noether ($\Rightarrow$ S. 32). Zu Einsteins grundlegenden Arbeiten aus dem Jahr 1905 hat möglicherweise seine erste Frau, die Mathematikerin Mileva Marić, viele Impulse geliefert. Auch in der Erforschung der Radioaktivität ($\Rightarrow$ S. 122) stammen wesentliche Beobachtungen und Ergebnisse von Frauen, am bekanntesten sind dabei wohl Marie Curie und Lise Meitner.

Inzwischen gibt es in nahezu allen Gebieten der Physik Frauen, die an der vordersten Front der Forschung stehen und wichtige Beiträge leisten, und unter den Studierenden der Physik liegt der Frauenanteil zwar meist leider noch immer deutlich unter 50 %, ist aber gegenüber vergangenen Zeiten doch schon deutlich angestiegen. Entsprechend sind in diesem Buch auch stets Frauen mitgemeint, selbst wenn irgendwo einmal nur die männliche Form verwendet werden sollte.

Inhaltsverzeichnis

1 Einführung

„Was ist Physik?" Diese Frage, die gerne an den Beginn von Schul- und einführenden Lehrbüchern gestellt wird, werden wir gar nicht erst versuchen, direkt zu beantworten.

Statt dessen werden wir unsere Reise mit einigen orientierenden Betrachtungen beginnen. Insbesondere ist das ein Überblick über die vielen unterschiedlichen Teilgebiete der Physik ($\Rightarrow$ S. 2), die in den Kapiteln 2 bis 12 besprochen werden.

Die Zugänge zur Physik und die Themen, mit denen sie sich beschäftigt, sind vielfältig – einige wesentliche Charakteristiken sind jedoch nahezu allgegenwärtig. Da ist einerseits die mathematische Beschreibung von Vorgängen ($\Rightarrow$ S. 4), andererseits die Überprüfung durch das Experiment ($\Rightarrow$ S. 6). Selbst in den spekulativsten Bereichen, wie sie in Kapitel 12 angesprochen werden, ist die experimentelle Untersuchung immer zumindest ein Fernziel.

Wesentliche Elemente der Sprache, in der die Physik formuliert wird, sind neben der „reinen" Mathematik physikalische Dimensionen und Einheiten ($\Rightarrow$ S. 8), die wiederum eng mit verschiedenen Naturkonstanten ($\Rightarrow$ S. 10) zusammenhängen.

In vielerlei Hinsicht spannt sich ein Bogen vom hier Behandelten zum Kapitel 13. In diesem werden erneut Themen angesprochen, die nicht Gebiete der Physik sind, sondern bei denen es darum geht, wie sich die Physik in einen größeren Kontext einordnet und wie mit ihr umgegangen wird.

Eine Landkarte der Physik

Als Einstieg in unsere Betrachtungen wollen wir den Versuch wagen, die Verbindung zwischen einigen der wichtigsten Gebiete der Physik graphisch darzustellen. Pfeile deuten historische Entwicklungen oder enge Verflechtungen an. Die Zahlen geben das Kapitel dieses Buches an, das dem jeweiligen Thema gewidmet ist.

Unsere Skizze ist natürlich stark vereinfacht. Bei jedem der Themen gibt es Berührungspunkte zu nahezu jedem anderen, und wichtige Anwendungsbereiche wie Astro- oder Biophysik tauchen überhaupt noch nicht explizit auf.

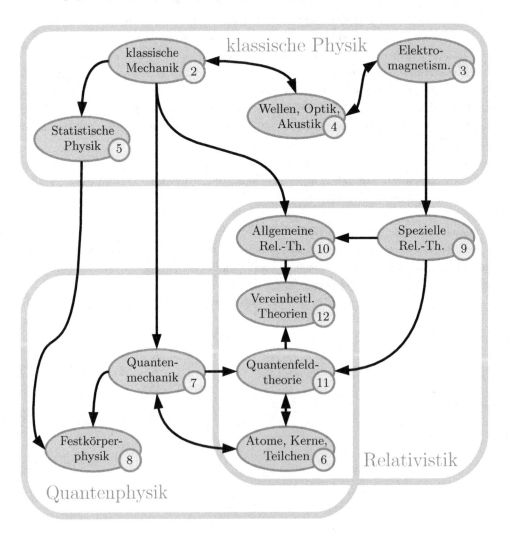

In einer noch gröberen Unterteilung kann man die Physik in die (zum Teil überlappenden) Bereiche der Klassik, der Quantenphysik und der Relativistik auftrennen.

In dieser Aufteilung kann man sich die Geltungsbereiche unterschiedlicher Theorien gut veranschaulichen. Dazu betrachten wir als Modellsystem ein mechanisches Objekt der Masse m mit typischer Längenausdehnung ℓ und typischer Geschwindigkeit v.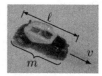

Als erste Kenngröße vergleichen wir v mit der Vakuumlichtgeschwindigkeit $c = c_0$ ($\Rightarrow$ S. 10). Wir betrachten also den Quotienten $x = \beta \equiv \frac{v}{c}$. Für $\frac{v}{c} \ll 1$ reichen (in Bezug auf Relativistik) klassische Gesetze aus, für $v \approx c$ hingegen müssen auf jeden Fall die relativistischen Beziehungen berücksichtigt werden. Analog dazu benutzen wir als Kenngröße für die Quantennatur den Quotienten der De-Broglie-Wellenlänge $\lambda = \frac{h}{mv}$ ($\Rightarrow$ S. 138) und der Längenausdehnung ℓ, also $y = \frac{\lambda}{\ell} = h/(m\,v\,\ell)$.

Als Kriterium für die Stärke von Gravitationseffekten vergleichen wir den *Schwarzschild-Radius* $r_S = \frac{2Gm}{c^2}$ (d. h. den Radius eines Schwarzen Loches ($\Rightarrow$ S. 232) der Masse m) mit der Ausdehnung ℓ. Das beschreiben wir mittels $z = \frac{r_S}{\ell} = \frac{m}{\ell} / \frac{c^2}{2G}$.

Die Kenngrößen x, y und z betrachten wir nun als Koordinaten in einem abstrakten dreidimensionalen „Theorieraum". Die drei Achsen repräsentieren darin jeweils eine Kenngröße für „Relativität", „Quantennatur" und „Gravitationsaspekte".

Für $x \ll 1$, $y \ll 1$, $z \ll 1$ reicht die klassische Mechanik (M) zur Beschreibung des Systems aus. Dieser Bereich ist in unserer Skizze eine kleine Umgebung des Ursprungs $(0,0,0)$. Die Kante $(x,0,0)$ mit $x \in [0,1]$ wird durch die Spezielle Relativitätstheorie (SRT) beschrieben, die Kante $(0,y,0)$ durch die Quantenmechanik (QM). Die Fläche $(x,y,0)$ ist der Bereich der relativistischen Quantenfeldtheorien (QFT), die Fläche $(x,0,z)$ jener der Allgemeine Relativitätstheorie (ART).

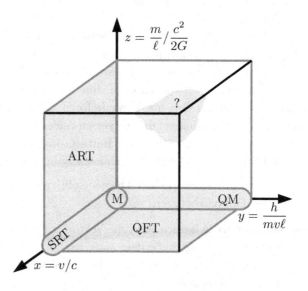

Ziel der großen Vereinheitlichung ist es, eine Theorie zur Verfügung zu haben, die beliebige Punkte (x,y,z) im zulässigen Theorieraum beschreibt, also nicht nur solche, die nahe an bestimmten Achsen oder Flächen liegen. Bislang gibt es für eine solche Theorie zwar etliche Kandidaten, von denen in Kapitel 12 auch einige angesprochen werden, aber kaum gesicherte Ergebnisse.

Zur Bedeutung der Mathematik in der Physik

Der österreichisch-amerikanische Physiker Victor Weisskopf hatte, so heißt es in einer Anekdote, auf die Frage, wieviel Mathematik man als Physiker eigentlich lernen sollte, eine ebenso knappe wie treffende Antwort parat: „mehr".

Viele Bereiche der Mathematik sind in der Physik von Bedeutung, ja manche von ihnen wurden überhaupt erst aufgrund physikalischer Fragestellungen entwickelt. Die Differenzialrechnung (die allerdings auch eine geometrische Komponente hat) ist ein klassisches Beispiel dafür, die Distributionentheorie ein moderneres.

An vielen Universitäten besuchen Studierende der Physik und der Mathematik gemeinsam mathematische Grundvorlesungen, und auch dort, wo das nicht so ist, gehört die Physik immer noch zu den Studien mit dem höchsten Mathematikgehalt. Früher waren viele bedeutende Physiker(innen) auch Mathematiker(innen) und umgekehrt.

Selbst heute, da es schwierig ist, auch nur in einer Disziplin mehr als ein kleines Teilgebiet zu überblicken, leisten Physiker noch gelegentlich bedeutende Beiträge zur Mathematik. Prominentestes Beispiel dafür ist wohl Eduard Witten, ein Mitbegründer der Stringtheorie ($\Rightarrow$ S. 276). Er erhielt 1990 die Fields-Medaille, die höchste Auszeichung in der Mathematik.

Auf die erkenntnistheoretische Frage, warum die Mathematik so überaus erfolgreich bei der Beschreibung physikalischer Zusammenhänge ist, gibt es bis heute keine völlig zufriedenstellende Antwort. Ein höchst lesenswerter Essay dazu stammt von Eugene Wigner, *The Unreasonable Effectiveness of Mathematics in the Natural Sciences*.

Es sind auch zumeist die elegantesten Seiten der Mathematik, die in der Physik zum Einsatz kommen. So spielen etwa differenzierbare Funktionen in der physikalischen Naturbeschreibung eine überragende Rolle. Zugleich ist aber bekannt, dass die differenzierbaren Funktionen nur eine verschwindend kleine Teilmenge aller stetigen Funktionen ausmachen. Dass man die Betrachtungen trotzdem so oft auf sie beschränken kann, bleibt – trotz einiger Plausibiltätsargumente dafür – erstaunlich.

Mit welchen mathematischen Themen sollte man sich als (angehender) Physiker nun auf jeden Fall beschäftigen?

- Die **Lineare Algebra** stellt die Vektorrechnung und damit die analytische Geometrie zur Verfügung, außerdem Matrizen und Determinanten. Sie bietet jedoch auch abstraktere Konzepte wie etwa das des Vektorraumes – eines Schlüsselbegriffs für lineare Differenzialgleichungen ebenso wie für die Funktionalanalysis.

- Aus der **Analysis** kommt ein großer Teil des mathematischen Werkzeugkastens: Von Differenzial- und Integralrechnung einer und mehrerer Variablen über gewöhnliche und partielle Differenzialgleichungen, komplexe Analysis und spezielle Funktionen bis hin zu Fourier-Theorie und Integraltransformationen spannt sich der Bogen. Insbesondere die theoretische Mechanik und die Elektrodynamik greifen unmittelbar auf die Analysis zurück.

- Die **Funktionalanalysis** behandelt die Eigenschaften von (vorwiegend linearen) Operatoren in unendlichdimensionalen Räumen und legt damit den Grundstein für die Behandlung der Quantenmechanik.

- **Wahrscheinlichkeit und Statistik** sind einerseits bei Planung und Auswertung von Experimenten von immenser Bedeutung, andererseits aber auch für grundlegende theoretische Themen, etwa in der statistischen Physik. Zudem sind in der Quantenphysik zum Ausgang von Messungen ja zumeist nur noch Wahrscheinlichkeitsaussagen möglich.

- **Numerische Mathematik** wird wichtig, wo analytische Methoden allein nicht mehr zum Ziel führen – also bei nahezu allen Anwendungsproblemen. Kaum eine Master- oder Doktorarbeit in theoretischer Physik kommt heute noch ohne eine stark numerische Komponente aus, und auch experimentelle Arbeiten werden gerne mit numerischen Simulationen ergänzt und untermauert.

Während die oben genannten Gebiete üblicherweise fixe Bestandteile der Mathematikausbildung für Studierende der Physik sind, ist das bei weiterführenden Themen oft nicht mehr der Fall. Zwei wichtige Beispiele:

- **Differenzialgeometrie und Analysis auf Mannigfaltigkeiten** beschäftigen sich mit der verallgemeinerten Betrachtung von Vektorfeldern, Kurven, Flächen, Vektordifferenzialoperatoren und Integralsätzen. *Mannigfaltigkeiten* als Verallgemeinerungen von Kurven und Flächen sind auch die mathematische Verpackung der „gekrümmten Räume" in der Allgemeinen Relativitätstheorie.

- Mittels Gruppen werden in der Physik Symmetrien ($\Rightarrow$ S. 32) beschrieben. Entsprechend ist die **Gruppentheorie** ein Schlüssel zum Verständnis vieler Phänomene. Das reicht von den diskreten Symmetrien in Festkörpern bis hin zu den kontinuierlichen Lie-Gruppen, die in vielen Quantenfeldtheorien von entscheidender Bedeutung sind. Auch die Quantenmechanik enthält viel Gruppentheorie ($\Rightarrow$ S. 150), wenn auch anfangs in etwas versteckter Form.

Andere mathematische Disziplinen, etwa die Zahlentheorie, haben bisher kaum eine physikalisch relevante Komponente. Ausschließen kann man aber hier nicht, dass sich eines Tages physikalische Anwendungen finden lassen. So lassen sich etwa das Spektrum bestimmter Operatoren in der Quantenchromodynamik ($\Rightarrow$ S. 252) einerseits und die Verteilung der Primzahlen andererseits gut mittels spezieller Ensembles von Zufallsmatrizen beschreiben.[a]

Was trotz der Bedeutung der Mathematik in der Physik und trotz ihrer Erfolge bei der Formulierung neuer Theorien jedoch niemals erreicht werden kann, ist eine vollständige Rückführung der Physik auf die Mathematik. Ohne die empirische Komponente ($\Rightarrow$ S. 6, S. 284), ohne physikalische Interpretation von Ausgangssituation und Endergebnis bleibt Mathematik ein logisches Hantieren mit formalen Strukturen ohne Bezug zur realen Welt.

Messung und Experiment

Physik ist eine empirische Wissenschaft; am Anfang und am Ende ihres Vorgehens steht immer die Beobachtung. Derartige Beobachtungen können zufällig gemacht werden, und in manchen Disziplinen, etwa der Kosmologie, hat man auch gar keine andere Wahl, als sich mit dem zu beschäftigen, was ohnehin gerade passiert.

Oft ist es allerdings möglich, günstige Bedingungen für bestimmte Beobachtungen „künstlich" herbeizuführen und dabei Störfaktoren gleich so weit wie möglich zu reduzieren – man führt *Experimente* durch.

Beobachtungen können dabei qualitativer Natur sein; zumeist versucht man allerdings, nicht nur qualitative, sondern auch quantitative Aussagen zu machen, konkrete Zahlenwerte anzugeben. Galileo Galilei, einem der Urväter der Physik als quantitativer Wissenschaft, wird die prägnante Formulierung *messen, was messbar ist, und messbar machen, was es nicht ist* zugeschrieben.[a] Doch keine Messung[b] ist beliebig präzise, im Wesentlichen aus drei Gründen:

- Auf jedem Gerät kann man nur mit endlicher Genauigkeit ablesen. Auf einem Lineal etwa gibt es Millimeterstriche. Zehntelmillimeter lassen sich noch abschätzen, dabei gibt es aber schon eine Unsicherheit von $\pm\frac{1}{10}$ mm. Ähnliches gilt für Zeigerinstrumente; digitale Geräte zeigen nur eine endliche Zahl von Stellen an.
- Schwankende Einflüsse der Umgebung oder auch im Inneren des Messgeräts können das Ergebnis einer einzelnen Messung verfälschen, man spricht dann von einem *zufälligen Fehler*.
- Es kann Einflüsse geben, die man nicht berücksichtigt hat und die das Ergebnis stets in Richtung zu großer oder zu kleiner Werte abändern. Auch bestimmte Ablesefehler gehören in diese Kategorie, etwa der *Parallaxenfehler*, der beim Ablesen eines Zeigerinstruments schräg von der Seite her auftritt.

  Solche Fehler nennt man *systematisch*. Mit ihnen umzugehen, ist besonders schwierig, da man sich ihrer oft nicht einmal bewusst ist und sie sich im Gegensatz zu zufälligen Fehlern nicht mit Mitteln der Statistik reduzieren lassen.

Um den Einfluss zufälliger Fehler zu minimieren, misst man eine Größe meist nicht nur einmal, sondern mehrere Male. Hat man in n Messungen für eine Größe x die Werte x_i, $i = 1, \ldots, n$, erhalten, so kann man daraus das arithmetisches Mittel μ und die Standardabweichung σ bestimmen,

$$\bar{x} = \mu_x = \frac{1}{n}\sum_{i=1}^{n} x_i = \frac{x_1 + x_2 + \cdots + x_n}{n}, \qquad \sigma_x = \sqrt{\frac{1}{n-1}\sum_{i=1}^{n}(x_i - \mu_x)^2}.$$

Man gibt das Ergebnis solcher wiederholter Messungen meist in der Form $x = \mu \pm \sigma$ an; in Graphen zeichnet man Fehlerbalken[c] ein. Wenn die Fehlereinflüsse tatsächlich zufällig sind, lässt sich die Verteilung der Messwerte oft durch eine Gauß-Kurve

$$g(x;\mu,\sigma) = \frac{1}{\sqrt{2\pi}\,\sigma}\,\mathrm{e}^{-\frac{1}{2}\left(\frac{x-\mu}{\sigma}\right)^2}$$

beschreiben. Die Wahrscheinlichkeiten p_k dafür, einen einzelnen Messwert in einem bestimmten Intervall der Breite $2k\sigma$ mit $k \in \{1, 2, 3\}$ zu finden, sind:

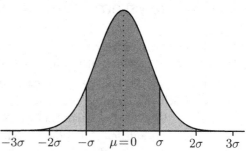

$$x \in [\mu - \sigma, \mu + \sigma]: \qquad p_1 \approx 68.27\ \%$$

$$x \in [\mu - 2\sigma, \mu + 2\sigma]: \qquad p_2 \approx 95.45\ \%$$

$$x \in [\mu - 3\sigma, \mu + 3\sigma]: \qquad p_3 \approx 99.73\ \%$$

Das ist rechts für $\mu = 0$ dargestellt.

Dabei ist $\bar{x}$ der beste Schätzwert für den wahren Wert x_{wahr}, fällt jedoch mit diesem nicht zusammen. Ohne die Anwesenheit systematischer Fehler garantiert aber der *zentrale Grenzwertsatz*, dass $\bar{x} \xrightarrow{n \to \infty} x_{\text{wahr}}$ gilt und die Abweichung mit hoher Wahrscheinlichkeit nur von der Größenordnung des *Standardfehlers* $\Delta x = \frac{\sigma_x}{\sqrt{n}}$ ist.

Man beachte, dass σ_x bei Erhöhung der Anzahl der Messung weitgehend konstant bleibt, während Δx abnimmt. Da der Abfall aber nur proportional zu $\frac{1}{\sqrt{n}}$ erfolgt, benötigt man die vierfache Anzahl von Messungen, um den Fehler zu halbieren.

Fehlerrechnung Wird aus fehlerbehafteten Werten x, y, z, ..., wie Messungen sie liefern, eine weitere Größe $f(x, y, z, ...)$ berechnet, so hat auch diese natürlich einen Fehler, man spricht von *Fehlerfortpflanzung*. Um den Fehler vorsichtig abzuschätzen, sollte man Eingangsgrößen $\hat{x} \in [\bar{x} - \Delta x, \bar{x} + \Delta x]$, $\hat{y} \in [\bar{y} - \Delta y, \bar{y} + \Delta y]$, ... so bestimmen, dass

$$\Delta f = \left| f(\hat{x}, \hat{y}, ...) - f(\bar{x}, \bar{y}, ...) \right|$$

möglichst groß wird. Dieses Vorgehen kann aber für kompliziertere nichtlineare Abhängigkeiten sehr aufwändig werden.

Wenn die Fehler klein sind, kann man annehmen, dass sich die Fehlerfortpflanzung gut durch ein totales Differenzial beschreiben lässt. Dabei sollen aber alle Beiträge positiv gewertet werden, damit sich nicht unzulässigerweise Fehler gegenseitig kompensieren können. Man führt also zusätzliche Betragsstriche ein und erhält

$$\Delta f = \left| \frac{\partial f}{\partial x}(\bar{x}, \bar{y}, ...) \right| \Delta x + \left| \frac{\partial f}{\partial y}(\bar{x}, \bar{y}, ...) \right| \Delta y + \cdots .$$

Auch das ist noch eine eher vorsichtige Abschätzung – man berücksichtigt, dass alle einzelnen Fehler in die gleiche Richtung wirken können. Wenn die Fehler tatsächlich unabhängig voneinander sind, ist das nicht sehr wahrscheinlich, und ein angemessenerer Ausdruck ist

$$\Delta f = \sqrt{\left(\frac{\partial f}{\partial x}(\bar{x}, \bar{y}, ...)\,\Delta x \right)^2 + \left(\frac{\partial f}{\partial y}(\bar{x}, \bar{y}, ...)\,\Delta y \right)^2 + \cdots} .$$

Die Probleme, die bei einer praktischen Messung auftreten, und die konkrete Anwendung der Fehlerrechnung werden in diesem Buch an verschiedenen Stellen diskutiert, etwa bei der Messung der Erdbeschleunigung (⇒ S. 20).

Einheitensysteme und Dimensionen

Physik ist zum überwiegenden Teil eine quantitative Wissenschaft. Messungen und Berechnungen liefern letztlich konkrete Werte, die meistens die Form „Zahl mit Einheit" haben. Die Wahl des Einheitensystems ist dabei an sich willkürlich; je nach Ziel können ganz unterschiedliche Einheiten sinnvoll sein.

Das in der Physik verbreitetste Einheitensystem ist das SI, das Système Internationale d'Unités, das auf dem MKS (Meter-Kilogramm-Sekunde)- System aufbaut. In ihm gibt es sieben Grundgrößen: Länge (Einheit Meter, m), Zeit (Sekunde, s), Masse (Kilogramm, kg), Stromstärke (Ampere, A), Temperatur (Kelvin, K), Stoffmenge (Mol, mol) und Lichtstärke (Candela, cd). Die Grundeinheit ist dabei jeweils durch eine – teils sehr aufwändige – Messvorschrift definiert.

Die Sekunde etwa war früher als der 86 400-te Teil eines mittleren Sonnentages festgelegt. Diese Vorschrift erwies sich aber als zu ungenau. Die Tageslänge schwankt, zudem nimmt sie im Lauf von Jahrmillionen (wegen des Verlusts von Erdrotationsenergie durch die Gezeiten) zu. Daher wurde nach einer universelleren Definition gesucht, die inzwischen folgendermaßen lautet:

> Eine Sekunde ist das 9 192 631 770-fache der Periodendauer der dem Übergang zwischen den beiden Hyperfeinstrukturniveaus des Grundzustandes von Atomen des Nuklids ^{133}Cs entsprechenden Strahlung.

Lediglich das Kilogramm ist noch durch einen Gegenstand, das *Urkilogramm* in Paris, definiert. Auch hier laufen aber Bemühungen, eine neue Definition anhand einer Messvorschrift zu entwickeln.

Aus den Grundgrößen lassen sich durch Multiplikation und Verhältnisbildung andere Größen ableiten, etwa die Geschwindigkeit ($\frac{m}{s}$) oder die Kraft ($frac{kg\,m}{s^2}$). Manche der entsprechenden Einheiten haben eigene Namen bekommen, etwa Newton (N) für die Einheit der Kraft oder Joule (J) für die Einheit der Energie.

Neben dem SI wird noch immer in manchen Bereich der Physik, etwa der Plasmaphysik, das ältere cgs-System[a] benutzt. In diesem gibt es keine eigene elektrische Grundgröße, sondern elektrische Einheiten werden anhand der Kraftgesetze aus den mechanischen abgeleitet.

Für manchen Disziplinen sind speziell angepasste Einheiten sehr nützlich.[b] So ist es etwa in der Atomphysik oft sinnvoll, Längen in Vielfachen des Bohr'schen Radius und Massen in Vielfachen der Elektronenmasse anzugeben (atomares Einheitensystem). In der Atomphysik ist das Joule auch eine unpraktisch große Energieeinheit. Meist arbeitet man mit Elektronenvolt (eV), jener Energie, die ein Elektron beim Durchlaufen einer Potenzialdifferenz von einem Volt erhält.[c]

In der Hochenergiephysik sind die Geschwindigkeiten groß, die Wirkungen und Energien aber noch immer klein, wenn auch deutlich größer als in der Atomphysik. Hier setzt man gerne $c = 1$, gibt also alle Geschwindigkeiten in Bruchteilen der Vakuumlichtgeschwindigkeit an. Andererseits setzt man auch $\hbar = 1$, gibt also Wirkungen in Vielfachen des reduzierten Planck'schen Wirkungsquantums an.

Die Wahl $c = 1$ führt dazu, dass Längen und Zeiten in den gleichen Einheiten angegeben werden. Setzt man dazu noch $\hbar = 1$, so erhalten Energien und Massen gerade die zur Länge bzw. zur Zeit inverse Einheit. Man spricht dann vom *natürlichen Einheitensystem*. In der Hochenergiephysik ist es üblich, Massen und Energien in Megaelektronenvolt (MeV) anzugeben, Längen und Zeiten dann entsprechend in $\frac{1}{\text{MeV}}$. Manchmal dreht man den Spieß auch um, verwendet also für Längen und Zeiten die Einheit Fermi ($1\,\text{fm} = 10^{-15}\,\text{m}$) und für Massen und Energien entsprechend $\frac{1}{\text{fm}}$.

Schließt man noch die Gravitation mit ein und setzt auch die Gravitationskonstante $G_N = 1$, so fallen die Einheiten überhaupt weg. Alle Größen werden dann in Vielfachen oder Bruchteilen der entsprechenden *Planck-Einheiten* angegeben, insbesondere

$$t_{\text{Pl}} = \sqrt{\frac{\hbar G}{c^5}} \approx 5.39 \cdot 10^{-44}\,\text{s}, \quad \ell_{\text{Pl}} = \sqrt{\frac{\hbar G}{c^3}} \approx 1.62 \cdot 10^{-35}\,\text{m}, \quad m_{\text{Pl}} = \sqrt{\frac{\hbar c}{G}} \approx 2.18 \cdot 10^{-8}\,\text{kg}.$$

Diese Größen haben wahrscheinlich fundamentale Bedeutung als jene Grenzen, an der Gravitations- und Quanteneffekte gleich wichtig werden und man in Bereiche vorstößt, die jenseits unserer heutigen Modelle und Beschreibungen liegen.

Eine Festsetzung der Art $c = 1$ oder $\hbar = 1$ reduziert die Zahl der Grundgrößen. Üblicherweise nehmen uns Einheiten einen Teil der Denkarbeit ab. Ein Wert in Sekunden ist eine Zeit, einer in Metern eine Länge – aber ein Wert in $\frac{1}{\text{MeV}}$ im natürlichen Einheitensystem kann beides sein.

Auf dieses Problem stößt man in milderer Form auch schon bei gängigen Einheiten: So haben im SI die Energie und das Drehmoment beide die Einheit $\text{kg}\,\text{m}^2\,\text{s}^{-2}$. Es handelt sich dabei aber um sehr unterschiedliche Größen. Beide haben die Form Kraft·Länge, aber im ersten Fall geht es um die Länge des Weges, entlang dem die Kraft wirkt, im zweiten um die Länge des Hebelarms, an dem die Kraft angreift.

Wollte man diese Mehrdeutigkeit beseitigen, müsste man noch eine zusätzliche Grundgröße einführen, z. B. die Energie als Grundgröße statt als abgeleitete Größe betrachten. Das Joule wäre dann eine Grundeinheit. Aus der Definition „Arbeit = Kraft · Weg" würde die Gleichung

$$\text{Arbeit} = C \cdot \text{Kraft} \cdot \text{Weg}$$

mit einer Proportionalitätskonstanten, der man aus Konsistenzgründen wohl den Wert $C = 1$ geben würde, die aber die Dimension $\text{J}/(\text{kg}\,\text{m}^2\,\text{s}^{-2})$ hätte. Das Potenzial für Missverständnisse ist im SI allerdings so gering, dass man einen solchen Schritt nie gesetzt hat.

Die Naturkonstanten

In den Naturgesetzen treten einige wenige Konstanten immer wieder in Erscheinung. Ihre Werte und manchmal sogar Teile ihrer Bedeutung stehen in direkter Verbindung zum benutzten Einheitensystem ($\Rightarrow$ S. 8).

So waren früher Meter und Sekunde unabhängig voneinander anhand geographischer Daten (Tagesdauer bzw. Erdumfang) festgelegt. Inzwischen aber baut im SI die Definition des Meters auf jene der Sekunde auf: Ein Meter ist jene Strecke, die das Licht im Vakuum im 299 792 458-ten Teil einer Sekunde zurücklegt. Damit ist die Konstanz der Lichtgeschwindigkeit ($\Rightarrow$ S. 210) fix in das SI-System eingebaut.

Im Folgenden führen wir einige der wichtigsten Naturkonstanten an. Dabei geben die Ziffern in Klammern die Unsicherheit der letzten Stellen an, z. B.:

$$G_\mathrm{N} = 6.67428(67) \cdot 10^{-11} \, \frac{\mathrm{m}^3}{\mathrm{kg\,s}^2} \iff G_\mathrm{N} = (6.67428 \pm 0.00067) \cdot 10^{-11} \, \frac{\mathrm{m}^3}{\mathrm{kg\,s}^2} \,.$$

Grundkonstanten Die fundamentalsten Naturkonstanten sind nach unserem jetzigen Verständnis jene, die die Struktur der Raumzeit sowie die Größe von Quanteneffekten bestimmen:

Vakuumlichtgeschwindigkeit	$c = c_0$	=	299792458	$\frac{\mathrm{m}}{\mathrm{s}}$,
(Newton'sche) Gravitationskonstante	G_N	=	6.67428(67) $\cdot 10^{-11}$	$\frac{\mathrm{m}^3}{\mathrm{kg\,s}^2}$,
(Planck'sches) Wirkungsquantum	h	=	6.62606896(33) $\cdot 10^{-34}$	J s.

Statt h benutzt man häufig das reduzierte Wirkungsquantum $\hbar = \frac{h}{2\pi} \approx 1.05 \cdot 10^{-34}$ J s.

Elektromagnetismus Elektromagnetische Felder wirken auf Ladungen, ihre Ausbreitung wird im SI-System durch die beiden Konstanten ε_0 und μ_0 beschrieben. Diese beiden sind nicht unabhängig, sondern durch $\varepsilon_0 \mu_0 = \frac{1}{c^2}$ miteinander und mit der Vakuumlichtgeschwindigkeit verknüpft. Man setzt

Permeabilität des Vakuums	μ_0	$\overset{\mathrm{def.}}{=}$	4π $\cdot 10^{-7}$	$\frac{\mathrm{N}}{\mathrm{A}^2}$,
Permittivität des Vakuums	ε_0	$= \frac{1}{\mu_0\,c^2} =$	$8.854187\ldots$ $\cdot 10^{-12}$	$\frac{\mathrm{A}^2\mathrm{s}^4}{\mathrm{kg\,m}^3}$.

Die Festsetzung von ε_0 ist eng mit der Definition der elektrischen Ladung verknüpft. Für die Elementarladung ($\Rightarrow$ S. 114) findet man:

$$\text{elektrische Elementarladung} \quad e \quad = \quad 1.602176487(40) \quad \cdot 10^{-19} \quad \mathrm{C}.$$

Atom- und Teilchenphysik In der Atomphysik spielt neben e und h auch die Elektronenmasse m_e eine entscheidende Rolle:

$$\text{(Ruhe)masse des Elektrons} \quad m_\mathrm{e} \quad = \quad 9.10938215(45) \quad \cdot 10^{-31} \quad \mathrm{kg}.$$

Nützlich ist auch oft das entsprechende Energieäquivalent $m_\mathrm{e} c^2 \approx 511$ keV.

Neben der Elektronenmasse sind auch die anderen Leptonenmassen m_μ, m_τ, m_{ν_e}, m_{ν_μ} und m_{ν_τ} nach jetzigem Kenntnisstand fundamental, wenn auch außerhalb der Teilchenphysik von wenig praktischer Bedeutung.[b] Das Gleiche gilt für die Massen der Quarks, die sich aufgrund des *Confinement*-Effekts allerdings sehr schwer bestimmen lassen. Sehr wohl genau messen lassen sich hingegen die Massen vieler Hadronen, aus Quarks zusammengesetzter Teilchen, insbesondere der Kernbausteine Proton und Neutron:

$$\text{(Ruhe-)Masse des Protons} \quad m_\text{p} = 1.672621637(83) \quad \cdot 10^{-27} \quad \text{kg},$$
$$\text{(Ruhe-)Masse des Neutrons} \quad m_\text{n} = 1.674927211(84) \quad \cdot 10^{-27} \quad \text{kg}.$$

An sich sollte es möglich sein, diese Größen – bei bekannten Quarkmassen – im Rahmen der Quantenchromodynamik ($\Rightarrow$ S. 252) zu berechnen, die Herausforderungen dabei sind allerdings enorm.

Hilfskonstanten   Der Einführung von Temperatur und Stoffmenge als eigenen Grundgrößen (wobei erstere ein Maß für die ungeordnete Bewegungsenergie ist ($\Rightarrow$ S. 88), zweitere effektiv eine Zählgröße), tragen zwei weitere Konstanten Rechnung:

$$\text{Boltzmann-Konstante} \quad k_\text{B} = 1.3806504(24) \quad \cdot 10^{-23} \quad \tfrac{\text{J}}{\text{K}},$$
$$\text{Avogadro-Konstante}^a \quad N_\text{A} = 6.02214179(30) \quad \cdot 10^{23} \quad \tfrac{1}{\text{mol}}.$$

Zusammengesetzte Konstanten   Manche Kombinationen der fundamentalen Konstanten tauchen besonders häufig oder in speziellen Zusammenhängen auf, so dass es hilfreich ist, ihnen einen eigenen Namen zu geben. Das sind insbesondere

Feinstrukturkonstante	α	$= \frac{e^2}{4\pi\hbar c} =$	$1/137.035999679(94)$	,
Bohr'scher Radius	a_B	$= \frac{4\pi\varepsilon_0\hbar^2}{m_\text{e}\,e^2} =$	$5.2917720859(36) \quad \cdot 10^{-11}$	m,
Stefan-Boltzmann-Konst.	σ_SB	$= \frac{2\pi^5}{15}\frac{k_\text{B}^4}{h^3 c^2} =$	$5.670400(40) \quad \cdot 10^{-8}$	$\frac{\text{W}}{\text{m}^2\text{K}^4}$,
(Molare) Gaskonstante	R	$= N_\text{A}k_\text{B} =$	$8.314472(15)$	$\frac{\text{J}}{\text{mol}\,\text{K}}$.

Andere wichtige zusammengesetzte Konstanten sind das magnetische Flussquantum $\Phi_0 = \frac{h}{2e} \approx 2.068 \cdot 10^{-15}$ Wb, die Josephson-Konstante $K_\text{J} = \frac{2e}{h} \approx 4.835 \cdot 10^{14}\,\frac{\text{Hz}}{\text{V}}$ oder die Von-Klitzing-Konstante $R_\text{K} = \frac{h}{e^2} \approx 25813\,\Omega$.

Die Frage, ob die fundamentalen Naturkonstanten über lange Zeiträume hinweg völlig unveränderlich sind, wird sehr ernsthaft diskutiert. Daten aus natürlichen Kernreaktoren ($\Rightarrow$ S. 124) legen aber z. B. nahe, dass sich die Feinstrukturkonstante α im Lauf der letzten zwei Milliarden Jahre nicht merklich geändert hat.[c]

Gemäß spekulativen Ansätzen wie *Cosmic Landscape* ($\Rightarrow$ S. 278), das in der Stringtheorie ($\Rightarrow$ S. 276) wurzelt, könnte es unterschiedliche Bereiche des Universums geben (wobei die von uns beobachtbare Region nur ein Teil eines solchen Bereichs ist), in denen viele Naturkonstanten jeweils unterschiedliche Werte haben.

2 Klassische Mechanik

Die Mechanik, die sich mit der Bewegung von Körpern unter dem Einfluss von äußeren Kräften beschäftigt, ist die älteste und in mancher Hinsicht fundamentalste Disziplin der Physik.

Wir beginnen ganz klassisch mit Newtons Axiomen ($\Rightarrow$ S. 14) und untersuchen darauf aufbauend etwa den Energiesatz ($\Rightarrow$ S. 16) oder das Gravitationsgesetz ($\Rightarrow$ S. 18). In diesem Zusammenhang zeigen wir exemplarisch die Probleme auf, die bei Messungen auftreten können ($\Rightarrow$ S. 20), bevor wir mit Hilfe des Energiesatzes einige Grundprobleme der Mechanik behandeln ($\Rightarrow$ S. 22). Wichtige erste Anwendungen sind starre Körper und rotierende Systeme ($\Rightarrow$ S. 24) sowie das Kepler-Problem ($\Rightarrow$ S. 26).

Auch wenn der physikalische Gehalt der klassischen Mechanik schon in den Newton-Axiomen steckt, wurden im Lauf der Zeit doch Formalismen entwickelt, die die Behandlung konkreter Probleme sehr viel einfacher machen, etwa beim Vorliegen von Zwangsbedingungen ($\Rightarrow$ S. 28). Die Lagrange-Mechanik ($\Rightarrow$ S. 30) bietet sich besonders zur Behandlung von Symmetrien an ($\Rightarrow$ S. 32) und spielt daher in erweiterter Form auch auch ein große Rolle in der Quantenfeldtheorie (Kapitel 11). In der Formulierung von Hamilton ($\Rightarrow$ S. 34) hingegen ist die Mechanik ein günstiger Ausgangspunkt für die Weiterentwicklung zur Quantenmechanik (Kapitel 7).

Eine zentrale Rolle nicht nur in der Mechanik spielen Variationsprinzipien ($\Rightarrow$ S. 36) – nahezu alle fundamentalen physikalischen Gesetze lassen sich aus Variationszugängen herleiten. Schon für allgemeine Überlegungen, insbesondere aber für den statistischen Zugang (Kapitel 5) sind die Konzepte des Konfigurations- und vor allem Phasenraums ($\Rightarrow$ S. 38) wichtig.

Beschränkt man sich nicht mehr auf die Näherung von Massepunkten oder starren Körpern, so gelangt man zur Elastomechanik ($\Rightarrow$ S. 40). Diese ist ebenso ein Gebiet der Kontinuumsmechanik wie die Fluidmechanik ($\Rightarrow$ S. 42), die Hydro- und Aerodynamik umfasst. Darin sind ein wesentliches Element Reibungseffekte ($\Rightarrow$ S. 44), die aber auch sonst bei nahezu allen realen Bewegungen eine Rolle spielen.

So vielfältig die Werkzeuge auch sind, die man in der Mechanik zur Verfügung hat, so zeigt sich doch, dass nur für eine sehr begrenzte Klasse von Systemen langfristige Vorhersagen möglich sind. Diese Erkenntnis, die sich natürlich nicht nur auf die Mechanik beschränkt, führt letztlich zur Chaostheorie ($\Rightarrow$ S. 46).

Die Newton'schen Axiome

[˙]

PHILOSOPHIÆ
NATURALIS

Principia

MATHEMATICA

Definitiones.

Def. I.

Quantitas Materia est mensura ejusdem orta ex illius Densitate & Magnitudine conjunctim.

AEr duplo densior in duplo spatio quadruplus est. Idem intellige de Nive et Pulveribus per compressionem vel lique-factionem condensatis. Et par est ratio corporum omnium, quæ per causas quascunq; diversimode condensantur. Medii interea, si quod fuerit, interstitia partium libere pervadentis, hic nullam ra-tionem habeo. Hanc autem quantitatem sub nomine corporis vel Massæ in sequentibus passim intelligo. Innotescit ea per corporis cu-jusq; pondus. Nam ponderi proportionalem esse reperi per expe-rimenta pendulorum accuratissime instituta, uti posthac docebi-tur.

B   Def

Die klassische Mechanik, wie wir sie kennen, beginnt mit Isaac Newtons *Philosophiae naturalis principipa mathematica*. Sicher hatte es davor schon bedeutende Betrachtungen gegeben, etwa die Kepler'schen Gesetze ($\Rightarrow$ S. 26) oder das Trägheitsprinzip, das Galilei bereits richtig erkannt hatte.

Doch erst Newtons Arbeit stellte die Mechanik auf ein tragfähiges Fundament. Erst sie erlaubte es, viele anscheinend unzusammenhängende Einzeltatsachen aus einigen wenigen Grundprinzipien abzuleiten. Die Grundlage dafür sind die drei Newton'schen Axiome:

1. In einem Inertialsystem verbleibt ein Körper, auf den keine äußeren Kräfte wirken, im Zustand der Ruhe oder der gleichförmigen Bewegung.

2. Eine äußere Kraft $\boldsymbol{F}$, die auf einen Körper der Masse m wirkt, ändert seinen – in einem Inertialsystem betrachteten – *Impuls* $\boldsymbol{p} = m\,\boldsymbol{v}$ gemäß

$$\frac{\mathrm{d}\boldsymbol{p}}{\mathrm{d}t} = \boldsymbol{F}\,. \tag{2.1}$$

3. Wenn ein Körper auf einen anderen eine Kraft $\boldsymbol{F}_{1 \to 2}$ ausübt, dann übt der andere auf den ersten eine gleich große Gegenkraft $\boldsymbol{F}_{2 \to 1} = -\boldsymbol{F}_{1 \to 2}$ aus, kurz

actio = reactio.

Jedes dieser Axiome verdient eine ausführlichere Betrachtung:

1. Das erste Axiom wirkt auf den ersten Blick wie ein Spezialfall des zweiten, mit $\boldsymbol{F} = \boldsymbol{0}$. Tatsächlich hat es aber durchaus seine eigene Existenzberechtigung, es definiert erst die Bezugssysteme, in denen das zweite Axiom seine Gültigkeit hat. Eine Formulierung des ersten Axioms, die das besser ausdrückt, wäre etwa: *Ein Inertialsystem ist ein solches, in dem ein Körper, auf den keine äußeren Kräfte wirken, im Zustand der Ruhe oder der gleichförmigen Bewegung bleibt.*

2. Auf dem zweiten Axiom beruhen die meisten konkreten Berechnungen in der Mechanik. Bei konstanter (träger) Masse m kann man es auch in der Form $\boldsymbol{a} = \frac{1}{m}\boldsymbol{F}$ mit der Beschleunigung $\boldsymbol{a} = \frac{\mathrm{d}v}{\mathrm{d}t} = \frac{\mathrm{d}^2 x}{\mathrm{d}t^2}$ schreiben. Kennt man Orts-, Zeit- und Geschwindigkeitsabhängigkeit der Kraft $\boldsymbol{F}$, so hat man eine gewöhnlichen Differenzialgleichung zweiter Ordnung für den Ort $\boldsymbol{x}(t)$ des Körpers vorliegen:

$$\ddot{\boldsymbol{x}}(t) = \frac{1}{m}\,\boldsymbol{F}(\boldsymbol{x}(t),\,\dot{\boldsymbol{x}}(t),\,t)\,. \tag{2.2}$$

Diese Differenzialgleichung für $\boldsymbol{x}(t)$ kann man in ein System von meist gekoppelten Differenzialgleichungen für $x_1(t)$, $x_2(t)$ und $x_3(t)$ aufschlüsseln.

Die ursprüngliche Version (2.1) gilt jedoch auch für den Fall veränderlicher Massen. Das wird einerseits in der Relativitätstheorie wichtig, andererseits gibt es auch in der klassischen Mechanik Systeme mit veränderlicher Masse – etwa Raketen, die sich ja gerade durch Ausstoß von verbranntem Treibstoff fortbewegen.

Die Gleichung $\boldsymbol{F} = m\,\boldsymbol{a}$ ist in der Mechanik so zentral dass sich „Kraft ist Masse mal Beschleunigung" bei vielen tief einprägt. Das „ist" stellt dabei aber keine Identität dar und ist auch keine vollständige Definition. Auch unabhängig von den Axiomen kann man *Kraft* qualitativ als Einfluss definieren, der den Bewegungszustand eines Körpers ändert oder diesen defomiert. Das zweite Axiom regelt lediglich den quantitativen Zusammenhang der Kraft mit dem Impuls bzw. mit der Beschleunigung und der (trägen) Masse m.

In mechanischen Aufgaben sind die äußeren Kräfte vorgegeben, sie bewirken eine Beschleunigung des betrachteten Körpers. Die Kräfte, die in mechanische Betrachtungen eingehen, beruhen letztlich auf der Gravitationskraft oder auf elektromagnetischen Wechselwirkungen (Coulomb-Anziehung bzw. -Abstoßung, Lorentz-Kraft etc.). Andere Kräfte, etwa die elastische Kraft $\boldsymbol{F} = -k\,\boldsymbol{x}$ im Hooke'schen Gesetz ($\Rightarrow$ S. 40) oder Reibungskräfte wie $\boldsymbol{F} = -\alpha\,\dot{\boldsymbol{x}}$ ($\Rightarrow$ S. 44), lassen sich im Prinzip auf elektromagnetische Wechselwirkungen im betrachteten Material oder Medium sowie auf Gravitationswirkungen zurückführen. Das kann jedoch unter Umständen nur auf sehr komplizierte Weise möglich sein, manchmal auch erst im Kontext der Quantenphysik.

Dementsprechend ist die Angabe einer Kraft in der Form $\boldsymbol{F} = \boldsymbol{F}(\boldsymbol{x},\,\dot{\boldsymbol{x}},\,t)$ nur ein Weg, die effektive Wirkung des komplizierten Zusammenspiels der fundamentalen Wechselwirkungen auf einfache Weise zu parametrisieren. (Neben Gravitation und Elektromagnetismus kommen für sehr kleine Abstände noch die starke ($\Rightarrow$ S. 252) und die schwache Kernkraft ($\Rightarrow$ S. 256) hinzu.) Die Angabe einer solchen Kraft kann letztlich stets nur eine Näherung mit begrenztem Gültigkeitsbereich sein.

Lässt sich die wirkende Kraft $\boldsymbol{F}$ durch ein Potenzial Φ mittels $\boldsymbol{F} = -\mathbf{grad}\,\Phi$ beschreiben, ist sie also *konservativ* ($\Rightarrow$ S. 16), so nimmt das zweite Axiom die elegante Form $\frac{d\boldsymbol{p}}{dt} + \boldsymbol{\nabla}\Phi = 0$ an. Darin werden Impuls $\boldsymbol{p}$ und Potenzial Φ direkt in Verbindung zueinander gesetzt.

3. Im dritten Axiom kommt ein Aspekt des Kraftbegriffs zum Vorschein, der am Anfang oft die größten Probleme macht: Kraft muss nämlich keineswegs eine aktive Größe sein. Liegt beispielsweise dieses Buch auf einem Tisch, so übt es auf diesen eine Gewichtskraft aus – zugleich übt der Tisch eine gleich große entgegengesetzte Kraft auf das Buch aus. Dass auch passive Gegenstände Kräfte ausüben, wird uns oft erst dann bewusst, wenn bestimmte Kräfte nicht mehr aufgebracht werden können, wenn also zum Beispiel der Tisch zusammenbricht.

Konservative Kräfte, Gleichgewichte, Energiesatz

In der Mechanik sind Kräfte von außen vorgegeben und können ganz unterschiedliche Formen annehmen, solange sie nur von Teilchenorten, -geschwindigkeiten und gegebenenfalls explizit von der Zeit abhängen, $F\big(x^{(1)}, \ldots, x^{(N)}, \dot{x}^{(1)}, \ldots, \dot{x}^{(N)}, t\big)$.

Eine Abhängigkeit von einer Beschleunigung $\ddot{x}^{(i)}$ oder von noch höheren Ableitungen nach der Zeit würde hingegen zusammen mit dem zweiten Newton'schen Axiom ($\Rightarrow$ S. 14) zum Widerspruch mit dem Superpositionsprinzip für Kräfte führen.[a]

Besonders bedeutsam sind in der Mechanik jene Kräfte, die keine explizite Zeit- und keine Geschwindigkeitsabhängigkeit besitzen und auch vom Ort nur auf ganz spezielle Weise abhängen: Kann man eine Kraft in der Form

$$F = -\boldsymbol{\nabla}\Phi = -\mathbf{grad}\,\Phi = -\left(\frac{\partial\Phi}{\partial x_1},\ \frac{\partial\Phi}{\partial x_2},\ \frac{\partial\Phi}{\partial x_3}\right)^{\top}$$

mit einem skalaren *Potenzial* Φ schreiben, so nennt man sie *konservativ*. Für diese Beschreibung eines Kraftfelds als Gradient eines Potenzials gibt es ein sehr anschauliches Bild:

Stellt man sich den Graphen von Φ als Oberfläche einer Landschaft vor, so zeigt, Differenzierbarkeit von Φ vorausgesetzt, $\boldsymbol{\nabla}\Phi$ an jedem Punkt in Richtung des steilsten Anstiegs, $-\boldsymbol{\nabla}\Phi$ hingegen in Richtung des steilsten Abfalls.

Eine kleine Kugel, die man an eine Stelle x legt, würde auf einer solchen Fläche also in Richtung $-\boldsymbol{\nabla}\Phi(x)$ losrollen.

In Ruhe bleibt der Körper nur, wenn $F = 0$ ist. Das ist insbesondere dann der Fall, wenn er sich gerade an einem lokalen Maximum oder Minimum von Φ befindet. Diese beiden Fälle unterscheiden sich allerdings signifikant.

An einem lokalen Maximum genügt eine beliebig kleine Auslenkung, und das System entfernt sich immer weiter vom Ausgangspunkt. Man spricht von *labilem Gleichgewicht*.

Bei einem lokalen Minimum hingegen sind die Kräfte, die durch kleine Auslenkungen entstehen, *rücktreibend*. Der Körper verlässt die Umgebung der Gleichgewichtslage nicht, das Gleichgewicht ist *stabil*.

Ist Φ in einem Bereich um die Gleichgewichtslage herum konstant, so spricht man von einem *indifferenten Gleichgewicht*, es gibt weder weiter auslenkende noch rücktreibende Kräfte.

An einem Sattelpunkt überwiegt der labile Charakter – es gibt ja Richtungen, in die schon eine minimale Störung weiter auslenkende Kräfte erzeugt.

Eine Kraft $\boldsymbol{F}$, die entlang eines Weges wirkt, verrichtet *Arbeit*. Dabei ist es allerdings nur die Komponente in Richtung des Weges, die tatsächlich Arbeit verrichtet. Das lässt sich, wenn der Weg die Punkte $\boldsymbol{x}_1$ und $\boldsymbol{x}_2$ geradlinig durch den Vektor $\boldsymbol{s} = \boldsymbol{x}_2 - \boldsymbol{x}_1$ verbindet und $\boldsymbol{F}$ konstant ist, bequem durch ein Skalarprodukt beschreiben: $W = \boldsymbol{F} \cdot \boldsymbol{s}$. Ist die Kraft ortsabhängig oder der Weg C nicht geradlinig, so gilt dieser Zusammenhang nur noch infinitesimal: $\mathrm{d}W = \boldsymbol{F} \cdot \mathrm{d}\boldsymbol{s}$. Die gesamte Arbeit lässt sich durch ein Kurvenintegral ausdrücken:

$$W = \int_C \mathrm{d}W = \int_C \boldsymbol{F} \cdot \mathrm{d}\boldsymbol{s} = \int_{t_1}^{t_2} \boldsymbol{F}(\boldsymbol{x}(t)) \cdot \dot{\boldsymbol{x}} \, \mathrm{d}t \,.$$

Die gespeicherte Fähigkeit, Arbeit zu verrichten, bezeichnet man als *Energie* – ein Schlüsselbegriff nicht nur in der Physik. Diese Energie kann in verschiedenen Formen vorliegen, etwa als kinetische Energie (Bewegungsenergie). Für eine Punktmasse m, die sich mit Geschwindigkeit $v = \|\boldsymbol{v}\|$ bewegt, ist diese gegeben durch:

$$W_{\mathrm{kin}} = \int \boldsymbol{F} \cdot \mathrm{d}\boldsymbol{s} = \int \frac{\mathrm{d}\boldsymbol{p}}{\mathrm{d}t} \cdot \dot{\boldsymbol{x}} \, \mathrm{d}t = m \int \frac{\mathrm{d}\boldsymbol{v}}{\mathrm{d}t} \cdot \boldsymbol{v} \, \mathrm{d}t = \frac{m}{2} \int \left(\frac{\mathrm{d}}{\mathrm{d}t} \boldsymbol{v}^2 \right) \mathrm{d}t = \frac{m}{2} \, \boldsymbol{v}^2 = \frac{m}{2} \, v^2 \,.$$

Für jene Kräfte, die ein Potenzial besitzen, $\boldsymbol{F} = -\boldsymbol{\nabla}\Phi$, lassen sich Potenzialdifferenzen als Energien interpretieren,

$$W_{\mathrm{pot}} = \int_C \boldsymbol{F} \cdot \mathrm{d}\boldsymbol{s} = -\int_C \boldsymbol{\nabla}\Phi \cdot \mathrm{d}\boldsymbol{s} = -\int_C \frac{\partial \Phi}{\partial x_i} \, \mathrm{d}x_i = -\int_C \mathrm{d}\Phi = \Phi(\boldsymbol{x}_{\mathrm{Anf}}) - \Phi(\boldsymbol{x}_{\mathrm{End}}) \,.$$

Da ohnehin stets nur Potenzialdifferenzen in Erscheinung treten, kann man für des Potenzial einen beliebigen Bezugspunkt $\boldsymbol{x}_0$ wählen, für den man $\Phi(\boldsymbol{x}_0) = 0$ setzt. Man nennt $V(\boldsymbol{x}) = \Phi(\boldsymbol{x}) - \Phi(\boldsymbol{x}_0)$ die *potenzielle Energie*.

Der Bezugspunkt $\boldsymbol{x}_0$ wird typischerweise problemangepasst gewählt. Beim Gravitationspotenzial kann es nützlich sein, den tiefsten zugänglichen Punkt als Bezugspunkt zu betrachten. Bei erdnahen astrophysikalischen Problemen hingegen hat es oft Sinn, den Bezugspunkt ins Unendliche zu legen. Die potenzielle Energie in endlicher Entfernung von der Erde ist dann stets negativ.

Wenn alle auf ein System wirkenden Kräfte ein Potenzial besitzen, dann gilt der *mechanische Energiesatz*: Kinetische und potenzielle Energie können zwar ineinander umgewandelt werden, ihre Summe bleibt aber erhalten: $W_{\mathrm{kin}} + W_{\mathrm{pot}} = \mathrm{const}$.

In einem schwingenden Pendel beispielsweise werden ständig kinetische und potenzielle Energie ineinander umgewandelt.

Bei der Anwesenheit von Kräften ohne Potenzial gilt der mechanische Energiesatz nicht mehr. Das ist insbesondere bei den geschwindigkeitsabhängigen Reibungskräften der Fall. Durch sie geht mechanische (d. h. kinetische oder potenzielle) Energie verloren.

Letztlich lassen sich jedoch auch Reibungskräfte auf komplizierte elektromagnetische Wechselwirkungen zurückführen, die sehr wohl ein Potenzial besitzen. Die ursprüngliche mechanische Energie verschwindet entsprechend nicht einfach, sondern wird in andere Formen umgewandelt, insbesondere in Wärme ($\Rightarrow$ S. 88).[b]

Das Gravitationsgesetz

Eine nahezu allgegenwärtige Kraft, die erste, deren Auswirkungen auch quantitativ untersucht wurden, ist die Gravitation. Diese zeigt sich jedoch auf sehr unterschiedliche Arten, und auf den ersten Blick scheinen jener Einfluss, der irdische Objekte dazu bringt, zu Boden zu fallen, und derjenige, der die Planeten auf ihren Bahnen um die Sonne hält, nichts miteinander zu tun zu haben.

Tatsächlich ist für beide Effekte aber das gleiche Kraftgesetz maßgebend: Zwischen zwei Punktmassen m und M im Abstand r wirkt

$$\boldsymbol{F}_{\mathrm{grav}} = -G_{\mathrm{N}} \frac{m\,M}{r^2}\,\boldsymbol{e}_r = -\mathbf{grad}\,V_{\mathrm{grav}}(r) \quad \text{mit} \quad V_{\mathrm{grav}}(r) = -G_{\mathrm{N}}\frac{m\,M}{r}. \quad (2.3)$$

Dabei ist G_{N} die Newton'sche Gravitationskonstante. Da der Radialeinheitsvektor $\boldsymbol{e}_r$ definitionsgemäß nach außen weist und alle vorkommenden Größen (Massen, Abstand) stets positiv sind, garantiert das Vorzeichen, dass die Kraft zur jeweils anderen Masse hin weist.

Wenn wir $r = R + h$ setzen und die Abstandsänderung h während der Fallbewegung klein gegenüber dem Abstand R ist, erhalten wir in guter Näherung[a]

$$V_{\mathrm{grav}}(R{+}h) = -G_{\mathrm{N}}\frac{m\,M}{R}\frac{1}{1+\frac{h}{R}} \approx -G_{\mathrm{N}}\frac{m\,M}{R}\left(1-\frac{h}{R}\right) = -G_{\mathrm{N}}\frac{m\,M}{R} + m\,\frac{G_{\mathrm{N}}\,M}{R^2}\,h.$$

Die additive Konstante $-G_{\mathrm{N}}\frac{m\,M}{R}$ ist für das Potenzial irrelevant. Man erhält also mit $g = \frac{G_{\mathrm{N}}M}{R^2}$ ein vereinfachtes Potenzial und daraus eine entsprechende Kraft:

$$V_{\mathrm{grav}}^{\mathrm{simp}}(h) = m\,g\,h \qquad \rightarrow \qquad \boldsymbol{F}_{\mathrm{grav}}^{\mathrm{simp}} = -m\,g\,\boldsymbol{e}_r. \quad (2.4)$$

Man kann nachrechnen, dass eine sphärisch-symmetrische Massenverteilung $\rho(r)$ auf ein Objekt im Abstand r_0 die gleiche Anziehungskraft ausübt wie die bei $r = 0$ konzentrierte Masse

$$M = \int_0^{r_0} \rho(r)\,\mathrm{d}r.$$

Masse wirkt nicht auf m

Eine kugelsymmetrisch verteilte Masse, die außerhalb von $r = r_0$ liegt, übt auf ein Objekt bei $r = r_0$ in Summe keine Anziehungskraft aus.

Diesen Sachverhalt nennt man den *Gauß'schen Satz* (nicht zu verwechseln mit dem Gauß'schen Integralsatz). Demnach gelten (2.3) und bei $h \ll R$ auch (2.4) für beliebige sphärisch-symmetrische Objekte, insbesondere (zumindest näherungsweise) für Planeten und Monde. Auf der Erdoberfläche erhält man mit Erdradius $R_\oplus$ und Erdmasse $M_\oplus$ für die Erdbeschleunigung[b]

$$g = \frac{G_{\mathrm{N}}\,M_\oplus}{R_\oplus^2} \approx 9.81\,\frac{\mathrm{m}}{\mathrm{s}^2}.$$

Die Erdbeschleunigung g kann man etwa mit Fallexperimenten oder über die Perioden-dauer eines Pendels bestimmen. $R_\oplus$ lässt sich beispielsweise mittels trigonometrischer Methoden ermitteln – Eratosthenes von Kyrene hat das schon in der Antike mit bemer-kenswerter Genauigkeit getan. Aus der Erdbeschleunigung kann man so das Produkt von Gravitationskonstante und Erdmasse ablesen, nicht jedoch G_N oder $M_\oplus$ separat.

Um diese einzeln zu ermitteln, ist es also notwendig, mit bereits be-kannten Massen zu arbeiten. Die klassische Methode dafür ist die Drehwaage von Cavendish. Dabei wird das Drehmoment gemessen, das durch die Gravitationswirkung zweier massiven Kugeln auf zwei kleine Probemassen entsteht. Dieses Drehmoment wird durch die Ver-drillung eines Torsionsfadens kom-pensiert.

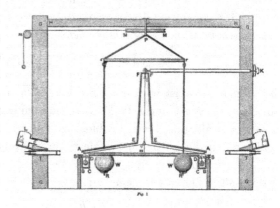

Die Verdrillung lässt sich gut messen, heute meist mit einem am Faden angebrachten Spiegel, an dem ein Lichtstrahl reflektiert wird. Man erhält aus solchen oder ähnlichen Experimenten $G_N \approx 6.674 \cdot 10^{-11} \frac{\text{m}^3}{\text{kg}\,\text{s}^2}$.

Da sich Massen jedoch nicht abschirmen lassen, ist die experimentelle Bestimmung der Gravitationskonstanten bis heute schwierig. Immerhin müssen für Präzisionsmessungen alle systematischen Fehler durch umliegende Massen korrigiert werden – bis hin zum jahreszeiten- und wetterabhängigen Grundwasserspiegel. Die relative Unsicherheit des aktuellen Wertes liegt bei $\frac{\Delta G_N}{G_N} \approx 10^{-4}$, damit ist G_N die mit großem Abstand am ungenauesten bekannte Naturkonstante.

Dass die Gravitationskraft im dreidimensionalen Raum zumindest proportional zu $\frac{1}{r^2}$ abnehmen muss, folgt schon aus geometrischen Überlegungen. Bei konstanter „Quell-stärke" muss der gesamte Kraftfluss durch jede geschlossene Fläche, die die Quelle umgibt, gleich groß sein. Insbesondere gilt das für beliebige Kugeln mit Radius r und Oberfläche $4\pi r^2$. Bei radialer Symmetrie muss entsprechend die Kraft $\propto \frac{1}{r^2}$ abnehmen. Die Coulomb-Kraft der Elektrostatik folgt ebenfalls einem $\frac{1}{r^2}$-Gesetz. Die Kernkräfte ($\Rightarrow$ S. 132) hingegen zeigen ein grundlegend anderes Verhalten.

Das Newton'sche Gravitationsgesetz (2.3) gibt eine sehr gute quantitative Beschrei-bung der Schwerkraft. Da es als eine instantane Fernwechselwirkung formuliert ist, verletzt es jedoch das Relativitätsprinzip. Hier setzt die Allgemeine Relativitätstheo-rie ($\Rightarrow$ S. 228) ein: In ihr wird die Gravitation auf eine reine Trägheitskraft reduziert – Körper bewegen sich auf Geodäten in einer durch die Massen gekrümmten Raumzeit, die durch *Feldgleichungen*, also auf lokale Weise, beschrieben wird.

Messung der Erdbeschleunigung

Um die Probleme, die bei praktischen Messungen auftreten, zu illustrieren, betrachten wir ein klassisches Beispiel – die möglichst präzise Bestimmung der Erdbeschleunigung g ($\Rightarrow$ S. 18). Die direkteste Art, g zu messen, wäre, einen Körper aus einer bekannten Höhe h fallen zu lassen und die Zeit bis zum Auftreffen am Boden zu stoppen. Zweimalige Integration der Bewegungsgleichung $m\ddot{\vec{x}} = -mg\vec{e}_z$ und Projektion auf die z-Achse (normal zur Erdoberfläche nach außen gerichtet) liefert

$$z(t) = z_0 + v_0 t - \frac{g}{2}\, t^2 \quad \overset{\text{Anf.-Bed.}}{\longrightarrow} \quad z(t) = h - \frac{g}{2}\, t^2\,.$$

Der Boden $z = 0$ ist nach einer Zeit $t = \sqrt{2h/g}$ erreicht, d. h. umgekehrt kann man aus Kenntnis von h und t die Erdbeschleunigung zu $g = \frac{2h}{t^2}$ bestimmen.

Hier treten allerdings zwei Probleme auf. Einerseits hat man einen systematischen Fehler durch die Luftreibung, sofern der Fallversuch nicht im Vakuum stattfindet. Andererseits muss man, um g auf diese Weise zu bestimmen, in der Lage sein, Abstände und vor allem Zeiten sehr genau zu messen. Die Fehlerrechnung ergibt für kleine Fehler

$$\Delta g = \frac{2}{t^2}\,\Delta h + \frac{4h}{t^3}\,\Delta t = \frac{2h}{t^2}\left(\frac{\Delta h}{h} + 2\,\frac{\Delta t}{t}\right), \qquad \text{d. h.} \qquad \frac{\Delta g}{g} = \frac{\Delta h}{h} + 2\,\frac{\Delta t}{t}\,. \qquad (2.5)$$

Der relative Fehler von t geht wegen der quadratischen Abhängigkeit gegenüber jenem von h mit doppeltem Gewicht ein. Zudem kann man Abstände auch mit einfachen Mitteln recht präzise messen, während das bei Zeiten deutlich schwieriger ist.

Mit einer Stoppuhr und per Hand wird man kaum in der Lage sein, genauer als etwa auf eine Zehntelsekunde zu messen. Diesen zufälligen Fehler von $0.1\,\text{s}$ hat man sogar zweimal, einmal beim Fallenlassen und einmal beim Auftreffen. Selbst wenn $\Delta h = 0$ wäre, müsste man für eine Genauigkeit von einem Prozent bereits $\frac{\Delta t}{t} = \frac{1}{200}$ fordern, d. h. für $\Delta t = 0.2\,\text{s}$ müsste $t = 40\,\text{s}$ sein, das entspräche mit dem Schätzwert $g \approx 10\,\frac{\text{m}}{\text{s}^2}$ einer Fallhöhe von $h \approx 8\,\text{km}$!

Das ist nicht praktikabel, zudem ist für solche Fallhöhen die Vernachlässigung des Luftwiderstands sicher nicht mehr zulässig. Erst die moderne elektronische Messtechnik hat es möglich gemacht, mittels an Lichtschranken gekoppelter Uhren die Erdbeschleunigung tatsächlich durch den Fall eines Körpers in einem evakuierten Zylinder zu bestimmen. Historisch allerdings waren andere Methoden notwendig, um g mit akzeptabler Genauigkeit zu ermitteln.

Eine Möglichkeit ist, den Fallversuch auf eine schiefe Ebene (SE) zu verlagern. Ist diese im Winkel $\phi_{\text{SE}} < \frac{\pi}{2} = 90°$ gegenüber der Waagrechten angestellt, so wirkt in z-Richtung nur die kleinere Beschleunigung $-g\sin\phi_{\text{SE}}$. Man kann den freien Fall quasi in Zeitlupe betrachten, und durch die längere „Fallzeit" t wird der relative Fehler $\frac{\Delta t}{t}$ kleiner.

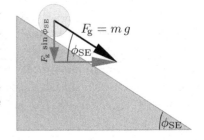

In Wirklichkeit gibt es auf der schiefen Ebene allerdings keinen Fall, sondern ein Rutschen oder Abrollen. Damit sind zusätzlich Reibungsverluste bzw. der Übergang von potenzieller Energie in Rotationsenergie zu berücksichtigen. Beachtet man das nicht, dann liegt ein zusätzlicher systematischer Fehler vor, durch den man die Zeitspanne t stets zu groß und die Erdbeschleunigung entsprechend zu klein erhält.

Eine präzisere Bestimmung von g erlauben Messungen mit einem Fadenpendel, dessen Länge wir mit ℓ bezeichnen. Ist die Masse des Pendelkopfes groß gegenüber der des Fadens („mathematisches Pendel"), so gehorcht der Auslenkwinkel φ der Differenzialgleichung

$$\ddot{\varphi} + \frac{g}{\ell}\sin\varphi = 0\,.$$

Für $\varphi \ll 1$ ist $\sin\varphi \approx \varphi$, und man erhält die Schwingungsgleichung $\ddot{\varphi} + \frac{g}{\ell}\varphi = 0$. Deren Lösungen sind harmonische Schwingungen mit der Kreisfrequenz $\omega = 2\pi\nu = \sqrt{\frac{g}{\ell}}$. Die Schwingungsdauer ist also von der Maximalauslenkung unabhängig, solange diese klein ist. Selbst eine leichte Dämpfung durch Reibung ändert diesen Zusammenhang nicht merklich.

Für die Abhängigkeit des Fehlers Δg von den Fehlern der Pendellänge ℓ und der Schwingungsdauer $\tau = \frac{1}{\nu}$ ist der Zusammenhang ähnlich wie in (2.5), auch hier ist eine möglichst präzise Zeitmessung erforderlich.

Nun lässt sich die Dauer einer einzelnen Schwingung mit einfachen Methoden ebenfalls nicht besonders genau messen, man hat wiederum $\Delta\tau = \Delta t \approx 0.2\,\mathrm{s}$. Bei der Pendelschwingung ist der gewaltige Vorteil aber, dass man ja die Dauer vieler aufeinanderfolgender Perioden messen kann. Wenn n Perioden insgesamt eine Zeit t dauern, dann ist $\tau = \frac{t}{n}$ und entsprechend $\Delta\tau = \frac{\Delta t}{n}$, sofern man fehlerfrei mitzählt. (Wegen $n \in \mathbb{N}$ muss $\Delta n \in \mathbb{Z}$ sein, entsprechend ist die Forderung $\Delta n = 0$ bei sauberem Arbeiten durchaus erfüllbar.) Der Fehler Δt verteilt sich also auf viele Schwingungen, und dadurch kann man τ sehr genau messen.

Auch die Pendelmethode hat aber ihre Tücken. So ist die harmonische Schwingung ja nur eine Näherung, die sich aus der Linearisierung der Differenzialgleichung (d. h. aus $\sin\varphi \approx \varphi$) ergibt. Je größer der maximale Auslenkwinkel φ_{max} ist, desto schlechter ist diese Näherung.

Bei sehr kleinen Auslenkungen wird jedoch das Abzählen der Schwingungen schwierig. Im Extremfall kann es sogar passieren, dass das Pendel während der Messung durch Reibung zum Stillstand kommt. Entsprechend muss man φ_{max} so wählen, dass einerseits der systematische Linearisierungsfehler klein, andererseits aber sinnvolles Messen möglich ist.

Den Linearisierungsfehler vermeidet das von C. Huygens entworfene *Zykloidenpendel*, bei dem der Pendelkopf durch Aufhängung zwischen zwei Zykloiden ($\Rightarrow$ S. 36) selbst auf einer Zykloide gehalten wird.[a] Damit wird die Schwingungsdauer auch bei größeren Auslenkungen konstant. Dafür sind aber die Reibungseffekte größer; zudem ist ein solches Pendel schwerer anzufertigen.

Grundaufgaben der Mechanik

Mit den Bewegungsgleichungen sowie der geschickten Anwendung von Energie- und Impulssatz lassen sich zahlreiche Aufgabenstellungen lösen und teils weitreichende Folgerungen ziehen. Wir betrachten exemplarisch einige davon:

Weitester Wurf Ein Körper soll mit der Geschwindigkeit v_0 so geworfen werden, dass er möglichst weit vom Ausgangspunkt wieder am Boden auftrifft.
Die Bewegungsgleichungen unter Vernachlässigung des Luftwiderstands lauten

$$\ddot{x} = 0, \qquad \ddot{y} = -g,$$

die Anfangsbedingungen sind $x(0) = y(0) = 0$, $\dot{x}(0) = v_0 \cos\alpha$, $\dot{y}(0) = v_0 \sin\alpha$. Dabei bezeichnet α den Wurfwinkel, gemessen zur Horizontalen. Integriert man die Bewegungsgleichungen, so erhält man die Wurfparabel

$$y = \tan\alpha \, x - \frac{g}{2\,v_0^2\,\cos^2\alpha}\,x^2\,.$$

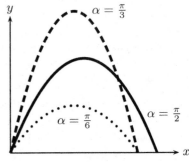

Eine schnelle Diskussion zeigt, dass für die Wurfweite w, d.h. jenen Wert von x, für den wieder $y = 0$ ist, die Beziehung

$$w(\alpha) = w\left(\frac{\pi}{2} - \alpha\right)$$

gilt. Entsprechend wird $w(\alpha)$ für den Winkel $\alpha = \frac{\pi}{4} = 45°$ maximal.

Für den Luftwiderstand muss in den Bewegungsgleichungen ein Reibungsterm berücksichtigt werden. Die Form der Bahn verändert sich gegenüber der Wurfparabel, insbesondere ist der fallende Teil der Kurve steiler als der ansteigende. Die maximale Weite erreicht man wegen des dadurch kürzeren Weges und der entsprechend geringeren Reibungsverluste nun mit einem Wurfwinkel, der etwas kleiner ist als $\alpha = \frac{\pi}{4}$.

Elastischer und inelastischer Stoß Stoßen zwei Körper aneinander, so hängt das Resultat nicht nur von den Geschwindigkeiten und den Massen ab, sondern auch von den elastischen Eigenschaften der Körper. Inbesondere betrachtet man gerne zwei Grenzfälle (die hier nur eindimensional behandelt werden; die Indizes 1 und 2 kennzeichnen die beiden Körper, der Strich bezeichnet die Größen nach dem Stoß):

■ Beim *total elastischen Stoß* gelten Impulssatz und mechanischer Energiesatz:

$$m_1 v_1 + m_2 v_2 = m_1 v_1' + m_2 v_2', \quad \text{und} \quad m_1 \frac{v_1^2}{2} + m_2 \frac{v_2^2}{2} = m_1 \frac{(v_1')^2}{2} + m_2 \frac{(v_2')^2}{2}\,.$$

Setzen wir $v_2 = 0$ (was nur einer Wahl des Bezugssystems entspricht), so ergibt sich[a]

$$v_1' = \frac{\frac{m_1}{m_2} - 1}{\frac{m_1}{m_2} + 1}\, v_1\,, \qquad\qquad v_2' = \frac{2}{\frac{m_1}{m_2} + 1}\, v_1\,.$$

- Beim *total inelastischen Stoß* bleiben die beiden Stoßpartner aneinander haften. Zwar gilt immer noch der Impulssatz, $m_1 v_1 + m_2 v_2 = (m_1 + m_2)\, v'$, es wird aber ein Teil der kinetischen Energie in Wärme bzw. Deformationsarbeit umgesetzt:

$$\Delta W = W_{\text{kin}} - W'_{\text{kin}} = m_1\, \frac{v_1^2}{2} + m_2\, \frac{v_2^2}{2} - (m_1 + m_2)\, \frac{(v')^2}{2} = \frac{m_1 m_2}{m_1 + m_2}\, \frac{(v_1 - v_2)^2}{2}$$

Raketengleichung In Raketen werden Treibstoffe verbrannt und die Verbrennungsprodukte mit einer (vom Energieinhalt des Brennstoffs abhängigen) Geschwindigkeit v_{Gas} ausgestoßen. Gemäß Impulssatz erhält die Rakete damit einen Schub in die umgekehrte Richtung. Wird in einem Zeitintervall dt die Masse dm ausgestoßen, so gilt $m\, dv = -v_{\text{Gas}}\, dm$. Das negative Vorzeichen stammt daher, dass die Masse der Rakete durch den Ausstoß ja abnimmt. Integriert man die Gleichung, so ergibt sich[b]

$$\frac{1}{v_{\text{Gas}}} \int_0^{v_{\text{end}}} dv = -\int_{m_0}^{m_{\text{end}}} \frac{dm}{m} \qquad \Rightarrow \qquad v_{\text{end}} = v_{\text{Gas}} \cdot \ln \frac{m_0}{m_{\text{end}}}.$$

Eindringtiefe von Geschossen Wie weit kann ein Geschoss mit der Anfangsgeschwindigkeit v_0 in ein Medium eindringen? Wird die Eindringtiefe mit ausreichender kinetischer Energie, also mit hinreichend hoher Eintrittsgeschwindigkeit beliebig groß? Schon auf Newton geht die Überlegung zurück, dass dem nicht so sein kann.

Bezeichnen wir mit ℓ_G die Länge des Geschosses, mit A_G seinen Querschnitt und mit ρ_G seine Dichte. Die Dichte des Mediums nennen wir ρ_M. Um einzudringen, muss das Geschoss das Medium verdrängen. Damit das schnell genug geschieht, ist es notwendig, dass Teile des Medius etwa die gleiche Geschwindigkeit erhalten wie das Geschoss. Für einen Kanal mit Länge L und Querschnitt A_G ist dazu die Energie

$$W = \underbrace{\rho_M\, L\, A_G}_{\text{Masse des verdrängten Mediums}}\, \frac{v_0^2}{2}$$

notwendig. Diese Energie kann nur von der kinetischen Energie des Geschosses

$$W_{\text{kin}} = \rho_G\, \ell_G\, A_G\, \frac{v_0^2}{2}$$

stammen, diese also insbesondere nicht übersteigen. Damit muss $L \leq \ell_G\, \frac{\rho_G}{\rho_M}$ sein. Das Geschoss kann also nicht weiter eindringen als seine eigene Länge, multipliziert mit dem Verhältnis der Dichten. Auch wenn die Verhältnisse im Detail komplizierter sind, ist das doch eine recht gute Abschätzung für die maximale Eindringtiefe L.

Daher wird panzerbrechende Munition aus möglichst dichten Materialien (z.B. Uran) hergestellt, und daher ist es auch nicht möglich, mit einer Pistole jemanden zu erschießen, der tiefer als etwa einen halben Meter im Wasser untergetaucht ist.

Auch beim Turmspringen gilt die gleiche Überlegung: Der Springer kann durch den Sprung nicht wesentlich weiter als etwa seine eigene Körperlänge tief in das Wasser eintauchen; daher braucht das Becken auch nicht tiefer als etwa fünf Meter zu sein, ganz egal, wie hoch der Sprungturm ist.[c]

Starre Körper, Trägheit und rotierende Systeme

Wenn bewegte Körper klein gegenüber allen übrigen relevanten Längen sind, ist es sinnvoll, sie in den Betrachtungen durch Massepunkte zu beschreiben. Ist das nicht mehr der Fall, so ist der nächste Schritt die Beschreibung als *starre Körper*. Dabei wird angenommen, dass bei einem ausgedehnten Körper die Lage der einzelnen Punkte zueinander stets gleich bleibt.

Auch das ist natürlich nur eine Idealisierung. Greifen an einem ausgedehnten Körper äußere Kräfte an, so kommt es zu Verformungen und Reaktionskräften, die sich mit Schallgeschwindigkeit ausbreiten. Nur wenn diese Verformungen klein gegenüber den Abmessungen des Körpers sind und wenn die Schallgeschwindigkeit im Material groß gegenüber allen Relativgeschwindigkeiten ist, ist diese Idealisierung gerechtfertigt.

Im Prinzip könnte man starre Körper auch allein mit den Methoden der Punktmechanik unter Berücksichtigung von Zwangsbedingungen ($\Rightarrow$ S. 28) behandeln. Es erweist sich aber als sinnvoll, zur Beschreibung von Rotationen eigene Größen einzuführen:

Die Analogie zwischen Translations- und Rotationsgrößen ist rechts tabelliert. Viele Zusammenhänge gelten völlig analog, etwa die Definitionen

$$v = \dot{s}, \qquad a = \dot{v} = \ddot{s},$$
$$\omega = \dot{\varphi}, \qquad \alpha = \dot{\omega} = \ddot{\varphi}$$

Translation		Rotation	
Strecke	s	Drehwinkel	φ
Geschwindigkeit	v	Winkelgeschwindigkeit	ω
Beschleunigung	a	Winkelbeschleunigung	α
Masse	m	Trägheitsmoment	I
Impuls	$\boldsymbol{p}$	Drehimpuls	$\boldsymbol{L}$
Kraft	$\boldsymbol{F}$	Drehmoment	$\boldsymbol{T}$

oder die Bewegungsgleichung $\dot{\boldsymbol{L}} = \boldsymbol{T}$ in Analogie zu $\dot{\boldsymbol{p}} = \boldsymbol{F}$. Auch die kinetische Rotationsenergie $W_{\text{kin,rot}} = \frac{1}{2} I \omega^2$ ist formal völlig analog zur kinetischen Energie der Translation, $W_{\text{kin,trans}} = \frac{1}{2} m v^2$. Einige Feinheiten sind dabei allerdings zu beachten:

- Eine Drehung kann durch einen Vektor $\boldsymbol{\omega}$ beschrieben werde: $\omega = \|\boldsymbol{\omega}\|$ gibt den Zahlenwert der Winkelgeschwindigkeit (im SI in rad/s) an, $\frac{\boldsymbol{\omega}}{\|\boldsymbol{\omega}\|}$ die Richtung der Drehachse. Allerdings lassen sich – da bei Drehungen im Raum die Reihenfolge entscheidend ist ($\Rightarrow$ S. 32) – die Vektoren, die zwei Drehungen beschreiben, nicht einfach zum Vektor der resultierenden Gesamtdrehung addieren.

- Wie der Impuls $\boldsymbol{p}$ ist auch der Drehimpuls $\boldsymbol{L} = (\boldsymbol{x} - \boldsymbol{x}_0) \times \boldsymbol{p}$ bezugssystemabhängig, zusätzlich gibt es aber auch noch eine Abhängigkeit vom Bezugspunkt $\boldsymbol{x}_0$. Drehimpulserhaltung kann nur bedeuten, dass der Drehimpuls in einem speziellen Bezugssystem und in Bezug auf einen speziellen Punkt erhalten bleibt.

- Nur in Spezialfällen gilt $\boldsymbol{L} = I\boldsymbol{\omega}$. An sich ist das Trägheitsmoment ein symmetrischer Tensor, und es $L_i = I_{ij}\omega_j$.[a] Die quadratische Form $x_i I_{ij} x_j$ bezeichnet man als *Trägheitsellipsoid*, nur entlang der Hauptachsen dieses Ellipsoids kann I wie ein Skalar behandelt werden.

Der Kreisel Rotiert ein Körper so, dass er höchstens an einem Punkt festgehalten wird und sich auch die Drehachse entsprechend frei drehen kann, spricht man von einem *Kreisel*. Ein Körper kann um die Achsen mit minimalem bzw. mit maximalem Trägheitsmoment, seine *Figurenachsen*, stabil rotieren. Dreh-, Drehimpuls- und Figurenachse müssen bei einem Kreisel nicht zusammenfallen und können z. B. durch einen Schlag voneinander getrennt werden.

Wirken keine äußeren Kräfte, also auch keine Drehmomente, so ist die Drehimpulsachse ortsfest. Die Dreh- und die Figurenachse beschreiben bei einem rotationssymmetrischen Kreisel jeweils einen Kegelmantel um die Drehimpulsachse. Diese Bewegung nennt man *Nutation*.

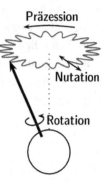

Wenn Drehomente angreifen, so kann sich auch der Drehimpuls verändern. Bei einem Spielzeugkreisel im Schwerefeld der Erde beschreibt die Drehimpulsachse einen Kegelmantel um die Senkrechte durch den Fußpunkt. Dieser Bewegung, der *Präzession* wird im Allgemeinen noch die Nutation überlagert sein.

Kreisel finden einerseits praktische Anwendungen, etwa als Kreiselkompass in Flugzeugen; andererseits lassen sich diverse Probleme in der Physik durch die Analyse von effektiven Kreiselgleichungen behandeln, z. B. in der Kernspintomographie.

Rotierende Systeme Rotationen sind stets mit Beschleunigung verbunden. Für eine Kreisbewegung $\boldsymbol{x} = (r_0 \cos(\omega t), r_0 \sin(\omega t))$ gilt $\boldsymbol{a} = \ddot{\boldsymbol{x}} = -\omega^2 \boldsymbol{x}$. Die Beschleunigung ist also zum Zentrum der Drehbewegung hin gerichtet, und es ist eine Kraft erforderlich, um einen Körper überhaupt auf der Kreisbahn zu halten – die *Zentripetalkraft*.

In beschleunigten Bezugssystemen treten durch die Trägheit Scheinkräfte auf. Die Trägheitskraft bei gleichmäßiger Rotation bezeichnet man als *Zentrifugalkraft* (Fliehkraft), sie ist radial nach außen gerichtet und betragsmäßig gleich der Zentripetalkraft. Verändert sich bei der Rotation zusätzlich noch die Winkelgeschwindigkeit, so resultiert daraus ebenfalls eine Scheinkraft.

Eine weitere Scheinkraft ergibt sich bei Bewegung innerhalb eines rotierenden Systems, da ein Körper seine Rotationsgeschwindigkeit v zunächst „mitnimmt". Die Spur, die eine in Farbe getauchte kleine Kugel auf einer rotierenden Scheibe bei der Bewegung nach innen oder außen hinterlässt, ist gekrümmt. Für den mitbewegten Beobachter muss für diesen Effekt eine Kraft verantwortlich sein, die *Coriolis-Kraft*. Für einen Körper, der im rotierenden System die Geschwindigkeit $\boldsymbol{v}'$ besitzt, ergibt sich diese zu

$$F_{\mathrm{Cor}} = 2m\boldsymbol{v}' \times \boldsymbol{\omega}\,.$$

Aus der Sicht des mitbewegten Bezugssystems ist die Coriolis-Kraft auch dafür verantwortlich, dass sich die Schwingungsebene eines Foucault'schen Pendels im Lauf des Tages dreht. (Von außerhalb der Erde beobachtet bleibt die Schwingungsebene allerdings gleich, und die Erde dreht sich weiter.)

Zwei-Körper- und Mehr-Körperprobleme

Eines der Grundprobleme in der Mechanik ist die Bestimmung der Bahnen von zwei oder mehr Körpern, die nur durch Zentralkräfte miteinander in Wechselwirkung stehen. Besonders einfach ist der Fall von zwei Körpern, bei denen einer beiden eine sehr viel größere Masse besitzt als der andere, $M \gg m$.

In diesem Fall sind die Beschleunigungen, die auf den schwereren Körper wirken, sehr gering, und man kann ihn in guter Näherung als ruhend (oder in gleichförmiger Bewegung befindlich) betrachten. Das ist zum Beispiel bei der gravitativen Wechselwirkung von Erde und Sonne aufgrund von $\frac{M_\oplus}{M_\odot} = \frac{5.98 \cdot 10^{24}\,\mathrm{kg}}{1.99 \cdot 10^{30}\,\mathrm{kg}} \approx 3 \cdot 10^{-6}$ der Fall.[a] Wählt man das Koordinatensystem so, dass der Schwerpunkt des schwereren Körpers im Ursprung liegt, so bewegt sich der andere bei der Gravitation unter dem Einfluss der Kraft

$$F(r) = -\nabla V_{\text{grav.}}(r) = -\nabla \left(-\frac{G\,m\,M}{\|r\|} \right) \, .$$

Wird das Koordinatensystem so gewählt, dass die Anfangsgeschwindigkeit in der x-y-Ebene liegt, so wird diese Ebene auch nie mehr verlassen (da keine Kraftkomponente in z-Richtung wirkt bzw. auch notwendigerweise aufgrund der Drehimpulserhaltung ($\Rightarrow$ S. 24)). Der Drehimpuls des Körpers, der aufgrund der Rotationssymmetrie erhalten bleibt, hat in diesem System nur eine Komponente, $L = L_0\,e_z$. Es bietet sich an, hier Zylinderkoordinaten $(\rho, \varphi\,z)$ einzuführen. Die Teilchenbahn wird in diesem Fall durch $r = \rho\,e_\rho$ beschrieben, die Geschwindigkeit ergibt sich zu $v = \dot{r} = \dot{\rho}\,e_\rho + \rho\,\dot{\varphi}\,e_\varphi$. Der Energieerhaltungssatz hat hier die Form

$$\frac{m}{2}\,\dot{r}^2 + \underbrace{\frac{L_0^2}{2m\,\|r\|^2} - \frac{G\,m_1\,m_2}{\|r\|}}_{\text{effektives Potenzial } U(\|r\|)} = E = \text{const.}$$

Dabei wird oft ein *effektives Potenzial* U eingeführt, das sich aus dem Gravitationspotenzial und einem Fliehkraftterm zusammensetzt. Abhängig davon, ob $E < 0$ oder $E \geq 0$ ist, findet man gravitativ gebundene oder freie Körper.

Die bisherige Analyse kann man auch für andere Zentralkräfte durchführen. In den meisten Fällen erhält man für gebundene Körper teils geschlossene, teils aber auch sogenannte *ergodische Bahnen*, in denen ein bestimmter Flächenbereich in hinreichend langer Zeit beliebig dicht von der Kurve ausgefüllt wird. Im Fall des Gravitationsfeldes hingegen sind für $E < 0$ alle Bahnen geschlossen. Die Bahnkurven haben die Form

$$\rho(\varphi) = \frac{p}{1 + \varepsilon\,\varphi} \quad \text{mit} \quad p = \frac{L_0^2}{G m^2 M} \quad \text{und} \quad \varepsilon = \sqrt{1 + \frac{2 E L_0^2}{G^2 m^3 M^2}} \, .$$

Diese Gleichung beschreibt Kegelschnitte: Kreise für $\varepsilon = 0$, Ellipsen für $0 < \varepsilon < 1$, Parabeln für $\varepsilon = 1$ und Hyperbeln für $\varepsilon > 1$. Die Planetenbahnen sind demnach Ellipsen, in deren einem Brennpunkt die Sonne steht (1. Kepler-Gesetz[b]).

Das allgemeine Zwei-Körper-Problem kann durch einen „Trick" auf den schon betrachteten Fall zurückgeführt werden:

Dazu führt man den Relativvektor $r_{12} = r_2 - r_1$ und die *reduzierte Masse* $\mu = \frac{m_1 m_2}{m_1 + m_2}$ ein. Es zeigt sich, dass man so gerade die schon behandelte Form eines Ein-Körper-Problems für ein fiktives Teilchen mit Masse μ und Ort r_{12} erhält. Dessen Lösung ist bereits bekannt. Im *Schwerpunktsystem* der beiden Massen (der gemeinsame Schwerpunkt ruht im Ursprung) erhält man

$$r_1(t) = -\frac{\mu}{m_1}\, r_{12}(t) \qquad \text{und} \qquad r_2(t) = \frac{\mu}{m_2}\, r_{12}(t)\,.$$

Dass sich das Zwei-Körper-Problem auf ein Ein-Körper-Problem reduzieren lässt, liegt an der Ausnutzung von Erhaltungsgrößen. Aufgrund der Symmetrien des Systems stehen hier zehn unabhängige Erhaltungsgrößen, die man in der Mechanik auch oft *Integrale der Bewegung* nennt, zur Verfügung ($\Rightarrow$ S. 32).[c] Ein n-Körper-Problem ist gelöst, wenn $6n$ Integrale der Bewegung bekannt sind. Da zehn schon aus den Symmetrien des Systems folgen, muss man nur noch zwei weitere bestimmen – gerade so viele, wie man bei der Lösung des Ein-Körper-Problems ermitteln muss.

Ganz anders liegt der Fall beim *Drei-Körper-Problem*. Auch hier stehen durch Symmetrien nur zehn Erhaltungsgrößen zur Verfügung, während man bereits 18 Integrale der Bewegung benötigt. Es müssten also noch acht weitere Integrale der Bewegung ermittelt werden. H. Bruns und H. Poincaré zeigten schon gegen Ende des neunzehnten Jahrhunderts, dass dieses Problem nicht allgemein durch Quadratur (d. h. das Ausführen bestimmter Integrale) lösbar ist.[d]

Zwangsbedingungen und virtuelle Verrückungen

Die Newton'schen Bewegungsgleichungen erlauben es uns, die Bewegungen von einem oder mehreren Massepunkten unter der Wirkung vorgegebener Kräfte zu bestimmen. In vielen Fällen kann die Bewegung der Massepunkte aber nicht frei erfolgen, sondern wird durch *Zwangsbedingungen* eingeschränkt. Solche Zwangsbedingungen können einen Massepunkt auf einer Fläche oder Kurve festhalten oder aber – in Form von Ungleichungen – bestimmte Bereiche des Phasenraums ($\Rightarrow$ S. 38) unzugänglich machen.

Die Wirkung dieser Zwangsbedingungen muss sich im Kontext der Newton'schen Mechanik in Kräften widerspiegeln, die von den entsprechenden Führungen oder Hindernissen gemäß *actio = reactio* erzeugt werden. Diese *Zwangskräfte* $\boldsymbol{F}'$ sind im Gegensatz zu den *eingeprägten Kräften* $\boldsymbol{F}$ aber nicht von vornherein bekannt, sondern ergeben sich erst durch die Teilchenbewegungen, müssen also im Prinzip simultan zu den Bahnen bestimmt werden. Für allgemeine Zwangsbedingungen, die ja beliebige Kombinationen von Lage- und Geschwindigkeitskoordinaten, ja sogar von noch höheren Ableitungen nach der Zeit enthalten können, kann die Bestimmung der wechselweise voneinander abhängigen Teilchenbahnen und Zwangskräfte beliebig schwierig werden. J. L. de Lagrange hat eine Methode gefunden, mit der sich zumindest eine wichtige Klasse von Zwangsbedingungen in den Griff bekommen lässt. Es sind die *holonomen* Zwangsbedingungen, d. h. solche, die sich durch Gleichungen allein der Lagekoordinaten x_1 bis x_{n_F} ausdrücken lassen:

$$f_k(x_1, \ldots, x_{n_\mathrm{F}}, t) = 0, \qquad k = 1, \ldots, n_\mathrm{Z} < n_\mathrm{F}. \tag{2.6}$$

Dabei muss die Zahl der unabhängigen Zwangsbedingungen n_Z kleiner sein als die Zahl der Freiheitsgrade n_F, sonst wäre keine Bewegung mehr möglich.

Bei einem Teilchen ist es naheliegend, wie holonome Zwangsbedingungen berücksichtigt werden können. Eine Bedingung der Form (2.6), $f(\boldsymbol{x}, t) = 0$, definiert im Allgemeinen eine Fläche, auf die die Teilchenbewegung eingeschränkt ist.

Die Zwangskraft $\boldsymbol{F}'$ muss normal auf die Fläche wirken, um die Bewegung aus ihr heraus zu verhindern. Daher muss für $\boldsymbol{F}'$ die Beziehung

$$\boldsymbol{F}' = \lambda(t)\, \nabla f$$

mit einem zeitabhängigen Faktor $\lambda(t)$ gelten.

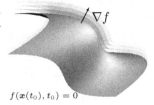

$f(\boldsymbol{x}(t_0), t_0) = 0$

An sich hängt λ natürlich auch von Teilchenort und -geschwindigkeit ab. Da diese aber im Kontext der Newton'schen Mechanik deterministisch aus den Anfangsbedingungen folgen, lassen sich all diese Abhängigkeiten in eine reine Zeitabhängigkeit „verpacken". Zwei Zwangsbedingungen schränken die Bewegung auf eine Kurve ein; die passende Zwangskraft kann stets in der Form $\boldsymbol{F}' = \lambda_1(t)\, \nabla f_1 + \lambda_2(t)\, \nabla f_2$ geschrieben werden.

Ebenfalls mit diesem Formalismus behandeln lassen sich *linear-differenzielle Zwangs-bedingungen*, d. h. Gleichungen, die nur linear in den Geschwindigkeiten sind. In diffe-renzieller Form nehmen sie mit $\mathrm{d}x_k = \dot{x}_k\,\mathrm{d}t$ die Gestalt

$$a_{ik}(x_1, \ldots, x_{n_\mathrm{F}}, t)\,\mathrm{d}x_k + b_i(x_1, \ldots, x_{n_\mathrm{F}}, t)\,\mathrm{d}t = 0 \tag{2.7}$$

an. Die Zwangskraft auf ein Teilchen ($n_\mathrm{F} = 3$) erhält dann die Form $\boldsymbol{F}' = \lambda(t)\,\boldsymbol{a}$, wobei die Bedingung $\boldsymbol{a}(\boldsymbol{x}, t) \cdot \dot{\boldsymbol{x}} + b(\boldsymbol{x}, t) = 0$ die Rolle von $f(\boldsymbol{x}, t) = 0$ als zusätzlicher Bestim-mungsgleichung übernimmt. Analog zu oben lassen sich auch zwei linear-differenzielle Bedingungen behandeln.

Wenn eine Gleichung der Form (2.7) nun zusätzlich die Integrabilitätsbedingungen $\frac{\partial a_{ik}}{\partial x_l} = \frac{\partial a_{il}}{\partial x_k}$ sowie $\frac{\partial a_{ik}}{\partial t} = \frac{\partial b_i}{x_k}$ erfüllt, lässt sie sich (zumindest im Prinzip) sogar zu ei-ner holonomen Zwangsbedingung integrieren. Umgekehrt kann eine holonome Zwangs-bedingung durch Ableiten nach der Zeit stets in die Form (2.7) mit $\boldsymbol{a}_k = \nabla f_k$ und $b_k = \frac{\partial f_k}{\partial t}$ gebracht werden.

Die Gleichung $m\ddot{\boldsymbol{x}} = \boldsymbol{F} + \boldsymbol{F}'$, wobei $\boldsymbol{F}'$ auf eine der obigen Arten zustande kommt, nennt man *Lagrange-Gleichungen erster Art* für ein Teilchen. Für N Massepunkte ist die Argumentation etwas schwieriger, sie benutzt das *Prinzip der virtuellen Verrückun-gen*, das nach J.-B. d'Alembert auch *d'Alembert'sches Prinzip* genannt wird. Virtuelle Verrückungen, meist mit $\delta\boldsymbol{x}_i$ bezeichnet, sind dabei kleine Koordinatenänderungen, die mit den Zwangsbedingungen zur festen Zeit t_0 verträglich sind. Nach d'Alembert gilt für die Zwangskräfte $\boldsymbol{F}'$, die eingeprägten Kräfte $\boldsymbol{F}$ und die virtuellen Verrückungen $\delta\boldsymbol{x}$:

$$\sum_{i=1}^{N} \boldsymbol{F}_i' \cdot \delta\boldsymbol{x}_i = \sum_{i=1}^{N} (m_i\ddot{\boldsymbol{x}}_i - \boldsymbol{F}_i) \cdot \delta\boldsymbol{x}_i = 0\,,$$

in Worten: *Die Zwangskräfte leisten bei virtuellen Verrückungen keine Arbeit.* Aus diesem Prinzip lassen sich die Lagrange-Gleichungen erster Art für ein System von mehreren Massepunkten herleiten:

$$m_i\ddot{\boldsymbol{x}}_i = \boldsymbol{F}_i + \sum_{k=1}^{n_\mathrm{Z}} \lambda_k \boldsymbol{a}_{ki}, \qquad\qquad m_i\ddot{\boldsymbol{x}}_i = \boldsymbol{F}_j + \sum_{k=1}^{n_\mathrm{Z}} \lambda_k \nabla_i f_k, \qquad i = 1, \ldots, N,$$

$$\sum_{\ell=1}^{N} \boldsymbol{a}_{k\ell} \cdot \boldsymbol{x}_\ell + b_k = 0, \qquad\text{bzw.}\qquad f_k(\boldsymbol{x}_1, \ldots, \boldsymbol{x}_N, t) = 0, \qquad k = 1, \ldots, n_\mathrm{Z}\,.$$

Zur Bestimmung von Gleichgewichtslagen kann man auch das *Prinzip der virtuellen Arbeit* benutzen: *Im Gleichgewicht gilt*

$$\sum_{j=1}^{N} \boldsymbol{F}^{(j)} \cdot \delta\boldsymbol{x}^{(j)} = 0\,,$$

d. h. *im Gleichgewicht leisten auch die eingeprägten Kräfte bei virtuellen Verrückungen keine Arbeit.*

Generalisierte Koordinaten und Lagrange-Mechanik

Wir haben gesehen, wie sich bestimmte Arten von Zwangsbedingungen durch eine Modifikation der Bewegungsgleichung behandeln lassen. ($\Rightarrow$ S. 28) Die Lagrange-Gleichungen erster Art können für derartige Probleme sehr nützlich sein. Allerdings erhält man für ein System von N Massepunkten, das n_Z Zwangsbedingungen unterworfen ist, insgesamt $3N + n_Z$ Gleichungen, die zu lösen sind. Die Zwangsbedingungen haben die Zahl der zu lösenden Gleichungen gegenüber der „zwanglosen" Fassung also *erhöht*.

Ebenfalls auf Lagrange geht eine Methode zurück, durch Ausnutzung der Zwangsbedingungen Gleichungen zu *eliminieren* und so ihre Zahl gegenüber dem Fall ohne Zwangsbedingungen auf $n_F = 3N - n_Z$ zu *reduzieren*. Das wird bewerkstelligt, indem dem Problem angepasste Koordinaten eingeführt werden.

Es ist durchaus naheliegend, dass geeignete Koordinaten helfen können, eine Aufgabe zu vereinfachen. Wird die ebene Bewegung eines Teilchens etwa durch eine Zwangsbedingung auf einer Kreisbahn mit Radius R gehalten, so kann man die Bewegung natürlich mit zwei Koordinaten $x_1(t)$ und $x_2(t)$ und der Zwangsbedingung $x_1^2 + x_2^2 = R^2$ beschreiben. Einfacher ist es aber, mit Polarkoordinaten zu arbeiten. Die Zwangsbedingung nimmt dabei die Form $r = R$ an, und es bleibt nur noch der Winkel $\varphi(t)$ ohne weitere Einschränkungen zu bestimmen. Statt zwei Variablen und einer Zwangsbedingung hat man effektiv nur noch eine Variable und keine Bedingung vorliegen.

Analog dazu kann man generell für holonome Zwangsbedingungen *generalisierte Koordinaten* q_k einführen, die mit den ursprünglichen kartesischen Koordinaten über

$$q_k = q_k(x_1, \ldots, x_{n_F}, t), \qquad x_k = x_k(q_1, \ldots, q_{n_F}, t)$$

zusammenhängen. Bei geschickter Wahl der neuen Koordinaten kann sich ein mechanisches Problem wesentlich vereinfachen. Dabei muss man natürlich nicht nur die Koordinaten umschreiben, sondern auch die Kräfte. Diese *generalisierten Kräfte* haben die Form

$$Q_k^{\text{Kraft}} = \sum_{i=1}^{3N} F_i \frac{\partial x_i}{\partial q_k} \qquad \text{mit} \qquad k = 1, \ldots, n_F.$$

Diese haben nicht zwangsläufig die Dimension einer Kraft, so wie die generalisierten Koordinaten q_i nicht die Dimension einer Länge haben müssen. Das Produkt $Q_k^{\text{Kraft}} \delta q_k$ hat allerdings stets die Dimension einer Arbeit, und so lässt sich auch hier ein Prinzip der virtuellen Verrückungen formulieren, mit dem sich die Bewegungsgleichungen herleiten lassen. Diese nehmen die Gestalt

$$\frac{\mathrm{d}}{\mathrm{d}t}\left(\frac{\partial W_{\text{kin}}}{\partial \dot{q}_i}\right) - \frac{\partial W_{\text{kin}}}{\partial q_i} = Q_i^{\text{Kraft}}$$

an.

Die Lagrange-Funktion Besonders wichtig ist der Fall, dass die generalisierten Kräfte aus einem Potenzial abgeleitet werden können: $Q_k^{\text{Kraft}} = -\frac{\partial V}{\partial q_k}$. Dann kann man für eine besonders übersichtliche Darstellung der Bewegungsgleichungen die *Lagrange-Funktion*

$$L(\boldsymbol{q},\, \dot{\boldsymbol{q}},\, t) = W_{\text{kin}}(\boldsymbol{q},\, \dot{\boldsymbol{q}},\, t) - V(\boldsymbol{q},\, t)$$

definieren. Die Bewegungsgleichungen nehmen damit die Form

$$\frac{\mathrm{d}}{\mathrm{d}t}\left(\frac{\partial L}{\partial \dot{q}_i}\right) - \frac{\partial L}{\partial q_i} = 0 \tag{2.8}$$

an (Lagrange-Gleichungen zweiter Art).

Durch Integration der Lagrange-Funktion über die Zeit erhält man die *Wirkung*[a]

$$S[\boldsymbol{q}] = \int_{t_i}^{t_f} L(\boldsymbol{q},\, \dot{\boldsymbol{q}},\, t)\,\mathrm{d}t.$$

Diese Größe erweist sich schon im Rahmen des Variationszugangs zur Mechanik ($\Rightarrow$ S. 36) als wichtig. Ihre wahrhaft fundamentale Bedeutung offenbar sie allerdings erst im Rahmen der Quantenmechanik (Kapitel 7), wo sich die Quantisierung aus der Existenz einer kleinsten Wirkung, des Planck'schen Wirkungsquantums h, ergibt.

Auch für manche geschwindigkeitsabhängigen Kräfte $\boldsymbol{Q}^{\text{Kraft}}$ lässt sich ein *generalisiertes Potenzial* $U(\boldsymbol{q},\, \dot{\boldsymbol{q}},\, t)$ angeben, nämlich dann, wenn sich die Kraft in der Form

$$Q_k^{\text{Kraft}} = \frac{\mathrm{d}}{\mathrm{d}t}\left(\frac{\partial U}{\partial \dot{q}_k}\right) - \frac{\partial U}{\partial q_k}$$

darstellen lässt. In diesem Fall kann man $L = W_{\text{kin}} - U$ setzen und erhält ebenfalls die Bewegungsgleichungen (2.8). Besonders wichtig ist das, um die Lorentz-Kraft, die auf bewegte Ladungen in einem Magnetfeld wirkt, behandeln zu können. Elektromagnetische Felder lassen sich aus den Potenzialen Φ ($\Rightarrow$ S. 50) und $\boldsymbol{A}$ ($\Rightarrow$ S. 64) ableiten, und man erhält für die Bewegung eines Teilchens der Masse m und der Ladung q die Lagrange-Funktion

$$L = \frac{m}{2}\,v^2 - q\,(\Phi - \boldsymbol{A}\cdot\boldsymbol{v}).$$

Zyklische Variablen Anhand von (2.8) erkennt man, dass Variablen besonders nützlich sind, bei denen L nicht explizit von q_i, sondern nur von $\dot{q}_i$ abhängt. Für derartige *zyklische Variablen* ist $\frac{\mathrm{d}}{\mathrm{d}t}\left(\frac{\partial L}{\partial \dot{q}_i}\right) = 0$, d. h. man hat mit $C_i := \frac{\partial L}{\partial \dot{q}_i}$ ein Integral der Bewegung, eine Erhaltungsgröße, gefunden.

Bedeutung des Lagrange-Formalismus Die Bedeutung des Lagrange-Zugangs ist stetig gewachsen und geht weit über die Mechanik hinaus. Insbesondere in Feldtheorien (etwa der Quantenfeldtheorie, Kapitel 11) wird viel mit dem Lagrange-Formalismus gearbeitet. Allerdings verwendet man hier die *Lagrange-Dichte* $\mathcal{L}$, deren Integration über Raum und Zeit die Wirkung liefert: $S = \int \mathcal{L}\,\mathrm{d}^4 x$. Die Definition einer Feldtheorie oder eines Modells erfolgt meist durch Angabe der Lagrange-Dichte.

Symmetrien und das Noether-Theorem

Symmetrien sind eines der Grundprinzipien der Physik – eines, das im Laufe ihrer Entwicklung immer wichtiger wurde und heute in Festkörper- und vor allem Elementarteilchenphysik eine überragende Rolle spielt. Aber was ist überhaupt eine Symmetrie?

Grob gesprochen ist eine Symmetrieoperation etwas, das ein gegebenes System unverändert (invariant) lässt. Betrachten wir etwa ein entlang von Achsen x und y ausgerichtetes, unendlich ausgedehntes quadratisches Gitter mit der Kantenlänge a. Dieses ist invariant gegenüber Verschiebungen (Translationen) um Vektoren $\boldsymbol{v} = m\,a\,\hat{\boldsymbol{e}}_x + n\,a\,\hat{\boldsymbol{e}}_y$ mit $m \in \mathbb{Z}$ und $n \in \mathbb{Z}$. Ebenso ist es (mit geeigneten Drehpunkten) invariant gegenüber Drehungen um 90°, 180° und 270° sowie gegenüber bestimmten Spiegelungen.

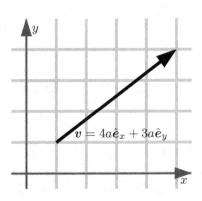

Führt man zwei derartige Symmetrieoperationen hintereinander aus, so erhält man wieder eine Symmetrieoperation. Auch „nichts zu tun" kann als eine spezielle Symmetrieoperation, die Identitätsoperation Id, aufgefasst werden. Zudem gibt es zu jeder Symmetrieoperation S eine Operation S^{-1}, die „in umgekehrter Richtung" wirkt und S gerade ungeschehen macht: $S^{-1}S = \text{Id}$. Da Symmetrieoperationen zudem auch stets assoziativ sind, bilden sie jeweils eine *Gruppe*. Die Gruppe aller Operationen, die ein bestimmtes System invariant lassen, wird als dessen *Symmetriegruppe* bezeichnet.

Man kann natürlich auch ganz allgemein die Gruppe der Translationen, Rotationen, Spiegelungen etc. betrachten. Translationen bilden sogar eine Abel'sche Gruppe (die also auch das Kommutativgesetz erfüllt), ebenso Drehungen in der Ebene. Drehungen im Raum hingegen sind bereits nicht mehr Abel'sch; unterschiedliche Reihenfolge bei Drehungen kann zu unterschiedlichen Resultaten führen (dabei bezeichnen wir mit $R_i(\varphi)$ die Rotation um die positive x_i-Achse um den Winkel φ):

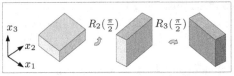 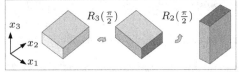

Für viele Gruppen haben sich eigene Namen eingebürgert. Da man Drehungen durch orthogonale Matrizen $\mathbf{M}$ mit Determinante Eins beschreiben kann, bezeichnet man die Drehungen im $\mathbb{R}^n$ als *spezielle orthognale Gruppe*, SO(n). *Speziell* bedeutet hier

$\det \mathbf{M} = 1$; das schließt Drehspiegelungen (orthogonale Matrizen mit $\det \mathbf{M} = -1$) aus. SO(2) ist eine Abel'sche Gruppe, SO(n) mit $n \geq 3$ nicht-Abel'sch.

Wir können zwei Arten von Symmetrien unterscheiden: *kontinuierliche Symmetrien*, die sich aus infinitesimal kleinen Schritten „zusammensetzen" lassen, etwa Drehungen, und *diskrete Symmetrien*, bei denen das nicht der Fall ist, etwa Raumspiegelungen oder Zeitumkehr ($\Rightarrow$ S. 248).

Die große Bedeutung von kontinuierlichen Symmetrien in der Physik beruht zu einem guten Teil auf einem Prinzip, das 1918 von der Mathematikerin Emmy Noether formuliert wurde: *Aus jeder kontinuierlichen Symmetrie folgt die Existenz einer Erhaltungsgröße.*[a]

Zur präzisen Formulierung des *Noether-Theorems* betrachten wir die zeitunabhängige Lagrange-Funktion $L(\boldsymbol{q}, \dot{\boldsymbol{q}})$ ($\Rightarrow$ S. 30) eines holonomen Systems. Nun führen wir die neuen Koordinaten $\widetilde{\boldsymbol{q}}(\boldsymbol{q}, s)$ mit einem kontinuierlichen Parameter s ein, wobei der Zusammenhang zwischen $\boldsymbol{q}$ und $\widetilde{\boldsymbol{q}}$ differenzierbar und umkehrbar ist; zudem wird die Transformation so gewählt, dass $\widetilde{\boldsymbol{q}}(\boldsymbol{q}, 0) = \boldsymbol{q}$ ist. Der Koordinatenwechsel $\boldsymbol{q} \to \widetilde{\boldsymbol{q}}$ stellt die Symmetrietransformation dar. Ist L invariant unter diesem Wechsel, d. h. gilt

$$L(\boldsymbol{q}, \dot{\boldsymbol{q}}) \stackrel{\boldsymbol{q} \to \widetilde{\boldsymbol{q}}}{\equiv} \widetilde{L}(\widetilde{\boldsymbol{q}}, \dot{\widetilde{\boldsymbol{q}}}, s) = L(\widetilde{\boldsymbol{q}}, \dot{\widetilde{\boldsymbol{q}}}), \tag{2.9}$$

so ist

$$I_0(\boldsymbol{q}, \dot{\boldsymbol{q}}) := \sum_{i=1}^{n_{\mathrm{F}}} \frac{\partial L}{\partial \dot{q}_i} \frac{\partial Q_i}{\partial s}\bigg|_{s=0}$$

ein Integral der Bewegung.

Um das Noether-Theorem zu beweisen, leitet man die Gleichung (2.9) nach s ab und nützt aus, dass auch die Langrange-Gleichungen unter der Transformation $\boldsymbol{q} \to \widetilde{\boldsymbol{q}}$ invariant bleiben. So erhält man die Gleichung $\frac{\mathrm{d}}{\mathrm{d}t} \sum_{i=1}^{n_F} \frac{\partial L}{\partial \dot{q}_i} \frac{\partial Q_i}{\partial s} = 0$. Die Größen $I_s := \sum_{i=1}^{n_F} \frac{\partial L}{\partial \dot{q}_i} \frac{\partial Q_i}{\partial s}$ sind demnach Integrale der Bewegung (d. h Erhaltungsgrößen), hängen aber für verschiedene Werte von s voneinander ab, weswegen es ausreicht, für s einen festen Wert zu wählen, naheliegenderweise $s = 0$.[b]

Wichtige Erhaltungsgrößen   Der leere Raum (und damit, wenn man hinreichend große Systeme betrachtet, auch die Physik selbst) ist invariant gegen Zeitverschiebungen, räumlichen Translationen, Drehungen und Boosts (d. h. Wechsel zwischen Inertialsystemen). Die entsprechenden Erhaltungsgrößen sind die *Energie* W, der (lineare) *Impuls* $\boldsymbol{p}$, der *Drehimpuls* $\boldsymbol{L}$ und der *Schwerpunkt* $\boldsymbol{S}$.

Da die drei letzteren Größen jeweils drei Komponenten haben, gibt es für Systeme, die in den leeren Raum eingebettet sind, ingesamt zehn unabhängige Erhaltungsgrößen. Die Zahl der Erhaltungsgrößen hat großen Einfluss darauf, welche Klassen von mechanischen Problemen noch analytisch lösbar sind ($\Rightarrow$ S. 26). Auch die Erhaltung der elektrischen Ladung ist mit einer Symmetrie verknüpft – der Eichinvarianz ($\Rightarrow$ S. 64) der Elektrodynamik.

Hamilton'sche Mechanik

Auf William R. Hamilton geht eine Formulierung der klassischen Mechanik zurück, die in verschiedenen Bereichen (etwa Störungstheorie, statistische Physik, chaotische Systeme ($\Rightarrow$ S. 46)) große Bedeutung hat und auf deren Formalismus auch die moderne Quantenmechanik aufbaut. Ausgangspunkt sind Systeme, die sich durch eine Lagrange-Funktion ($\Rightarrow$ S. 30) beschreiben lassen; die Klasse der behandelbaren Probleme wird also gegenüber dem Langrange-Formalismus zweiter Art nicht erweitert.

Die Lagrange-Funktion L hängt von generalisierten Koordinaten q, generalisierten Geschwindigkeiten $\dot{q}$ und gegebenenfalls der Zeit t ab. Die Grundidee des Hamilton-Formalismus besteht darin, in der Beschreibung statt generalisierter Geschwindigkeiten sogenannte *kanonisch konjugierte Impulse* (oder auch kurz kanonische Impulse) zu verwenden. Diese sind mittels

$$p_i = \frac{\partial L}{\partial \dot{q}_i}$$

definiert. Bei Verwendung kartesischer Koordinaten, $q_i = x_i$, und für eine Lagrange-Funktion der Form $L = \frac{m}{2}\,\dot{\boldsymbol{x}}^2 + U(\boldsymbol{x})$ liefert diese Definition genau den üblichen Impuls. Für allgemeine generalisierte Koordinaten bzw. andere Lagrange-Funktionen haben diese Größen i. A. nicht mehr die Dimension eines Impulses. Das Produkt aus einer generalisierten Koordinate und ihrem kanonisch konjugierten Impuls hat allerdings stets die Dimension einer Wirkung (d. h. Energie · Zeit).

Ausgehend von der Lagrange-Funktion und mit Hilfe der kanonischen Impulse kann man die *Hamilton-Funktion*

$$H(\boldsymbol{q},\boldsymbol{p},t) = \sum_i p_i \dot{q}_i(\boldsymbol{q},\boldsymbol{p},t) - L(\boldsymbol{q},\dot{\boldsymbol{q}}(\boldsymbol{q},\boldsymbol{p},t),t)$$

definieren. Dabei muss vorausgesetzt werden, dass sich die generalisierten Geschwindigkeiten $\dot{q}_i$ eindeutig nach den generalisierten Koordinaten und den kanonischen Impulsen (sowie gegebenenfalls nach der Zeit) auflösen lassen.

Den Übergang zwischen Lagrange- und Hamilton-Formalismus vermittelt eine *Legendre-Transformation*[a] $(\boldsymbol{q},\dot{\boldsymbol{q}},L) \to (\boldsymbol{q},\boldsymbol{p},H)$. Die Hamilton'schen Bewegungsgleichungen nehmen so die Form $\dot{q}_i = \frac{\partial H}{\partial p_i}$, $\dot{p}_i = -\frac{\partial H}{\partial q_i}$ an. Als Matrixdarstellung findet man:[b]

$$\begin{pmatrix} \dot{\boldsymbol{q}} \\ \dot{\boldsymbol{p}} \end{pmatrix} = \begin{pmatrix} 0 & \mathbb{1} \\ -\mathbb{1} & 0 \end{pmatrix} \cdot \begin{pmatrix} \nabla_{\boldsymbol{q}} H \\ \nabla_{\boldsymbol{p}} H \end{pmatrix} .$$

Kanonische Transformationen   Auch im Hamilton-Formalismus gibt es es zyklische Variablen ($\Rightarrow$ S. 30), die eine besonders einfache Lösung mechanischer Probleme erlauben. Ist $\frac{\partial H}{\partial p_i} = 0$, so ist q_i ein Integral der Bewegung; analog gilt das für $\frac{\partial H}{\partial q_i}$ und die Konstanz von p_i. Entsprechend definiert man im Hamilton-Zugang eine Variable q_i als *zyklisch*, wenn H entweder nur von q_i oder nur vom dazu konjugierten Impuls p_i abhängt.

Die Zahl der zyklischen Variablen wird von der Wahl der Koordinaten festgelegt, und man möchte diese Wahl so treffen, dass möglichst viele Koordinaten zyklisch sind. Koordinatenwechsel der Form $Q_i = Q_i(\boldsymbol{q}, \boldsymbol{p}, t)$, $P_i = P_i(\boldsymbol{q}, \boldsymbol{p}, t)$, die die Hamilton'schen Bewegungsgleichungen mit einer transformierten Hamilton-Funktion $\widetilde{H}$ invariant lassen, werden *kanonische Transformationen* genannt.[c]

Eine besonders wichtige Möglichkeit, kanonische Transformationen zu konstruieren, ist die mittels *erzeugender Funktionen*. Allgemein gilt aufgrund des Hamilton'schen Prinzips ($\Rightarrow$ S. 36), dass es zu zwei Sätzen von Koordinaten $(\boldsymbol{q}, \boldsymbol{p})$ und $(\boldsymbol{Q}, \boldsymbol{P})$ mit Hamilton-Funktionen H und $\widetilde{H}$ stets eine Funktion F gibt, die die Gleichung

$$p_k \dot{q}_k - H - \left(P_k \dot{Q}_k - \widetilde{H} \right) = \frac{\mathrm{d}F}{\mathrm{d}t}$$

erfüllt. Wählt man umgekehrt eine Funktion $F(q_i, Q_i)$ der alten und der neuen Koordinaten (und ergänzt diese ggf. noch um den Term $+Q_k P_k$ bzw. $-q_k p_k$), so kann man daraus die Transformationen bestimmen, um Hamilton-Funktion und Bewegungsgleichungen auf $(\boldsymbol{Q}, \boldsymbol{P})$ zu transformieren.

Poisson-Klammern Besonders symmetrisch werden die Bewegungsgleichungen mit Hilfe der *Poisson-Klammern*[d]

$$[u, v]_{\boldsymbol{q}, \boldsymbol{p}} = \sum_{i=1}^{n_{\mathrm{F}}} \left(\frac{\partial u}{\partial q_i} \frac{\partial v}{\partial p_i} - \frac{\partial u}{\partial p_i} \frac{\partial v}{\partial q_i} \right).$$

Mit ihnen erhält man die Bewegungsgleichungen in der Form

$$\dot{q}_i = [q_i, H]_{\boldsymbol{q}, \boldsymbol{p}}, \qquad\qquad \dot{p}_i = [p_i, H]_{\boldsymbol{q}, \boldsymbol{p}}.$$

Die Poisson-Klammern bleiben invariant unter kanonischen Transformationen:

$$[u, v]_{\boldsymbol{q}, \boldsymbol{p}} = [u, v]_{\boldsymbol{Q}, \boldsymbol{P}} \qquad \text{für} \qquad (\boldsymbol{q}, \boldsymbol{p}) \overset{\mathrm{kanon.}}{\longleftrightarrow} (\boldsymbol{Q}, \boldsymbol{P}).$$

Für eine beliebige Funktion F gilt $\frac{\mathrm{d}F}{\mathrm{d}t} = [F, H] + \frac{\partial F}{\partial t}$. Insbesondere heißt das, dass eine Funktion F, die nicht explizit von der Zeit abhängt und für die $[F, H] = 0$ ist, eine Erhaltungsgröße ist.[e]

Hamilton-Jacobi-Theorie Hat man ein System von kanonischen Variablen gefunden, für das alle Variablen zyklisch sind, d. h. für die H immer nur entweder von einer Koordinate q_i oder von ihrem Impuls p_i abhängt, so sind die Bewegungsgleichungen sofort gelöst. Die erzeugende Funktion S_{erz} einer entsprechenden kanonischen Transformation muss die *Hamilton-Jacobi-Gleichung*

$$H\left(\boldsymbol{q}, \nabla_{\boldsymbol{q}} S_{\mathrm{erz}}, t \right) + \frac{\partial S_{\mathrm{erz}}}{\partial t} = 0$$

erfüllen. Kennt man die allgemeine Lösung für S_{erz}, so hat man auch die kanonischen Bewegungsgleichungen gelöst. Allerdings ist die Hamilton-Jacobi-Gleichung eine partielle Differenzialgleichung, und deren allgemeine Lösung zu finden, ist meist ebenfalls sehr schwierig.

Das Hamilton'sche Prinzip

Bahnkurven ergeben sich in der Mechanik als Lösungen der Bewegungsgleichungen. Man kann aber genau die gleichen Trajektorien auch völlig anders charakterisieren, nämlich als Lösungen eines *Variationsproblems*.

Funktionale und Variationsrechnung Variationsaufgaben führen das Konzept von Extremwertaufgaben einen Schritt weiter. In einer Extremwertaufgabe werden jene Argumente gesucht, für die eine Funktion (typischerweise unter Einhaltung von Nebenbedingungen) minimale bzw. maximale Werte annimmt. In einer Variationsaufgabe wird jene Funktion gesucht, für die ein spezielles *Funktional* minimale oder maximale Werte annimmt. Funktionale sind Abbildungen von einem Funktionenraum in einen Zahlenbereich (meist $\mathbb{R}$ oder $\mathbb{C}$). Die Abhängigkeit von den Funktionen wird oft mit eckigen Klammern geschrieben, um die Unterscheidung zwischen Funktionen und Funktionalen zu erleichtern. Ein typisches Funktional wird durch die bestimmte Integration in einem festen Intervall definiert:

$$I_{a,b} : \mathcal{L}_{[a,\,b]} \to \mathbb{R}\,, \qquad I_{a,b}[f] = \int_a^b f(x)\,\mathrm{d}x\,.$$

Der zulässige Definitionsbereich ist hier der Raum $\mathcal{L}_{[a,b]}$ der auf dem Intervall $[a,\,b]$ (Lebesgue-)integrablen reellwertigen Funktionen.[a]

Die Analogie zwischen Extremwert- und Variationsaufgaben geht sehr weit. So, wie man bei differenzierbaren Funktionen Kandidaten für Extremwerte durch Nullsetzen der ersten Ableitung finden kann, sind mögliche Lösungen eines Variationsproblems jene Funktionen f, für die das Funktional F stationär ist.

Das bedeutet, dass die *Variation* δF, d. h. die Änderung von F bei „kleiner" Veränderung der Eingangsfunktion f, verschwindet. Aus der Forderung $\delta F = 0$ kann man einen Satz von äquivalenten Differenzialgleichungen herleiten, die *Euler-Gleichungen*, die jeweils charakteristisch für eine Variationsaufgabe sind.

Variationsaufgaben in der Mechanik Eine klassische Variationsaufgabe aus der Mechanik ist das Problem der *Brachistrochrone*: Wie muss eine Bahn zwischen einem Punkt A und einem tiefer liegenden Punkt B geformt sein, sodass eine Kugel unter alleiniger Wirkung der Gravitation den Punkt B in möglichst kurzer Zeit erreicht?

Es ist naheliegend, dass die geradlinige Verbindung dafür nicht die beste Variante ist.

Eine Bahn, die steiler beginnt, führt zu einer größeren Beschleunigung in der Anfangsphase und kann damit insgesamt eine kürzere Laufzeit liefern.

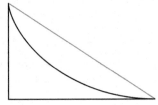

Wie erstmals von J. Bernoulli gezeigt wurde, ist die Kurve, für die die Laufzeit minimal wird, ein Teil einer Zykloide, jenes Typs von Kurve, die ein Punkt am Außenrand eines rollenden Rades beschreibt.

Bewegungsgleichungen aus dem Hamilton'schen Prinzip Nicht nur einzelne mechanische Probleme lassen sich am besten als Variationsaufgaben formulieren, sondern die gesamte Grundstruktur der Lagrange-Mechanik kann aus einem Variationsprinzip, dem *Hamilton'schen Prinzip* hergeleitet werden:

Unter allen prinzipiell möglichen Bahnen q, die ein Teilchen von $x(t_{\mathrm{Anf}}) = x_{\mathrm{Anf}}$ nach $x(t_{\mathrm{End}}) = x_{\mathrm{End}}$ bringen, ist die tatsächlich realisierte Bahn gerade jene, unter der die Wirkung ($\Rightarrow$ S. 30)

$$S[q] = \int_{t_{\mathrm{Anf}}}^{t_{\mathrm{End}}} L(q,\, \dot{q},\, t)\,\mathrm{d}t$$

stationär (üblicherweise minimal) wird: $\delta S[q] = 0$. Die Euler-Gleichungen dieses Variationsproblems sind gerade die Lagrange'schen Bewegungsgleichungen (2.8), die daher auch oft als *Euler-Lagrange-Gleichungen* bezeichnet werden.

Weitere Variationsprinzipien der klassischen Physik In der Mechanik sind noch weitere allgemeine Variationsprinzipien manchmal nützlich, etwa das *Prinzip von Maupertuis*, demzufolge für zeitunabhängige Lagrange- bzw. Hamilton-Funktionen bei fixierter Energie, aber freier Ankunftszeit t_2, das Funktional

$$A[q,\, t_2] = \int_{q_{\mathrm{Anf}}}^{q_{\mathrm{Anf}}} p \cdot \mathrm{d}q = \int_{t_{\mathrm{Anf}}}^{t_2} p \cdot \dot{q}\,\mathrm{d}t$$

für die tatsächliche Bahn stationär wird: $\delta A = 0$.[b]

Doch auch außerhalb der Mechanik haben Variationsprinzipien ihren festen Platz: Beispielsweise ist das Fermat'sche Prinzip[c] der geometrischen Optik ($\Rightarrow$ S. 85), aus dem etwa Reflexions- und Brechungsgesetz folgen, ein Variationsprinzip – Lichtstrahlen nehmen zwischen zwei Punkten den kürzesten (optischen) Weg. Auch die Maxwell-Gleichungen, die im Rahmen der klassischen Physik alle elektromagnetischen Phänomene beschreiben, lassen sich aus einem Variationsprinzip herleiten.

Variationsprinzipien in der Quantenphysik Auch in der Quantenphysik haben Extremalprinzipien, die ähnlich dem Hamilton'schen Prinzip formuliert sind, große Bedeutung. Sie führen zum Pfadintegralformalismus ($\Rightarrow$ S. 166), und auch in Quantenfeldtheorien (Kapitel 11) sind Variationsprinzipien wichtig.

Implikationen des Hamilton'schen Prinzips Man könnte der Versuchung erliegen, das Hamilton'sche Prinzip *teleologisch* zu interpretieren, den Körpern gewissermaßen hellseherische Fähigkeiten zuzusprechen. Immerhin „wählt" ein Körper ja gerade die Bahn, die insgesamt zu einer extremalen Wirkung führt.

Tatsächlich wurde nach der Entdeckung dieses Prinzips die Mechanik von manchen in diese Richtung umgedeutet und das Kausalitätsprinzip als abgelöst betrachtet. Aus dem Hamilton'schen Prinzip lassen sich aber jederzeit die Euler-Lagrange-Gleichungen herleiten, und so sind Kausalität und Lokalität auch in dieser Formulierung der Mechanik implizit stets enthalten.

Konfigurations- und Phasenraum

Der Konfigurationsraum   Die Orte, die für einen Körper (dessen Lage etwa durch die Schwerpunktskoordinaten beschrieben wird) zugänglich sind, werden zu dessen *Konfigurationsraum* zusammengefasst.

Durch Zwangsbedingungen ($\Rightarrow$ S. 28) oder Erhaltungssätze ($\Rightarrow$ S. 32) kann dieser Raum gegenüber dem vollen $\mathbb{R}^3$ eingeschränkt sein. Auch bei Systemen von mehreren Körpern gibt es gewöhnlich für jeden einzelnen Einschränkungen bezüglich des zugänglichen Bereichs. Diese können aber für die verschiedenen Körper durchaus unterschiedlich sein. (Beispielsweise kann innerhalb des gleichen quaderförmigen Raums der Mittelpunkt eines Tischtennisballs mehr verschiedene Positionen einnehmen als der Mittelpunkt eines Fußballs.)

Um den gesamten „Positionsspielraum" des Systems auf systematische Weise zu beschreiben, fasst man formal die Koordinaten aller N Teilchen zu einem Vektor zusammen:

$$\mathcal{X} = (\widetilde{x}_1,\, \widetilde{x}_2,\, \widetilde{x}_3,\, \dots,\, \widetilde{x}_{3N})^\top = (x_{1,1},\, x_{1,2},\, x_{1,3},\, x_{2,1},\, \dots,\, x_{N,3})^\top .$$

Statt N Teilchen im $\mathbb{R}^3$ betrachtet man so *ein* fiktives Teilchen in einem $3N$-dimensionalen Raum. Der Konfigurationsraum ist dann die zugängliche Teilmenge dieses $\mathbb{R}^{3N}$. Fasst man auch die Kräfte analog zu einem $3N$-dimensionalen Vektor $\mathcal{F}$ zusammen, dann erhält die Bewegungsgleichung die Form $\mathcal{M}_{ij}\ddot{\mathcal{X}}_j = \mathcal{F}_i$ mit der Massenmatrix $\mathcal{M} = \operatorname{diag}(m_1,\, m_1,\, m_1,\, m_2, \dots, m_N)$, in der sich jede Masse m_k dreimal wiederholt.

Alle diese Überlegungen lassen sich natürlich von drei auf $d \in \mathbb{N}$ Dimensionen verallgemeinern. Das ist etwa nützlich, wenn sich die Bewegung (etwa aufgrund der Drehimpulserhaltung) ohnehin nur in einer Ebene abspielt. Oft sind auch nicht die kartesischen Koordinaten, sondern andere Größen, etwa Winkel und Relativabstände, zur Beschreibung des Systems zweckmäßig. Meist nimmt dann der Konfigurationsraum eine besonders einfache Gestalt an, wenn man ihn in diesen Koordinaten ausdrückt.

Der Phasenraum   Der Konfigurationsraum erlaubt nur teilweise eine Übersicht über die Bewegungsmöglichkeiten eines Systems, da er nur Orte beinhaltet. Entsprechend ist die Bewegungsgleichung eine Differenzialgleichung zweiter Ordnung; um den Zustand des Systems zu charakterisieren, benötigt man nicht nur den Koordinatenvektor $\mathcal{X}$, sondern auch seine erste Ableitung $\dot{\mathcal{X}}$.

Ein Raum, der eine Übersicht über alle Bewegungsmöglichkeiten des Systems gibt, ist der *Phasenraum*. Dazu fasst man Orte und Impulse (oder Geschwindigkeiten) zu einem Vektor zusammen. Die Bewegungsgleichungen sind dann ein System von Gleichungen erster Ordnung; die Angabe der Position im Phasenraum charakterisiert den Zustand des Systems eindeutig.

Phasenraumportrait des Pendels Als einfaches Beispiel betrachten wir ein starres
Pendel, das als System mit nur einem Massepunkt behandelt wird. Die Bewegung des
Pendels verläuft in einer Ebene, und wenn die Pendellänge konstant ist, genügen ein
Winkel θ und der zugehörige kanonische Impuls $p_\theta = \dot{\theta}$ zur Beschreibung des Systems.

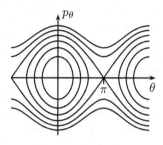

Der Phasenraum ist nur zweidimensional und damit graphisch gut darstellbar, wie rechts gezeigt. Bei kleinen
Ausschläge ist die rücktreibende Kraft näherungsweise
proportional zu θ, und die Bahn im Phasenraum ist nahezu eine Ellipse. Aufgrund der Periodizität im Winkel gibt
es solche Ellipsen jeweils zentriert um die Punkte $p_\theta = 0$,
$\theta = 2n\pi$ mit $n \in \mathbb{Z}$. Bei größeren Ausschlägen kommt es
zu Verzerrungen dieser Ellipsenform.

Hat das Pendel genug Energie, so kann es von $\theta = 0$ bis $\theta = \pi$ hochschwingen und
sich überschlagen. Da der Winkel φ stetig weitergemessen wird, nimmt er mit jedem
Überschlag um 2π zu oder ab, und die Bahn erstreckt sich in θ-Richtung bis ins Unendliche. Die bezüglich θ periodischen Bahnen und solche mit Überschlägen werden
von der *Separatrix* getrennt, die die instabilen Ruhelagen verbindet.[a]

Γ- und μ-Raum Für N Teilchen ist der Phasenraum grundsätzlich $6N$-dimensional;
durch Zwangsbedingungen und Erhaltungssätze kann sich die Zahl der relevanten Dimensionen natürlich reduzieren.

Hat man es mit vielen gleichartigen Teilchen zu tun, zwischen denen keine sehr starke Wechselwirkung herrscht, so benutzt man anstelle dieses sogenannten Γ-Raums oft
eine andere Variante des Phasenraums, den μ-Raum. Dieser wird von den Lagekoordinaten und konjugierten Impulsen eines einzelnen Teilchens gebildet, ist also maximal
6-dimensional. Jedes Teilchen wird nun durch einen Punkt im μ-Raum charakterisiert. Dieser Zugang spielt in der statistischen Physik (Kapitel 5) eine wichtige Rolle,
insbesondere bei der Definition von Verteilungsfunktionen ($\Rightarrow$ S. 108).

Betrachtet man Volumenelemente $\mathrm{d}^3x\,\mathrm{d}^3p$, so wird deren Volumeninhalt von den Hamilton'schen Bewegungsgleichungen ($\Rightarrow$ S. 34) invariant gelassen. Die Zeitentwicklung
kann Volumembereiche zwar verschieben und verformen, nicht aber ihren Volumeninhalt verändern. Das gilt für infinitesimale Volumenelemente, ebenso aber auch für alle
endlichen Phasenraumvolumina.

Das bleibt natürlich auch richtig, wenn man kleine Volumenelemente so wählt, von denen jedes maximal einen
Punkt des betrachteten Systems enthält. Ein Punkt kann
„sein" Volumenelement nie verlassen, und in diesem Sinne
gilt der *Satz von Liouville*: Die „Flüssigkeit" der Phasen-
raumpunkte ist inkompressibel.

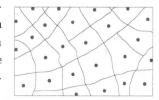

Kontinuumsmechanik deformierbarer Körper

Ebenso wie Massepunkte sind auch starre Körper ($\Rightarrow$ S. 24) nur eine Idealisierung. Reale Körper werden durch angreifende Kräfte deformiert, und es treten Reaktionskräfte auf, die sich im Körper mit Schallgeschwindigkeit ausbreiten. Deformierbare Körper werden ebenso wie Flüssigkeiten und Gase ($\Rightarrow$ S. 42) in der *Kontinuumsmechanik* behandelt.

Zug-, Druck- und Scherspannungen Bezieht man Kräfte auf die Fläche, auf die sie wirken, so spricht man von (mechanischen) *Spannungen*. Wirkt die Kraft in Richtung der Flächennormalen, so spricht man von Zug- bzw. Druckspannungen σ, wirkt sie entlang der Fläche, von Scherspannungen τ. Druck- bzw. Zug- und Scherspannungen kann man zum *Spannungstensor* σ zusammenfassen:

$$\sigma = \begin{pmatrix} \sigma_x & \tau_{xy} & \tau_{xz} \\ \tau_{xy} & \sigma_y & \tau_{yz} \\ \tau_{xz} & \tau_{yz} & \sigma_z \end{pmatrix} .$$

Elastizität in einem einfachen Festkörpermodell Man kann Festkörper grob so beschreiben, dass sich die Kerne der Atome, aus denen er besteht, jeweils im von den Nachbarkernen und den Elektronen erzeugten Potenzial bewegen ($\Rightarrow$ S. 192).

Dieses Potenzial ist typischerweise sehr kompliziert, kann aber für kleine Auslenkungen meist gut durch jenes eines harmonischen Oszillators angenähert werden.
Bei kleinen Auslenkungen wächst die rücktreibende Kraft in guter Näherung linear an, und entsprechend ergibt sich auch insgesamt für kleine Zug- oder Druckspannungen ein lineares Kraftgesetz.

Wirkt auf einen Körper der Länge ℓ eine Spannung σ und verursacht dadurch eine Dehnung $\ell \to \ell + \Delta\ell$, so gilt in diesem *elastischen Bereich* das *Hooke'sche Gesetz*

$$\sigma = E \frac{\Delta\ell}{\ell} . \tag{2.10}$$

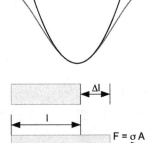

Die materialabhängige Proportionalitätskonstante E heißt *Elastizitätsmodul.*[a]

In ähnlicher Weise gilt bei entsprechend linearem Verhalten für die Verformung durch Scherkräfte die Beziehung

$$\tau = G \tan \gamma_S \tag{2.11}$$

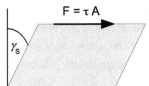

mit dem Scherwinkel γ_S und dem *Schubmodul*[b] G.

Die beiden Größen sind nicht unabhängig, sondern es gilt

$$G = \frac{E}{2(1 + \nu)}$$

mit der *Poisson-Zahl* ν, die das Verhältnis der Längen- zu Durchmesseränderung beschreibt.[c]

Für isotrope Materialen sind E und G skalare Größen. Im allgemeinen werden Verformungen durch den symmetrischen *Verzerrungstensor* ε beschrieben. Als Zusammenfassung und Verallgemeinerung von (2.10) und (2.11) gilt:

$$\tau_{ij} = C_{ijkl}\varepsilon_{kl} \ .$$

C ist ein Tensor vierter Stufe im $\mathbb{R}^3$ und hat damit 81 Komponenten. Aufgrund der Symmetrie von τ und ε könnten maximal 36 Komponenten voneinander unabhängig sein. Um Energieerhaltung zu gewährleisten, muss die Zahl sogar noch kleiner sein, und man findet, dass maximal 21 Komponenten voneinander unabhängig sind. Für isotrope Materialien reduziert sich diese Zahl auf zwei, die sich durch zwei beliebige der elastischen Konstanten E, G und ν parametrisieren lassen.

Verformungen   Werden angreifende Spannungen groß, so werden nichtlineare Effekte wichtig. In diesem Fall kann es sein, dass die Rückkehr nicht mehr in die Ausgangslage, sondern in eine neue Position erfolgt. *Duktile* Materialien (beispielsweise die meisten Metalle) verformen sich, man spricht von *plastischem Fließen*. *Spröde* Materialien (etwa Keramiken) brechen.

Wenn sich die Balken biegen . . .   Wird ein elastischer Balken der Länge L belastet, so biegt er sich unter der angreifenden (Gewichts-)Kraft durch. Sofern die Durchbiegung w nicht zu groß ist, kann sie durch die lineare Differenzialgleichung

$$w''''(x) = -\frac{1}{E\,I_y}\,q(x)$$

beschrieben werden, wobei E der Elasitizitätsmodul, I_y das entsprechende Flächenträgheitsmoment und q die ortsabhängige Gewichtskraft ist. Für diese Differenzialgleichung bietet es sich an, sie mit Hilfe ihrer *Green'schen Funktion* G_0 zu lösen.

Gerade bei der Balkenbiegung versteht man die Idee, die hinter dieser Methode steckt, recht schnell: Man kann jede sinnvolle Kraft q als *Faltung* der Form

$$q(x) = (\delta * q)(x) = \int_0^L \delta(x - y)q(y)\,\mathrm{d}y$$

darstellen. Durch die Linearität der Differenzialgleichung gilt dieser Zusammenhang nicht nur für die Kräfte, sondern auch für die Lösungen w und G_0. Kennt man $G_0(x, y)$, die Lösung für eine punktförmig angreifende Einheitskraft $q_0(x) = \delta(x - y)$, so kann man die Lösung für jede andere Kraft direkt durch Integration bestimmen:[d]

$$w(x) = \int_0^L G_0(x, y)q(y)\,\mathrm{d}y \ .$$

Fluidmechanik

In Flüssigkeiten und Gasen sind – im Gegensatz zur Situation im Festkörper – die Teilchen frei verschiebbar. Bei Flüssigkeiten sind die Kräfte zwischen den Teilchen aber noch immer so groß und die Abstände so klein, dass das insgesamt eingenommene Volumen (fast) konstant ist, während Gase im Normalfall den gesamten ihnen zur Verfügung stehenden Platz einnehmen. Dennoch sind sich Flüssigkeiten und Gase in ihren mechanischen Eigenschaften so ähnlich, dass sie oft unter dem Überbegriff „Fluide" zusammengefasst und in der *Fluidmechanik* gemeinsam behandelt werden.

Druck Durch die Verschiebbarkeit der Teilchen wirken Druckspannungen ($\Rightarrow$ S. 40) auf eine Oberfläche innerhalb des Fluids unabhängig von ihrer Orientierung. Entsprechend hat man es nur mit einer skalaren Größe zu tun, die man einfach *Druck* nennt und mit p (vom engl. *pressure*) bezeichnet. Die SI-Einheit des Drucks ist das Pascal $\mathrm{Pa} = \frac{\mathrm{N}}{\mathrm{m}^2}$, entsprechend der Definition als $\frac{\mathrm{Kraft}}{\mathrm{Fläche}}$.[a]

Der Druck in einem mit (ruhender) Flüssigkeit gefüllten Gefäß in einem homogenen Gravitationsfeld hängt nur vom Außendruck, der Dichte der Flüssigkeit und der Flüssigkeitshöhe ab, nicht aber von der Form des Gefäßes.

Dieses „hydrostatische Paradoxon" ist auch dafür verantwortlich, dass die Flüssigkeit in miteinander verbundenen Gefäßen (abgesehen von Effekten der Benetzung[b]) gleich hoch steht. Es findet zahlreiche Anwendungen, etwa für Hebebühnen. Der höhenabhängige Druckunterschied in einem Fluid ist auch für das Phänomen des *Auftriebs* verantwortlich. Da der Druck auf die Unterseite eines eingetauchten Körpers größer ist als jener auf die Oberseite, ergibt sich netto eine Aufwärtskraft, die der Gravitationskraft des Körpers entgegenwirkt.

Die Bernoulli-Gleichung Herrscht in einem Fluid eine Strömung, so hat das Auswirkungen auf den Druck. Bei der Strömung durch Rohre muss sich aufgrund der Massenerhaltung die Strömungsgeschwindigkeit erhöhen, wenn der Rohrquerschnitt abnimmt. Die kinetische Energie des Fluids nimmt entsprechend zu – diese Energie stammt vom Druck (der ja einen Beitrag zur Energiedichte bildet).

Betrachtet man nur Druck, kinetische Energie und potenzielle Energie in einem homogenen Gravitationsfeld, so lautet der Energieerhaltungssatz, der in dieser Form meist als *Bernoulli-Gleichung* bezeichnet wird:

$$p + \rho \frac{v^2}{2} + \rho\,gh = \text{const} \qquad \text{entlang einer Stromlinie.}$$

Für eine inkompressible Flüssigkeit gilt das nicht nur entlang jeder Stromlinie, sondern auch für die gesamte Strömung. In der Praxis muss man allerdings auch Reibungseffekte berücksichtigen, durch die sich die im Fluid enthaltene mechanische Energie entlang der Stromlinie reduziert.

Kompressibilität Der Hauptunterschied zwischen Flüssigkeiten und Gasen liegt bei fluidmechanischen Betrachtungen in den sehr unterschiedlichen *Kompressibilitäten* $\kappa = -\frac{1}{V}\frac{\mathrm{d}V}{\mathrm{d}p}$. Diese ist für Flüssigkeiten (ebenso wie für Festkörper) sehr klein, typischerweise findet man Werte in der Größenordnung von 10^{-12} bis 10^{-10} Pa^{-1}.

Bei Gasen ist die Kompressibilität deutlich größer. Für ein *ideales Gas* ($\Rightarrow$ S. 90), bei dem Druck p, Volumen V und Temperatur T der Gleichung $\frac{pV}{T}$ = const gehorchen, gilt $\kappa_{\mathrm{isoth}} = \frac{1}{p}$ bzw. $\kappa_{\mathrm{adiab}} = \frac{1}{\gamma_{\mathrm{ad}}\,p}$, je nachdem, ob die Kompression isotherm oder adiabatisch ($\Rightarrow$ S. 90) erfolgt. Analog zum Elastizitäts- und zum Schubmodul verwendet man statt der Kompressibilität κ auch oft den Kompressionsmodul $K = \frac{1}{\kappa}$.

Mathematische Beschreibung der Fluidmechanik In der Fluidmechanik ist man meist daran interessiert, das Geschwindigkeitsfeld $\boldsymbol{v}(\boldsymbol{x},\,t)$ zu bestimmen, entsprechend hat man es mit einer *Feldtheorie* zu tun. Dabei spielen Transportgleichungen ($\Rightarrow$ S. 108), insbesondere die Navier-Stokes-Gleichung, eine zentrale Rolle. Aus der Massenerhaltung folgt, dass für Dichte ρ und Massenstrom $\boldsymbol{j}$ die *Kontinuitätsgleichung*

$$\frac{\partial \rho}{\partial t} + \mathrm{div}\,\boldsymbol{j} = 0$$

erfüllt sein muss, analog zur Kontinuitätsgleichung in der Elektrodynamik.[c] Hat sich in einem reibungsfreien und inkompressiblen Fluid eine stationäre Strömung eingestellt, so gehorcht das Geschwindigkeitsfeld ebenso wie das elektrische Feld im ladungsfreien Raum der Potenzialgleichung $\Delta \boldsymbol{v} = \boldsymbol{0}$. Daher lassen sich solche fluidmechanischen Probleme mit den gleichen Methoden lösen wie elektrostatische ($\Rightarrow$ S. 60), etwa mit Mitteln der Funktionentheorie.

Viskosität Ein Maß für die Wechselwirkung der Teilchen innerhalb eines Fluids und damit für die innere Reibung bzw. die Zähigkeit sind die *dynamische Viskosität* η und die *Volumenviskosität* ζ, die allerdings nur für kompressible Fluide wichtig ist.[d] Die dynamische Viskosität bestimmt zum Beispiel die Ausdehnung von Grenzschichten am Rande eines umströmten Körpers.[e] Auch in das Geschwindigkeitsprofil $v(r)$ und den Fluss Φ durch ein Rohr mit dem Radius R,

$$v(r) = \frac{1}{4\eta}\left(-\frac{\mathrm{d}p}{\mathrm{d}x}\right)\left(R^2 - r^2\right) \quad \rightarrow \quad \Phi = 2\pi \int_0^R v(r)\,r\,\mathrm{d}r = \frac{\pi}{8\eta}\left(-\frac{\mathrm{d}p}{\mathrm{d}x}\right)R^4,$$

(Hagen-Poiseuille-Gesetz) geht die Viskosität ein.[f] In der Technik verwendet man statt η meist die auf die Dichte ρ bezogene *kinematische Viskosität* $\nu = \frac{\eta}{\rho}$.

Dimensionslose Kennzahlen In fluidmechanische Probleme gehen verschiedenartigste physikalische Größen ein. Es zeigt sich aber, dass einige wenige *dimensionslose* Kombinationen dieser Größen ausreichen, um vielfältige Aussagen über die Eigenschaften eines Systems zu treffen. Eine derartige Kennzahl ist die *Reynolds-Zahl* Re $= \frac{v_{\mathrm{fl}}\,L}{\nu}$, wobei v_{fl} die Geschwindigkeit des Fluids und L die charakteristische Ausdehnung des betrachteten Systems ist.[g]

Reibung

Für sehr stark idealisierte Systeme gilt der *mechanische Energiesatz* ($\Rightarrow$ S. 16), d. h. die Summe aus kinetischer und potenzieller Energie ist konstant. Bei realen Bewegungsabläufen wird er nie vollständig erfüllt; stets wird ein Teil der mechanischen Energie in andere Energieformen und letztlich Wärme umgewandelt ($\Rightarrow$ S. 88). Der Mechanismus, über den das meist erfolgt, ist die *Reibung*.

Gleiten eines Körpers auf einer festen Oberfläche Festkörper haben nur in Ausnahmefällen völlig glatte Oberflächen. Gleitet ein Körper auf einem anderen, so sind Verschiebungen und Verformungen der Unebenheiten notwendig. Das kostet Energie, die der Bewegungsenergie des Körpers entnommen und letztlich in die Energie ungeordneter Schwingungen des Festkörpers umgewandelt wird.

Diese Prozesse akkurat zu beschreiben, ist meist nicht einmal möglich, geschweige denn sinnvoll. Entsprechend behilft man sich üblicherweise mit effektiven Modellen. Dazu führt man eine Reibungskraft $\boldsymbol{F}_\mathrm{R}$ ein, die der Bewegung entgegen gerichtet ist. Entsprechend ist das Arbeitsintegral

$$W_\mathrm{R} = \int_\mathrm{Weg} \boldsymbol{F}_\mathrm{R} \cdot \mathbf{d}\boldsymbol{s} = \int_{t_\mathrm{ini}}^{t_\mathrm{fin}} \boldsymbol{F}_\mathrm{R} \cdot \overbrace{\underbrace{\dot{\boldsymbol{x}}(t)}_{<0}}^{=\boldsymbol{v}(t)} \mathrm{d}t$$

negativ: $W_\mathrm{R} < 0$. Mechanische Energie „geht verloren", d. h. steht am Ende der Bewegung nicht mehr für Arbeitsleistung zur Verfügung.

Beim Gleiten eines Körpers auf einem anderen ist die Reibung umso stärker, je größer die *Normalkraft* F_N ist, d. h. die Kraftkomponente normal zur Berührungsfläche. Entsprechend setzt man $F_\mathrm{R} = \mu\, F_\mathrm{N}$ mit dem *Reibungskoeffizienten* μ.

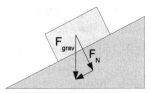

Dabei unterscheiden sich die Koeffizienten von *Haft-* und *Gleitreibung*, μ_HR und μ_GR. Für einen Körper, der bereits in Bewegung ist, ist der Reibungskoeffizient kleiner als für einen, der noch ruht. Der Haftreibungskoeffizient hat eine anschauliche Bedeutung als Tangens jenes Neigungswinkels φ_Grenz, bei dem ein Körper auf einer schräggestellten Fläche zu rutschen beginnt.[a]

Die Rollreibung, die durch $F_\mathrm{R} = \mu_\mathrm{RR}\, F_\mathrm{N}$ beschrieben wird, ist im allgemeinen deutlich schwächer als die Gleitreibung,

$$\mu_\mathrm{RR} \ll \mu_\mathrm{GR} < \mu_\mathrm{HR},$$

was die Sinnhaftigkeit von Kugellagern erklärt. Je nach Situation treten zwischen Festkörpern auch andere Formen von Reibung auf, etwa Bohr- oder Seilreibung.

Reibung bei Bewegung durch ein Fluid   Auch bei der Bewegung eines Körpers durch ein Gas oder eine Flüssigkeit wird Energie auf das Fluid übertragen und letztlich in Wärme umgewandelt; es tritt Reibung auf. (Eine Ausnahme stellen suprafluide Substanzen ($\Rightarrow$ S. 176) dar, durch die hindurch reibungsfreie Bewegung möglich ist.)

Auch bei der Beschreibung der Reibung in einem Fluid greift man meist auf effektive Modelle zurück, $\boldsymbol{F}_R = -F_R(v, \eta, \dots)\,\boldsymbol{e}_v$. Bei langsamen Bewegungen von ausreichend abgerundeten Körpern ist die Kraft etwa proportional zur Geschwindigkeit; man spricht von *Stokes'scher Reibung*. Für die Bewegung einer Kugel mit Radius r durch ein Fluid mit dynamischer Viskosität η ($\Rightarrow$ S. 42) gilt $F_R = 6\pi\,r\,\eta\,v$.

Bei schnellerer Bewegung sowie bei Körpern mit scharfen Kanten ist die Reibungskraft größer. Das Fluid wird verdrängt und dabei etwa auf die Geschwindigkeit v des Körpers beschleunigt. Die dafür notwendige Energie

$$W_{\text{verdr}} \approx \iiint_{V_{\text{verdr}}} \rho_{\text{fluid}}\,\frac{v^2}{2}\,\mathrm{d}V$$

wird nur zum Teil wieder an den Körper zurückgegeben, zum Teil erzeugt sie Turbulenzen innerhalb des Fluids. Deren Bewegungsenergie wird durch *innere Reibung* des Fluids letztlich wiederum in Wärme umgewandelt. Gemäß $W_{\text{verdr}} \sim v^2$ gilt für diese *Newton'sche Reibung* $F_R \sim v^2$.

Man kann die Stokes'sche und die Newton'sche Reibungskraft als die ersten beiden Terme der Taylor-Entwicklung einer allgemeinen Reibungskraft interpretieren:

$$F_R = \underbrace{c_{R,0}}_{=0} + \underbrace{c_{R,1}v}_{=F_{\text{Stokes}}} + \underbrace{c_{R,2}v^2}_{=F_{\text{Newton}}} + c_{R,3}v^3 + \mathcal{O}\left(v^4\right).$$

Praktische Bedeutung von Reibung   Reibungsvorgänge sind von enormer praktischer Bedeutung, und eine ganze Wissenschaftsdisziplin, die *Tribologie*, beschäftigt sich mit ihnen. Einerseits will man Reibungsvorgänge oft ein Minimum reduzieren, etwa durch Verwendung von Schmiermitteln. Andererseits ist Reibung auch oft erwünscht, etwa für den sicheren Halt von Schuhen oder Fahrzeugreifen am Boden.

Auch für die Stabilität von Holzkonstruktionen ist Reibung essentiell: Es ist nicht Aufgabe der Nägel, alle Querkräfte aufzunehmen, dazu wären sie auf Dauer gar nicht in der Lage. Statt dessen vergrößern sie die Normalkraft zwischen den Brettern (oder zwischen Brettern und Balken) und damit die Haftreibung, die die Bretter an Ort und Stelle hält. Auch die Nägel werden durch Reibungskräfte an ihrer Position gehalten.

Dissipation   Reibung führt dazu, dass Energie von makroskopische auf mikroskopische Freiheitsgrade übertragen wird. Das ist im Einklang mit dem Gleichverteilungssatz, demzufolge die verfügbare Energie bestrebt ist, sich möglichst gleichmäßig auf alle Freiheitsgrade aufzuteilen. Alle derartigen Phänome werden unter dem Begriff *Dissipation* zusammengefasst.[b]

Chaotische Systeme

Die Bewegungsgleichungen der Mechanik lassen sich nur für einfache Spezialfälle exakt lösen. Für kompliziertere Situationen, etwa schon das Drei-Körper-Problem ($\Rightarrow$ S. 26) sind Näherungen oder numerische Methoden notwendig. Dieser bedauerliche Umstand ändert allerdings nichts daran, dass die Lösung eines Anfangswertproblems

$$\ddot{\boldsymbol{x}}_i = \tfrac{1}{m_i}\boldsymbol{F}\left(\boldsymbol{x}_1,\,\dot{\boldsymbol{x}}_1,\,\ldots,\boldsymbol{x}_N,\,\dot{\boldsymbol{x}}_N,\,t\right),$$
$$\boldsymbol{x}_i(0) = \boldsymbol{x}_i^{(0)}, \qquad \dot{\boldsymbol{x}}_i(0) = \boldsymbol{v}_i^{(0)} \qquad\qquad i = 1,\ldots,N$$

für physikalische Vorgänge *im Prinzip* eindeutig bestimmt ist. Die Anfangsbedingungen sind allerdings nie mit absoluter Genauigkeit bekannt. Messungenauigkeiten und kleine Störungen, letztlich selbst thermische und quantenmechanische Fluktuationen machen es unmöglich, die Orte $\boldsymbol{x}_i^{(0)}$ und die Geschwindigkeiten $\boldsymbol{v}_i^{(0)}$ der Körper zur Zeit $t = 0$ beliebig genau zu kennen. Welchen Einfluss hat das auf die Lösungen der Bewegungsgleichungen?

Ein System kann robust gegen solche kleinen Störungen sein. In diesem *stabilen* Fall weicht die gestörte Phasenraumbahn von der ursprünglichen stets nur wenig ab. Derartiges Verhalten findet man tatsächlich bei manchen Systemen. Insbesondere lineare Systeme, also solche, deren Bewegungsgleichungen linear sind, haben solches Verhalten. Da lineare Gleichungen meist ausgesprochen gutartiges Verhalten zeigen, gehört Linearisierung in der Physik zum Standardrepertoire. Das kann allerdings zur Meinung verführen, ein derartiges Verhalten sei ohnehin der Normalfall. Tatsächlich findet man aber oft den Fall, dass der Abstand zwischen benachbarten Phasenraumbahnen (bei nicht zu großen Abständen) grob einem Exponentialgesetz gehorcht:

$$\|\Delta\mathcal{X}(t)\| \approx e^{\lambda t}\,\|\Delta\mathcal{X}(0)\| = \Lambda^t\,\|\Delta\mathcal{X}(0)\|\,. \tag{2.12}$$

Ist der *Ljapunov-Exponent* λ größer als null oder äquivalent die *Ljapunov-Zahl* $\Lambda = e^{\lambda}$ größer als eins, so divergieren benachbarte Phasenraumbahnen exponentiell. Selbst winzige Abweichungen wachsen in diesem Fall stark an, bis die gestörte Bahn mit der ursprünglichen nichts mehr zu tun hat. Vorhersagen sind entsprechend nur noch für einen sehr begrenzten Zeitrahmen möglich.[a] Daher nennt man Systeme mit positivem Ljapunov-Exponenten *chaotisch*.

Schon von einfachen Modellsystemen ist bekannt, dass man je nach Wahl der Parametern stabiles oder chaotisches Verhalten finden kann und dass die entsprechenden Bereiche auf sehr komplexe Weise ineinandergreifen können. Das ist rechts für ein diskretes logistisches Populationsmodell (Verhulst-Modell) gezeigt. Die Farben bzw. Graustufen codieren die Ljapunov-Exponenten abhängig von den Modellparametern.[b]

Ein Paradebeispiel für ein chaotisches Verhalten ist das Wetter, und tatsächlich war eine – wenn auch stark vereinfachte – Wettersimulation daran beteiligt, dass chaotische Systeme wieder das Bewusstsein der wissenschaftlichen Gemeinschaft gerückt sind. Ein von E. N. Lorenz 1963 entwickeltes einfaches fluidmechanisches Modell zeigt für bestimmte Parametersätze chaotisches Verhalten.[c]

Systeme lassen sich durch ihren *Attraktor* charakterisieren, d. h. jenen Bereich des Phasenraums, dem sich die Bahn asymptotisch annähert.

Für einen harmonischen Oszillator mit Masse m und Federkonstante D ist der Attraktor die Ellipse

$$\frac{1}{2m}\,p^2 + \frac{D}{2}\,x^2 = W_{\text{ges}} = \text{const}\,,$$

für einen gedämpften Oszillator ist es die Ruhelage $x = 0$, $p = 0$. Der Attraktor eines chaotischen Systems ist wesentlich komplizierter. Man spricht dabei von *seltsamen Attraktoren*, wie rechts für das Lorenz-System dargestellt.

Das chaotische Verhalten von Wettermodellen und wohl auch des Wetters selbst hat als „Schmetterlingseffekt" Eingang in die Populärkultur gefunden. Plakativ formuliert: Der Flügelschlag eines Schmetterlings in Brasilien kann darüber entscheiden, ob später in China ein Wirbelsturm losbricht oder nicht.

Die Existenz, wenn nicht gar Allgegenwart chaotischer Systeme hat dem deterministischen Weltbild einen schweren Schlag versetzt. P.-S. Laplace hatte noch spekuliert, dass ein Wesen (der „Laplace'sche Dämon"), das über den Zustand der Welt zu einem bestimmten Zeitpunkt genau Bescheid wisse, damit auch ihre gesamte Vergangenheit kenne und ihre gesamte Zukunft vorhersagen könne.

Das bleibt zwar im Prinzip auch richtig, wenn Systeme deterministisch chaotisch sind; doch schon kleinste Abweichungen machen in diesem Fall Langzeitprognosen zunichte. Bedenkt man dazu noch, dass aufgrund der quantenmechanischen Unschärfe ($\Rightarrow$ S. 140) nie alle relevanten Anfangsbedingungen mit beliebiger Genauigkeit bekannt sein können, so bricht das „Uhrwerkbild" der Welt zusammen.

Ausblick: Quantenchaos In der Quantenmechanik (Kapitel 7) können Körpern keine klaren Trajektorien zugewiesen werden. Entsprechend lässt sich auch der Begriff „chaotisch" nicht direkt in die Quantenphysik übertragen.

Die Untersuchung von Systemen, die klassisch betrachtet chaotisch sind, im Rahmen der Quantenmechanik offenbart aber auch hier interessante Zusammenhänge und führt auf oft fraktal anmutende Wahrscheinlichkeitsverteilungen, wie rechts für eine Eigenfunktion des „Stadionbillards" gezeigt.

Ein zentrales Ergebnis dieses Zugangs ist die *Gutzwiller'sche Spurformel*, die es erlaubt, das quantenmechanische Verhalten vieler Systeme aus den klassischen periodischen Bahnen aufzubauen.

3 Elektrizität und Magnetismus

Neben der klassischen Mechanik ist die Elektrodynamik der zweite Grundpfeiler der klassischen Physik. Während elektrische, magnetische und optische Effekte getrennt voneinander schon seit der Antike untersucht wurden, wurde erst nach jahrhundertelanger Forschung im 19. Jahrhundert klar, dass alle diese Phänomene auf den gleichen Grundlagen beruhen und sich mit einem einzigen System von Gleichungen beschreiben lassen. Das ist eine der ersten und zugleich elegantesten Vereinheitlichungen in der Physik.

Zugleich sind Elektrizität und Magnetismus von enormer praktischer Bedeutung; so hat sich die gesamte Elektrotechnik aus diesem Zweig der Physik heraus entwickelt, und auch die moderne Informationstechnologie beruht auf der Ausnutzung elektrischer und magnetischer Phänomene zur Abbildung formaler Logik.

Nach einem Überblick über elektrische und magnetische Erscheinungen sowie den Feldbegriff ($\Rightarrow$ S. 50) wenden wir uns dem Themenbereich von Strömen und Induktion ($\Rightarrow$ S. 52) sowie elektrischen Bauelementen ($\Rightarrow$ S. 54) zu, bevor wir die zentralen Gleichungen dieses Kapitels, die Maxwell-Gleichungen ($\Rightarrow$ S. 56), präsentieren und diskutieren. Diese werden bei Anwesenheit von Materie modifiziert, und so beschäftigen wir uns auch mit den vielfältigen Wechselwirkungen zwischen elektrischen oder magnetischen Feldern und Materie ($\Rightarrow$ S. 58).

Die Maxwell-Gleichungen sind in voller Allgemeinheit meist schwierig zu lösen, und so untersucht man oft Spezialfälle, etwa die Elektrostatik ($\Rightarrow$ S. 60), oder versucht, durch Multipolentwicklung ($\Rightarrow$ S. 62) wesentliche Charakteristiken eines Feldes zu finden und einfacher zu beschreiben.

Nicht nur das elektrische Feld lässt sich aus einem Potenzial ableiten, auch für das magnetische Feld ist das möglich ($\Rightarrow$ S. 64), und dieses Vektorpotenzial ist wesentlich, um die Wirkung elektromagnetischer Felder in allgemeineren Theorien zu beschreiben. Die elektromagnetische Wechselwirkung prägt einerseits die gesamte Chemie, andererseits auch jene Form der Materie, in der es keine stabilen chemischen Bindungen mehr gibt, dafür Ionen und freie Elektronen: das Plasma ($\Rightarrow$ S. 66). Ein weiteres zentrales Thema des Elektromagnetismus, nämlich elektromagnetische Wellen, wird im Kontext allgemeiner Wellenphänomene in Kapitel 4 behandelt.

Die Elektrodynamik enthält bereits relativistische Effekte; entsprechend können die Maxwell-Gleichungen im Prinzip unverändert in der Speziellen Relativitätstheorie (Kapitel 9) übernommen werden. Erst die konsequente Berücksichtigung von Quanteneffekten macht eine Erweiterung der Maxwell-Theorie erforderlich.

Elektrische und magnetische Erscheinungen; Felder

Elektrische und magnetische Erscheinungen sind bereits seit dem Altertum bekannt. Beispiele dafür sind die Kraftwirkung, die von mit einem Tuch oder Fell geriebenem Bernstein[a] ausgeht, die Orientierung mittels Kompassen oder Blitze während Gewittern. Allerdings wurden diese Effekte lange isoliert betrachtet; erst nach und nach zeigte sich, dass diese Phänomene eng zusammenhängen, eine Erkenntnis, die in den Maxwell-Gleichungen ($\Rightarrow$ S. 56) ihren Ausdruck fand.

Elektrische Erscheinungen   Zwischen Ladungen wirken Kräfte. Ein Meilenstein in der Untersuchung elektrischer Phänomene war das *Coulomb-Gesetz* für die Kraft zwischen zwei Punktladungen q_1 und q_2. Befinden sie sich im Abstand r voneinander, so gilt ein Kraftgesetz, das formal die gleiche Gestalt wie das Newton'sche Gravitationsgesetz hat:

$$\boldsymbol{F}_{\text{Coul}} = \frac{1}{4\pi\,\varepsilon_0}\,\frac{q_1 q_2}{r^2}\,\boldsymbol{e}_r\,.$$

Im Gegensatz zu Massen können Ladungen positiv oder negativ sein, und so kann das Coulomb-Gesetz sowohl Anziehung (zwischen ungleichnamigen Ladungen, $q_1 q_2 < 0$) und Abstoßung (zwischen gleichnamigen Ladungen, $q_1 q_2 > 0$) beschreiben.

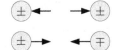

Dass der Faktor $\frac{1}{4\pi}$ explizit in das Kraftgesetz aufgenommen wurde, soll die sphärische Symmerie um eine Punktladung herum ausdrücken.[b] Wie im Gravitationsgesetz kann der $\frac{1}{r^2}$-Abfall geometrisch verstanden werden: Der Fluss durch jede Kugeloberfläche mit Radius r ist gleich groß; da die Oberfläche mit r^2 zunimmt, muss die Kraft mit $\frac{1}{r^2}$ abnehmen. Der prinzipiell willkürlich wählbare Wert der Vakuumpermittivität ε_0 bestimmt die Definition der elektrischen Ladung und damit auch der Elementarladung e ($\Rightarrow$ S. 114). Nur Quotienten der Form $\frac{q_1 q_2}{4\pi\,\varepsilon_0}$ sind mit mechanischen Mitteln messbar.

Untersucht man die Kraft einer Ladungskonfiguration auf eine kleine Probeladung q, so kann man jedem Ort $\boldsymbol{x}$ den Vektor $\boldsymbol{E}(\boldsymbol{x}) = \frac{1}{q}\boldsymbol{F}$ zuordnen. Man erhält also ein *Vektorfeld*, in diesem Fall für die *elektrische Feldstärke* $\boldsymbol{E}$. Im statischen Fall lässt sich dieses Feld immer in der Form $\boldsymbol{E} = -\mathbf{grad}\,\Phi$ mit einem Potenzial Φ darstellen. Für eine Punktladung q im Ursprung erhält man

$$\Phi = \Phi_{\text{Coul}} = \frac{1}{4\pi\,\varepsilon_0}\,\frac{q}{r}\,.$$

Magnetische Erscheinungen   Auf den ersten Blick erscheinen magnetische Kräfte den elektrischen sehr ähnlich. Nord- und Südpol ziehen sich an, gleichnamige Pole stoßen sich ab, und die Feldlinienbilder, die man z. B. mittels Eisenfeilspänen für einen Stabmagneten erhält, sehen nahezu gleich aus wie jene für eine positive und eine negative Ladung.

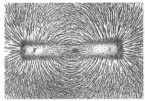

Dennoch ist die tieferliegende Begründung für diese Effekte eine ganz andere: Magnetismus lässt sich stets auf bewegte Ladungen, insbesondere elektrische Ströme zurückführen.[c] Davon unabhängige Quellen magnetischer Felder, sogenannte *Monopole* (im Gegensatz zu den bekannten Dipolen) wurden bislang nicht entdeckt ($\Rightarrow$ S. 134). Auch in einem Permanentmagneten sind sich bewegende Ladungen für den Magnetismus verantwortlich, Nord- und Südpol treten immer gemeinsam auf.

Durch die magnetischen Kräfte ziehen sich stromdurchflossene Leiter an oder stoßen einander ab. Über diesen Effekt wird die magnetische Feldstärke H festgelegt, und auf diesem Effekt beruht die Definition des Ampere im SI als Grundgröße für elektrische Phänomene.

Die entsprechende Proportionalitätskonstante im Kraftgesetz ist dadurch zu

$$\mu_0 = 4\pi \cdot 10^{-7} \, \frac{\text{Vs}}{\text{Am}}$$

festgelegt (Permeabilität des Vakuums).

Magnetfelder, meist durch die magnetische Flussdichte B charakterisiert, werden durch bewegte Ladungen erzeugt – umgekehrt wirken sie auch auf bewegte Ladungen ein.

Die *Lorentz-Kraft* auf eine mit v bewegte Ladung q,

$$F_{\text{L}} = q\,v \times B,$$

steht normal auf der Bewegungsrichtung und verrichtet daher keine Arbeit. Ein geladenes Teilchen in einem homogenen Magnetfeld beschreibt entsprechend eine Kreis- bzw. Helixbahn.

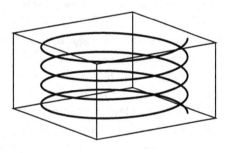

Der Feldbegriff Ein Feld kann man zwar auch für die klassische Gravitation einführen; in der klassischen Mechanik sind aber der Feldzugang und die Beschreibung mittels Fernwirkungen im Wesentlichen gleichwertig. Im Elektromagnetismus wird hingegen sehr viel deutlicher, dass Felder nicht nur mathematische Hilfskonstruktionen sind, sondern ihnen in der Tat direkte physikalische Bedeutung zukommt. Auch fern von elektrischen Ladungen und Strömen haben elektrische und magnetische Felder eine komplexe Dynamik, in der sie sich periodisch ineinander umwandeln – das Grundprinzip hinter der Ausbreitung elektromagnetischer Wellen.[d]

Änderungen der Felder können sich nur mit einer endlichen Geschwindigkeit c ausbreiten, und entsprechend ist das Prinzip der *Lokalität* im Feldzugang fest verankert.

Das Konzept des Feldes hat in der Physik überragende Bedeutung bekommen. Auch die Gravitation wird nun auf Basis von Feldern betrachtet, und so ist der Feldbegriff Grundlage der Allgemeine Relativitätstheorie (Kapitel 10) ebenso wie der Quantenfeldtheorie (Kapitel 11).

Ströme und Induktion

Elektrische Ströme In Metallen, aber auch in ionischen Lösungen gibt es freie Ladungsträger, die durch elektrische Felder in Bewegung gesetzt werden können. Bewegte Ladungen bilden einen Strom I. Im SI ist die Einheit der Stromstärke das Ampere (nach A.-M. Ampère); es handelt sich um eine Basiseinheit, mit deren Hilfe alle anderen elektrischen und magnetischen Einheiten definiert werden.[a]

Oft wird der Strom auf die Querschnittsfläche A bezogen und so die Stromdichte $j = \frac{I}{A}$ definiert. Es bietet sich an, der Stromdichte die Orientierung des Normalenvektors auf die durchflossene Fläche zu geben und sie als Vektorfeld $\boldsymbol{j}$ aufzufassen.

Ohm'sches Gesetz und Widerstand Typischerweise wird ein elektrischer Stromfluss durch ein entsprechendes elektrisches Feld hervorgerufen. Das Feld beschleunigt die Ladungen so lange, bis sich ein Gleichgewicht aus elektrischer Kraft und „Reibungskräften" eingestellt hat.[b] Dabei wird ständig elektrische Energie in *Joule'sche Wärme* umgewandelt.

Im einfachsten Fall gilt dabei das *Ohm'sche Gesetz* $\boldsymbol{j} = \sigma \boldsymbol{E}$ mit der *Leitfähigkeit* σ. Statt der Leitfähigkeit wird oft auch der *spezifische Widerstand* $\rho_{\text{res}} = \frac{1}{\sigma}$ verwendet: $\boldsymbol{E} = \rho_{\text{res}}\boldsymbol{j}$. Integration dieser Beziehung führt auf die Beziehung $U = R\,I$ mit der Spannung $U = \int \boldsymbol{E} \cdot \mathrm{d}\boldsymbol{s}$ (SI-Einheit Volt, V) und dem *Widerstand R*, dessen SI-Einheit das Ohm (Ω) ist. Analog wird die Beziehung auch als $I = G\,U$ mit dem *Leitwert* $G = \frac{1}{R}$ (SI-Einheit Siemens, $1\,\text{S} = 1\,\frac{1}{\Omega}$). Für einen Leiter mit konstantem Querschnitt A und Länge ℓ gilt $R = \rho\,\frac{\ell}{A}$.

Die Beziehung $\boldsymbol{j} = \sigma \boldsymbol{E}$ mit konstanter Leitfähigkeit σ und äquivalente Formulierungen des Ohm'schen Gesetzes gelten nur in einfachsten Fällen. So sind Leitfähigkeit bzw. Widerstand in den meisten Materialien temperaturabhängig. Während in Metallen die Leitfähigkeit mit steigender Temperatur abnimmt (mehr Stöße der Elektronen mit dem Gitter bzw. mit Phononen ($\Rightarrow$ S. 194)), nimmt sie in Halbleitern zu (mehr freie Elektronen und Löcher für den Ladungstransport).

Der Widerstand kann auch von der angelegten Spannung abhängig sein, d. h. korrekterweise müsste man ausgehend von der funktionalen Abhängigkeit $I = I(U)$ den Leitwert G als

$$G(U) = \frac{\mathrm{d}I}{\mathrm{d}U}(U)$$

definieren. Entwickelt man den Strom in eine Taylor-Reihe, so findet man

$$I(U) = \underbrace{G_0}_{=0} + \underbrace{G_1}_{=G(0)} U + G_2 U^2 + G_3 U^3 + \cdots,$$

und für kleine Spannungen reicht es meist aus, den linearen Term zu betrachten.

Bei anisotropen Materialen ist die Leitfähigkeit meist keine skalare Größe, sondern ein Tensor zweiter Stufe, d. h. man findet eine Beziehung der Art $j_i = \sigma_{ik} E_k$. In alle obigen Betrachtungen gehen dann auch noch Richtungsabhängigkeiten ein.

Gleich- und Wechselstrom Aus der Ladungs- und der Energieerhaltung folgen für stationäre Ströme unmittelbar die beiden *Kirchhoff'schen Regeln*, die bei der Analyse komplizierterer Schaltungen sehr nützlich sind:

1. *Knotenregel*: In jedem Verzweigungspunkt eines Leiternetzwerks muss die Summe der zufließenden gleich der Summe der abfließenden Ströme sein (d. h. es können weder Ladungen neu entstehen noch verschwinden).
2. *Maschenregel*: In jeder geschlossenen Masche muss die Summe aller Spannungsabfälle verschwinden (d. h. genau jene Energie, die eingebracht wird, muss auch wieder entnommen werden).

Stationäre Ströme sind üblicherweise gut in Gleichstromnetzen realisiert.[c] Technisch bedeutsamer sind allerdings Wechselstromnetze, in denen sich die Spannung harmonisch ändert, z. B. $U = U_0 \cos(\omega t)$. Diverse Bauelemente ($\Rightarrow$ S. 54) können in Wechselstromnetzen Phasenverschiebungen verursachen, so dass der Strom die Form $I = I_0 \cos(\omega t - \varphi)$ erhält. Das kann man gut im komplexen Formalismus beschreiben, in dem man die Spannung als $U = U_0\, e^{i\omega t}$ ansetzt, mit komplexen Widerständen rechnet und am Ende nur die Realteile der erhaltenen Größen betrachtet.

Magnetische Felder und das Induktionsprinzip Bewegte Ladungen und damit auch fließende Ströme rufen Magnetfelder hervor. Das magnetische Feld B, das durch eine stationäre Stromdichte j erzeugt wird, erhält man aus dem (integrierten) *Biot-Savart-Gesetz*

$$B(r) = \frac{\mu_0}{4\pi} \int_{\mathbb{R}^3} \frac{j(r') \times (r - r')}{|r - r')|^3}\, dr'.$$

Im technischen Kontext wird dieser Effekt etwa in Elektromagneten und darauf aufbauend zum Bau von Elektromotoren ausgenutzt. Dort wird er nach Möglichkeit noch mittels ferromagnetischer Materialien ($\Rightarrow$ S. 58) verstärkt.

Umgekehrt kann man durch sich zeitlich ändernde Magnetfelder elektrische Ströme erzeugen – man spricht dabei von *Induktion*.[d] Eine solche zeitliche Änderung des wirksamen Magnetfelds kann auch dadurch erfolgen, dass sich der Leiter im Magnetfeld bewegt, z. B. indem sich eine Leiterschleife im B-Feld dreht. Das ist das Prinzip des Generators, aber auch der Wirbelstrombremse.

Zeitlich veränderliche Ströme erzeugen zeitlich veränderliche Magnetfelder, die wiederum Ströme hervorrufen. Im gleichen Leiter sind diese Ströme den ursprünglichen entgegen gerichtet (ansonsten würde es ja zu einer unbeschränkten Selbstverstärkung kommen). Durch diese *Lenz'sche Regel* haben Spulen ($\Rightarrow$ S. 54) in Wechselstromnetzen Trägheitscharakter.

Auf Strömen, die magnetische Felder erzeugen, die wiederum Ströme induzieren, beruht der Transformator, der die Spannung von Wechselstrom verändern kann. Auch andere technische Gerätschaften beruhen auf diesem Prinzip, etwa Induktionsherde, bei denen der sekundärseitige Strom direkt Joule'sche Wärme erzeugt.

Elektrische Bauelemente und Messtechnik

In Elektrotechnik und Elektronik kommen verschiedenste Bauelemente zum Einsatz, zu den grundlegendsten zählen Widerstände, Kondensatoren und Spulen.

Widerstände sollen, wie der Name schon suggeriert, einen Ohm'schen Widerstand darstellen, d. h. idealerweise bis auf einen genau definierten Widerstand R keine weiteren Einflüsse haben. Üblicherweise sind Widerstände mit farbigen Ringen codiert, manchmal ist auch der Widerstandswert direkt aufgedruckt. Sie dienen etwa zur Strombegrenzung oder als Spannungsteiler.

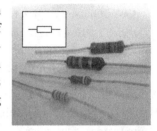

Kondensatoren dienen als Ladungsspeicher, im einfachsten Fall werden sie durch zwei voneinander isolierte Metallplatten realisiert. Ihr Hauptcharakteristikum ist die Kapazität $C = \frac{Q}{U}$, deren SI-Einheit das Farad ist. Da $1\,\mathrm{F} = 1\,\frac{\mathrm{C}}{\mathrm{V}}$ für praktische Belange eine zu große Einheit ist, werden Kapazitätsangaben für gängige Kondensatoren meist in Piko- oder Nano-Farad gemacht.[a]

Spulen werden meist aufgrund ihrer magnetischen (Selbstwechsel-)Wirkung verwendet und durch ihre Induktivität L charakterisiert. Zwei magnetisch gekoppelte Spulen sind das zentrale Element des Transformators (der zur Veränderung der Spannung bei Wechselstrom dient), aber schon eine einzelne Spule beeinflusst die Phasenverschiebung zwischen Strom und Spannung.

Daneben gibt es noch zahlreiche weitere Bauelemente oder Modifikationen der oben angeführten. So können mechano-, photo-, thermo- und magnetoelektrische Effekte ($\Rightarrow$ S. 206) genutzt werden, um Widerstände zu erzeugen, deren Widerstandswert von Druck, Dehung, Lichteinstrahlung, Temperatur oder herrschendem Magnetfeld abhängt und die oft als zentrales Element eines entsprechenden Sensors dienen.

Die Impedanz   Kondensatoren und Spulen verändern im instationären Fall die Beziehung zwischen Strom und Spannung. Ein Kondensator wird durch fließenden Strom erst allmählich ge- oder entladen, entsprechend folgt die Spannung dem Strom erst verzögert nach. Andererseits wird in einer Spule gemäß der Lenz'schen Regel ($\Rightarrow$ S. 52) bei beginnendem Stromfluss ein magnetisches Feld aufgebaut, dessen Induktionswirkung dem erzeugenden Strom entgegen gerichtet ist, den Strom also „hemmt". Dafür erhält der Induktionseffekt den Stromfluss noch über die Wirkung der äußeren Spannung hinaus aufrecht. Entsprechend eilt die Spannung bei Spulen dem Strom voraus.

Benutzt man die komplexe Schreibweise[b] $U(t) = U_0 e^{i\omega t}$, $I(t) = I_0 e^{i(\omega t - \varphi)}$, so kann man die Wirkung von Ohm'schen Widerständen, Kondensatoren und Spulen durch die *Impedanz* (den komplexen Widerstand)

$$Z = \frac{U}{I} = \frac{U_0}{I_0} e^{i\varphi} = R + iX$$

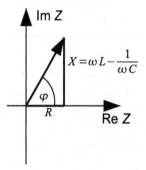

beschreiben. Der Realteil der Impedanz ist der Ohm'sche Widerstand R der Schaltung. Für den Imaginärteil X, der oft als Blindwiderstand bezeichnet wird, ergibt sich bei Anwesenheit einer Spule mit Induktivtät L bzw. eines Kondensators mit Kapazität C

$$X = X_L = \omega L > 0, \qquad X = X_C = -\frac{1}{\omega C} < 0.$$

Bei Anwesenheit von Kondensatoren und Spulen heben sich ihre Wirkungen zum Teil auf. Abhängig von der Gesamtinduktivität, den Kapazitäten und der Frequenz ω kann X und damit auch die Phasenverschiebung φ positiv oder negativ sein.[c]

Elektrische Messtechnik Messungen von elektrischen Eigenschaften werden meist auf Kraftmessungen zurückgeführt, etwa auf die Messung der Kraft zwischen zwei durch Stromfluss magnetisierten Eisenstücken (Dreheiseninstrumente) oder zwischen zwei stromdurchflossenen Spulen (Drehspulinstrumente).

Je nachdem, welche Größe gemessen werden soll, müssen die Messgeräte allerdings sehr unterschiedlich gehandhabt werden: Ist man am Strom interessiert, so soll möglichst der gesamte Strom durch das Messgerät fließen und durch dessen Eigenwiderstand so wenig wie möglich verändert werden. Ein *Amperemeter* muss also einen sehr geringen Innenwiderstand haben und in Serie geschaltet werden. Geht es um die Spannung, so muss das Messgerät parallel geschalten werden und sollte dabei den Spannungsabfall möglichst wenig beeinflussen. Entsprechend muss ein *Voltmeter* einen sehr hohen Innenwiderstand haben. Heute sind für viele Zwecke elektronische Multimeter gebräuchlich, deren Modus zwischen Strom-, Spannungs- und Widerstandsmessung umgeschaltet werden kann. Auch bei diesen ist aber auf die je nach Messgröße richtige Schaltung, parallel oder in Serie, zu achten.

Ist man am zeitlichen Verlauf eines elektrischen Signals interessiert, so ist das klassischen Messgerät dafür das *Oszilloskop*, in dem ein Elektronenstrahl durch elektrische Felder abgelenkt wird und auf einen Fluoreszenzschirm trifft.

Elektronik Komplexere elektrische Schaltungen fallen in den Bereich der Elektronik, die durch die Halbleitertechnik nahezu allgegenwärtig geworden ist. Halbleiterbasierte Elemente wie Dioden oder Transistoren können extrem miniaturisiert gebaut werden – die Grundlage der Chip- und damit der Computertechnik.[d]

Die Maxwell-Gleichungen

Wie elektrische und magnetische Felder durch Ladungen (mit Dichte ρ_{el}) und Ströme (mit Dichte j) erzeugt werden und wie sie sich durch zeitliche Veränderung gegenseitig hervorbringen, wird vollständig durch die *Maxwell-Gleichungen* beschrieben. Diese lassen sich besonders elegant mit den Mitteln der Vektoranalysis formulieren, also mit Differenzialoperatoren, Kurven- und Flächenintegralen.

Im Prinzip käme man zur Beschreibung elektromagnetischer Phänomene mit je einer Art von Feld für elektrische bzw. magnetische Phänomene (konventionell werden dazu meist E und B gewählt) und den Konstanten ε_0 und μ_0 aus. Um aber Beeinflussung elektromagnetischer Felder durch Materialien auf einfache Weise zu beschreiben, führt man meist noch zwei weitere Felder (dann D und H) ein:

$$D = \varepsilon_{r}\varepsilon_0 E \qquad \text{und} \qquad H = \frac{1}{\mu_{r}\mu_0}B\,.$$

Dabei sind relative Permittivität ε_{r} und relative Permeabilität μ_{r} materialabhängige Größen $(\Rightarrow S.58)$. Diese haben im Prinzip Tensorcharakter und sind bei manchen Materialien auch vom Betrag der Feldstärken abhängig, z. B. $D_i = \varepsilon_0\varepsilon_{ij}^{(r)}(E^2, B^2)E_j$. Oft können ε_{r} und μ_{r} aber einfach als skalar und konstant behandelt werden.

Die Maxwell-Gleichungen können differenziell, d. h. in einer für den Raumpunkt lokal gültigen Form geschrieben werden.[a] Ebenso kann man sie in Integralform angeben, womit ein ganzer Raumbereich B (mit Oberfläche ∂B) oder eine ganze Fläche F (mit Randkurve ∂F) betrachtet wird:

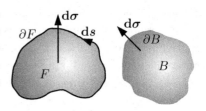

	differenzielle Form	*Integralform*

$$\begin{array}{llll}
\text{(I)} & \operatorname{div} D = \rho_{el}, & \displaystyle\oiint_{\partial B} D \cdot d\sigma = Q,\\[2ex]
\text{(II)} & \operatorname{rot} E + \dfrac{\partial B}{\partial t} = 0, & \displaystyle\oint_{\partial F} E \cdot ds + \dfrac{\partial \Phi}{\partial t} = 0,\\[2ex]
\text{(III)} & \operatorname{div} B = 0, & \displaystyle\oiint_{\partial B} B \cdot d\sigma = 0,\\[2ex]
\text{(IV)} & \operatorname{rot} H - \dfrac{\partial D}{\partial t} = j, & \displaystyle\oint_{\partial F} H \cdot ds - \dfrac{\partial}{\partial t}\iint_{F} D \cdot d\sigma = I.
\end{array}$$

Der Übergang von der differenziellen zur Integralform erfolgt mittels Integration über B bzw. F; dabei kommen die Integralsätze von Gauß und Stokes zum Einsatz. In der Integralform werden die Gesamtladung Q im Raumbereich von B sowie der gesamte magnetische Fluss Φ und der gesamte Strom I durch die Fläche F definiert:

$$Q = \iiint_{B} \rho_{el}\, dx\,, \qquad \Phi = \iint_{F} B \cdot d\sigma\,, \qquad I = \iint_{F} j \cdot d\sigma\,.$$

Als Integrabilitätsbedingung ergibt sich (aus $\frac{\partial (\mathrm{I})}{\partial t} + \mathrm{div}\,(\mathrm{IV})$) die Kontinuitätsgleichung

$$\frac{\partial \rho_{\mathrm{el}}}{\partial t} + \mathrm{div}\,\boldsymbol{j} = 0$$

(d. h. Ladungserhaltung). Ein Strom kann nur dadurch erzeugt werden, dass irgendwo Ladungen zu- oder abfließen, daher muss eine positive Quelldichte für $\boldsymbol{j}$ von einer entsprechenden Abnahme der Ladungsdichte ρ_{el} begleitet werden.

Ströme werden typischerweise durch elektrische Felder verursacht, d. h. es gibt meist einen direkten Zusammenhang zwischen elektrischem Feld $\boldsymbol{E}$ und Stromdichte $\boldsymbol{j}$. Im einfachsten Fall ist das das Ohm'sche Gesetz $\boldsymbol{j} = \sigma \boldsymbol{E}$ mit konstanter spezifischer Leitfähigkeit σ. Dabei handelt es sich schon um einen statistischen Zusammenhang, der sich aus der Reibungskraft auf bewegte Ladungsträger herleiten lässt und im Gegensatz zu den Maxwell-Gleichungen nicht mehr zeitumkehr-invariant ist.

Die Wirkung der Felder auf geladene Teilchen wird allgemein durch das Kraftgesetz

$$\boldsymbol{F} = q\,(\boldsymbol{E} + \boldsymbol{v} \times \boldsymbol{B})$$

beschrieben. Nur für $\|\boldsymbol{v}\| \ll c$ darf dieser Ausdruck aber direkt gleich $m\ddot{\boldsymbol{x}}$ gesetzt werden, ansonsten (etwa bei Berechnungen für leistungsfähigere Teilchenbeschleuniger ($\Rightarrow$ S. 126)) muss man die relativistisch modifizierte Mechanik verwenden.

Im Vakuum gilt $\rho_{\mathrm{el}} = 0$ und $\boldsymbol{j} = \boldsymbol{0}$, zudem hat man zwischen den Feldern die einfachen Zusammenhänge $\boldsymbol{D} = \varepsilon_0 \boldsymbol{E}$ und $\boldsymbol{H} = \frac{1}{\mu_0}\boldsymbol{B}$. Die differenziellen Maxwell-Gleichungen vereinfachen sich damit zu:

$$\mathrm{div}\,\boldsymbol{E} = 0\,, \qquad \mathbf{rot}\,\boldsymbol{E} + \frac{\partial \boldsymbol{B}}{\partial t} = \boldsymbol{0}\,, \qquad \mathrm{div}\,\boldsymbol{B} = 0\,, \qquad \frac{1}{\varepsilon_0 \mu_0}\,\mathbf{rot}\,\boldsymbol{B} - \frac{\partial \boldsymbol{E}}{\partial t} = \boldsymbol{0}\,.$$

Bildet man nun die Rotation der zweiten bzw. der vierten Gleichung und benutzt die Identität

$$\mathbf{rot\,rot}\,\boldsymbol{V} = \mathbf{grad}\,\underbrace{\mathrm{div}\,\boldsymbol{V}}_{=\,0\,\text{für}\,\boldsymbol{V}=\boldsymbol{E}\,\text{(im Vakuum) oder}\,\boldsymbol{V}=\boldsymbol{B}} - \Delta \boldsymbol{V}\,,$$

so sieht man, dass elektrisches und magnetisches Feld jeweils einer Wellengleichung mit Ausbreitungsgeschwindigkeit $c = c_0 = \frac{1}{\sqrt{\varepsilon_0 \mu_0}}$ gehorchen:

$$\Delta \boldsymbol{E} - \frac{1}{c^2}\frac{\partial^2 \boldsymbol{E}}{\partial t^2} = \boldsymbol{0}\,, \qquad \Delta \boldsymbol{B} - \frac{1}{c^2}\frac{\partial^2 \boldsymbol{B}}{\partial t^2} = \boldsymbol{0}\,.$$

Die Ausbreitungen von elektrischem und magnetischem Feld ist dabei aber nicht unabhängig voneinander. Grob gesprochen liegt ein elektrisches Feld vor, das zusammenbricht, dadurch gemäß (IV) ein magnetisches Feld erzeugt, das bei seinem Zusammenbrechen wiederum gemäß (II) ein elektrisches Feld verursacht usw. Der Energiefluss der Welle wird dabei durch den *Poynting-Vektor* $\boldsymbol{S} = \boldsymbol{E} \times \boldsymbol{H}$ beschrieben.

Solche *elektromagnetischen Wellen*[b] umfassen sichtbares Licht und Radiowellen ebenso wie Röntgen- und Gammastrahlung ($\Rightarrow$ S. 78). Sie existieren natürlich nicht nur im Vakuum, sondern auch in vielen anderen Medien ($\Rightarrow$ S. 58), dabei reduziert sich die Lichtgeschwindigkeit allerdings zu $c_{\mathrm{mat.}} = \frac{c_0}{\sqrt{\varepsilon_{\mathrm{r}}\mu_{\mathrm{r}}}}$.

Dielektrika und magnetische Materialien

Im Vakuum hängen jeweils die beiden Felder E und D bzw. B und H gemäß

$$H = \frac{1}{\mu_0} B, \qquad D = \varepsilon_0 E$$

zusammen. Die Anwesenheit von Materialien verändert diese Zusammenhänge – tatsächlich wurde der doppelte Satz von Feldern überhaupt eingeführt, um auch Materialeinflüsse auf einfache Weise beschreiben zu können.

Jedes Material enthält Ladungsträger, die natürlich die Wirkung äußerer Felder spüren. In einem Metall sind die Elektronen so gut wie frei beweglich, und sie werden sich rasch so positionieren, dass die Wirkung äußerer elektrischer Felder völlig abgeschirmt ist ($\Rightarrow$ S. 60).

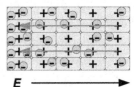

In einem Isolator hingegen sind Ladungsträger nicht frei beweglich, sie können sich aber immer noch ein wenig verschieben. Unter Einfluss eines äußeren Feldes erfolgt das im Normalfall so, dass das entstehende (schwächere) Feld dem erzeugenden äußeren direkt entgegen gerichtet ist.

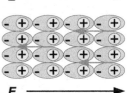

Aufgrund dieser Abschwächungen wird ein isolierendes Material auch als *Dielektrikum* bezeichnet. Die *Polarisation* P ist einfachsten Fall parallel zum äußeren elektrischen Feld, $P = \varepsilon_0 \chi_{el} E$, mit der materialabhängigen *elektrischen Suszeptibilität* χ_{el}. Damit ergibt sich:

$$D = \varepsilon_0 E + P = \varepsilon_0 \left(1 + \chi_{el}\right) E = \varepsilon_0 \varepsilon_r \, E.$$

Bis auf den Faktor ε_0 hat D die Rolle jenes E-Feldes, das ohne Anwesenheit des Isolators herrschen würde. Das reale E-Feld ist durch die Polarisation der Ladungsträger und das resultierende Gegenfeld kleiner, als es im Vakuum wäre.

Die Materialkonstante $\varepsilon_r = 1 + \chi_{el}$ wird als *relative Permittivität* (in älterer Literatur auch als „relative Dielektrizitätskonstante") bezeichnet. Allerdings sind χ und ε_r nur für isotrope Materialien skalare Größen, im Allgemeinen besitzen sie Tensorcharakter und können von der Feldstärke (sowie möglicherweise noch anderen Größen wie Druck oder Temperatur) abhängig sein: $P_i = \varepsilon_0 \chi_{ij}^{(el)}(E, \ldots) E_j$.

Die Polarisation, die sich bei der Anwesenheit äußerer elektrischer Felder ausbildet, kann in speziellen Materialien erhalten bleiben, man spricht dann von einem *Elektret*. Ein solches kann man zum Beispiel herstellen, indem die Schmelze eines gut polarisierbaren Materials ($\varepsilon_r \gg 1$) in einem starken Feld bis zur Erstarrung abgekühlt wird. Die Beweglichkeit der Ladungsträger ist im festen Zustand viel geringer, die Polarisation bleibt entsprechend auch ohne äußeres Feld erhalten („wurde eingefroren").

Allerdings wird ohne entsprechende Abschirmung das Feld eines Elektrets im Lauf der Zeit durch freie Ladungen, die sich darauf ansammeln, ausgeglichen.

Auch magnetische Felder können mit Materie in Wechselwirkung treten, und die möglichen Effekte sind hier noch deutlich vielfältiger als im elektrischen Fall. Die wirksamen magnetischen Momente stammen dabei vom Bahndrehimpuls sowie insbesondere dem Spin ($\Rightarrow$ S. 154) ungepaarter Elektronen.[a]

Klassisch ist die Vielfalt der magnetischen Erscheinungen allerdings nicht zu verstehen, denn Magnetismus ist ein zutiefst quantenmechanisches Phänomen ($\Rightarrow$ S. 156). Dabei treten zwei entgegengesetzte Effekte auf:

Diamagnetismus ist stets vorhanden, durch ihn wird das äußere Feld abgeschwächt. Oft wird er allerdings von *Paramagnetismus* überlagert, der Verstärkung der externen Felder durch die magnetischen Momente innerhalb der Materie.

Setzt man analog zum elektrischen Fall

$$B = \mu_0 \left(1 + \chi_{\mathrm{m}}\right) H = \mu_0 \mu_{\mathrm{r}} \, H,$$

mit der *magnetischen Suszeptibilität* χ_{m} und der *relativen Permeabilität* μ_{r}, so zeichnen sich Diamagnete durch $\chi_{\mathrm{m}} < 0$, Paramagnete durch $\chi_{\mathrm{m}} > 0$ aus.

Ferromagnetismus und verwandte Effekte In Paramagneten richten sich die magnetischen Momente zwar bevorzugt in Richtung des äußeren Feldes aus, allerdings unabhängig voneinander. Solange das äußere Feld schwach ist, gibt es nur einen kleinen Überschuss an „günstig" ausgerichteten Momenten und entsprechend nur eine geringe Verstärkung des Feldes.

Ganz anders sieht es aus, wenn eine starke Kopplung der benachbarten magnetischen Momente untereinander vorhanden ist ($\Rightarrow$ S. 202). In derartigen *ferromagnetischen* Materialien bilden sich Bereiche aus, in denen fast alle magnetischen Momente parallel ausgerichtet sind. Diese *Weiss'schen Bezirke* sind im Normalfall unterschiedlich orientiert, wodurch sich die Wirkung der magnetischen Momente makroskopisch aufhebt.

Wird allerdings ein externes magnetisches Feld angelegt, so verschieben sich die sogenannten *Bloch-Wände* zwischen den Bezirken. Die in Richtung des Feldes orientierten Bezirke wachsen auf Kosten der benachbarten. Bei höheren Feldstärken kommt es auch zum spontanen Umklappen ganzer Bezirke, den *Barkhausen-Sprüngen*.

Die Ausrichtung der Weiss'schen Bezirke bleibt auch erhalten, wenn das äußere Feld nicht mehr vorhanden ist – darauf beruht der Effekt des *Permanentmagnetismus*.[b] Makroskopische Magnetisierung verschwindet allerdings oberhalb der materialabhängigen *Curie-Temperatur* T_{C} – ein Phasenübergang 2. Ordnung ($\Rightarrow$ S. 106).

Verwandt mit dem Ferromagnetismus sind *Antiferromagnetismus* und *Ferrimagnetismus*. Auch hier sind benachbarte magnetische Momente gekoppelt, allerdings so, dass sie sich entgegengesetzt ausrichten. Es entstehen zwei entgegengesetzte ferromagnetische Untergitter, deren Wirkungen sich ganz bzw. teilweise aufheben.[c]

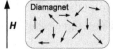

Elektrostatische Grundaspekte

Für viele Zwecke ist es ausreichend, das Wechselspiel von Ladungen und elektrischen Feldern für den zeitunabhängigen und stromfreien Fall zu betrachten. Magnetische Felder fallen damit vollkommen aus den Überlegungen heraus, und die relevanten Maxwell-Gleichungen ($\Rightarrow$ S. 56) vereinfachen sich zu

$$\operatorname{div} \boldsymbol{D} = \rho_{\mathrm{el}}\,, \qquad\qquad \operatorname{rot} \boldsymbol{E} = \boldsymbol{0}\,.$$

Im einfachsten Fall betrachtet man eine feste Ladungsverteilung ρ_{el} in einem homogenen isotropen Medium mit Permittivität $\varepsilon = \varepsilon_0 \varepsilon_{\mathrm{r}}$. In diesem Fall gilt für das elektrische Potenzial ϕ die *Poisson-Gleichung*:

$$\Delta\phi = -\frac{\rho_{\mathrm{el}}}{\varepsilon}\,.$$

Dafür ist die *Green'sche Funktion* (d. h. die Lösung für eine punktförmige Quelle) bekannt. Entsprechend ist die Bestimmung des Potenzials eine reine Integrationsaufgabe:

$$\phi(\boldsymbol{x}) = \frac{1}{4\pi\,\varepsilon} \int_{\mathbb{R}^3} \mathrm{d}\boldsymbol{x}'\, \frac{\rho_{\mathrm{el}}(\boldsymbol{x}')}{|\boldsymbol{x}-\boldsymbol{x}'|}\,.$$

Das $\boldsymbol{E}$-Feld kann im Anschluss durch Gradientenbildung bestimmt werden.

Grenzflächen An Grenzflächen können sich die elektrischen Eigenschaften von Medien ändern; außerdem kann es Oberflächenladungen geben, die gut durch eine zweidimensionale Flächenladungsdichte $\rho_{\mathrm{el}}^{(\mathrm{fl})}$ beschrieben werden können. Wird die Fläche durch eine Gleichung $\boldsymbol{\sigma} = 0$ beschrieben, so hat die Ladungsdichte die Form $\rho_{\mathrm{el}} = \rho_{\mathrm{el}}^{(\mathrm{fl})} \delta(\boldsymbol{\sigma})$. Welche Bedingungen die Felder an einer solchen Oberfläche erfüllen müssen, kann man direkt anhand der Maxwell-Gleichungen sehen.

Integriert man das $\boldsymbol{E}$-Feld über ein Rechteck, so kann man das Kurvenintegral mit dem Satz von Stokes in ein Flächenintegral über $\operatorname{rot} \boldsymbol{E}$ umwandeln.

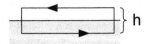

Aus $\operatorname{rot} \boldsymbol{E} = \boldsymbol{0}$ folgt, dass dieses Integral verschwindet. Wenn man die Höhe h gegen null gehen lässt, zeigt sich, dass Komponenten parallel zur Oberfläche für die $\boldsymbol{E}$-Felder in beiden Medien übereinstimmen müssen: $E_{||}^{(1)} = E_{||}^{(2)}$.

Integriert man das $\boldsymbol{D}$-Feld über die Oberfläche einer Dose, deren Höhe h man wiederum gegen null gehen lässt, so ergibt sich in Abwesenheit von freien Ladungen mit dem Satz von Gauß aus $\operatorname{div} \boldsymbol{D} = 0$ die Bedingung $D_{\perp}^{(1)} = D_{\perp}^{(2)}$.

Sind die einzigen freien Ladungen Oberflächenladungen an der Grenzfläche, so erhält man $D_{\perp}^{(1)} - D_{\perp}^{(2)} = \rho_{\mathrm{el}}^{(\mathrm{fl})}$. Je nach Art des Feldes und Anwesenheit von Oberflächenladungen muss man an Grenzflächen also Stetigkeits- oder passende Unstetigkeitsbedingungen stellen.

Randwertprobleme Oft ist nicht die Feldkonfiguration gesucht, die sich durch eine Ladungsverteilung im freien Raum ergibt, sondern es sind zusätzlich Randbedingungen vorgegeben. Je nachdem, ob am Rand das Potenzial ϕ, seine Ableitungen $\frac{\partial\phi}{\partial n}$ in Normalenrichtung oder eine Linearkombination $\alpha\phi + \beta\frac{\partial\phi}{\partial n}$ vorgegeben wird, spricht man von einem *Cauchy'schen*, einem *von Neumann'schen* oder einem *kombinierten Randwertproblem*. Würden für eine elektrostatische Konfiguration am Rand ϕ und $\frac{\partial\phi}{\partial n}$ unabhängig voneinander vorgegeben, wäre das Randwertproblem überbestimmt.

Felder bei Anwesenheit von Leitern Eine häufig auftretende Aufgabe ist die Bestimmung der Feldkonfiguration bei Anwesenheit von Leitern. Das Innere eines Leiters ist feldfrei, da die freien oder fast freien Ladungsträger sich, den Feldlinien folgend, so an der Oberfläche anordnen, dass das angelegte Feld im Inneren vollständig kompensiert wird.[a] Dieser *Faraday-Effekt* kann schon durch ein Drahtgitter in hohem Ausmaß erreicht werden. Das ist die Grundlage der Abschirmung elektrischer Felder durch einen Faraday-Käfig.

Für das Feld außerhalb des Leiters gibt es allerdings eine spezielle Randbedingung zu erfüllen: Die elektrischen Feldlinien müssen senkrecht auf der Leiteroberfläche stehen, d. h. mit dem Flächennormalenvektor $\boldsymbol{n}$ gilt $\boldsymbol{n} \times \boldsymbol{E} = \boldsymbol{0}$. Gäbe es eine Tangentialkomponente des Feldes, so würden die Ladungen im Leiter diesem Feld wiederum so lange folgen, bis es kompensiert wäre.

Die Poisson-Gleichung unter dieser Zusatzbedingung zu lösen, ist an sich recht schwierig. Allerdings gibt es einige Techniken, die dieses Problem oft deutlich vereinfachen:

- Feldlinien müssen auf Äquipotenzialflächen normal stehen. Löst man die Poisson-Gleichung für eine bestimmte Ladungsverteilung, so beschreibt diese Lösung in einem Teilraum, der durch eine Äquipotenzialfläche begrenzt wird, auch den Fall, dass diese Grenzfläche durch die Oberfläche eines Leiters ersetzt wird.

  Platziert man etwa eine Ladung vor einer ebenen metallischen Platte, so ist die Feldkonfiguration außerhalb der Platte genau die gleiche wie jene, die die Ladung und eine an der Grenzebene gespiegelte entgegengesetzte Ladung erzeugen würden. Durch geschicktes Setzen von fiktiven *Spiegelladungen* kann man also die Felder bei Anwesenheit von Leitern berechnen.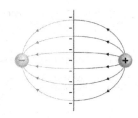

- Für bestimmte Geometrien lässt sich die Poisson-Gleichung auch in Anwesenheit von Leitern direkt lösen. Methoden der komplexen Analysis erlauben es, derartige Lösungen auf kompliziertere Geometrien zu transformieren.

  Das erfolgt mittels *konformer Abbildungen*, also Abbildungen, die winkel- und orientierungstreu sind. Diese werden durch analytische (holomorphe) Funktionen erzeugt.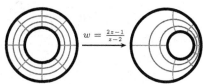

Dipole und Multipolentwicklung

Elektrische Kräfte hängen nicht nur von der Gesamtladung ab, sondern auch von der genauen Ladungsverteilung. Auch zwischen insgesamt elektrisch neutralen Objekten kann es durch räumliche Ausdehung der Ladungen zu Kräften kommen.

Um die Effekte der räumlichen Struktur geladener Körper zu beschreiben, sind Näherungen nützlich, die es erlauben, eine Ladungsverteilung schon anhand einzelner Kenngrößen recht gut zu charakterisieren. Eine sehr beliebte Möglichkeit dafür ist die Entwicklung des Fernfelds einer Ladungsverteilung nach inversen Potenzen des Abstands, die *Multipolentwicklung*. Für das Potenzial Φ einer durch ρ_{el} charakterisierten Ladungsverteilung in einem beschränkten Bereich B ergibt sich so die Entwicklung

$$\Phi = \frac{1}{4\pi\,\varepsilon_0}\left(\frac{Q}{r} + \frac{\boldsymbol{p}\cdot\boldsymbol{e}_r}{r^2} + \frac{\boldsymbol{e}_r^{\top}\cdot\boldsymbol{Q}\cdot\boldsymbol{e}_r}{r^3} + \cdots\right) \qquad \text{mit}$$

$$\text{Gesamtladung} \qquad Q = \iiint_B \rho_{el}(\boldsymbol{x}')\mathrm{d}\boldsymbol{x}',$$

$$\text{Dipolmoment} \qquad p_i = \iiint_B \rho_{el}(\boldsymbol{x}')\,x_i'\,\mathrm{d}\boldsymbol{x}',$$

$$\text{Quadrupolmoment} \qquad Q_{ij} = \iiint_B \rho_{el}\left(\boldsymbol{x}'\right)\left(3x_i'x_j' - (r')^2\delta_{ij}\right)\mathrm{d}\boldsymbol{x}',$$

$$\vdots \qquad\qquad\qquad \vdots$$

Anders als bei einer Punktladung ist jedoch bei einer Ladungsverteilung kein offensichtlicher Bezugspunkt vorhanden, der als Koordinatenursprung verwendet wird und auf den sich der Abstand r bezieht. Der Bezugspunkt wird also zwangsläufig willkürlich innerhalb des Bereichs B gewählt. Die Ergebnisse der Multipolentwicklung hängen von dieser Wahl des Bezugspunkts ab, allerdings nicht auf signifikante Weise. Insbesondere ist der erste nichtverschwindende Koeffizient der Entwicklung unabhängig von der Wahl dieses Punktes.[a]

Sphärische Multipolentwicklung   Man kann für die Multipolentwicklung auch von einer Entwicklung des Coulomb-Potenzials nach Legendre-Polynomen ausgehen:

$$\frac{1}{|\boldsymbol{r} - \boldsymbol{r}'|} = \frac{1}{\sqrt{r^2 + (r')^2 - 2\boldsymbol{r}\cdot\boldsymbol{r}'}} = \frac{1}{r}\sum_{\ell=0}^{\infty} P_\ell(\cos\alpha)\left(\frac{r'}{r}\right)^\ell \qquad \text{mit } \alpha = \angle(\boldsymbol{r},\,\boldsymbol{r}').$$

Mit dem Zusammenhang zwischen Legendre-Polynomen und Kugelflächenfunktionen $Y_{\ell m}$ erhält man für eine Ladungsverteilung ρ_{el} die sphärische Multipolentwicklung

$$\Phi(\boldsymbol{r}) = \frac{1}{4\pi\varepsilon_0}\sum_{\ell=0}^{\infty}\sum_{m=-\ell}^{\ell}\sqrt{\frac{4\pi}{2\ell+1}}\,Y_{\ell m}(\vartheta,\,\varphi)\,\frac{q_{\ell m}}{r^{\ell+1}}$$

$$q_{\ell m} = \sqrt{\frac{4\pi}{2\ell+1}}\int\mathrm{d}\boldsymbol{r}'\,\rho_{el}(\boldsymbol{r}')\,(r')^\ell\,Y_{\ell m}^*(\vartheta',\,\varphi').$$

Das Dipolfeld Die einfachste Dipolkonfiguration sind zwei entgegengesetzte Punktladungen $\pm q$ in einem endlichen Abstand a. Das Dipolmoment dieser Konfiguration ergibt sich zu $\boldsymbol{p} = q\,a\,\boldsymbol{e}$, wobei $\boldsymbol{e}$ der normierte Richtungsvektor der Verbindungsgeraden ist.

Eine solche Konfiguration besitzt auch noch Multipolmomente höherer Ordnung. Ein exaktes Dipolfeld erhält man bei simultanem Grenzübergang $q \to \infty$, $a \to 0$, so dass das Produkt $q\,a$ konstant bleibt.[b]

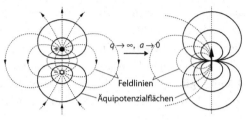

Die Van-der-WaalsKraft Die dominante (d. h. am schwächsten abfallende) elektrische Kraft zwischen zwei insgesamt neutralen Ladungsverteilungen ist meist die Dipol-Dipol-Wechselwirkung. Auch wenn die Verteilungen nicht von vornherein ein Dipolmoment $\boldsymbol{p}$ besitzen, kann ein solches doch induziert werden.[c] Das führt zu einer anziehenden Kraft, deren Potenzial mit $\frac{1}{r^6}$ abfällt und die als *Van-der-Waals-Kraft* z. B. in der Biochemie große Bedeutung hat, etwa für Proteinfaltung. Der $\frac{1}{r^6}$-Abfall des Van-der-Waals-Potenzials geht auch in effektive Modelle ein, etwa das Lennard-Jones-Potenzial

$$\Phi_{\mathrm{LJ}}(r) = 4\varepsilon\left(\left(\frac{\sigma}{r}\right)^{12} - \left(\frac{\sigma}{r}\right)^{6}\right),$$

das gerne in Molekulardynamik-Simulationen verwendet wird.

Das Strahlungsfeld Auch bei sich zeitlich verändernden Ladungsverteilungen kann eine Analyse mit Hilfe der Multipolentwicklung nützlich sein. Beschleunigte Ladungen strahlen elektromagnetische Wellen ab, und so wie Ladungsverteilungen kann man auch elektromagnetische Strahlungen nach ihrer Multipolcharakteristik klassifizieren. Wenn sich das Dipolmoment ändert, verursacht das eine Dipolstrahlung, eine Veränderung des Quadrupolmoments führt zur Emission von Quadrupolstrahlung usw.

Diese Klassifikation kann auch außerhalb des Elektromagnetismus verwendet werden. Da es (nach jetzigem Kenntnisstand ($\Rightarrow$ S. 134)) keine negativen Massen gibt, haben Massenverteilungen auch kein Dipolmoment, sehr wohl jedoch ein Quadrupolmoment und höhere Momente. Bei Veränderung des Quadrupolmoments werden entsprechend Gravitationswellen ($\Rightarrow$ S. 240) emittiert.

Der Hertz'sche Dipol Der dominante Beitrag der elektromagnetischen Strahlung ist üblicherweise die Dipolstrahlung. Idealisiert kann deren Quelle als *Hertz'scher Dipol* beschrieben werden, als sich zeitlich harmonisch ändernder infinitesimaler Dipol: $\boldsymbol{p}(t) = \boldsymbol{p}_0 \cos(\omega t)$. Die Dipolstrahlung ist anisotrop. Insbesondere wird in Richtung der Dipolachse keine Strahlung emittiert.

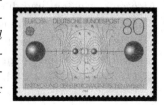

Vektorpotenzial und Eichungen

Wir haben gesehen, dass sich in der Elektrostatik das elektrische Feld als Gradient eines skalaren Potenzials darstellen lässt, $E = -\operatorname{grad}\Phi$. Ist das analog auch für das magnetische Feld möglich?

Dass eine Darstellung magnetischer Felder als Gradienten von Skalarfeldern nicht möglich ist, wird schon dadurch nahegelegt, dass Magnetfelder keine Arbeit verrichten. Einen deutlichen Hinweis darauf, wie eine Darstellung durch ein Potenzial aussehen könnte, gibt allerdings die dritte Maxwell-Gleichung, $\operatorname{div} B = 0$. Denn für zumindest zweimal stetig differenzierbare Funktionen χ und A gelten stets die Beziehungen

$$\operatorname{rot}\operatorname{grad}\chi = 0 \qquad \text{und} \qquad \operatorname{div}\operatorname{rot} A = 0 . \tag{3.1}$$

Die zweite Gleichung garantiert, dass *jedes* Feld B, das sich in der Form $B = \operatorname{rot} A$ darstellen lässt, die dritte Maxwell-Gleichung erfüllt. Doch auch die Umkehrung ist richtig, nämlich dass sich jedes zulässige B-Feld als Rotation eines anderen Feldes A schreiben lässt. Bezieht man die zeitliche Dynamik ein, so muss für das elektrische Feld die zeitliche Änderung des Vektorpotenzials berücksichtigt werden. Insgesamt ergeben sich E- und B-Feld damit aus dem Skalar- und dem Vektorpotenzial gemäß

$$E = -\operatorname{grad}\Phi - \frac{\partial A}{\partial t} , \qquad B = \operatorname{rot} A .$$

Diese Darstellung mit Hilfe des *Vektorpotenzials* A ist aber bei weitem nicht eindeutig. Das lässt sich sofort anhand der ersten Gleichung in (3.1) sehen. Addiert man zu einem gegebenen A-Feld den Gradienten einer beliebigen zweimal stetig differenzierbaren Funktion χ, also $A \to A' = A + \operatorname{grad}\chi$, so ergibt sich

$$B' = \operatorname{rot} A' = \operatorname{rot}(A + \operatorname{grad}\chi) = \operatorname{rot} A + \operatorname{rot}\operatorname{grad}\chi = B + 0 = B .$$

Das B-Feld wird durch eine solche Operation nicht verändert. Ist χ zeitabhängig, so muss man zusätzlich auch das Skalarpotenzial gemäß $\Phi \to \Phi' = \Phi - \frac{\partial\chi}{\partial t}$ transformieren, um auch das elektrische Feld unverändert zu lassen:

$$E' = -\operatorname{grad}\Phi' - \frac{\partial A'}{\partial t} = -\operatorname{grad}\Phi + \operatorname{grad}\frac{\partial\chi}{\partial t} - \frac{\partial A}{\partial t} - \frac{\partial}{\partial t}\operatorname{grad}\chi = E .$$

Eine derartige Transformation $(\Phi, A) \to (\Phi - \frac{\partial\chi}{\partial t}, A + \operatorname{grad}\chi)$ nennt man eine *Eichtransformation* und die Invarianz der „physikalischen" (direkt messbaren) Felder E und B unter diesen Transformationen die *Eichfreiheit* der Elektrodynamik.[a]

In vielen Fällen ist diese Freiheit in der Wahl von A aber unerwünscht. Man kann zusätzliche Bedingungen an A stellen und damit die Eichfreiheit reduzieren, also die *Eichung fixieren*. Eine solche Eichfixierung kann (gemeinsam mit den Randbedingungen) eindeutig sein, sie kann aber auch noch einen Teil der Eichfreiheit erhalten.

Zwei gängige Eichbedingungen sind

$$\frac{1}{c}\frac{\partial \Phi}{\partial t} - \nabla \cdot \boldsymbol{A} = 0 \qquad \text{(Lorentz-Eichung)},$$

$$\nabla \cdot \boldsymbol{A} = 0 \qquad \text{(Coulomb-Eichung)}.$$

Die Bedingung für die Lorenz-Eichung ist relativistisch invariant formuliert und damit besonders gut für Situationen geeignet, in denen sehr schnelle Feldänderungen vorkommen (etwa bei der Ausbreitung von elektromagnetischen Wellen).

Die Coulomb-Eichung zeichnet ein Bezugssystem aus und ist vor allem für nahezu statische Probleme gut geeignet (etwa die Streuung eines langsamen Teilchens an einer fixen Ladungsverteilung). Der Name stammt daher, dass man für eine ruhende Punktladung das Coulomb-Potenzial in bekannter Form erhält. Übersetzt man die Coulomb-Eichbedingung vom Orts- in den Impulsraum ($\Rightarrow$ S. 144), so erhält man $\boldsymbol{k} \cdot \boldsymbol{A} = 0$, also genau die dreidimensionale Transversalitätsbedingung für masselose Vektorwellen. Die Coulomb-Eichung ist allerdings nicht vollständig, sondern man behält Eichfreiheit in Bezug auf rein zeitabhängige Eichtransformationen.[b]

Die Frage, wieweit das $\boldsymbol{A}$-Feld „physikalisch" ist, ist nicht einfach zu beantworten. Einerseits ist es nicht direkt messbar und eben nicht einmal eindeutig festgelegt, andererseits gibt es Situationen, in denen offenbar doch das $\boldsymbol{A}$-Feld und nicht das daraus abgeleitete $\boldsymbol{B}$-Feld einen Effekt hervorruft. Ein besonders markantes Beispiel dafür ist der Aharanov-Bohm-Effekt ($\Rightarrow$ S. 168).

Das $\boldsymbol{A}$-Feld spielt zudem eine wichtige Rolle bei der Behandlung elektromagnetischer Wechselwirkungen in der Mechanik. Arbeitet man im Formalismus der Hamilton'schen Mechanik ($\Rightarrow$ S. 34), so ist die einfachste Art, wie man die Wechselwirkung einer mit e geladenen Punktmasse mit einem magnetischen Feld beschreiben kann, die Ersetzung $\boldsymbol{p} \to \boldsymbol{p} - e\boldsymbol{A}$.

Eine Kopplung dieser Art folgt umgekehrt auch, wenn wechselwirkende Feldtheorien aus der Forderung nach Eichinvarianz hergeleitet werden. Das Symmetrieprinzip der Eichinvarianz hat sich in der Quantenfeldtheorie als fundamental erwiesen; das Standardmodell der Teilchenphysik ($\Rightarrow$ S. 132) beruht auf ihr.

Der Name „Eichung" wirkt für die hier behandelten Transformationen allerdings merkwürdig, seine Verwendung hat historische Gründe. Letztlich geht er auf H. Weyl zurück, der ursprünglich das Verhalten von Theorien unter Umskalierungen der Art $x \to \mathrm{e}^{\lambda}x$ mit $\lambda \in \mathbb{R}$ untersuchte. Das entspricht der Neudefinition des verwendeten Maßstabs und von daher sehr viel eher einer Eichung im ursprünglichen Sinne.

Nur in sehr speziellen Fällen (bei konformen Theorien) findet man tatsächlich eine Invarianz gegenüber derartigen Transformationen. Aus einer „imaginären Umeichung" der Form $\psi \to \mathrm{e}^{\mathrm{i}\chi(\boldsymbol{x})}\psi$ hingegen kann man die Form der elektromagnetischen Wechselwirkung herleiten ($\Rightarrow$ S. 250).

Plasmaphysik

Der bei weitem größte Teil der sichtbaren Materie im Universum liegt nicht fest, flüssig oder gasförmig vor, sondern in stark ionisierter Form als *Plasma*. Elektronen und positive Ionen kommen hier (meist) zusammen mit neutralen Atomen vor. Die Sterne, natürlich auch die Sonne, bestehen aus Plasma, ebenso viele interstellare Nebel.

Auch auf der Erde ist es nicht allzu schwierig, ein Plasma zu erzeugen, das geschieht z. B. in jeder Kerzenflamme. Die meisten Ansätze zur Kernfusion ($\Rightarrow$ S. 124) beruhen auf extrem heißen Plasmen – die technischen Probleme sind dabei allerdings enorm.

Selbst in der Atmosphäre gibt es eine Schicht, in der die Luft zum Teil ionisiert vorliegt, die *Ionosphäre*. Die Ionisation erfolgt dabei durch kosmische Strahlung, vor allem aber durch schnelle geladene Teilchen, die von der Sonne stammen (Sonnenwind).

Diese Schicht ist sogar entscheidend für den Funkverkehr. Niedrige Funkfrequenzen werden von ihr reflektiert, wodurch sich die Reichweite von Radiosendern deutlich erhöht. Für höhere Frequenzen ist das nicht mehr der Fall – das erlaubt einerseits die Kommunikation mit Raumfahrzeugen, schränkt aber andererseits die Reichweite von UKW- oder Fernsehsendern auf den optischen Horizont ein.

Wir wollen uns nun überlegen, warum es zu dieser Reflexion kommt: In einem Plasma fluktuieren Elektronen- und Ionendichte lokal, entsprechend gibt es viele kleine Bereiche vorwiegend negativer bzw. positiver Ladung. Über größere Abstände werden die Ladungen allerdings kaum getrennt – der Energieaufwand dafür wäre ja auch gewaltig. Nach außen hin wirkt ein Plasma also trotz der Anwesenheit vieler freier Ladungsträger elektrisch neutral, man nennt das *Quasineutralität*.

Was passiert nun, wenn Elektronen und Ionen durch eine äußere Störung, eben ein kurzzeitig wirkendes elektrisches Feld ausgelenkt werden? Im Inneren des Plasmas sind die Auswirkungen gering, die Quasineutralität bleibt erhalten. An den Rändern hingegen bildet sich zwei Schichten, von denen die eine vorwiegend positiv, die andere vorwiegend negativ geladen ist.

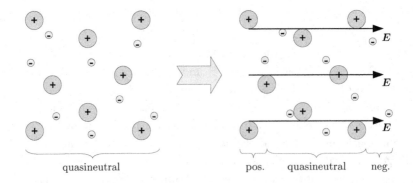

Wie zwischen den Platten eines Kondensators entsteht so ein elektrisches Feld, das gerade entgegengesetzt zur ursprünglichen Störung wirkt und proportional zur Auslenkung ist: $E \sim -x$. Dieses Feld übt eine Kraft aus. Ein Kraftgesetz $F \sim -x$ zusammen mit ansonsten freier Beweglichkeit führt aber gerade zu harmonischen Schwingungen. Die sich selbst überlassenen Ladungen werden entsprechend solche harmonischen Schwingungen um die Ausgangslage herum ausführen und dabei strahlen; die Schwingung wird durch die Strahlungsverluste immer weiter gedämpft.

Für die Frequenz dieser Schwingung, die *Langmuir-Frequenz* oder *Plasmafrequenz*, erhält man $\omega_\mathrm{L} = \sqrt{\frac{n\,e^2}{\varepsilon\,m_e}}$ mit Elektronendichte n, Elementarladung e, Dielektrizitätskonstante $\varepsilon = \varepsilon_\mathrm{r}\varepsilon_0$ und Elektronenmasse m_e.

Trifft elektromagnetische Strahlung mit dieser Freqenz auf ein Plasma, so wird sie reflektiert, da das Plasma zu einer erzwungenen Schwingungen angeregt wird und dabei selbst strahlt. Die Strahlung weiter ins Plasma hinein regt aber sofort weitere Plasmaschwingungen an, und letztlich wird nahezu die gesamte einfallende Strahlung zurückgeworfen.

In der Ionosphäre liegt die maximale Plasmafrequenz bei bis zu $\omega_\mathrm{Ion.} \approx 20\,\mathrm{MHz}$ in einer Höhe von ca. 300 km. (Der genaue Wert hängt von Tageszeit und Sonnenaktivität ab.) Alle niedrigeren Frequenzen kommen in darüber- und darunterliegenden Schichten ebenfalls vor, und entsprechend wird elektromagnetische Strahlung mit Frequenzen $\omega \leq \omega_\mathrm{Ion.}$ von der Ionosphäre zurückgeworfen.

Doch Plasmen haben noch eine Reihe weiterer bemerkenswerter Eigenschaften. So können die einzelnen „Teilgase" eines Plasmas durchaus verschiedene Temperaturen haben. Da bei Stößen zwischen den leichten Elektronen und den schweren Ionen nur sehr wenig Energie übertragen wird, ist es sogar fast der Normalfall, dass jede Teilchensorte für sich thermalisiert, die beiden Teilsysteme aber noch längst nicht untereinander im thermischen Gleichgewicht stehen müssen.

In einem Plasma fließen fast zwangsläufig Ströme. Es genügt ja schon, dass sich Elektronen und Ionen gerichtet mit unterschiedlichen Geschwindigkeiten bewegen, um einen Netto-Strom zu erzeugen (ohne dass deswegen die Bedingung der Quasineutralität verletzt wäre).

Fließende Ströme verursachen stets Magnetfelder, deren Verhalten sich jedoch hier durch die Anwesenheit freier Ladungsträger deutlich verändert. Insbesondere kann das Magnetfeld nicht plötzlich zusammenbrechen, und genausowenig kann das Plasma das Magnetfeld einfach verlassen. Für hinreichend ausgedehnte oder gut leitfähige Plasmen sind Magnetfeld und Plasma also gewissermaßen aneinandergekettet, oder, wie man auch sagt, das Magnetfeld ist im Plasma „eingefroren".

Um dieses System angemessen beschreiben zu können, hat sich eine eigene Disziplin entwickelt, die *Magnetohydrodynamik*. Darin werden die hydrodynamischen Gleichungen durch die entsprechenden Magnetfeldgrößen erweitert; es gilt also z. B. auch einen magnetischen Druck zu berücksichtigen.[a]

4 Wellen, Optik und Akustik

Sowohl in der Mechanik als auch in der Elektrodynamik und darüber hinaus in den unterschiedlichsten anderen Gebieten stößt man auf Schwingungen ($\Rightarrow$ S. 70) sowie auf deren räumliche Ausbreitung, die Wellen ($\Rightarrow$ S. 72). Diese gehören zu den zentralsten Phänomenen der gesamten Physik – und darüber hinaus.

Besonders deutlich machen sich Wellen durch Beugung sowie durch konstruktive oder desktruktive Interferenz ($\Rightarrow$ S. 74) bemerkbar. Beim Schall ($\Rightarrow$ S. 76) ist der Wellencharakter nahezu immer präsent, da die Wellenlänge von der gleichen Größenordnung ist wie die Objekte des Alltags. Ähnliches gilt im elektromagnetischen Spektrum ($\Rightarrow$ S. 78) für Ultrakurz- und Mikrowellen.

Elektromagnetische Wellen werden von Materialien emittiert und absorbiert ($\Rightarrow$ S. 80), und aus der Emissions- bzw. Absorptions-Charakteristik lässt sich viel über die innere Struktur eines Stoffs erkennen. Der Effekt der stimulierten Emission wird gezielt im Laser ausgenutzt ($\Rightarrow$ S. 82), der vielfältige praktische Anwendungen gefunden hat.

Wellen werden durch Frequenz und Wellenlänge charakterisiert. Diese ändern sich bei Bewegung des Senders bzw. des Empfängers ($\Rightarrow$ S. 84), was ebenfalls für zahlreiche Zwecke ausgenutzt wird. So wichtig der Wellencharakter für das Verständnis verschiedenster Phänomene auch ist, kann er doch vernachlässigt werden, wenn die Wellenlänge viel kleiner ist als alle anderen relevanten Längen. Das ist bei sichtbarem Licht oft der Fall, und so reicht es oft aus, mit dem Konzept von Lichtstrahlen zu arbeiten ($\Rightarrow$ S. 85).

Schwingungen

Oft kommt es vor, dass in einem System wiederholt der gleiche oder ein analoger Zustand eintritt – man spricht dann von *Schwingungen*. Besonders präsent sind mechanische und elektrische Schwingungen, doch auch in andersartigen Systemen kann es zu Schwingungsphänomenen kommen, etwa in der Regelungstechnik (wo man diesen Effekt typischerweise eher vermeiden will) oder in der Populationsdynamik.

Allgemein benötigt das Zustandekommen einer Schwingung, vom Gleichgewicht ausgehend, mehrere „Zutaten": Eine Auslenkung oder ein Anstoßen, einen rücktreibenden Einfluss sowie eine gewisse Trägheit, damit das System „in die andere Richtung" über den Gleichgewichtszustand „hinausschießt". Es kommt dann bei einem physikalischen System meist zu einem Pendeln zwischen potenzieller und kinetischer Energie.

Betrachten wir als Beispiel für ein mechanisches schwingungsfähiges System einen zwischen Federn eingespannten Körper. Legen wir den Ursprung in den Punkt des Gleichgewichts, so ist der rücktreibende Einfluss eine Kraft, die typischerweise die Form

$$\boldsymbol{F} = - \underbrace{D_{\text{rück}}(\boldsymbol{x})}_{>0}\, \boldsymbol{x}$$

hat, also der Auslenkung genau entgegen gerichtet ist. Der Trägheitsaspekt resultiert aus der Masse m des Körpers. Im einfachsten Fall, wenn die Federn dem Hooke'schen Gesetz gehorchen, ist $D_{\text{rück}}(\boldsymbol{x}) = D = \text{const}$. Dann nimmt die Bewegungsgleichung die Form $m\ddot{\boldsymbol{x}} + D\boldsymbol{x} = \boldsymbol{0}$ an. Bei entsprechenden Anfangsbedingungen erfolgt die Bewegung auf einer Geraden, und man gelangt (nach Division durch m) zur *Schwingungsgleichung*

$$\ddot{x} + \frac{D}{m}\, x = 0\,.$$

Die allgemeine Lösung dieser Gleichung (die man etwa durch einen Exponentialansatz erhält), ist[a]

$$x(t) = c_1 \cos\left(\sqrt{\tfrac{D}{m}}\, t\right) + c_2 \sin\left(\sqrt{\tfrac{D}{m}}\, t\right),$$

also eine harmonische Schwingung mit der Kreisfrequenz $\omega = \sqrt{\frac{D}{m}}$. Die maximale Auslenkung $A_0 = \sqrt{c_1^2 + c_2^2}$ nennt man die *Amplitude* der Schwingung.

Die Konstanten c_1 und c_2 können für eine konkrete Schwingung mit Hilfe der Anfangsbedingungen $x(0)$ und $\dot{x}(0)$ bestimmt werden. Gilt insbesondere $x(0) = x_0 \neq 0$ und $\dot{x}(0) = 0$ (reine Auslenkung), so bleibt nur der Kosinus-Anteil übrig, für $x(0) = 0$ und $\dot{x}(0) = v_0 \neq 0$ (reines Anstoßen) nur der Sinus-Anteil.

Bei Rotationsschwingungen hätte man statt der Kraft ein entsprechendes Drehmoment, statt der Masse das Trägheitsmoment in Bezug auf den Drehpunkt. Ein elektrischer Schwingkreis enthält im einfachsten Fall einen Kondensator und eine Spule. Die Potenzialdifferenz im Kondensator ergibt den rücktreibenden Einfluss, die Induktivität der Spule liefert den Trägheitsaspekt.

Gedämpfte Schwingungen In nahezu jeder realen Schwingung treten auch Reibungs-
einflüsse auf. Diese führen dazu, dass bei jeder Umwandlung zwischen potenzieller und
kinetischer Energie ein gewisser Anteil „verloren geht", d. h. in Wärme umgewandelt
wird. Bei mechanischen Systemen wirkt eine Reibungskraft; diese ist typischerweise
von der Geschwindigkeit abhängig und ihr entgegen gerichtet:

$$\boldsymbol{F} = - \underbrace{F_{\mathrm{reib}}(\boldsymbol{x}, \dot{\boldsymbol{x}})}_{>0} \dot{\boldsymbol{x}}\,.$$

Im einfachsten Fall ist $F_{\mathrm{reib}}(\boldsymbol{x}, \dot{\boldsymbol{x}}) = k = \mathrm{const}$, und die Bewegungsgleichung erhält die
Form

$$m\,\ddot{\boldsymbol{x}} + k\,\dot{\boldsymbol{x}} + D\,\boldsymbol{x} = \boldsymbol{0}\,.$$

Für die Bewegung auf einer Geraden erhält man daraus die Gleichung

$$\ddot{x} + 2\beta\,\dot{x} + \omega_0^2\,x = 0 \qquad \mathrm{mit} \qquad \omega_0 = \sqrt{\frac{D}{m}} \quad \mathrm{und} \quad \beta = \frac{k}{2m}\,.$$

Dabei ist ω_0 die Kreisfrequenz der Schwingung, wenn sie ungedämpft wäre, β ist
die Dämpfungskonstante. Auch diese *Differenzialgleichung der gedämpften Schwingung*
lässt sich mittels Exponentialansatz lösen. Je nachdem, wie stark die Dämpfung ist,
ergeben sich unterschiedliche Charakteristika:[b]

- $\omega_0^2 > \beta^2$, *Schwingfall*: Hier liegen nach wie vor Schwingungen vor, die sich mittels
  Sinus- oder Kosinusfunktionen beschreiben lassen, allerdings klingt die Amplitude
  mit dem Faktor $e^{-\beta t}$ exponentiell ab.
- $\omega_0^2 < \beta^2$, *Kriechfall*: Ist die Dämpfung zu stark, so kommt es zu keiner Schwingung
  im eigentlichen Sinne mehr. Nach Auslenkung kehrt das System in die Ruhelage
  zurück – umso langsamer, je stärker die Dämpfung ist.
- $\omega_0^2 = \beta^2$, *aperiodischer Grenzfall*: Hier ist die Dämpfung so stark, dass es gerade
  zu keiner Schwingung mehr kommt (daher „aperiodisch"), aber die Rückkehr zur
  Ruhelage so schnell wie möglich erfolgt.

Erzwungene Schwingungen und Resonanz Greift an einem schwingungsfähigen System eine äußere Kraft $\boldsymbol{F}$ an, so erhält die Bewegungsgleichung die Gestalt

$$m\,\ddot{\boldsymbol{x}} + k\,\dot{\boldsymbol{x}} + D\,\boldsymbol{x} = \boldsymbol{F}\,.$$

Besonders wichtig ist der Fall, dass die angreifende Kraft ebenfalls harmonische Form
hat, z. B. $\boldsymbol{F} = \boldsymbol{F}_0 \cos(\omega_{\mathrm{ext}} t)$ mit $\omega_{\mathrm{ext}} \approx \omega_0$. Man spricht dann von *Resonanz*. Die
Resonanzfrequenz, d. h. die Frequenz, bei der die Schwingungsamplitude maximal wird,
verschiebt sich durch die Dämpfung leicht zu $\omega_{\mathrm{res}} = \sqrt{\omega_0^2 - 2\beta^2}$.
Bei schwacher Dämpfung kann durch Resonanz sehr viel Energie auf das System übertragen werden – manchmal genug, um es zu zerstören, wie es etwa bei der berühmten
Tahoma Bridge der Fall war.[c] Oft ist Resonanz aber auch erwünscht, etwa bei Mu-
sikinstrumenten. Auch Absorption ($\Rightarrow$ S. 80) und stimulierte Emission ($\Rightarrow$ S. 82) von
Photonen kann man in einem (halb)klassischen Bild als Resonanzprozesse deuten.

Wellen

Werden mehrere schwingungsfähige Systeme (etwa elastisch gelagerte Massepunkte) gekoppelt, so kann sich eine Schwingung ($\Rightarrow$ S. 70) von einem System aus in die anderen hinein ausbreiten, ohne dass das mit dem Transport von Materie verbunden ist. Dieses „Wandern" von Schwingungen ist das Grundprinzip der Ausbreitung von *Wellen*.

Viele Welleneigenschaften kann man sich schon anhand eines gespannten Seils veranschaulichen. Ist das Seil nicht entsprechend dehnbar, so sind nur Auslenkungen senkrecht zur Seilrichtung möglich, und man erhält *Transversalwellen*. Für ein sehr elastisches Seil sind auch Anregungen in Seilrichtung möglich, die zu *Longitudinalwellen* führen. Diese Unterscheidung gilt sehr allgemein: Elektromagnetische Wellen sind reine Transversalwellen, in Flüssigkeiten und Gasen sind aufgrund des Fehlens von Querkräften nur Longitudinalwellen möglich, in Festkörpern können prinzipiell beide Arten von Wellen auftreten.

Die Wellengleichung   Ein Seil kann Kräfte an sich nur tangential, also in Längsrichtung übertragen.

Wird es aber aus der Ruhelage quer ausgelenkt, so unterscheiden sich die Tangentialrichtungen an verschiedenen Orten, und es kommt zu einer rücktreibenden Querkraft, die proportional zur *Krümmung* des Seils ist. Je größer die Spannung σ des Seils ist, desto größer ist auch diese Kraft. Für kleine Auslenkungen u kann man die Krümmung durch die zweite Ableitung $u'' = \frac{\partial^2 u}{\partial x^2}$ ersetzen.

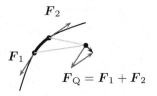

Wir betrachten nun ein kurzes Seilelement mit Querschnitt A und Länge $\mathrm{d}x$. Die Kraft $\mathrm{d}F = A\,\sigma\,u''\mathrm{d}x$ erteilt dem Seilelement eine Beschleunigung $\ddot{u} = \frac{\partial^2 u}{\partial t^2} = \frac{A\,\sigma\,u''\,\mathrm{d}x}{A\,\rho\,\mathrm{d}x}$. Man erhält so die *eindimensionale Wellengleichung*, in der man $c := \sqrt{\sigma/\rho}$ setzt:

$$\frac{1}{c^2}\,\frac{\partial^2 u}{\partial t^2} = \frac{\partial^2 u}{\partial x^2}\,.$$

Zweimal differenzierbare Funktionen der Form $f(x - ct)$ oder $f(x + ct)$ sind Lösungen dieser Gleichung und beschreiben ein unverändert nach rechts oder nach links laufendes Signal. So hat c nicht nur formal die Dimension $\frac{\text{Länge}}{\text{Zeit}}$, sondern ist tatsächlich – und ganz allgemein – eine Geschwindigkeit, nämlich jene, mit der sich Signale ausbreiten.

Die Überlegungen, die zur Wellengleichung führen, lassen sich unmittelbar auf den zwei- und den dreidimensionalen Fall erweitern. Bei Isotropie, also wenn keine Raumrichtung speziell ausgezeichnet ist, findet man statt $\frac{\partial^2}{\partial x^2}$ die Summe der zweiten räumlichen Ableitungen, d. h. den Laplace-Operator Δ. Die Wellengleichung hat demnach die Gestalt

$$\frac{1}{c^2}\,\frac{\partial^2 u}{\partial t^2} = \Delta u\,. \tag{4.1}$$

Dispersion, Gruppen- und Phasengeschwindigkeit Praktisch besonders wichtig ist die Ausbreitung harmonischer Signale, die sich in der Form

$$u_\pm(x,t) = A_0 \cos(kx \pm \omega t + \varphi)$$

mit der Amplitude A_0, dem Phasenwinkel φ, der Wellenzahl k und der (Kreis-)Frequenz ω schreiben lassen.[a] Ein derartiges Signal ist räumlich und zeitlich periodisch: räumlich mit der *Wellenlänge* $\lambda = \frac{2\pi}{k}$, zeitlich mit der *Periodendauer* $\tau = \frac{2\pi}{\omega}$.

Die Kenngrößen k und ω einer Welle sind nicht unabhängig voneinander, ihr genauer Zusammenhang hängt vom Ausbreitungsmedium ab. Im einfachsten Fall ist $\omega = ck$, mit einer konstanten Ausbreitungsgeschwindigkeit c. Für Licht im Vakuum ist

$$c = c_0 = 299792458 \, \frac{\mathrm{m}}{\mathrm{s}} \, .$$

In den meisten Medien kommt es zu *Dispersion*, d. h. der Zusammenhang zwischen k und ω ist nicht mehr linear. Entsprechend wird die Ausbreitungsgeschwindigkeit (und damit beim Licht auch die Brechzahl) frequenzabhängig. Dank der Dispersion ist es möglich, Licht mit Hilfe eines Prismas spektral zu zerlegen. Konkret muss man im Fall von Dispersion zwischen der *Gruppen-* und der *Phasengeschwindigkeit* unterscheiden:

$$c_\mathrm{ph} = \frac{\omega}{k} \, , \qquad c_\mathrm{gr} = \frac{\partial \omega}{\partial k} \, .$$

Die Phasengeschwindigkeit c_ph ist die Ausbreitungsgeschwindigkeit einer harmonischen Welle mit der Frequenz ω. Eine harmonische Welle ist aber nicht direkt dazu geeignet, Information zu transportieren. Dazu werden Modulationen oder Wellenpakete benötigt, die sich aber mit der Gruppengeschwindigkeit c_gr ausbreiten. Entsprechend kann zwar durchaus $c_\mathrm{ph} > c_0$, aber niemals $c_\mathrm{gr} > c_0$ sein. Für Lichtwellen gilt $c_\mathrm{ph} c_\mathrm{gr} = c_0^2$.

Reflexion und Transmission Tritt eine Welle von einem Medium in ein anderes über, so kommt es an der Grenzfläche im Allgemeinen zur Reflexion eines Teils der Intensität. Eine nützliche Kenngröße ist hier der *Wellenwiderstand*[b] $Z_i = \rho_i c_i$.

Aus Energieerhaltung und Stetigkeitsbedingungen erhält man für die Intensitäten der transmittierten und der reflektierten Welle

$$I_\mathrm{trans} = 4 I_\mathrm{e} \frac{Z_1 Z_2}{(Z_1 + Z_2)^2} \qquad \text{und} \qquad I_\mathrm{refl} = I_\mathrm{e} \frac{(Z_2 - Z_1)^2}{(Z_1 + Z_2)^2} \, .$$

Jenseits der Wellengleichung Die Wellengleichung (4.1) ist zur Beschreibung vieler Wellenphänomene geeignet, es gibt aber auch diverse Wellen, die sich mit ihr nicht behandeln lassen. Dazu gehören schon die Oberflächenwellen im Wasser, deren mathematische Behandlung erstaunlich aufwändig ist.

Ebenfalls nicht der konventionellen Wellengleichung gehorchen die gefürchteten *Tsunamis* – diese sind *Solitonen*, die man mit der nichtlinearen *Korteweg-de-Vries-Gleichung* beschreiben kann.

Interferenz, Beugung, Streuung

Interferenz Die Wellengleichung ist linear, entsprechend ist die Summe zweier Lösungen der Gleichung wieder eine Lösung. Bei der Überlagerung von zwei Wellen mit gleicher Wellenlänge kann das Resultat abhängig von der Phasenverschiebung φ sehr unterschiedlich sein. Nachfolgend ist das für den Fall von zwei Wellen mit gleicher Amplitude für drei Werte von φ dargestellt:

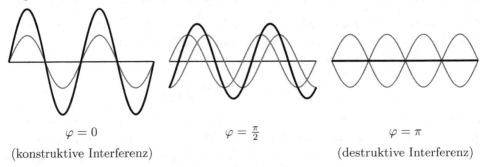

$$\varphi = 0 \qquad\qquad \varphi = \tfrac{\pi}{2} \qquad\qquad \varphi = \pi$$

(konstruktive Interferenz)   (destruktive Interferenz)

Die Intensität (Energieübertragung pro Flächen- und Zeiteinheit) einer Welle ist proportional zum Quadrat der Amplitude. Bei konstruktiver Interferenz zweier Wellen mit gleicher Amplitude vervierfacht sich die Intensität, bei destruktiver Interferenz geht sie auf null zurück. (Für das Gesamtsystem gilt natürlich immer der Energieerhaltungssatz.) Allgemein ergibt sich die Gesamtintensität bei Überlagerung von zwei Wellen abhängig von der Phasenverschiebung φ zu $I = I_1 + I_2 + 2\sqrt{I_1 I_2}\cos\varphi$.

Für inkohärente Strahlung mitteln sich die phasenabhängigen Terme zu null und die Intensitäten addieren sich einfach, $I = I_1 + I_2$. Entsprechend produzieren zwei gleichartige Schreibtischlampen die doppelte Intensität von einer einzelnen.[a]

Interferometrie Die Interferenz von Lichtwellen kann benutzt werden, um hochpräzise Längenmessungen durchzuführen. Dazu spaltet man einen kohärenten Lichtstrahl in zwei Teilstrahlen auf, die nach Durchlaufen unterschiedlicher Wege wieder überlagert werden. Mit Hilfe des Interferenzeffekts lassen sich Längenänderungen von der Größenordnung der Lichtwellenlänge messen, denn bei Längenänderung um $\frac{\lambda}{2}$ wechselt die Strahlung zwischen konstruktiver und destruktiver Interferenz.[b]

Vom konkreten Aufbau her gibt es die unterschiedlichsten Typen von Interferometern, etwa das Michelson-Interferometer, das Jamin-Interferometer oder das Fabry-Perot-Interferometer. Inbesondere bei der Untersuchung relativistischer Effekte sind oft präzise Längenmessungen erforderlich. So spielten interferometrische Messungen (vor allem das Michelson-Morley-Experiment) schon in den Anfangstagen der Speziellen Relativitätstheorie eine große Rolle; heute hofft man etwa, mit präzischen interferometrischen Messungen Gravitationswellen ($\Rightarrow$ S. 240) nachzuweisen.

Beugung und Streuung Wellen zeigen noch weitere charakteristische Erscheinungen. Eine davon ist die *Beugung*, das „Abbiegen" von Wellen am Rand eines Hindernisses. Dadurch dringen Wellen auch in den geometrischen Schattenraum ein.

Dieser Effekt kann weitgehend vernachlässigt werden, wenn die räumlichen Ausmaße des Hindernisses viel größer sind als die Wellenlänge. Auf diesem Sachverhalt beruht etwa die Anwendbarkeit der geometrischen Optik ($\Rightarrow$ S. 85).

Verwandt mit der Beugung ist die *Streuung*, die Beeinflussung der Ausbreitungsrichtung (und manchmal noch anderer Charakteristika) einer Welle durch Wechselwirkung mit kleinen Hindernissen.[c] Die Streuuung des Sonnenlichts innerhalb der Atmosphäre ist für das Blau des Himmels verantwortlich. Kurzwelliges Licht wird stärker gestreut als langwelliges, und so scheint sich der blaue Anteil des Spektrums über den ganzen Himmel zu verteilen, während die gelben und die roten Anteile noch kaum gestreut wurden und daher direkt aus der Richtung der Sonne kommen.

Am Morgen und am Abend, wenn das Sonnenlicht aufgrund der geometrischen Gegebenheiten einen weiteren Weg durch die Atmosphäre zurücklegen muss, wird auch der mittlere Teil des sichtbaren Spektrums schon beträchtlich gestreut, und die Sonne erscheint rot.

Auch blaue Augenfarbe kommt durch Streuung zustande: Einfallendes Licht wird an fein verteilten Farbpigmenten (die in höherer Konzentration braun wirken würden) zurückgetreut, und auch hier ist die Streuung für blaues Licht viel ausgeprägter als für Gelb oder Rot.

Das Huygens-Fresnel'sche Prinzip Beugung, Streuung und viele andere Wellenphänomene lassen sich auf das *Huygens-Fresnel'sche Prinzip* zurückführen: Jeder Punkt, der von einer Welle getroffen wird, fungiert wiederum als Quelle einer Kugelwelle. Die gesamte Wellenform ergibt sich durch Interferenz all dieser Kugelwellen.

Bei Ausbreitung einer ebenen Welle interferieren die Kugelwellen so, dass gerade die ebenen Wellenfronten erhalten bleiben. Wird allerdings ein Teil der Kugelwellen durch Hindernisse wie Kanten oder Streuteilchen ausgeblendet, so kommt es nicht mehr in vollem Ausmaß zu Interferenz; Anteile der Welle breiten sich nicht mehr geradlinig aus.

Aus dem Huygens-Fresnel'schen Prinzip lässt sich etwa das Fermat'sche Prinzip ($\Rightarrow$ S. 85) herleiten, demzufolge ein Lichtstrahl jenen Weg nimmt, der seine Laufzeit minimiert. Das ist auch intuitiv verständlich: In jeder Richtung außer jener mit minimaler Laufzeit wird ein Kugelwellenbeitrag von Beiträgen anderer Kugelwellen eingeholt und „weginterferiert". Nur für die Richtung mit der schnellsten Bewegung gibt es diesen Effekt nicht, und es kommt zu ungestörter Ausbreitung. So kann man aus einem zutiefst wellentheoretischen Prinzip eine Gesetzmäßigkeit herleiten, die auf den Wellencharakter des Lichts gar keinen Bezug mehr nimmt.

Akustik

Zu den wichtigsten Arten von Wellen gehören die *Schallwellen*, mit denen sich das Gebiet der *Akustik* auseinandersetzt. Dabei handelt es sich um Dichte- bzw. Druck- schwankungen, die sich in Gasen, Flüssigkeiten oder Festkörpern als Wellen ausbreiten. Da in Fluiden keine Querkräfte übertragen werden können, muss es sich dort um Lon- gitudinalwellen handeln.

Typische Wellenlängen von hörbaren Schallwellen liegen im Zentimeter- bis Meter- bereich, daher sind hier Beugungseffekte ($\Rightarrow$ S. 74) im Alltag viel präsenter als bei Lichtwellen. (Man kann eine Person, die hinter einer Säule steht, immer noch hören, aber nicht mehr sehen.) Interferenzeffekte treten bei Schall in der Praxis selten auf – es gibt aber durchaus die Möglichkeit, an einem bestimmten Ort den Lärmpegel durch Interferenz mit passend erzeugtem *Gegenschall* zu reduzieren.

Wellengleichung und Schallgeschwindigkeit Betrachten wir Druckschwankungen in einer Gas- oder Flüssigkeitssäule mit Querschnitt A, so wirkt auf ein Volumenelement $dV = A\, dx$ mit Masse $dm = \rho\, dV$ die Kraft $dF = -A\frac{\partial p}{\partial x}\, dx$. Das führt zur Beschleu- nigung

$$\frac{\partial v}{\partial t} = -\frac{1}{\rho}\,\frac{\partial p}{\partial x}\,.$$

Die Volumenänderung, die durch diesen Prozess erfolgt, geht mit einer Druckänderung einher. Hierfür gilt

$$\frac{\partial p}{\partial t} = -\frac{1}{\kappa}\,\frac{\partial v}{\partial x}\,,$$

mit der Kompressibilität κ. Kombiniert man diese beiden Gleichungen,[a] so erhält man $\frac{\partial^2 p}{\partial t^2} = \frac{1}{\kappa\rho}\,\frac{\partial^2 p}{\partial t^2}$. Daraus erkennt man einerseits, dass der Druck die Wellengleichung ($\Rightarrow$ S. 72) erfüllt, andererseits kann man auch direkt die Schallgeschwindigkeit zu

$$c_{\mathrm{s}} = \sqrt{\frac{1}{\kappa\rho}}$$

ermitteln. In Gasen gilt $\kappa = \frac{1}{\kappa_{\mathrm{ad}} p}$ mit dem Adiabatenexponenten[b] κ_{ad} ($\Rightarrow$ S. 100). Da- mit erhält man für die Schallgeschwindigkeit in Luft $c_{\mathrm{s}} \approx 330\,\frac{\mathrm{m}}{\mathrm{s}}$, und entsprechend ergibt sich die bekannte Faustregel zur Abschätzung, wie weit ein Gewitter etwa ent- fernt ist: Beim Blitzschlag beginnen, die Sekunden zu zählen, bis man den Donner[c] hört. Dividiert man die Zahl der Sekunden durch 3, gibt das den Abstand in Kilome- tern.

In einem Festkörper erfüllen die Zug-/Druck- bzw. die Scherspannung die Wellenglei- chung, und man findet

$$c_{\mathrm{s}} = \sqrt{\frac{E}{\rho}} \qquad \text{bzw.} \qquad c_{\mathrm{s}} = \sqrt{\frac{G}{\rho}}\,,$$

mit dem Elastizitätsmodul E bzw. dem Schermodul G ($\Rightarrow$ S. 40). Typischerweise ist die Schallgeschwindigkeit in Festkörpern deutlich höher als in Gasen.

Wahrnehmung von Schall Unsere Wahrnehmung von Schall beruht auf dessen Intensität, erfolgt allerdings – wie viele Sinneswahrnehmungen – zumindest näherungsweise logarithmisch, was durch das empirische *Weber-Fechner'sche Gesetz* ausgedrückt wird. Diese logarithmische Wahrnehmung geht in die Definition der Lautstärke ein,

$$L = 10 \cdot \log_{10} \frac{I}{I_0} \,,$$

mit der Intensität $I_0 = 10^{-12}\,\mathrm{W/m^2}$, die etwa der Hörschwelle bei 1000 Hz entspricht. Als Einheit dieser eigentlich dimensionslosen Größe wird das Dezibel (dB) verwendet.[d] Im mittleren Frequenzbereich werden Lautstärken ab 130 dB als schmerzhaft empfunden und können zu permanenten Gehörschäden führen. Allerdings sind Hör- und Schmerzschwelle frequenzabhängig; an den Rändern des Hörbereichs (der sich von etwa 20 Hz bis maximal 20 kHz erstreckt) rücken die beiden eng zusammen. Selbst ein gerade noch hörbarer sehr hoher Ton wirkt oft schon unangenehm.[e]

Töne und Musik Geräusche im Sinne der Akustik müssen noch lange keine *Klänge* im Sinne der Musiktheorie sein. Damit man von einem Klang oder Ton sprechen kann, muss es möglich sein, dem entsprechenden Signal eindeutig eine Grundfrequenz zuzuordnen, die die Tonhöhe bestimmt. Nur Signale, die einigermaßen periodisch sind (d. h. bei denen sich die nahezu gleiche Signalform zumindest einige Male wiederholt), kommen dafür in Frage. Ein Musterbeispiel dafür sind Sinustöne (harmonische Signale fester Frequenz). Ein Sinuston von fester Frequenz klingt aber nicht gerade ansprechend – mit einem simplen Tongenerator[f] kann man sich davon leicht selbst überzeugen.

Die Klangfarbe von Muskinstrumenten oder der menschlichen Stimme kommt durch Oberschwingungen zustande, die je nach Instrument in unterschiedlichem Ausmaß vorkommen. Rechts ist das etwa für den Fall eines Gitarrenklangs gezeigt.

Mittels Fourier-Analyse lassen sich die Beiträge der Oberschwingungen identifizieren und die typischen Klänge von Instrumenten (zumindest einigermaßen gut) elektronisch synthetisieren.

Das Notensystem In der Musik korrespondiert die *Höhe* einer Note zur Frequenz des Tons. Im *temperierten Notensystem*, das wohl am häufigsten verwendet wird, legt man die Frequenz des *Kammertons* a' fest, üblicherweise zu $\nu_{a'} = 440$ Hz. Die Note a'' liegt eine Oktave über a', hat also die doppelte Frequenz. Zwischen a' und a'' liegen zwölf Halbtonschritte, für den entsprechenden Frequenzfaktor q muss damit

$$\nu_{a''} = 2\,\nu_{a'} = q^{12}\,\nu_{a'}$$

gelten. Der Faktor für die Erhöhung um einen Halbtonschritt ist $q = \sqrt[12]{2} \approx 1.059463$. Damit und mit der bekannten Frequenz $\nu_{a'}$ lässt sich die Frequenz jeder beliebigen Note bestimmen, beispielsweise

$$\nu_c = \frac{1}{q^9}\,\nu_a = \frac{1}{2^{3/4}}\,\frac{\nu_{a'}}{2} \approx \frac{220}{1.6818} = 130.81\,\mathrm{Hz} \,.$$

Das elektromagnetische Spektrum

Elektromagnetische Wellen können mit sehr unterschiedlichen Frequenzen auftreten. Entsprechend haben sie auch unterschiedliche Wirkungen und können für ganz unterschiedliche Zwecke eingesetzt werden. Im Kontext der Quantenphysik zeigt sich, dass elektromagnetische Strahlung der Frequenz ν aus Photonen besteht, von denen jedes die Energie $h\nu$ besitzt.

Grob unterscheidet man meist zwischen Radiowellen, Mikrowellen, Infrarot, sichtbarem Licht, Ultraviolett, Röntgenstrahlung und Gammastrahlung. Häufig, insbesondere im Mikrowellenbereich, findet man auch Bezeichungen nach der Wellenlänge. Dabei sollte man allerdings beachten, dass die Wellenlänge stark materialabhängig ist und die genaue Abhängigkeit auch von der Frequenz beeinflusst werden kann ($\Rightarrow$ S. 72). Wellenlängenangaben beziehen sich meist auf das Vakuum oder auf Luft bei etwa 1 bar.

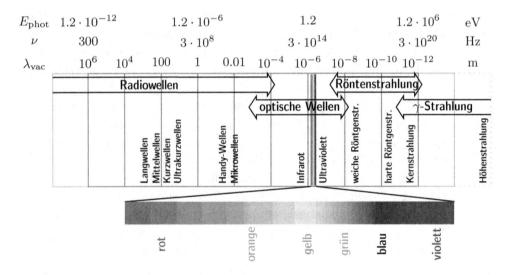

Für den sichtbaren Teil des Spektrums sind die Grenzen naturgemäß recht klar definiert (auch wenn die spektrale Empfindlichkeit in einem gewissen Ausmaß variiert und man entsprechend auch hier leicht unterschiedliche Angaben finden kann). Hingegen sind die anderen Bereiche nicht so klar gegeneinander abgegrenzt.

Die Bezeichnungen enthalten zum Teil Hinweise auf den üblichen Einsatz oder Entstehungsmechanismen. Radiowellen werden in der Tat häufig für den Funkverkehr verwendet (Mobiltelefone hingegen arbeiten in einem Frequenzbereich, der schon im Übergang zu den Mikrowellen liegt). Photonen im Gammabereich sind so energiereich, dass sie im Normalfall nur in Kernprozessen, eben als γ-Strahlung ($\Rightarrow$ S. 122), entstehen.[a]

Strahlung und Photometrie

Elektromagnetische Strahlung gehört zu unseren wichtigsten Quellen der Erkenntnis über unsere Umwelt. Wir nehmen allerdings nur einen kleinen Teil des elektromagnetischen Spektrums ($\Rightarrow$ S. 78) als Licht wahr, und auch diesen keineswegs einheitlich. Am größten ist die Empfindlichkeit des Auges bei 550 nm, zu kleineren und zu größeren Wellenlängen hin nimmt sie hingegen ständig ab, bis sie am Rand des sichtbaren Spektrums (bei knapp unter 400 nm bzw. knapp über 750 nm) auf weniger als ein Zehntausendstel des Maximalwerts gefallen ist. Schon dieser Sachverhalt macht deutlich, dass zwischen dem physikalischen Begriff *Strahlung* und dem physiologischen Begriff *Licht* klar unterschieden werden muss.

Strahlung bedeutet Energieübertragung; entsprechend wird der gesamte Strahlungsfluss Φ einer Quelle in Watt angebenen. Eine besonders interessante Kenngröße ist dabei die *Strahlungsstärke* (SI-Einheit W/sterad), die besagt, wie viel Strahlungsleistung man pro Raumwinkeleinheit erhält.

Das physiologische Analogon dazu ist die *Lichtstärke*, die eine eigene SI-Basiseinheit bekommen hat, das *Candela* (cd). Dieses ist definiert als Lichtstrom pro Raumwinkeleinheit, der von $\frac{1}{60}$ cm^2 eines Schwarzen Körpers ($\Rightarrow$ S. 104) bei $T = 2042$ K, der Schmelztemperatur von Platin, ausgeht.

Auf das Candela lassen sich alle photometrischen Größen zurückführen. Die zum Strahlungsfluss analoge Größe ist der *Lichtstrom* mit der Einheit *Lumen* (lm),

$$1\,\text{cd} = 1\,\text{lm sterad}^{-1}.$$

Die *Lichtintensität* wird in Lux (lx) gemessen,

$$1\,\text{lx} = 1\,\text{lm m}^{-2}.$$

Auch andere photometrische Größen (beispielsweise Lichtmenge, Beleuchtungsdichte und Beleuchtung) werden in Analogie zu den entsprechenden Strahlungsgrößen (in diesem Fall Strahlungsenergie, Bestrahlungsstärke und Bestrahlung) im Wesentlichen durch die Ersetzung W $\rightarrow$ lm definiert.

Das Auge kann sich sehr gut an unterschiedliche Lichtverhältnisse anpassen. Das hat große Vorteile, führt aber gleichzeitig auch dazu, dass die Bestimmung absoluter Helligkeiten mit bloßem Auge kaum möglich ist. Helligkeitsunterschiede werden hingegen sehr gut wahrgenommen. Auf diesem Umstand beruhen viele Methoden der Helligkeitsmessung. So wird etwa im von R. Bunsen entwickelten Fettfleckphotometer ein Stück weißes Papier mit Fettfleck von einer Seite her mit einer Norm-Lichtquelle beleuchtet, von der anderen Seite mit der zu vermessenden Lichtquelle. Stellt man den Abstand des Papiers so ein, dass der Fettfleck unsichtbar wird, so sind die Beleuchtungsstärken beider Quellen gleich; aus dem $\frac{1}{r^2}$-Gesetz folgt die zu ermittelnde Lichtstärke.

Absorption und Emission

Das Licht der meisten glühenden Festkörper (etwa der Leuchtfaden der inzwischen recht altmodischen Glühbirne) unterscheidet sich deutlich vom Leuchten einer Gaslampe (etwa einer Leuchtstoffröhre oder Energiesparlampe). Für das bloße Auge ist der Unterschied nicht allzu gravierend.

Schickt man das Licht aber durch einen Spektrographen (im einfachsten Fall ein Prisma), so findet man völlig unterschiedliche Ergebnisse. Glühende Festkörper haben typischerweise ein *kontinuierliches Spektrum*. Man sieht ein durchgehendes Band von Frequenzen; die genaue Verteilung (spektrale Dichte) hängt etwas vom Material, aber gemäß den Strahlungsgesetzen ($\Rightarrow$ S. 104) vor allem von der Temperatur ab.

Das Spektrum leuchtender Gase hingegen besteht aus einzelnen eng begrenzten Linien, den *Spektrallinien*, die jeweils für das betrachtete Atom oder Molekül typisch sind. Elementspezifische Spektren geben Aufschluss über die chemische Struktur.

Die Existenz solcher diskreter Spektren war ein wesentlich Ausgangspunkt für die Entwicklung der Quantenmechanik. Spektroskopische Methoden erlauben es inzwischen, auch sehr kleine Effekte wie den Lamb-Shift ($\Rightarrow$ S. 264) zu messen.

Zwar gibt es neben der optischen Spektroskopie noch andere Methoden, die Zusammensetzung von Stoffen zu bestimmen, etwa Gaschromatographie.

Die große Stärke der Spektroskopie ist jedoch, dass sie auch auf Entfernung erfolgen kann. Unser Wissen über die chemische Zusammensetzung von Sternen und leuchtenden interstellaren Gasnebeln etwa beruht auf spektroskopischen Methoden.[a]

Die charakteristischen Linien kann man auch auf andere Weise finden. Schickt man weißes Licht aus einer Quelle mit kontinuierlichem Spektrum durch das kalte Gas, so fehlen nach dem Durchgang im Spektrum genau jene Linien, die das leuchtende Gas abstrahlen würde. Man spricht von *Absorptionsspektrum* im Gegensatz zum *Emissionsspektrum*.

Emissionsspektrum

Absorptionsspektrum

Diesen Komplementaritätseffekt sieht man in einem gewissen Ausmaß auch bei Festkörpern: Kupfer absorbiert beispielsweise kurzwelliges Licht etwa ab Gelbgrün, während langwelligeres Licht reflektiert wird – entsprechend erscheint dieses Metall bei weißer Beleuchtung rötlich.

Bringt man Kupfer zum Glühen, dann wird umgekehrt nur gelbgrüne und kurzwelligere Strahlung emittiert. Da nach dem Planck-Gesetz das Maximum der Abstrahlung eines schwarzen Körpers selbst am Schmelzpunkt von Kupfer ($\approx 1358\,\mathrm{K}$) noch im Infraroten läge, sind es bevorzugt die niedrigsten möglichen Frequenzen, die emittiert werden – das Resultat ist grünes Licht. (Am einfachsten sieht man dieses bei Funken, wie sie etwa beim Öffnen oder Schließen eines Stromkreises mit Kupferkabeln entstehen können.)

Als Kenngrößen für Absorption und Emission kann man den *Absorptionsgrad* $\alpha \in [0,\,1]$ und den *Emissionsgrad* $\varepsilon \in [0,\,1]$ einführen. Ein Körper mit $\alpha(\nu) = 1$ absorbiert alle einfallende Strahlung der Frequenz ν, bei $\alpha(\nu) = 0$ wird alle Strahlung dieser Frequenz ν reflektiert. Jeder Körper, unabhängig von Aggregatzustand oder sonstiger Beschaffenheit, absorbiert Strahlung mit einer definierten Frequenz ν gleich gut, wie er sie emittiert: $\varepsilon(\nu) = \alpha(\nu)$. Auf atomarer Ebene liegt das daran, dass es die gleichen Anregungsniveaus sind, die Energie aufnehmen oder abgeben können. Dass $\varepsilon = \alpha$ sein muss, lässt sich aber auch ohne Wissen über die atomaren Hintergründe mit dem zweiten Hauptsatz der Thermodynamik ($\Rightarrow$ S. 96) begründen.[b]

Aufspaltung von Spektrallinien Mit dem Bahndrehimpuls und dem Spin ($\Rightarrow$ S. 154) eines Elektrons ist jeweils auch ein magnetisches Moment verbunden. Wird ein Atom in ein magnetisches Feld gebracht, so ergibt das je nach Ausrichtung des magnetischen Moments unterschiedliche Energiebeiträge. Energieniveaus, die ohne äußeres Feld gleich wären, spalten auf. Entsprechend spalten auch die Spektrallinien auf, da nun verschiedene Übergänge zwischen leicht unterschiedlichen Niveaus auftreten.

Das nennt man *Zeeman-Effekt*. Verschiebungen und Aufspaltungen der Spektrallinien durch ein äußeres elektrisches Feld bezeichnet man als *Stark-Effekt*. Auch mit dem magnetischen Moment des Atomkerns tritt ein äußeres magnetisches Feld in Wechselwirkung, das ist die Grundlage der Kernspintomographie (Magnetresonanz-Methode).

Raman-Spektroskopie Mit spektroskopischen Methoden lassen sich auch Rotations- und Schwingungsmoden von Molekülen untersuchen, deren Spektren typischerweise im Infraroten liegen. Das kann direkt mit Infrarot-Spktroskopie erfolgen, man kann aber auch den *Raman-Effekt* ausnutzen, die inelastische Streuung von Licht an Materie.

Während bei elastischer Streuung keine Energieübertragung von der Welle auf das Streuobjekt oder umgekehrt stattfindet, gibt es bei inelastischer Streuung eine derartige Energieübertragung. Bei Durchstrahlung einer Probe mit monochromatischem Licht findet man entsprechend neben der ursprünglichen Frequenz auch niedrigere (Stokes-Linien) und höhere (Anti-Stokes-Linien) Frequenzen.

Der Laser

Meist bemerkt man von der Interferenzfähigkeit ($\Rightarrow$ S. 74) von Lichtwellen recht wenig. Leuchtet man mit zwei Taschenlampen an eine Stelle, so ist es dort immer heller, als wenn man es nur mit einer tut – destruktive Interferenz wird in einer solchen Situation nicht beobachtet.

Der Grund dafür ist, dass Lichtwellen in einem festen Phasenverhältnis sein müssen, damit Interferenzeffekte sichtbar werden. Bei konventionellen Lichtquellen ist das – außer man schränkt sie auf einen annähernd punktförmigen Bereich ein – nicht der Fall. Eine Lichtquelle, die hingegen trotz räumlicher Ausdehnung sehr gute Kohärenzeigenschaften hat, ist der *Laser*. Der Name ist ein Akronym von „**L**ight **A**mplification by **S**timulated **E**mission of **R**adiation".

Stimulierte Emission Stimulierte Emission wurde erstmals 1916 von A. Einstein als Ergänzung zu den schon bekannten Prozessen von Absorption und spontaner Emission postuliert und 1928 von R. Ladenburg experimentell nachgewiesen ($\Rightarrow$ S. 164).

Gibt es für ein Elektron die zugänglichen Energieniveaus E_0 und $E_1 > E_0$, so kann es durch Absorption eines Photons der Energie $\Delta E_1 = E_1 - E_0$ von E_0 auf E_1 angehoben werden. Umgekehrt kann ein Elektron auf dem Energieniveau E_1 spontan ein Photon der Energie ΔE emittieren und dadurch auf E_0 zurückfallen. Ein Elektron auf dem Niveau E_1 kann aber auch durch ein Photon der Energie ΔE_1 angeregt werden, selbst ein weiteres derartiges Photon zu emittieren (und dadurch ebenfalls auf E_0 zurückzufallen). Die beiden Photonen haben in diesem Fall die gleiche Ausbreitungsrichtung und sind in Phase.

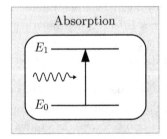
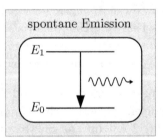
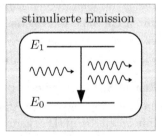

Prinzip des Lasers Wenn eine Lichtwelle der passenden Frequenz ein entsprechendes Medium durchläuft, so sind Absorption und stimulierte Emission Konkurrenzprozesse. Welcher Prozess wahrscheinlicher ist, hängt davon ab, wie stark die Niveaus besetzt sind. Damit es zu einer Verstärkung der Lichtwelle kommt, muss der höherliegende Zustand E_1 also stärker besetzt sein als der tieferliegende E_0. Diese *Besetzungsinversion* (Inversion gegenüber dem Fall im thermischen Gleichgewicht) kann etwa durch Benutzung eines Mehr-Niveau-Systems erreicht werden.

Dabei werden, etwa durch Einstrahlung von Photonen der Energie $\Delta E_2 = E_2 - E_0$, Elektronen auf das Niveau E_2 angeregt. Wenn die Übergangsrate $E_2 \to E_1$ (durch strahlungslosen Übergang oder spontane Emission) groß gegenüber jener für $E_2 \to E_0$ ist, dann kann das Niveau E_1 stärker besetzt werden als E_0. Kann so (oder auf andere Weise) eine Besetzungsinversion erreicht werden, so spricht man von einem *aktiven Medium*.

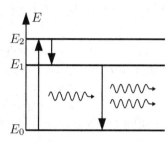

Das Einbringen von Energie in das aktive Medium bezeichnet man als *Pumpen*.

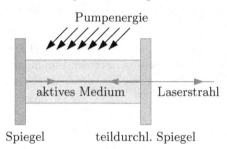

Platziert man ein aktives Medium zwischen zwei Spiegeln und pumpt es mit Strahlung der Energie ΔE_2, so wird irgendwann spontan ein Photon der Energie ΔE_1 genau senkrecht zu den Spiegelflächen emittiert. Durch wiederholte stimulierte Emission entsteht so ein Strahl monochromatischen kohärenten Lichts, der ständig zwischen den beiden Spiegeln reflektiert wird.

Macht man einen der beiden Spiegel teildurchlässig, dann tritt dort ein sehr gut paralleler Strahl („Laserstrahl") aus.

Lasertypen Laser werden üblicherweise nach dem aktiven Medium benannt. Als aktives Medium lassen sich Festkörper ebenso wie in Flüssigkeiten gelöste Farbstoffe oder auch Gase verwenden. Zu den bekanntesten und wichtigsten Lasertypen zählen Rubin-, Neodym-YAG-, Kohlendioxid- und Helium-Neon-Laser. Der Wirkungsgrad konventioneller Laser ist äußerst gering, bei bestenfalls wenigen Prozent. (Entsprechend aufwändig ist die Kühlung von Lasern mit hoher Leistung.)

Deutlich besser ist der Wirkungsgrad von Halbleiterlasern, bei denen die Besetzungsinversion mit stromdurchflossenen *pn*-Übergängen hergestellt wird. Allerdings haben die Strahlen dieser Laser meist schlechte Parallelitätseigenschaften.[a]

Lasermoden Das Spiegelsystem eines Lasers bildet einen Resonator, der nur bestimmte Wellenlängen verstärken kann, weil sich nur für diese Wellenlängen stehende Wellen ausbilden können. Durch Doppler-Verbreiterung kann das eigentlich monochromatische Licht aus der stimulierten Emission die Resonanzbedingungen für verschiedene Wellenlängen erfüllen, und entsprechend können sich – oft unerwünschterweise – mehrere *longitudinale Moden* ausbilden.

Da der Strahl auch quer zur Ausbreitungsrichtung räumlich ausgedehnt ist, können sich auch kompliziertere Strahlengänge ergeben, die zu einer räumlich variierenden Phasenlage führen. Diese *transversale Moden* werden dort, wo der Strahl auftrifft, als Helligkeitsmuster sichtbar.

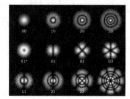

Der Doppler-Effekt

Bewegt sich eine Schallquelle auf einen Empfänger zu, so klingt ihr
Ton höher – die Wellenberge und -täler treffen ja in rascherer Folge
ein. Auch wenn sich der Empfänger auf die Schallquelle zu bewegt,
wird der Ton höher. Umgekehrt klingt ein Ton tiefer, wenn man sich
als Empfänger relativ von einer Schallquelle weg bewegt.

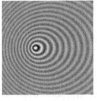

Dieser Effekt wird besonders deutlich, wenn die Tonhöhenänderung beim Vorbeifahren
einer Schallquelle „umschlägt". Die Frequenzänderung durch Bewegung von Sender
oder Empfänger nennt man *Doppler-Effekt*.

Beim Schall ($\Rightarrow$ S. 76), dessen Ausbreitung auf einem Trägermedium beruht, macht es
einen Unterschied für die Frequenzänderung, ob sich der Sender oder der Empfänger
bewegt. Man findet für die Doppler-verschobene Frequenz

$$\nu'_{\text{Sender bew.}} = \frac{\nu}{1 - \frac{v}{c_S}} \qquad \text{bzw.} \qquad \nu'_{\text{Empf. bew.}} = \nu \left(1 + \frac{v}{c_S} \right), \qquad (4.2)$$

mit der Schallgeschwindigkeit c_S. Die Geschwindigkeit v hat bei Bewegung aufeinander
zu positive, bei Bewegung voneinander weg negative Werte. Die beiden Effekte können
natürlich auch gemeinsam auftreten, $\nu' = \nu \left(1 + \frac{v_{\text{Empf.}}}{c_S} \right) / \left(1 - \frac{v_{\text{Send.}}}{c_S} \right)$.

Die Ausbreitung von Licht benötigt kein Trägermedium, relativ zu dem Bewegungen
erfolgen ($\Rightarrow$ S. 210), und entsprechend kommt es beim Doppler-Effekt des Lichts nur
auf die Relativgeschwindigkeit zwischen Sender und Empfänger an.[a]

Im Vakuum oder generell Medien mit $c \approx c_0$ erhält man

$$\nu' = \nu \sqrt{\frac{c + v}{c - v}}.$$

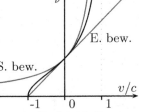

Für $v/c \ll 1$ geht das in die nichtrelativistische Form (4.2)
über.[b] All drei Fälle sind rechts dargestellt.

Frequenzänderungen lassen sich sehr genau messen (bei Licht mit Hilfe des Mößbauer-
Effekts ($\Rightarrow$ S. 206) auf auf über $\frac{\Delta\nu}{\nu} = 10^{-14}$ genau), und entsprechend kann man mit
Hilfe des Doppler-Effekts auch Geschwindigkeiten sehr genau bestimmen.

Nicht nur irdische Geschwindigkeitsmessungen („Radarpistole") beruhen auf dem
Doppler-Effekt, sondern insbesondere auch Beobachtungen in der Astrophysik. Die
Expansion des Universums ($\Rightarrow$ S. 236) ist an der Doppler-bedingten Rotverschiebung
entfernter Galaxien erkennbar, und viele extrasolare Planeten wurden durch periodische Frequenzschwankungen des Lichts ihres Zentralgestirns gefunden.

Geometrische Optik

Der Wellencharakter des Lichts ist bei vielen Effekten entscheidend. Beugung oder Interferenz ($\Rightarrow$ S. 72) etwa kann man ohne Berücksichtigung der Wellennatur des Lichts weder verstehen noch beschreiben.

Für andere Zwecke hingegen spielt die Wellennatur keine unmittelbare Rolle. Wenn alle Ausdehnungen von Objekten viel größer sind als die Wellenlänge und man keine scharfen Kanten betrachtet, dann genügt es, den Weg von *Lichtstrahlen* zu untersuchen. Um die Wirkung von Spiegeln, Linsen und Prismen sowie von optischen Instrumenten wie Mikroskop oder Fernrohr zu verstehen, reicht diese *geometrische Optik* völlig aus.

Grundlage der geometrischen Optik ist das *Fermat'sche Prinzip*: Ein Lichtstrahl verläuft zwischen zwei Punkten auf jenem Weg γ, der die benötigte Zeit minimiert. Das ist ein Variationsprinzip ($\Rightarrow$ S. 36), das sich als $\delta \int_\gamma \mathrm{d}t = 0$ und mit der Brechzahl $n = n_{\mathrm{Med}} = \frac{c_0}{c_{\mathrm{Med}}}$ des durchstrahlten Mediums auch in der Form

$$\delta \int_\gamma n(\gamma(s))\,\mathrm{d}s = 0$$

schreiben lässt. Solange die Brechzahl konstant ist und keine weiteren Zusatzbedingungen gestellt werden, liefert das Fermat'sche Prinzip Geraden.

Beim Übergang in ein optisch dichteres Medium, d. h. ein Medium mit größerer Brechzahl, wird der Lichtstrahl gegenüber dem geraden Weg *gebrochen*: Die Strecke, die im optisch dichteren Medium zurückgelegt werden muss, reduziert sich,[a] und man erhält genau das *Brechungsgesetz von Snellius*:

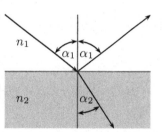

$$\frac{\sin \alpha_1}{\sin \alpha_2} = \frac{n_2}{n_1}.$$

Auch dass bei der Reflexion von Lichtstrahlen Einfalls- und Ausfallswinkel übereinstimmen, folgt direkt aus dem Fermat'schen Prinzip.[b] Anhand der Betrachtung der Lichtbrechung an einer Kugelfläche kann man aus dem Fermat'schen Prinzip herleiten, dass sich eine Linse durch ihre Brennweite f charakterisieren lässt. Den Kehrwert der Brennweite nennt man die *Brechkraft*, die im SI in der Einheit *Dioptrie* ($1\,\mathrm{dpt} = \frac{1}{\mathrm{m}}$) angegeben wird.

Sammellinse Zerstreuungslinse

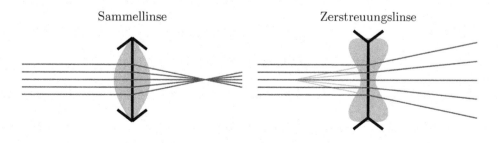

5 Thermodynamik

Ludwig Boltzman, who spent much of his life studying statistical mechanics, died in 1906, by his own hand. Paul Ehrenfest, carrying on the work, died similarly in 1933. Now it is our turn to study statistical mechanics. Perhaps it will be wise to approach the subject cautiously.

D. L. Goodstein, *States of Matter*

Es gibt zwei Wege, an Wärmephänomene heranzugehen: Die klassische (phänomenologische) Thermodynamik stellt direkt Beziehungen zwischen makroskopischen Größen wie Druck und Temperatur her. Die statistische Physik hingegen leitet derartige Größen direkt aus dem Verhalten der mikroskopischen Bestandteile der Materie her.

Wir werden beide Zugänge so weit wie möglich parallel diskutieren. Das beginnt bei den Grundbegriffen von Temperatur und Wärme ($\Rightarrow$ S. 88) und führt über Zustandsgleichungen ($\Rightarrow$ S. 90) und Kreisprozesse ($\Rightarrow$ S. 92) bis hin zu Ensembles ($\Rightarrow$ S. 94).
Ein besonders zentrales Konzept der Thermodynamik ist die Entropie ($\Rightarrow$ S. 96), mit deren Hilfe der berühmte zweite Hauptsatz der Thermodynamik formuliert wird. Die Entropie und andere thermodynamische Potenziale ($\Rightarrow$ S. 98) erlauben Aussagen über das spontane Ablaufen von Prozessen.
Die Speicherfähigkeit für Wärme sagt viel über die innere Struktur eines Stoffes aus ($\Rightarrow$ S. 100). Auch die Ausbreitung von Wärme ($\Rightarrow$ S. 102), die im Wesentlichen auf drei Mechanismen beruht, wird von den vorhandenen Stoffen wesentlich beeinflusst. Allerdings erlaubt der Effekt der Wärmestrahlung ($\Rightarrow$ S. 104) Wärmeübertragung selbst durch das Vakuum. Die Beschreibung dieser Strahlung hat sich als ein Schlüssel zum besseren Verständnis von Materie und elektromagnetischer Strahlung erwiesen.
Besonders faszinierende Vorgänge im Rahmen der Thermodynamik sind Phasenübergänge ($\Rightarrow$ S. 106), die nicht nur zwischen verschiedenen Aggregatzuständen, sondern auch z. B. zwischen Phasen mit verschiedenem magnetischem Verhalten vorkommen können. Phasenübergänge haben auch große praktische Bedeutung, ebenso wie Transportvorgänge ($\Rightarrow$ S. 108), die am besten mit Hilfe von Verteilungsfunktionen beschrieben werden können.
So zentral der zweite Hauptsatz auch ist, so vielfältig waren die Versuche, ihn zumindest in Gedankenexperimenten zu umgehen ($\Rightarrow$ S. 110). Auch wenn diese Versuche bislang misslungen sind, lässt sich aus ihrer sorgfältigen Analyse doch viel Grundsätzliches lernen.

Wärme und Temperatur

Einst wurde *Wärme* als unsichtbarer Stoff betrachtet, der zwischen Körpern fließen könne und dessen Fließen mit Temperaturänderungen verbunden sei. Begriffe wie „Wärmemenge" erinnern noch heute an dieses Bild.

Man kann einen Körper aber nicht nur dadurch erwärmen, dass man ihn mit einem heißeren in Kontakt bringt. Auch durch Reibung ist das möglich, ebensowie wie durch Deformation (etwa Kneten), elektrischen Stromfluss oder das Bestrahlen mit Licht. Gemeinsam ist allen diesen Verfahren, dass zumindest ein Teil der eingebrachten Energie hinterher nicht mehr in der ursprünglichen Form vorliegt. Das führte zu der Erkenntnis, dass es sich auch bei der Wärme Q um eine Form von Energie handelt – allerdings um eine ganz besondere:

Energie, die anfangs in geordneter und gut kontrollierbarer Form vorlag (Bewegungsenergie eines makroskopischen Körpers, elektrische oder chemische Energie), wurde in Bewegungsenergie der mikroskopischen Bestandteile umgewandelt – eben in Wärme Q. Die insgesamt in einem Körper enthaltene Energie wird *innere Energie U* genannt. Der Energieerhaltungssatz kann damit folgendermaßen formuliert werden:

Erster Hauptsatz der Thermodynamik: *Die Energie eines abgeschlossenen Systems bleibt unter Berücksichtigung der Energieform Wärme konstant. Die innere Energie eines Systems kann sich durch Arbeitsleistung oder durch Wärmeaustausch ändern:*

$$\mathrm{d}U = \delta W + \delta Q.$$

Dabei ist ein abgeschlossenes System eines, dessen Grenzen weder für Energie noch für Materie passierbar sind. Im Gegensatz dazu sind für ein geschlossenes System Energieflüsse zwischen System und Umwelt zugelassen, für ein offenes System Energie- und Materieflüsse.

Dass hier δW und δQ statt $\mathrm{d}W$ und $\mathrm{d}Q$ geschrieben wird, liegt daran, dass es sich um keine totalen Differenziale handelt – W und Q sind keine Zustandsgrößen, d. h. sie hängen nicht nur vom Zustand des Systems ab, sondern auch vom Weg, auf dem dieser Zustand erreicht wurde.

Für die Arbeit kann man dieses Manko durch die Spezifizierung der Art der Arbeitsverrichtung beheben. Besonders häufig betrachtet man die *Volumenarbeit*, bei der ein Gas durch Volumenänderung Arbeit gegen konstanten äußeren Druck p verrichtet, $\delta W = -p\,\mathrm{d}V$. (Das negative Vorzeichen stammt daher, dass eine Volumenverkleinerung die innere Energie erhöht.)

Um analog für die Wärme vorzugehen, muss man zwei weitere (jedoch ohnehin essentielle) Größen definieren, die *Entropie S* ($\Rightarrow$ S. 96) und die *Temperatur T*. Dann gilt $\delta Q = T\,\mathrm{d}S$. Die Einführung der Temperatur wird manchmal in einen eigenen Hauptsatz „verpackt":

Nullter Hauptsatz der Thermodynamik: *Es gibt eine Größe, die Temperatur T, mit der man Systeme im thermischen Gleichgewicht charakterisieren kann. Sind zwei Körper jeweils mit einem dritten im thermischen Gleichgewicht, so sind sie auch untereinander im thermischen Gleichgewicht und haben die gleiche Temperatur.*

Diese implizite Definition der Temperatur setzt natürlich voraus, dass klar ist, was man unter „thermischem Gleichgewicht" zu verstehen hat – den statischen Zustand, in dem keine Wärme mehr zwischen den betrachteten Körpern fließt.

Das ist genau dann der Fall, wenn alle „Grundbausteine" dieser Körper im Mittel gleich viel ungeordnete Bewegungsenergie haben. Die Energieübertragung durch zufällige Stöße zwischen den Bausteinen führt netto zu keinem Energietransport mehr – es fließt keine Wärme mehr (bzw. jeweils in beide Richtungen gleich viel). Die Temperatur charakterisiert demnach das Ausmaß der Wärmebewegung der Materiebausteine – die Energie pro Freiheitsgrad ($\Rightarrow$ S. 100).

Die Skala der Temperatur kann man etwa anhand des Ausdehnungsverhaltens eines (näherungsweise) idealen Gases festlegen. Präziser und dazu noch völlig materialunabhängig wird die Temperaturdefinition, wenn man die Temperaturskala anhand der ausgetauschten Wärmemengen in reversiblen Kreisprozessen ($\Rightarrow$ S. 92) definiert. Im SI wird die (absolute) Temperatur in Kelvin (K) angegeben; in Alltag und in der Technik werden noch andere Temperaturskalen verwendet, insbesondere die Celsius-Skala.[a]

Man könnte die Temperatur auch direkt als Energie angeben und auf die Einführung einer eigenen Einheit verzichten. Dabei müsste man aber meist mit unpraktisch kleinen Zahlen hantieren. Zudem ist die Temperatur eine konzeptionell wichtige Größe. Der Umrechnungsfaktor zwischen der Energie pro Freiheitsgrad und der Temperatur ist die *Boltzmann-Konstante*

$$k_{\mathrm{B}} \approx 1.38 \cdot 10^{-23} \, \frac{\mathrm{J}}{\mathrm{K}} \, .$$

Bewegungsenergie kann keine negativen Werte annehmen, und entsprechend kann auch die (absolute) Temperatur eines Körpers nicht negativ werden. Selbst der Zustand, in dem die gesamte ungeordnete Bewegung zum Stillstand kommt, kann nicht erreicht werden, da es bei sinkenden Temperaturen immer schwerer wird, einem Körper noch weitere Wärmeenergie zu entziehen ($\Rightarrow$ S. 100):

Dritter Hauptsatz der Thermodynamik (Nernst'sches Theorem): *Der absolute Nullpunkt $T = 0\,\mathrm{K} = -273.15\,°\mathrm{C}$ ist unerreichbar.*

Temperaturmessung Zur Messung der Temperatur kann man jede physikalische Größe verwenden, die auf reproduzierbare Weise von ihr abhängt. Das kann das Volumen eines Gases bei konstantem Druck, das Volumen einer Flüssigkeit (wie etwa beim Fieberthermometer), die mechanische Deformation von Festkörpern (etwa beim Bimetallthermometer) oder der elektrische Widerstand von Leitern sein. Temperaturmessung wird allerdings dadurch erschwert, dass sie strenggenommen nur im thermischen Gleichgewicht erfolgen darf, also erst sehr lange nach Einbringung des Thermometers.

Zustandsgleichungen und Zustandsänderungen

Die klassische Thermodynamik setzt makroskopische Größen miteinander in Beziehung. Für jedes spezielle thermodynamische System werden sie durch eine einzelne Gleichung verknüpft, die *Zustandsgleichung*. Typischerweise handelt es sich – sofern man sie überhaupt angeben kann – um eine implizite Gleichung. Beschreibt man das System etwa mit Hilfe von Druck, Volumen und Temperatur, so erhält man eine Gleichung $F(p, V, T) = $ const. In einem dreidimensionalen Koordinatensystem beschreibt eine derartige Gleichung eine Fläche. Der einfacheren Darstellung wegen projiziert man diese Fläche gerne auf eine Ebene.

Welche beiden Größen man günstigerweise als Koordinaten in der zweidimensionalen Darstellung behält, hängt von der aktuellen Zielsetzung ab. So werden p-V-Diagramme besonders gerne bei der Betrachtung von technischen Prozessen ($\Rightarrow$ S. 92) benutzt, da die verrichtete Arbeit eines Kreisprozesses gleich der von der Kurve eingeschlossenen Fläche ist.

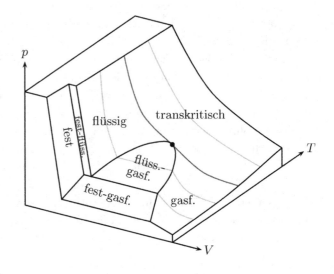

Hingegen sind p-T-Diagramme etwa bei der Untersuchung von Phasenübergängen ($\Rightarrow$ S. 106) nützlich. So ist etwa der Tripelpunkt des Wassers nur im p-T-Diagramm wirklich ein Punkt; in der vollen p-V-T-Darstellung handelt es sich um eine Tripellinie bei weitgehend frei wählbarem Volumen.

Das ideale Gas   Eine besonders einfache Zustandsgleichung haben Gase, wenn man die Ausdehnung der Teilchen und die intermolekularen Anziehungskräfte vernachlässigt.[a] Dieser idealisierte Fall beschreibt reale Gase bei ausreichend hohen Temperaturen sehr gut, ist extrem einfach und wird entsprechend häufig betrachtet.

Für ein *ideales Gas* ist das Verhältnis $\frac{pV}{T}$ gleich einer Konstanten, die proportional zur Stoffmenge ist. Definiert man die universelle Gaskonstante als $R = N_A k_B$, so hat die Zustandsgleichung die Form $pV = N_{\mathrm{mol}} RT$, wobei N_{mol} die Stoffmenge angibt.[b]

Das Van-der-Waals-Gas Die Näherung durch ein ideales Gases wird schlecht, wenn die betrachtete Substanz im Zustandsraum nicht mehr allzu weit von der Kondensation entfernt ist. Eine Formulierung, die die realen Verhältnisse besser beschreibt und noch immer verhältnismäßig einfach ist, ist die *Van-der-Waals-Gleichung*

$$\left(p - \frac{a}{v^2}\right)(v - b) = RT \qquad \text{mit} \qquad v = \frac{V}{N_{\mathrm{mol}}}.$$

Sie berücksichtigt, dass der Druck durch die intramolekularen Anziehungskräfte geringer ist als beim idealen Gas (parametrisiert durch $\frac{a}{v^2}$) und dass das zur Verfügung stehende Volumen sich durch das Volumen der Gasteilchen reduziert (parametrisiert durch b). Die Konstanten a und b sind natürlich stoffabhängig.

Reale Substanzen Die Zustandsgleichungen realer Substanzen sind sehr viel komplizierter als jene der theoretisch bequemen Modellsubstanzen. Im entsprechenden Zustandsdiagramm kann es viele verschiedene Phasen ($\Rightarrow$ S. 106) geben, insbesondere mehrere verschiedene Kristallisationsmöglichkeiten. Manche davon können metastabil sein, d. h. noch in Gebieten existieren, in denen sie nicht mehr den Gleichgewichtszustand darstellen.[c] Derart überhitzte Flüssigkeiten und unterkühlte Gase kommen etwa in bestimmten Teilchendetektoren zum Einsatz ($\Rightarrow$ S. 128).

Zustandsänderungen Insbesondere zur einfachen Beschreibung von technischen Prozessen ($\Rightarrow$ S. 92), aber auch für theoretische Überlegungen betrachtet man oft spezielle Zustandsänderungen, in denen eine thermodynamische Variable konstant gehalten wird. Wichtig sind auch Vorgänge, in denen keine Wärme zu- oder abgeführt wird und sich entsprechend die Entropie nicht ändert (adiabatische/isentrope Vorgänge):

Zustandsänderung	*für ideales Gas*
isotherm: $T = \text{const}$	$p \propto \frac{1}{V}$ (Gesetz von Boyle-Mariotte)
isobar: $p = \text{const}$	$V \propto T$ (Gesetz von Gay-Lussac[d])
isochor: $V = \text{const}$	$p \propto T$ (Gesetz von Amontons[d])
adiabatisch: $\delta Q = 0$, $S = \text{const}$	$pV^{\gamma_{\mathrm{ad}}} = \text{const}$

Das bloße Konzept der Zustandsänderung birgt allerdings prinzipielle Schwierigkeiten in sich: An sich dürfte man in einem System nur winzige Eingriffe vornehmen, und zwischen solchen Eingriffen jeweils sehr lange warten, damit makroskopische Variablen wie Druck und Temperatur stets sauber definiert sind.

Im Zustandsraum hätte man selbst dann statt durchgehender Linien eine Abfolge von Punkten vorliegen. Bei weniger sorgfältiger Prozessführung, etwa wenn in einem Fluid Turbulenzen auftreten, lassen sich die Zustände überhaupt nicht mehr mit nur wenigen makroskopischen Variablen beschreiben.

In diesem Sinne sollte man eher von „Thermoquasistatik" als von „Thermodynamik" sprechen. Allerdings sind thermodynamische Konzepte oft auch dann nützlich, wenn strenggenommen nie thermische Gleichgewichte vorliegen.

Kreisprozesse

Die Umwandlung von mechanischer, elektrischer oder chemischer Energie in Wärme ist ohne Einschränkungen möglich. In Gegenrichtung gilt das nicht: Wärme kann bestenfalls teilweise wieder in mechanische oder elektrische Energie umgewandelt werden.

Trotz dieser Einschränkung sind *Wärmekraftmaschinen*, die es erlauben, Wärme in mechanische Energie umzuwandeln, grundlegend für die industrialisierte Welt. Erst die Nutzung der Dampfmaschine erlaubte den Übertritt in das industrielle Zeitalter. Verbrennungsmotoren (und damit ein Großteil des motorisierten Individualverkehrs) beruhen ebenso auf dieser Umwandlung wie der Hauptteil der Stromversorgung (Verfeuerung von fossilen Brennstoffen und Biomasse sowie Nutzung von Nuklearenergie ($\Rightarrow$ S. 124)).

Die technische Umsetzung dieser Umwandlung kann sehr unterschiedlich aussehen. Gemeinsam ist allen Prozessen, dass Wärme von einem höheren Temperaturniveau auf ein niedrigeres gebracht und dabei zum Teil in mechanische Energie umgewandelt wird.

Solche Prozesse stellt man besonders gerne in einem p-V-Diagramm dar, da die verrichtete mechanische Arbeit sich einfach als die Fläche ergibt, die von der Kurve des jeweiligen Kreisprozesses eingeschlossen wird.

Carnot-Prozess und Carnot-Wirkungsgrad Als besonders einfacher Modellprozess wird gerne der *Carnot-Prozess* betrachtet, eine starke Idealisierung der Dampfmaschine. Dieser Prozess läuft zwischen zwei Medien konstanter Temperatur T_1 bzw. $T_2 < T_1$ ab. Man nimmt also an, dass die jeweils vorhandene Wärmemenge so groß ist, dass das Ablaufen des Prozesses die Temperaturen nicht merklich verändert.

Zwei Teilschritte des Prozesses laufen reversibel auf Isothermen ab; der Übergang zwischen den beiden Temperaturniveaus erfolgt adiabatisch, $\delta Q = 0$.

Für ein ideales Gas ($\Rightarrow$ S. 90) sind die Isothermen Hyperbeln. Die Adiabaten, die durch die Gleichung $pV^{\gamma_{\mathrm{ad}}} = \text{const}$ beschrieben werden, sind etwas steiler. Damit hat der Carnot-Prozess für das ideale Gas schematisch die rechts dargestellte Form.

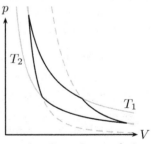

Für den Wirkungsgrad η erhält man nach kurzer thermodynamischer Berechnung (oder noch kürzeren Überlegungen im Rahmen der statistischen Mechanik)

$$\eta = \eta_{\mathrm{C}} := \frac{T_1 - T_2}{T_1}.$$

Der Carnot-Wirkungsgrad η_{C} wird zwar meist anhand des idealen Gases hergeleitet, ist aber unabhängig vom konkreten Arbeitsmedium.[a]

Die meisten realen Maschinen beruhen auf Arbeitsprozes-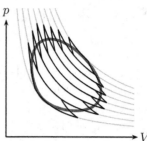
sen, die stark vom Carnot-Prozess abweichen.[b] Doch jeder
reversible Prozess kann durch sehr viele Carnot-Prozesse
mit entsprechenden Zwischentemperaturen beliebig genau
approximiert werden. Pfade im Zustandsraum, die zweimal
in entgegengesetzter Richtung durchlaufen werden, liefern
dabei insgesamt keinen Beitrag.

Arbeitet ein Prozess zwischen der Maximaltemperatur $T_{\max}$ und der Minimaltemperatur $T_{\min}$, so hat man bei der Approximation im Allgemeinen auch Beiträge von
Carnot-Prozessen, die zwischen Temperaturen $T_1 < T_{\max}$ und $T_2 > T_{\min}$ operieren.
Der Wirkungsgrad eines solchen Carnot-Prozesses ist kleiner als der eines solchen, der
direkt zwischen $T_{\max}$ und $T_{\min}$ läuft. Folglich ist auch der Gesamtwirkungsgrad des
approximierten Prozesses kleiner. Der Carnot-Wirkungsgrad ist demnach maximal:
Für den Wirkungsgrad η eines thermodynamischen Prozesses, in dem $T_{\max}$ die
Maximal- und $T_{\min}$ die Minimaltemperatur ist, gilt:

$$\eta \leq \frac{T_{\max} - T_{\min}}{T_{\max}}.$$

Kältemaschinen und Wärmepumpen Die betrachteten Kreisprozesse lassen sich um-
kehren: Durch Arbeitsverrichtung wird dann Wärme von einem tieferen auf ein höheres
Temperaturniveau gebracht. Das kann genutzt werden, um ein Medium zu kühlen und
ist etwa das Prinzip des Kühlschranks und von vielen Klimaanlagen.

Doch so wie sich beim Arbeiten zwischen nahe beieinander liegenden Temperaturniveaus aus großen Wärmemengen nur wenig mechanische Arbeit gewinnen lässt, ist
umgekehrt auch nur wenig Arbeit erforderlich, um auch eine große Wärmemenge auf
ein etwas höheres Temperaturniveau zu bringen. Das lässt sich zum energieeffizienten
Heizen nutzen. Eine solche *Wärmepumpe* arbeitet im Idealfall mit dem *Kehrwert* des
Wirkungsgrades einer entsprechenden Wärmekraftmaschine.

Die Effizienz derartiger Maschinen wird mit der *Leistungszif-*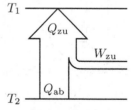
fer ε charakterisiert. Für Kältemaschinen ist die auf nied-
rigerem Niveau abgeführte Wärme interessant; entsprechend
definiert bzw. findet man:

$$\varepsilon_{KM} := \frac{Q_{ab}}{W_{zu}} \leq \frac{T_2}{T_1 - T_2}.$$

Für Wärmepumpen ist die auf höherem Niveau zugeführte Wärme relevant:

$$\varepsilon_{WP} := \frac{Q_{zu}}{W_{zu}} \leq \frac{T_1}{T_1 - T_2} = \frac{1}{\eta_C}.$$

Für eine typische Heizsituation, in der Umgebungswärme von $T_2 = 0°C$ auf $T_1 = 20°C$
gebracht werden soll, findet man $\varepsilon_{WP,\max} = \frac{293.15\,\text{K}}{20\,\text{K}} \approx 14.66$. Auch wenn reale Anlagen
deutlich ineffizienter sind, illustriert das doch überzeugend die möglichen Vorteile einer
Wärmepumpe gegenüber einer konventionellen Elektroheizung.

Statistik und Ensembles

Eine zentrale Aufgabe der theoretischen Physik ist es, zu erklären, wie sich die in der phänomenologischen Thermodynamik verwendeten Konzepte und Größen aus einer statistischen Behandlung der Mechanik von Viel-Teilchen-Systemen herleiten lassen. Die Größen der makroskopischen Thermodynamik ergeben sich üblicherweise als Mittelwerte oder als aus solchen Mittelwerten abgeleitete Größen.

Oft kommt man hier schon mit grundlegenden mechanischen Konzepten recht weit, wie wir hier am Beispiel des Drucks demonstrieren wollen. Für ein fundiertes Herangehen sind jedoch weitere Konzepte und Werkzeuge erforderlich, insbesondere *Ensembles* und Verteilungsfunktionen ($\Rightarrow$ S. 108).

Mikroskopische Erklärung des Drucks   So wie man die Temperatur als Maß für die mittlere Bewegungsenergie der Teilchen auffasst, so kann man auch andere thermodynamische Größen auf mechanische Prozesse, an denen viele Teilchen beteiligt sind, zurückführen. So kommt etwa der Druck, den ein Gas auf eine Oberfläche ausübt, durch das „Prasseln" der Gasteilchen auf diese Fläche zustande.

Um diesen Druck quantitativ zu bestimmen, wählen wir ein Flächenstück mit Flächeninhalt A, dass normal zur x-Richtung steht. Trifft ein einzelnes Gasteilchen mit Geschwindigkeit v auf diese Fläche, so wird es reflektiert, $v_x \to -v_x$. Auf die Wand, die so schwer ist, dass der Energieübertrag vernachlässigbar ist,[a] wird dabei der Impuls $2mv_x$ übertragen.

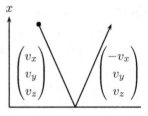

Um die Kraft auf das Flächenstück zu bestimmen, muss man ermitteln, mit welcher Rate Teilchen auf diese Weise Impuls übertragen. Ein Teilchen mit der der Geschwindigkeitskomponente v_x legt in der Zeit Δt die Strecke $s_x = v_x \Delta t$ in x-Richtung zurück. Teilchen mit v-Komponente v_x treffen daher in Δt aus einer Säule der Höhe s_x auf die Fläche auf. (Da im Mittel gleich viele Teilchen die Säule „schräg" verlassen wie neue hinzukommen, ändert sich das durch die v-Komponenten parallel zur Wand nicht.)

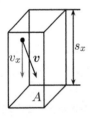

Da nur Teilchen, die sich zur die Wand hin bewegen, zum Druck beitragen, erhält die Teilchendichte n (Anzahl pro Volumeneinheit) einen Faktor $\frac{1}{2}$. Damit übertragen $\frac{1}{2}nA\Delta t\, v_x$ Teilchen jeweils den Impuls $2mv_x$, insgesamt also ergibt sich also der Impulsübertrag $\Delta p = nA\Delta t\, m\, v_x^2$. Tatsächlich muss man über die möglichen Geschwindigkeiten mitteln, wodurch man die Temperaturdefinition $\frac{1}{2}\, m\, \overline{v_x^2} = \frac{1}{2}\, k_\mathrm{B} T$ benutzen kann. So ergibt sich der Impulsübertrag $\Delta p = n\, k_\mathrm{B} T\, A\Delta t$. Die Kraft auf die Fläche ist also $F = n\, k_\mathrm{B} T\, A$, und man erhält für den Druck die wichtige Beziehung

$$p = n\, k_\mathrm{B} T .$$

Ensembles Der Mittelungsprozess in der Thermodynamik bezieht sich jeweils auf ein Ensemble. Als solches bezeichnet man die Menge aller zugänglichen Mikrozustände eines Systems. Meist wird ein Ensemble als Ansammlung von prinzipiell gleichartigen Systemen interpretiert, so dass darin alle möglichen Mikrozustände realisiert sind.

Ein derartiges Ensemble tatsächlich zu erzeugen, ist für die allermeisten Systeme natürlich nicht möglich. Die *Ergodenhypothese* besagt, dass es für die Thermodynamik unerheblich ist, ob man tatsächlich auf das vollständige Ensemble zurückgreift oder ob statt dessen ein einzelnes System sehr oft in Folge betrachtet wird.

Im Beispiel eines fairen Würfels besteht das minimale Ensemble aus sechs Würfeln, von denen jeder eine der sechs möglichen Augenzahlen zeigt, der Mittelwert der Augenzahl N ist $\langle N \rangle = \frac{7}{2}$.[b] Gemäß Ergodenhypothese erhält man den gleichen Wert auch, wenn man einen einzelnen Würfel ausreichend oft wirft und über die Ergebnisse mittelt.

Ensemblemittel (6 Würfel):

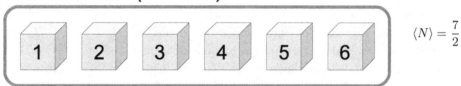

$$\langle N \rangle = \frac{7}{2}$$

zeitliches Mittel (*n*-maliges Werfen):

$$\cdots \quad \lim_{n \to \infty} \frac{1}{n} \sum_{i=1}^{n} N_i = \frac{7}{2}$$

Für jene Systeme, die mit Mitteln der Thermodynamik untersucht werden, geht man im Allgemeinen davon aus, dass die Ergodenhypothese erfüllt ist. Man kann aber auch durchaus Modelle konstruieren, die nicht ergodisch sind und für die sich Zeit- und Ensemblemittel unterscheiden.

Im Fall eines abgeschlossenen Systems nennt man das Ensemble *mikrokanonisch*, und das *grundlegende Postulat* der statistischen Physik besagt, dass alle Zustände dieses Ensembles gleich wahrscheinlich sind. Nur auf Grund dieser Annahme ist etwa die Definition der Entropie ($\Rightarrow$ S. 96) überhaupt sinnvoll.

Die möglichen Zustände eines geschlossenen Systems werden zum *kanonischen Ensemble* zusammengefasst. Um dessen grundlegende Eigenschaften zu bestimmen, bettet man ein allgemeines geschlossenes System in ein viel größeres abgeschlossenes ein, auf das sich wiederum das grundlegende Postulat anwenden lässt. Analog dazu behandelt man das *großkanonische Ensemble*, in dem auch die Teilchenzahl variabel gelassen wird und in dem das Gleichgewicht (im isochor-isothermen Fall) durch stationäre Punkte des großkanonischen Potenzials Φ ($\Rightarrow$ S. 98) charakterisiert wird.

Reversibilität und Entropie

Offenbar gibt es Vorgänge, bei denen klar eine Zeitrichtung[a] ausgezeichnet ist. Man kann also z. B. leicht erkennen, ob eine Videoaufnahme des Vorgangs verkehrt herum abgespielt wird oder nicht: Dass sich Milch und Kaffee in einer Tasse mischen, ist eine alltägliche Sache; den umgekehrten Prozess zu beobachten, wäre hingegen höchst erstaunlich. Eine Vase, die vom Tisch fällt, kann ohne Weiteres in tausende Scherben zerspringen. Ein Scherbenhaufen am Boden hingegen setzt sich nicht einfach so wieder zu einer Vase zusammen und hüpft auf den Tisch.

Die Grundgesetze der Mechanik ebenso wie der Elektrodynamik sind allerdings zeitumkehrinvariant. Zu jedem Prozess, der sich im Rahmen dieser Theorien beschreiben lässt, ist entsprechend auch die umgekehrte Variante zumindest prinzipiell möglich. Warum wird sie bei vielen Vorgängen dennoch nie beobachtet?

Die Antwort darauf ist bei der Statistik zu suchen. Als Beispiel betrachten wir eine Schachtel, deren Boden mit 49 durchnummerierten Mulden versehen ist. In dieser Schachtel befinden sich 49 ebenfalls durchnummerierte Kugeln. Schüttelt man die Kiste gründlich, so werden die Kugeln zufällig auf die Mulden verteilt. Nur eine einzige Konfiguration entspricht der völlig korrekten Anordnung.

Bei etwa tausend Anordnungen sind nur zwei Kugeln am falschen Platz, bei etwa einer Millionen sind es vier. Doch selbst wenn man einige Billiarden Anordnungen als „fast richtig" durchgehen lässt, steht dem eine Zahl von $49! \approx \sqrt{98\pi}\, e^{-49}\, 49^{49} \approx 6 \cdot 10^{62}$ insgesamt möglichen Anordnung gegenüber.[b] Die Wahrscheinlichkeit, durch zufälliges Schütteln die korrekte oder auch nur eine einigermaßen geordnete Reihenfolge zu erhalten, ist verschwindend gering.

Jeder der Zustände ohne erkennbare Ordnung ist für sich genauso einzigartig wie der geordnete. Da wir aber typischerweise alle derartigen Zustände unter dem Begriff „ungeordnet" zusammenfassen, gibt es für die Unordnung unfassbar viel mehr Realisierungsmöglichkeiten als für den einigermaßen geordneten Fall.

Allgemein gilt, dass ein System, das sich selbst überlassen bleibt, jenem Makrozustand zustreben wird, der sich durch die meisten möglichen Mikrozustände realisieren lässt. Dass alle erlaubten Mikrozustände gleich wahrscheinlich sind, ist das *grundlegende Postulat der statistischen Physik*.

Die Zahl der zugänglichen Mikrozustände wird üblicherweise mit Ω bezeichnet. Fasst man zwei Systeme zusammen, so multipliziert sich die Zahl der zugänglichen Mikrozustände: $\Omega = \Omega_1 \cdot \Omega_2$. Um eine additive Größe zu erhalten, muss man daher Produkte auf Summen abbilden – eine Aufgabe, die gerade der Logarithmus erfüllt.

Entsprechend definiert man als Kenngröße für die Zahl der möglichen Mikrozustände die *Entropie*[c]

$$S = k_B \ln \Omega \, .$$

Für ausreichend große Systeme sind ohne äußere Eingriffe praktisch nur Vorgänge möglich, die die Entropie unverändert lassen oder erhöhen:

Zweiter Hauptsatz der Thermodynamik: *Die Entropie eines abgeschlossenen Systems kann nicht abnehmen:* $\frac{dS}{dt} \geq 0$.

Dieses Gesetz ist so fundamental, dass, wenn irgendwo einfach vom „zweiten Hauptsatz" die Rede ist, üblicherweise jener der Thermodynamik gemeint ist. Mit ihm lassen sich teils sehr weitreichende Beziehungen auf erstaunlich einfache Weise herleiten. Ein Beispiel dafür ist die Gleichheit von Absorptionsgrad α und Emissionsgrad ε jedes Körpers ($\Rightarrow$ S. 80).

Die obige Definition der Entropie bezieht sich auf die mikroskopische Struktur der Materie. In der klassischen Thermodynamik, die nur den makroskopischen Aspekte beschreibt, sieht der Zugang zur Entropie auf den ersten Blick deutlich anderes aus.

Zu ihrer Definition benötigt man die Unterscheidung zwischen *reversiblen* und *irreversiblen* Vorgängen. Reversible Vorgänge sind umkehrbar, d. h. insbesondere, dass dabei keine zusätzliche Wärme produziert wurde und keine vorhandene Wärme ohne maximale Arbeitsleistung ($\Rightarrow$ S. 92) von einem höheren auf ein tieferes Temperaturniveau geflossen ist. Bei der reversiblen Zu- und Abfuhr von Wärme gilt für jeden geschlossenen Weg C im Zustandsraum

$$\oint_C \frac{\delta Q_{\mathrm{rev}}}{T} = 0 \, .$$

Entsprechend ist $dS := \frac{\delta Q_{\mathrm{rev}}}{T}$ das Differenzial einer Zustandsgröße, eben genau der Entropie S. Der störende Umstand, dass das Differenzial δQ nicht exakt (und damit die Wärme keine Zustandsgröße) ist, wird durch den integrierenden Faktor $\frac{1}{T}$ kuriert. Den ersten Hauptsatz der Thermodynamik ($\Rightarrow$ S. 88) kann man damit auch in der Form $dU = \delta W + T \, dS$ schreiben.

Für beliebige Kreisprozesse ist $\oint_C dS = 0$. Im reversiblen Fall ist $dS = \frac{\delta Q}{T}$, im irreversiblen $dS = \frac{\delta Q_{\mathrm{rev}}}{T} + \frac{\delta W_{\mathrm{diss}}}{T}$, wobei W_{diss} die während des Prozesses dissipierte (d. h. in Wärme umgewandelte) Arbeit bezeichnet. Daher ist stets $\oint_C \frac{\delta Q}{T} \leq 0$, was eine Formulierung des zweiten Hauptsatzes ist. Ein Maschine, für die $\oint_C \frac{\delta Q}{T} > 0$ wäre, wäre ein *perpetuum mobile*[d] zweiter Art, d. h. eine Vorrichtung, die Wärme ohne (Netto-)Einsatz von Arbeit auf ein höheres Temperaturniveau hebt.

Der Grundtenor des zweiten Hauptsatzes ist zutiefst pessimistisch: Energie geht von selbst immer nur in weniger gut nutzbare Formen über. Jedes sich selbst überlassene System strebt dem Zustand einer möglichst gleichmäßigen Verteilung der Energie über alle Freiheitsgrade zu – dem *Wärmetod*. Entsprechend vielfältig – wenn auch sämtlich erfolglos – waren die Versuche, diesen Hauptsatz zu umgehen ($\Rightarrow$ S. 110).

Thermodynamische Potenziale

Je nach Art des Systems erweisen sich verschiedene *thermodynamische Potenziale* als hilfreich zur Charakterisierung von Prozessabläufen und des Gleichgewichts:[a]

- *Abgeschlossene Systeme:* Bei abgeschlossenen Systemen gibt es keinen Energieaustausch; entsprechend ist die einzige thermodynamische „Triebkraft" die Entropie. Es laufen jene Prozesse von selbst ab,[b] bei denen die Entropie zunimmt, und das Gleichgewicht ist erreicht, wenn die Entropie ihren maximalen Wert erreicht hat.

- *Geschlossene Systeme:* Kann ein System Energie mit der Umgebung austauschen, dann sind die Prinzipien der Energieminimierung und der Entropiemaximierung zugleich zu berücksichtigen. Die Bedeutung der Entropie wird dabei um so wichtiger, je höher die Temperatur ist.[c]
  Unter festgelegten äußeren Bedingungen kann man jeweils thermodynamische Potenziale finden, die Aussagen darüber erlauben, welche Prozesse von selbst ablaufen und bei welchem Zustand das thermodynamische Gleichgewicht erreicht ist:

	adiabatisch	isotherm
isochor	innere Energie $\quad U$	freie Energie[d] $\quad F = U - TS$
isobar	Enthalpie $\quad H = U + pV$	freie Enthalpie $\quad G = H - TS$

Beispielsweise laufen bei isobar-isothermen Bedingungen (d. h. bei konstantem Druck und konstanter Temperatur) Prozesse von selbst ab, wenn $\Delta G < 0$ ist. Das Gleichgewicht ist unter diesen Bedingungen erreicht, wenn G minimal ist.

Da in Technik und Chemie viele Vorgänge bei konstantem Druck ablaufen, sind dort Enthalpie bzw. freie Enthalpie meist wichtiger als innere Energie bzw. freie Energie. Daher gibt man für chemische Verbindungen meist die Bildungsenthalpie (bei Atmosphärendruck) und nicht die Bildungsenergie an.

- *Offene Systeme:* Bei offenen Systemen ist auch die Teilchenzahl N variabel. Der erste Hauptsatz wird dafür zu

$$dU = T\,dS - p\,dV + \mu\,dN$$

ergänzt. Dabei ist das *chemische Potenzial* μ die mittlere freie Enthalpie pro Teilchen, $\mu = \frac{G}{N}$. Anschaulich ist μ jene Energie die aufgebracht werden muss, um dem System bei konstantem Druck und konstanter Temperatur ein Teilchen hinzuzufügen. Eine zweckmäßige Zustandsfunktion zur Beschreibung offener Systeme ist das *großkanonische Potenzial*

$$\Phi = U - TS - \mu N.$$

Beim mikroskopischen Zugang steht jedes Potenzial in engem Zusammenhang mit einem statistischen Ensemble ($\Rightarrow$ S. 94). Für abgeschlossene Systeme ist es das mikrokanonische, für geschlossene das kanonische und für offene das großkanonische Ensemble, das zur statistischen Behandlung herangezogen wird.

Zusammenhänge zwischen den Potenzialen　In der Thermodynamik werden einerseits *extensive Variablen* verwendet, die proportional zur Systemgröße sind, andererseits *intensive Variablen*, die keine derartige Abhängigkeit haben. Extensive Variablen sind beispielsweise innere Energie, Volumen, Entropie und Teilchenzahl, intensive Variable sind beispielsweise Temperatur, Druck und chemisches Potenzial. Meist werden extensive Variablen mit Groß- und intensive mit Kleinbuchstaben bezeichnet; eine Ausnahme ist (aus historischen Gründen) die Temperatur T.

Abgesehen von der inneren Energie, die eine Sonderstellung hat, treten jeweils eine extensive und eine intensive Variable als konjugiertes Paar auf, so dass ihr Produkt die Dimension einer Energie hat. Je nach Situation kann es günstiger sein, einen bestimmten Aspekt eines System mit der extensiven oder mit der dazu konjugierten intensiven Variable zu beschreiben. Thermodynamische Potenziale sind so konstruiert, dass dafür von jedem konjugierten Paar jeweils eine Variable besonders günstig ist.

Man spricht von den *natürlichen Variablen* eines Potenzials. Der Wechsel des Potenzials und damit der natürlichen Variablen erfolgt mittels Legendre-Transformation ($\Rightarrow$ S. 34).

$$U(S,V,N) \xleftrightarrow{\ S\leftrightarrow T\ } F(T,V,N) \searrow_{N\leftrightarrow\mu}$$
$$\updownarrow_{V\leftrightarrow p} \qquad \updownarrow_{V\leftrightarrow p} \qquad \Phi(T,V,\mu)$$
$$H(S,p,N) \xleftrightarrow{\ S\leftrightarrow T\ } G(T,p,N)$$

Die Differenziale der Potenziale lassen sich mit Hilfe des ersten Hauptsatzes einfach ermitteln, so gilt etwa für die Enthalpie

$$\mathrm{d}H = \mathrm{d}U + \mathrm{d}(pV) = T\,\mathrm{d}S \cancel{-p\,\mathrm{d}V} \cancel{+p\,\mathrm{d}V} + V\,\mathrm{d}p = T\,\mathrm{d}S + V\,\mathrm{d}p\,.$$

Viele Größen lassen sich als Ableitung eines thermodynamischen Potenzials nach einer natürlichen Variable darstellen, wobei jeweils die anderen natürlichen Variablen festgehalten werden.[e] So gilt beispielsweise gemäß erstem Hauptsatz $\mathrm{d}U = T\,\mathrm{d}S - p\,\mathrm{d}V$. Aufgrund der Rechenregeln für das totale Differenzial gilt aber auch

$$\mathrm{d}U = \left(\frac{\partial U}{\partial S}\right)_V \mathrm{d}S + \left(\frac{\partial U}{\partial V}\right)_S \mathrm{d}V\,.$$

Entsprechend kann man sofort $T = \left(\frac{\partial U}{\partial S}\right)_V$ und $p = -\left(\frac{\partial U}{\partial V}\right)_S$ ablesen. Analoge Beziehungen lassen sich auch für die anderen Potenziale gewinnen. Für das Festhalten von Variablen ist in der Thermodynamik die „Klammerschreibweise" üblich: $\left(\frac{\partial X}{\partial y}\right)_z = \frac{\partial X}{\partial y}\Big|_{z=\mathrm{const}}$

Aus der Vertauschbarkeit der partiellen Ableitungen von ausreichend oft differenzierbaren Funktionen kann man Beziehungen zwischen verschiedenen Ableitungen herstellen, die *Maxwell-Relationen*. So gilt etwa

$$\frac{\partial T}{\partial V} = \frac{\partial}{\partial V}\frac{\partial U}{\partial S} = \frac{\partial}{\partial S}\frac{\partial U}{\partial V} = -\frac{\partial p}{\partial S}\,,$$

wobei bei jeder partiellen Ableitung die jeweils andere natürliche Variable festgehalten wird. Man erhält also $\left(\frac{\partial T}{\partial V}\right)_S = -\left(\frac{\partial p}{\partial S}\right)_V$ und analoge Beziehungen für andere Größen.

Wärmekapazität

Führt man einem Körper Wärme zu, so erhöht sich seine Temperatur, entzieht man ihm Wärme, so sinkt diese. Wie deutlich dieser Effekt ist, hängt bei gleicher Wärmemenge von der Stoffmenge ab. Eine Wärmezufuhr von einem Joule wird die Temperatur von einem Mol Blei stärker erhöhen als von zehn Mol.

Doch auch die Art des Stoffs ist wichtig: Die Zufuhr von einem Joule Wärmeenergie führt bei einem Mol Blei zu einem größeren Temperaturanstieg als bei einem Mol Wasser (obwohl die Masse des Mols Blei deutlich größer ist). Auch die aktuelle Temperatur kann eine Rolle spielen, selbst dann, wenn man den gleichen Aggregatzustand betrachtet. Schließlich kann es sein, dass die Zu- oder Abfuhr einer beträchtlichen Wärmemenge zu keinerlei Temperaturänderung führt, sondern zu einem Phasenübergang, einem Wechsel des Aggregatzustands ($\Rightarrow$ S. 106).

Als Kenngröße für den Zusammenhang zwischen Wärme und Temperatur dient die *Wärmekapazität C*. Sie gibt an, wie viel zusätzliche Wärmeenergie ein Körper bei einer bestimmten Temperaturerhöhung speichern kann (oder man ihm zur Temperaturabsenkung entziehen muss). Um eine stoffspezifische Kenngröße zu erhalten, bezieht man die Wärmekapazität auf die Einheitsgröße der Stoffmenge (wie in Physik und Chemie üblich) oder auf jene der Masse (wie in den technischen Disziplinen verbreitet):

$$C_{\text{mol}} = \frac{1}{N_{\text{mol}}} \frac{\delta Q}{\mathrm{d}T} \qquad \text{und} \qquad c_{\text{spez}} = \frac{1}{m} \frac{\delta Q}{\mathrm{d}T}.$$

Bei Gasen haben die äußeren Bedingungen großen Einfluss auf die Wärmekapazität. Erwärmt man ein Gas bei konstantem Druck, so dehnt es sich aus, ein Teil der zugeführten Wärme wird also in Volumenarbeit $p \Delta V$ umgesetzt. Verhindert man dies, indem man das Volumen konstant hält, so steigt zwangsläufig der Druck, und die Temperaturerhöhung ist bei gleicher Wärmezufuhr größer. Für die beiden Größen

$$C_p = \frac{1}{N_{\text{mol}}} \left.\frac{\delta Q}{\mathrm{d}T}\right|_{p=\text{const}} \qquad \text{und} \qquad C_V = \frac{1}{N_{\text{mol}}} \left.\frac{\delta Q}{\mathrm{d}T}\right|_{V=\text{const}}$$

gilt also $C_p > C_V$. Das Verhältnis dieser beiden Wärmekapazitäten hat so große Bedeutung, dass es einen eigenen Namen bekommen hat. Man nennt es den *Adiabatenexponenten* $\gamma = \gamma_{\text{ad}} \equiv \frac{C_p}{C_V}$. (Für diese Größe ist auch das Symbol κ weit verbreitet.) Für ein ideales Gas gilt wegen $pV = n_{\text{mol}}RT$ die Beziehung $C_p - C_V = R$.

Warum aber ergeben sich für unterschiedliche Stoffe (bzw. auch den gleichen Stoff bei verschiedenen Temperaturen) so unterschiedliche Wärmekapazitäten? Entscheidend ist, wie viele Freiheitsgrade pro Grundbaustein der Substanz verfügbar sind, um Wärmeenergie aufzunehmen. Auf je mehr Freiheitsgrade sich zusätzliche Energie verteilen kann, desto langsamer steigt die Temperatur.

Daher kann man schon anhand der Wärmekapazität eines Stoffs viel von seiner inneren Struktur erkennen. Bei Gasen bestimmt die Form der Gasteilchen ganz wesentlich die Wärmekapazität. Für ein einatomiges Gas (etwa die Edelgase) stehen nur die drei Translationsfreiheitsgrade zur Energieaufnahme zur Verfügung, $n_F = 3$.

Für ein zweiatomiges Gas (etwa Stickstoff oder Sauerstoff) bzw. generell linear gebaute kurze Moleküle sind zusätzlich noch Rotationen um zwei Achsen relevant, $n_F = 5$. Bei gewinkelten Molekülen (etwa CO_2) muss man sogar drei unabhängige Rotationsmöglichkeiten berücksichtigen, $n_F = 6$. Je nach Art der Bindung können auch noch Schwingungsfreiheitsgrade hinzukommen, die sogar doppelt zählen, da in diesem Fall kinetische und potenzielle Energie beitragen.[a]

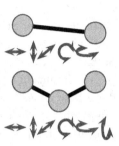

So sind bei flüssigem Wasser für das Molekül derart viele Bewegungsformen möglich, dass man die drei Atome in guter Näherung als unabhängige Bausteine mit je drei potenziellen und drei kinetischen Freiheitsgraden betrachten kann, $n_F \approx 18$. Da es zudem aus sehr leichten Atomen besteht, gehört Wasser zu den Substanzen mit der höchsten spezifischen Wärmekapazität – eine Tatsache, die viele Eigenschaften des Klimas maßgeblich mitbestimmt.

Dass sich Moleküle abhängig von ihrer Form so unterschiedlich verhalten, ist allerdings klassisch nicht zu verstehen. Auch ein Heliumatom kann prinzipiell Rotationsenergie aufnehmen, ein Stickstoffmolekül kann auch um die Molekülachse rotieren.

Die entsprechenden Trägheitsmomente I sind allerdings sehr klein, und nach den Gesetzen der Quantenmechanik sind Drehimpulse stets quantisiert. Erst wenn $L = I\omega$ mindestens von der Größenordnung $\hbar$ ist, sind Rotationsanregungen möglich. Bei kleinen Trägheitsmomenten wären also extrem hohe Winkelgeschwindigkeiten notwendig. Erst bei sehr hohen Temperaturen kann es in nennenswertem Ausmaß zu entsprechenden Rotationsanregungen kommen – die Freiheitsgrade „tauen auf". Umgekehrt können bestimmte Anregungen, die bei Zimmertemperatur noch leicht möglich sind, bei tieferen Temperaturen unzugänglich werden – sie „frieren ein".

Entsprechend nimmt die Wärmekapazität typischerweise mit sinkender Temperatur ab und verschwindet für alle Substanzen im Grenzfall $T \to 0$. Das bedeutet zwar, dass ein Körper bei sehr niedrigen Temperaturen kaum mehr Wärme speichern kann, dass es aber andererseits zunehmend schwierig wird, ihm für $T \to 0$ die restliche Wärme auch noch zu entziehen.

Bei Festkörpern können die „Bausteine" zwar keine unabhängigen Translationen oder Rotationen ausführen, dafür sind aber Schwingungen um die Ruhelagen möglich. Die entsprechenden Freiheitsgrade zählen, wie schon erwähnt, doppelt. Bei ausreichend hohen Temperaturen ist eine Wärmekapazität von $C_{mol} \approx 3R$ zu erwarten. Diese *Regel von Dulong und Petit* ist für ausreichend hohe Temperaturen gut erfüllt, für kleinere Temperaturen findet man grob $C \propto T^3$.

Diffusion und Wärmetransport

Brown'sche Bewegung Einen der ersten Hinweise darauf, dass Wärmephänomene etwas mit ungeordneter Bewegung zu tun haben, lieferte die *Brown'sche Bewegung*: Beobachtet man kleine, aber zumindest noch im Mikroskop sichtbare Teilchen (etwa Öltröpfchen oder Staubkörner), die in Flüssigkeiten emulgiert sind oder in einem Gas schweben, so zeigen diese eine leichte Zitterbewegung.

Stöße von Gas- oder Flüssigkeitsmolekülen mit einem größeren Teilchen können derart viel Impuls übertragen, dass sich dessen Bewegungszustand merklich ändert. Dass diese Bewegungsänderungen ohne Vorzugsrichtung erfolgen, deutet darauf hin, dass innerhalb des Stoffs ein erhebliches Maß an ungeordneter Bewegung vorliegt, das mit steigender Temperatur zunimmt. Diese Bewegung der Grundbausteine führt zur *Diffusion*.

Der Random Walk Ein Modell zur Untersuchung der Diffusion ist die Zufallsbewegung, der *random walk*. In einer Dimension bewegt sich ein Probeteilchen mit einer Wahrscheinlichkeit p in jedem Zeitschritt um die Länge L nach links, mit $(1 - p)$ um L nach rechts. Für den symmetrischen Fall $p = 0.5$ und Start am Ursprung ist der Erwartungswert der Position x stets $\langle x \rangle = 0$. Die Binomialverteilung, die sich hier ergibt, kann man für eine ausreichend große Zahl n von Schritten durch eine Normalverteilung

$$N(x) = \frac{1}{\sqrt{2\pi\, L^2 n}}\, \mathrm{e}^{-x^2/2L^2 n}$$

annähern. Die mittlere Abweichung $s = \left\langle \sqrt{x^2} \right\rangle$ ergibt sich für diese Verteilung zu $s = L\sqrt{n}$. Analoge Ergebnisse findet man auch für zwei und drei Dimensionen, wenn man Schritte fester Länge L in eine jeweils zufällig neu gewählte Richtung untersucht. Nimmt man eine (einigermaßen) konstante Schrittrate an, so gilt $n \propto t$ und entsprechend $s \propto L\sqrt{t}$ (Einstein-Gesetz). Man kann sich demnach auch bei rein zufälliger Bewegung beliebig weit vom Ausgangspunkt entfernen, aber die Zeit, die man dafür veranschlagen sollte, nimmt mit dem Quadrat des gewünschten Abstands zu.

Auch wenn die Schritte nicht alle gleich lang sind, sondern nur im Mittel die Länge L haben, bleibt dieses Ergebnis gültig, und daher beschreibt es auch das Verhalten von Teilchen unter dem Einfluss einer *stochastischen Kraft* $\boldsymbol{S}$ mit (hier) thermischem Ursprung, $m\ddot{\boldsymbol{x}} = \boldsymbol{S}$.

Ein sehr schönes und zugleich ganz einfaches Experiment zum thermischen Ursprung der Diffusion ist es, jeweils einen Tropfen Tinte in ein Glas mit kaltem und mit warmem Wasser zu geben. Im warmen Wasser verteilt sich die Tinte innerhalb kurzer Zeit gleichmäßig über das ganze Glas, im kalten Wasser dauert der Vorgang deutlich länger.

Die Diffusion führt im Lauf der Zeit zur Durchmischung von Substanzen und zum Abbau von ursprünglich vorhandenen Konzentrationsunterschieden.[a] Dieser Ausgleich durch einen (Netto-)Teilchenstrom j erfolgt um so schneller, je inhomogener die aktuelle Konzentration C ist. Das wird quantitativ durch das *Fick'sche Gesetz* $j = -D\,\mathrm{grad}\,C$ mit einer stoffabhängigen *Diffusionskonstanten* $D > 0$ beschrieben. Kombiniert man dieses Gesetz mit der Kontinuitätsgleichung $\dot{C} + \mathrm{div}\,j = 0$, so erhält man die *Diffusionsgleichung*

$$\frac{\partial C}{\partial t} = D\,\underbrace{\mathrm{div}\,\mathbf{grad}}_{\Delta}\,C\,,$$

eine parabolische partielle Differenzialgleichung zweiter Ordnung.

Wärmetransport Die thermische Bewegung transportiert nicht nur Teilchen, sondern auch Energie. Durch Stöße wird die kinetische Energie zwischen den Teilchen immer wieder neu verteilt – ursprünglich vorhandene Temperaturunterschiede werden so allmählich abgebaut.

Diese *Wärmeleitung* hat nicht nur den gleichen Ursprung wie die Diffusion, sondern lässt sich auch auf die gleiche Weise mathematisch beschreiben. Der Wärmestrom q ist proportional zum Gradienten der Temperatur, diesem aber (wie es ja auch der zweite Hauptsatz ($\Rightarrow$ S. 96) verlangt) entgegen gerichtet. Daher gilt das *Fourier'sche Gesetz der Wärmeleitung*

$$q = -\lambda\,\mathrm{grad}\,T \qquad (5.1)$$

mit der stoffabhängigen *Wärmeleitfähigkeit*[b] $\lambda > 0$. Setzt man (5.1) in die Kontinuitätsgleichung $\dot{q} + \mathrm{div}\,q = 0$ ein und nimmt konstante Dichte und konstante spezifische Wärmekapazität c an, $\dot{q} = c\,\rho\,\dot{T}$, so erhält man die *Wärmeleitungsgleichung*

$$\frac{\partial T}{\partial t} = a\,\Delta T$$

mit der *Temperaturleitfähigkeit* $a = \frac{\lambda}{c\rho}$. Sind Wärmequellen vorhanden, so müssen diese in der Kontinuitätsgleichung und entsprechend in der Wärmeleitungsgleichung berücksichtigt werden.

Neben der Wärmeleitung sorgen noch zwei andere Mechanismen für den Transport von Wärmeenergie. Der eine ist die *Wärmestrahlung* ($\Rightarrow$ S. 104), die insbesondere für sehr heiße Körper wichtig ist und auch durch Vakuum hindurch funktioniert. Der andere, der nur in Fluiden relevant ist, ist die *Konvektion*, d. h. makroskopischer Stofftransport, bei dem die Stoffe natürlich ihre innere Energie „mitnehmen" und dadurch auch die Wärmeenergie anders im Raum verteilen.

Man unterscheidet hier *erzwungene Konvektion*, wie sie etwa ein Gebläse verursacht, und *freie Konvektion*, die vorwiegend durch temperaturabhängige Dichteunterschiede und die daraus resultierenden Auftriebskräfte zustande kommt.

Strahlungsgesetze

Wärmestrahlung ist neben Konvektion und Wärmeleitung der dritte Mechanismus, mit dem Wärme übertragen wird ($\Rightarrow$ S. 102). Jeder Körper mit einer Temperatur $T > 0$ (nach dem dritten Hauptsatz $\Rightarrow$ S. 88) also jeder) gibt ständig thermische Strahlung ab, zugleich absorbiert er auch ständig derartige Strahlung aus der Umgebung.

Diese thermische Strahlung ist nicht auf alle Frequenzen gleichmäßig verteilt. Die Beschreibung erfolgt am besten mittels der *spektralen Energiedichte* $\rho(\nu)\,\mathrm{d}\nu$, die angibt, wie hoch die Energiedichte (in Einheiten $\mathrm{J/m^3}$) im Frequenzbereich $[\nu,\,\nu + \mathrm{d}\nu]$ ist.

Natürlich spielt die Beschaffenheit des strahlenden Körpers eine Rolle (dazu später mehr), vor allem aber hängt ρ stark von der Temperatur ab. Gegen Ende des 19. Jahrhunderts waren zwei empirische Strahlungsgesetze bekannt, die aber beide nur einen Teil des Spektrums gut beschrieben:

- Das *Rayleigh-Jeans-Gesetz* $\rho(\nu, T)\,\mathrm{d}\nu \approx \dfrac{8\pi}{c^3}\,\nu^2\,k_{\mathrm{B}}T\,\mathrm{d}\nu$

  passt für kleine Frequenzen ν, d. h. für den langwelligen (roten) Teil des Spektrums gut, liefert für große Frequenzen aber eine divergente Energiedichte (Ultraviolettkatastrophe).

- Das *Wien'sche Strahlungsgesetz* $\rho(\nu, T)\,\mathrm{d}\nu \approx \dfrac{8\pi h}{c^3}\,\nu^3 \mathrm{e}^{-h\nu/k_{\mathrm{B}}T}\,\mathrm{d}\nu$

  (an dieser Stelle schon vorausblickend mit der Konstanten h formuliert) beschreibt den Bereich hoher Frequenzen ν gut. Es sagt auch die Existenz eines Maximums voraus, wird aber für niedrige Frequenzen eklatant falsch.

Eine einheitliche Beschreibung gelang 1900 M. Planck mit dem Strahlungsgesetz

$$\rho(\nu, T)\,\mathrm{d}\nu = \frac{8\pi h}{c^3}\,\frac{\nu^3}{\mathrm{e}^{h\nu/k_{\mathrm{B}}T} - 1}\,\mathrm{d}\nu\,.$$

Um dieses Gesetz herzuleiten, musste er – zunächst widerwillig – annehmen, dass Energie nur in Einheiten von $h\nu$ aufgenommen oder abgegeben werden kann. Das war die Geburtsstunde der Quantenphysik (Kapitel 7 und 11). Das *Planck'sche Wirkungsquantum* $h \equiv 2\pi\hbar \approx 6.626 \cdot 10^{-34}\,\mathrm{J} \cdot \mathrm{s}$ spielt dort eine überragende Rolle.

Wir zeigen rechts die spektrale Energiedichte für einige Temperaturen, nun in Abhängigkeit von der Wellenlänge λ dargestellt. (Man beachte, dass aus $\nu = \frac{c}{\lambda}$ ja $\mathrm{d}\nu = -\frac{\mathrm{d}\lambda}{\lambda^2}$ folgt. Der auf den ersten Blick in den Formel nur unverändert mitgeschleppte Differenzialfaktor $\mathrm{d}\nu$ wird bei derartigen Umrechnungen wichtig.[a]) Für $T = 1000\,\mathrm{K}$ sind zum Vergleich auch die Vorhersagen von Rayleigh-Jeans (gestrichelt) und Wien (punktiert) eingezeichnet.

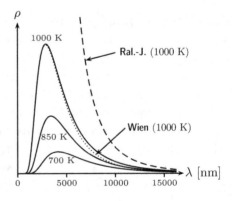

In der Abbildung erkennt man bereits zwei charakteristische Eigenschaften, nämlich, dass sich das Maximum mit steigender Temperatur immer weiter in den kurzwelligen Bereich verschiebt und dass die gesamte Strahlungsleistung (die proportional zur Fläche unter der Kurve ist) weit stärker als nur linear mit T zunimmt:

- Durch Nullsetzen der ersten Ableitung von $\rho(\lambda)\,\mathrm{d}\lambda$ nach λ erhält man für die Position $\lambda_{\max}$ des Maximums das *Wien'sche Verschiebungsgesetz*

$$\lambda_{\max}\, T = \frac{h\,c}{x^*\, k_{\mathrm{B}}} \approx 2.8978 \cdot 10^{-3}\,\mathrm{K\,m},$$

wobei x^* die Lösung der transzendenten Gleichung $\frac{x}{1-\mathrm{e}^{-x}} = 5$ ist. Das Maximum der Abstrahlungskurve wandert bei steigender Temperatur also $\sim \frac{1}{T}$ zu kleineren Wellenlängen. Bei Raumtemperatur ($T \approx 300\,\mathrm{K}$) liegt das Maximum tief im Infraroten; erst bei einigen tausend Kelvin erreicht es den sichtbaren Teil des Spektrums.

- Die spezifische Abstrahlung R (Watt pro m^2 Oberfläche) ergibt sich durch Integration über $\rho\,\mathrm{d}\nu$ und Multiplikation mit der Lichtgeschwindigkeit c. Zusätzlich muss man berücksichtigen, dass eine ebene Fläche ja nur in einen Halbraum abstrahlen kann und für die Abstrahlung zudem das Lambert'sche Kosinusgesetz gilt. Das liefert insgesamt einen geometrischen Faktor $\frac{1}{4}$:[b]

$$R(T) = \frac{c}{4}\int_0^\infty \rho(\nu,T)\,\mathrm{d}\nu = \frac{2\pi h}{c^2}\int_0^\infty \frac{\nu^3}{\mathrm{e}^{h\nu/k_{\mathrm{B}}T}-1}\,\mathrm{d}\nu = \left| \begin{array}{ll} \nu = \frac{k_{\mathrm{B}}T}{h}\,u & \infty \to \infty \\[4pt] \mathrm{d}\nu = \frac{k_{\mathrm{B}}T}{h}\,\mathrm{d}u & 0 \to 0 \end{array} \right|$$

$$= \frac{2\pi\,k_{\mathrm{B}}^4}{h^3\,c^2}\,T^4 \underbrace{\int_0^\infty \frac{u^3}{\mathrm{e}^u-1}\,\mathrm{d}u}_{=\pi^4/15^c} = \underbrace{\frac{2\pi^5\,k_{\mathrm{B}}^4}{15\,c^2\,h^3}}_{=:\sigma_{\mathrm{SB}}}\,T^4 \qquad (\textit{Stefan-Boltzmann-Gesetz}).$$

Dabei ist $\sigma_{\mathrm{SB}} \approx 5.6704 \cdot 10^{-8}\,\mathrm{W\,m^{-2}\,K^{-4}}$ die *Stefan-Boltzmann-Konstante*. Die Strahlungsleistung einer konvexen Fläche mit Flächeninhalt A und Temperatur T ist demnach $P = \sigma_{\mathrm{SB}} A T^4$. Der Anstieg $\sim T^4$ führt dazu, dass sehr heiße Körper ihre Wärmeenergie vor allem durch Strahlung abgeben.

Wie modifiziert nun die Materialbeschaffenheit dieses Strahlungsgesetz? Das Planck'sche Strahlungsgesetz und alle Folgerungen gelten nur für *schwarze Körper*, also solche, die bei jeder Frequenz die auftreffende Strahlung vollständig absorbieren. Am nächsten kommt diesem Ideal noch ein Hohlraum mit einem kleinen Loch – nur ein vernachlässigbarer Teil der durch das Loch einfallenden Strahlung wird wieder emittiert.

Heizt man umgekehrt den Hohlraum auf, so entspricht die abgegebene Strahlung sehr gut der eines schwarzen Körpers. Daher bezeichnet man die *schwarze Strahlung* auch als *Hohlraumstrahlung*.

Für reale Körper ist der *Emissionsgrad* ε kleiner als eins.[d] Für die Strahlungsleistung P eines „grauen Strahlers" mit $\varepsilon = \varepsilon_{\mathrm{const}} < 1$ gilt das *Kirchhoff'sche Strahlungsgesetz* $P = \varepsilon_{\mathrm{const}}\, P_{\mathrm{schwarz}}$. Für frequenzabhängiges $\varepsilon(\nu)$ kann sich das Spektrum gegenüber dem eines schwarzen Körpers u. U. stark verändern ($\Rightarrow$ S. 80).

Phasenübergänge und kritische Phänomene

Zu den interessantesten Erscheinungen im Rahmen der Thermodynamik gehören *Phasenübergänge*, d. h. Wechsel zwischen makroskopisch klar voneinander unterscheidbaren Zuständen eines Stoffs. Dazu gehören Änderungen des Aggregatzustands, der Kristallstruktur oder der magnetischen Eigenschaften.

Ein typisches Beispiel für einen Phasenübergang ist das Sieden von Wasser: Schließt man ausreichend viel flüssiges Wasser bei konstanter Temperatur $T > T_T = 0.01\,°C$ in ein evakuiertes Gefäß ein, dann verdampft es so lange, bis sich ein charakteristischer Druck $p_{Dampf}(T)$ eingestellt hat. Dieser *Dampfdruck* ist nur von der Art des Stoffs und der herrschenden Temperatur abhängig, nicht vom verfügbaren Volumen.[a]

Entsprechend eignet sich zur Darstellung von derartigen Übergängen besonders gut das p-T-Diagramm, das rechts für den Fall von Wasser grob skizziert ist.[b] Die Dampfdruckkurve trennt die flüssige von der Gasphase. Analoge Kurven trennen auch andere Phasen voneinander. Alle drei Kurven treffen sich am *Tripelpunkt* $T = T_T$, $p = p_T \approx 611\,Pa$. Nur am Tripelpunkt kann ein Gleichgewichtszustand mit allen drei Phasen existieren.

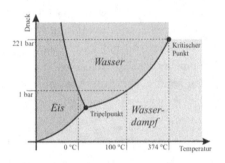

Doch es gibt im Phasendiagramm noch einen zweiten charakteristischen Punkt: Am *kritischen Punkt* (p_C, T_C) endet die Dampfdruckkurve, d. h. jenseits dieses Punktes verschwindet der Unterschied zwischen flüssigem und gasförmigem Aggregatzustand. Einen derartigen kritischen Punkt gibt es schon bei einfachen Modellen wie dem Van-der-Waals-Gas $(\Rightarrow S.\,90)$ mit der Zustandsgleichung $(p + \frac{a}{v^2})(v - b) = RT$.

Bei $T \geq T_C = $ sind die Isothermen im p-V-Diagramm montone Funktionen $p = p(v)$. Bei $T < T_C = \frac{8a}{27bR}$ hingegen bilden sich ein lokales Minimum und ein lokales Maximum aus. Um das Verhalten realer Substanzen nachzubilden, ersetzt man die Kurve im Zwischenbereich durch eine Konstante. Im Zuge der *Maxwell-Konstruktion* erfolgt das so, dass die beiden eingeschlossenen Flächen gleich groß sind. Dieser Bereich konstanten Drucks entspricht dem Koexistenzgebiet von flüssiger und gasförmiger Phase.

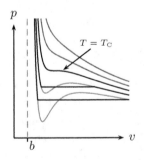

Im Koexistenzgebiet zweier Phasen führt Wärmezufuhr oder -abfuhr nicht zu einer Temperaturänderung. Bevor sich die Temperatur ändern kann, muss dem Stoff die gesamte *latente Wärme*, die zum „Umbau" der inneren Struktur notwendig ist, zu- bzw. von ihm abgeführt werden. Diese latente Wärme manifestiert sich als Unstetigkeit in der Kurve der spezifischen Wärmekapazität.

Die spezifische Wärmekapazität kann man durch die Ableitung der Entropie nach der Temperatur darstellen. Ein Phasenübergang mit latenter Wärme kann durch eine Unstetigkeit in $\frac{\partial S}{\partial T}$ charakterisiert werden. Es gibt auch Phasenübergänge, bei denen keine latente Wärme auftritt – etwa direkt am kritischen Punkt einer Substanz oder am Curie-Punkt eines Ferromagneten.

Auch dann findet man eine Unstetigkeit, allerdings erst in der zweiten Ableitung der Entropie nach der Temperatur. Man definiert als *Ordnung* eines Phasenübergangs die Ordnung der ersten unstetigen Ableitung eines thermodynamischen Potenzials nach der relevanten Variablen (meist der Temperatur).

Metastabile Phasen Durch sehr sauberes Arbeiten kann man auch im Koexistenzgebiet noch einen Teil des Verlaufs der Van-der-Waals-Kurven reproduzieren. Das liegt daran, dass sich etwa für das Kondensieren ausreichend große Tröpfchen bilden müssen. Kleine Tröpfchen sind aber energetisch ungünstig, auch dann, wenn die flüssige Phase bereits die bevorzugte wäre.

Man spricht dann von einem unterkühlten Gas, analog gibt es auch überhitzte und unterkühlte Flüssigkeiten. Auf derartigen metastabilen Zuständen beruhen zum Beispiel manche Teilchendetektoren ($\Rightarrow$ S. 128). In solchen Situationen wirken Verunreinigungen, insbesondere Staubteilchen, als *Keime* für den Phasenübergang.[c]

Phasenübergänge und Längenskalen Bei vielen physikalischen Vorgängen ist es ausreichend, eine einzige Längenenskala zu betrachten. So spielt für die Berechnung der Flugbahn eines Objekts seine genaue Form oft keine Rolle, und noch viel weniger seine innere Zusammensetzung.

Bei kritischen Phänomenen ist das anders. In Gasen und Flüssigkeiten treten generell Fluktuationen auf, insbesondere die Bildung von Flüssigkeitströpfchen bzw. Gasbläschen. Diese sind typischerweise mikroskopisch klein und lösen sich auch schnell wieder auf – außer am Phasenübergang.

Am kritischen Punkt treten überhaupt Fluktuationen auf allen Längenskalen (von molekularer Ebene bis zur Größe des Gefäßes) auf, d. h. es gibt Gasblasen in allen Größen, die wiederum Flüssigkeitströpfchen enthalten, die wiederum Gasblasen enthalten...

Das hat sichtbare Konsequenzen: Natürlich treten am kritischen Punkt auch Fluktuationen von der Größenordnung der Lichtwellenlänge auf. Diese wirken als Streuzentren; das Fluid wird undurchsichtig und erscheint milchig-weiß. Diesen Effekt bezeichnet man als *kritische Opaleszenz*.

Typisch für kritische Phänomene, bei denen es keine typische Längenskala mehr gibt, ist das Auftreten von *Potenzgesetzen*. Exponentielle Abfälle, wie man sie sonst oft findet, setzen ja die Existenz einer charakteristischen Zeit- oder Längenskala voraus.[d]

Viele derartige Effekte lassen sich schon an sehr einfachen Modellen untersuchen, etwa dem Ising-Modell ($\Rightarrow$ S. 202). Die Untersuchung der Skalenabhängigkeit physikalischer Phänomene führt bis zur Renormierungsgruppe ($\Rightarrow$ S. 262).

Verteilungsfunktionen und Transportgleichungen

Die Teilchen in einem Gas bewegen sich mit ganz unterschiedlichen Geschwindigkeiten, die sich durch Stöße auch laufend ändern. Welche Geschwindigkeit ein bestimmtes Teilchen gerade hat, lässt sich praktisch nicht vorhersagen.

Hingegen kann man sehr wohl Wahrscheinlichkeitsaussagen treffen, wofür üblicherweise *Verteilungsfunktionen* benutzt werden. Dabei bezeichnet man mit

$$F(\boldsymbol{x}_1, \boldsymbol{x}_2, \ldots, \boldsymbol{x}_N, \boldsymbol{v}_1, \ldots, \boldsymbol{v}_N, t)\,\mathrm{d}\boldsymbol{x}_1 \ldots \mathrm{d}\boldsymbol{x}_N\,\mathrm{d}\boldsymbol{v}_1 \ldots \mathrm{d}\boldsymbol{v}_N$$

die Wahrscheinlichkeit, zur Zeit t das i-Teilchen im Bereich $[\boldsymbol{x}_i, \boldsymbol{x}_i+\mathrm{d}\boldsymbol{x}_i] \times [\boldsymbol{v}_i, \boldsymbol{v}_i+\mathrm{d}\boldsymbol{v}_i]$ des Phasenraums ($\Rightarrow$ S. 38) zu finden.

Für nicht wechselwirkende Teilchen zerfällt die Verteilungfunktion in ein Produkt von Ein-Teilchen-Verteilungsfunktionen. Sind die Teilchen alle gleichartig, so lässt sich das System mit einer einzelnen Ein-Teilchen-Verteilungsfunktion $f(\boldsymbol{x}, \boldsymbol{v}, t)$ beschreiben. Auch viele wechselwirkende Systeme lassen sich schon anhand einer Ein-Teilchen-Verteilungsfunktion ausreichend gut charakterisieren.

Die Gleichgewichtsverteilung Wir untersuchen ein schwach wechselwirkendes System im Gleichgewicht und betrachten f in Abhängigkeit von der Energie W. Die Häufigkeit von Stößen zwischen Teilchen der Energie W_1 bzw. W_2 ist proportional zum Produkt $f(W_1)f(W_2)$. Nach dem Stoß haben die Teilchen die Energien W_1' bzw. W_2', wobei gemäß Energieerhaltungssatz $W_1 + W_2 = W_1' + W_2'$ sein muss. Im Gleichgewicht müssen Hin- und Rückprozess gleich wahrscheinlich sein, $f(W_1)f(W_2) = f(W_1')f(W_2')$. Das Produkt $f(W_1)f(W_2)$ darf also nur von der Summe $W_1 + W_2$ abhängen – diese Eigenschaft charakterisiert gerade die Exponentialfunktion.

Die typische Energieskala thermischer Prozesse ist $k_\mathrm{B}T$, und bei genauerer Analyse findet man für die Verteilungsfunktion die Maxwell-Boltzmann-Form[a]

$$f(W)\,\mathrm{d}W = \mathcal{N}\,\mathrm{e}^{-W/(k_\mathrm{B}T)}\,\mathrm{d}W\,,$$

mit einem Normierungsfaktor $\mathcal{N}$, der sich aus $\int_{W_\mathrm{min}}^{W_\mathrm{max}} f(W)\mathrm{d}W = 1$ ergibt. Da die kinetische Energie nur von der Geschwindigkeit und die potenzielle nur von der Lage abhängt, ist es oft sinnvoll, diese beiden Beiträge zu trennen und auch die Verteilungsfunktion weiter zu faktorisieren: $f(\boldsymbol{x}, \boldsymbol{v}) = f(\boldsymbol{x})\,f(\boldsymbol{v})$.

Die Gleichgewichtsverteilung in Abhängigkeit von der Lage wird *Boltzmann-Verteilung* genannt, jene in Abhängigkeit von der Geschwindigkeit *Maxwell-Verteilung*:[b]

$$f_\mathrm{B}(\boldsymbol{x})\,\mathrm{d}\boldsymbol{x} = \mathcal{N}_\mathrm{B}\,\mathrm{e}^{-U(\boldsymbol{x})/(k_\mathrm{B}T)}\,\mathrm{d}\boldsymbol{x}\,, \qquad f_\mathrm{M}(\boldsymbol{v})\,\mathrm{d}\boldsymbol{v} = \left(\frac{m}{2\pi k_\mathrm{B}T}\right)^{3/2}\,\mathrm{e}^{-m\boldsymbol{v}^2/(2k_\mathrm{B}T)}\,\mathrm{d}\boldsymbol{v}\,.$$

Die Maxwell-Verteilung kann man durch Einführung von Kugelkoordinaten im Geschwindigkeitsraum auf den Betrag der Geschwindigkeit umrechnen:

$$f_\mathrm{M}(v)\,\mathrm{d}v = \sqrt{\frac{2}{\pi}}\left(\frac{m}{k_\mathrm{B}T}\right)^{3/2}\,v^2\mathrm{e}^{-mv^2/(2k_\mathrm{B}T)}\mathrm{d}v\,.$$

Transportgleichungen Untersucht man, wie sich die Verteilungsfunktion in Abhängigkeit von der Zeit entwickelt, so benutzt man die totale Zeitableitung, die ausführlich aufgeschrieben die Gestalt

$$\frac{\mathrm{d}f}{\mathrm{d}t} = \frac{\partial f}{\partial t} + \underbrace{\frac{\mathrm{d}x_i}{\mathrm{d}t}\frac{\partial f}{\partial x_i}}_{= \boldsymbol{v}\cdot\nabla_x f} + \underbrace{\frac{\mathrm{d}v_i}{\mathrm{d}t}\frac{\partial f}{\partial v_i}}_{= \frac{1}{m}\boldsymbol{F}\cdot\nabla_v f}$$

hat, wobei $\boldsymbol{F}$ die von außen wirkenden Kräfte sind. Ohne Stöße zwischen den Teilchen wird die Dynamik des Systems durch die *Vlasov-Gleichung* $\frac{\mathrm{d}f}{\mathrm{d}t} = 0$ beschrieben. Sind die Wechselwirkungen stärker, ist ihre Reichweite aber gering und zudem die Teilchendichte klein, so benutzt man meist die *Boltzmann-Gleichung*

$$\frac{\partial f}{\partial t} + \boldsymbol{v}\cdot\nabla_x f + \frac{1}{m}\boldsymbol{F}\cdot\nabla_v f = \sigma_{\mathrm{coll}}\,, \text{ mit}$$

$$\sigma_{\mathrm{coll}} = \int \mathrm{d}\boldsymbol{v}_1 \int \mathrm{d}\Omega\, |\boldsymbol{v} - \boldsymbol{v}_1|\,\frac{\mathrm{d}\sigma}{\mathrm{d}\Omega}\left(f(\boldsymbol{x},\boldsymbol{v}',t)f(\boldsymbol{x},\boldsymbol{v}'_1,t) - f(\boldsymbol{x},\boldsymbol{v},t)f(\boldsymbol{x},\boldsymbol{v}_1,t)\right),$$

mit dem Streuwinkel Ω und dem differenziellen Wirkungsquerschnitt $\frac{\mathrm{d}\sigma}{\mathrm{d}\Omega}$ ($\Rightarrow$ S. 118). Die Geschwindigkeiten $\boldsymbol{v}'$ und $\boldsymbol{v}'_1$ sind jene nach dem Stoß und ergeben sich gemäß den Stoßgesetzen ($\Rightarrow$ S. 22) aus $\boldsymbol{v}$, $\boldsymbol{v}_1$ und Ω. Der Stoßterm σ_{coll} enthält die Nettobilanz zwischen Hin- und Rückreaktionen.

Für langreichweitige Wechselwirkungen, die auch zu vielen Kleinwinkelstreuungen führen, benutzt man meist die *Fokker-Planck-Gleichung*. Für den Fall, dass die Wechselwirkungen zwar langreichweitig sind, es aber Abschirmungseffekte gibt, etwa in einem Plasma ($\Rightarrow$ S. 66), kann man die *Lenard-Balescu-Gleichung* verwenden.

Geht man von der Verteilungsfunktion direkt zur Beschreibung mittels mechanisch-thermodynamischer Größen über, so erhält man im für die Fluidmechanik ($\Rightarrow$ S. 42) wichtigen Bereich im die *Navier-Stokes-Gleichung*

$$\rho\left[\frac{\partial \boldsymbol{v}}{\partial t} + (\boldsymbol{v}\cdot\boldsymbol{\nabla})\boldsymbol{v}\right] = \rho\,\boldsymbol{g} - \mathrm{grad}\,p + \eta\Delta\boldsymbol{v} + \left(\zeta + \frac{\eta}{3}\right)\mathrm{grad}\,\mathrm{div}\,\boldsymbol{v}\,,$$

wobei $\boldsymbol{g}$ die Beschleunigung bezeichnet, die aus den externen Kräften $\boldsymbol{F}$ resultiert.

Alle diese Gleichungen lassen sich letztlich aus der *Liouville-Gleichung* $\frac{\mathrm{d}F}{\mathrm{d}t} = 0$ herleiten. Diese folgt direkt aus der Normierung der Verteilungsfunktion und dem Satz von Liouville ($\Rightarrow$ S. 38). Da es sich um eine Gleichung für die gesamte N-Teilchen-Verteilungsfunktion F handelt, ist sie de facto nicht direkt lösbar, und entsprechend wurden diverse Methoden entwickelt, um ihre Komplexität zu reduzieren:[c]

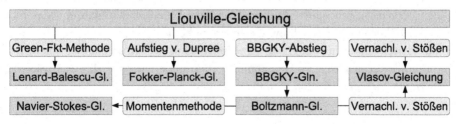

Maxwells Dämon und das Rekurrenztheorem

Kaum ein Prinzip der Physik hat so weitreichende Konsequenzen wie der zweite Hauptsatz der Thermodynamik ($\Rightarrow$ S. 96). Ebenso gab es bei kaum einem Prinzip mehr Versuche, einen Weg zu finden, wie man es doch umgehen könnte.

Das berühmteste entsprechende Gedankenexperiment hat James Clerk Maxwell entworfen: In der Wand zwischen zwei gasgefüllten Gefäßen befindet sich eine masselose Klappe, die von einem kleinen Dämon bedient wird. Im Ausgangszustand hat das Gas in beiden Gefäßen die gleiche Temperatur (d. h. die Geschwindigkeiten haben die gleiche Verteilung). Der Dämon hat nun folgende Aufgabe:

Fliegt von links ein Gasteilchen mit *hoher* Geschwindigkeit auf die Klappe zu, so öffnet er die Klappe, ansonsten hält er sie geschlossen. Fliegt hingegen von rechts ein *langsames* Gasteilchen auf die Klappe zu, so öffnet er sie, ansonsten hält er sie geschlossen.

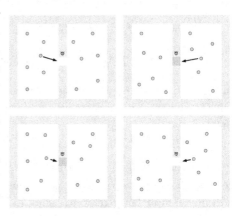

Insgesamt gelangen dadurch schnelle Teilchen nach rechts und langsame nach links. Durch Stöße zwischen den Gasteilchen wird die Energie wieder Maxwell-artig verteilt – die Temperatur im rechten Gefäß nimmt zu, die im linken nimmt ab.

Dieser Temperaturunterschied könnte nun zur Arbeitsverrichtung genutzt werden. Um ihn herzustellen, war hingegen keine (physikalische) Arbeit notwendig, wenn auch durchaus einige Mühe von Seiten des Dämons.

Man findet auch in ansonsten sehr guten Lehrbüchern oft recht triviale Erklärungen dafür, warum dieser Mechanismus nicht funktioniert – und diese gehen am Kern des Problems vorbei. Weder die prinzipielle Existenz der masselosen Klappe noch ihre Robustheit gegen thermische Fluktuationen stellen ein grundsätzliches Problem dar. Auch unter realistischeren Voraussetzungen für die Beschaffenheit der Klappe lässt sich die Arbeit, die der Dämon zu leisten hat, beliebig klein machen.

Allerdings sind die Aufgaben, die der Dämon zu verrichten hat, vielfältiger, als sie hier beschrieben wurden. Neben dem Öffnen und Schließen der Klappe muss er ja die Geschwindigkeit der Teilchen, die sich der Klappe nähern, messen und diese Information auch *speichern*, um seinen Auftrag (das linke Gefäß abzukühlen und das rechte aufzuheizen) über längere Zeit hinweg erfüllen zu können.

Will man den Mechanismus in einem *Kreisprozess* ausnutzen, so muss es einerseits zu einem Temperaturausgleich im Gas kommen (den man, wie es ja das Ziel wäre, zum Verrichten von Arbeit benutzen könnte).

Andererseits muss aber auch der Dämon wieder in seinen Ausgangszustand zurückversetzt werden, d. h. die Geschwindigkeitsdaten in seinem Gedächtnis müssen gelöscht werden. Jedes Bit Information erzeugt aber bei seiner Löschung eine Entropie von $S_{bit} = (\ln 2)\, k_B\, \frac{J}{K}$.[a] Die insgesamt erzeugte Entropie beim Löschen des Speichers ist so groß, dass sie die Entropieabnahme im Gas zumindest kompensiert.

Während der Arbeit des Dämons wird die Entropie also nicht wirklich reduziert, es wird eher eine Art „Entropiekredit" aufgenommen, der bei der Löschung des Informationsspeichers zurückgezahlt werden muss.

Dass eine physikalische Größe wie die Entropie so eng mit einem doch abstrakten Konzept wie Information verknüpft ist, mag zunächst überraschen. Einerseits ist aber Information – bei Übertragung ebenso wie bei Speicherung – stets an einen physikalischen Träger gebunden. Andererseits hat das Konzept der Entropie in leicht modifizierter Form auch in der Informationstheorie Verwendung gefunden (Shannon-Entropie) und ist auch ein Grundstein der modernen Datenübertragung und -verarbeitung.

Fast wie Schrödingers Katze ($\Rightarrow$ S. 182) hat es auch der Maxwell'sche Dämon geschafft, ein Teil der Populärkultur zu werden. An verschiedensten Stellen finden sich in Kunst, Musik und Literatur Anspielungen auf den kleinen Dämon. So tritt etwa Brian Slade, die Hauptfigur im Film *Velvet Goldmine* (die stark David Bowie nachempfunden ist), unter dem Künstlernamen *Maxwell Demon* auf.

Grenzen des zweiten Hauptsatzes Auch neben Maxwells Dämon gab es immer wieder Versuche, den zweiten Hauptsatz zu umgehen und damit vielleicht ein *perpetuum mobile* zweiter Art zu bauen. Sie alle sind misslungen, und der zweite Hauptsatz hat seinen Stellenwert als eines der Grundprinzipien der Welt behalten.

Allerdings gilt er er streng nur im *thermodynamischen Limes* unendlich vieler Freiheitsgrade. Für endliche Systeme findet man statt des strikten Gesetzes $\frac{dS}{dt} \geq 0$ lediglich die statistische Aussage, dass in einem abgeschlossenen System das Gleichbleiben oder die Zunahme der Entropie überwältigend wahrscheinlicher ist als ihre Abnahme.

Dass eine Entropieabnahme in endlichen Systemen durchaus möglich ist, folgt schon aus dem *Poincaré'sche Rekurrenzsatz*: Unter recht schwachen Voraussetzungen kommt ein abgeschlossenes System jedem beliebigen möglichen Zustand (also auch dem Ausgangszustand) beliebig oft beliebig nahe.

Platziert man etwa in einem geschlossenen Kasten Gasteilchen in einer Ecke und überlässt sie sich selbst, so werden sie sich bald über den Kasten verteilt haben – die Entropie hat zugenommen. Irgendwann wird allerdings auch wieder ein Zustand eintreten, bei dem sich alle Teilchen wieder in einer Ecke sammeln. Bei wenigen Teilchen ist das einsichtig (und lässt sich etwa mittels Molekulardynamik-Simulation gut beobachten), es ist aber auch für sehr viele Teilchen richtig – man wartet dann allerdings wahrscheinlich sehr, sehr lange.

6 Atome, Kerne, Elementarteilchen

Dass Materie sich aus kleinsten Teilchen zusammensetzt, ist eine Idee, die bis in die griechische Antike zurückreicht. Der Begriff „Atom" stammt vom griechischen Wort *atomos*, unteilbar. Trotz ihres Namens sind Atome allerdings keineswegs unteilbar, sondern bestehen aus kleineren Teilchen.

Die Hülle besteht aus Elektronen, die jeweils eine negative Elementarladung ($\Rightarrow$ S. 114) tragen. Ebenso tragen auch alle anderen direkt beobachtbaren Teilchen ein ganzzahliges Vielfaches dieser Ladung. Für den Aufbau des Atoms wurden historisch verschiedene Modelle entwickelt ($\Rightarrow$ S. 116), die im Lauf der Zeit immer weiter verfeinert wurden. Ein Schlüsselexperiment dafür war Rutherfords Streuexperiment ($\Rightarrow$ S. 118), das klar die Existenz eines Kerns zeigte, der wiederum mit komplementären Modellen beschrieben werden kann ($\Rightarrow$ S. 120). Nicht alle Kerne sind stabil, manche zerfallen spontan ($\Rightarrow$ S. 122). Zudem können Kerne auch verschmolzen oder gespalten werden ($\Rightarrow$ S. 124). Das wird verständlich, wenn man weiß, dass Atomkerne aus einzelnen Teilchen, nämlich Protonen und Neutronen, bestehen, die selbst wiederum nicht elementar, sondern aus noch kleineren Teilchen zusammengesetzt sind.

So führt die Kernphysik direkt in die Elementarteilchenphysik. Zur genaueren Untersuchung von Elementarteilchen sind meist hohe Energien notwendig ($\Rightarrow$ S. 126), zudem werden Detektoren ($\Rightarrow$ S. 128) benötigt. So zeigt sich, dass es hunderte Teilchen gibt, die ähnlich wie Protonen und Neutronen aufgebaut sind ($\Rightarrow$ S. 130). Auf diese wirken neben Gravitation und Elektromagnetismus noch zwei weitere Kräfte mit kurzen Reichweiten ($\Rightarrow$ S. 132). Neben den bereits bekannten Teilchen werden aus verschiedensten Gründen noch zahlreiche andere postuliert ($\Rightarrow$ S. 134), manche mit sehr gutem Grund, andere hingegen sind hoch spekulativ.

Die Elementarteilchenphysik wird in diesem Kapitel gestreift – zu ihrer detaillierteren Behandlung ist es allerdings notwendig, über relativistische Quantenfeldtheorien Bescheid zu wissen, und so werden einige Themen erst in Kapitel 11 genauer besprochen oder weiter vertieft.

Die Elementarladung und das Millikan-Experiment

In der Elektrodynamik werden Ladungen meist als kontinuierliche Größen betrachtet und durch die Ladungsdichte ρ_{el} beschrieben. Zwar arbeitet man dabei außer mit stetigen Funktionen auch oft mit Punktladungen, die durch $q_i\delta(\boldsymbol{x} - \boldsymbol{x}_i)$ beschrieben werden können, aber die Ladungsstärke q_i kann dabei noch immer beliebige reelle Werte annehmen.

In der Natur findet man hingegen, dass Ladungen stets als Vielfache einer Grundeinheit, der *elektrischen Elementarladung*

$$e = 1.602176487(40) \cdot 10^{-19} \text{ C}$$

auftreten. Eine der ersten Methoden, das nachzuweisen und den Wert von e genau zu bestimmen, war das *Öltröpfchen-Experiment* von Millikan und Fletcher: Dabei wird Öl so zerstäubt, dass sich ein Aerosol aus feinen Tröpfchen bildet.

Beim Zerstäubungsprozess passiert es oft, dass ein Tröpfchen elektrisch geladen ist, dabei trägt aber ein einzelnes Tröpfchen typischerweise nur wenige Elementarladungen.

Nun bringt man die Tröpfchen in ein vertikales elektrisches Feld der Stärke E, etwa zwischen die horizontal angeordneten Platten eines Kondensators, mit $E = \frac{U}{d}$ bei angelegter Spannung U und Plattenabstand d.

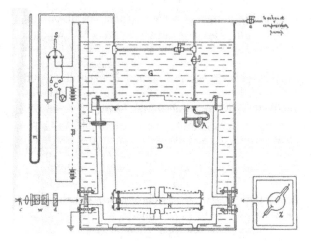

Hier lässt sich eine Spannung U finden, so dass sich für eine bestimmte Zahl N_e von Elementaradungen und einen bestimmten Tröpfchenradius r ein Gleichgewicht aus Auftriebskraft, elektrischer Kraft und Gravitation einstellt:

$$\frac{4}{3} \pi r^3 g \left(\rho_{\ddot{\text{O}}\text{l}} - \rho_{\text{Luft}}\right) = N_e e \frac{U}{d}. \tag{6.1}$$

Aus mehreren Versuchen kann man e als gemeinsamen Teiler aller Messwerte von $N_e e$ ermitteln. Die Messung des Tröpfchenradius r ist allerdings schwierig, etwa wegen der Brown'schen Molekularbewegung. Daher wird die Messung in der Praxis so durchgeführt, dass das elektrische Feld stärker oder schwächer ist als für den Schwebefall erforderlich.

Durch Reibungskräfte stellt sich schnell eine gleichförmige Geschwindigkeit v ein. Für nicht zu schnelle kugelförmige Tröpfchen gilt in guter Näherung Stokes'sche Reibung, d. h. statt (6.1) finden wir

$$\frac{4}{3}\pi r^3 g\,(\rho_{\text{Öl}} - \rho_{\text{Luft}}) \pm 6\pi r\,\eta\,v = N_e\,e\,\frac{U}{d}\,,$$

wobei das Vorzeichen davon abhängt, ob die Gravitationskraft der Reibungskraft entgegengesetzt gerichtet ist oder nicht. Variiert man die Spannung bzw. polt das Feld um, so ergeben sich verschiedene Geschwindigkeiten, und man kann $N_e e$ ermitteln, ohne r zu kennen.[a]

Bringt man ein Teilchen mit Masse m und Ladung q in ein elektromagnetisches Feld, so hängt die Beschleunigung vom Verhältnis $\frac{q}{m}$ ab:

$$\boldsymbol{a} = \ddot{\boldsymbol{x}} = \frac{q}{m}\,\boldsymbol{E} + \frac{q}{m}\,\boldsymbol{v}\times\boldsymbol{B}\,.$$

Kennt man die Ladung eines Teilchens, so kann man mit Hilfe elektromagnetischer Felder auch dessen Masse bestimmen. Dazu gibt es eine Vielzahl von Methoden, je nachdem, wie $\boldsymbol{E}$ und $\boldsymbol{B}$ zueinander orientiert sind und ob Gleich- oder Wechselfelder benutzt werden. Auch aus dem Radius der Kreisbahnen von Blasen- oder Nebelkammer-Aufnahmen ($\Rightarrow$ S. 128) kann man das Verhältnis $\frac{q}{m}$ eines Teilchens bestimmen.

Dass man die Elementarladung mit hoher Genauigkeit messen kann, bedeutet allerdings nicht, dass man ihre Herkunft völlig verstanden hat, insbesondere, warum jedes bekannte freie Teilchen nur ein ganzzahliges Vielfaches von e tragen kann. (Quarks ($\Rightarrow$ S. 130, S. 252) haben drittelzahlige Ladungen von $\pm\frac{1}{3}e$ oder $\pm\frac{2}{3}e$, lassen sich aber nie isoliert beobachten.)

Eine Erklärung, warum Ladungen auf diese Weise „quantisiert" sind, wäre die Existenz magnetischer Monopole ($\Rightarrow$ S. 134): Für eine elektrische Ladung q im Feld eines Monopols der Stärke Q_{M} (und umgekehrt für einen Monopol im Feld einer Ladung) ergibt sich eine entfernungsunabhängige Größe von der Dimension einer Wirkung, die proportional zu qQ_{M} ist. Nach den Prinzipien der Quantenmechanik (Kapitel 7) darf eine solche Größe nur in Vielfachen des Planck'schen Wirkungsquantums vorkommen. Gäbe es also im Universum auch nur einen einzigen Monopol, so würde unmittelbar folgen, dass es auch eine kleinste mögliche Ladungseinheit geben muss.[b]

Ladungen sind geschwindigkeitsunabhängig. Das wird mit hoher Genauigkeit durch die elektrische Neutralität von Atomen bestätigt, in denen die positiven Atomkerne im Wesentlichen in Ruhe sind, während sich die Elektronen der Hülle mit sehr hohen Geschwindigkeiten bewegen. Sehr wohl hängt die Ladung aber von der Entfernung bzw. vom ausgetauschten Impuls ab ($\Rightarrow$ S. 260). Kommt man einer elektrischen Ladung sehr nahe, so nimmt sie effektiv zu, da sie in größerer Entfernung zum Teil durch Vakuumfluktuationen abgeschirmt wird. Dieser Effekt ergibt sich aus der Quantenelektrodynamik ($\Rightarrow$ S. 250), er ist indirekt durch den Lamb-Shift ($\Rightarrow$ S. 264) und inzwischen auch direkt in Beschleunigerexperimenten nachweisbar.

Atommodelle

Die Atomhypothese, die etwa vom griechischen Philsophen Demokrit vertreten wurde, war schon in der Antike nicht rein spekulativ: So erhält man etwa beim Zusammenschütten von einem Liter Wasser und einem Liter Alkohol weniger als zwei Liter des resultierenden Gemischs – ein Effekt, der sich zwanglos erklären lässt, indem man annimmt, dass beide Stoffe aus winzigen Bausteinen unterschiedlicher Größen zusammengesetzt sind. Diese Bausteine entsprechen aus heutiger Sicht den *Molekülen*, die aus mehreren Atomen zusammengesetzt sind.[a]

Zur Beschreibung der Atome wurden unterschiedliche Modelle und Zugänge entwickelt. Manche (etwa das Plum-pudding- oder Rosinenkuchenmodell, in dem die Elektronen in einer homogenen positiven Masse verteilt sind) sind offensichtlich überholt, aber auch die meisten älteren Modelle sind nach wie vor für spezielle Zwecke nützlich:

Harte-Kugeln-Modell   Im einfachsten Bild betrachtet man Atome oder auch Moleküle als harte Kugeln ohne innere Struktur. Das ist völlig ausreichend, um etwa kinetische Gastheorie zu betreiben. Chemische Reaktionen oder das Zustandekommen von Spektrallinien lassen sich so natürlich nicht erklären.

Das Bohr'sche Atommodell   Die Rutherford'schen Streuversuche ($\Rightarrow$ S. 118) zeigten, dass positive Ladung und Masse des Atoms in einem sehr kleinen Kern konzentriert sind. Im Bohr'schen Modell erinnert das Atom an ein kleines Sonnensystem: Um den positiv geladenen Kern herum bewegen sich die Elektronen auf festen Kreisbahnen.

Auf den ersten Blick wirkt das plausibel: Die Coulomb-Kraft zwischen zwei ungleichnamigen Ladungen hat formal die gleiche Gestalt wie die Gravitationskraft, und so sollte man erwarten, dass sich ebenfalls ein Kepler-Problem ($\Rightarrow$ S. 26) ergibt. Tatsächlich findet man gebenüber dem gravitativen Fall allerdings Komplikationen. So wären neben elektrischen auch magnetische Beiträge zu berücksichtigen, die aufgrund der großen Masse und der damit geringen Geschwindigkeit des Kerns allerdings klein sind.

Doch während im Sonnensystem die Wechselwirkung der Planeten untereinander klein ist und man daher in guter Näherung Kepler-Ellipsen erhält, ist das bei mehreren Elektronen in einem Atom nicht der Fall. Die Kräfte zwischen den einzelnen Elektronen wären nicht viel kleiner als jene zwischen Kern und Elektron. Man hätte es demnach mit einem kompliziertem Viel-Körper-Problem zu tun, bei dem sich wohl kaum regelmäßige Kreisbahnen ergeben würden.

Vor allem aber stellt eine Ladung, die um eine andere kreist, einen zeitlich veränderlichen Dipol ($\Rightarrow$ S. 62) dar, der elektromagnetische Wellen abstrahlen müsste. Allgemein strahlen beschleunigte Ladungen – die Elektronen müssten in diesem Modell ständig Energie verlieren und in den Kern stürzen. Atome wären nicht stabil, sondern würden unter Strahlungsemission kollabieren.

Das Bohr'sche Atommodell erfordert also als zusätzliches Postulat, dass es spezielle Kreisbahnen gibt, auf denen strahlungsfreie Bewegung möglich ist, auf denen jeweils aber nur eine begrenzte Zahl von Elektronen „Platz hat". Die Bahnen werden mit $n \in \{1, 2, 3, \ldots\}$ durchnummeriert; jede Bahn hat eine zugeordnete Energie von $E_n = \frac{m_e e^4}{8\varepsilon_0^2 h^3 c} \frac{1}{n^2}$.[b] Beim Sprung von einer Bahn zu einer niedrigeren wird die Energiedifferenz als Photon emittiert. Voll besetzte Bahnen werden bevorzugt, weswegen es zu chemischen Bindungen kommt.

So offensichtlich problematisch dieses Modell angesichts der Inkonsistenzen und *Ad-hoc*-Annahmen auch ist, beschreibt es doch die grobe Struktur der Spektrallinien ($\Rightarrow$ S. 80) ebenso wie das Zustandekommen vieler chemischer Verbindungen.[c]

Das Sommerfeld'sche Atommodell Insbesondere in Kernnähe müssten die Elektronen im Bohr'schen Atommodell beträchtliche Geschwindigkeiten besitzen – so hohe Geschwindigkeiten, dass relativistische Effekte nicht mehr vernachlässigbar wären.

Von A. Sommerfeld stammt eine entsprechende relativistische Erweiterung des Bohr'schen Modells, das auch die Feinstruktur der Spektrallinien beschreibt.

Sowohl im Bohr'schen als auch im Sommerfeld'schen Modell wäre das Atom scheibenförmig, also flach – eine Vorhersage, die im Widerspruch zu Ergebnissen der kinetischen Gastheorie steht.

Quantenmechanische Behandlung Dass die Gesetze der klassischen Mechanik und der Elektrodynamik so offensichtlich unzureichend sind, um die Struktur der Atome zu beschreiben, war eine wesentliche Motivation für die Entwicklung der Quantenmechanik (Kapitel 7). Die Behandlung des Coulomb-Problems mit der Schrödinger-Gleichung ($\Rightarrow$ S. 140) führt zu Elektronenorbitalen ($\Rightarrow$ S. 152), deren Energiewerte denen der Bohr'schen Bahnen entsprechen.

Für Spektrallinien sind die quantenmechanischen Ergebnisse also denen des Bohr'schen Modells gleichwertig (und damit sogar weniger genau als jene des Sommerfeld-Modells). Die Quantenmechanik kommt aber ohne willkürliche Zusatzannahmen aus, beschreibt kompliziertere Bindungen und Reaktionen deutlich besser und sagt statt flacher Gebilde dreidimensionale ausgedehnte Atome voraus.

Relativistische Quantenmechanik Um relativistische Effekte zu berücksichtigen, kann man statt der Schrödinger-Gleichung die Dirac-Gleichung ($\Rightarrow$ S. 220) verwenden. Damit ergibt sich auch die richtige Feinstruktur der Spektrallinien. Um die *Hyperfeinstruktur* zu erhalten, muss man auch den Spin des Kerns berücksichtigen.

Quantenfeldtheorie Selbst die relativistische Quantenmechanik beinhaltet noch nicht alle Effekte, die im Atom eine Rolle spielen. Vakuumpolarisationen, die sich erst im Rahmen der Quantenelektrodynamik ($\Rightarrow$ S. 250) erklären lassen, führen zu kleinen Verschiebungen der Energieniveaus, die sich im Lamb-Shift ($\Rightarrow$ S. 264) zeigen. Die genaue Struktur des Kerns ist ein Thema der Quantenchromodynamik ($\Rightarrow$ S. 252).

Rutherford-Streuung und Wirkungsquerschnitt

Wenn man die kleinsten Bestandteile der Materie untersuchen will, sind die Werkzeuge, die noch zur Verfügung stehen, äußerst begrenzt. Die übliche Lichtmikroskopie etwa stößt an ihre Grenzen, wenn die untersuchten Objekte kleiner werden als die Wellenlänge des verwendeten Lichts.

Mit alternativen Mikroskopiemethoden, etwa der Elektronenmikroskopie ($\Rightarrow$ S. 138) oder der Raster-Tunnel-Mikroskopie ($\Rightarrow$ S. 146), kann man auch feinere Strukturen untersuchen und inzwischen auch einzelne Atome sichtbar machen. Will man allerdings in das Innere der Atome vordringen, erfordert das ein grundlegend anderes Vorgehen. Die beste – und für viele Zwecke einzige – Methode dafür sind *Streuexperimente*: Man „schießt" auf das Objekt, das man untersuchen will, und versucht, aus der Verteilung der Geschosse auf die innere Struktur zu schließen. Die ersten dieser Experimente zur Untersuchung der Atomstruktur wurden von Ernest Rutherford durchgeführt. Dabei wurden α-Teilchen ($\Rightarrow$ S. 122) auf eine sehr dünne Goldfolie geschossen und die Ablenkwinkel ϑ untersucht.

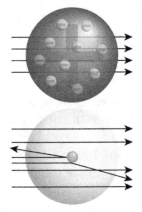

Zur Zeit von Rutherfords Versuchen war das Thomson'sche Atommodell („Rosinenkuchenmodell") allgemein akzeptiert. Die Elektronen als negativ geladene und sehr leichte Teilchen waren bereits bekannt; die positive Ladung und die restliche Masse wurden als gleichmäßig über das Atom verteilt angenommen.

Nach diesem Modell hätten sich für die α-Teilchen nur geringfügige Ablenkungen ergeben dürfen. Während das für die meisten Teilchen tatsächlich der Fall war, traten gelegentlich auch sehr große Ablenkwinkel auf, bis hin zur Rückstreuung.

Für den Anteil $\frac{\mathrm{d}N}{N}$ der Teilchen, die in den Raumwinkel $\mathrm{d}\Omega = 2\pi \sin\vartheta\,\mathrm{d}\vartheta$ gestreut werden, findet man beim Rutherford-Versuch recht genau die Abhängigkeit

$$\frac{\mathrm{d}N}{N} \propto \frac{1}{\sin^4 \frac{\vartheta}{2}}\,\mathrm{d}\Omega\,,$$

die man nach klassischer Berechnung für die Streuung an einer unendlich schweren positiven Punktladung erhält. (Auch die akkuratere quantenmechanische Behandlung liefert nur kleine Korrekturen am Rutherford'schen Ergebnis.[a]) Das war der erste deutliche Hinweis darauf, dass Masse und positive Ladung des Atoms in einem kleinen Kern konzentriert sind – ein Bild, das sich seither umfassend bestätigt hat ($\Rightarrow$ S. 120).

Der Wirkungsquerschnitt Um die Wahrscheinlichkeit der Wechselwirkung von Strahlung mit Materie zu charakterisieren, wird eine spezielle Größe betrachtet: der *Wirkungsquerschnitt* σ, der die Dimension einer Fläche hat.[b]

Dazu betrachtet man N_T Wechselwirkungszentren, die auf einer Fläche mit Flächeninhalt A verteilt sind. Die Wahrscheinlichkeit, dass ein einzelnes einfallendes Teilchen mit einem derartigen Ziel in Wechselwirkung tritt, ist $p_{WW} = \frac{\sigma N_T}{A}$. (Dabei wird $\sigma N_T \ll A$ vorausgesetzt, um eine Überschneidung der Wirkungsbereiche zu vermeiden.)

Anschaulich hat der Wirkungsquerschnitt die Bedeutung der „wirksamen Querschnittsfläche" eines Ziels; diese entspricht aber nur in Ausnahmefällen dem geometrischen Querschnitt.

Bei Streuvorgängen wie sie beim Rutherford-Versuch passieren, wird statt des obigen *integralen* Wirkungsquerschnitts σ der differenzielle Wirkungsquerschnitt $\frac{d\sigma}{d\Omega}$ betrachtet. Bezeichnet man mit j_{ein} den Strom der einfallenden Teilchen und mit $j_{\text{aus}}(\Omega)\,d\Omega$ die in das Raumwinkelelement $d\Omega$ gestreuten Teilchen, so gilt:

$$j_{\text{aus}}(\Omega)\,d\Omega = j_{\text{ein}}\,\frac{d\sigma}{d\Omega}\,d\Omega\,.$$

Der differenzielle Wirkungsquerschnitt gibt also die Winkelverteilung beim Streuprozess an. Der zugehörige integrale Wirkungsquerschnitt ergibt sich zu $\sigma = \iint \frac{d\sigma}{d\Omega}\,d\Omega$.

Zur Struktur der Streuformel Bei der Streuung positiver Probeteilchen an einer positiven unendlich schweren Punktladung handelt es sich um ein Kepler-Problem mit positiver Gesamtenergie, also erhält man als Bahnen Hyperbeln.

Die entsprechende Berechnung, deren Geometrie rechts skizziert ist und die in nahezu jedem Lehrbuch der theoretischen Mechanik oder der Atomphysik angegeben wird, liefert für die Streuung eines leichten Teilchens mit Ladung $Z_1 e$ und Ausgangsenergie $E_0 > 0$ an einem schweren mit Ladung $Z_2 e$ das Ergebnis

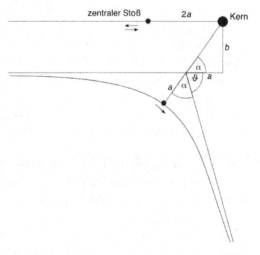

$$\frac{d\sigma}{d\Omega} = \left(\frac{1}{4\pi\varepsilon_0}\,\frac{Z_1 Z_2 e^2}{4\,E_0}\right)^2 \frac{1}{\sin^4 \frac{\vartheta}{2}}\,.$$

Die Rutherford-Formel divergiert für $\vartheta \to 0$, und ebenso divergiert der integrale Wirkungsquerschnitt.[c]

Praktisch hat diese Divergenz allerdings keine Relevanz, da die Ladung des Kerns bei zunehmendem Abstand immer mehr durch die umliegende Elektronenwolke abgeschirmt wird bzw. das α-Teilchen irgendwann in den Wirkungsbereich eines anderen Kerns gelangt.

Kernmodelle

Ein Atomkern ist ein kompliziertes Gebilde. Er besteht aus positiv geladenen Protonen und elektrisch neutralen Neutronen. Diese Teilchen haben sich aber selbst wieder als zusammengesetzt erwiesen. Ihre Bausteine sind nach heutigem Verständnis Quarks und Gluonen. Auf fundamentaler Ebene müsste man einen Atomkern demnach mit Hilfe der Quantenchromodynamik ($\Rightarrow$ S. 252) beschreiben, wobei auch Effekte der elektroschwachen Theorie ($\Rightarrow$ S. 256) einfließen würden. Das akkurat zu tun, ist eine so anspruchsvolle Aufgabe, dass sie trotz mancher Erfolge bis heute selbst für kleine Kerne nicht zufriedenstellend gelöst ist.

Um dennoch das Verhalten von Atomkernen verstehen und zum Teil beschreiben zu können, benutzt man verschiedene Modelle, von denen jedes zwar nur einen eingeschränken Gültigkeitsbereich hat, die aber trotzdem für viele Fragestellungen sehr nützlich sind:

- Im *Tröpfchenmodell* wird der Atomkern als Flüssigkeitstropfen betrachtet, der aus einzelnen kleinen Tröpfchen (den Protonen und Neutronen) besteht. Nach diesem Modell würde man beispielsweise erwarten, dass der Radius R eines Atomkerns etwa mit der dritten Wurzel der Massenzahl Z anwächst, $R \propto \sqrt[3]{Z}$. Das ist für die meisten Kerne in guter Näherung der Fall. Die Bindungsenergie pro Nukleon wird in diesem Modell durch die halbempirische *Bethe-Weizsäcker-Formel* beschrieben.[a]

- Protonen und Neutronen sind Fermionen, analog dem Elektron. Sie haben Spin-$\frac{1}{2}$ und gehorchen dem Pauli-Prinzip ($\Rightarrow$ S. 170). Entsprechend kann man analog zu den Elektronenschalen der Atomhülle auch für die Nukleonen Schalen in einem effektiven Kernpotenzial betrachten. Dieses Vorgehen liefert das *Schalenmodell*, in dem die Beschreibung des Kerns sehr ähnlich zu jener der Atomhülle aussieht.

  In Analogie zur Chemie sollte man erwarten, dass der Zustand einer voll gefüllten Schale energetisch besonders günstig ist, und tatsächlich ist bei derartigen Kernen die Energie pro Nukleon (Kernteilchen, d. h. Proton oder Neutron) besonders gering. Der besonders stabile ^{4}He-Kern etwa besitzt zwei Protonen und zwei Neutronen, es ist also bei beiden Teilchenarten gerade die $1s$-Schale besetzt.

Auch mit anderen vergleichsweise einfachen Betrachtungen kann man bestimmte Eigenschaften der Atomkerne bereits gut verstehen:

So sind Kerne mit niedriger Kernladungszahl Z typischerweise dann am stabilsten, wenn die Zahl der Neutronen (n) gleich der der Protonen (p) ist, etwa bei ^{4}He (zwei Protonen, zwei Neutronen), oder ^{12}C (sechs Protonen, sechs Neutronen). Bei höherer Kernladungszahl Z besitzen stabile Kernen hingegen einen Neutronenüberschuss, der für größere Werte von Z immer deutlicher wird. Warum ist das so?

Durch (ggf. inversen) Betazerfall ($\Rightarrow$ S. 122), also letztlich die *schwache Wechselwirkung* ($\Rightarrow$ S. 256), sind Umwandlungen von Protonen in Neutronen und umgekehrt möglich. Dabei kann man Protonen und Neutronen als zwei Zustände eines Teilchens, des *Nukleons*, ansehen. (Auch allgemein verwendet man „Nukleon" als Oberbegriff für die beiden Kernbausteine Proton und Neutron.) Die Umwandlung p $\leftrightarrow$ n wird in diesem Bild als Umklappen $|\uparrow\rangle \leftrightarrow |\downarrow\rangle$ einer spin-artigen Größe ($\Rightarrow$ S. 154), des *Isospins*, beschrieben. Jede der beiden Teilchensorten hat ein Potenzial, das von „unten" (dem Zustand niedrigster Energie) her gefüllt wird. Dabei ist natürlich das Pauli-Prinzip ($\Rightarrow$ S. 174) zu beachten. Die Form des Potenzials stammt aus der starken Wechselwirkung und lässt sich bislang nicht genau bestimmen. Für unsere Zwecke reicht es aber aus, es als simples Kastenpotenzial aufzufassen.

Wegen der elektrostatischen Abstoßung hebt sich bei steigender Besetzung für die Protonen der „Boden" des Kastens. Da beide Kästen für stabile Kerne annähernd zum gleichen Niveau gefüllt sein müssen (ansonsten würde ja eine Umwandlung p $\leftrightarrow$ n bzw. n $\leftrightarrow$ p einen energetisch günstigeren Zustand produzieren), haben stabile Kerne mit größerer Protonenzahl einen Überschuss an Neutronen.

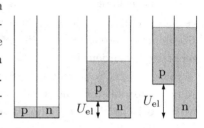

Instabile Kerne zerfallen üblicherweise radioaktiv ($\Rightarrow$ S. 122). Es gibt aber auch extremere Situationen. Fängt beispielsweise ein ^{235}U-Kern ein Neutron ein, so ist der resultierende ^{236}U-Kern so instabil, dass er in zwei Bruchstücke und zwei bis drei Neutronen zerfällt. Die so entstandenen Kerne haben entsprechend den obigen Überlegungen einen Neutronenüberschuss und sind damit selbst radioaktiv.

Aus der Energie pro Nukleon für verschiedene Kerne kann man ablesen, wieviel Energie sich bei schweren Kernen durch Kernspaltung oder bei leichten durch Kernfusion gewinnen ließe ($\Rightarrow$ S. 124).

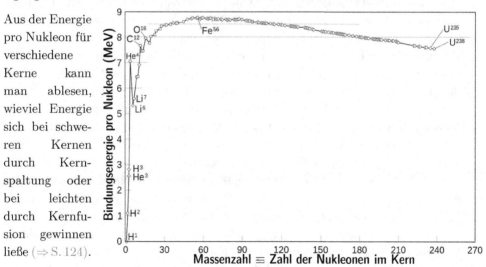

Im Prinzip ist es daher bei nahezu jedem Kern möglich, mit zumindest einem der beiden Prozesse Bindungsenergie freizusetzen und damit die Bindungsenergie pro Nukleon zu verringern. Die Kerne mit den am festesten gebundenen Nukleonen sind das Nickel-Isotop ^{62}Ni und die Eisen-Isotope ^{58}Fe und ^{56}Fe.[b]

Radioaktivität

Während für ein gegebenes Element die Kernladungszahl Z, also die Protonenzahl, feststeht, ist die Zahl der Neutronen oft variabel. Der Kern des Wasserstoffs kann beispielsweise entweder aus nur einem Proton, aus einem Proton und einem Neutron (Deuterium) oder aus einem Proton und zwei Neutronen (Tritium) bestehen. Diese Kerne mit unterschiedlichen Neutronenzahlen nennt man *Isotope* des betrachteten Elements. Der Name kommt von den griechischen Worten *iso* (gleich) und *topos* (Ort) – unterschiedliche Isotope stehen an der gleichen Stelle im Periodensystem der Elemente. Nicht alle Isotope eines Elements sind stabil, und ab Kernladungszahl $Z = 83$ gibt es überhaupt keine völlig stabilen Kerne mehr.[a] Allerdings beträgt die Halbwertszeit bestimmter Isotope (etwa ^{235}U, ^{238}U oder ^{232}Th) viele hundert Millionen oder sogar mehrere Milliarden Jahre. Ob ein bestimmter Kern stabil ist oder nicht, wird vom Verhältnis von Protonen zu Neutronen bestimmt ($\Rightarrow$ S. 120).

Manche instabilen Kerne zerfallen schnell in mehrere vergleichbar große Bruchstücke. Meist aber emittiert ein radioaktiver Kern nur ein oder zwei Teilchen, um einen energetisch günstigeren Zustand zu erreichen:

- *Alphazerfall*: Ein schwerer Kern, der einen gerade passenden Überschuss von Nukleonen gegenüber einem stabileren Zustand hat, kann ein α-Teilchen, d. h. einen ^{4}He-Kern, als einzelnes Teilchen emittierten.[b]

- *Betazerfall:* Kerne, die einen Überschuss an Neutronen haben (etwa weil sie durch Kernspaltung entstanden sind), können diesen Überschuss dadurch reduzieren, dass Neutronen in Protonen und Elektronen zerfallen.[c] Dabei wird zusätzlich ein Antineutrino (leichtes, elektrisch neutrales Teilchen) emittiert, $n \rightarrow p + e^- + \overline{\nu}_e$.

- *Gammastrahlung*: Ein angeregter Kern (etwa ein Kern direkt nach einem α- oder β-Zerfall oder ein Spaltprodukt) kann Energie auch in Form eines hochenergetischen Photons abgeben. Man spricht dabei von Gammastrahlung.

- *Protonenemission*: Manche Kerne reduzieren ihren Protonenüberschuss durch die Emission eines einzelnen Protons. Das ist allerdings eine recht seltene Zerfallsart. Noch viel seltener ist die simultane Emission von zwei Protonen.

- *Inverser Betazerfall*: Eine andere Möglichkeit, wie ein Kern seinen Protonenüberschuss reduzieren kann, ist der Zerfall eines Protons in ein Neutron, ein Positron (das Antiteilchen ($\Rightarrow$ S. 222) des Elektrons) und ein Neutrino, $p \rightarrow n + e^+ + \nu_e$. Ein im Prinzip äquivalenter Prozess ist der Elektroneneinfang $p + e^- \rightarrow n + \nu_e$. Typischerweise stammt das eingefangene Elektron dabei aus der innersten Schale, der K-Schale; daher spricht man auch von K-Einfang.

- *Neutronenemission*: In seltenen Fällen kann ein Kern auch ein einzelnes Neutron emittieren, um seinen Neutronenüberschuss zu reduzieren.

Durch die Emission von γ-Strahlung verändern sich weder Kernladungszahl Z noch Massenzahl A (sehr wohl nimmt hingegen die Kernmasse aufgrund der Masse-Energie-

Äquivalenz ab). Die anderen hier angesprochenen Zerfallsprozesse verändern hingegen alle den Wert von Z, von A oder von beiden:

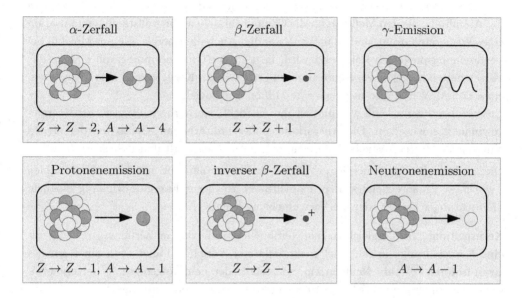

Eine Möglichkeit, die Strahlungsaktivität von Materialien anzugeben, ist die Angabe der mittleren Zahl der Zerfälle pro Sekunde. Die SI-Einheit dafür ist das Becquerel: $1\,\mathrm{Bq} = \frac{1}{\mathrm{s}}$, d. h. ein Zerfall pro Sekunde.[d]

Bei der Wechselwirkung von radioaktiver (bzw. allgemein ionisierender) Strahlung mit Materie ist ein Schlüsselbegriff die *Dosis*, die auf die Masse bezogene deponierte Energie. Die SI-Einheit dafür ist das Gray, $1\,\mathrm{Gy} = 1\,\frac{\mathrm{J}}{\mathrm{kg}}$. Bezieht man die Dosis auf die Zeit, erhält man die *Dosisleistung*.

Um die biologische Wirkung radioaktiver Strahlung zu bestimmen, reicht die Kenntnis der Dosis aber noch nicht aus. α-Strahlung etwa hat eine hohe Ionisationsdichte, d. h. die Teilchen geben in Materie ihre Energie schon auf sehr kurzer Wegstrecke ab – typischerweise eben durch Ionisation und das Aufbrechen chemischer Bindungen. Dadurch lässt sich diese Art von Strahlung einerseits einfach abschirmen, andererseits wirkt sie sich aber verheerend aus, wenn sie tatsächlich in den Körper gelangt.

Um diesen Aspekt zu berücksichtigen, wird die Dosis noch mit einem *Qualitätsfaktor* (auch Strahlungsgewichtungsfaktor) Q multipliziert, der von der Art der Strahlung abhängt. Für β- und γ-Strahlung ist $Q = 1$, für Protonenstrahlung ist $Q = 5$, für α-Strahlung ist $Q = 20$. Bei Neutronenstrahlung variiert Q je nach Energie zwischen $Q = 5$ und $Q = 20$. Das Produkt aus Dosis und Qualitätsfaktor ergibt die *Äquivalentdosis* mit der SI-Einheit Sievert (Sv).[e]

Kernspaltung und Kernfusion

Die Energien in der Kernphysik sind von einer ganz anderen Größenordnung als jene in der Atomhülle, die den Maßstab für die Chemie darstellen. Zur vollständigen Ionisation eines Wasserstoffatoms sind 13.6 eV notwendig. Auch die Energie, die pro Molekül bei Verbrennungsprozessen freigesetzt wird, liegt in der Größenordnung von einigen eV. Verschmelzen hingegen ein Deuterium- und ein Tritium-Kern, so wird eine Energie von etwa 17.6 MeV frei, also mehr als eine Million Mal soviel.

Entsprechend verlockend war und ist die Aussicht, Kernprozesse gezielt zur Energiegewinnung einzusetzen. Die Auswirkungen der militärischen ebenso wie der zivilen Nutzung der Kernenergie beschäftigen bis heute Gesellschaft und Politik ($\Rightarrow$ S. 292).

Die höchste Bindungsenergie pro Nukleon findet man für mittlere Massenzahlen ($\Rightarrow$ S. 120). Entsprechend sind prinzipiell zwei Wege zur Energiegewinnung möglich: die Spaltung schwerer oder die Verschmelzung leichter Kerne.

Kernspaltung   Im Vergleich zu „konventionellen" radioaktiven Zerfällen ($\Rightarrow$ S. 122) ist eine Kernspaltung ein sehr viel spektakulärerer Vorgang. Fängt etwa ein Kern des Uran-Isotops ^{235}U ein Neutron ein, so zerfällt der neue angeregte ^{236}U-Kern typischerweise in zwei mittelschwere Kerne und zwei oder drei Neutronen.[a]

Ein derartiger Prozess wäre ^{235}U $+ n \rightarrow$ ^{139}Ba $+$ ^{95}Kr $+ 2n$. Typisch ist, dass dabei meist ein leichterer und ein schwererer Kern entstehen, die Verteilung der Spaltfragmente ist entsprechend symmetrisch mit zwei Maxima („Kamelhöckerkurve"). Die beiden Kerne haben einen Überschuss an Neutronen und sind daher üblicherweise radioaktiv, manchmal Neutronenemitter, sonst meist β-Strahler.

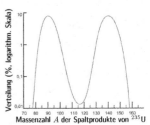

Durch die neu entstandenen Neutronen können neue Spaltungen ausgelöst werden, es kann zu einer *Kettenreaktion* kommen. Allerdings sind die durch Spaltung entstehenden Neutronen sehr energiereich, und der Wirkungsquerschnitt für den Einfang durch Atomkerne ist gering. Entsprechend werden die Neutronen in einem Reaktor durch einen *Moderator* wie Wasser oder Graphit auf thermische Geschwindigkeiten abgebremst. Die Menge der Neutronen wird meist durch *Steuerstäbe* reguliert, die aus stark neutronenabsorbierendem Material bestehen.

Für den konkreten Bau eines Reaktors gibt es verschiedenste Konzepte. Meist wird der innerste Kühlkreislauf mit Wasser betrieben, das zugleich als Moderator dient. Bei Siedewasserreaktoren wird dieses Wasser direkt verdampft, bei Druckwasserreaktoren bleibt es flüssig und gibt die Wärme an einen zweiten Wasserkreislauf ab. Die Umwandlung der thermischen Energie in elektrische erfolgt in beiden Fällen mit konventionellen Dampfturbinen.

In natürlichem Uran liegt der Anteil des spaltbaren ^{235}U bei etwa 0.7 %. Für die Erzeugung von Reaktorbrennelementen wird dieser Anteil durch Isotopentrennung auf etwa 3.5 % erhöht.[b] In Nuklearwaffen, die durch eine unkontrollierte Kettenreaktion in Bruchteilen von Sekunden gewaltige Mengen Energie freisetzen sollen, wird nahezu reines ^{235}U oder anderes direkt spaltbares Material verwendet.

Das bei weitem häufigere Uranisotop ^{238}U ist nicht direkt spaltbar. Durch Neutroneneinfang und darauffolgenden β-Zerfall ($\Rightarrow$ S. 122) kann es aber in das spaltbare ^{239}Pu umgewandelt werden. Darauf beruht die Technologie des *Schnellen Brüters*, der von vielen als Zukunftshoffnung der Nukleartechnik gesehen wird, aber auch beträchtliche neue Risiken mit sich bringt.[c]

Kernfusion   Die Fusionsprozesse in den Sternen waren, zusammen mit dem Prozess des Neutroneneinfangs, für die Bildung der schwereren Elemente verantwortlich, und die Sonne versorgt die Erde seit Jahrmilliarden mit Energie aus der Fusion von Wasserstoff zu Helium (die in mehreren, teils recht komplizierten Zyklen abläuft).

Auf der Erde erscheint die Fusion von Deuterium und Tritium am aussichtsreichsten: $D + T \to {}^4\text{He} + n$. Die beiden Isotope lassen sich leicht von gewöhnlichem Wasserstoff und voneinander trennen, da der relative Massenunterschied groß ist.

Doch während Deuterium stabil ist und mit einer Häufigkeit von etwa $\frac{1}{8700}$ gegenüber ^{1}H vorkommt, zerfällt Tritium mit einer Halbwertszeit von ca. 12.3 Jahren zu ^{3}He, was die Handhabung schwierig macht. Eine Möglichkeit, den Nachschub an Tritium zu sichern, wäre die Erbrütung aus Lithium: $^6\text{Li} + n \to \text{T} + {}^4\text{He}$.

Im Gegensatz zur Kettenreaktion bei der Kernspaltung ist die Neutronenbilanz bei der Fusion in einem Deuterium-Lithium-Gemisch aber äußerst heikel. In jedem Fusionsprozess entsteht nur ein Neutron, das zur Erbrütung von genau einem neuen Tritium-Kern benutzt werden kann. Alle Neutronen, die verloren gehen, müssen von außen nachgeliefert werden, um eine stabil laufende Reaktion zu ermöglichen.[c]

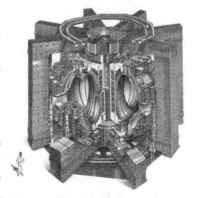

Fusionsreaktoren arbeiten mit extrem heißen Plasmen ($T \approx 10^7$ K), denen natürlich kein Material widerstehen kann. Meist wird versucht, diese Plasmen mit Hilfe geeigneter Magnetfelder einzuschließen.[d] Die beiden verbreitetsten Ansätze sind der *Tokamak* (einfache Torus-Geometrie) und der *Stellarator* (verdrillter Torus ohne kontinuierliche Symmetrien). Die zivilen Anlagen, in denen Fusionsprozesse unter kontrollierten Bedingungen ablaufen (etwa der rechts abgebildete Tokamak-Reaktor JET), haben trotz umfangreicher Forschungsarbeit bis dato leider immer noch eine negative Energiebilanz.

Tatsächlich verwendbar ist die Kernfusion bislang nur bei Waffen („Wasserstoffbombe"). Dort ist eine „Vorzündung" durch eine (Spaltungs-)Atombombe notwendig.

Teilchenbeschleuniger

Die ersten Erkenntnisse über instabile Teilchen stammten aus der kosmischen Höhenstrahlung. Aus dem Weltraum strömen ständig hochenergetische Teilchen, meist Protonen, auf die Erde ein. Typischerweise treffen sie Atomkerne in der oberen Erdatmosphäre, zertrümmern diese und erzeugen so einen ganzen Schauer von Sekundärteilchen, die wiederum durch weitere Kernzertrümmerungen zusätzliche Schauer auslösen können. Dabei können auch instabile Teilchen entstehen, die schon nach sehr kurzer Zeit wieder zerfallen. Schickt man Fotoplatten in Ballons in mehrere Kilometer Höhe, so wie es Viktor Hess als erster getan hat, und entwickelt diese anschließend, so sieht man die Bahnen von geladenen Teilchen, die bei solchen Prozessen entstehen.

Teilchen der kosmischen Höhenstrahlung können extrem hohe Energien haben – sie treffen aber völlig unverhersagbar ein und erlauben daher keine gezielten Experimente. Entsprechend bestand bald Interesse, hochenergetische Teilchen auch unter kontrollierten Bedingungen verfügbar zu machen. Geladene Teilchen lassen sich mit elektrischen Feldern beschleunigen; je größer die durchlaufene Potenzialdifferenz ist, desto höher ist die Energie der Teilchen und desto aufschlussreichere Experimente sind möglich.

Eine Möglichkeit, sehr hohe Spannungen (mehrere 100 kV bis hin zu MV) zu erzeugen, ist der *Van-de-Graaff-Generator*. Dabei werden elektrische Ladungen durch ein Band zu einer Spitze gebracht, die im Inneren einer metallischen Hohlkugel angebracht ist. Die Ladungen wandern vom Band auf die Spitze, von dort durch gegenseitige Abstoßung in die Kugel hinein und weiter bis an die äußere Oberfläche. Dort kann eine sehr hohe Ladungsdichte entstehen, während das Innere der Kugel durch den Faraday-Effekt ($\Rightarrow$ S. 60) feldfrei bleibt und die Spitze weiterhin Ladungen aufnehmen kann.

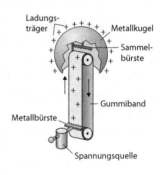

Um mit Hilfe hoher Spannungen geladene Teilchen zu beschleunigen, gibt es verschiedene Möglichkeiten. Wenn die erreichten Energien nicht allzu hoch sein müssen, bietet sich das *Zyklotron* an. Dieses besteht aus zwei metallischen „Halbdosen", den *Duanten*, die unter Wechselspannung passender Frequenz gesetzt werden. Zudem wird ein magnetisches Feld B so angelegt, dass die Lorentz-Kraft zentripetal wirkt.

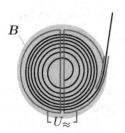

Innerhalb eines Duanten ist das elektrische Feld abgeschirmt, und die Teilchen beschreiben eine Halbkreisbahn. Im Bereich zwischen den Dosen wirkt das elektrische Feld und beschleunigt die Teilchen, wofür das Feld mit der richtigen Frequenz (Zyklotronfrequenz) periodisch umgepolt werden muss.

Durch die Geschwindigkeitszunahme vergrößert sich auch der Radius der Kreisbahn, und die Teilchen beschreiben eine spiralartige Kurve. Die Umlaufzeit bleibt aber konstant – abgesehen von Effekten der relativistischen Massenzunahme. Entsprechend ist das Zyklotron für sehr hohe Energien nicht mehr geeignet.

Höhere Energien kann man bei Beschleunigung der Teilchen entlang einer geraden Strecke erreichen. In diesem Fall spricht man von *Linearbeschleunigern*.[a] Da die verfügbaren bzw. verwendbaren Spannungen begrenzt sind, sind zum Erreichen großer Energien lange Wegstrecken notwendig, die mit hoher Präzision angefertigt werden müssen. Geringeren Platzbedarf bei gleicher Teilchenenergie hat ein *Synchotron* (Zirkularbeschleuniger), in dem die Teilchen mehrfach die gleiche Strecke durchlaufen.

Die Bahnen sind typischerweise nicht genau kreisförmig gebaut, sondern aus Geradenstücken zusammengesetzt, zwischen denen Umlenkmagnete angebracht sind. Ein gravierender Nachteil dieser Bauweise ist die auftretende Strahlung.

Um auf einer geschlossenen Bahn zu bleiben, müssen die geladenen Teilchen immer wieder auch radial beschleunigt werden, was zur Emission von hochfrequenter elektromagnetischer Strahlung führt. Die resultierende *Synchotronstrahlung* erhöht den Energieverbrauch der Anlage und muss zuverlässig abgeschirmt werden – mit ein Grund, warum z. B. die großen Beschleunigerringe am CERN in einem Tunnel unter der Erde angelegt wurden.[b]

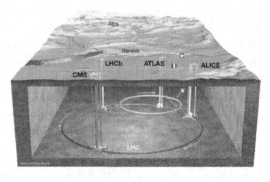

Andere Anwendungen von Teilchenbeschleunigern Teilchenbeschleuniger werden auch für ganz andere Zwecke als die Erforschung von Elementarteilchen benutzt. Kleine Beschleuniger dienen etwa zur Erzeugung von Protonen- oder Leichtionenstrahlung für medizinische Zwecke, vor allem bei der Bekämpfung von Tumoren.
Die Synchotronstrahlung, die bei Zirkularbeschleunigern auftritt, ist in der Teilchenphysik ein lästiger Nebeneffekt. Diese Strahlung kann aber auch sehr nützlich sein, etwa für Röntgenstrukturanalysen. Dabei kann es um klassische festkörperphysikalische Problemstellungen (⇒ S. 188) gehen, aber auch um die Untersuchung von biochemischen Vorgängen und allgemeinen industriellen Prozessen. Daher gibt es eigene Zirkularbeschleuniger, die nur dazu dienen, Synchotronstrahlung von genau definierter Charakteristik zu erzeugen.

Teilchendetektoren

Das Grundprinzip hinter *Teilchendetektoren* ist die Fähigkeit geladener Teilchen, Materie zu ionisieren. Diese Ionisation initiiert beispielsweise auf einem Film oder einer Photoplatte jenen Kristallisationsprozess, der auch bei der Belichtung von Filmen und Photoplatten beginnt und der das Prinzip hinter der Analogphotographie darstellt.

Allerdings ist die Verwendung von Photoplatten, so wie sie in der Frühzeit der Teilchenphysik praktiziert wurde, sehr mühsam – die Platte muss entwickelt werden und wird damit als Instrument für neuerliche Messungen unbrauchbar. Entsprechend wurde bald nach Möglichkeiten gesucht, flexiblere Detektoren zur Verfügung haben.

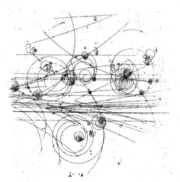

In einer *Blasenkammer* wirken die von der Strahlung erzeugten Ionen in einer überhitzten Flüssigkeit ($\Rightarrow$ S. 106) als Verdunstungskeime. Die Bahnen geladener Teilchen manifestieren sich als eine Spur aus kleinen Bläschen. Analog wirken die Ionen in einer *Nebelkammer* als Kondensationskeime in einem unterkühlten Gas.[a] In einer *Funkenkammer* oder deren Weiterentwicklung, der *Drahtkammer*, wird der Umstand ausgenutzt, dass Ionen die Leitfähigkeit der Luft erhöhen.

So kommt beim Durchgang von ionisierender Strahlung zwischen eng beieinanderliegenden Platten oder Drähten, die auf unterschiedlichen Spannungen gehalten werden, zu elektrischen Durchschlägen. Diese erlauben die direkte elektrische Erfassung von Teilchenbahnen.

Inzwischen haben auch Halbleiter-Detektoren weite Verbreitung gefunden. In einem Halbleiter erzeugt die durchgehende Strahlung Elektron-Loch-Paare. Da die notwendige Energie dazu deutlich kleiner ist als jene, die zur Ionisation notwendig ist, erhält man eine bessere räumliche Auflösung. Die hohe Energie der ionisierenden Strahlung führt allerdings im Lauf der Zeit zu Veränderungen in der Struktur des halbleitenden Kristalls. Die maximale Einsatzdauer eines derartigen Detektors ist aufgrund dieser Strahlenschäden normalerweise auf einige Jahre begrenzt.

Um eine bessere Interpretation der Teilchenbahnen zu erlauben, arbeiten Detektoren in einem äußeren magnetischen Feld. Aus der Krümmung der Teilchenbahnen lässt sich so das Verhältnis von Ladung zu Masse bestimmen. Die Identifikation der auftretenden Teilchen ist aber dennoch nicht immer einfach.

Der Prozess ist heute weitestgehend automatisiert, der Rechenaufwand ist aber gewaltig. Noch problematischer ist allerdings die Datenflut. Beschleuniger wie der LHC erzeugen so viele Kollisionsereignisse, dass die entsprechenden Daten bei weitem nicht alle gespeichert oder weitergeleitet werden können. Daher werden die Ereignisse sofort gefiltert, und nur ein kleiner Teil wird weiterverarbeitet.

Entsprechend ist es notwendig, schon recht genau zu wissen, nach welchen Ereignissen man sucht. Das ist der Hauptgrund, warum zu Theorien jenseits des Standardmodells (Kapitel 12) dermaßen umfangreiche Rechnungen ausgeführt werden.

Langzeitmessungen   Am spektakulärsten sind in der Teilchenphysik sicher jene Experimente, bei denen Teilchen zuerst auf möglichst hohe Energien beschleunigt werden und dann so kollidieren, dass die entstandenen Sekundär- und Folgeteilchen möglichst gut von einem Detektor erfasst werden können.

Neben Versuchen mit sehr hohen Energien kann auch ein zweiter Typus von Experimenten sehr aufschlussreich sein: die Suche nach sehr seltenen Ereignissen. Wechselwirkungen von Neutrinos mit Materie fallen in diese Kategorie, und auch der Protonenzerfall, der von den meisten vereinheitlichten Theorien ($\Rightarrow$ S. 272) vorhergesagt wird, wäre ein solches extrem seltenes Ereignis.

Die größte Herausforderung bei Langzeitmessungen ist es, die kosmische Strahlung und andere Arten der Hintergrundstrahlung so gut wie möglich abzuschirmen bzw. zu vermeiden. Zumindest will man etwaige äußere Einflüsse klar identifizieren, um „echte" Ereignisse von Hintergrundereignissen trennen zu können. Zum Bau von Detektoren und Abschirmungen wird möglichst strahlungsarmes Material verwendet, bis hin zu Blei aus antiken Schiffwracks.[b]

Auch die Wahl des Orts ist wichtig: Eine bedeutende Forschungsanlage ist in einem Höhlensystem im italienischen Gran-Sasso-Massiv untergebracht und wird so durch eine etwa 1400 m dicke Gesteinsdecke weitgehend gegen kosmische Strahlung abgeschirmt. Das Dolomit-Gestein des Massivs enthält kaum Uran, Thorium und deren radioaktiven Zerfallsprodukte, entsprechend gering ist auch die natürliche Hintergrundstrahlung.

Um seltene Ereignisse zu untersuchen, will man möglichst viele potenzielle Reaktionspartner gleichzeitig unter Beobachtung halten. Besonders interessant sind dabei isolierte Protonen, da an ihnen ohne Störungen durch etwaige Bindungspartner der Neutrino-Einfang $p + \bar{\nu}_e \rightarrow n + e^+$ sowie wie ein etwaiger Protonenzerfall beobachtet werden können. Eine einfache und praktikable Art, weitgehend isolierte Protonen zu untersuchen, ist es, mit Wasser zu arbeiten.[c] Das Ziel ist es also, eine möglichst große Menge Wasser auf etwaige Reaktionen untersuchen zu können.

Meist verwendet man dazu Wassertanks, die auf der Innenseite mit Photodetektoren ausgekleidet sind. Das größte derartige Tank wird im japanischen Super-Kamiokande-Projekt benutzt und fasst etwa 50 000 m^3 Wasser. Noch ambitionierter ist ein anderer Ansatz, der im IceCube-Projekt verfolgt wird:

Unter ausreichend hohem Druck wird Wassereis sehr klar und kann ebenso wie flüssiges Wasser für Detektoren verwendet werden. Entsprechende Bedingungen herrschen in tieferen Schichten des antarktischen Eises, und große Blöcke davon können durch das Anbringen von Photodetektoren vor Ort als Detektormasse benutzt werden.

Vom Teilchenzoo zum Standardmodell

In der ersten Hälfte des 19. Jahrhunderts war die Zahl der bekannten Elementarteilchen recht überschaubar. Das Elektron war bereits seit 1897 (Entdeckung durch Thomson) bekannt, und auch zum Teilchencharakter von Licht hatte es schon Überlegungen gegeben, die durch die Quantenphysik großteils bestätigt wurden.

Durch die Rutherford'schen Streuversuche ($\Rightarrow$ S. 118) wurde klar, dass Masse und positive Ladung des Atoms in dessen Kern konzentriert sind, und man erkannte das positive Proton und das neutrale Neutron als Grundbausteine des Kerns. Fast zeitgleich mit dem Nachweis des Neutrons (1932 durch Chadwick) wurde zudem das Positron, das positiv geladene Antiteilchen ($\Rightarrow$ S. 222) des Elektrons entdeckt.[a]

Ab 1947 aber explodierte die Zahl der bekannten Teilchen. In rascher Folge wurden die Pionen, das Myon, das Λ-Teilchen und die Kaonen entdeckt, bald waren hunderte verschiedene Teilchen bekannt. Dieses Anwachsen der Zahl der bekannten Teilchen wurde von den Physikern keineswegs positiv aufgenommen. Schon beim Myon fragte der Nobelpreisträger I. I. Rabi irritiert: „Who ordered that?"

Angesichts einer solchen Lawine von Teilchen wurde immer klarer, dass die meisten dieser „Elementarteilchen" wohl nicht elementar, sondern aus fundamentaleren Bausteinen zusammengesetzt sind. Untermauert wurde das durch neue Streuexperimente: Bei höheren Energien ergaben sich etwa beim Proton Abweichungen von jenen Ergebnissen, die für die Streuung an Punktladungen zu erwarten sind – ein Hinweis auf eine innere Struktur dieses Teilchens.

Die Suche nach einem Ordnungsprinzip, einer Art „Periodensystem der Elementarteilchen" hatte begonnen. Eine Einteilung nach Masse in *Leptonen* (leichte Teilchen), *Mesonen* (mittelschwere Teilchen) und *Baryonen* (schwere Teilchen) erwies sich als zu simpel. Zwar sind die Namen in der Teilchenphysik erhalten geblieben, sie wurden aber in eine umfassendere Systematik eingebaut, und man kann keine unmittelbaren Rückschlüsse mehr auf die Massenverhältnisse ziehen.[b]

Als erfolg- und folgenreich stellte sich hingegen das *Quark-Modell* von Murray Gell-Mann heraus. Ursprünglich als rein abstrakte Systematisierung eingeführt, zeigte sich schon bald sein tiefer physikalischer Gehalt.[c] Es beschreibt alle Teilchen, die der starken Wechselwirkung unterworfen sind, die *Hadronen*, als Zusammensetzung von fundamentaleren Objekten, den *Quarks*. Mesonen (z. B. Pionen) und Baryonen (z. B. Proton und Neutron) sind Hadronen. Keine Hadronen sind hingegen die Leptonen (z. B. das Elektron) und fundamentale Wechselwirkungsteilchen (z. B. das Photon).

Mesonen bestehen im einfachsten Bild aus einem Quark und einem Antiquark, Baryonen aus drei Quarks. Insgesamt gibt es die Quarks in sechs verschiedenen *flavors* („Geschmacksrichtungen"), die sich in drei Generationen einordnen. Auch von den Leptonen gibt es drei Generationen. Zu jedem dieser Teilchen gibt es auch ein entsprechendes Antiteilchen.

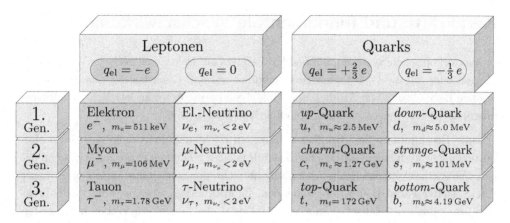

	Leptonen		Quarks	
	$q_{el} = -e$	$q_{el} = 0$	$q_{el} = +\frac{2}{3}e$	$q_{el} = -\frac{1}{3}e$
1. Gen.	Elektron e^-, $m_e = 511\,\text{keV}$	El.-Neutrino ν_e, $m_{\nu_e} < 2\,\text{eV}$	up-Quark u, $m_u \approx 2.5\,\text{MeV}$	down-Quark d, $m_d \approx 5.0\,\text{MeV}$
2. Gen.	Myon μ^-, $m_\mu = 106\,\text{MeV}$	μ-Neutrino ν_μ, $m_{\nu_\mu} < 2\,\text{eV}$	charm-Quark c, $m_c \approx 1.27\,\text{GeV}$	strange-Quark s, $m_s \approx 101\,\text{MeV}$
3. Gen.	Tauon τ^-, $m_\tau = 1.78\,\text{GeV}$	τ-Neutrino ν_τ, $m_{\nu_\tau} < 2\,\text{eV}$	top-Quark t, $m_t = 172\,\text{GeV}$	bottom-Quark b, $m_b \approx 4.19\,\text{GeV}$

Das Proton enthält zwei *up*-Quarks und ein *down*-Quark, das Neutron ein *up*- und zwei *down*-Quarks. Das π^+ ist ein Bindungszustand von u und $\bar{d}$, das π^- von d und $\bar{u}$. Das neutrale π^0 ist eine Überlagerung von $u\bar{u}$ und $d\bar{d}$.

Neben dem reinen Quark-Gehalt ist auch noch die Symmetrie der resultierenden Wellenfunktion wichtig. Aus gruppentheoretischen Überlegungen ergeben sich so für die Bindungszustände der drei leichtesten Quarks Strukturen wie das rechts dargestellte Baryon-Dekuplett.[d]

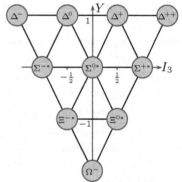

Die simpelste Fassung des Quark-Modells beinhaltet noch einige Schwierigkeiten. So besteht das Δ^{++}-Teilchen aus drei *up*-Quarks. Laut Pauli-Prinzip dürfen diese nicht den gleichen Zustand einnehmen.

Zwei der Quarks könnten, so wie die Elektronen in einem Orbital, unterschiedliche Spinausrichtungen besitzen; mehr als zwei unterschiedliche Ausrichtungen sind jedoch für ein Teilchen mit Spin $\frac{1}{2}$ nicht möglich. Eine Erklärung wäre das Vorliegen einer weiteren Quantenzahl, anhand derer sich die drei Quarks unterscheiden – und tatsächlich zeigte sich, dass Quarks eine neue Art Ladung tragen, die als *Farbe* bezeichnet wird. Mit den mit Alltag vorkommenden Farben hat das natürlich nichts zu tun, es gibt aber gewisse Analogien zur Systematik der Farbmischung.

So gibt es drei Arten dieser Ladung, die – wie die Grundfarben der additiven Farbmischung – als „rot", „grün" und „blau" bezeichnet werden. Alle bisherigen Experimente zeigen, dass freie Teilchen immer Farbsinguletts („weiß") sind. Im Fall von Baryonen ergibt sich der „weiße" Zustand durch die Bindung von jeweils einem Quark jeder Farbe, bei Mesonen ergibt er sich durch Kombination von Farbe und Antifarbe.

Im *Standardmodell der Teilchenphysik* sind über das Quark-Modell hinaus auch Kenntnisse der beteiligten Wechselwirkungen notwendig, insbesondere der Kernkräfte ($\Rightarrow$ S. 132). Ein vertieftes Verständnis erfordert die Benutzung von Quantenfeldtheorien (Kapitel 11).

Kernkräfte und fundamentale Wechselwirkungen

In makroskopischen Systemen können Kräfte stets auf elektromagnetische Wechselwirkungen oder auf die Gravitation zurückgeführt werden. Auch bei der quantenmechanischen Betrachtung von Atomen und Molekülen betrachtet man letztlich nur elektromagnetische Effekte (oft versteckt in effektiven Potenzialen).

Für die Beschreibung des Atomkerns hingegen reicht das nicht mehr aus. Immerhin bestehen Kerne zu einem erheblichen Teil aus positiv geladenen Protonen, zwischen denen eine starke elektrostatische Abstoßung herrscht. Sogar noch dramatischer als dieser Effekt ist der Fermi-Druck der Nukleonen. Es erfordert ja Energie, eine Wellenfunktion „zusammenzudrücken". Wenn viele Teilchen, die dem Pauli-Verbot unterworfen sind, auf einem so kleinen Raum wie dem Atomkern lokalisiert sind, ist die notwendige Energie sogar ganz erheblich, und nur eine sehr starke Kraft kann einen Zerfall des Kerns verhindern.

Es muss demnach eine Wechselwirkung geben, die die Nukleonen zusammenhält und die deutlich stärker als die elektromagnetische Kraft ist – die sogenannte *starke Kernkraft*. Zugleich kann die Reichweite dieser Wechselwirkung nicht groß sein, denn voneinander entfernte Atomkerne ziehen sich gegenseitig offensichtlich nicht an.

In der Quantenfeldtheorie (Kapitel 11) werden Kräfte durch den Austausch virtueller Teilchen beschrieben, die nur im Rahmen der Zeit-Energie-Unschärfe existieren. Für den Elektromagnetismus sind die Austauschteilchen Photonen. Je weiter entfernt die Ladungen sind, desto mehr Zeit erfordert der Austausch, und desto weniger Energie erlaubt die Unschärferelation den Teilchen – daher nimmt die Kraft mit dem Abstand r ab. Für die masselosen Photonen erfolgt diese Abnahme mit $\frac{1}{r^2}$.

Eine Möglichkeit, wie eine kurzreichweitige Kraft zustandekommen könnte, wäre der Austausch von virtuellen Überträgerteilchen ($\Rightarrow$ S. 244) mit Masse $m > 0$. Eine derartige *Yukawa-Wechselwirkung* führt zu einer Kraft, die gemäß

$$F(r) \propto \frac{\mathrm{e}^{-\frac{c}{\hbar}\,m\,r}}{r^2} \qquad (6.2)$$

mit dem Abstand r abnimmt.[a] Je größer die Masse des Überträgerteilchens, desto rascher der Abfall der e-Funktion. Für $r \gg \frac{\hbar}{c\,m}$ wird die Kraft verschwindend klein.

Aus der Größe von Atomkernen lässt sich für eine solche Wechselwirkung die Masse von Überträgerteilchen zu $m \approx (100 \cdots 150)\,\frac{\mathrm{MeV}}{c^2}$ abschätzen. Als in der Höhenstrahlung das Myon gefunden wurde, wurde es zunächst als Kandidat für das Yukawa-Teilchen angesehen, in dieser Rolle aber bald von den Pionen π^+, π^0, π^- abgelöst.

Der Austausch von Pionen wird nach wie vor als nützliches effektives Modell zur Beschreibung der starken Kernkraft betrachtet – aber für ein grundlegenderes Verständnis ist ein anderer Zugang notwendig. Der Schlüssel dazu ist die Farbladung der Quarks ($\Rightarrow$ S. 130). So wie es zwischen elektrischen Ladungen eine Kraft gibt, gibt es auch eine Kraft zwischen Farbladungen.

Die entsprechenden Austauschteilchen, die *Gluonen*, binden Farbladungen fest aneinander – so fest, dass sie sich nach heutigem Wissen nie vollständig trennen lassen. Die fundamentale Theorie der Wechselwirkung zwischen Quarks und Gluonen ist aus heutiger Sicht die *Quantenchromodynamik*, kurz QCD ($\Rightarrow$ S. 252). Die starke Kernkraft ergibt sich „nur" als Restwechselwirkung jener Effekte, durch die sich Protonen, Neutronen und andere Hadronen überhaupt aus Quarks und Gluonen bilden.

Die QCD kann zwar die Bildung von Hadronen und die Anziehungskraft zwischen ihnen erklären, auch viele Zerfallsprozesse – aber eben bei weitem nicht alle. Insbesondere beschreibt die QCD keine Umwandlungen zwischen verschiedenen Quarks. Der Betazerfall des Neutrons etwa erfolgt auf Quark-Niveau durch den Prozess

$$d \to u + e^- + \overline{\nu_e}. \tag{6.3}$$

Um solch einen Effekt zu erklären, wird eine weitere Wechselwirkung benötigt. Da diese ebenfalls auf sehr kurze Abstände beschränkt ist und ihre (effektive) Wechselwirkungsstärke gering ist, wird sie als *schwache Kernkraft* bezeichnet.

Eine direkte Vier-Fermionen-Wechselwirkung, wie sie von Enrico Fermi für den Betazerfall vorgeschlagen wurde, ist wiederum eine brauchbare effektive Beschreibung, bringt aber bei genauerer Analyse einige konzeptionelle Probleme mit sich. Insbesondere lässt sie sich nicht renormieren ($\Rightarrow$ S. 260). Diese Schwierigkeiten lösen sich im Rahmen der elektroschwachen Theorie ($\Rightarrow$ S. 256), die Zerfälle der Art (6.3) durch weitere Wechselwirkungsteilchen W^+, W^- und Z^0 beschreibt.

Allerdings sagt die elektroschwache Theorie auch ein weiteres Teilchen vorher, das *Higgs-Boson*, das mit der Massenerzeugung zusammenhängt und nach dem lange erfolglos gesucht wurde. Erst in jüngster Vergangenheit wurden am CERN Prozesse beobachtet, an denen das Higgs-Teilchen direkt beteiligt zu sein scheint.

Rechts findet sich eine schematische Übersicht über Materie- ($\Rightarrow$ S. 130) und Wechselwirkungsteilchen.

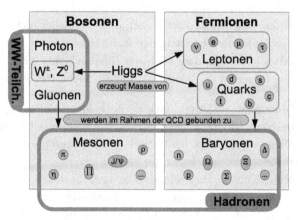

Bisher nicht ins Standardmodell der Teilchenphysik integriert ist die Gravitation. Zwar wurde auch für diese Kraft ein Überträgerteilchen postuliert, das *Graviton* ($\Rightarrow$ S. 134). Sollte es existieren, würden sich auch einige seiner Eigenschaften direkt ergeben: Es müsste sich um ein masseloses Spin-2-Teilchen handeln, das an jede Art von Energie, insbesondere an die Ruhemasse, koppelt.

Hypothetische Teilchen

Neben den experimentell nachgewiesenen und in gut bestätigte Theorien eingebunden Teilchen wurden aus unterschiedlichen Überlegungen heraus noch diverse andere postuliert:

Higgs-Boson   Das Higgs-Teilchen der elektroschwachen Theorie ($\Rightarrow$ S. 256) ist bislang nicht völlig sicher nachgewiesen, allerdings wurde am Teilchenforschungszentrum CERN im Jahre 2012 ein Teilchen gefunden, dessen Eigenschaften mit denen des Higgs-Bosons bislang verträglich sind.[a] Das Higgs-Boson ergibt sich als ein Aspekt von in anderer Hinsicht sehr gut bestätigten Theorien und hat daher im Standardmodell der Teilchenphysik einen festen Platz.

Tetraquarks und Pentaquarks   In der starken Wechselwirkung kennt man Baryonen mit Quark-Gehalt qqq, Antibaryonen ($\bar{q}\bar{q}\bar{q}$) und Mesonen ($q\bar{q}$). Die Farbsymmetrie der Quantenchromodynamik ($\Rightarrow$ S. 252) würde prinzipiell auch andere Kombinationen zulassen, etwa Tetraquarks ($qq\bar{q}\bar{q}$) oder Pentaquarks ($qqqq\bar{q}$). Ob so zusammengesetzte Teilchen tatsächlich existieren, ist allerdings umstritten.

Gravitonen   Bei der Beschreibung der Gravitation auf Quantenniveau ($\Rightarrow$ S. 272) wäre das Auftreten von Überträgerteilchen der Gravitation, *Gravitonen*, zu erwarten. Diese könnten als quantisierte Gravitationswellen ($\Rightarrow$ S. 240) aufgefasst werden.

Weitere Generationen   Bislang kennt man drei Generationen von Fermionen ($\Rightarrow$ S. 130). Prinzipiell könnte es natürlich noch weitere Generationen geben, in denen alle beteiligten Teilchen so schwer sind, dass sie bisher nicht beobachtet wurden und sich auch durch Quantenfluktuationen nicht bemerkbar machen. Insbesondere würde das allerdings bedeuten, dass auch die entsprechende Neutrinos sehr schwer sind, im krassen Gegensatz zu ν_e, ν_μ und ν_τ, die die leichtesten bekannten Materieteilchen sind.

Monopole   Während elektrische Felder Quellen in Form von elektrischen Ladungen besitzen (div $D = \rho_{\mathrm{el}}$), ist das für magnetische Felder nicht der Fall (div $B = 0$). Diese werden nach heutigem Kenntnisstand nur von elektrischen Strömen und zeitlich veränderlichen elektrischen Feldern erzeugt.

Nun könnte es aber sein, dass es auch für das magnetische Feld Quellen gibt, eben etwa in Form von Teilchen, die so schwer sind, dass sie weder durch kosmische Strahlung noch durch irdische Beschleunigerexperimente erzeugt werden können. Die zweite und die dritte Maxwell-Gleichung ($\Rightarrow$ S. 56) würden dann durch

$$\mathrm{rot}\, E + \frac{\partial B}{\partial t} = j_{\mathrm{mag}} \qquad \text{bzw.} \qquad \mathrm{div}\, B = \rho_{\mathrm{mag}}$$

ersetzt, und es gäbe eine zusätzliche Kontinuitätsgleichung $\frac{\partial \rho_{\mathrm{mag}}}{\partial t} + \mathrm{div}\, j_{\mathrm{mag}} = 0$. Die Existenz von Monopolen wäre in theoretischer Hinsicht attraktiv.

Einerseits wäre in den Maxwell-Gleichungen dann volle Symmetrie zwischen elektrischen und magnetischen Feldern hergestellt.[b]

Andererseits gibt es ein Argument von P. A. M. Dirac, nach dem aus der Existenz auch nur eines einzigen Monopols die Quantisierung der elektrischen Ladung im gesamten Universum folgten muss ($\Rightarrow$ S. 114).

Axionen   Bestimmte Symmetrien der Quantenchromodynamik ($\Rightarrow$ S. 252) legen nahe, dass es Teilchen geben könnte, die an zwei Gluonen, möglicherweise auch an zwei Photonen koppeln, sogenannte *Axionen*. Gäbe es derartige Teilchen, dann wäre es beispielsweise möglich, bei Anlegen eines hinreichend starken Magnetfelds Licht durch eine eigentliche undurchsichtige Wand zu schießen.

Supersymmetrische Partnerteilchen   Die Supersymmetrie ($\Rightarrow$ S. 274) weist jedem Boson ein fermionisches Partnerteilchen zu und umkehrt. Im Standardmodell gibt es keine derartigen Partner, d. h. in supersymmetrischen Modellen müsste sich der Teilchengehalt mindestens verdoppeln. Tatsächlich enthält selbst das einfachste mit dem Standardmodell verträgliche supersymmetrische Modell mehr als doppelt so viele Teilchen. Da derartige Partnerteilchen bislang nicht gefunden wurden (obwohl die meisten von ihnen Farb- oder elektrische Ladung tragen müssten), müssen sie – falls sie existieren – sehr schwer sein.

Tachyonen   In der Speziellen Relativitätstheorie ergibt sich für die effektive Masse

$$m(v) = \frac{E(v)}{c^2} = m_0 \Big/ \sqrt{1 - \left(\frac{v}{c}\right)^2} \, .$$

Dieser Ausdruck ist sicher positiv, wenn $m_0 > 0$ und $v < c$ ist. Das findet man für konventionelle Materieteilchen wie Protonen oder Elektronen. Eine unbestimmte Form $\frac{0}{0}$, der ebenfalls ein Wert $m \in \mathbb{R}_{>0}$ zugewiesen werden kann, liegt vor wenn $m_0 = 0$ und $v = c$ ist. Das ist etwa bei Photonen der Fall, deren effektive Masse sich aus $E = m\,c^2$ und $E = h\,\nu$ zu $m = \frac{h\,\nu}{c^2}$ ergibt. Eine dritte Möglichkeit wäre, dass stets $v > c$, dafür aber m_0 imaginär ist, $m_0 = \mathrm{i}\mu_0$ mit $\mu_0 \in \mathbb{R}_{>0}$.

Solche hypothetischen Teilchen bezeichnet man als Tachyonen, von griech. *tachys*, schnell. Aufgrund des Konflikts mit dem Kausalitätsprinzip wäre es allerdings sehr erstaunlich, wenn es Tachyonen tatsächlich gäbe.[c]

Diese Aufzählung ist natürlich bei weitem nicht vollständig. Nahezu jede vereinheitlichte Theorie ($\Rightarrow$ S. 272) sagt neue, noch unentdeckte Teilchen voraus. Ebenfalls hypothetisch ist exotische Materie ($\Rightarrow$ S. 240) mit abstoßender Gravitationswirkung. Auch dunkle Materie ($\Rightarrow$ S. 234) wird oft mittels noch unentdeckter, schwach wechselwirkender Teilchen erklärt. Noch hypothetischer als diese Teilchen ist Materie ohne jeden Teilchencharakter („*unparticles*").[d]

7 Quantenmechanik

Die klassische Mechanik ist eine extrem erfolgreiche und zugleich sehr elegante Theorie. Ohne zwingende Gründe wäre man kaum zur abstrakteren, anfangs sehr fremdartig wirkenden Quantenmechanik (QM) übergegangen. Den Anstoß gaben Eigenschaften der Atome, die sich mit klassischer Mechanik und Elektrodynamik nicht erklären ließen, und die Wechselwirkung von Licht mit Materie – etwa bei der thermischen Strahlung oder beim photoelektrischen Effekt.

Ausgehend von einigen Schlüsselbeobachtungen ($\Rightarrow$ S. 138) formulieren wir die Schrödinger-Gleichung ($\Rightarrow$ S. 140) und zeigen ihre Anwendung auf einfache Potenzialprobleme ($\Rightarrow$ S. 142). Danach wenden wir uns der etwas abstrakteren Formulierung der QM zu ($\Rightarrow$ S. 144) und untersuchen damit Streuung und Tunneleffekt ($\Rightarrow$ S. 146), den harmonischen Oszillator ($\Rightarrow$ S. 148), Impulse und Drehimpulse ($\Rightarrow$ S. 150) sowie als zentrale Anwendung das Wasserstoffatom ($\Rightarrow$ S. 152).
Danach betrachten wir den Spin ($\Rightarrow$ S. 154) als wesentliches Element des Magnetismus ($\Rightarrow$ S. 156), bevor wir uns verschränkten Zuständen ($\Rightarrow$ S. 158), dem Quantum-Non-Xeroxing-Theorem ($\Rightarrow$ S. 159), Quantencomputern und der Quantenkryptographie ($\Rightarrow$ S. 160) zuwenden. Doch nur wenige quantenmechanische Probleme lassen sich exakt analytisch lösen, und so sind Näherungsmethoden ($\Rightarrow$ S. 162) von großer Wichtigkeit; sie erlauben etwa die Behandlung der Wechselwirkung von Photonen mit dem Atom ($\Rightarrow$ S. 164). Ein alternativer Zugang zur Quantenmechanik sind Pfadintegrale ($\Rightarrow$ S. 166), die bei vielen Aufgaben eine einfachere Behandlung erlauben, etwa beim Aharanov-Bohm-Effekt ($\Rightarrow$ S. 168).
Besonders anspruchvoll in der quantenmechanischen Behandlung sind Viel-Teilchen-Systeme. Aufbauend auf der Unterscheidung zwischen Bosonen und Fermionen ($\Rightarrow$ S. 170) kann man Quantenstatistik betreiben ($\Rightarrow$ S. 172) und in einem speziellen Formalismus effizient wechselwirkende Viel-Teilchen-Systeme untersuchen ($\Rightarrow$ S. 174). Ein besonders spektakuläres Beispiel für die Auswirkungen der Quantenstatistik ist die Bose-Einstein-Kondensation ($\Rightarrow$ S. 176)
Abschließend gehen wir noch auf einige Feinheiten der mathematischen Formulierung der Quantenmechanik ein ($\Rightarrow$ S. 178) und beleuchten kurz einige fundamentale Fragen wie das EPR-Paradoxon ($\Rightarrow$ S. 180), das Messproblem ($\Rightarrow$ S. 182) und die Interpretation der QM ($\Rightarrow$ S. 184).

Die Quantenmechanik, wie sie in diesem Kapitel vorgestellt wird, enthält allerdings immer noch diverse klassische Elemente; eine konsistente quantenmechanische Beschreibung erfolgt erst im Rahmen der Quantenfeldtheorie (Kapitel 11).

Vom Doppelspalt zur Quantenmechanik

Ein Schlüsselexperiment auf dem Weg zur Quantenmechanik (QM) stellt die Beugung am Doppelspalt dar. Vergleichen wir zunächst das Verhalten von klassischen Teilchen und von Wellen an einem Doppelspalt:

Für klassische Teilchen erhält man am Schirm als Verteilung die Summe der beiden Verteilungen, die jeder einzelne Spalt für sich liefern würde.

Bei Wellen kommt es zur Interferenz zwischen den Beiträgen, die von den beiden Spalten stammen, und entsprechend zu einer Abfolge von Minima und Maxima am Schirm.

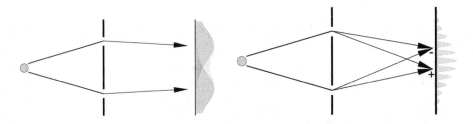

Führt man das Doppelspaltexperiment mit Elektronen[a] (oder anderen Teilchen von atomarer oder subatomarer Größe) durch, so detektiert man diese erwartungsgemäß als einzelne Teilchen am Schirm. Bei sehr vielen Elektronen ergibt sich aber insgesamt ein Interferenzmuster, das an jenes von Wellen erinnert.

Das ist selbst dann noch der Fall, wenn die Intensität des Elektronenstrahls so reduziert wird, dass nie mehr als ein Elektron gleichzeitig die Anordnung passiert. Die Interferenz ist also kein Resultat der Wechselwirkungen mehrerer Elektronen, sondern ein Charakteristikum der Bewegung eines einzelnen Elektrons.

Es scheint so, als würde das Elektron „durch beide Spalte zugleich" treten. Installiert man jedoch eine zusätzliche Messapparatur, um zu untersuchen, welchen Weg das Elektron nimmt, so findet man zwar, dass es jeweils nur durch einen der beiden Spalte tritt – zugleich aber verschwindet das Interferenzmuster, und man findet das gleiche Resultat wie für klassische Teilchen. Anhand dieser Beobachtungen lassen sich bereits zwei Kernaussagen der Quantenphysik extrahieren:

- Die Ausbreitung von Teilchen hat in bestimmten Situationen wellenartigen Charakter (und umgekehrt können auch Lichtwellen unter bestimmten Umständen Teilcheneigenschaften zeigen, etwa beim Photoeffekt). Das erlaubt konstruktive, aber auch destruktive Interferenz. Man spricht dabei oft vom *Welle-Teilchen-Dualismus*.[b]
- Jede Messung bedeutet einen Eingriff in ein System, und dieser Eingriff kann nicht beliebig klein gemacht werden. Durch Beobachtung eines Zwischenzustands verändert man im Allgemeinen das endgültige Resultat einer Messung.

Auch andere entscheidende Aspekte von Quantensystemen treten hier zwar weniger deutlich, aber immer noch erkennbar zutage:

- Über den Ausgang von Experimenten lassen sich üblicherweise nur mehr Wahrscheinlichkeitsaussagen treffen. Das liegt nicht an Unzulänglichkeiten bei der Beschreibung des Systems, sondern ist (nach momentanem Kenntnisstand) eine grundlegende Eigenschaft von Quantensystemen.
- Es lassen sich nicht alle Eigenschaften eines Systems zugleich mit beliebiger Genauigkeit messen. Das ist eine Folge davon, dass jede Messung das System potenziell verändert. Für welche Größen das der Fall ist und wie groß die Ungenauigkeit mindestens ist, wird durch die *Unschärferelation* ($\Rightarrow$ S. 144) beschrieben.

Dass auch Teilchen einen wellenartigen Charakter haben, hatte schon de Broglie in seiner Doktorarbeit 1924 vermutet, in der er jedem Teilchen mit Impuls $p = \|\boldsymbol{p}\|$ die Materiewellenlänge[c]

$$\lambda = \frac{h}{p} \tag{7.1}$$

mit dem Wirkungsquantum h zuordnete. Das war damals noch sehr spekulativ, die Idee wurde aber im Lauf der folgenden Jahre umfassend bestätigt.

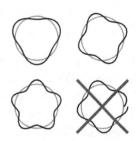

Elektronen – in mancher Hinsicht – als Wellen aufzufassen, kann zum Beispiel zwanglos erklären, warum im Bohr'schen Atommodell nur bestimmte Bahnen erlaubt sind: Nur wenn der Umfang der Bahn ein ganzzahliges Vielfaches der Wellenlänge ist, kann sich eine stehende Welle ausbilden.

Anhand der De-Broglie-Wellenlänge kann man auch abschätzen, für welche Objekte und bei welchen Ausdehnungen merkliche Quanteneffekte zu erwarten sind. Wie auch bei klassischen Wellen werden hier die Welleneigenschaften nur dann signifikant, wenn die Wellenlänge etwa von der gleichen Größe ist wie die Längenausdehnung der Objekte, mit denen Wechselwirkungen erfolgen.

Entsprechend sind die Besonderheiten der Quantenmechanik auf atomarer und auf subatomarer Ebene am signifikantesten. Entsprechend wird manchmal der Eindruck vermittelt, als sei die Quantenmechanik prinzipiell *nur* für mikroskopische Systeme relevant. Das ist allerdings eine zu grobe Vereinfachung.

Oft ist zwar, solange die betrachteten Wirkungen groß gegenüber dem Planck'schen Wirkungsquantum sind, d. h. $S \gg h$ ist, eine klassische Beschreibung völlig ausreichend. Die Struktur der Festkörper, insbesondere der Metalle, lässt sich ohne Quantenmechanik jedoch nicht zufriedenstellend erklären. Permanentmagnetismus beruht auf dem Spin ($\Rightarrow$ S. 154) der Elektronen und ist damit im Wesentlichen ein Quanteneffekt. Auch suprafluide Flüssigkeiten und Bose-Einstein-Kondensate ($\Rightarrow$ S. 176) sind makroskopische Quantensysteme.

Wellenmechanik und Schrödinger-Gleichung

Experimente wie jenes am Doppelspalt ($\Rightarrow$ S. 138) deuten darauf hin, dass auch materielle Objekte Welleneigenschaften besitzen und in manchen Situationen durch ein „wellenähnliches Gebilde" viel besser beschrieben werden können als durch das klassische Bild. Es zeigt sich, dass die komplexen Zahlen den „natürlichsten" Rahmen bilden, um die entsprechenden Interferenz-Eigenschaften zu erfassen.

Die komplexwertige *Wellenfunktion* Ψ kann zum Beispiel im *Ortsraum*, d. h. als Funktion der Ortskoordinaten x und der Zeit t, dargestellt werden. Integriert man das Quadrat des Absolutbetrags von Ψ über einen Raumbereich B, so erhält man die Wahrscheinlichkeit, das betrachtete Teilchen bei einer Ortsmessung in diesem Bereich zu finden:

$$P(\text{Teilchen in } B) = \iiint_B |\Psi(\boldsymbol{x}, t)|^2 \, \mathrm{d}\boldsymbol{x} = \iiint_B \Psi^*(\boldsymbol{x}, t) \, \Psi(\boldsymbol{x}, t) \, \mathrm{d}\boldsymbol{x} \, .$$

Da die Wahrscheinlichkeit, das Teilchen überhaupt irgendwo zu finden, gleich eins ist, ergibt sich die Normierungsbedingung[a]

$$\iiint_{\mathbb{R}^3} |\Psi(\boldsymbol{x}, t)|^2 \, \mathrm{d}\boldsymbol{x} = 1 \, .$$

Die Zeitentwicklung der Wellenfunktion wird durch die *Schrödinger-Gleichung* beschrieben. Diese kann nicht im strengen Sinn aus klassischen Überlegungen hergeleitet werden. Sie ergibt sich aber als einfachste Differenzialgleichung, die bestimmte Minimalforderungen[b] erfüllt und eine unitäre (d. h. hier die Gesamtwahrscheinlichkeit erhaltende) Zeitentwicklung einer ortsabhängigen Größe liefert:

$$-\mathrm{i}\,\hbar\,\frac{\partial \Psi}{\partial t} = \hat{H}\,\Psi \, . \tag{7.2}$$

Die Skala, auf der Quanteneffekte relevant sind, fließt durch das reduzierte Wirkungsquantum $\hbar$ ein. Der *Hamilton-Operator* (kurz *Hamiltonian*) $\hat{H}$ beschreibt das betrachtete System. Man erhält ihn aus der klassischen Hamilton-Funktion H durch die Ersetzungsregeln (für die Ortsraumdarstellung)

$$x_j \to x_j, \qquad p_j \to -\mathrm{i}\hbar\,\frac{\mathrm{d}}{\mathrm{d}x_j} \, . \tag{7.3}$$

In Analogie zur klassischen Mechanik steht der Hamilton-Operator in enger Verbindung zur zeitlichen Dynamik eines Systems.[c] Die Integration von (7.2) ergibt

$$\Psi(\boldsymbol{x}, t) = \underbrace{\mathrm{e}^{\frac{\mathrm{i}}{\hbar} \int_0^t \hat{H}(\boldsymbol{x}, \nabla_{\boldsymbol{x}}, \tau) \, \mathrm{d}\tau}}_{=\hat{U}} \Psi(\boldsymbol{x}, 0) \, ,$$

mit dem *Zeitentwicklungsoperator* $\hat{U}$. Ist der Hamilton-Operator nicht explizit von der Zeit abhängig, so ist die Integration trivial, und man erhält $\hat{U} = \mathrm{e}^{\frac{\mathrm{i}}{\hbar} \hat{H} t}$.

Der Impulsraum Die Darstellung im Ortsraum ist nicht die einzige Darstellungs-möglichkeit für eine Wellenfunktion. Eine ortsabhängige Wellenfunktion kann mittels *Fourier-Transformation* auch als Funktion des Impulses dargestellt werden,

$$\Psi(\boldsymbol{k}, t) = \frac{1}{(2\pi)^{3/2}} \int_{\mathbb{R}^3} \Psi(\boldsymbol{x}, t) e^{i\boldsymbol{k}\cdot\boldsymbol{x}} \, d\boldsymbol{x},$$

oder wie man auch sagt, im *Impulsraum*. Die Unterscheidung zwischen Ortsraum- und Impulsraumdarstellung wird oft nur durch Angabe des Arguments gemacht.

Darstellungen in Orts- bzw. Impulsraum erweisen sich als völlig gleichwertig, heben aber unterschiedliche Aspekte hervor. Da die Fourier-Transformation Ableitungen in Multiplikationen mit der entsprechenden Variablen und umgekehrt überführt, erhält man für Operatoren in Impulsraumdarstellung statt (7.3):

$$x_j \to i \frac{d}{dk_j}, \qquad p_j \to \hbar k_j.$$

Beim Wechsel zwischen den beiden Darstellungen werden einige Grundeigenschaften der Quantenmechanik ganz besonders deutlich: Ein Teilchen, das an einem Ort $\boldsymbol{x} = \boldsymbol{x}_0$ lokalisiert ist, wird im Ortsraum durch $\Psi(\boldsymbol{x}) = \delta(\boldsymbol{x} - \boldsymbol{x}_0)$ beschrieben. Die Fourier-Transformation führt das Delta-Funktional in eine ebene Welle $\Psi(\boldsymbol{k}) = e^{i\boldsymbol{k}\cdot\boldsymbol{x}_0}$ über, die über alle Impulse gleichmäßig verteilt ist. Ein genau bestimmter Ort entspricht damit einem undefinierten Impuls – und umgekehrt.

Realistischer als die völlig präzise Lokalisierung an $\boldsymbol{x} = \boldsymbol{x}_0$ ist etwa die Form einer Gauß'schen Glockenkurve. Durch Fourier-Transformation bleibt die Form einer Glockenkurve erhalten, es verändert sich aber die Breite. Je geringer die Breite im Ortsraum (je lokalisierter die Wellenfunktion) ist, desto größer ist die Breite im Impulsraum (desto ungenauer der Impuls bestimmt) und umgekehrt.

Fourier-Transf.
$\leftrightarrow$

Hier zeigt sich eine Schlüsseleigenschaft der QM, die *Unschärferelation*: Es ist nicht möglich, Ort und Impuls eines Körpers beide mit beliebiger Genauigkeit zu bestimmen:

$$\Delta x_i \, \Delta p_i \geq \frac{\hbar}{2}.$$

Eine entsprechende Relation gilt für alle Paare von Observablen, deren zugeordnete Operatoren nicht miteinander vertauschen ($\Rightarrow$ S. 144).

Einfache Potenzialprobleme

Eine zentrale Aufgabe der Quantenmechanik ist es, die Schrödinger-Gleichung ($\Rightarrow$ S. 140) für spezielle Hamilton-Operatoren zu lösen. Sind die Wellenfunktionen bekannt, kann man damit Aussagen über Aufenthaltswahrscheinlichkeiten und allgemein Erwartungswerte von Observablen treffen.

Die zeitfreie Schrödingergleichung Für zeitunabhängige Hamilton-Operatoren kann die Zeitentwicklung eines Zustands von der räumlichen Struktur zumindest formal sehr einfach getrennt werden. Macht man den Separationsansatz $\Psi(\boldsymbol{x}, t) = \phi(t)\,\psi(\boldsymbol{x})$, so erhält man aus (7.2):

$$-\frac{\mathrm{i}\,\hbar\,\frac{\mathrm{d}\phi(t)}{\mathrm{d}t}}{\phi(t)} = \frac{\hat{H}\,\psi(\boldsymbol{x})}{\psi(\boldsymbol{x})}\,.$$

Die linke Seite hängt nur von der Zeit, die rechte nur vom Ort ab. Die Gleichung kann entsprechend nur erfüllt sein, wenn beide Seiten gleich einer Konstanten sind. Es wird natürlich meist mehrere zulässige Konstanten geben, entsprechend bezeichnen wir sie gleich vorweg mit E_n, wobei n ein diskreter Index, aber auch ein kontinuierlicher Parameter sein kann.

Aus der Gleichung für ϕ erhält man unmittelbar $\phi(t) = \mathrm{e}^{\frac{\mathrm{i}}{\hbar} E_n\, t}$, also einen harmonischen Verlauf. Dabei sind aber nur jene Werte von E_n zulässig, die den räumlichen Teil, also die *zeitfreie Schrödinger-Gleichung*

$$\hat{H}\,\psi_n(\boldsymbol{x}) = E_n\psi_n(\boldsymbol{x}) \tag{7.4}$$

erfüllen. Das ist eine Eigenwertgleichung (analog zur aus der Linearen Algebra bekannten Form $\boldsymbol{A}\boldsymbol{v} = \lambda\boldsymbol{v}$) für den Operator $\hat{H}$: Gesucht werden die Eigenwerte E_n und die zugehörigen Eigenfunktionen ψ_n.[a]

Die Eigenfunktionen müssen neben (7.4) noch weitere Bedingungen erfüllen: Damit die Energie E_n endlich bleibt, dürfen sie keine Unstetigkeitsstellen besitzen. Wo die potenzielle Energie endlich ist, muss auch ψ' stetig sein[b], und in Bereichen, in denen das Potential V unendlich wird, muss ψ identisch null sein.

Schon am eindimensionalen Fall lässt sich das prinzipielle Vorgehen beim Lösen der Schrödinger-Gleichung demonstrieren. Zudem lassen sich auch höherdimensionale Probleme oft durch Separation auf mehrere eindimensionale Gleichungen reduzieren.

In einer Raumdimension nimmt die zeitfreie Schrödinger-Gleichung die Form

$$-\frac{\hbar^2}{2m}\,\psi_n''(x) + V(x)\psi_n(x) = E_n\psi_n(x)$$

an. Geben wir eine Form für das Potential V vor, so können wir konkrete Lösungen der Gleichung suchen.

Der unendlich tiefe Kasten Ein einfaches und zugleich sehr instruktives Beispiel ist der unendlich tiefe Kasten

$$V(x) = \begin{cases} 0 & \text{wenn } 0 \leq x \leq L \\ \infty & \text{sonst.} \end{cases}$$

In diesem Fall muss die Wellenfunktion für $x \notin (0, L)$ verschwinden. Im Bereich $x \in (0, L)$ vereinfacht sich die Schrödinger-Gleichung zu einer Schwingungsgleichung:

$$\psi_n''(x) = -\frac{2m}{\hbar^2} E_n \psi_n(x).$$

Setzen wir zur Vereinfachung $k_n = \sqrt{\frac{2m\,E_n}{\hbar^2}}$, so erhalten wir als allgemeine Lösung dieser Gleichung

$$\psi_n(x) = A_n \cos(k_n x) + B_n \sin(k_n x).$$

Aufgrund der Bedingung $\psi_n(0) = 0$ muss $A_n = 0$ sein. Da bei Anwesenheit eines Teilchens nun nicht auch $B_n = 0$ sein kann, muss $\sin(k_n L) = 0$ sein. Das ist nur möglich, wenn k_n ein ganzzahliges Vielfaches von $\frac{\pi}{L}$ ist. Damit sind nur Zustände erlaubt, für die

$$k_n = \frac{n\,\pi}{L} \qquad \Longleftrightarrow \qquad E_n = \frac{\hbar^2 \pi^2}{2m\,L^2}\,n^2 \qquad \text{mit} \qquad n = 1, 2, 3, \ldots$$

ist. Dabei bezeichnet man n als eine *Quantenzahl*, die den Zustand kennzeichnet.

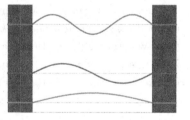

Dass man für Potenzialprobleme oft diskrete Lösungen erhält, die sich mit einer oder mehreren (meist ganzzahligen) Quantenzahlen charakterisieren lassen, ist charakteristisch für die Quantenmechanik. Den Zustand geringster Energie nennt man *Grundzustand*, man erhält ihn in diesem Fall für $n = 1$.

Da ein Teilchen im unendlich tiefen Kasten nur kinetische Energie besitzt (denn überall, wo $\psi \neq 0$ ist, ist ja $V = 0$, also gibt es keine Beiträge potenzieller Energie), kann man dem Teilchen selbst im Grundzustand noch ein gewisses Maß an Bewegung zuschreiben. Das ergibt auch wegen der Unschärferelation Sinn: Hätte das Teilchen exakt den Impuls null, so müsste sein Ort völlig unbestimmt sein, dürfte also insbesondere nicht auf den Bereich $[0, L]$ eingeschränkt sein. Entsprechend übt das Teilchen auch Druck auf die Wände aus.[c]

Hat der Kasten nur eine endliche Tiefe, so dringt die Wellenfunktion von gebundenen Zustände auch in den Rand ein – allerdings exponentiell abfallend. Neben einer endlichen Anzahl gebundener, also lokalisierter Zustände gibt es in diesem Fall auch ein Kontinuum von freien Zuständen.[d]

Abstrakte Formulierung der QM

Wellenfunktionen ($\Rightarrow$ S. 140) lassen sich im Orts- ebenso wie im Impulsraum schreiben. Das kann man schon als Hinweis darauf sehen, dass man quantenmechanische Zustände als ein sehr viel abstraktere Größen ansehen kann, für die Wellenfunktionen, egal in welchem Raum, nur spezielle Darstellungen sind.

Historisch war neben der von Erwin Schrödinger entwickelten Wellenmechanik auch die von Werner Heisenberg verfochtene Matrizenmechanik wichtig für die Entwicklung der Quantenmechanik. Erst im Laufe der Zeit stellte sich – durch Arbeiten von David Hilbert und John von Neumann ebenso wie durch Erkenntnisse von Schrödinger selbst – heraus, dass die beiden Zugänge prinzipiell gleichwertig sind.

Ausgangspunkt ist die Linearität der Schrödinger-Gleichung. Linearkombinationen von Lösungen der Gleichung sind selbst wieder Lösungen. Entsprechend ist es das Konzept des Vektorraums, das es erlaubt, die Quantenmechanik auf ganz allgemeine Weise zu formulieren. Dabei wird meist die von Dirac eingeführte *bra-ket*-Schreibweise verwendet. Vektoren werden darin vorerst als *kets* der Form $|\psi\rangle$ geschrieben.[a]

In diesem Vektorraum wird nun ein komplexwertiges Skalarprodukt eingeführt, das man in der Form $\langle\phi|\psi\rangle$ schreibt und das man als Projektion von $|\psi\rangle$ auf $|\phi\rangle$, d. h. als eine Art Überlapp, interpretieren kann. Dieses Skalarprodukt erfüllt insbesondere die Bedingungen

$$\langle\phi|\,(c_1\,|\psi_1\rangle + c_2\,|\psi_2\rangle) = c_1\,\langle\phi|\psi_1\rangle + c_2\,\langle\phi|\psi_2\rangle\,, \qquad \langle\psi|\phi\rangle = \langle\phi|\psi\rangle^*\,.$$

Vektoren der Form $\langle\psi|$ bezeichnet man als *bras*; es besteht eine Eins-zu-Eins-Korrespondenz zwischen *bra*- und *ket*-Vektoren. Durch Einführung eines Skalarprodukts (und Vollständigkeit in Bezug auf die so induzierte Norm) wird der Vektorraum der Zustände zu einem Hilbert-Raum. Zumindest formal verhalten sich *bras* wie Zeilen- und *kets* wie Spaltenvektoren. Entsprechend gilt:

$$\langle a|b\rangle \quad\sim\quad \begin{pmatrix} a_1 & \ldots & a_n \end{pmatrix} \begin{pmatrix} b_1 \\ \vdots \\ b_n \end{pmatrix} = a_1 b_1 + a_2 b_2 + \cdots + a_n b_n \quad - \quad \text{Skalar}$$

$$|a\rangle\,\langle b| \quad\sim\quad \begin{pmatrix} a_1 \\ \vdots \\ a_n \end{pmatrix} \begin{pmatrix} b_1 & \ldots & b_n \end{pmatrix} = \begin{pmatrix} a_1 b_1 & \ldots & a_1 b_n \\ \vdots & \ddots & \vdots \\ a_n b_1 & \ldots & a_n b_n \end{pmatrix} \quad - \quad \begin{array}{l}\text{Operator} \\ \text{bzw. Matrix}.\end{array}$$

Die Grundidee ist, Zustände, d. h. Lösungen der Schrödinger-Gleichung, als Vektoren in diesem abstrakten Vektorraum aufzufassen. Im Fall der sogenannten *reinen Zustände* ist das auch direkt möglich.

Doch nicht alle erlaubten Zustände lassen sich direkt als Elemente des Hilbert-Raums schreiben. Statt dessen benötigt man im allgemeinen Fall *statistische Operatoren* $\hat{\rho}$.[b] Diese sind selbstadjungiert und haben Eigenwerte $\lambda_i \in [0, 1]$, die die Bedingung $\sum_i \lambda_i = 1$ erfüllen.[c] Für reine Zustände $|\psi\rangle$ findet man $\hat{\rho} = |\psi\rangle \langle\psi|$.

Observable werden durch selbstadjungierte Operatoren $\hat{O}$ beschrieben. Die möglichen Messwerte sind die Eigenwerte O_k des jeweiligen Operators, d. h. jene Zahlen, die die Eigenwertgleichung $\hat{O}|o_k\rangle = O_k|o_k\rangle$ erfüllen. Die *Selbstadjungiertheit* $\hat{O} = \hat{O}^\dagger$ gewährleistet, dass die Eigenwerte reell sind. Den Erwartungswert einer Observablen $\hat{O}$ für ein System im Zustand $|\psi\rangle$ bzw. allgemeiner im Zustand $\hat{\rho}$ erhält man zu

$$\langle\hat{O}\rangle = \langle\psi|\hat{O}|\psi\rangle \qquad \text{bzw.} \qquad \langle\hat{O}\rangle = \text{Sp}(\hat{\rho}\hat{O}).$$

Die Eigenvektoren eines selbstadjungierten Operators bilden eine Basis des Hilbert-Raums, und die Basisvektoren (d. h. die Eigenvektoren) können orthonormal gewählt werden.[d] Damit lassen sich reine Zustände in der Form $|\psi\rangle = \sum_k c_k |o_k\rangle$ mit $c_k = \langle o_k|\psi\rangle$ darstellen, und für den Erwartungswert gilt

$$\langle\hat{O}\rangle = \sum_k |c_k|^2 O_k.$$

Ortsoperator $\hat{x}$ und Impulsoperator $\hat{p}$ sind ebenfalls selbstadjungierte Operatoren. Die Wellenfunktion im Orts- bzw. im Impulsraum erweist sich einfach als Darstellung eines reinen Zustands in der entsprechenden Basis:

$$\psi(\boldsymbol{x}) = \langle x|\psi\rangle \qquad \text{bzw.} \qquad \psi(\boldsymbol{p}) = \langle p|\psi\rangle.$$

Je nach Vorhaben kann es aber sinnvoll sein, stattdessen die Eigenzustände anderer Operatoren (insbesondere des Hamilton-Operators) als Basis zu verwenden oder – soweit möglich – überhaupt ohne Verwendung einer speziellen Basis zu arbeiten.

Die Operatordarstellung erlaubt auch eine allgemeine Formulierung der Unschärfere-lation. Ist der Kommutator $[\hat{A}, \hat{B}] := \hat{A}\hat{B} - \hat{B}\hat{A}$ zweier Operatoren $\hat{A}$ und $\hat{B}$ ungleich null, so sind die beiden Größen nicht zugleich beliebig genau messbar, und für die Messunschärfen gilt die Ungleichung[e]

$$\Delta A \, \Delta B \geq \left| \frac{\text{i}}{2} \langle [\hat{A}, \hat{B}] \rangle \right|.$$

Für Orts- und Impulsoperator kann der Kommutator in Ortsraumdarstellung schnell berechnet werden:

$$[\hat{x}, \hat{p}] \, \psi = \left(x \, \text{i}\,\hbar \, \frac{\text{d}}{\text{d}x} - \text{i}\,\hbar \, \frac{\text{d}}{\text{d}x} \, x \right) \psi(x) = \text{i}\hbar \left(x\psi'(x) - (x\psi(x))' \right)$$

$$= \text{i}\hbar \left(x\psi'(x) - \psi(x) - x\psi'(x) \right) = \text{i}\hbar\psi.$$

Da ψ beliebig war, gilt – mit gewissen Einschränkungen (⇒ S. 178) – die Gleichung $[\hat{x}, \hat{p}] = \text{i}\,\hbar\,\mathbb{1}$ und damit $\Delta x \, \Delta p \geq \frac{\hbar}{2}$.

Quantenstreuung und Tunneleffekt

Viele wichtige Aussagen der Quantenmechanik erhält man durch das Studium von *Streuzuständen*, also Zuständen mit (gegenüber dem Unendlichen) positiver Energie, die aber dennoch von einem Potenzial beeinflusst werden. Auch hier werden wir, wie schon bei den Potenzialproblemen bei gebundenen Zuständen ($\Rightarrow$ S. 142) in erster Linie den eindimensionalen Fall betrachten.

Zur Einstimmung ist nebenstehend die Situation in der klassischen Mechanik skizziert: Ein reibungsfrei gleitender Körper bewegt sich auf eine Barriere zu. Ist seine kinetische Energie $E = W_{\mathrm{kin}} = m\,\frac{v^2}{2}$ größer als die potenzielle Energie $U = mgh$ am höchsten Punkt der Barriere, so überwindet er sie; ist sie kleiner, wird er reflektiert.

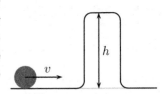

Statt die Höhe der Barriere als Länge anzugeben, kann man direkt die Höhe im „Energieraum", d. h. die potenzielle Energie in Abhängigkeit vom Ort, betrachten, wie wir es ja auch bei den Potenzialproblemen schon getan haben. Das erlaubt es, neben der Gravitation auch andere Effekte direkt zu berücksichtigen, die die Bewegung beeinflussen, und ist der übliche Zugang in der Quantenmechanik.

Bei quantenmechanischer Betrachtung gibt es keine Notwendigkeit mehr für die Abrundung der Kanten. Entsprechend betrachtet man meist einfach die Streuung an einem Kastenpotenzial

$$U(x) = \begin{cases} U_0 & \text{wenn } 0 \leq x \leq L \\ 0 & \text{sonst.} \end{cases}$$

In Bereichen, in denen die Gesamtenergie unter dem Potenzial liegt, liefert die Schrödinger-Gleichung exponentiell abfallende Funktionen. Das ist auch hier für $E < U_0$ der Fall. Die Wellenfunktion wird zwar „gedämpft", aber auch hinter der Barriere findet man noch eine nichtverschwindende Intensität.

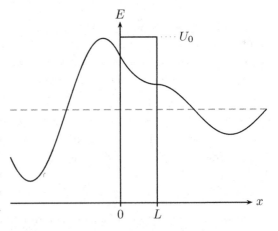

Es gibt also eine bestimmte Wahrscheinlichkeit für ein Teilchen, durch die Barriere zu *tunneln*. Von einem Strom einlaufender Teilchen tunnelt also ein Teil durch die Barriere; der Rest wird reflektiert. Wie zum Ausgleich dafür gibt es in der Quantenmechanik auch den umgekehrten Effekt: Ein Teilchen mit Energie $E > U_0$ kann von der Barriere reflektiert werden. Die Teilchen besitzen also auch einen bei klassischer Betrachtung nicht vorhandenen „Tiefgang".[a]

Den Tunneleffekt findet man nicht nur bei Streuprozessen, sondern auch bei (fast) gebundenen Zuständen. Modifiziert man das Kastenpotenzial ($\Rightarrow$ S. 142) so, dass die Wände des Kastens nur endlich hoch und endlich breit sind, so hat ein Teilchen auch außerhalb des Kastens eine nichtverschwindende Aufenthaltswahrscheinlichkeit. Dieser Effekt ermöglicht z. B. den α-Zerfall ($\Rightarrow$ S. 122).

Durch den exponentiellen Abfall der Wellenfunktion nimmt der Anteil tunnelnder Teilchen exponentiell mit Höhe und Breite der Barriere ab. Dieser Umstand wird im *Rastertunnelmikroskop* ausgenutzt.

Bewegt man eine leitfähige Spitze über eine leitfähige Oberfläche und legt elektrische Spannung an, so fließt durch tunnelnde Elektronen auch dann Strom, wenn sich Spitze und Oberfläche nicht berühren. Da der Tunneleffekt exponentiell mit dem Abstand abnimmt, stammt der dominante Beitrag zum Strom vom äußersten Atom der Spitze. Der Strom gibt also den Abstand zwischen diesem Atom und der Oberfläche an – wodurch atomare Strukturen und selbst einzelne Atome abgebildet werden können.

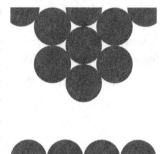

Allgemeine Streuprozesse Die bislang diskutierten Streuprozesse sind – auch abgesehen von der Beschränkung auf den eindimensionalen Fall – speziell, nämlich elastische Potenzialstreuungen. Allgemeine Streuprozesse können auch inelastisch erfolgen, also mit Energieumwandlungen verbunden sein. Streuprozesse erfolgen bei genauerer Betrachtung nicht an festen unveränderlichen Potenzialen, sondern an anderen Teilchen, auf die es im Allgemeinen Rückwirkungen (etwa Impulsübertragung) gibt.

Insbesondere in der Hochenergiephysik ist es oft der Fall, dass sich die Art der beteiligten Teilchen verändert, und ein einfallendes Teilchen kann eine ganze Kaskade von auslaufendenTeilchen produzieren (etwa bei einer Kernzertrümmerung). Die Grundaufgabe bei all diesen Fällen ist es, die Wahrscheinlichkeit zu bestimmen, ausgehend von einem Initialzustand $|i\rangle$ nach dem Streuvorgang einen Finalzustand $|f\rangle$ zu finden. Meist wird angenommen, dass Anfangs- und Endzustand nur freie Teilchen enthalten, deren Zeitentwicklung durch einen Hamilton-Operator $\hat{H}_0$ beschrieben wird. Zerlegt man den Hamiltonian zu $\hat{H}_0 + \hat{H}_I$, so beschreibt nur der Term $\hat{H}_I$ Wechselwirkungen und damit den eigentlichen Streuvorgang. Es bietet sich hier an, das *Wechselwirkungsbild* (auch *Dirac-Bild*) zu verwenden. Dabei wird die Zeitentwicklung, die von $\hat{H}_0$ herrührt, den Operatoren zugewiesen und die Zeitabhängigkeit, die von der Wechselwirkung $\hat{H}_I$ herrührt, den Zuständen.

Ist die Wechselwirkung schwach, so bietet sich als Werkzeug zur Behandlung solcher Probleme die zeitabhängige Störungstheorie ($\Rightarrow$ S. 162) an. Ein Ergebnis dieses Vorgehens ist, dass es bei schwachen Störungen zwischen zwei Zuständen nur dann eine nennenswerte Übergangswahrscheinlichkeit $\left|\langle f|\text{Streuung}|i\rangle\right|^2$ gibt, wenn der Störterm diese beiden Zustände direkt verbindet, also das Matrixelement $\langle f|\hat{H}_I|i\rangle \neq 0$ ist.[b]

Der harmonische Oszillator

Ein besonders wichtiges quantenmechanisches System ist der *harmonische Oszillator*, d. h. ein Teilchen im Potenzial $V(x) = \frac{D}{2}x^2$, mit Federkonstante D. Die rücktreibende Kraft wächst linear mit dem Abstand an: $F = -Dx$. Ein klassisches Teilchen in diesem Potenzial führt harmonische Schwingungen mit der Kreisfrequenz $\omega = \sqrt{\frac{D}{m}}$ aus.

Das entsprechende quantenmechanische System wird durch den Hamilton-Operator

$$\hat{H} = \frac{\hat{p}^2}{2m} + m\omega^2\,\hat{x}^2$$

beschrieben, wobei wir in dieser Darstellung vornherein die klassische Schwingungsfrequenz ω verwendet haben. Lösen der zeitfreien Schrödinger-Gleichung liefert Eigenfunktionen, die im Ortsraum die Darstellung

$$\psi_n(x) = \sqrt[4]{\frac{m\omega}{\hbar\pi}}\,\frac{1}{\sqrt{2^n\,n!}}\,H_n\left(\sqrt{\frac{m\omega}{\hbar}}\,x\right)\,\mathrm{e}^{-\frac{1}{2}\frac{m\omega}{\hbar}\,x^2}$$

mit den Hermite-Polynomen H_n haben, für $n \in \mathbb{N}_0$.

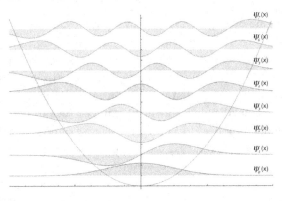

Diese Funktionen sind rechts gezeigt, man erkennt deutlich, dass die Funktionen ψ_n wie die darin enthaltenen Hermite-Polynome genau n Nullstellen und die Symmetrie $\psi_n(-x) = (-1)^n\psi_n(x)$ haben. Da H_0 konstant ist, ist die Grundzustandsfunktion ψ_0 eine Gauß'sche Glockenkurve.

Die zugehörigen Energien haben die Werte $\hbar\omega\left(n + \frac{1}{2}\right)$:

$$\hat{H}\,|\psi_n\rangle = \hbar\omega\left(n + \frac{1}{2}\right)|\psi_n\rangle\;.$$

Auch im Grundzustand $|\psi_0\rangle$ besitzt der Oszillator noch die Energie $E = \frac{\hbar}{2}$, die *Nullpunktsenergie*. Dass der harmonische Oszillator keinen Zustand mit $E = 0$ einnehmen kann, ist plausibel. Für $E = 0$ müsste er ja $x = 0$ und $p = 0$ erfüllen (d. h. ruhig am Ursprung sitzen), was nicht mit der Unschärferelation vereinbar wäre.

Beim klassischen harmonischen Oszillator ist die Aufenthaltsdauer in der Nähe der Umkehrpunkte am größten. Für große Werte von n erhält man auch aus den quantenmechanischen Lösungen $|\psi_n\rangle$ eine erhöhte Aufenthaltswahrscheinlichkeit in der Umgebung der klassischen Umkehrpunkte, im Einklang mit dem Korrespondenzprinzip.[a]

Leiteroperatoren Auf P. A. M. Dirac geht eine besonders elegante Methode zurück, den quantenmechanischen Oszillator zu behandeln. Dieser Formalismus ist auch richtungsweisend für die Mehr-Teilchen-Quantenmechanik ($\Rightarrow$ S. 174) und die Quantenfeldtheorie (Kapitel 11). Man führt dazu die *Leiteroperatoren*

$$\hat{a} := \sqrt{\frac{m\omega}{2\hbar}}\,\hat{x} + \frac{\mathrm{i}\,\hat{p}}{\sqrt{2\hbar m\omega}}\,, \qquad \hat{a}^\dagger := \sqrt{\frac{m\omega}{2\hbar}}\,\hat{x} - \frac{\mathrm{i}\,\hat{p}}{\sqrt{2\hbar m\omega}}$$

ein. Diese sind nicht selbstadjungiert, $\hat{a} \neq \hat{a}^\dagger$, stattdessen gilt die Vertauschungsrelation

$$\left[\hat{a},\,\hat{a}^\dagger\right] = \hat{1}\,. \tag{7.5}$$

Mit ihnen lässt sich der Hamilton-Operator in der Form

$$\hat{H} = \frac{1}{2}\,\hbar\omega\left(\hat{a}\hat{a}^\dagger + \hat{a}^\dagger\hat{a}\right) \overset{(7.5)}{=} \hbar\omega\left(\hat{a}^\dagger\hat{a} + \frac{\hat{1}}{2}\right)$$

schreiben. Führt man zusätzlich den *Anzahloperator* $\hat{n} = \hat{a}^\dagger\hat{a}$ ein, so findet man die Darstellung $\hat{H} = \hbar\omega\left(\hat{n} + \frac{\hat{1}}{2}\right)$. Wie der Name schon andeutet, zählt $\hat{n}$ die „Anregungsstufen" n des Oszillators, wobei jede Stufe die Energie $\hbar\omega$ trägt. Statt der Bezeichnung $|\psi_n\rangle$ verwendet man hier meist die Kurzschreibweise $|n\rangle$.

Der Aufstiegsoperator[b] $\hat{a}^\dagger$ erhöht die Anregungsstufe n des Oszillators um eins, der Abstiegsoperator $\hat{a}$ senkt sie entsprechend:

$$\hat{a}^\dagger\,|n\rangle = \sqrt{n+1}\,|n+1\rangle\,, \qquad \hat{a}\,|n\rangle = \sqrt{n}\,|n-1\rangle\,.$$

Der *Grundzustand* $|0\rangle = |\psi_0\rangle$ erfüllt die Bedingung $\hat{a}\,|0\rangle = 0$, d. h. man kann von ihm aus in keinen sinnvollen Zustand weiter hinab steigen. Jeder beliebige Eigenzustand von $\hat{H}$ lässt sich in der Form

$$|n\rangle = \frac{1}{\sqrt{n!}}\left(\hat{a}^\dagger\right)^n|0\rangle$$

darstellen, d. h. als durch n-fache Anwendung des Erzeugungsoperators $\hat{a}^\dagger$ aus dem Grundzustand erzeugt.

Kohärente Zustände Die Eigenfunktionen des Hamilton-Operators eines harmonischen Oszillators beschreiben keine Schwingungen. Die quantenmechanischen Zustände, deren Eigenschaften dem klassischen Verhalten noch am nächsten kommen, sind die *kohärenten Zustände*, die Eigenzustände des Abstiegsoperators $\hat{a}$:

$$\hat{a}\,|\alpha\rangle = \alpha\,|\alpha\rangle \qquad \text{mit} \qquad \alpha \in \mathbb{C}\,.$$

Für diese gilt die Darstellung[c]

$$|\alpha\rangle = \mathrm{e}^{-\frac{|\alpha|^2}{2}}\sum_{n=0}^{\infty}\frac{\alpha^n}{\sqrt{n!}}\,|n\rangle\,.$$

Impulse und Drehimpulse in der QM

Zu den wichtigsten Operatoren in der Quantenmechanik gehören jene von Impuls und Drehimpuls. Diese stehen schon in der klassischen Physik in enger Verbindung zu Translation und räumlicher Drehung. In der Quantenmechanik ist es möglich, die Form der Operatoren aus den entsprechenden Transformationen herzuleiten.

Translationen und Impuls   Der *Translationsoperator* $\hat{T}(\boldsymbol{x}_0)$ beschreibt die Verschiebung eines Zustands um einen Vektor $\boldsymbol{x}_0$, $\hat{T}(\boldsymbol{x}_0)|\boldsymbol{x}\rangle = |\boldsymbol{x} + \boldsymbol{x}_0\rangle$. In Ortsdarstellung gilt also $\left\langle \boldsymbol{x} | \hat{T}(\boldsymbol{x}_0)|\psi \right\rangle = \psi(\boldsymbol{x} - \boldsymbol{x}_0)$. Da Translationen Längen und innere Winkel erhalten müssen, muss $\hat{T}$ unitär sein. Zudem muss $\hat{T}(\boldsymbol{x}_2)\hat{T}(\boldsymbol{x}_1) = \hat{T}(\boldsymbol{x}_1 + \boldsymbol{x}_2)$ gelten; Translationen kommutieren. Für infinitesimale Translationen ist es ausreichend, den Translationsoperator in der Form

$$\hat{T}(\mathrm{d}\boldsymbol{x}) = \mathbb{1} - \frac{\mathrm{i}}{\hbar} \sum_i \hat{p}_i \, \mathrm{d}x_i$$

mit *Generatoren* $\hat{p}_i$ anzusetzen, die in Analogie zur klassischen Physik (wo der Impuls als Erzeuger der Translationen in Erscheinung tritt) als *Impulsoperatoren* bezeichnet werden. Endliche Translationen kann man aus vielen infinitesimalen Translationen zusammensetzen:

$$\hat{T}(\boldsymbol{x}_0) = \lim_{N\to\infty} \left(\mathbb{1} - \frac{\mathrm{i}}{\hbar} \frac{\hat{\boldsymbol{p}} \cdot \boldsymbol{x}_0}{N} \right)^N = \exp\left\{ -\frac{\mathrm{i}}{\hbar} \, \hat{\boldsymbol{p}} \cdot \boldsymbol{x} \right\}.$$

Dass sich hier die Form einer Exponentialfunktion ergibt, ist eine sehr allgemeine Eigenschaft und beruht darauf, dass Translationen ebenso wie Rotationen eine spezielle mathematische Struktur aufweisen, nämlich die einer *Lie-Gruppe*.

Drehungen und Drehimpuls   Auch Drehoperatoren müssen unitär sein. Drehungen kommutieren zwar nicht allgemein, sehr wohl aber jene um die gleiche Achse $\boldsymbol{n}$; zudem müssen die Symmetrieforderungen $\hat{R}^\dagger(\boldsymbol{n},\,\varphi) = \hat{R}(\boldsymbol{n},\,-\varphi)$ und $\hat{R}(-\boldsymbol{n},\,\varphi) = \hat{R}(\boldsymbol{n},\,-\varphi)$ erfüllt sein.

Aus der Analyse infinitesimaler Drehungen ergibt sich, dass der *Drehimpulsoperator* der Erzeuger der Drehungen ist und sich allgemeine Drehungen in der Form

$$\hat{R}(\boldsymbol{n},\,\varphi) = \exp\left\{ -\frac{\mathrm{i}}{\hbar} \, \boldsymbol{n} \cdot \hat{\boldsymbol{L}} \, \varphi \right\}$$

darstellen lassen – wiederum ein Zeichen, dass eine Lie-Gruppe im Spiel ist. Die Generatoren L_x, L_y und L_z erfüllen dabei die Drehimpulsalgebra $\left[\hat{L}_i,\, \hat{L}_j \right] = \mathrm{i}\hbar\varepsilon_{ijk}\hat{L}_k$.

Aus dieser Kommutatorrelation folgt eine Unschärferelation: Drehimpulskomponenten entlang verschiedener Achsen lassen sich nicht gleichzeitig scharf messen. Hingegen kommutieren alle Komponententen $\hat{L}_i$ des Drehimpulses mit dem Operator $\hat{\boldsymbol{L}}^2$.

Demnach ist das Beste, was man tun kann, um einen Zustand drehimpulstechnisch zu charakterisieren, eine ausgezeichnete Achse – konventionell die z-Achse – zu wählen und dann die Werte von $\hat{\boldsymbol{L}}^2$ und $\hat{L}_z$ zu bestimmen:

$$\hat{\boldsymbol{L}}^2 \,|\ell,\, m_\ell\rangle = \hbar\ell(\ell+1)\,|\ell,\, m_\ell\rangle\,,$$

$$\hat{L}_z \,|\ell,\, m_\ell\rangle = \hbar m_\ell\,|\ell,\, m_\ell\rangle\,.$$

Der Operator $\hat{\boldsymbol{L}}^2$ taucht in Zentralkraftproblemen, etwa bei der Behandlung des Wasserstoffatoms ($\Rightarrow$ S. 152), auf und bestimmt dort die Winkelabhängigkeit der Lösungen. Oft verwendet man statt $\hat{\boldsymbol{L}}$ den dimensionslosen Drehimpuls $\hat{\boldsymbol{l}}$, definiert als $\hat{\boldsymbol{L}} = \hbar\hat{\boldsymbol{l}}$. Als nützlich für das Studium von Drehimpulsen erweisen sich die *Leiteroperatoren*

$$\hat{L}_\pm = \hat{L}_x \pm \mathrm{i}\,\hat{L}_y\,,$$

die die Quantenzahl m_ℓ um eins erhöhen bzw. senken. Dabei muss $|m_\ell| \le \ell$ sein; die Einstellmöglichkeiten des Drehimpulses entlang einer Achse sind also durch die Quantenzahl ℓ begrenzt. Da $\ell < \sqrt{\ell(\ell+1)}$ ist, kann der Drehimpuls nie vollständig entlang einer Achse ausgericht sein – das würde ja die Unschärferelation verbieten. Alle diese Beziehungen gelten nicht nur für den Bahndrehimpuls $\hat{\boldsymbol{L}}$, sondern analog dazu für den Spin ($\Rightarrow$ S. 154), den Gesamtdrehimpuls $\hat{\boldsymbol{J}}$ und andere Drehimpulse.

Einige wichtige Lie-Gruppen　Lie-Gruppen (nach dem norwegischen Mathematiker S. Lie) sind Gruppen, die zugleich Mannigfaltigkeiten sind (d. h. die eine differenzierbare Kurve, Fläche oder Hyperfläche darstellen). Damit die Gruppen- und die Mannigfaltigkeitsstruktur miteinander verträglich sein können, müssen Lie-Gruppen eine sehr spezifische Gestalt haben.[a]

Sie eignen sich besonders gut zur Beschreibung kontinuierlicher Symmetrien. Die konkrete Darstellung von Symmetriegruppen erfolgt dabei meist mit Hilfe von Matrizen. Stellt man etwa Drehungen in der Form $\boldsymbol{x}' = \boldsymbol{O}\boldsymbol{x}$ dar, so muss die Matrix $\boldsymbol{O}$ auf jeden Fall orthogonal sein, um Längen und relative Winkel zu erhalten.

Die Gruppe der orthogonalen $(n \times n)$-Matrizen wird mit O(n) bezeichnet. Die Determinante einer orthogonalen Matrix erfüllt wegen $\det\boldsymbol{O} = \det\boldsymbol{O}^\top$ und $\boldsymbol{O}\boldsymbol{O}^\top = \mathbf{E}_n$ die Beziehung $(\det\boldsymbol{O})^2 = 1$. Orthogonale Matrizen mit $\det\boldsymbol{O} = -1$ beschreiben Drehungsspiegelungen, beinhalten also auch eine diskrete Symmetrieoperation.

Reine Drehungen erhält man mit der Zusatzforderung $\det\boldsymbol{O} = 1$, die resultierende Gruppe nennt man *spezielle orthogonale Gruppe* SO(n). Allgemein kennzeichnet man mit „S" die Forderung, dass die Determinante der Matrizen gleich eins ist. Eine orthogonale $(n \times n)$-Matrix hat $\frac{n(n-1)}{2}$ freie Parameter.

In der Quantenphysik ist es natürlich, mit komplexen Größen zu arbeiten, und so sind unitäre Matrizen dort wichtiger als orthogonale. Entsprechend werden analog die Gruppen U(n) und SU(n) eingeführt, die n^2 bzw. $n^2 - 1$ freie Parameter haben. Die Gruppe SU(2) beispielsweise ist für die Darstellung des Spins ($\Rightarrow$ S. 154) ebenso wichtig wie für die Beschreibung der schwachen Wechselwirkung ($\Rightarrow$ S. 256).

Das Wasserstoffatom und Orbitale

Eine der interessantesten und wichtigsten Aufgaben der Quantenmechanik ist die Beschreibung der Atomhülle, d. h. des Verhaltens der Elektronen im Feld des Kerns. Für die meisten Atome gelingt das nicht analytisch, sondern man muss sich mit Näherungen und numerischen Methoden begnügen ($\Rightarrow$ S. 162). Alles andere wäre auch verwunderlich – immerhin ist schon in der klassischen Mechanik das Drei-Körper-Problem nicht allgemein lösbar ($\Rightarrow$ S. 26).

Was sich allerdings analytisch behandeln lässt (und damit die Basis für viele weiterführende Rechnungen bildet), das ist das Wasserstoffatom bzw. allgemein ein Atom, das so weit ionisiert wurde, dass nur noch ein Elektron übrig ist. Durch Trennung von Schwerpunkt- und Relativbewegung kann man das Problem wie in der Mechanik ($\Rightarrow$ S. 26) auf ein Ein-Körper-Problem mit der reduzierten Masse $\mu = \frac{m_e\, m_{\mathrm{Kern}}}{m_e + m_{\mathrm{Kern}}} \approx m_e$ transformieren.

Man sucht also nach den Lösungen der zeitfreien Schrödinger-Gleichung im Feld einer räumlich festen Punktladung. Da es sich um ein Zentralkraftproblem handelt, bietet sich eine Behandlung in Kugelkoordinaten an, und man erhält – vorerst noch allgemein für ein beliebiges Zentralkraftpotenzial V:

$$-\frac{\hbar^2}{2\mu}\left[\frac{1}{r^2}\frac{\partial}{\partial r}\left(r^2\frac{\partial}{\partial r}\right) + \frac{1}{r^2\sin\vartheta}\frac{\partial}{\partial\vartheta}\left(\sin\vartheta\frac{\partial}{\partial\vartheta}\right) + \frac{1}{r^2\sin^2\vartheta}\frac{\partial^2}{\partial\varphi^2}\right]\psi(r,\vartheta,\varphi)$$
$$+\, V(r)\,\psi(r,\vartheta,\varphi) = E\,\psi(r,\vartheta,\varphi).$$

Eine Lösung dieser Gleichung kann durch den Separationsansatz $\psi(r,\vartheta,\varphi) = R(r)\,\Theta(\vartheta)\,\Phi(\varphi)$ erfolgen. Die Eigenwertgleichung des Winkelanteils ist jene des quadrierten Drehimpulsoperators ($\Rightarrow$ S. 150), $\hat{\boldsymbol{L}}$, und man erhält als Eigenfunktionen die Kugelflächenfunktionen

$$Y_\ell^m(\vartheta,\varphi) = (-1)^{(m+|m|)/2}\sqrt{\frac{2\ell+1}{4\pi}\frac{(\ell-m)!}{(\ell+m)!}}\,P_\ell^m(\vartheta)\,\mathrm{e}^{\mathrm{i}\,m\,\varphi},$$

die die zugeordneten Legendre-Funktionen P_ℓ^m enthalten. Diese Funktionen liefern die charakteristische Winkelabhängigkeit der Wellenfunktionen für verschiedene Werte der Drehimpulsquantenzahl ℓ und der magnetischen Quantenzahl $m = m_\ell$, mit $|m| \leq \ell$. Für das Potenzial $V(r) = -\frac{Z\,e^2}{4\pi\varepsilon_0\,r}$ erhält man für den radialen Teil der Wellenfunktion etwa durch Reihenansatz[a] die Lösung

$$R_{n\ell}(r) = -\sqrt{\left(\frac{2Z}{n\,a_0}\right)^3\frac{(n-\ell-1)!}{2n[(n+\ell)!]^3}}\,\mathrm{e}^{-Zr/na_0}\left(\frac{2Z\,r}{n\,a_0}\right)^\ell L_{n+\ell}^{2\ell+1}\left(\frac{2Z\,r}{n\,a_0}\right),$$

mit der *Hauptquantenzahl* $n \in \mathbb{N}$, den zugeordneten Laguerre-Polynomen L_q^p und dem *Bohr-Radius* $a_0 = \frac{4\pi\,\varepsilon_0\,\hbar^2}{m_e\,e^2}$. Für die Drehimpulsquantenzahl ℓ gilt die Einschränkung $\ell \leq n-1$. Wesentlich an der Form dieser Lösung ist, dass R für große Abstände exponentiell abfällt, was die Normierbarkeit sicherstellt.

Im Bereich $r \in \mathbb{R}_{>0}$ gibt es genau $n - \ell - 1$ Nullstellen; für $\ell \geq 1$ liegt zusätzlich bei $r = 0$ eine Nullstelle, da das Fliehkraftpotenzial $V_{\text{zentr}} = \frac{\hbar^2\,\ell\,(\ell+1)}{2\mu\,r^2}$ eine Annäherung an das Zentrum verhindert. Rechts sind einige typische Lösungen, auch als *Orbitale* bezeichnet, in Form von Dichteverteilungen dargestellt.

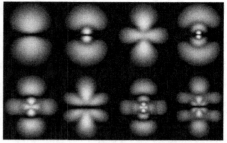

Die Angabe eines Orbitals erfolgt in der Form $n\ell_j$, wobei j für den Gesamtdrehimpuls (Bahn und Spin steht). Die Drehimpulsquantenzahlen werden dabei mit Buchstaben gekennzeichnet: $\ell = 0$ mit s, $\ell = 1$ mit p, $\ell = 2$ mit d und $\ell = 3$ mit f.[b]

Die Energieeigenwerte ergeben sich zu

$$E_n = -\frac{1}{2\,n^2}\left(\frac{Ze^2}{4\pi\varepsilon_0}\right)^2\frac{\mu}{\hbar^2}$$

und hängen in dieser Näherung nur von der Hauptquantenzahl n ab. Tatsächlich gibt es verschiedene Effekte, die hier nicht berücksichtigt wurden und die diese *Energieentartung* großteils aufheben:

- Die *Feinstruktur* resultiert aus der magnetischen Spin-Bahn-Wechselwirkung sowie aus relativistischen Korrekturen ($\Rightarrow$ S. 220), die auch den von der „Zitterbewegung" stammenden *Darwin-Term* beinhalten ($\Rightarrow$ S. 220).
- Der *Lamb-Shift* ist ein quantenelektrodynamischer Effekt, der die Energie der Zustände mit $\ell = 0$ anhebt ($\Rightarrow$ S. 264).
- Die *Hyperfeinstruktur* ergibt sich aus der Wechselwirkung zwischen Elektronen- und Kernspin. Da das magnetische Moment des Kerns um den Faktor $\frac{m_e}{m_{\text{Kern}}}$ kleiner ist als jenes eines Elektrons, ist dieser Effekt nur sehr schwach, aber messbar.

Das Periodensystem Für Atome mit mehreren Elektronen gelingt die analytische Lösung der Schrödinger-Gleichung nicht bzw. nur unter Zuhilfenahme von Näherungen. Doch schon die Lösungen des Wasserstoffproblems geben einen sehr guten Einblick in die Lage bei allgemeinen Atomen. Man kann annehmen, dass die Wasserstoff-Orbitale unter Berücksichtigung des Pauli-Prinzips von unten her mit Elektronen besetzt werden, und erhält so eine gute Näherung für die tatsächliche Struktur der Elektronenhülle.

Zu berücksichtigen ist allerdings, dass das Zentralpotenzial durch die inneren Elektronen gegenüber dem äußeren abgeschirmt wird. Das ist insbesondere für Orbitale mit großen Werten für ℓ, die auch weit weg vom Kern noch erhebliche Aufenthaltswahrscheinlichkeit haben, wichtig. Die entsprechenden Abschirmungseffekte führen dazu, dass diese Zustände energetisch angehoben werden und z.B. 3d-Orbitale später besetzt werden als 4s-Orbitale. Dieser Umstand prägt die Einordnung der Elemente im *Periodensystem*.

Der Spin; das Stern-Gerlach-Experiment

Viele Teilchen haben einen zusätzlichen Freiheitsgrad, den man als einen internen Drehimpuls interpretieren kann – den *Spin*. Dass es diesen Spin bei Teilchen, die man eigentlich als punktförmig betrachtet, geben kann, ist keineswegs selbstverständlich, sondern ergibt sich schlüssig erst in der relativistischen Quantenmechanik ($\Rightarrow$ S. 220).[a] In der nichtrelativistischen Quantenmechanik kann der Spin zwar auch eingeführt werden, das passiert aber gewissermaßen „künstlich", indem die Ortswellenfunktion $\phi(\boldsymbol{x}, t)$ mit einer Spinwellenfunktion $\chi(\boldsymbol{x}, t)$ multipliziert wird. Die um den Effekt des Spins erweiterte Schrödinger-Gleichung wird als *Pauli-Gleichung* bezeichnet, sie ergibt sich als nichtrelativistischer Grenzfall der Dirac-Gleichung ($\Rightarrow$ S. 220).

So wie allgemeine Drehimpulse sind auch Spins quantisiert – hier gibt es allerdings die Besonderheit, dass nicht nur ganz-, sondern auch halbzahlige Vielfache von $\hbar$ auftreten können. Paradebeispiel dafür ist das Elektron, das einen Spin von $\frac{\hbar}{2}$ und entsprechend zwei Einstellmöglichkeiten entlang einer vorgegebenen Achse besitzt: Die eine kennzeichnet man mit *up*, $\uparrow$, dem Wert $+\frac{\hbar}{2}$ oder bei der Wahl $\hbar = 1$ einfach als $+\frac{1}{2}$. Entsprechend wird die andere mit *down*, $\downarrow$, $-\frac{\hbar}{2}$ oder $-\frac{1}{2}$ gekennzeichnet. Generell lässt man bei der Benennung von Teilchen den Vorfaktor $\hbar$ oft weg (bzw. setzt $\hbar = 1$), man spricht also etwa nur von Spin-$\frac{1}{2}$- statt von Spin-$\frac{\hbar}{2}$-Teilchen.

Die Darstellung des Spinoperators $\hat{\boldsymbol{S}}$ (in z-Basis) für Spin-$\frac{1}{2}$-Teilchen erfolgt mit Hilfe der *Pauli-Matrizen*[b]

$$\sigma_1 = \begin{pmatrix} 0 & 1 \\ 1 & 0 \end{pmatrix}, \qquad \sigma_2 = \begin{pmatrix} 0 & -i \\ i & 0 \end{pmatrix}, \qquad \sigma_3 = \begin{pmatrix} 1 & 0 \\ 0 & -1 \end{pmatrix}$$

als $\hat{\boldsymbol{S}} = \frac{\hbar}{2} \boldsymbol{\sigma}$. Die unterschiedlichen Komponenten des Spinoperators vertauschen nicht miteinander:

$$\left[\hat{S}_i, \, \hat{S}_j \right] = i\hbar \varepsilon_{ijk} \, \hat{S}_k .$$

Sie sind also auch nicht gleichzeitig messbar.

Spin-Bahn-Kopplung   Die Einstellung des Spins relativ zum Bahndrehimpuls hat Einfluss auf die Energie, die z. B. ein Elektron in einem Atom hat. Um diese *Spin-Bahn-Kopplung* näherungsweise zu beschreiben, sind zwei Schemata in Verwendung:

Bei der *LS-Kopplung* werden die Bahndrehimpulse zu $\boldsymbol{L} = \sum_i \boldsymbol{\ell}_i$ und die Spins zu $\boldsymbol{S} = \sum_i \boldsymbol{s}_i$ addiert. Man betrachtet nun die Kopplung dieser beiden Größen, was für leichte Atome eine gute Beschreibung ist.

Für schwere Atome liefert die *jj-Kopplung*, bei der man die Kopplung der Einzeldrehimpulse $\boldsymbol{j}_i = \boldsymbol{\ell}_i + \boldsymbol{s}_i$ zum Gesamtdrehimpuls $\boldsymbol{J} = \sum_i \boldsymbol{j}_i$ betrachtet, hingegen eine bessere Beschreibung.

Das Stern-Gerlach-Experiment Ein Experiment, das auf dem Spin beruht und an dem sich Schlüsseleigenschaften der Quantenmechanik zeigen lassen, ist das *Stern-Gerlach-Experiment*. Dabei sendet man einen Strahl von neutralen Spin-$\frac{1}{2}$-Teilchen, etwa Silberatomen, durch ein inhomogenes Magnetfeld.[c]

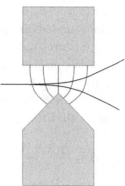

Auf ein Teilchen mit magnetischem Moment $\boldsymbol{\mu}$ wirkt dabei eine Kraft $\boldsymbol{F} = \mathrm{grad}\,(\boldsymbol{\mu}{\cdot}\boldsymbol{B})$. Ist beispielsweise die z-Komponente des Magnetfeldgradienten dominant, so resultiert eine Kraft $F_z \approx \mu_z \frac{\partial B_z}{\partial z}$, und man erhält eine Aufspaltung des Strahls nach der z-Komponente von $\boldsymbol{\mu}$.

Klassisch wäre eine kontinuierliche Verteilung $\mu_z \in [-|\boldsymbol{\mu}|, |\boldsymbol{\mu}|]$ zu erwarten; ein Spin von $\frac{\hbar}{2}$ besitzt aber entlang einer vorgegebenen Achse nur zwei Einstellmöglichkeiten, hier also $S_z = \pm\frac{\hbar}{2}$. Entsprechend spaltet der Strahl nur in zwei Komponenten auf.

Anhand von hintereinandergeschalteten Stern-Gerlach-Apparaten können Grundeigenschaften der Quantenmechanik einprägsam demonstriert werden.

Misst man zunächst S_z und blockiert den Strahl mit $S_z = -\frac{1}{2}$, so liefert eine wiederholte Messung von S_z an diesem Strahl (wenn das Experiment sauber aufgesetzt wurde) erwartungsgemäß nur mehr das Ergebnis $S_z = +\frac{1}{2}$.

Misst man am Strahl mit $S_z = +\frac{1}{2}$ hingegen die x-Komponente des Spins, so findet man wieder im Mittel gleich häufig $S_x = +\frac{1}{2}$ und $S_x = -\frac{1}{2}$. Nun wählt man einen der beiden Strahlen (z. B. jenen mit $S_x = +\frac{1}{2}$).

Misst man wiederum S_z, so findet man die Ausrichtungen $S_z = \pm\frac{1}{2}$ erneut mit gleichen Häufigkeiten. Die Messung der x-Komponente hat also alle Informationen über die z-Ausrichtung des Spins zerstört.

Kombiniert man hingegen beide Strahlen aus der S_x-Messung (ohne die Phasenlage der Wellenfunktionen zu stören) und misst S_z, so findet man, dass immer noch alle Teilchen im Zustand $S_z = +\frac{1}{2}$ sind.

Zur Nomenklatur von Teilchen Teilchen werden oft nach ihrem Spin und ihrem Verhalten unter Koordinatentransformationen klassifiziert. Teilchen mit halbzahligem Spin (insbesondere mit Spin $\frac{1}{2}$) bezeichnet man als *Spinoren*. Teilchen mit Spin 0 werden als Skalarteilchen bezeichnet, oder, wenn ihre Wellenfunktion unter Raumspiegelung das Vorzeichen ändert, als Pseudoskalare. Analog heißen Spin-1-Teilchen Vektor- oder Axialvektor-Teilchen und Teilchen mit Spin 2 heißen Tensorteilchen.[d]

Magnetismus

Magnetismus von Materie ($\Rightarrow$ S. 58) ist ein zutiefst quantenphysikalisches Phänomen. Magnetische Felder resultieren aus bewegten Ladungen, und die Dynamik der Ladungsträger (vor allem der Elektronen) in einem Atom, Molekül oder Festkörper wird erst im Rahmen der Quantenmechanik auf brauchbare Weise beschrieben.

In der (nichtrelativistischen) Quantenmechanik koppeln Elektronen auf zwei Arten an ein äußeres magnetisches Feld. Einerseits wird der Impuls durch die Minimalankopplung $\boldsymbol{p} \to \boldsymbol{p} - \frac{e}{c}\boldsymbol{A}$ modifiziert, andererseits erhält der Hamiltonian einen Zusatzterm, der die Wechselwirkung zwischen Spin und Magnetfeld beschreibt. Der Hamilton-Operator für ein Elektron in einem magnetischen Feld lautet damit:

$$\hat{H} = \frac{\left(\hat{\boldsymbol{p}} + \frac{e}{c}\boldsymbol{A}\right)^2}{2m_{\mathrm{e}}} \qquad \text{(kinetische Energie inkl. Minimalankopplung)}$$

$$+ V(\hat{\boldsymbol{x}}) \qquad \text{(externes Potenzial)}$$

$$- \frac{e\mu_0\hbar}{4m_{\mathrm{e}}^2}\frac{\varepsilon_0}{r}\frac{\mathrm{d}V}{\mathrm{d}r}\,\boldsymbol{L}\cdot\boldsymbol{\sigma} \qquad \text{(Spin-Bahn-Kopplung)}$$

$$- g_{\mathrm{L}}\frac{e\hbar}{2m_{\mathrm{e}}}\frac{\boldsymbol{\sigma}}{2}\cdot\boldsymbol{B}\,, \qquad \text{(Kopplung Spin-Magnetfeld)}$$

mit dem *Landé-Faktor*[a] (dem gyromagnetischen Verhältnis) $g_{\mathrm{L}} = 2.002319304\ldots \approx 2$. In magnetischen Betrachtungen wird oft das *Bohr'sche Magneton* $\mu_{\mathrm{B}} = \frac{e\hbar}{2m_{\mathrm{e}}}$ benutzt, also der Betrag des magnetischen Moments, das durch den Bahndrehimpuls eines Elektrons mit Drehimpulsquantenzahl $\ell = 1$ entsteht. (Das Moment selbst ist durch die negative Ladung des Elektrons dem erzeugenden Drehimpuls entgegengerichtet.)

Untersucht man, welche Magnetisierung $\boldsymbol{M}$ sich in Abhängigkeit vom externen Magnetfeld $\boldsymbol{B}$ ergibt, so ist eine charakteristische Größe die (isotherme) magnetische Suszeptibilität χ, die im Allgemeinen Tensorcharakter hat:

$$(\chi_{\mathrm{m}})_{\alpha\beta} = \frac{\partial M_\alpha}{\partial B_\beta} = -\frac{\partial}{\partial B_\beta}\frac{\partial}{\partial B_\alpha}f\,.$$

Dabei ist f die Dichte der freien Energie ($\Rightarrow$ S. 98):

$$f = -k_{\mathrm{B}}T\ln\sum_n \mathrm{e}^{-\beta E_n}\,,$$

mit den Energieeigenwerten E_n in Anwesenheit des magnetischen Feldes (wohingegen im Folgenden E_n^0 die Energieeigenwerte des Systems ohne Magnetfeld bezeichnen, die für die störungstheoretische Behandlung des Magnetfelds erforderlich sind).

Für ein homogenes magnetisches Feld, das entlang der z-Achse ausgerichtet ist, erhält man in linearer Ordnung (wobei zum Teil Störungsrechnung ($\Rightarrow$ S. 162) in Bezug auf das Magnetfeld zum Einsatz kommt):

$$(\chi_m)_{zz} = \chi_C + \chi_{vV} + \chi_{\text{dia}}, \qquad \text{mit}$$

$$\chi_C = \frac{\mu_B^2}{k_B T} \frac{\sum_n (\langle n|l_z + \sigma_z|n\rangle)\, e^{-\beta E_n}}{\sum_n e^{-\beta E_n}} > 0,$$

$$\chi_{vV} = -2\mu_B \sum_{m \neq n} \frac{|(\langle n|l_z + \sigma_z|m\rangle)|^2}{E_n^0 - E_m^0} > 0,$$

$$\chi_{\text{dia}} = -2\, \frac{e^2}{8mc^2} \left\langle x^2 + y^2 \right\rangle < 0.$$

Ist χ_m positiv, so wird der betreffende Stoff in Richtung des äußeren Feldes magnetisiert (Verstärkung, paramagnetischer Fall), ist sie negativ, entgegengesetzt dazu (Abschwächung, diamagnetischer Fall). Demnach lässt sich χ in drei Beiträge unterschiedlicher Charakteristika zerlegen:

- Der positive *Curie-Beitrag* χ_C weist die Temperaturabhängigkeit $\chi = \frac{C_C}{T}$ mit einer jeweils stoffabhängigen *Curie-Konstanten* C_C auf.
- Daneben gibt es einen weiteren paramagnetischen Beitrag χ_{vV} zur Suszeptibilität, der den *Van-Vleck-Paramagnetismus* beschreibt. Bei tiefen Temperaturen ist dieser Term fast konstant, bei hohen Temperaturen ergibt sich auch ein Abfall mit $\frac{1}{T}$.
- Allein aus der Minimalankopplung resultiert hingegen ein diamagnetischer Beitrag[b] χ_{dia}. Die Minimalankopplung wird daher auch als „diamagnetische Kopplung" bezeichnet, allerdings liefert sie über den Bahndrehimpuls meist auch einen Beitrag zum Paramagnetismus eines Stoffs.

Diamagnetische Beiträge sind demnach stets vorhanden. Existieren allerdings bereits ohne externes Feld magnetische Momente (selbst wenn sie sich ohne externes Feld nicht bemerkbar machen), so überwiegt meist der Paramagnetismus. Gibt es zudem eine Kopplung der magnetischen Momente untereinander, so kann es auch ohne externes Feld eine resultierende Magnetisierung geben, und es liegt Ferro- oder Ferrimagnetismus vor ($\Rightarrow$ S. 202). Diese erfordern, ebenso wie der Antiferromagnetismus, regelmäßige Strukturen, wie sie typischerweise nur in kristallinen Festkörpern auftreten. Dia- und Paramagnetismus treten hingegen auch bei Flüssigkeiten und Gasen auf.

Der Einstein-de-Haas-Effekt Dass magnetische Momente in der Tat von Drehimpulsen stammen, zeigt sich experimentell am *Einstein-de-Haas-Effekt*. Dabei wird ein ferromagnetischer Zylinder in ein äußeres magnetisches Feld gebracht. Wird das Feld umgepolt, so klappen auch die magnetischen Momente und damit die mikroskopischen Drehimpulse um. Aufgrund der Drehimpulserhaltung muss in dem System ein gegengleicher Drehimpuls auftreten, und der gesamte Zylinder beginnt sich zu drehen.[c]

Verschränkte Zustände

Aus zwei Einzelwellenfunktionen kann man durch Bildung eines direkten Produkts eine Mehrteilchenwellenfunktion konstruieren, z. B.:

$$|\psi_{12}\rangle = |\psi_1\rangle \otimes |\psi_2\rangle = \big(c_{1A}|A\rangle_1 + c_{1B}|B\rangle_1\big) \otimes \big(c_{2A}|A\rangle_2 + c_{2B}|B\rangle_2\big)$$
$$= c_{1A}c_{2A}|A\rangle_1|A\rangle_2 + c_{1A}c_{2B}|A\rangle_1|B\rangle_2 + c_{1B}c_{2A}|B\rangle_1|A\rangle_2 + c_{1B}c_{2B}|B\rangle_1|B\rangle_2 \, .$$

Dabei können $|A\rangle$ und $|B\rangle$ die Ausrichtungen elementarer Spins ($\Rightarrow$ S. 154), die Polarisationszustände von Photonen oder andere Kenngrößen eines Systems sein.

Die Bildung einer Mehr-Teilchen-Wellenfuktion ist in diesem Fall ein rein formaler Schritt; die beiden Teilchen sind nach wie vor völlig unabhängig voneinander. In welchem Zustand man bei einer Messung das erste Teilchen findet, hat keinen Zusammenhang damit, welchen Zustand eine Messung für das zweite Teilchen liefert.

Allerdings lässt sich bei Weitem nicht jede Mehr-Teilchen-Wellenfunktion als direktes Produkt von Ein-Teilchen-Wellenfunktionen darstellen. Wenn sich ein Mehr-Teilchen-Zustand nicht als direktes Produkt von Einteilchenzuständen darstellen lässt, spricht man von *Verschränkung*. So kann man etwa einen Zustand der Form

$$|\psi'_{12}\rangle = c_{AB}|A\rangle_1|B\rangle_2 + c_{BA}|B\rangle_1|A\rangle_2$$

nicht in ein direktes Produkt faktorisieren. Im Gegensatz zu vorher sind die beiden Teilen in diesem Fall keineswegs mehr unabhängig voneinander. Misst man den Zustand des ersten Teilchens und findet $|A\rangle$, so weiß man auch ohne weitere Messung, dass man das zweite Teilchen im Zustand $|B\rangle$ finden wird. In diesem Fall liegt *maximale Verschränkung* vor.

Nun gibt es auch klassische Situationen, in denen eine Messung an einem System sofort Information über ein anderes System liefert. Legt man zwei Kugeln, von denen eine rot und eine blau ist, getrennt und ohne hinzusehen in zwei Schachteln, so weiß man zunächst nicht, in welcher Schachtel welche Kugel liegt. Öffnet man eine Schachtel und findet z. B. die rote Kugel, so weiß man sofort, dass sich in der anderen Schachtel die blaue befinden muss. Verschränkung bedeutet aber deutlich mehr als nur das. Hat man analog dazu zwei Schachteln mit verschränkten „Quantenkugeln",

$$|\psi\rangle = \frac{1}{\sqrt{2}}\,|\text{links blau}\rangle\,|\text{rechts rot}\rangle + \frac{e^{i\varphi}}{\sqrt{2}}\,|\text{links rot}\rangle\,|\text{rechts blau}\rangle \, ,$$

so legt erst die Messung an einer der beiden Schachteln fest, welche Kugel man in dieser und welche in der anderen Schachtel findet.

Anhand verschränkter Zustände wurde (erfolglos) versucht, Lücken in der Quantenmechanik aufzuzeigen ($\Rightarrow$ S. 180). Auf ihnen beruht die *Quantenteleportation*[a] ebenso wie das Konzept der Quantenkryptographie ($\Rightarrow$ S. 160).

Die Grenzen des Kopierens

Naiverweise könnte man glauben, es gäbe einen einfachen Weg, die Unschärferelation zu umgehen: Um für einen Zustand $|\psi\rangle$ zwei komplementäre Größen zu bestimmen, fertigt man davon eine genaue Kopie an und misst dann beispielsweise am Original den Ort, an der Kopie hingegen den Impuls.

Warum funktioniert dieser Weg nicht? Der kritische Schritt ist das Anfertigen einer genauen Kopie eines unbekannten Quantenzustands. Dass das nicht möglich ist, ist Inhalt eines fundamentalen Satzes, der als *Quantum-non-Xeroxing-*, *Quantum-non-copying-* oder *Quantum-non-cloning-Theorem* bekannt ist:

Ein unbekannter Quantenzustand kann nicht exakt kopiert werden.

Überlegen wir uns, warum es einen derartigen „Kopieroperator" $\hat{K}$ im Rahmen der Quantenmechanik nicht geben kann. Ein solcher Operator müsste aus einer (vorab unbekannten) „Vorlage" $|\psi\rangle$ und entsprechendem „Kopiermaterial" $|0\rangle$ eine doppelte Ausführung von $|\psi\rangle$ machen:

$$\hat{K} |\psi\rangle_1 |0\rangle_2 = |\psi\rangle_1 |\psi\rangle_2 \, .$$

Wählen wir für $|\psi\rangle$ nun eine Basis $((|a\rangle\,,\,|b\rangle))$, so muss natürlich

$$\hat{K} |a\rangle_1 |0\rangle_2 = |a\rangle_1 |a\rangle_2 \qquad \text{und} \qquad \hat{K} |b\rangle_1 |0\rangle_2 = |b\rangle_1 |b\rangle_2$$

gelten. Für einen allgemeinen Zustand $|\psi\rangle = c_a |a\rangle + c_b |b\rangle$ müsste damit einerseits

$$\hat{K} (c_a |a\rangle + c_b |b\rangle)_1 |0\rangle_2 = (c_a |a\rangle + c_b |b\rangle)_1 (c_a |a\rangle + c_b |b\rangle)_2$$
$$= c_a^2 |a\rangle_1 |a\rangle_2 + c_b^2 |b\rangle_1 |b\rangle_2 + c_a c_b (|a\rangle_1 |b\rangle_2 + |b\rangle_1 |a\rangle_2)$$

sein. Andererseits folgt aus der Linearität von $\hat{K}$ und der Wirkung von $\hat{K}$ auf die Basiszustände $|a\rangle$ und $|b\rangle$, dass

$$\hat{K} (c_a |a\rangle + c_b |b\rangle)_1 |0\rangle_2 = c_a \hat{K} |a\rangle_1 |0\rangle_2 + c_b \hat{K} |b\rangle_1 |0\rangle_2 = c_a |a\rangle_1 |a\rangle_2 + c_b |b\rangle_1 |b\rangle_2$$

sein müsste. Das ist ein völlig anderer Ausdruck als vorhin, insbesondere treten hier keine Mischterme der Form $|a\rangle_1 |b\rangle_2$ und $|b\rangle_1 |a\rangle_2$ auf. Die beiden Resultate sind unverträglich; demnach war die Annahme, dass es einen solchen Kopieroperator $\hat{K}$ geben könnte, von vornherein falsch.[a]

Noch eine zweite fundamentale Aussage ist in diesem Gedankengang versteckt. Über das „Kopiermaterial", den Zustand $|0\rangle$, haben wir uns bislang noch keine Gedanken gemacht. Auch dieses muss in der Basis $((|a\rangle\,,\,|b\rangle))$ darstellbar sein:

$$|0\rangle = \tilde{c}_a |a\rangle + \tilde{c}_b |b\rangle \, .$$

Der Kopiervorgang würde alle Information über die Koeffizienten $\tilde{c}_a$ und $\tilde{c}_b$ vernichten; genau das wird aber von der Linearität der Operatoren verhindert. Ebensowenig wie man einen Quantenzustand exakt kopieren kann, kann man ihn vollständig vernichten – am ehesten noch (möglicherweise) durch einen Messprozess ($\Rightarrow$ S. 182).

Quantencomputer und Quantenkryptographie

Unsere Computer beruhen auf der elektronischen Umsetzung logischer Strukturen, die letztlich auf einem *Wahr-falsch*-System basieren. Entsprechend werden auch alle Daten letztlich in binärer Form gespeichert, als Aneinanderreihung von *bits*, von denen jedes nur den Wert null oder eins annehmen kann.

Dass ein bit nur entweder den Wert null oder den Wert eins haben kann, kommt daher, dass auch die Speicher von Computern sich im Wesentlichen klassisch verhalten. Quantenmechanisch wäre es durchaus möglich, ein Zwei-Zustands-System in eine Überlagerung wie z. B. $\frac{1}{\sqrt{2}} |0\rangle + \frac{1}{\sqrt{2}} |1\rangle$ zu versetzen. Man kann ein solches System als quantenmechanisches bit, kurz *qubit* auffassen.

Eine Aneinanderreihung solcher qubits könnte sich in einer Überlagerung aller möglichen Speicherzustände befinden. Ist es in einem Algorithmus etwa erforderlich, eine große Menge von Zahlen auf eine bestimmte Eigenschaft zu testen, könnte man im Idealfall den Test einmal auf einen solchen Überlagerungszustand anwenden und damit quasi alle Möglichkeiten auf einen Schlag überprüfen.

Dass sich das Resultat danach auswerten und in ein „klassisches" Ergebnis transformieren lässt, ist keineswegs trivial. Für einige Aufgaben gibt es aber inzwischen Algorithmen, mit denen ein derartiger *Quantencomputer* spezielle Aufgaben um Größenordnungen schneller ausführen könnte als ein herkömmlicher Rechner.[a]

Am bekanntesten ist der *Shor-Algorithmus* zur Faktorisierung von Primzahlen. Dieses Problem ist aus klassischer Sicht exponentiell schwer, d. h. der notwendige Rechenaufwand wächst eponentiell mit der Größe der zu faktorisierenden Zahl an. Auf diesem Umstand beruhen heute viele wichtige Verschlüsselungsverfahren. Tagtäglich im Einsatz sind insbesondere solche Verfahren, bei denen das Verfahren zur Verschlüsselung öffentlich ist, nicht aber jenes zur Entschlüsselung. So ist es möglich, dass jeder Kunde auf seinem eigenen Computer Daten verschlüsseln und an seine Bank senden kann; nur die Bank ist aber in der Lage, die Daten wieder zu entschlüsseln.

Derartige Verfahren haben zwei „Schlüssel", einen *public key*, der öffentlich bekannt ist und nur zum Verschlüsseln verwendet werden kann, und einen *private key*, über den nur jene verfügen, die die Daten entschlüsseln. Diese beiden Schlüssel können natürlich nicht unabhängig voneinander sein. Üblicherweise besteht der *private key* aus zwei großen Primzahlen, der *public key* ist deren Produkt. Da die Primfaktorzerlegung dermaßen aufwändig ist, würde es immensen Rechenaufwand bedeuten, aus dem *public key* den *private key* zu rekonstruieren. Mit einem funktionierenden Quantencomputer wäre das anders, und das Verfahren könnte nicht mehr als sicher eingestuft werden.

Der tatsächliche Bau von Quantencomputern ist momentan ein aktives Forschungsthema, das rund um die Welt von experimentellen Gruppen mit den unterschiedlichsten Ansätzen verfolgt wird. Bislang ist es nur gelungen, wenige qubits zu kontrollieren; die notwendige Kohärenz aufrecht zu erhalten, ist eine große Herausforderung.

Quantenkryptographie Während die Quantenmechanik einen wichtigen Zweig der modernen Kryptographie bedroht, eröffnet sie zugleich die Möglichkeit völlig neuartiger Verschlüsselungsmethoden. So könnte man es für Verschlüsselungszwecke ausnutzen, dass die Unschärferelation es unmöglich macht, die Komponenten von Drehimpulsen entlang aller Achsen gleichzeitig zu kennen.

Betrachten wir ein Spin-$\frac{1}{2}$-System mit der Möglichkeit, dass die Ausrichtung des Spins entlang der x- oder der y-Achse erfolgt. Der Sender, der oft als Alice bezeichnet wird, kann eine Sequenz von Spins losschicken, die jeweils entlang einer zufällig gewählten Achse $i \in \{x, y\}$ mit $s_i \in \{+\frac{1}{2}, -\frac{1}{2}\}$ ausgerichtet sind.

Misst der Empfänger, der oft mit Bob bezeichnet wird, ebenfalls jeweils entlang einer zufällig ausgerichteten Achse $k \in \{x, y\}$, so werden die Achsen in etwa 50 % der Fälle übereinstimmen. In diesen Fällen erhält Bob die Information $s_k = s_i$, die Alice gesendet hat, ansonsten ein Zufallsergebnis. Geben Alice und Bob hinterher bekannt, welche Ausrichtung sie jeweils gewählt haben, dann wissen sie, welche bits sie benutzen können, um ein *one-time-pad* zu konstruieren, einen kryptographischen Schlüssel, der nur ein einziges Mal verwendet wird und dadurch optimale Sicherheit garantiert.

Versucht ein Spion, konventionellerweise Eve genannt, das Signal abzuhören, dann besteht zwangsläufig das Risiko, es zu verfälschen. Verwendet Eve die „falsche" Achse $k \neq i$, Bob hingegen die „richtige" $j = i$, so wird er dennoch nur in der Hälfte der Fälle das richtige Ergebnis erhalten. Die Messung von s_j hat die Information über die Ausrichtung entlang der Achse $i = k$ zerstört.

Verwenden Alice und Bob also beispielsweise nur jedes zweite bit, um einen Schlüssel zu konstruieren, und überprüfen beim Rest, ob sie tatsächlich die gleiche Information vorliegen haben, lässt sich ein etwaiger Spionageversuch schnell feststellen.[b]

Andere Ansätze beruhen etwa auf Verschränkung: Alice und Bob erhalten dabei jeweils eines von zwei vollständig miteinander verschränkten Teilchen. Messung entlang einer festen Achse liefert exakt komplementäre Ergebnisse, aus denen wieder ein one-time-pad konstruiert werden kann. Auch hier kann wieder ein bestimmter Anteil verglichen werden, um Spionageversuche zu erkennen.

In der Praxis werden derartige Ansätze nicht mit Spins durchgeführt, sondern mit linear polarisierten Photonen. Verwendet man ein festes Paar orthogonaler Achsen als mögliche Polarisationsrichtungen, so kann ein Analysator die Polarisation einwandfrei erkennen. Wird ein dagegen um 45° gedrehtes Achsenpaar verwendet, so liefert der Polarisator ein reines Zufallsergebnis.

Die erste quantenkryptographisch gesicherte Geldüberweisung wurde 2004 in Wien durchgeführt. Quantenkryptographische Verfahren sind so weit entwickelt, dass es kommerzielle Anbieter gibt. Die Distanz, über die hinweg diese Technik eingesetzt werden kann, ist zwar beschränkt, da aufgrund der Kohärenzanforderungen keine konventionellen Signalverstärker eingesetzt werden können. Es können allerdings bereits Distanzen von mehr als hundert Kilometern überbrückt werden.

Rechenmethoden in der Quantenmechanik

Generell lassen sich nur wenige physikalische Probleme exakt analytisch, sprich: mit Papier und Bleistift, lösen. Das ist auch in der Quantenmechanik so, und entsprechend haben hier Näherungsverfahren und numerische Methoden große Bedeutung.

Zeitunabhängige Störungstheorie Störungsrechnung wird in vielen Bereichen der Physik verwendet, etwa auch in der klassischen Mechanik. Dort wird sie beispielsweise für die Berechnung von Planetenbahnen im Sonnensystem eingesetzt. Dort ist es das Kepler-Problem, das jeweils durch die Gravitationswirkung der anderen Planeten leicht beeinflusst wird.

Ganz salopp gesagt, ist Störungstheorie dann interessant, wenn sich das aktuelle Problem von einem schon gelösten nur durch eine „schwache" Störung unterscheidet. In diesem Fall kann man Reihenentwicklungen der relevanten Größen ansetzen und durch Koeffizientenvergleich Gleichungen gewinnen, die sukzessive bessere Näherungslösungen generieren.

In der Quantenmechanik kann die „Störung" etwa die Wechselwirkung zwischen zwei Systemen sein, ein schwaches externes Feld oder auch einfach ein Effekt, der bei der ursprünglichen Behandlung vernachlässigt wurde.

So liefert die Schrödinger-Gleichung für ein geladenes Teilchen im attraktiven Coulomb-Potenzial Energieeigenwerte $E_n \propto \frac{1}{n^2}$ ($\Rightarrow$ S. 152). Die tatsächlichen Energiewerte sind gegenüber diesen aber unter anderem durch Spin-Bahn-Kopplung, relativistische Effekte und die Hyperfein-Wechselwirkung mit dem Kern verschoben. All diese Einflüsse lassen sich als kleine Störungen auffassen und störungstheoretisch behandeln.

Schreibt man den „gestörten" Hamilton-Operator als $\hat{H} = \hat{H}_0 + \hat{H}'$[a] und bezeichnet mit $E_n^{(0)}$ die Eigenwerte, mit $\left| n^{(0)} \right\rangle$ die Eigenzustände von $\hat{H}_0$,

$$\hat{H}_0 \left| n^{(0)} \right\rangle = E_n^{(0)} \left| n^{(0)} \right\rangle,$$

so erhält man für die Energiekorrekturen erster und zweiter Ordnung

$$E_n^{(1)} = \left\langle n^{(0)} \left| \hat{H}' \right| n^{(0)} \right\rangle, \qquad E_n^{(2)} = \sum_{m \neq n} \frac{\left| \left\langle n^{(0)} \left| \hat{H}' \right| n^{(0)} \right\rangle \right|^2}{E_n^{(0)} - E_m^{(0)}},$$

sofern keine Energieentartung vorliegt. Im Fall einer solchen Entartung muss die Störung in den jeweils von den entarteten Zuständen gebildeten Unterräumen diagonalisiert werden.

Zudem wird hier angenommen, dass die „Störungen" ständig präsent sind – man spricht von *zeitunabhängiger Störungstheorie*. Hier stehen üblicherweise die modifizierten (Energie-)Eigenwerte, nicht die ebenfalls berechenbaren modifizierten Zustände im Zentrum des Interesses.

Zeitabhängige Störungstheorie Wirkt eine Störung nur begrenzte Zeit, so ist die (ohnehin ebenfalls nur temporäre) Verschiebung der Eigenzustände meist von geringem Interesse, umso mehr dagegen die Frage, mit welcher Wahrscheinlichkeit durch die Störung ein Übergang von einem Ausgangszustand $|i\rangle$ zu einem Endzustand $|f\rangle$ verursacht wird. Das ist etwa eine Grundfrage bei Streuproblemen ($\Rightarrow$ S. 146), die sich im Falle schwacher Wechselwirkungen gut mittels *zeitabhängiger Störungstheorie* behandeln lassen.

Kann man den Hamiltonian in der Form $\hat{H} = \hat{H}_0 + \hat{H}'(t)$ schreiben und sind sowohl $|i\rangle$ als auch $|f\rangle$ Eigenzustände von $\hat{H}_0$, so ist für die Übergangsrate in erster Ordnung das Matrixelement $\langle f|\hat{H}'|i\rangle$ entscheidend. Für die Wahrscheinlichkeit eines Übergangs bis zur Zeit t durch eine Störung, die bei $t = 0$ einsetzt, erhält man in erster Ordnung

$$P_{i \to f}(t) = \frac{1}{\hbar^2} \left| \int_0^t \langle f|\hat{H}'(t)|i\rangle \, \mathrm{e}^{\mathrm{i}(E_f - E_i)t'/\hbar} \, \mathrm{d}t' \right|^2 .$$

Im Falle harmonischer Störungen erhält man mit $\omega_{fi} = \frac{E_f - E_i)}{\hbar}$ *Fermis Goldene Regel*[b]

$$R_{i \to f}(\omega) = \frac{2\pi}{\hbar^2} \left| \langle f|\hat{H}'|i\rangle \right|^2 \delta(\omega_{fi} - \omega).$$

Variationsrechnung Der Grundzustand ist der Zustand minimaler Energie, d. h. jener Zustand $|\psi_0\rangle$, für den in Bezug auf alle erlaubten Zustände $|\psi\rangle$ den Erwartungswert $\langle \psi|\hat{H}|\psi\rangle$ minimiert. Das kann man ausnutzen, indem man einen plausiblen analytischen Ansatz $|\psi_\alpha\rangle$ für die Wellenfunktion macht, der noch durch Parameter $\boldsymbol{\alpha} = (\alpha_1, \alpha_2, \dots, \alpha_N)$ justiert werden kann. Für beliebige Wahl von $\boldsymbol{\alpha}$ gilt

$$E_{\boldsymbol{\alpha}} := \left\langle \psi_{\boldsymbol{\alpha}} \big| \hat{H} \big| \psi_{\boldsymbol{\alpha}} \right\rangle \geq E_0 \,,$$

d. h. man erhält immer nur eine obere Schranke für die Grundzustandenergie. Durch Minimierung von $E_{\boldsymbol{\alpha}}$ in Bezug auf die Parameter α_i kann man diese Abschätzung verbessern; mit dem Minimum $E_{\boldsymbol{\alpha}_{\text{best}}}$ hat man zugleich auch eine Näherung $|\psi_{\boldsymbol{\alpha}_{\text{best}}}\rangle$ für den Grundzustand gefunden.

Weitere Rechen- und Näherungsmethoden Neben Störungs- und Variationsrechnung gibt es noch eine Vielzahl von weiteren Methoden, die zur Behandlung quantenmechanischer Probleme geeignet sind. Das sind einerseits explizite Näherungen wie die WKB-Näherung, anderseits numerische Verfahren wie etwa die näherungsweise Lösung der Schrödinger-Gleichung mittels *shooting method*. Für viele Zwecke ist auch die Umformulierung der Schrödinger-Gleichung als Integralgleichung hilfreich.[c]

Durch näherungsweise Darstellung der Operatoren in einer geeigneten Basis lassen sich auch komplexe quantenmechanische Probleme auf lineare Gleichungssysteme abbilden, die allerdings oft gigantische Matrizen beinhalten und entsprechend aufwändig zu diagonalisieren sind.[d] Insbesondere in Quantenchemie und Festkörperphysik kommt oft die Dichtefunktionaltheorie ($\Rightarrow$ S. 192) zum Einsatz.

Atom-Photon-Wechselwirkung

Die Wechselwirkung zwischen Atomen und elektromagnetischen Wellen ist ein zentrales Thema der Quantenmechanik. Dabei beschränkt man sich meist auf die Dipolnäherung, d.h. es wird nur die Wechselwirkung zwischen einem harmonischen elektrischen Feld und dem elektrischen Dipolmoment $\hat{p}$ betrachtet. Magnetische Wechselwirkungen und höhere Multipolelemente ($\Rightarrow$ S. 62) werden dabei vernachlässigt.

Der Wechselwirkungs-Hamilton-Operator hat dann die Form

$$\hat{H}_I = -\hat{p} \cdot \boldsymbol{E} = e\,\hat{r} \cdot \boldsymbol{\varepsilon} E_0 \, \cos(\omega t)\,,$$

wobei $\boldsymbol{\varepsilon}$ der Einheitsvektor der elektrischen Polarisationsrichtung und E_0 die Amplitude des elektrischen Feldes angibt.

Ein Werkzeug zur Behandlung dieses Problems ist die zeitabhängige Störungstheorie ($\Rightarrow$ S. 162), und mit Fermis Goldener Regel erhält man für die Übergangsrate $i \to f$

$$R_{i\to f}(\omega) = \frac{\pi\,e^2\,E_0^2}{2\,\hbar^2}\,|\langle \boldsymbol{\varepsilon} \cdot \hat{r}\rangle|\;\delta(\omega_{fi} - \omega)\,,$$

wobei $\omega_{fi} = \frac{\Delta E}{\hbar}$ die zugehörige Übergangsfrequenz ist.

Betrachtet man die Anregung durch Schwarzkörperstrahlung, so erhält man die Übergangsrate durch Integration über alle Frequenzen und Mittelung über alle Polarisationsrichtungen zu

$$R_{i\to f} = \underbrace{\frac{\pi\,e^2\,\mathcal{E}_0^2}{3\varepsilon_0\hbar^2}\,|\langle f|\hat{r}|i\rangle|^2}_{=B_{if}}\,\rho_{\text{elmag}}(\omega_{fi})\,,$$

mit der elektromagnetischen Energiedichte ρ_{elmag}. Der Koeffizient B_{if} beschreibt sowohl Absorption als auch Emission; die Raten für beide Prozesse sind also gleich. Erst die spontane Emission sorgt dafür, dass – wie es die Thermodynamik fordert – energetisch höher liegende Zustände schwächer besetzt sind als tiefer liegende.

Mit Hilfe der Gleichgewichtsbedingung und des Planck'schen Strahlungsgesetzes ($\Rightarrow$ S. 104) lässt sich auch der Koeffizient der spontanen Emission ermitteln:

$$A_{if} = \frac{e^2\,\omega_{if}^3}{3\pi\varepsilon_0\hbar c^3}\,|\langle f|\hat{r}|i\rangle|^2\,.$$

Dieser ist von der Feldstärke unabhängig und begrenzt die mittlere Lebensdauer angeregter Zustände. Dass angeregte Zustände nur eine begrenzte Lebensdauer haben, führt dazu, dass auch ihre Energie gemäß der Zeit-Energie-Unschärfe nicht beliebig genau bestimmbar ist. Daher wird ein angeregter Zustand nicht durch einen einzelnen Energiewert, sondern durch ein schmales Band charakterisiert. Die resultierende *Linienverbreiterung* kann bei den entsprechenden Spektrallinien deutlich beobachtet werden.

Auch wenn spontane Emission ein „alltäglicherer" Prozess ist als stimulierte Emission ($\Rightarrow$ S. 82), so ist sie doch keineswegs einfacher zu erklären. Immerhin bleiben nach den Regeln der Quantenmechanik ($\Rightarrow$ S. 140) Energieeigenzustände unter Zeitentwicklung (abgesehen von Phasenfaktoren) invariant. Von daher sollte man nicht erwarten, dass ein Elektron in einem angeregten Zustand „von selbst" in den Grundzustand wechselt. Dass das doch der Fall ist, ist erst im Kontext der Quantenelektrodynamik ($\Rightarrow$ S. 250) zu verstehen. Auch in Abwesenheit von Photonen hat das Feld, das die elektromagnetische Wechselwirkung beschreibt, eine Nullpunktsenergie und kann mit Teilchen in Wechselwirkung treten. Spontane Emission kann demnach ebenfalls als stimulierte Emission betrachtet werden – stimuliert durch Vakuumfluktuation des Photonfeldes.[a]

Auswahlregeln Die Übergangsrate zwischen zwei atomaren Niveaus ist in der Dipolnäherung proportional zum Matrixelement $|\langle f|\hat{r}|i\rangle|^2$. Verschwindet dieses Matrixelement, so ist der entsprechende Übergang *verboten*.

In der Dipolnäherung lassen sich die entsprechenden Matrixelemente als Integrale über das Produkt von jeweils drei Kugelflächenfunktionen auswerten. Die entsprechenden *Auswahlregeln* für erlaubte Übergänge ergeben sich zu

$$\Delta\ell = \pm 1\,, \qquad \Delta m_\ell = 0,\,\pm 1\,.$$

Diese Auswahlregeln folgen aus der Drehimpulserhaltung. Da das Photon ein Spin-1-Teilchen ist, muss sich bei Absorption oder Emission eines solchen Teilchens der Gesamtdrehimpuls um $\hbar$ ändern. Die Übergänge mit $\Delta m_\ell = \pm 1$ involvieren zirkular polarisierte Photonen, jene mit $\Delta m_\ell = 0$ linear polarisierte.

Die Auswahlregeln besagen beispielsweise, dass im Wasserstoffatom zwar der Übergang 2p→1s erlaubt ist, nicht aber die Übergänge 2s→1s und 2s→2p. Demnach sollte der 2s-Zustand ein stabiler Zustand sein. Dieses Resultat ist allerdings eine Konsequenz der Dipolnäherung.

In höherer Ordnung ist (etwa durch Zwei-Photonen-Prozesse) der Zerfall 2s→1s durchaus möglich. Auch Stöße können Übergänge auslösen. Die Rate für solche Prozesse ist allerdings gering, und so hat der 2s-Zustand eine für atomare Verhältnisse extrem lange Lebensdauer von ca. 1/7 Sekunde.

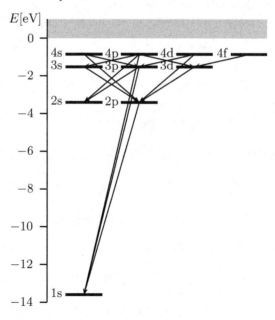

Das Feynman'sche Pfadintegral

> Thirty-one years ago, Dick Feynman told me about his "sum over histories" version of quantum mechanics. "The electron does anything it likes," he said. "It just goes in any direction at any speed, forward or backward in time, however it likes, and then you add up the amplitudes and it gives you the wave-function."
> I said to him, "You're crazy". But he wasn't.
>
> Freeman J. Dyson, 1983

Eine faszinierende Möglichkeit, die klassische Mechanik zu formulieren, ist das Hamilton'sche Prinzip ($\Rightarrow$ S. 36). Von allen Pfaden γ, die ein Teilchen nehmen kann, um vom Anfangs- in den Endzustand zu kommen, wird jener ausgewählt, der die Wirkung

$$S(\gamma) = \int_{t_i}^{t_f} L(\gamma, \dot{\gamma}, t)\, \mathrm{d}t$$

minimiert oder allgemeiner stationär macht: $\delta_{\gamma(t)} S = 0$.

Für die Quantenmechanik scheint diese Formulierung auf den ersten Blick denkbar ungeeignet zu sein – immerhin nimmt ein Teilchen, solange es unbeobachtet bleibt, im Normalfall keinen festgelegten Pfad.

Das Interferenzverhalten, das man etwa beim Doppelspaltexperiment ($\Rightarrow$ S. 138) findet, kann man allerdings so interpretieren, dass die Pfade durch die beiden Spalte miteinander interferieren, um das beobachtete Resultat zu liefern. Pfade spielen demnach noch immer eine große Rolle – allerdings wird nicht einer davon ausgewählt, sondern es müssen *alle überhaupt möglichen* stetigen Wege berücksichtigt werden:

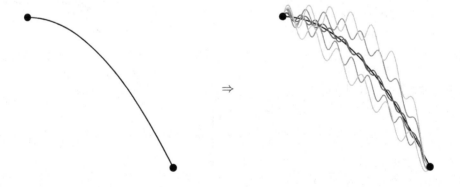

Für eine konsistente Formulierung muss das so geschehen, dass einerseits Interferenz möglich ist, andererseits aber im klassischen Limes $\hbar \to 0$ nur der Beitrag vom Weg der minimalen Wirkung übrig bleibt.

Die Quantenmechanik legt nahe, dass alle Beiträge *aufsummiert* bzw. *auf integriert* werden müssen, versehen mit einem Phasenfaktor, der Interferenz ermöglicht. Dieser Phasenfaktor in diesem *Pfadintegral* erweist sich als die klassische Wirkung in Vielfachen des reduzierten Wirkungsquantums:

$$\text{Wellenfunktion} \propto \sum_{\text{Pfade } \gamma} e^{iS(\gamma)/\hbar}.$$

Wie sieht hier die Verbindung zum Hamilton'schen Prinzip aus? Dazu nehmen wir an, dass es genau einen Pfad γ_1 mit minimaler Wirkung gibt; die übrigen Pfade ordnen wir nach der Größe der Wirkung:[a]

$$S(\gamma_1) < S(\gamma_2) \leq S(\gamma_3) \leq \cdots$$

Dann gilt

$$\text{Wellenfunktion} \propto e^{iS(\gamma_1)/\hbar} + e^{iS(\gamma_2)/\hbar} + e^{iS(\gamma_3)/\hbar} + \cdots$$
$$= e^{iS(\gamma_1)/\hbar} \left(1 + e^{i\,\Delta S_2/\hbar} + e^{i\,\Delta S_3/\hbar} + \cdots \right)$$

mit den Wirkungsdifferenzen $\Delta S_j = S(\gamma_j) - S(\gamma_1)$. Dabei ist $\Delta S_j > 0$ für $j \geq 2$. Der Vorfaktor $e^{iS(\gamma_1)/\hbar}$ ist eine globale Phase und beeinflusst daher Observablen nicht. Die Terme $e^{i\,\Delta S_k/\hbar}$ hingegen beschreiben Oszillationen, und zwar umso schnellere, je größer $\frac{\Delta S_k}{\hbar}$ ist. Je schneller aber eine Funktion oszilliert, desto weniger „spürt" man von ihr, wenn sie über einen endlichen Bereich integriert wird.

In der Mathematik ist dieser Umstand als *Lemma von Riemann-Lebesgue* bekannt: Für jede in $[t_1, t_2]$ stetige Funktion f gilt

$$\lim_{\omega \to \infty} \int_{t_1}^{t_2} f(t)\,\sin(\omega t)\,\mathrm{d}t = \lim_{\omega \to \infty} \int_{t_1}^{t_2} f(t)\,\cos(\omega t)\,\mathrm{d}t = 0.$$

Diese immer dichter liegenden Oszillationen der Winkelfunktionen führen dazu, dass sich positive und negative Beiträge gegenseitig immer genauer wegmitteln und man für $\omega \to \infty$ nur mehr Null erhält.

Für $\hbar \to 0$ geht $\frac{\Delta S_k}{\hbar} \to \infty$, und die Beiträge von allen Pfaden außer jenem mit minimaler Wirkung verschwinden, sobald man die Wellenfunktion an einem Ort mit endlicher Ausdehnung betrachtet. Da jede Beobachtung eine endliche Auflösung hat, ist im klassischen Limes nur der Weg γ_1 relevant.

In der realen Wert ist $\hbar$ zwar nicht null, aber sehr klein verglichen mit makroskopischen Skalen. Lediglich Pfade, für die die Wirkung nur um wenige $\hbar$ von der minimalen abweichen, können einen nennenswerten Beitrag liefern – diese Abweichung vom Pfad der minimalen Wirkung ist für makroskopische Objekte kaum feststellbar.

Prinzipiell sind Pfadintegralformulierung und Schrödinger-Gleichung gleichwertig, sie beschreiben die gleiche Physik. Je nach Aufgabenstellung kann aber eine der beiden Formulierungen deutlich vorteilhafter sein. Insbesondere in der Quantenfeldtheorie (Kapitel 11) ist das Pfadintegral anderen Formulierungen für viele Zwecke überlegen.

Der Aharanov-Bohm-Effekt

Wir haben gesehen, dass sich elektrisches und magnetisches Feld mit Hilfe eines Skalarpotenzials φ und eines Vektorpotenzials A beschreiben lassen ($\Rightarrow$ S. 64). Die Wahl dieser Potenziale ist nicht eindeutig – was man je nach persönlichem Geschmack als großen Vorteil oder als gravierenden Nachteil sehen kann.

Insbesondere beim Vektorpotenzial ist die Wahlfreiheit beträchtlich. Den Gradienten einer beliebigen (zweimal stetig differenzierbaren) Funktion zu A zu addieren, ändert nichts am E- oder am B-Feld. Das suggeriert, dass alle Physik nur in E und B steckt, während A eine rein mathematische Hilfskonstruktion zu sein scheint.

Tatsächlich ist die Frage, ob A denn nun „physikalisch" ist, jedoch keineswegs leicht zu beantworten. Es zeigt sich, dass es schon in der klassischen Mechanik (in ihrer eindrucksvollen Hamilton'schen bzw. Lagrange'schen Gestalt) sinnvoll ist, die Beeinflussung einer Ladung durch ein Magnetfeld mit A statt mit B zu beschreiben.

Das gilt erst recht in der (auch relativistischen) Quantenmechanik und in der Quantenfeldtheorie. Die Wellenfunktion eines Teilchens mit Ladung q, das sich auf einem Pfad γ bewegt, erhält eine zusätzliche Phase, die *Peierls-Phase*

$$\varphi_{\text{Peierls}} = \frac{q}{c\hbar} \int_\gamma A \cdot \mathrm{d}s \,.$$

Nun kann man sich auf den Standpunkt stellen, das alles sei noch immer „nur Theorie", in diesem Fall „nur" theoretische Physik. Tatsächlich gibt es aber auch ein Schlüssel*experiment*, in dem A und nicht B die zentrale Rolle spielt:

Dazu betrachten wir noch einmal das Doppelspaltexperiment ($\Rightarrow$ S. 138) und modifizieren es leicht, indem wir eine kleine stromdurchflossene Spule $\otimes$ hinter die Wand setzen. Diese schirmen wir so ab, dass die Versuchselektronen nie direkt mit ihr in Kontakt kommen. Insbesondere ist überall, wo $B \neq 0$ ist, die Aufenthaltswahrscheinlichkeit der Versuchselektronen gleich null.

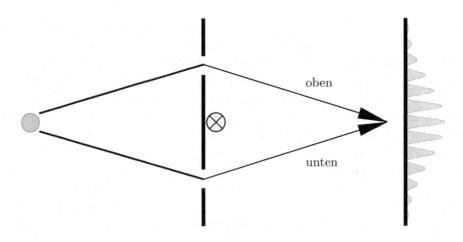

Wie zu erwarten, erhalten wir das charakteristische Interferenzmuster, solange beide Spalte offen sind und keine Messungen dazu gemacht werden, durch welchen Spalt das Elektron gekommen ist.

Nun variieren wir den Stromfluss durch die Spule und damit das Magnetfeld in dem *für die Versuchselektronen ohnehin unzugänglichen* Bereich. Das Interferenzmuster verschwindet dadurch nicht – aber es verschiebt sich! Das ist der **Aharonov-Bohm-Effekt**, der sich mittels der Peierls-Phase schnell begründen lässt:

Für den Pfad oberhalb der Spule ergibt sich eine andere Phase für die Wellenfunktion als für den Pfad unterhalb. Genauer erhalten wir für die Summe der Amplituden

$$\Psi_1 + \Psi_2 = \Psi_1^{(0)} e^{-i \frac{e}{c\hbar} \int_{\text{oben}} \boldsymbol{A} \cdot d\boldsymbol{s}} + \Psi_2^{(0)} e^{-i \frac{e}{c\hbar} \int_{\text{unten}} \boldsymbol{A} \cdot d\boldsymbol{s}}$$

$$= e^{-i \frac{e}{c\hbar} \int_{\text{unten}} \boldsymbol{A} \cdot d\boldsymbol{s}} \left(\Psi_1^{(0)} e^{-i \frac{e}{c\hbar} \left(\int_{\text{oben}} - \int_{\text{unten}} \right) \boldsymbol{A} \cdot d\boldsymbol{s}} + \Psi_2^{(0)} \right)$$

$$= e^{-i \frac{e}{c\hbar} \int_{\text{unten}} \boldsymbol{A} \cdot d\boldsymbol{s}} \left(\Psi_1^{(0)} e^{-i \frac{e}{c\hbar} \oint_C \boldsymbol{A} \cdot d\boldsymbol{s}} + \Psi_2^{(0)} \right) .$$

Dabei haben wir den geschlossenen Weg

$$C = \text{oben} - \text{unten}$$

definiert. Der Vorfaktor $e^{-i \frac{e}{c\hbar} \int_{\text{unten}} \boldsymbol{A} \cdot d\boldsymbol{s}}$ fällt bei der Bestimmung von Erwartungswerten (wie etwa der Aufenthaltswahrscheinlichkeit) weg; sehr wohl hat aber die Phasendifferenz messbare Konsequenzen, eben eine Verschiebung des Interferenzmusters.

Im Ausdruck für die Phasendifferenz erhalten wir mit dem Satz von Stokes, wobei X der von C umschlossene Bereich ist:

$$\oint_C \boldsymbol{A} \cdot d\boldsymbol{s} = \int_X \text{rot}\, \boldsymbol{A} \cdot d\boldsymbol{\sigma} = \int_X \boldsymbol{B} \cdot d\boldsymbol{\sigma} = \Phi = \text{Fluss durch die Spule} .$$

Für das Endresultat wird also nur der magnetische Fluss Φ durch die Spule benötigt, kein Absolutwert von $\boldsymbol{A}$. Für das Zustandekommen dieses Ergebnisses war es hingegen essenziell, dass es eine Wechselwirkung mit dem $\boldsymbol{A}$-Feld gab, nicht mit $\boldsymbol{B}$ (das ja im relevanten Bereich verschwindet).

Aus diesem Effekt lässt sich auch sonst einiges lernen. So kann man die Kurve C beliebig deformieren, solange man im Bereich mit $\boldsymbol{B} = 0$ bleibt, ohne dass sich an der Phasenverschiebung etwas ändert. Nun kann man zwar die Spule sehr dünn machen, aber selbst im Grenzfall einer unendlich dünnen Spule betrachtet man immer noch die Ebene mit einem punktförmigen „Loch". Setzen wir dieses durch eine geeignete Wahl des Koordinatensystems in den Ursprung, so ist unser Raum genau

$$\dot{\mathbb{R}}^2 = \mathbb{R}^2 \setminus \{\boldsymbol{0}\} \simeq \mathbb{R}^+ \times S^1 .$$

Der Aharanov-Bohm-Effekt hat also unmittelbar etwas mit der Veränderung des physikalischen Konfigurationsraums von $\mathbb{R}^2$ zu $\dot{\mathbb{R}}^2$ zu tun. Er kann demnach als *topologischer* Effekt interpretiert werden.

Bosonen und Fermionen

Dadurch, dass es in der Quantenmechanik keine Trajektorien gibt, ist es hier nicht möglich, ein Teilchen zu „verfolgen" und es zu jedem Zeitpunkt zweifelsfrei zu identifizieren. Findet man sowohl zu einem Zeitpunkt t_1 als auch zu einem späteren Zeitpunkt t_2 ein Elektron im Zustand $|a\rangle$ und ein Elektron im Zustand $|b\rangle$, so ist es unmöglich festzustellen, ob die beiden jeweils in ihrem Zustand geblieben sind oder aber ihre Rollen getauscht haben.

Da das zweifache Vertauschen von zwei Teilchen wieder den Ausgangszustand herstellt, gilt für den Transpositionsoperator $\hat{P}$:

$$\hat{P}^2 \,|\psi_1\psi_2\rangle = \hat{P}\,|\psi_2\psi_1\rangle = |\psi_1\psi_2\rangle\,.$$

$\hat{P}$ kann also nur die Eigenwerte ± 1 haben; entsprechend kann das Vertauschen zweier gleichartiger Teilchen höchstens zu einem anderen Vorzeichen der Wellenfunktion führen.

Im Fall von Vertauschungssymmetrie, $\hat{P}|\psi_1\psi_2\rangle = |\psi_2\psi_1\rangle$, spricht man von *Bosonen*, bei Antisymmetrie, $\hat{P}|\psi_1\psi_2\rangle = -|\psi_2\psi_1\rangle$, von *Fermionen*. Dieses schlichte Vorzeichen hat weitreichende Folgen für das Verhalten der entsprechenden Teilchen.

Könnten zwei Fermionen den gleichen Zustand $|\psi_1\rangle$ einnehmen, so ergäbe die Vertauschung der beiden Teilchen $|\psi_1\psi_1\rangle = -|\psi_1\psi_1\rangle$, also $|\psi_1\psi_1\rangle = 0$. Entsprechend dürfen zwei Fermionen nicht den gleichen Zustand einnehmen, dieses *Pauli-Verbot* ist u. a. für das Zustandekommen der komplexen Orbitalstruktur von Atomen ($\Rightarrow$ S. 152) verantwortlich und damit unter anderem Grundlage der gesamten Chemie.

Das Spin-Statistik-Theorem   Teilchen können anhand ihres Spins ($\Rightarrow$ S. 154) charakterisiert werden. Dabei können ganz- oder halbzahlige Vielfache von $\hbar$ auftreten. Es zeigt sich, dass Bosonen stets ganzzahligen Spin aufweisen, $S = 0,\ \hbar,\ 2\hbar,\ \dots$, während Fermionen stets halbzahligen Spin besitzen, $S = \frac{1}{2}\hbar,\ \frac{3}{2}\hbar,\ \dots$

Dieser enge Zusammenhang zwischen dem Spin von Teilchens und ihrem Verhalten bei Vertauschungen, also der Statistik ($\Rightarrow$ S. 172), der sie gehorchen, ist kein Zufall, sondern lässt sich im Rahmen der axiomatischen Quantenfeldtheorie als *Spin-Statistik-Theorem* aus einigen wenigen grundlegenden Prinzipien herleiten.[a]

Konsequenzen bei Mehr-Teilchen-Systemen   Die Ununterscheidbarkeit von Teilchen hat deutliche Auswirkung auf die quantenmechanische Behandlung von Mehr-Teilchen- und Viel-Teilchen-Systemen. Der einfachste Ansatz, um aus Ein-Teilchen-Wellenfunktionen eine Mehr-Teilchen-Wellenfunktion zu konstruieren, ist ein Produkt der Form

$$\psi_{12}(\boldsymbol{x}_1,\,\boldsymbol{x}_2) = \psi_1(\boldsymbol{x}_1)\psi_2(\boldsymbol{x}_2)\,.$$

Ein solcher Ansatz wäre für Fermionen aufgrund der Austausch-Antisymmetrie allerdings identisch null. Der einfachste Ansatz, der das Pauli-Verbot respektiert, ist ein antisymmetrisiertes Produkt:

$$\psi_{12}(\boldsymbol{x}_1,\,\boldsymbol{x}_2) = \frac{1}{\sqrt{2}}\Big(\psi_1(\boldsymbol{x}_1)\psi_2(\boldsymbol{x}_2) - \psi_1(\boldsymbol{x}_2)\psi_2(\boldsymbol{x}_1)\Big).$$

Bestimmt man für eine derartige Zwei-Elektronen-Wellenfunktion die Energie als Erwartungswert des Coulomb-Hamiltionians, so erhält man neben den klassisch erklärbaren Termen (kinetische Energie der Elektronen, potenzielle Energie im Feld des Kerns und des jeweils anderen Elektrons) zusätzliche Austauschbeiträge, die allein aus der Ununterscheidbarkeit der Teilchen resultieren. Für eine Einzelwellenfunktion hat die resultierende *Hartree-Fock-Gleichung*[b] im Ortsraum die Gestalt:

$$\Big[-\frac{\hbar^2}{2m}\Delta + V_{\text{extern}}(\boldsymbol{x})\Big]\psi_1(\boldsymbol{x})$$
$$+ \underbrace{2\int \mathrm{d}\boldsymbol{x}'\,\frac{e^2\,|\psi_2(\boldsymbol{x}')|^2}{|\boldsymbol{x}-\boldsymbol{x}'|}\psi_1(\boldsymbol{x})}_{\text{Hartree-Term}} \underbrace{-\int \mathrm{d}\boldsymbol{x}'\,\frac{e^2\,\psi_2^*(\boldsymbol{x}')\psi_1(\boldsymbol{x}')}{|\boldsymbol{x}-\boldsymbol{x}'|}\psi_2(\boldsymbol{x})}_{\text{Fock-Term}} = \varepsilon_1\psi_1(\boldsymbol{x})\,.$$

Den Ansatz als antisymmetrisiertes Produkt kann man auf mehr als zwei Einzelwellenfunktionen übertragen; aufgrund der formal möglichen Schreibweise als Determinante wird ein solcher Ansatz als *Slater-Determinante*[c] bezeichnet:

$$\psi_{1\ldots N}(\boldsymbol{x}_1,\ldots\boldsymbol{x}_N) = \frac{1}{\sqrt{N}}\begin{vmatrix} \psi_1(\boldsymbol{x}_1) & \ldots & \psi_1(\boldsymbol{x}_N) \\ \vdots & \ddots & \vdots \\ \psi_N(\boldsymbol{x}_1) & \ldots & \psi_N(\boldsymbol{x}_N) \end{vmatrix}.$$

Auch die Hartree-Fock-Näherung lässt sich auf Systeme von mehr als zwei Elektronen übertragen und ist in der theoretischen Festkörperphysik von großer Bedeutung.

Da die explizite Symmetrisierung oder Antisymmetrisierung von Wellenfunktionen recht mühsam werden kann, wurde zur systematischen Behandlung von Viel-Teilchen-Systemen ein Formalismus entwickelt, der direkt mit Besetzungszahlen arbeitet und (leicht irreführend) als „zweite Quantisierung" ($\Rightarrow$ S. 174) bezeichnet wird.

Anyonen Die Klassifizierung von Teilchen als Bosonen bzw. Fermionen nach dem Vorzeichen bei Vertauschung beruht auf der Annahme, dass eine doppelte Vertauschung stets wieder den Ausgangszustand herstellt. Diese Annahme und damit die Folgerung, dass Wellenfunktionen stets symmetrisch oder antisymmetrisch unter der Vertauschung identischer Teilchen sein müssen, ist nicht zwingend.

In zweidimensionalen Systemen kann es Teilchen mit deutlich komplizierterem Verhalten geben, deren Wellenfunktion durch Vertauschen eine beliebige Phase erhält, sogenannnte *Anyonen*.[d] Anyonen spielen in der Erklärung eines speziellen Effekts in zweidimensionalen Systemen, des fraktionellen Quanten-Hall-Effekts ($\Rightarrow$ S. 206), eine Rolle.

Quantenstatistik

Klassische Teilchen bei endlicher Temperatur lassen sich mit der Boltzmann-Statistik
($\Rightarrow$ S. 108) beschreiben. Das funktioniert allerdings nur deshalb, weil die einzelnen Teilchen *unterscheidbar* sind. Die Überlegungen, die zur Boltzmann-Statistik führen, müssen modifiziert werden, sobald man es mit *ununterscheidbaren*Teilchen zu tun hat
($\Rightarrow$ S. 170).

Zur Einführung überlegen wir, wie viele Möglichkeiten es
gibt, drei Teilchen auf vier Kisten (allgemein: unterschiedliche Zustände) zu verteilen. Bei unterscheidbaren Teilchen können wir jedes Teilchen unabhängig betrachten.
Da es für jedes der drei Teilchen vier Wahlmöglichkeiten
gibt, findet man insgesamt $4^3 = 64$ unterschiedliche Besetzungsvarianten.

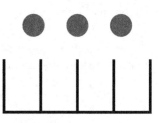

Sind die Teilchen hingegen ununterscheidbar, so sind nur noch die Besetzungszahlen
($\Rightarrow$ S. 174) interessant. Für Bosonen gibt es vier Möglichkeiten, alle drei Teilchen in
einer Kiste zu verstauen, ferner zwölf Möglichkeiten, in einer Kiste deren zwei und in
einer Kiste ein Teilchen unterzubringen, und wieder vier Möglichkeiten, jedes einzeln
zu verstauen. Die Zahl der verwendbaren Varianten hat sich also auf zwanzig reduziert.
Noch extremer wird es im Fall von Fermionen. Hier muss jedes Teilchen seine eigene
Kiste erhalten. Es gibt genau vier Möglichkeiten dafür, welche Kiste frei bleibt, und
damit auch insgesamt nur vier verschiedene Varianten, die Teilchen zu verteilen.

In den meisten Quantensystemen sind sehr viele Zustände möglich, die meist unterschiedliche Energien aufweisen. Ohne äußere Anregungen ist zu erwarten, dass nur die
tiefsten erlaubten Zustände besetzt sind. Bosonen werden sich alle im Zustand tiefster
Energie E_0 aufhalten. Fermionen werden die tiefstliegenden Zustände besetzten; die
Energie des höchsten besetzten Zustands wird als *Fermi-Energie* E_F bezeichnet.

Betrachtet man das System bei endlicher Temperatur, dann können auch Zustände
mit höherer Energie besetzt sein. In nennenswertem Ausmaß passiert das aber nur,
wenn die Energiedifferenz ΔE gegenüber der Grundzustands- bzw. der Fermi-Energie
höchstens von der Größenordnung $k_B T$ ist.

Die tatsächlichen Besetzungszahlen bzw. Verteilungsfunktionen hängen dabei natürlich
von der Art der Teilchen ab. Bosonen gehorchen der *Bose-Einstein-Statistik*, Fermionen
werden durch die *Fermi-Dirac-Statistik* beschrieben.

Meist ist es hier sinnvoll, Systeme im großkanonischen Ensemble ($\Rightarrow$ S. 98) zu untersuchen, also auch Teilchenaustausch mit der Umgebung zuzulassen. Eine für das System
charakteristische Energieskala ist dann das chemische Potenzial μ. Für Bosonen muss
$\mu < E_0$ sein. Für Fermionen ist am absoluten Nullpunkt $\mu = E_F$. Näherungsweise gilt
das auch noch für endliche Temperaturen.

Die Besetzungszahlen für wechselwirkungsfreie Systeme (ideale Quantengase) ergeben sich mit der gängigen Abkürzung $\beta = \frac{1}{k_B T}$ zu:

$$\text{Bose-Einstein} \qquad\qquad \text{Fermi-Dirac}$$
$$n_{\text{BE}}(E) = \frac{1}{e^{\beta\,(E-\mu)} - 1}\,, \qquad n_{\text{FD}}(E) = \frac{1}{e^{\beta\,(E-\mu)} + 1}\,.$$

Wie so oft unterscheiden sich Bosonen und Fermionen auch hier nur in einem Vorzeichen – und wie so oft hat dieses Vorzeichen gravierende Auswirkungen.

Bosonen Die bosonische Besetzungsdichte ist nur für $E > \mu$ definiert und divergiert erwartungsgemäß für $E \to \mu$. Das zeigt, dass sich auch bei höheren Temperaturen Bosonen immer auf Zustände mit niedriger Energie konzentrieren.

Sind die Temperaturen niedrig und geht zusätzlich $\mu \to E_0$, so finden sich tatsächlich nahezu alle Teilchen im Grundzustand, man spricht dann von *Bose-Einstein-Kondensation* ($\Rightarrow$ S. 176).

Fermionen Nur Fermionen knapp unterhalb der Fermi-Energie können durch thermische Anregungen der Größenordnung $k_B T$ tatsächlich einen noch unbesetzten Zustand erreichen. Entsprechend ist zu erwarten, dass sich die deutlichsten Änderungen für $E \approx E_F$ ergeben.

Die fermionische Besetzungsdichte f_{FD}, die für $\beta \to \infty$ (d. h. $T = 0$) eine Stufenfunktion ist, rundet sich für kleinere Werte von β, d. h. steigende Temperaturen, immer mehr ab („die Fermi-Kante schmilzt"). Rechts ist das für $\beta = \frac{100}{\mu}$, $\beta = \frac{10}{\mu}$ und $\beta = \frac{5}{\mu}$ dargestellt.

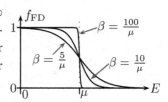

Nach dem Korrespondenzprinzip ist zu erwarten, dass sich auch Bose-Einstein- bzw. Fermi-Dirac-Statistik im klassischen Grenzfall wieder in die Boltzmann-Statistik übergehen.

Für $(E - \mu) \gg k_B T$ wird die Wahrscheinlichkeit, dass zwei Teilchen den gleichen Zustand einnehmen möchten, gering, und entsprechend ist die Ununterscheidbarkeit der Teilchen nicht mehr allzu relevant:

$$\frac{1}{e^{\beta\,(E-\mu)} \pm 1} = \frac{e^{-\beta\,(E-\mu)}}{1 \pm e^{-\beta\,(E-\mu)}} \overset{\beta\,(E-\mu)\gg 1}{\simeq} e^{-\beta\,(E-\mu)}$$

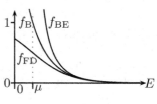

Rechts ist für $\beta = \frac{1}{\mu}$ gezeigt, wie sich Bose-Einstein- (f_{BE}), Fermi-Dirac- (f_{FD}) und Boltzmann-Verteilung (f_B) für große Energien (gemessen in Einheiten von $k_B T$) einander annähern.

Viel-Teilchen-Formalismus

> I remember that when someone had started to teach me about creation and annihilation operators, that this operator creates an electron, I said, "how do you create an electron? It disagrees with the conservation of charge", and in that way, I blocked my mind from learning a very practical scheme of calculation.
>
> Richard Feynman, Nobel Lecture[a]

In Viel-Teilchen-Systemen muss stets die Symmetrie bzw. Antisymmetrie der Wellenfunktion in Bezug auf Teilchenvertauschung berücksichtigt werden. Das explizit zu tun, kann ausgesprochen mühsam sein, und so wurde ein Formalismus entwickelt, der die passenden Symmetrieeigenschaften von vornherein „eingebaut" hat.

Bei diesem Zugang, für den sich die Bezeichnung *zweite Quantisierung*[b] eingebürgert hat, ist die Ununterscheidbarkeit von Teilchen kein hinderlicher Umstand, sie wird im Gegenteil ausgenutzt. Bei Teilchen, die ohnehin ununterscheidbar sind, ist es ja irrelevant (bzw. überhaupt nicht feststellbar), *welches* Teilchen sich gerade in welchem Zustand befindet. Relevant kann lediglich die *Zahl* der Teilchen in einem bestimmten Zustand sein. Gibt es N mögliche Zustände, dann können wir das gesamte System als

$$|\Psi\rangle = |n_1, n_2, \ldots, n_N\rangle$$

mit Zahlen n_i, $i = 1, 2, \ldots, N$ beschreiben. Bei Bosonen können sich in einem Zustand beliebig viele Teilchen befinden, d. h. $n_i \in \mathbb{N}_0$. Bei Fermionen darf es in jedem Zustand hingegen nur entweder kein oder genau ein Teilchen geben, $n_i \in \{0, 1\}$.

Analog zu Diracs Behandlung des harmonischen Oszillators ($\Rightarrow$ S. 148) kann man nun *Erzeugungs-* und *Vernichtungsoperatoren*[c] einführen. Für Bosonen wirken sie gemäß

$$\hat{a}_i^\dagger |n_1, \ldots, n_i, \ldots, n_N\rangle = \sqrt{n_i + 1}\, |n_1, \ldots, (n_i+1), \ldots, n_N\rangle\,,$$
$$\hat{a}_i |n_1, \ldots, n_i, \ldots, n_N\rangle = \sqrt{n_i}\, |n_1, \ldots, (n_i-1), \ldots, n_N\rangle\,.$$

Fermionische Erzeuger und Vernichter schreibt man meist als c statt als a. Wirkt der Erzeugungsoperator $c_i^\dagger$ auf den Zustand $|n_i = 0\rangle$, so erhält man einen Zustand $|n_i = 1\rangle$. Wendet man $c_i^\dagger$ ein zweites Mal an, so müsste ein zweites Teilchen im Zustand i erzeugt werden, was für Fermionen aber vom Pauli-Prinzip verboten wird. Demnach muss $c_i^\dagger\, |n_i = 1\rangle = 0$ sein. Zusammenfassen kann man alle möglichen Fälle mittels

$$\hat{c}_i^\dagger |n_1, \ldots, n_i, \ldots, n_N\rangle = (1 - n_i)\, |n_1, \ldots, (n_i + 1), \ldots, n_N\rangle\,,$$
$$\hat{c}_i |n_1, \ldots, n_i, \ldots, n_N\rangle = \sqrt{n_i}\, |n_1, \ldots, (n_i - 1), \ldots, n_N\rangle\,.$$

Erzeugungs- und Vernichtungsoperatoren erfüllen die Kommutator- bzw. Antikommutatorrelationen[d]

$$[\hat{a}_i, \hat{a}_j^\dagger] = \delta_{ij}\hat{1}\,, \qquad \{\hat{c}_i, \hat{c}_j^\dagger\} = \delta_{ij}\hat{1}\,.$$

Sowohl für Bosonen als auch für Fermionen kann man den *Anzahloperator* $\hat{n}_i = \hat{a}_i^\dagger \hat{a}_i$ bzw. $\hat{n}_i = \hat{c}_i^\dagger \hat{c}_i$ definieren: $\hat{n}_i |n_1, \ldots, n_i, \ldots, n_N\rangle = n_i |n_1, \ldots, n_i, \ldots, n_N\rangle$.

Das Vakuum ist in beiden Fällen jener Zustand, der keine Teilchen enthält, also von jedem Vernichtungsoperator zu null reduziert wird.

Um eine praktische Anwendung dieses Formalismus zu sehen, betrachten wir eine unendlich lange Kette von Orbitalen, die von Elektronen besetzt werden können. Jedes Orbital bietet Platz für maximal zwei Elektronen mit entgegengesetztem Spin. Wir können die vorhandenen Zustände also mit der Orbitalnummer $i \in \mathbb{Z}$ und der Spinausrichtung $\sigma \in \{\uparrow, \downarrow\}$ kennzeichnen.

Überlegen wir nun, was in diesem System ein Operator der Form $\hat{c}_{i-1,\sigma}^\dagger \hat{c}_{i,\sigma}$ bewirkt: Ein Elektron mit Spin σ im i-ten Orbital wird vernichtet, und zugleich wird ein Elektron mit gleichem Spin σ im $(i-1)$-ten Oribtal erzeugt. Insgesamt ist also ein Elektron mit Spin σ vom i-ten Orbital aus um ein Orbital nach links gehüpft. Analog beschreibt $\hat{c}_{i+1,\sigma}^\dagger \hat{c}_{i,\sigma}$ das Hüpfen nach rechts.

Befindet sich im Orbital i nur ein Elektron mit Spin $\uparrow$, so wird das Umklappen des Spins durch den Operator $\hat{c}_{i,\downarrow}^\dagger \hat{c}_{i,\uparrow}$ beschrieben. (Ein Elektron mit Spin $\sigma = \uparrow$ an Position i wird vernichtet, und eines mit $\sigma = \downarrow$ wird erzeugt.)

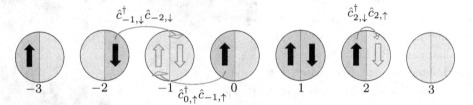

Das Hüpfen nach links oder rechts liefert Beiträge zur kinetischen Energie. Vernachlässigt man Hüpfprozesse um mehr als eine Position, dann erhält man als Operator der kinetischen Energie

$$\hat{W}_{\text{kin}} = -t_0 \sum_{i \in \mathbb{Z}, \sigma \in \{\uparrow, \downarrow\}} \left(\hat{c}_{i-1,\sigma}^\dagger \hat{c}_{i,\sigma} + \hat{c}_{i+1,\sigma}^\dagger \hat{c}_{i,\sigma} \right),$$

mit einer Konstanten t_0, die von der Struktur der Orbitale abhängt. Für die potenzielle Energie ist der wichtigste Beitrag die Abstoßung zwischen zwei Elektronen, die sich im gleichen Orbital befinden. Einen entsprechenden Energiebeitrag U erhält man nur, wenn $n_{i,\uparrow} = n_{i,\downarrow} = 1$ ist. Der entsprechende Operator ist $\hat{U}_i = U\hat{n}_{i,\uparrow}\hat{n}_{i,\downarrow}$. Vernachlässigt man auch hier weitere Beiträge (etwa von der Abstoßung von Elektronen in benachbarten Orbitalen), so erhält man den Hamilton-Operator

$$\hat{H} = -t_0 \sum_{i \in \mathbb{Z}, \sigma \in \{\uparrow, \downarrow\}} \left(\hat{c}_{i-1,\sigma}^\dagger \hat{c}_{i,\sigma} + \hat{c}_{i+1,\sigma}^\dagger \hat{c}_{i,\sigma} \right) + U \sum_{i \in \mathbb{Z}} \hat{n}_{i,\uparrow}\hat{n}_{i,\downarrow}.$$

Das ist das eindimensionale *Hubbard-Modell*, das sich durch den Übergang von einer Kette zu einem Gitter auch problemlos auf höhere Dimensionen erweitern lässt.[e]

Bose-Einstein-Kondensation und Suprafluidität

Mehrere Bosonen ($\Rightarrow$ S. 170) können den gleichen Zustand einnehmen – und unter geeigneten Umständen kann man es erreichen, dass nahezu alle Teilchen eines Systems den Grundzustand annehmen („kondensieren"). Für nicht oder nur schwach wechselwirkende Teilchen wird in einem solchen Fall das System im Wesentlichen durch die Ein-Teilchen-Grundzustandswellenfunktion beschrieben. Quanteneffekte können so auch an einem makroskopischen Objekt beobachtet werden.

Einen derartigen Zustand herzustellen, ist allerdings nicht einfach. Die Atome müssen dazu auf geeignete Weise eingeschlossen und auf ultratiefe Temperaturen von weniger als 10^{-7} K gekühlt werden. Eine Möglichkeit ist, die Atome in einer magneto-optischen Falle einzuschließen und durch *Laserkühlung*[a] auf etwa 10^{-4} K vorzukühlen. Dann können die Atome in eine rein magnetische Falle transferiert werden, in der mit anschließender *evaporativer Kühlung*[b] ausreichend tiefe Temperaturen erreicht werden können.

Erstmals praktisch gelungen ist die *Bose-Einstein-Kondensation* (nach jahrzehntelangen erfolglosen Versuchen mit spin-polarisiertem Wasserstoff) schließlich 1995 mit Alkaliatomen. Rechts ist die Dichteverteilung für ein Kondensat von Rubidium (^{87}Rb) dargestellt. Alkaliatome haben zwar eine ungerade Elektronen- aber auch eine ungerade Protonenzahl.

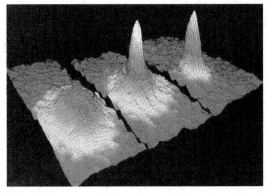

Bei ausreichend tiefen Temperaturen, bei denen die Hyperfein-Wechselwirkungen zwischen Kern- und Elektronenspin nicht mehr signifikant gestört sind, haben Isotope mit gerader Neutronenzahl bosonische Charakteristik. Inzwischen ist die Bose-Einstein-Kondensation auch bei vielfältigen anderen Systemen gelungen, etwa bei Wasserstoff, Erdalkalimetallen, metastabilem Helium, Magnonen ($\Rightarrow$ S. 194) oder (von vielen unerwartet) bei Photonen.

Wird ein Bose-Einstein-Kondensat in zwei Teile aufgetrennt, die anschließend wieder vereinigt werden, so kann man quantenmechanische Effekte wie etwa das rechts dargestellte Interferenzmuster beobachten.[c]

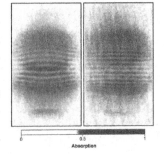

Generall erlauben es Bose-Einstein-Kondensate, zutiefst quantenmechanische Effekte anhand makroskopischer Objekte darzustellen und zu untersuchen.

Suprafluidität Unterhalb von $T_\lambda \approx 2.17$ K beginnt ^{4}He (Siedepunkt $T_S \approx 4.22$ K) die innere Reibung zu verlieren – die dynamische Viskosität verschwindet. Dieser Effekt wird *Suprafluidität* genannt. Im suprafluiden Zustand werden die Kohäsionskräfte innerhalb der Flüssigkeit sehr klein; entsprechend kann suprafluides Helium auch durch engste Kapillaren fließen. Die Wärmeleitfähigkeit wird hingegen sehr groß.

Zudem bildet ein Suprafluid einen dünnen Film, den *Rollin-Film*, aus, der angrenzende Körper (bei Vorliegen von ausreichend viel Helium und nach ausreichend viel Zeit) vollständig benetzt (Onnes-Effekt). Nach dem Prinzip der kommunizierenden Gefäße ($\Rightarrow$ S. 42) gleicht sich der Stand in so verbundenen Heliumreservoiren im Lauf der Zeit aus.

Wird ein Behälter mit suprafluidem Helium in Drehung versetzt, so bleibt das Fluid bei langsamer Drehung in Ruhe. Bei schnellerer Drehung bilden sich quantisierte Wirbel, die sich bei ausreichend hoher Wirbeldichte in einem hexagonalen Gitter anordnen.

Der Übergang in den suprafluiden Zustand ist nicht scharf. Liegt die Temperatur des Fluids nur wenig unter T_λ, so befindet sich noch ein Teil des Heliums in normal-flüssiger Phase (auch als Helium-I bezeichnet, im Gegensatz zum suprafluiden Helium-II). Dadurch ergeben sich teils seltsam anmutende Effekte:

So kann man etwa gegenläufige Strömungen von suprafluidem und normal-flüssigem Anteil so erzeugen, dass der Materialfluss in beide Richtungen gleich groß ist. Da der normal-flüssige Anteil durch Reibung Kraft auf einen eingetauchten Körper ausübt, der suprafluide aber nicht, ergibt sich eine resultierende Kraft auf den Körper, wobei es jedoch netto zu keinem Materietransport kommt.

Auch andere Phänomene, etwa der sogenannte *Springbrunnen-Effekt*, bei dem eine Heizung in einem geeignet geformten Gefäß eine Fontäne von flüssigem Helium erzeugt, lassen sich im Modell der zwei Flüssigkeiten erklären.

Eine vollständige theoretische (Ab-initio-)Erklärung der Suprafluidität steht allerdings bis heute aus. Der Effekt beruht zwar wesentlich auf der bosonischen Natur der beteiligten Teilchen und ist eng mit der Bose-Einstein-Kondensation verwandt. Abschätzungen zeigen aber, dass in einem Suprafluid nur etwa 8 % der Helium-Atome tatsächlich im Grundzustand sind; zudem handelt es sich bei einer Flüssigkeit um ein vergleichsweise stark wechselwirkendes System.

Suprafluidität tritt nicht nur bei ^{4}He, sondern auch bei ^{3}He und bei ^{6}Li auf, allerdings erst bei deutlich tieferen Temperaturen. Da sowohl ^{3}He als auch ^{6}Li jeweils eine ungerade Zahl von Spin-$\frac{1}{2}$-Teilchen (Elektronen und Nukleonen) enthalten, sind beides fermionische Systeme. Kondensieren können entsprechend jeweils nur Paare von Atomen. Suprafluidität ist ohnehin eng mit der Supraleitung ($\Rightarrow$ S. 204) verwandt, und im Fall von Paaren fermionischer Atome ist die Analogie zu den dort auftretenden Cooper-Paaren besonders deutlich.

Zur Mathematik der Quantenmechanik

Quantenmechanik ist anspruchsvoll, auch was die benötigte Mathematik angeht. Das gilt vor allem, wenn die Konzepte wirklich sauber diskutiert werden – was üblicherweise in den Grundvorlesungen nur selten gemacht wird.

Im praktischen Umgang mit der Materie schleichen sich oft Ungenauigkeiten und unrichtige Behauptungen ein, die zwar selten Probleme bereiten, von denen wir hier aber dennoch beispielhaft einige aufzeigen wollen. Alle diese Probleme lassen sich im Rahmen der mathematischen Physik mit Werkzeugen der Funktionalanalysis, etwa *dichten Teilmengen, schwachen Lösungen, Gelfand'schen Raumtripeln, Relativbeschränktheit* und verschiedenen Konvergenzbegriffen zufriedenstellend behandeln.

■ *Die Zustände der Quantenmechanik bilden einen Hilbert-Raum.*

 Die Zustände, mit denen in der Quantenmechanik gerechnet wird, sind meist auf eins normiert („physikalische Zustände", die gesamte Aufenthaltswahrscheinlichkeit ist gleich eins). Einheitsvektoren allein bilden jedoch keinen Vektorraum (da die Summe von zwei Einheitsvektoren im Allgemeinen kein Einheitsvektor mehr ist) und damit erst recht keinen Hilbert-Raum.

 Man kann allerdings den Raum jener Zustände betrachten, an die keine Normierungsbedingung gestellt wird. Dieser ist tatsächlich ein Vektorraum und mit einem passenden Skalarprodukt ein Hilbert-Raum. Jeder Zustand $\neq 0$ in diesem Raum lässt sich durch Normieren zu einem „physikalischen" Zustand machen. Da die Normierung ja jederzeit durchgeführt werden kann und globale Phasenfaktoren nicht observabel sind, erhält man aus einem Zustand ψ durch Multiplikation mit einer belieben komplexen Zahl $\lambda \neq 0$ einen physikalisch äquivalenten Zustand.

 Im $\mathbb{R}^n$ ist die Punktmenge, die durch $\boldsymbol{x} = c\boldsymbol{x}_0$ mit einem festen Punkt $\boldsymbol{x}_0$ und einem Parameter $c \in \mathbb{R}_{>0}$ beschrieben wird, ein Strahl vom Ursprung weg. Analog beschreibt auch $\lambda\psi_0$ mit $\lambda = c\mathrm{e}^{\mathrm{i}\varphi} \in \dot{\mathbb{C}}$, $c \in \mathbb{R}_{>0}$, einen Strahl im Hilbert-Raum der allgemeinen Zustände. Kennt man einen einzigen Vektor, so kann man sofort den Strahl angeben; umgekehrt lässt sich aus jedem Strahl ein Vektor mit Norm eins auswählen.

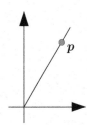

 Eine korrektere Formulierung der obigen Aussage wäre also etwa: *Die physikalisch unterschiedlichen Zustände der Quantenmechanik entsprechen Strahlen in einem Hilbert-Raum. Jeder derartige Strahl kann durch die Angabe eines einzigen Zustands charakterisiert werden.*

■ *Der Kommutator von Orts- und Impulsoperator ist $\mathrm{i}\hbar$-mal der Einheitsoperator:*

$$[\hat{x}, \hat{p}] = \mathrm{i}\hbar\,\mathbb{1}\,.$$

 Das ist nur in Anführungszeichen richtig. Weder Orts- noch Impulsoperator sind im gesamten relevanten Funktionenraum definiert. Die Wirkung des Impulsoperators setzt Differenzierbarkeit voraus, und die des Ortsoperators, dass nicht nur $\psi(x)$, sondern auch noch $x\,\psi(x)$ quadratintegrabel ist. Beide Operatoren haben also nur einen jeweils eingeschränkten Definitionsbereich, der noch dazu für beide unterschiedlich ist. Der Einheitsoperator hingegen ist auf dem gesamten Funktionenraum definiert. Operatoren sind allerdings nur gleich, wenn ihre Definitionsbereiche gleich sind. Statt des saloppen „$[\hat{x}, \hat{p}] = \mathrm{i}\,\hbar\,\mathbb{1}$" müsste man also exakter formulieren: *Im Durchschnitt der Definitionsbereiche von Orts- und Impulsoperator ist der Kommutator dieser beiden Operatoren gleich $\mathrm{i}\hbar$-mal der auf diesen Bereich eingeschränkte Einheitsoperator.*

- *Jeder hermitesche Operator hat ein rein reelles Spektrum.*

Diese Aussage ist im endlichdimensionalen Fall (also für Matrizen) richtig. Im unendlichdimensionalen Fall hingegen gibt es für Operatoren $\hat{A}$ einen Unterschied zwischen *Hermititität* (definiert als $\langle\phi|\hat{A}|\psi\rangle = \langle\psi|\hat{A}|\phi\rangle$) und *Selbstadjungiertheit* (definiert als $\hat{A}^\dagger = \hat{A}$, was auch Gleichheit der Definitionsbereiche beinhaltet). Zwar sind für einen hermiteschen Operator alle Eigenwerte reell, aber das *Spektrum* ist im Unendlichdimensionalen mehr als nur die Menge der Eigenwerte.[a] Nur die Selbstadjungiertheit garantiert, dass tatsächlich das gesamte Spektrum reell ist.

- *Störungen der Form $\lambda\hat{H}_{\mathrm{stör}}$ mit einem hinreichend kleinen Parameter λ ändern das Spektrum des Hamilton-Operators nur wenig, was eine störungstheoretische Behandlung erlaubt.*

In vielen Fällen ist die Störungstheorie (⇒ S. 162) tatsächlich eine sehr erfolgreiche Rechenmethode. Sie hat aber einige konzeptionelle Probleme; so ist etwa eine Reihe, die durch eine Störungsentwicklung erhalten wird, üblicherweise nicht mehr konvergent, sondern bestenfalls asymptotisch. Für einen festen Wert des Störparameters λ kann das Hinzunehmen von mehr Termen das Ergebnis also durchaus systematisch *verschlechtern* statt verbessern.

Doch es kommt noch weit schlimmer: Betrachten wir etwa einen gestörten harmonischen Oszillator mit dem Hamilton-Operator

$$\hat{H} = \frac{\hat{p}^2}{2m} + \omega^2\hat{x}^2 + \lambda\,\hat{x}^4\,.$$

Hier würde die obige Behauptung heißen, dass man den Einfluss des quartischen Terms $\lambda\,\hat{x}^4$ als kleine Störung betrachten darf. Nun geht aber für jeden Wert $\lambda \neq 0$ das Verhältnis $(\omega^2 x^2)/(\lambda\,x^4)$ für $x \to \infty$ gegen null. Für hinreichend große Werte von x dominiert der „Störterm" immer, egal wie klein λ auch sein mag. Das schlägt sich auf Operatorniveau darin nieder, dass $\hat{x}^2$ in Bezug zu $\hat{x}^4$ *relativbeschränkt* ist. Eine Behandlung von $\lambda\hat{x}^4$ als kleine Störung ist damit sicher nicht gerechtfertigt. Tatsächlich gibt es Beispiele aus der Funktionalanalysis, in denen eine beliebig kleine Störung das ursprünglich kontinuierliche Spektrum eines Operators rein diskret machen kann.

EPR-Paradoxon und Bell'sche Ungleichung

Die Komplementarität in der Quantenmechanik (dass sich also konjugierte Größen nicht gleichzeitig mit beliebiger Genauigkeit bestimmen lassen) war für viele Physiker schwer zu akzeptieren. Einer der schärfsten Kritiker der Quantenphysik war Albert Einstein, der 1935 zusammen mit Boris Podolsky und Nathan Rosen einen bedeutsamen Artikel mit dem Titel *„Can quantum-mechanical description of physical reality be considered complete?"* veröffentlichte.

In der Originalfassung des Einstein-Podolsky-Rosen-(EPR-)Paradoxons werden zwei vollständig verschränkte Teilchen betrachtet. Nun schränkt die Unschärferelation unsere Möglichkeit ein, Ort und Impuls eines Teilchens zu bestimmen. Die Operatoren

$$\hat{X} = \hat{x}_1 - \hat{x}_2 \qquad \text{und} \qquad \hat{P} = \hat{p}_1 + \hat{p}_2,$$

also die *Differenz der Orte* und die *Summe der Impulse* zweier verschränkter Teilchen vertauschen jedoch und lassen sich daher ohne Einschränkung beide messen. Im Sinne von EPR sind sie also Elemente der „physikalischen Wirklichkeit".

Betrachten wir zwei vollständig verschränkte Teilchen A und B, die (um die Verschränkung zu ermöglichen) einst nahe beieinander waren, sich aber inzwischen weit voneinander entfernt haben. Nun, so EPR, können wir den Ort oder den Impuls von A messen, ebenso auch den Ort oder den Impuls von B. Die beiden Messungen dürfen sich – da ja raumartig voneinander getrennt ($\Rightarrow$ S. 210) – nicht gegenseitig beeinflussen. Auch die Variante, für A den Ort und für B den Impuls zu messen, muss daher erlaubt sein. Da ja die Differenz der Orte und die Summe der Impulse „wirklich" sind, kann man damit umgekehrt auch den Ort von B und den Impuls von A bestimmen. Es scheint, so EPR, in der Unschärferelation ein Schlupfloch zu geben – zumindest wenn man Lokalität und Kausalität im strengen Sinne fordert.

Der einzige Ausweg, um die Vorhersagen der Quantenmechanik zu retten, wäre, dass die Messung bei A unmittelbar den Ausgang einer Messung bei B beeinflusst und umgekehrt. Es müsste also einen *nichtlokalen* Effekt geben, etwas, das Einstein „spukhafte Fernwirkung" nannte.[a]

Nun ist die sorgfältige Analyse des ursprünglichen EPR-Aufbaus schwierig – so müssten etwa die Messungen schnell nach der Trennung der beiden Teilchen durchgeführt werden, da das Wellenpaket „zerfließt". Man kann sich aber andere Situationen überlegen, in denen auf ähnliche Weise nichtlokale Effekte notwendig sind, um die von der Quantenmechanik vorhergesagten Ergebnisse zu erhalten.

Auf David Bohm geht ein alternatives Szenario zurück, das die Spins verschränkter Teilchen benutzt. Wir betrachten dazu zwei Spin-$\frac{1}{2}$-Teilchen in einem Singulett-Zustand, etwa die beiden Elektronen eines Helium-Atoms im Grundzustand:

$$|s\rangle = \frac{1}{\sqrt{2}} \left(\left| +\tfrac{1}{2}, -\tfrac{1}{2} \right\rangle - \left| -\tfrac{1}{2}, +\tfrac{1}{2} \right\rangle \right).$$

Da das Singulett rotationssymmetrisch ist, kann man die Ausrichtung der Spins anhand einer beliebigen Achse n betrachten. Trennt man die beiden Teilchen nun und misst für eines entlang der Achse n die Orientierung $+\frac{1}{2}$, so erhält man für das andere zwangsläufig $-\frac{1}{2}$. Das allein wäre noch nicht so ungewöhnlich – trennt man im Dunkeln eine rote und eine blaue Kugel und bestimmt dann die Farbe der einen, so kennt man automatisch auch die Farbe der anderen.

Hier allerdings ist die Sachlage komplizierter, da man die Achse, entlang derer die Spinrichtung gemessen wird, frei wählen kann. Nehmen wir nun an, es gäbe *lokale verborgene Parameter*, die für jedes Teilchen den Ausgang einer Messung von vornherein festlegen. Der statistische Charakter derartiger Messungen käme dann rein daher, dass in einem Ensemble jeder mögliche Satz verborgener Parameter entsprechend einer bestimmten Wahrscheinlichkeitsverteilung vorkommt.

Für unser Spin-Singulett wählen wir nun drei Achsen a, b und c. Verborgene Parameter müssten den Ausgang der Messung anhand jeder dieser Achsen festlegen, etwa in der Art wie in der rechten Tabelle.

Jeder Satz von Parametern kommt im Ensemble mit einer Wahrscheinlichkeit P_i vor: $\sum_i P_i = 1$.

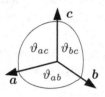

P_i	Teilchen A	Teilchen B
P_1	$(+a,+b,+c)$	$(-a,-b,-c)$
P_2	$(+a,+b,-c)$	$(-a,-b,+c)$
P_3	$(+a,-b,+c)$	$(-a,+b,-c)$
P_4	$(+a,-b,-c)$	$(-a,+b,+c)$
P_5	$(-a,+b,+c)$	$(+a,-b,-c)$
P_6	$(-a,+b,-c)$	$(+a,-b,+c)$
P_7	$(-a,-b,+c)$	$(+a,+b,-c)$
P_8	$(-a,-b,-c)$	$(+a,+b,+c)$

Die Einzelwahrscheinlichkeiten P_i kennen wir zwar nicht, aber wir können mit ihrer Hilfe Ungleichungen zwischen den Wahrscheinlichkeiten für bestimmte Messausgänge aufstellen. Eine Variante der *Bell'schen Ungleichung* ergibt sich für die Wahrscheinlichkeit, bei Messung des Spins von A in Richtung a und von B in Richtung b die gleiche Orientierung zu finden:

$$p(+a,+b) = P_3 + P_4 \le (P_3 + P_7) + (P_4 + P_2) = p(+c,+b) + p(+a,+c).$$

Die Quantenmechanik liefert für eine solche Wahrscheinlichkeit

$$p(+a,+b) = |\langle +a,+b|s\rangle|^2 = \frac{1}{2}\,|\langle +a,+b| + a - a\rangle + \langle +a,+b| - a + a\rangle|^2$$

$$= \frac{1}{2}|\underbrace{\langle +a| + a\rangle}_{=1}\langle +b| - a\rangle + \underbrace{\langle +a| - a\rangle}_{=0}\langle +b| + a\rangle|^2 = \frac{1}{2}\sin^2\frac{\vartheta_{ab}}{2}$$

und Analoges für die anderen Achsen. Einsetzen in die Bell'sche Ungleichung ergibt $\sin^2\frac{\vartheta_{ab}}{2} \le \sin^2\frac{\vartheta_{bc}}{2} + \sin^2\frac{\vartheta_{ac}}{2}$, und diese Ungleichung kann für geeignete Wahl der Achsen, etwa mit $\vartheta_{ab} = \frac{2\pi}{3}$, $\vartheta_{bc} = \vartheta_{ac} = \frac{\pi}{3}$ verletzt werden. Die Experimente zeigen Ergebnisse im Einklang mit den quantenmechanischen Vorhersagen – demnach kann es keine lokalen verborgenen Parameter geben.[b]

Das Messproblem und Schrödingers Katze

Die Formulierung der Quantenmechanik ist in *mathematischer* Hinsicht konsistent, also in sich geschlossen. *Physikalisch* betrachtet hingegen birgt sie ernsthafte Komplikationen in sich.

Schon seit den Anfangstagen der Quantenmechanik wurde um einen Weg gerungen, dieses Problem zu beseitigen und eine schlüssige Interpretation der Quantenmechanik zu finden. Mit der *Kopenhagener Deutung* gab es einen Kompromiss, der mehrere Jahrzehnte lang fast dogmatisch vertreten wurde. Erst in jüngerer Vergangenheit stellte man sich der Frage nach dem Messproblem wieder unvoreingenommener.

Wo genau liegen die Schwierigkeiten? Um das zu zeigen, stellen wir zwei Schlüsselkonzepte der Quantenmechanik einander gegenüber:

- Die Zeitentwicklung jedes physikalischen Systems wird durch einen *Zeitentwicklungsoperator*

$$\hat{U}(t) = \exp\left\{ \frac{i}{\hbar} \int_{t_0}^{t} \hat{H}(\tau)\, d\tau \right\},$$

  also einen unitären linearen Operator, beschrieben. Im Schrödinger-Bild betrifft das die Zustände, $|\psi(t)\rangle = \hat{U}(t)\,|\psi(t_0)\rangle$, und im Heisenberg-Bild die Operatoren, $\hat{O}(t) = \hat{U}^\dagger(t)\hat{O}(t_0)\hat{U}(t)$.[a]

- Die Messung einer Observablen $\hat{A}$ projiziert einen Zustand $|\psi\rangle$ auf *einen* Eigenzustand $|a_k\rangle$ mit $\langle a_k|\psi\rangle \neq 0$ und liefert als Messergebnis den zugehörigen Eigenwert A_k:

$$|\psi\rangle = c_1\,|a_1\rangle + c_2\,|a_2\rangle + \ldots \xrightarrow{\text{Messung von } \hat{A}} A_k \text{ mit Wahrscheinlichkeit } |c_k|^2.$$

Diese beiden Ansätze sind so lange verträglich, wie eine Messung als „klassischer" Eingriff von außen in das Quantensystem interpretiert wird. Nun geht man aber davon aus, dass die Quantenphysik fundamental ist, während die klassische Physik nur eine nährungsweise Beschreibung für jene Situationen sein kann, in denen die Wirkungen groß gegenüber dem Wirkungsquantum h sind.

Genauso wie das betrachtete System durch einen Zeitentwicklungsoperator $\hat{U}_{\text{Syst}}(t)$ beschrieben wird, müsste auch die Messapparatur durch einen entsprechenden linearen Operator $\hat{U}_{\text{Mess}}(t)$ beschrieben werden. Ein linearer Operator kann aber niemals aus einer Linearkombination ein einzelnes Element herausprojizieren. Der Messprozess sollte demnach physikalisch nicht realisierbar sein, die Überlagerung der Zustände dürfte niemals gebrochen werden.

In Wirklichkeit ist es natürlich trotzdem möglich, Größen zu messen. Die Kopenhagener Deutung, die vom „Kollaps der Wellenfunktion" spricht, geht dem Problem letztlich aus dem Weg. Es wird streng zwischen einem Quantensystem, dessen Wellenfunktion „kollabieren" kann, und der klassischen Messapparatur, die diesen Kollaps verursacht, unterschieden.

Diese Unterscheidung ist aber letztlich willkürlich, und im Prinzip kann sich die Überlagerung von Zuständen bis auf makroskopisches Niveau hinauf fortsetzen. Das wird besonders deutlich an einem Beispiel, das es als *Schrödingers Katze* bis in die Populärkultur geschafft hat. In Schrödingers eigenen Worten:

> „Man kann auch ganz burleske Fälle konstruieren. Eine Katze wird in eine Stahlkammer gesperrt, zusammen mit folgender Höllenmaschine (die man gegen den direkten Zugriff der Katze sichern muß): In einem Geigerschen Zählrohr befindet sich eine winzige Menge radioaktiver Substanz, so wenig, daß im Laufe einer Stunde vielleicht eines von den Atomen zerfällt, ebenso wahrscheinlich aber auch keines; geschieht es, so spricht das Zählrohr an und betätigt über ein Relais ein Hämmerchen, das ein Kölbchen mit Blausäure zertrümmert. Hat man dieses ganze System eine Stunde lang sich selbst überlassen, so wird man sich sagen, daß die Katze noch lebt, wenn inzwischen kein Atom zerfallen ist. Der erste Atomzerfall würde sie vergiftet haben. Die Psi-Funktion des ganzen Systems würde das so zum Ausdruck bringen, daß in ihr die lebende und die tote Katze (s. v. v.)[b] zu gleichen Teilen gemischt oder verschmiert sind. Das Typische an solchen Fällen ist, daß eine ursprünglich auf den Atombereich beschränkte Unbestimmtheit sich in grobsinnliche Unbestimmtheit umsetzt, die sich dann durch direkte Beobachtung entscheiden läßt. Das hindert uns, in so naiver Weise ein „verwaschenes Modell" als Abbild der Wirklichkeit gelten zu lassen..."

Man kann dieses Spiel auch noch weiter treiben – ein Szenario, das als *Wigners Freund* bekannt ist. Nehmen wir an, die Stahlkammer mit der Katze befindet sich in einem Labor, das ebenfalls sehr gut gegen die Außenwelt isoliert ist. Wenn ein Experimentator (Wigner) nach Ablauf der Stunde die Kammer öffnet, so findet er wohl eine lebende oder eine tote Katze. Aus Sicht der Außenwelt befindet sich das System aber in einer Überlagerung der Zustände

$$|\text{Wigner hat lebende Katze gefunden}\rangle \, ,$$
$$|\text{Wigner hat tote Katze gefunden}\rangle \, .$$

Erst beim Öffnen der Labortür (durch Wigners Freund) wird die Überlagerung gebrochen, und man findet einen der beiden Zustände realisiert.

Dekohärenz Eine inzwischen verbreitete Sicht auf den Messprozess liefert das Prinzip der *Dekohärenz*: Durch äußere Störungen werden die für die Quantenphysik charakteristischen kohärenten Überlagerungen zugunsten der „klassischen" Zustände abgebaut. Im Fall der Katze wäre demnach die Überlagerung aus $|\text{lebend}\rangle$ und $|\text{tot}\rangle$ durch vielfältige Wechselwirkungen der Katze mit der Kammer sowie der Kammer mit der Umgebung längst verschwunden, noch bevor die Tür geöffnet würde.

Interpretation und Status der Quantenmechanik

Die Quantenmechanik ist eine aufs Erste befremdliche und unanschauliche Theorie – zugleich sind ihre Gesetze im Einklang mit Beobachtungen und experimentellen Resultaten, die sich im Rahmen der klassischen Physik nicht erklären lassen. Doch inwiefern ist die Quantenmechanik, wie sie in Grundvorlesungen und Lehrbüchern vorgestellt wird, eine konsistente und geschlossene Theorie, eine allgemeingültige Beschreibung der Welt?

Dass sich Resultate der Quantenmechanik meist erst dann zufriedenstellend interpretieren lassen, wenn man sie in den klassischen Kontext einbettet, kann durchaus eine Unzulänglichkeit des menschlichen Verstandes sein. Ein gravierender Einwand gegen die physikalische Konsistenz der Quantenmechanik ist hingegen, dass die grundsätzliche Frage des Messproblems ($\Rightarrow$ S. 182), wie aus einer Überlagerung von Zuständen ein einziger Eigenzustand der gemessenen Observable wird, bislang keineswegs zufriedenstellend beantwortet ist.

Die Kopenhagener Deutung erklärt überhaupt nicht, wie der „Kollaps der Wellenfunktion" zustandekommt. Der Dekohärenz-Zugang beschreibt zwar sehr erfolgreich, wie für ein Teilsystem Quantenaspekte verschwinden, indem die Kohärenz von Zuständen verlorengeht. Letztlich verschiebt sich aber die Grundfrage, wie aus einer Überlagerung von Zuständen ein einzelner selektiert wird, nur weiter nach „draußen", in das größere System hinein, in welches das ursprüngliche als Teilsystem eingebettet wird.

Die Viele-Welten-Interpretation   Es verwundert nicht, dass eine bizarr anmutende Theorie wie die Quantenmechanik auch bizarre Interpretationen zulässt. In der *Viele-Welten-Interpretation* von H. Everett III führt jeder Messprozess zu einer Aufspaltung der Welt in viele parallele Welten, wobei in unterschiedlichen Welten andere Ergebnisse der Messung gefunden werden. Die Messung macht aus einer Überlagerung von Zuständen ein Ensemble von Welten.

Auf der Viele-Welten-Interpretation beruht auch das höchst spekulative Konzept der *quantum immortality* – der Idee, dass man in einem Viele-Welten-Multiversum quasi „unsterblich" ist, denn naturgemäß kann man von den vielen (hypothetischen) Welten nur eine bewusst wahrnehmen, in der man selbst noch lebt.[a]

Nichtlokale verborgene Parameter   Der inhärent nichtdeterministische Charakter der Quantenmechanik ist nicht unumstritten. Zwar hat die Untersuchung der Bell'schen Ungleichung ($\Rightarrow$ S. 180) gezeigt, dass eine deterministische Theorie mit *lokalen* verborgenen Parametern zu experimentell widerlegbaren Aussagen führt. Nicht ausgeschlossen ist allerdings, dass es eine zur Quantenphysik äquivalente deterministische Theorie mit *nichtlokalen* verborgenen Parametern gibt. Der in dieser Hinsicht am weitesten entwickelte Ansatz ist die *Bohm'sche Mechanik*, deren Formulierung unbeobachtbare „Führungsfelder" beinhaltet.[b]

Quantenmechanik und Quantenfeldtheorien Quantenphysik in ihrer Gesamtheit ist mehr als nur Quanten*mechanik*. In der klassischen Mechanik werden Kräfte von außen eingeführt – wo sie herkommen, steht üblicherweise nicht zur Debatte. Letztlich ist das Aufschreiben eines Ausdrucks der Form $F(x, \dot{x}, t)$ immer die Parametrisierung von Unwissen. Dieses Unwissen nimmt man auch noch in die Quantenmechanik mit. So wird die Schrödinger-Gleichung meist für vorgegebene Potentiale $U(x)$ oder bestenfalls für elektromagnetische Felder, beschrieben durch die Potenziale ϕ und A, gelöst. Wo diese Potenziale oder Felder herkommen, inwieweit es Rückwirkungen auf sie gibt, inwieweit man diese ebenso wie die betrachteten Teilchen eigentlich quantisieren müsste – all das bleibt in der Quantenmechanik weitgehend ausgeklammt.

In diesem Sinne ist die Quantenmechanik tatsächlich reine *Mechanik* – das Bestimmen der Zeitentwicklung von Teilchen unter von außen vorgegebenen Kräften. Dadurch ist die Betrachtung immer noch semiklassisch: Die behandelten Teilchen haben Quantennatur, nicht aber das gesamte betrachtete System.

Das ist unbefriedigend, und es liegt nahe, dass man über die bloße Quantenmechanik hinausgehen muss, wenn man eine selbstkonsistente Beschreibung der Natur auf Quantenniveau finden will. Das gelingt momentan am besten im Kontext der Quantenfeldtheorien, denen Kapitel 11 gewidmet ist:

In der *Quantenelektrodynamik* ($\Rightarrow$ S. 250) wird das elektromagnetische Feld ebenfalls quantisiert, die Photonen tauchen dabei als Wechselwirkungsteilchen auf ganz natürliche Weise auf. Zur Beschreibung der Atomkerne, insbesondere von Kernumwandlungen, und der Zerfälle jener Teilchen, die in der Höhenstrahlung oder in Beschleunigern vorkommen, muss die Quantenelektrodynamik mit der schwachen Kernkraft zur elektroschwachen Theorie ($\Rightarrow$ S. 256) kombiniert und durch die Quantenchromodynamik ($\Rightarrow$ S. 252) ergänzt werden.

Damit hat man bis auf die Gravitation alle bekannten physikalischen Effekte beschrieben; jede noch so komplizierte Situation lässt sich *im Prinzip* auf wenige Grundtheorien zurückführen, die sich einerseits mit Quantenfeldtheorien, andererseits mit der Allgemeinen Relativitätstheorie ($\Rightarrow$ S. 228) beschreiben lassen. Zwar wird vermutet, dass auch eine Quantisierung der Gravitation möglich und zu einem tieferen Verständnis der Natur notwendig ist; eine erfolgreiche Beschreibung der Gravitation auf Quantenniveau ist allerdings trotz vieler Versuche bislang nicht gelungen ($\Rightarrow$ S. 272).

Die Quantenfeldtheorien bringen ganz neue Komplikationen, etwa die Möglichkeit der Erzeugung und Vernichtung von Teilchen, virtuelle Teilchen oder die häufige Notwendigkeit, mit divergenten Größen sinnvoll umzugehen ($\Rightarrow$ S. 260). Was den Quantenaspekt angeht, kommt aber, abgesehen von seiner konsequenteren Anwendung, nichts Neues hinzu. Will man den Quantenaspekt der Natur verstehen und diskutieren, die Überlagerung von Zuständen, den Tunneleffekt, Verschränkung oder das Messproblem, dann reicht (zumindest nach bisherigem Verständnis) die Betrachtung der Quantenmechanik völlig aus.

8 Festkörperphysik

Festkörper sind in unserem Alltag nahzu allgegenwärtig. Im Rahmen der klassischen Physik sind die meisten ihrer Eigenschaften allerdings nicht erklärbar, und quantenmechanische Ansätze sind in der Festkörperphysik unabdingbar. Da es sich um Systeme mit einer Vielzahl von Teilchen handelt, sind auch Methoden der statistischen Physik oft von erheblicher Bedeutung.

Ein Ausgangspunkt beim Studium kristalliner Festkörper ist die Untersuchung des Kristallgitters, sowohl des realen Gitters im Ortsraum als auch des reziproken Gitters im Impulsraum ($\Rightarrow$ S. 188). Kein Festkörper ist allerdings perfekt periodisch, und manche Eigenschaften werden gerade durch die Defekte im Gitter bestimmt ($\Rightarrow$ S. 190).

Bei der Behandlung von Festkörpern ist es of sinnvoll, die Bewegungen der Kerne vorerst von jenen der Elektronen zu trennen ($\Rightarrow$ S. 192). Die Dynamik des Ionengitters kann für viele Zwecke durch quantisierte Gitterschwingungen, die Phononen, beschrieben werden ($\Rightarrow$ S. 194); auch andere Quasiteilchen können in manchen Systemen sehr nützlich sein.

Während Phononen Bosonen sind, sind die Elektronen Fermionen, und das Pauli-Prinzip ist entsprechend entscheidend für die elektronische Struktur von Festkörpern, von der Fermi-Fläche ($\Rightarrow$ S. 196) bis zur Bandstruktur ($\Rightarrow$ S. 198).

Elektronen und Phononen sind beweglich, und ihre Reaktion auf äußere Felder oder anderen Einflüsse ist etwa für elektrische und Wärmeleitung verantwortlich ($\Rightarrow$ S. 200). Eine spezielle Besonderheit mancher Festkörper ist kollektiver Magnetismus ($\Rightarrow$ S. 202), der sich u. a. als Ferromagnetismus manifestieren kann.

Ein weiteres bemerkenswertes Phänomen in manchen Festkörpern ist das abrupte Absinken des elektrischen Widerstands beim Unterschreiten einer kritischen Temperatur, die Supraleitung ($\Rightarrow$ S. 204).

Neben den hier angesprochenen Effekten gibt es in der Festkörperphysik noch eine Vielzahl weiterer, von thermo- und mechanoelektrischen Effekten bis hin zum Quanten-Hall-Effekt – alle diese können wir nur sehr kurz streifen ($\Rightarrow$ S. 206).

Kristallgitter

Klassischerweise untersucht man in der Festkörperphysik streng periodische Anordnungen von Atomen, sogenannte *Kristalle*. Natürlich ist kein realer Festkörper streng periodisch: Letztlich ist er durch Oberflächen begrenzt, zudem enthalten die meisten Festkörper Defekte ($\Rightarrow$ S. 190). Dennoch kann man mit dem Modell eines perfekt periodischen Kristalls schon sehr weit reichende Aussagen treffen.[a]

Gitter und Gittersysteme Ein *Kristallgitter* ist eine regelmäßige Anordnung von Punkten im Raum. Mit Hilfe von drei Basisvektoren a_1, a_2, a_3 lässt sich jeder Punkt durch ein Zahlentripel $n = (n_1, n_2, n_3) \in \mathbb{Z}^3$ beschreiben: $R_n = \sum_k^3 n_k a_k$. Die drei Basisvektoren spannen eine *Elementarzelle* auf; durch Aneinanderfügen derartiger Elementarzellen lässt sich der Raum vollständig ausfüllen.

Je nachdem, ob mehrere der Gittervektoren a_k die gleiche Länge haben und welche Winkel sie einschließen, unterscheidet man verschiedene *Gittersysteme*, die unter unterschiedlich vielen Symmetrieoperationen ($\Rightarrow$ S. 32) invariant bleiben. Zu einem Gittersystem gehören unter Umständen mehrere Gitter, die nach A. Bravais auch als *Bravais-Gitter* bezeichnet werden. Diese Bravais-Gitter kann man sich teilweise durch Hinzunahme weiterer Punkte (innen-/raumzentriert, flächenzentriert oder basisflächenzentriert) zu einem einfacheren (primitiven) Gitter entstanden denken. Im Dreidimensionalen gibt es sieben Gittersysteme mit insgesamt 14 Bravais-Gittern.[b]

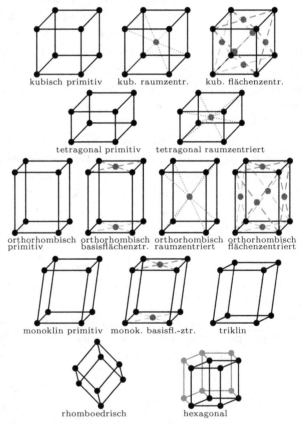

kubisch primitiv   kub. raumzentr.   kub. flächenzentr.

tetragonal primitiv   tetragonal raumzentriert

orthorhombisch primitiv   orthorhombisch basisflächenztr.   orthorhombisch raumzentriert   orthorhombisch flächenzentriert

monoklin primitiv   monok. basisfl.-ztr.   triklin

rhomboedrisch   hexagonal

Für jedes Kristallgitter gibt es viele mögliche Elementarzellen, und bei manchen Kristallsystemen (etwa dem kubisch flächenzentrierten oder dem kubisch raumzentrierten) gibt es Elementarzellen mit kleinerem Volumen als jenem des von a_1, a_2 und a_3 aufgespannten Parallelepipeds.

Eine besonders nützliche Variante der Elementarzelle ist die *Wigner-Seitz-Zelle*. Diese besteht aus allen Punkten, die einem fest gewählten Gitterpunkt näher sind als jedem anderen Gitterpunkt.

Aus einem Kristallgitter ergibt sich eine Kristallstruktur, indem an jeden Gitterpunkt eine *Basis* gesetzt wird, die aus einem oder mehreren Atomen besteht. Kristallstrukturen werden meist nach einer charakteristischen Substanz benannt.

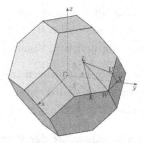

Kristallgitter　　**Basis**　　**Kristallsystem**

Das reziproke Gitter　Für viele Zwecke ist es nützlich, zum Ausgangsgitter, das in diesem Zusammenhang auch als „reales Gitter" bezeichnet wird, das entsprechende *reziproke Gitter* einzuführen. Dessen Basisvektoren werden (für ein rechtshändiges System) als

$$\boldsymbol{b}_i = \frac{2\pi}{V_{\mathrm{EZ}}} \, \boldsymbol{a}_j \times \boldsymbol{a}_k \,, \qquad i, j, k \text{ zylisch}$$

mit dem Elementarzellenvolumen $V_{\mathrm{EZ}} = (\boldsymbol{a}_1, \boldsymbol{a}_2, \boldsymbol{a}_3) = \boldsymbol{a}_1 \cdot (\boldsymbol{a}_2 \times \boldsymbol{a}_3)$ definiert.[c] Sie erfüllen entsprechend die Orthogonalitätsrelation $\boldsymbol{a}_i \cdot \boldsymbol{b}_j = 2\pi \, \delta_{ij}$.

Analog zur Wigner-Seitz-Zelle im realen Gitter wird im reziproken Gitter die (erste) *Brillouin-Zone* konstruiert, die rechts für das kubisch-flächenzentrierte Gitter dargestellt ist. Spezielle Punkte in der Brillouin-Zone haben eigene Namen bekommen, und die Bandstruktur von Festkörpern ($\Rightarrow$ S. 198) wird oft anhand von vordefinierten Wegen dargestellt, die diese Punkte verbinden.

Das reziproke Gitter ist viel mehr als nur ein simpler Rechentrick. So wie das reale Gitter die Grundlage der Beschreibung des Festkörpers im Ortsraum ist, so ist es das reziproke Gitter für die Behandlung im Impulsraum; man kann es als Fourier-Transformierte des realen Gitters interpretieren.

Die erlaubten Impulse $\boldsymbol{p}$ der Phononen ($\Rightarrow$ S. 194) lassen sich gerade in der Form

$$\boldsymbol{p} = \hbar \boldsymbol{k} \,, \qquad \boldsymbol{h} = n_1 \boldsymbol{b}_1 + n_2 \boldsymbol{b}_2 + n_3 \boldsymbol{b}_3 \,,$$

mit $(n_1, n_2, n_3) \in \mathbb{Z}^3$, schreiben.

Mit speziellen Versuchsaufbauten, etwa zur Röntgenstrukturanalyse, lässt sich das reziproke Gitter direkt sichtbar machen. Das liefert die berühmten *Laue-Diagramme*.

Defekte in Festkörpern

Oft werden Festkörper als unendlich ausgedehnt und streng periodisch angenommen. Das kann natürlich nur näherungsweise gültig sein. Einerseits setzt die Oberfläche der Ausdehnung und damit der Periodizität ein Ende, andererseits gibt es auch im Inneren praktisch jedes Festkörpers Störungen der Kristallstruktur. Das können einzelne Atome sein, die am „falschen" Platz sitzen, aber auch deutlichere Abweichungen von der Regelmäßigkeit des Gitters.

Die „kleinsten" Defekte sind *Punktdefekte*, die als *0-dimensional* bezeichnet werden. Ein solcher Defekt wäre etwa eine einzelne Fehlstelle im Gitter. Ist das zur Fehlstelle gehörige Atom an die Oberfläche gewandert, so spricht man von einem *Schottky-Defekt*, sitzt es an einem Zwischengitterplatz, von einem *Frenkel-Defekt*.[a] Weitere Punktdefekte sind Fremdatome, die die Gitterstruktur verzerren und auch die Elektronenstruktur verändern können. Derartige Fremdatome können direkt auf einem Gitterplatz sitzen (und ein reguläres Gitterteilchen ersetzen) oder einen Zwischengitterplatz einnehmen.

Die *1-dimensionalen Liniendefekte* entstehen durch das Einfügen zusätzlicher Gitterebenen in den Kristall. Diese Ebenen enden an *Versetzungslinien*, die durch den *Burgers-Vektor* charakterisiert werden können. Je nach Verlauf der Versetzungslinien und der Art, wie die Kristallebenen zueinander liegen, unterscheidet man Stufenversetzungen, Schraubenversetzung und Rotationsversetzungen.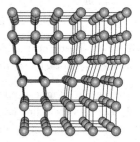

In vielen Festkörpern treten auch *2-dimensionale Flächendefekte* auf, etwa die Korngrenzen in multikristallinen Festkörpern. Auch die Oberfläche des Festkörpers kann man als (allerdings unvermeidlichen) Flächendefekt ansehen.

Thermodynamik der Versetzungen   Der defektfreie streng periodische Zustand stellt für kristalline Festkörper das Energieminimum dar. Für das tatsächliche Gleichgewicht ist aber nicht nur die Energie, sondern ebenso auch die Entropie relevant ($\Rightarrow$ S. 98). Während bei fester äußerer Form der perfekt periodische Zustand nur auf eine Art realisiert werden kann, gibt es für den Zustand mit einem Punktdefekt sehr viele Realisierungsmöglichkeiten – jeder Gitterpunkt kann Ort des Defekts sein.

Entsprechend wächst die Entropie mit der Zahl der Defekte an. Bei konstantem äußerem Druck liegt das Gleichgewicht beim Minimum der freien Enthalpie $G = H - TS$. Ist der Energieaufwand, etwa einen Schottky- oder Frenkel-Defekt zu bilden, ΔH_{def}, so nimmt in einem Festkörper mit insgesamt N_{def} Fehlstellen die Enthalpie um $\Delta H = N_{\mathrm{def}} \, \Delta H_{\mathrm{def}}$ zu. Zugleich erhöht sich die Entropie durch die Möglichkeit, N_{def} Fehlstellen auf N Gitterplätze zu verteilen, um

$$\Delta S = k_{\mathrm{B}} \ln \frac{N!}{N_{\mathrm{def}}! \, (N - N_{\mathrm{def}})!} \, .$$

Das Minimum der freien Enthalpie liegt näherungsweise[b] bei $\Delta H - k_B T \ln \frac{N_{\text{def}}}{N}$, entsprechend ergibt sich die Abhängigkeit der Fehlstellendichte von der Temperatur in der Form $n_{\text{def}} = \frac{N_{\text{def}}}{N} \approx e^{\Delta H_{\text{def}}/(k_B T)}$.

Die thermodynamisch bevorzugte Anzahl an Defekten ist aber nur bedingt ausagekräftig für die tatsächliche Anzahl. So können Defekte „einfrieren", wenn ein Kristall rasch abkühlt („Abschrecken" von glühenden Metallen). Da die Beweglichkeit der Atome abnimmt, bilden sich die Defekte, die bei hoher Temperatur entstanden sind, nur mehr zum Teil zurück, und man erhält eine Defektdichte, die höher ist, als es thermodynamisch zu erwarten wäre. Auch Defekte, die durch mechanische Beanspruchung erzeugt wurden, können die thermodynamisch günstige Dichte überschreiten.[c]

Defekte und mechanische Eigenschaften Defekte, insbesondere Versetzungslinien, haben große Bedeutung für die mechanischen Eigenschaften von Festkörpern, vor allem von Metallen.[d] Versetzungslinien ermöglichen schon bei moderaten Kräften das Gleiten von Schichten des Kristalls aneinander.

Ein gerne zitierter Vergleich ist jener mit dem Verschieben eines Teppichs. Um einen liegenden Teppich im Stück zu verschieben, muss eine große Haftreibungskraft überwunden werden. Erzeugt man hingegen im Teppich Falten, die man dann zur anderen Seite hin ausstreicht, so ändert sich die Lage des Teppichs ebenfalls, aber der notwendige Krafteinsatz ist deutlich geringer.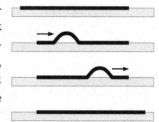

Punktdefekte können das Wandern von Versetzungslinien erschweren oder verhindern („Pinning" von Versetzungen). Das macht ein Material härter, aber zugleich auch spröder. Viele Verfahren der Metallurgie beruhen darauf, Defekte in der richtigen Dichte und an den richtigen Stellen zu erzeugen, so dass man die gewünschten Materialeigenschaften erhält.

Biegt man ein dünnes Metallstück (etwa Draht) mehrfach an der gleichen Stelle, so bringt man jedesmal neue Versetzungen ein. Diese machen es zunächst leichter, das Metall wieder an dieser Stelle zu biegen. Wenn sich aber so viele Versetzungslinien gebildet haben, dass sie sich kreuzen und aneinander haften, nimmt die Brüchigkeit des Materials stark zu.

Dotierung Schon auf die mechanischen Eigenschaften haben Defekte einen großen Einfluss. Vor allem aber können sie die elektrischen Eigenschaften eines Festkörpers grundlegend beeinflussen. Bringt man in einen Halbleiter, dessen Atome typischerweise vier Valenzelektronen besitzen, ein drei- oder ein fünfwertiges Atom ein, so steht ein Loch oder ein Elektron als Ladungsträger zur Verfügung (⇒ S. 198). Diese *Dotierung* von Halbleitern ist die Grundlage der modernen Elektronik. Von Leuchtdiode und Solarzelle über den Transistor bis hin zum kompletten Chip beruhen nahezu alle gängigen elektronischen Bauelemente auf der Einbringung solcher Defekte in Halbleiter.

Dynamik des Festkörpers

In der Festkörperphysik ist man – im Prinzip – in der glücklichen Lage, den Hamilton-Operator des Systems zu kennen. Für einen Festkörper, der aus N_{el} Elektronen und N_K Atomkernen besteht, hat er (bei vorläufiger Vernachlässigung des Spins sowie anderer relativistischer und magnetischer Effekte ($\Rightarrow$ S. 156)) die Form:

$$\hat{H} = \sum_{i=1}^{N_{el}} \frac{\hat{p}_i^2}{2m_e} \qquad \text{(kinetische Energie der Elektronen)}$$

$$+ \sum_{k=1}^{N_K} \frac{\hat{P}_k^2}{2K_K} \qquad \text{(kinetische Energie der Kerne)}$$

$$+ \sum_{i<j} \hat{V}_{ee}\left(\hat{r}_i - \hat{r}_j\right) \qquad \text{(Elektron-Elektron-Abstoßung)}$$

$$+ \sum_{k<\ell} \hat{V}_{KK}\left(\hat{R}_k - \hat{R}_\ell\right) \qquad \text{(Kern-Kern-Abstoßung)}$$

$$+ \sum_{i,k} \hat{V}_{eK}\left(\hat{r}_i - \hat{R}_k\right) \qquad \text{(Elektron-Kern-Anziehung)}.$$

Dabei sind V_{ee}, V_{KK} und V_{eK} die Coulomb-Potenziale, die zwischen zwei Elektronen, zwei Kernen bzw. einem Elektron und einem Kern wirken. Meist ist es nicht notwendig, alle vorhandenen Elektronen zu betrachten, sondern man kann man die Betrachtungen auf die Valenzelektronen und die Ionenrümpfe beschränken. Auch dafür hat der Hamilton-Operator die obige Gestalt. Dabei ist N_{el} deutlich kleiner, dafür haben V_{KK} und V_{eK} kompliziertere Formen als das reine Coulomb-Potenzial.[a]

Noch immer aber ist die Anzahl der Teilchen so groß, dass eine Behandlung mit den üblichen Rechenmethoden der Quantenmechanik ($\Rightarrow$ S. 162) nicht sinnvoll möglich ist. Hier setzen verschiedenste Näherungsmethoden ein.

Die Born-Oppenheimer-Näherung Ein wesentlicher Schritt, um das allgemeine Festkörperproblem behandelbar zu machen, besteht darin die Dynamik des Gitters von jener der Elektronen zu trennen. Grundlage dieser *Born-Oppenheimer-Näherung*, die ursprünglich aus der Molekülphysik stammt, ist, dass die Elektronen so leicht sind, dass sie sich an die neuen Kernpositionen extrem schnell anpassen.[b]

Demzufolge ist es eine durchaus brauchbare Näherung, das elektronische Problem für feste Kernpositionen zu lösen. Im Prinzip könnte dann die Dynamik der Kerne in dem Potenzial, das sich aus dem elektronischen Grundzustand für alle möglichen Kernpositionen ergibt, betrachtet werden. Das ist in vollem Umfang bislang noch nicht möglich, weshalb man sich meist mit effektiven Potenzialen, etwa dem Lennard-Jones-Potenzial ($\Rightarrow$ S. 62), behilft und auch ausnutzt, dass die Gleichgewichtslagen der Gitteratome aus Messungen meist schon gut bekannt sind.

Elektronendynamik Die elektronische Struktur eines Festkörpers bestimmt wesentlich seine elektrischen, magnetischen, optischen und thermischen Eigenschaften: Die Bandstruktur ($\Rightarrow$ S. 198) der Elektronen ist dafür verantwortlich, ob ein Kristall ein elektrischer Leiter, ein Halbleiter oder ein Isolator ist, und auch, welche optischen Frequenzen reflektiert, absorbiert oder transmittiert werden.

Nicht nur die elektrische, sondern auch die thermische Leitfähigkeit wird erheblich von den Elektronen bestimmt. Metalle haben tendenziell sehr hohe Wärmeleitfähigkeit (weshalb sie bei Berührung meist kühl wirken; die Körperwärme wird schnell abtransportiert).

Um die elektronische Struktur innerhalb einer Elementarzelle zu berechnen, wird besonders oft die *Dichtefunktionaltheorie* benutzt, die auch in der Quantenchemie sehr intensiv eingesetzt wird. Darin erfolgt die Beschreibung der Elektronenstruktur direkt mit der Elektronendichte. Statt Operatoren, die auf Wellenfunktionen wirken, werden in diesem Zugang Funktionale ($\Rightarrow$ S. 36) der Elektronendichten untersucht.

Die Formulierung mittels Elektronendichten ist an sich exakt, allerdings taucht darin ein Austausch-Korrelations-Funktional auf, dessen allgemeine Form unbekannt ist. Als Näherung wird oft das Austausch-Korrelations-Funktional des freien Elektronengases ($\Rightarrow$ S. 196) benutzt, was oft bereits ausreichend genaue Ergebnisse liefert.

Gitterdynamik Die Gitterdynamik bestimmt vor allem die mechanischen Eigenschaften, etwa das elastische Verhalten oder die thermische Ausdehnung von Festkörpern. Ein wesentliches Hilfsmittel zur Beschreibung der Gitterdynamik des Gitters sind quantisierte Gitterschwingungen, die Phononen ($\Rightarrow$ S. 194), deren erlaubte Wellenzahlvektoren k das reziproke Gitter ($\Rightarrow$ S. 188) bilden.

Phononen ergeben sich direkt aus der harmonischen Näherung des Potenzials, in dem sich die Kerne bewegen. Für die Behandlung der elastischen Eigenschaften reicht die harmonische Näherung völlig aus; für die Beschreibung der thermischen Ausdehnung hingegen müssen auch anharmonische Terme berücksichtigt werden.[c] Im Bild der Phononen bedeutet das, dass im Modell auch die Streuung von Phononen aneinander bzw. die Aufspaltung eines Phonons in mehrere Phononen möglich ist.

Erweiterungen des Hamiltonians Zur genaueren Beschreibung des Festkörpers kann der Hamilton-Operator durch die Kopplung an äußere elektromagnetische Felder und die Berücksichtigung des Spins erweitert werden. Letzteres ist insbesondere für die Untersuchung magnetischer Effekte ($\Rightarrow$ S. 156) unumgänglich. Direkte relativistische Effekte, die eine Behandlung mit der Dirac-Gleichung ($\Rightarrow$ S. 220) erfordern würden, sind für Valenzelektronen sehr klein. Bei Rumpfelektronen kann das anders sein; dieser Einfluss kann aber meist durch Modifikation der Potenziale V_{KK} und V_{eK} berücksichtigt werden.

Normalschwingungen und Phononen

> You may use any degrees of freedom you like to describe a physical system,
> but if you use the wrong ones, you'll be sorry!
>
> *Weinberg's Third Law of Progress in Theoretical Physics*, 1983

Nach heutigem Verständnis sind die „Grundeinheiten" des Lichts, die *Photonen*, Elementarteilchen im fundamentalsten Sinne. Auf den ersten Blick scheint es nahezu absurd, entsprechende Grundeinheiten auch für den Schall zu suchen – dort ist ja klar, dass sich Schallwellen stets auf Schwingungen der Atome, Moleküle oder Ionen in Gasen, Flüssigkeiten oder Festkörpern zurückführen lassen.

Dennoch ist es für viele Zwecke sinnvoll, auch Schallquanten, sogenannte *Phononen*, zu betrachten. Diese sind natürlich keine fundamentalen Teilchen, sondern nur eine effektive Beschreibung von Anregungen der wirklichen Grundbausteine. Man spricht dabei von *Quasiteilchen*.

Um zu verstehen, wie sehr die Verwendung von Quasiteilchen manche Betrachtungen vereinfachen kann, untersuchen wir das Modell eines sehr einfachen Festkörpers, nämlich zwei Massepunkte der Masse m, die durch Schnüre mit der Spannung σ_S miteinander und jeweils mit einer Wand verbunden sind.

Nun werden die Massenpunkte transversal ausgelenkt. Auf den ersten Punkt ergibt sich eine rückstellende Kraft der Größe $F_1 = \sigma_S \sin\alpha - \sigma_S \sin\beta$. Für kleine Winkel α ist $\sin\alpha \approx \alpha \approx \tan\alpha$. Damit erhalten wir

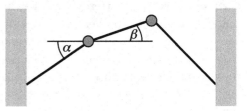

$$\sin\alpha = \frac{x_1}{\sqrt{\ell^2 + x_1^2}} \approx \frac{x_1}{\ell} \qquad \text{und} \qquad \sin\beta = \frac{x_2 - x_1}{\sqrt{\ell^2 + (x_2 - x_1)^2}} \approx \frac{x_2 - x_1}{\ell}.$$

Insgesamt gilt $F_1 \approx \frac{\sigma_S}{\ell}(2x_1 - x_2)$. Analog erhalten wir $F_2 \approx \frac{\sigma_S}{\ell}(2x_2 - x_1)$ und damit in linearer Näherung die Bewegungsgleichungen

$$m\ddot{x}_1 = -\frac{\sigma_S}{\ell}(2x_1 - x_2), \qquad\qquad m\ddot{x}_2 = -\frac{\sigma_S}{\ell}(2x_2 - x_1),$$

bzw. in Matrixform, nach Division durch m:

$$\begin{pmatrix} \ddot{x}_1 \\ \ddot{x}_2 \end{pmatrix} = -\frac{\sigma_S}{m\ell} \begin{pmatrix} 2 & -1 \\ -1 & 2 \end{pmatrix} \begin{pmatrix} x_1 \\ x_2 \end{pmatrix}.$$

Durch eine Hauptachsentransformation kann man die beiden Gleichungen entkoppeln:

$$\begin{pmatrix} \ddot{q}_1 \\ \ddot{q}_2 \end{pmatrix} = -\frac{\sigma_S}{m\ell} \begin{pmatrix} 1 & 0 \\ 0 & 3 \end{pmatrix} \begin{pmatrix} q_1 \\ q_2 \end{pmatrix} \qquad \text{mit} \qquad \begin{aligned} q_1 &= \tfrac{1}{\sqrt{2}}(x_1 + x_2), \\ q_2 &= \tfrac{1}{\sqrt{2}}(x_1 - x_2). \end{aligned}$$

Für jede der beiden Linearkombinationen $q_{1,2} = \frac{1}{\sqrt{2}}(x_1 \pm x_2)$ ergibt sich nun eine einfache Schwingungsgleichung, die sich schnell lösen lässt:

$$q_1(t) = C_1 \sin(\omega_1 t + \varphi_1), \qquad q_2(t) = C_2 \sin(\omega_2 t + \varphi_2),$$

mit $\omega_1 = \sqrt{\frac{\sigma_s}{m\,\ell}}$ und $\omega_2 = \sqrt{\frac{3\,\sigma_s}{m\,\ell}} = \sqrt{3}\,\omega_1$. Die Integrationskonstanten C_i und φ_i können aus den Anfangsbedingungen $x_i(0)$ und $\dot{x}_i(0)$ bestimmt werden.

Min findet also zwei *Normalschwingungen* oder *Normalmoden*, mit denen sich das Verhalten des Systems vollständig beschreiben lässt:

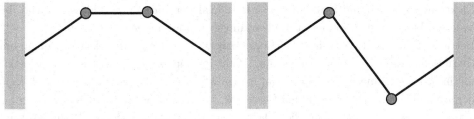

Grundschwingung   Oberschwingung

Bei einer längeren Kette würden sich entsprechend mehr mögliche Oberschwingungen mit immer höheren Frequenzen ergeben. Statt mit sehr vielen Orts- und Geschwindigkeitskoordinaten kann man das Verhalten einer schwingenden Kette von Massepunkten dann durch die Anteile C_i der jeweiligen Moden (und ggf. die Phasenlagen φ_i) charakterisieren.[a]

Analoge Betrachtungen wie für die eindimensionale Kette kann man auch für dreidimensionale Gitter anstellen, und man findet Phononen, die sich durch einen Wellenzahlvektor k aus dem reziproken Gitter ($\Rightarrow$ S. 188) beschreiben lassen.

Enthält die Basis des Gitters verschiedenartige Atome, so unterscheidet man noch *akustische* und *optische* Phononen, wobei im ersteren Fall Nachbarteilchen gleichläufig, im zweiteren gegenläufig schwingen.[b]

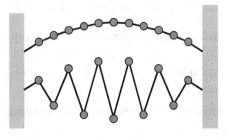

Neben Phononen gibt es noch viele andere Anregungszustände, die als Quasiteilchen behandelt werden und Betrachtungen vor allem in der Festkörperphysik oft außerordentlich erleichtern können. Beispiele dafür sind *Plasmonen* (Anregungszustände von Plasmaschwingungen), *Magnonen* (Anregungszustände von Spinwellen), *Polaronen* (geladene Teilchen samt durch Gitterverzerrungen erzeugten Polarisationswolken) oder *Exzitonen* (Elektron-Loch-Bindungszustände). Es kann sogar sinnvoll sein, den Bindungszustand aus einem Photon und einem Quasiteilchen wiederum als Quasiteilchen zu beschreiben. Diese „Quasiteilchen zweiter Ordnung" nennt man *Polaritonen*.[c]

Fermi-Fläche und Bloch'sches Theorem

Festkörper in voller Allgemeinheit zu beschreiben ist bislang unmöglich und wird das wohl auch auf absehbare Zeit bleiben. Entsprechend ist man auf Näherungen angewiesen, die oft sehr grob sind, jedoch manchmal bereits erstaunlich gute Ergebnisse bringen.

Das freie Elektronengas In Metallen sind die Valenzelektronen weitgehend frei beweglich. In gröbster Näherung kann man sowohl die elektrische Wechselwirkung der Elektronen untereinander als auch das Potenzial der Ionen vernachlässigen und die Valenzelektronen als Gas aus wechselwirkungsfreien Fermionen behandeln.

Betrachtet man nur den Grundzustand, kümmert sich also insbesondere nicht um thermische Anregungen, so sind gemäß Pauli-Prinzip gerade jene Zustände besetzt, die im k-Raum innerhalb einer Kugel liegen: $k^2 \leq k_F^2$. Die Energie $E_F = \frac{m}{2}(\hbar k_F)^2$ nennt man *Fermi-Energie* und den Bereich $k^2 \leq \frac{2}{m\hbar^2} E_F$ *Fermi-Kugel*.

Ganz allgemein nennt man die Fläche im Impulsraum, die im Grundzustand („für $T = 0$") die besetzten von den unbesetzten Zuständen eines fermionischen Systems trennt, die *Fermi-Fläche*. Bei realen Substanzen ist die Gestalt der Fermi-Fläche typischerweise viel komplizierter als die Kugelgestalt.[a] Sie ist jeweils charakteristisch für eine spezifische Substanz, und ihre Kenntnis erlaubt weitreichende Aussagen über die Eigenschaften eines Materials.

Für $T > 0$ „schmilzt" die Fermi-Kugel, d. h. die Besetzungsdichte ist keine Stufenfunktion mehr, sondern wird durch eine Fermi-Dirac-Funktion ($\Rightarrow$ S. 172) beschrieben. Noch immer ist aber die Fermi-Energie eine charakteristische Größe; zudem ist die Abweichung von der Stufenform bei realistischen Temperaturen (d. h. solchen, bei denen der Festkörper noch nicht schmilzt) klein.

Quasifreie Elektronen im Festkörper Eine Verbesserung der Näherung des freien Elektronengases besteht darin, das Potenzial, das von den Ionen erzeugt wird, zu berücksichtigen, aber die Wechselwirkung der Elektronen untereinander weiter zu vernachlässigen.

Der entsprechende Hamilton-Operator nimmt die Gestalt

$$\hat{H} = \sum_{i=1}^{N_{el}} \left(\frac{\hat{p}_i^2}{2m_e} + \sum_{k=1}^{N_K} \hat{V}_{eK}\left(\hat{r}_i - \hat{R}_k\right) \right)$$

an. Auch wenn dieser Operator ein System aus vielen Teilchen beschreibt, so setzt er sich doch additiv aus Ein-Teilchen-Beiträgen zusammen, die nicht miteinander in Wechselwirkung treten. Daher wird er als Ein-Teilchen-Hamiltonian bezeichnet. Im Gegensatz zum Falle eines echten Viel-Teilchen-Systems lässt sich jede Eigenfunktion dieses Hamiltonians als Slater-Determinate darstellen, also als antisymmetrisiertes Produkt von Ein-Teilchen-Wellenfunktionen.

Das Bloch'sche Theorem Eine zentrale Stellung in der Festkörperphysik nimmt das *Bloch'sche Theorem* ein. Auch wenn das Kristallgitter und damit das äußere Potenzial periodisch ist, so gilt das für die Wellenfunktion nicht. Allerdings kann man anhand von Translationsinvarianz und Normierungsbedingung herleiten, dass für jeden Gittervektor $\boldsymbol{R}$ gilt:

$$\psi(\boldsymbol{r} + \boldsymbol{R}) = \mathrm{e}^{\mathrm{i}\boldsymbol{k}\cdot\boldsymbol{R}}\psi(\boldsymbol{r})\,,$$

wobei $\boldsymbol{k}$ ein Wellenzahlvektor in der ersten Brillouin-Zone ist. Die Wellenfunktion ist also bis auf einen möglichen Phasenfaktor periodisch. Es ist sinnvoll, den Phasenphaktor explizit zu behandeln, indem man die *Bloch-Funktionen*

$$u(\boldsymbol{r}) = \frac{1}{\sqrt{V}}\mathrm{e}^{-\mathrm{i}\boldsymbol{k}\cdot\boldsymbol{r}}\psi(\boldsymbol{r})$$

einführt. Diese Bloch-Funktionen sind somit gitterperiodisch, und es reicht aus, sie für eine Elementarzelle zu bestimmen. Die Wellenfunktion lässt sich (abgesehen vom volumenabhängigen Normierungsfaktor) als Produkt einer Bloch-Funktion mit einer ebenen Welle $\mathrm{e}^{-\mathrm{i}\boldsymbol{k}\cdot\boldsymbol{r}}$ darstellen. Anders gesagt, die Ein-Teilchen-Wellenfunktionen sind ebene Wellen, die mit dem gitterperiodischen Bloch-Faktor moduliert werden.

Bandstruktur Für die Bloch-Funktionen lässt sich aus der Schrödinger-Gleichung eine Eigenwertgleichung der Form $\hat{h}(\boldsymbol{k})u_{\boldsymbol{k}} = \varepsilon_{\boldsymbol{k}}u_{\boldsymbol{k}}$ herleiten. Die Gleichung ist in einem endlichen Gebiet, nämlich der Elementarzelle, definiert. Wie im Fall der Schrödinger-Gleichung lassen sich die Eigenwerte und Eigenfunktionen für festes $\boldsymbol{k}$ mit einem diskreten Index n beschreiben, $\varepsilon_{n\boldsymbol{k}}$, $u_{n\boldsymbol{k}}$. Der Index n wird als *Bandindex* bezeichnet. Die Bandstruktur (⇒ S. 198) ist entscheidend dafür, ob ein Material ein Leiter, Halbleiter oder Isolator ist, zudem bestimmt sie auch die optischen Eigenschaften maßgeblich mit.

Der Tensor der effektiven Masse Da die Wechselwirkung zwischen den Elektronen zu den dominanten Energiebeiträgen gehört, wäre nicht zu erwarten, dass die Näherung quasifreier Elektronen auch nur ansatzweise zufriedenstellend sein kann. In der Nähe des Γ-Punkts $\boldsymbol{k} = (0,0,0)$ gilt aber näherungsweise

$$\varepsilon_n(\boldsymbol{k}) = \varepsilon_n(\boldsymbol{0}) + \left(\frac{1}{m^*(n)}\right)_{ij} k_i\,k_j\,,$$

mit dem *Tensor der effektiven Masse*, der sich zu

$$\left(\frac{1}{m^*(n)}\right)_{ij} := \frac{1}{\hbar^2}\frac{\partial^2 \varepsilon_n}{\partial k_i \partial k_j}\bigg|_{\boldsymbol{0}} = \frac{1}{m_\mathrm{e}}\delta_{ij} + \frac{2}{m_\mathrm{e}^2}\sum_{n'\neq n}\frac{\langle n\,\boldsymbol{0}|\hat{p}_i|n'\,\boldsymbol{0}\rangle\,\langle n'\,\boldsymbol{0}|\hat{p}_j|n\,\boldsymbol{0}\rangle}{\varepsilon_n(\boldsymbol{0}) - \varepsilon_{n'}(\boldsymbol{0})}$$

ergibt. Das Verhalten der Elektronen bei kleinen Impulsen ist also ähnlich jenem von freien Elektronen, allerdings mit einer modifizierten Masse, die deutlich andere Werte als m_e annehmen und aufgrund des Tensorcharakters auch anisotrop sein kann.[b]

Elektronenbänder und Bandstrukturmethoden

Die fundamentale Eigenschaft kristalliner Festkörper ist ihre Periodizität. Wesentliche Eigenschaften und Charakteristika lassen sich dabei schon an sehr einfachen periodischen Modellen studieren. Insbesondere kann man sich dabei zunächst auf wechselwirkungsfreie Elektronen beschränken, die Coulomb-Abstoßung also vernachlässigen. Dass es sich um ein Viel-Teilchen-System handelt kommt dann nur noch im Pauli-Prinzip, also in der Antisymmetrisierung der Gesamtwellenfunktion, zum Ausdruck.[a]

Eine extrem grobe Näherung ist es, auch noch die physikalische Wirkung des Potenzials zu vernachlässigen und nur noch die Auswirkungen der periodischen Geometrie zu untersuchen. Durch die Periodizität findet man in der Brillouin-Zone Energiezustände mit beliebigen Energien (die man sich als Fortsetzungen der Energieparabeln anderer Zonen vorstellen kann).

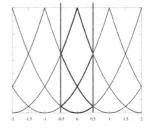

Berücksichtigt man das Gitterpotenzial nun zusätzlich als schwache Störung, so findet man eine Verschiebung der Energien und das Entstehen von *verbotenen Bereichen*, in denen keine für das System erlaubten Energien liegen. Das ist ein qualitativ richtiges Ergebnis. Da das Kristallpotenzial aber keineswegs schwach ist, kann man keine quantitativ aussagekräftigen Resultate erwarten. Um solche zu erhalten, muss man über die Näherung eines schwachen Potenzials hinausgehen.

Eine naheliegende Methode ist es, statt von freien Elektronen von den Bindungszuständen in einem einzelnen jener Potenziale auszugehen, deren periodische Anordnung das Kritallpotenzial bildet. Oft sind die ursprünglichen Lösungen für das Einzelpotenzial immer noch ein guter Ausgangspunkt für die Untersuchung des vollen Problems.

Ähnlich wie bei einer chemischen Bindung aus zwei Atomorbitalen ein bindendes und ein antibindendes Molekülorbital entstehen, führt auch hier der Teil der Wellenfunktionen, der die weiteren Potenziale „sieht" zu einer Aufspaltung der Eigenenergien. Bei N Kopien des Potenzials spaltet ein einzelner Eigenwert des ursprünglichen Einzel-Potenzial-Hamiltonians in N nahe beeinander liegende Eigenwerte auf.

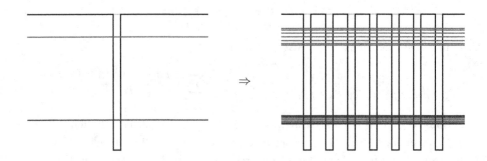

Für $N \to \infty$ gehen die Abstände zwischen benachbarten Energiewerten gegen null. Berücksichtigt man zusätzlich die Impulsabhängigkeit, so erhält man *Energiebänder*, die aneinanderstoßen, überlappen, aber auch durch eine Energielücke voneinander getrennt sein können. Im dreidimensionalen Gitter ergeben sich für reale Materialien oft sehr komplizierte Bandstrukturen, für deren Berechnung zahlreiche Methoden entwickelt wurden.[b]

Um zu einer einheitlichen und aussagekräftigen Darstellung von Bandstrukturen zu gelangen, sind in der Festkörperphysik einzelne charakteristische Punkte des reziproken Gitters ($\Rightarrow$ S. 188) definiert, die ausgehend von $\Gamma = (0, 0, 0)$ entlang von Geradenstücken durchlaufen werden.

Rechts ist als Beispiel die Bandstruktur von Silizium, dem für Anwendungen bislang wichtigsten Halbleiter, gezeigt. Bei sehr tiefen Temperaturen sind die Bänder bis zur Energie $E_V = 0$ gefüllt, die als Nullpunkt der Skala gewählt wurde. Danach folgt eine Energielücke $\Delta E \approx 1.1\,\text{eV}$, bevor das erste ungefüllte Band beginnt.

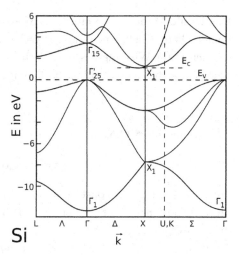

Dies Lage des obersten gefüllten Bandes, des *Valenzbandes*, sowie des ersten nicht oder nur teilweise gefüllten Bandes, des *Leitungsbandes*, sind entscheidend für die elektrischen und optischen Eigenschaften eines Materials. In einem vollständig gefüllten Band ist kein Netto-Ladungstransport möglich, und optische Anregungen sind nur von einem zumindest teilweise gefüllten Band in ein zumindest teilweise leeres hinein möglich.

Entsprechend sind jene Festkörper Leiter, in denen das Leitungsband nur teilweise gefüllt ist bzw. bei denen Valenz- und nicht gefülltes Leitungsband zumindest zusammenstoßen oder einander gar überlappen. Liegt zwischen Valenz- und leerem Leitungsband eine Energielücke, so liegt ein Isolator oder ein Halbleiter vor, je nachdem, ob sich schon durch thermische Anregungen eine nennenswerte Elektronendichte im Leitungsband einstellt.[c]

Werden einige Elektronen ins Leitungsband hinein angeregt, so tragen diese zur Leitfähigkeit bei. Daneben erlauben dann aber auch die Fehlstellen im Leitungsband dort einen Ladungstransport. Man spricht in diesem Fall von *Löcherleitung*.[d]

Abgesehen von den Auswirkungen auf die elektrische Leitfähigkeit hat die Größe der Bandlücke auch einen Einfluss auf optische Eigenschaften. Silizium absorbiert alle sichtbaren Frequenzen und erscheint daher schwarz. Diamant, der die gleiche Kristallstruktur, aber eine deutlich größere Bandlücke hat, absorbiert sichtbares Licht nicht und erscheint daher durchsichtig.[e]

Transportvorgänge im Festkörper

Metalle leiten einerseits elektrischen Strom, andererseits sind sie auch gute Wärmeleiter. Diese beiden Effekte sind nicht unabhängig voneinander, sondern für beide ist die hohe Beweglichkeit der Elektronen verantwortlich – wobei zur Wärmeleitung auch die Phononen erheblich beitragen.

Das Drude-Modell Ein einfaches Modell für elektrische Leitung, das *Drude-Modell*, behandelt die Elektronen als klassische Teilchen der Masse m und Ladung $q = -e$, die sich unter Wirkung des elektrischen Feldes und einer Reibungskraft $\boldsymbol{F}_\mathrm{R} = -\frac{m}{\tau}\,\boldsymbol{v}$ bewegen, wobei τ eine materialabhängige Zeitkonstante ist:

$$ m\ddot{\boldsymbol{x}} = \boldsymbol{F}_\mathrm{el} + \boldsymbol{F}_\mathrm{R} \qquad \Longleftrightarrow \qquad m\dot{\boldsymbol{v}} = q\,\boldsymbol{E} - \frac{m}{\tau}\,\boldsymbol{v}\,. $$

Als Lösung dieser Gleichung ergibt sich für die Geschwindigkeit

$$ \boldsymbol{v}(t) = \boldsymbol{v}_0\,\mathrm{e}^{-t/\tau} + \frac{q\tau}{m}\,\boldsymbol{E} $$

mit einer Integrationskonstanten $\boldsymbol{v}_0$, die die Anfangsgeschwindigkeit beinhaltet. Nach hinreichend langer Zeit ist der erste Term abgeklungen, und mit der Ladungsträgerdichte n ergibt sich der Strom

$$ \boldsymbol{j} = nq\boldsymbol{v} = \sigma\,\boldsymbol{E}\,, $$

mit der Leitfähigkeit $\sigma = \frac{ne^2\tau}{m}$. Im Allgemeinen haben spezifischer Widerstand und Leitfähigkeit Tensorcharakter, was sich einerseits in anisotropen Materialien bemerkbar macht, andererseits etwa in Anwesenheit eines Magnetfelds. In diesem Fall hängen Widerstands- und Leitfähigkeitstensor mittels Matrixinversion zusammen: $\boldsymbol{\rho} = \boldsymbol{\sigma}^{-1}$.

Behandlung mittels Boltzmann-Gleichung Im Drude-Modell geht man von einer einheitlichen Geschwindigkeit der Ladungsträger aus, obwohl zu erwarten ist, dass sich eine nichttriviale Verteilung der Geschwindigkeiten einstellt. Entsprechend sollte eine Behandlung mit Verteilungsfunktion und passender Transportgleichung (⇒ S. 108) deutlich akkurater sein als das einfachere Modell.

Die Behandlung dieses Problems mittels Boltzmann-Gleichung ist möglich und sogar recht erfolgreich, allerdings ist sie durch die Mischung von klassischen und quantenmechanischen Betrachtungen zwangsläufig in gewissem Maße inkonsistent. Da es sich bei den Elektronen um Fermionen handelt, sollte ja das Pauli-Prinzip berücksichtigt werden; als Gleichgewichtsverteilung muss sich die Fermi-Dirac-Verteilung (⇒ S. 172) ergeben.

Spaltet man die Verteilungsfunktion in Gleichgewichtsverteilung und Abweichung davon auf, $f = f_0 + f_1$, so ist nur f_1 für nicht-verschwindende Beiträge zum Stoßterm verantwortlich. In der *Relaxationszeitnäherung* macht man den Stoß-Ansatz $\sigma_\mathrm{coll} = \frac{f_1}{\tau}$, mit der typischen Lebensdauer τ eines Nichtgleichgewichts-Zustands.

Linear-Response-Theorie Eine detailliertere und besser fundierte Behandlung von Transportphänomenen benutzt quantenmechanische Methoden, insbesondere zeitabhängige Störungstheorie ($\Rightarrow$ S. 162). Schreibt man den Hamiltonian samt Störung in der Form $\hat{H}(t) = \hat{H}_0 - \hat{A}\,F(t)$, so bietet sich eine Behandlung im Wechselwirkungsbild ($\Rightarrow$ S. 146) an, das wir im Folgenden mit einem tiefgestellten W bezeichnen.[a] Erwartungswerte von Operatoren $\hat{B}$ erhält man auch hier mittels Spurbildung:

$$\langle \hat{B} \rangle = \langle \hat{B}_W(t) \rangle_{\rho(t)} = \mathrm{Sp}\big(\hat{B}_W(t)\,\rho_W(t)\big)\,,$$

mit der Wechselwirkungsbild-Dichtematrix ρ_W. Integriert man die entsprechende Von-Neumann-Gleichung mit der Anfangsbedingung $\rho_W(t \to -\infty) = \rho_0 \equiv \frac{1}{Z_0} e^{-\beta \hat{H}_0}$, mit $Z_0 = \mathrm{Sp}\, e^{-\beta \hat{H}_0} = \sum_n e^{-\beta E_n}$, so erhält man die Integralgleichung

$$\rho_W(t) = \rho_0 + \frac{\mathrm{i}}{\hbar} \int_{-\infty}^{t} \Big[\hat{A}_W(t'),\, \rho_W(t') \Big] F(t')\mathrm{d}t'\,,$$

die den Störterm nur linear enthält. Diese Gleichung kann iterativ gelöst werden. In der *Linear-Response-Theorie* bricht man nach dem linearen Glied ab und erhält

$$\langle \hat{B} \rangle_{\rho(t)} = \langle \hat{B} \rangle_{\rho_0} + \int_{\infty}^{\infty} F(t')\chi_{B,A}(t,\,t')\,,$$

mit der *retardierten Suszeptibilität*

$$\chi_{B,A}(t,\,t') = \frac{\mathrm{i}}{\hbar} \Big\langle \Big[\hat{B}_W(t),\, \hat{A}_W(t') \Big] \Big\rangle_{\rho_0} \Theta(t-t')\,.$$

Als spezifischen Operator $\hat{B}$ untersucht man meist einen Stromoperator, während $\hat{A}$ das den Strom treibende Feld darstellt. In diesem Zugang lassen sich Transporteigenschaften durch Gleichgewichts-Erwartungswerte (wenn auch von einem komplizierteren Operator als den ursprünglichen) charakterisieren.

Untersucht man harmonische Störungen,[b] so wird die Suszeptibilität frequenzabhängig. Im Allgemeinen ist χ komplex, $\chi_{B,A} = \chi'_{B,A} + \mathrm{i}\chi''_{B,A}$. Der Realteil wird als reaktiver, der Imaginärteil als absorptiver Anteil bezeichnet. Die beiden Anteile sind nicht unabhängig, sondern hängen über die *Kramers-Kronig-Relationen* zusammen:[c]

$$\chi'_{B,A} = \frac{1}{\pi} \mathcal{P}\!\!\int \frac{\chi''_{B,A}(\omega')}{\omega' - \omega}\,\mathrm{d}\omega'\,, \qquad \chi'_{B,A} = -\frac{1}{\pi} \mathcal{P}\!\!\int \frac{\chi'_{B,A}(\omega')}{\omega' - \omega}\,\mathrm{d}\omega'\,.$$

Eine typische Suszeptibilität ist etwa die elektrische Leitfähigkeit. Die Gleichung für den Leitfähigkeitstensor $\boldsymbol{\sigma}$ in Linear-Response-Theorie wird als *Kubo-Formel* bezeichnet.

Manche Effekte, etwa die Supraleitung ($\Rightarrow$ S. 204) lassen sich nicht in einem störungstheoretischen Zugang verstehen. Eine noch tiefer gehende Analyse von Transporteigenschaften und insbesondere der gegenseitigen Beeinflussung verschiedener Teilchenarten kann im Formalismus der Green-Funktionen mittels diagrammatischer Methoden ($\Rightarrow$ S. 258) erfolgen.

Kollektiver Magnetismus

Magnetismus ist ein zutiefst quantenmechanischer Effekt ($\Rightarrow$ S. 156). Während aber Dia- und Paramagnetismus ($\Rightarrow$ S. 58) auch in Flüssigkeiten und Gasen auftreten können, erfordern Ferro-, Antiferro- und Ferrimagnetismus regelmäßige Strukturen, wie man sie typischerweise nur in kristallinen Festkörpern findet.

Theoretisch besonders einfach lässt sich der Magnetismus beschreiben, der durch die Wechselwirkung magnetischer Momente in einem Gitter zustandekommt.[a] Bei dieser Wechselwirkung handelt es sich nicht in erster Linie um die magnetische Dipol-Dipol-Anziehung. Diese wäre alleine viel zu schwach, um die richtige Größenordnung für magnetische Effekte zu liefern. Viel bedeutsamer ist etwa die quantenmechanische Austauschwechselwirkung, wobei es auch indirekte Wechselwirkungen über unmagnetische Atome in der Elementarzelle geben kann.

Ein Modell für den Magnetismus, der sich durch lokalisierte magnetische Momente in einem Gitter ergibt, ist das *Heisenberg-Modell*

$$\hat{H} = - \sum_{ij} J_{ij}\, \hat{\boldsymbol{s}}_i \cdot \hat{\boldsymbol{s}}_j + g\,\mu_{\mathrm{B}} \sum_i \boldsymbol{B} \cdot \hat{\boldsymbol{s}}_i$$

mit dem dimensionslosen Spin (bzw. allgemein lokalen Drehimpuls) $\hat{\boldsymbol{s}} = \frac{1}{\hbar}\,\hat{\boldsymbol{S}}$. Die Wechselwirkungsenergie J_{ij} hängt in einem translationsinvarianten Gitter nur von der relativen Positionierung der magnetischen Momente ab: $J_{ij} = J(\boldsymbol{R}_i - \boldsymbol{R}_j)$. Meist vereinfacht man das zu $J_{ij} = J(|\boldsymbol{R}_i - \boldsymbol{R}_j|)$, nimmt also nur eine Abhängigkeit vom Abstand an. Für viele Zwecke reicht es aus, nur die Wechselwirkung zwischen nächsten Nachbarn zu berücksichtigen, also eine Art Tight-binding-Näherung zu machen:

$$J_{ij} = \begin{cases} J & \text{wenn } \boldsymbol{s}_i \text{ und } \boldsymbol{s}_j \text{ nächste Nachbarn}, \\ 0 & \text{sonst}. \end{cases}$$

Für $J > 0$ ist eine parallele Einstellung benachbarter Spins energetisch günstig; man hat ein ferromagnetisches System vorliegen. Für $J < 0$ werden sich benachbarte Spins bevorzugt antiparallel einstellen, und man findet antiferromagnetisches Verhalten.[b]

In manchen Systemen ist eine Spinkomponente, etwa jene in Richtung des magnetischen Feldes, besonders ausgezeichnet. Diese Situation kann man durch das (spin-)anisotrope Heisenberg-Modell beschreiben:[c]

$$\hat{H} = - \sum_{ij} J_{ij} \left[\alpha \left(\hat{s}_i^{(x)}\, \hat{s}_j^{(x)} + \hat{s}_i^{(y)}\, \hat{s}_j^{(y)} \right) + \beta \hat{s}_i^{(z)}\, \hat{s}_j^{(z)} \right] + g\,\mu_{\mathrm{B}} \sum_i \boldsymbol{B} \cdot \hat{\boldsymbol{s}}_i .$$

Besonders häufig betrachtet man die Grenzfälle, in den eine der beiden Konstanten α oder β überhaupt verschwindet. Mit $\alpha = 1$ und $\beta = 0$ erhält man das *x-y-Modell*, mit $\alpha = 0$ und $\beta = 1$ sowie der Spezialisierung $\boldsymbol{B} = B\,\boldsymbol{e}_z$ für ein Spin-$\frac{1}{2}$-System das *Ising-Modell*.

Das Ising-Modell   Das Ising-Modell wird durch die Hamilton-Funktion

$$H = -J \sum_{i,\,j \text{ nächste Nachbarn}} s_i\, s_j + h \sum_i s_i \,,$$

mit $s_i \in \{-1, +1\}$, beschrieben.[d] Da hier nur noch Spinkomponenten entlang einer Achse betrachtet werden, sind keine Vertauschungsrelationen mehr zu beachten. Das Ising-Modell ist demnach formal kein quantenmechanisches Modell mehr, auch wenn die Kopplung J meist quantenmechanischen Ursprungs ist.

Trotz oder gerade wegen seiner Einfachheit ist das Ising-Modell zur Untersuchung von Ferro- und Antiferromagnetismus gut geeignet. In zwei und drei Dimensionen gibt es für $h \propto B = 0$ einen Phasenübergang ($\Rightarrow$ S. 106) zwischen magnetisiertem und unmagnetisiertem Zustand. Unterhalb der kritischen Temperatur T_C sind die Spins für $J > 0$ weitgehend parallel ausgerichtet. (Bei großen Gittern können sich auch Teilbereiche unterschiedlicher Ausrichtungen ausbilden, analog zu den Weiss'schen Bezirken in realen Ferromagneten.)

Oberhalb von T_C verschwindet die Magnetisierung des Systems. Das ist analog zum Verhalten von Eisen, dessen Magnetisierung bei der Curie-Temperatur $T_\text{C} \approx 1041$ K verschwindet, und anderer ferromagnetischer Stoffe.

Am Phasenübergang $T = T_\text{C}$ selbst findet man im Ising-Modell für beide Spinausrichtungen Bereiche beliebiger Größe. Es gibt keine charakteristische Längenskala des Systems mehr. Das ist typisch für einen Phasenübergang zweiter Ordnung, wie er etwa auch am kritischen Punkt des Wassers zu beobachten ist. (Auf jedem endlichen Gitter ist die Größe dieser Bereiche natürlich begrenzt; man findet allerdings „perkolierende Cluster", die sich über die periodischen Ränder hinweg wieder schließen.)

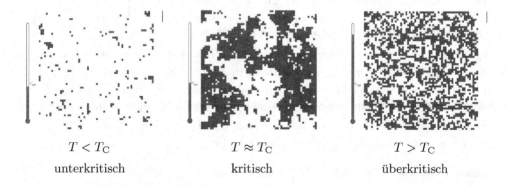

$T < T_\text{C}$	$T \approx T_\text{C}$	$T > T_\text{C}$
unterkritisch	kritisch	überkritisch

Für das ein- und das zweidimensionale Ising-Modell existieren analytische Lösungen, d. h. man kann die kritische Temperatur und die kritischen Exponenten exakt bestimmen.[e] Daher ist dieses Modell gut zum Testen von numerischen Methoden geeignet, deren Ergebnisse man direkt mit den analytischen Lösungen vergleichen kann.

Supraleitung

Viele Festkörper leiten elektrischen Strom sehr gut, aber typischerweise gibt es doch Verluste; Energie wird durch Streuung auf Kristallelektronen und auf das Gitter selbst übertragen und letztlich meist in Joule'sche Wärme umgewandelt. Diese Effekte werden durch den elektrischen Widerstand ($\Rightarrow$ S. 52) beschrieben. Für sehr tiefe Temperaturen wäre zu erwarten, dass der spezifische Widerstand eines Metalls das Verhalten

$$\rho(T) = \rho_0 + \underbrace{aT^2}_{\text{Elektron-Elektron}} + \underbrace{bT^5}_{\text{Elektron-Phonon}}$$

mit Konstanten a und b zeigt.[a] Der Restwiderstand ρ_0 kommt durch die Streuung von Elektronen an Gitterdefekten zustande. Für manche Metalle, etwa Quecksilber oder Blei, findet man aber statt dieses Zusammenhangs, dass der spezifische Widerstand unterhalb einer kritischen Temperatur (auch Sprungtemperatur) T_C vollständig verschwindet. Dieser Effekt, dessen Entdeckung 1911 durch H. Kammerlingh-Onnes völlig überraschend kam, wird als *Supraleitung* bezeichnet.

Verschwindender elektrischer Widerstand ist nicht die einzige Besonderheit, die einen solchen Supraleiter kennzeichnet. So zeigen spezifische Wärmekapazität und Entropie anderes Verhalten, als für Metalle bei tiefen Temperaturen zu erwarten wäre. Zudem verdrängen Supraleiter Magnetfelder aus ihrem Inneren, was als *Meißner-Effekt* bezeichnet wird.[b] Das gilt allerdings nicht für beliebig starke Magnetfelder; zu hohe magnetische Feldstärke zerstört den supraleitenden Zustand. Für die kritische Feldstärke H_C findet man

$$H_C(T) = H_{C,0} \left[1 - \left(\frac{T}{T_C} \right)^2 \right].$$

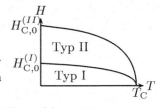

Bei sogenannten *Typ-II-Supraleitern* gibt es einen Übergangsbereich, in dem das Magnetfeld in normalleitenden Fluss-Schläuchen in den Supraleiter eindringt.

Quecksilber hat eine kritische Temperatur von $T_C = 4.15\,\text{K}$, und bis 1986 waren nur Supraleiter mit einer Sprungtemperatur von maximal 23 K bekannt. Dann wurden aber in rascher Folge verschiedene „Hochtemperatur-Supraleiter" mit Sprungtemperaturen von $T_C = 90\,\text{K}$ und mehr entdeckt. Diese können mit flüssigem Stickstoff gekühlt werden und sind entsprechend viel einfacher zu handhaben als konventionelle Supraleiter, für deren Kühlung flüssiges Helium notwendig ist.

London-Theorie Eine phänomenologische Behandlung der Elektrodynamik von Supraleitern ergibt sich aus dem London-Ansatz $\boldsymbol{j}_s = -\frac{n_s e^2}{m_e c} \boldsymbol{A}$ für die Stromdichte $\boldsymbol{j}_s$ im Supraleiter, wobei n_s die Dichte der supraleitenden Elektronen bezeichnet.

Untersucht man die resultierenden Maxwell-Gleichungen, so zeigt sich, dass das Magnetfeld ab der Oberfläche des Supraleiters exponentiell abfällt: $\boldsymbol{B}(x) = \boldsymbol{B}_0\, e^{-x/\lambda_L}$, mit der London'schen Eindringtiefe $\lambda_L = \sqrt{\frac{m_e c^2}{4\pi\, n_s\, e^2}}$.

Ginzburg-Landau-Theorie Eine erfolgreiche phänomenologische Theorie der Supraleitung wurde um 1950 von V. L. Ginzburg und L. D. Landau entwickelt. Sie postulierten die Existenz eines *Ordnungsparameters*, in diesem Fall einer komplexen Wellenfunktion Ψ, die die Dichte n_s der supraleitenden Teilchen beschreibt, $n_s(x) = |\Psi(x)|^2$. Der Übergang von Supra- zu Normalleitung ist ein Phasenübergang zweiter Ordnung ($\Rightarrow$ S. 106). Demnach muss für $T \to T_C^-$ der Ordnungparameter stetig gegen null gehen und schon dicht unterhalb von T_C sehr klein sein. Entsprechend kann man für die freie Enthalpiedichte g den Ansatz $g_{\text{supra}} = g_{\text{normal}} + \alpha\,|\Psi|^2 + \frac{\beta}{2}\,|\Psi|^4$ machen.

Für $\alpha < 0$ ergibt sich ein nichttriviales Minimum bei $|\Psi| = \sqrt{-\frac{\alpha}{\beta}}$; der supraleitende Zustand mit $n_s > 0$ ist gegenüber dem normalleitenden bevorzugt.[c]

Cooper-Paare und BCS-Theorie Die Ginzburg-Landau-Theorie erklärt nicht den mikroskopischen Mechanismus der Supraleitung und macht keine Aussagen über die Natur der supraleitenden Teilchen. Inzwischen gilt als gesichert, dass es sich dabei um Paare von Elektronen handelt, die durch den Austausch von Phononen aneinander gebunden sind.[d] Diese *Cooper-Paare* sind Bosonen, und die Supraleitung ist eng mit der Bose-Einstein-Kondensation und der Suprafluidität ($\Rightarrow$ S. 176) verwandt. Eine Energielücke zwischen dem gepaarten und dem getrennten Zustand verhindert jene Streuprozesse, die sonst für den elektrischen Widerstand verantwortlich sind.

Man kann sich das Zustandekommen einer effektiven Elektron-Elektron-Anziehung auf folgende Weise plausibel machen: Durch seine negative Ladung zieht ein Elektron die positiven Gitterionen an, die aus ihrer Ruhelage ausgelenkt werden. Da die Ionen aber viel schwerer und damit langsamer sind als das Elektron, liegt diese Auslenkung noch vor, wenn das Elektron den Ort längst schon wieder verlassen hat. Der lokale positive Ladungsüberschuss durch die Gitterpolarisation wirkt nun attraktiv auf andere Elektronen. Besonders effektiv ist diese Anziehung zwischen Elektronen mit entgegengesetzten Spins und Impulsen.

Erstmals erfolgreich beschrieben wurde das Zustandekommen von Supraleitung durch eine Elektron-Elektron-Anziehung 1957 von J. Bardeen, L. N. Cooper und J. R. Schrieffer. Die *BCS-Theorie* geht direkt von einer effektiven Wechselwirkung zwischen Elektronen mit entgegengesetzten Spins und Impulsen aus. Es zeigt sich, dass die Energieabsenkung durch Paarbildung eine Singularität in der Kopplung beinhaltet; eine störungstheoretische Behandlung ($\Rightarrow$ S. 162) ist daher nicht möglich.[e] Eine detailliertere Beschreibung, die den Phononenaustausch explizit beinhaltet, bietet die *Eliashberg-Theorie*.

Der Josephson-Effekt Zwischen zwei Supraleitern können Cooper-Paare so tunneln, dass die Kohärenz erhalten bleibt und sich daher Interferenzeffekte nachweisen lassen. Auf diesem *Josephson-Effekt* beruht zum Beispiel die Präzisionsmessung von Magnetfeldern mit Hilfe von **S**uperconducting **QU**antum **I**nterference **D**evices (SQUIDs). Auch in der Elektronik werden Hoffnungen auf supraleitende Bauteile gesetzt.

Spezielle Effekte der Festkörperphysik

In der Festkörperphysik gibt es eine Vielzahl faszinierender Effekte, die mannigfaltige technische Anwendungen gefunden haben und von denen wir hier nur einige wenige exemplarisch herausgreifen können. Viele dieser Effekte haben ihren Ursprung darin, dass die Transportkoeffizienten ($\Rightarrow$ S. 200) nicht voneinander unabhängig sind, sondern dass etwa elektrische und Wärmeleitung zum Teil auf gemeinsamen Mechanismen beruhen. Zudem haben magnetische Felder oder mechanische Spannungen großen Einfluss auf Transport- und andere Eigenschaften.

Thermoelektrische Effekte   Dass elektrische Leitungund Wärmeleitung zusammenhängen zeigt sich am *Seebeck-Effekt*: Verbindet man zwei verschiedene Leiter an zwei Stellen miteinander und bringt die Verbindungsstellen auf unterschiedliche Temperaturen, so ergibt sich im System eine *Thermospannung*. Das kann zur Temperaturmessung ausgenutzt werden, in der Thermoelektrik sogar zur Erzeugung von Strom aus Wärme. Die Umkehrung dieses Prinzips ist der *Peltier-Effekt*: Stromfluss durch eine passende Leiterkonstellation kühlt eine Kontaktstelle ab und erwärmt die andere.

Mechanoelektrische Effekte, Piezoeffekt   Bei manchen Kristallen resultiert eine Stauchung oder Dehnung in einer elektrischen Spannung, und umgekehrt führt das Anlegen einer elektrischen Spannung zu einer entsprechenden Längenänderung. Dieser *Piezoeffekt* kann für sehr feine Druck- und Längenmessungen ausgenutzt werden. Piezokristalle, an die eine Wechselspannung angelegt wird, sind zudem eine billige und robuste Möglichkeit, mechanische Schwingungen zu erzeugen.

Optische Effekte   Manche Kristalle haben anisotrope optische Eigenschaften, was etwa zum Effekt der *Doppelbrechung* führt. Manche Kristalle werden erst bei Anlegen einer Spannung doppelbrechend, was in der *Pockels-Zelle* für diverse optische Experimente ausgenutzt wird.

Magnetoelektrische Effekte, Hall-Effekt   Bewegt sich eine elektrische Ladung durch ein magnetisches Feld, so wird sie von der Lorenz-Kraft abgelenkt. Fließt in einem Festkörper elektrischer Strom, so passieren beim Anlegen eines Magentfelds zwei Dinge: Einerseits kann man orthogonal zu Stromfluss- und Magnetfeldrichtung eine Spannung abgreifen, andererseits wird der Weg der Elektronen länger, entsprechend gibt es mehr Streuungen ($\Rightarrow$ S. 200), und der Widerstand nimmt zu. Das ist als *Hall-Effekt* bekannt. In speziellen Materialien können Magnetfelder sehr starke Auswirkungen auf den Widerstand haben. Man spricht dann von „riesigem" oder gar kollossalem" *Magnetowiderstand*. Auf derartigen Effekten beruhen Leseköpfe von Festplatten und Magnetbändern. Fortschritte im Verständnis derartige Materialien haben wesentlich dazu beigetragen, dass die Kapazität magnetbasierter Speicher im Lauf des letzten Jahrzehnts so deutlich erhöht werden konnte.

Der Quanten-Hall-Effekt Untersucht man den Hall-Effekt bei tiefen Temperaturen und starken Magnetfeldern, so werden Quanteneffekte spürbar. Das lässt sich insbesondere bei zweidimensionalen Systemen, wie sie sich mittels Dünnschichttechnik erzeugen lassen, gut beobachten.

Der Hall-Widerstand ist hier nicht proportional zur Magnetfeldstärke, sondern es bilden sich Plateaus der Höhe $\frac{h}{i\,e^2}$, mit $i \in \mathbb{N}$, aus, man spricht vom *Quanten-Hall-Effekt*, der 1980 von K. v. Klitzing entdeckt wurde. Dieser Effekt hat für Hochpräzisionsmessungen große Bedeutung erlangt, da er es erlaubt, den Quotienten $\frac{h}{e^2}$ sehr genau zu bestimmen.[a]

Der Mößbauer-Effekt Emittiert ein Atom ein Photon, so gibt es aufgrund der Impulserhaltung einen Rückstoß, bei dem das Atom auch einen kleinen Teil der kinetischen Energie übernimmt. Dieser Effekt führt, ebenso wie der thermisch bedingte Doppler-Effekt ($\Rightarrow$ S. 84), zu einer Verbreiterung der Spektrallinien. Dieser Effekt kommt auch bei der Absorption zum Tragen – es gibt also statt scharf definierter Frequenzen immer ganze Frequenzbänder, die ein Atom absorbieren kann.

Der Energieübertrag auf das Atom und damit die Linienverbreiterung ist umso kleiner, je schwerer das Atom ist. Gelingt es, ein Atom so fest in einen Kristall einzubauen, dass der gesamte Festkörper den Rückstoß aufnimmt, so wird der Energieübertrag verschwindend klein. Absorption kann so nur bei sehr genau definierten Frequenzen erfolgen, was man für hochpräzise Frequenzmessungen benutzen kann. Mit diesem *Mößbauer-Effekt* wurde beispielsweise erstmals die Rotverschiebung im Gravitationsfeld der Erde ($\Rightarrow$ S. 226) gemessen.

Metamaterialien Durch passende Nanostrukturierung lassen sich Materialien erzeugen, die für bestimmte Wellenlängen negative Brechzahlen besitzen, sogenannte *Metamaterialien*. Ein Objekt, das in eine ausreichend dicke Kugelschale aus einem derartigen Metatmaterial gehüllt ist, wäre für die entsprechende Wellenlänge quasi unsichtbar.[b]

Oberflächenphysik „Das Volumen des Festkörpers hat der liebe Gott geschaffen, seine Oberfläche aber wurde vom Teufel gemacht." Dieser Ausspruch wird (in leicht unterschiedlichen Formulierungen) W. Pauli zugeschrieben. Tatsächlich ist die Oberfläche nicht nur ein unvermeidlicher Defekt ($\Rightarrow$ S. 190) jedes Festkörpers, sondern auf ihr herrschen auch ganz andere Gesetze.[c]

Da Oberflächenatome weniger Nachbarn haben als Atome im Inneren, bleiben Bindungsvalenzen frei – entsprechend anfällig sind Oberflächen für Verunreinigungen mit Fremdatomen und -molekülen. Für katalytische Zwecke oder die technische Nutzung der Adsorption (etwa in der Kältetechnik) ist gerade diese Tendenz zur Anlagerung an Festkörperoberflächen wichtig. So versucht man in den entsprechenden Anwendungen, die Oberflächen so groß wie möglich zu machen, etwa durch die Herstellung von sehr porösen Materialien.

9 Spezielle Relativitätstheorie

Neben der Quantenphysik ist die Relativitätstheorie der zweite Bereich, durch den die klassische Physik zur modernen ergänzt wurde. Schon die Spezielle Relativitätstheorie (SRT) bricht mit Annahmen, die in der klassischen Physik explizit oder implizit vorausgesetzt wurden, insbesondere mit dem Konzept eines absoluten Raums und einer absoluten Zeit.

Wir zeichnen kurz nach, durch welche theoretischen Widersprüche und experimentellen Resultate diese Ergänzung notwendig wurde ($\Rightarrow$ S. 210), bevor wir auf den Formalismus ($\Rightarrow$ S. 212) und ihre Effekte sowie scheinbare Paradoxa ($\Rightarrow$ S. 214) eingehen.

Danach streifen wir den Čerenkov-Effekt ($\Rightarrow$ S. 216), der mit den unterschiedlichen Lichtgeschwindigkeiten im Vakuum und in Medien zusammenhängt, bevor wir genauer auf die fundamentalen Symmetrien der Speziellen Relativitätstheorie ($\Rightarrow$ S. 218) eingehen. Diese Symmetrien spielen auch in der Erweiterung zur Allgemeinen Relativitätstheorie (Kapitel 10) eine wesentliche Rolle.

Die Verbindung von Relativitätstheorie und Quantenphysik führt zur relativistischen Quantenmechanik ($\Rightarrow$ S. 220), die ihrerseits die Grundlage der relativitischen Quantenfeldtheorie (Kapitel 11) ist. Eines der spektakulärsten Resultate der relativistischen Quantenmechanik ist die Vorhersage von Antiteilchen ($\Rightarrow$ S. 222).

Die Grenzen der SRT liegen bei der Beschreibung beschleunigter Bezugssysteme, und spätestens zur Beschreibung der Gravitation muss man zur Allgemeinen Relativitätstheorie (ART) übergehen, der große Teile von Kapitel 10 gewidmet sind.

Der Weg zur Relativitätstheorie

Physikalische Phänomene sind unabhängig vom Bezugssystem, in dem sie beschrieben werden, die konkrete mathematische Beschreibung ist es allerdings im Allgemeinen nicht. Beim Wechsel des Bezugssystems verändern sich die betreffenden Zahlenwerte – das wird durch entsprechende Transformationen beschrieben. So sind beim Wechsel in ein beschleunigtes Bezugssystem auch Trägheitskräfte zu berücksichtigen.

Doch schon der Übergang von einem Inertialsystem ($\Rightarrow$ S. 14) zu einem anderen hat sich im Kontext der klassischen Physik als problematisch herausgestellt. In einem solchen Fall, in dem keine Scheinkräfte, d. h. keine Beschleunigungseffekte, auftreten, sollte die Form der Gesetze invariant (unverändert) bleiben.

Betrachten wir dazu den Wechsel von einem Inertialsystem, in dem Ort und Zeit durch die Koordinaten x und t beschrieben werden, in ein anderes System, das sich gegenüber dem ersten mit der Geschwindigkeit v bewegt und in dem wir die Koordinaten mit x' und t' kennzeichnen. Der Einfachheit halber wählen wir die Transformation so, dass zur Zeit $t = 0$ auch $t' = 0$ und $x' = x$ ist.

Die Newton'schen Bewegungsgleichungen der klassischen Mechanik bleiben in diesem Fall invariant unter der *Galilei-Transformation*

$$x \rightarrow x' = x + v\,t, \qquad t \rightarrow t' = t. \tag{9.1}$$

Die Maxwell-Gleichungen der Elektrodynamik ($\Rightarrow$ S. 56) und die elektromagnetische Wellengleichung hingegen werden durch diese Transformation verändert; invariant bleiben sie unter der *Lorentz-Transformation*[a]

$$
\begin{aligned}
x &\rightarrow x' = x + \frac{(\gamma - 1)(x \cdot v)v}{\|v\|^2} - \gamma vt \\
t &\rightarrow t' = \gamma\left(t - \frac{x \cdot v}{c^2}\right)
\end{aligned}
\qquad \text{mit} \qquad \gamma = \frac{1}{\sqrt{1 - \frac{\|v\|^2}{c^2}}}. \tag{9.2}
$$

Das ist eine Inkonsistenz in der mechanisch-elektromagnetischen Beschreibung der Welt. Wenn beide Theorien miteinander verträglich wären, müsste es *eine* Art von Transformation geben, die den Wechsel zwischen zulässigen Bezugssystemen beschreibt und beide Typen von Gleichungen unverändert lässt.

Im Grenzfall $\frac{\|v\|}{c} \rightarrow 0$, in der Praxis also für $\|v\| \ll c$, ergeben sich die Galilei-Transformationen aus den Lorentz-Transformationen, aber für entsprechend hohe Geschwindigkeiten wird die Diskrepanz zwischen den Transformationen deutlich.

Besonders klar sieht man den Unterschied bei der Vakuumlichtgeschwindigkeit selbst. In der Elektrodynamik ergibt sie sich als konstant, $c = \frac{1}{\sqrt{\varepsilon_0 \mu_0}}$, ganz unabhängig vom Bezugssystem. Galilei-Transformationen hingegen verändern stets auch die Geschwindigkeiten. Gemäß (9.1) wäre das Licht, das von der Lampe eines fahrenden Zuges in Fahrtrichtung ausgesandt wird, schneller als das aus einer ruhenden Lampe.

Beispielsweise müsste ein solcher Effekt bei Doppelsternsystemen, bei denen ein heller Stern einen dunklen Partner (Neutronenstern oder Schwarzes Loch) umkreist, zu deutlichen Schwankungen der beobachteten Helligkeit führen. Entsprechende Schwankungen werden nicht beobachtet – die Bewegung äußert sich lediglich in Doppler-bedingten Frequenzänderungen ($\Rightarrow$ S. 84).

Die Lichtgeschwindigkeit ist definiert als $c = \frac{\text{vom Licht zurückgelegter Weg } \Delta s}{\text{dafür benötigte Zeit } \Delta t}$. Wenn sie in jedem Inertialsystem konstant ist, dann bedeutet das, dass Längen und Zeitdauern sich in relativ zueinander bewegten Systemen im Allgemeinen voneinander unterscheiden – genau das drückt die Transformation (9.2) aus. Diese war schon Lorentz und Poincaré bekannt, die bereits lange an der Vereinheitlichung von Mechanik und Elektrodynamik gearbeitet hatten. Sie waren allerdings noch nicht bereit, die dadurch beschriebene Relativität von Zeit und Länge als physikalische Realität anzuerkennen, bestenfalls als formalen Rechentrick. Erst mit Einsteins 1905 veröffentlichtem Artikel *Zur Elektrodynamik bewegter Körper* wurde klar, dass die Lorentz-Transformationen die physikalischen Gegebenheiten beschreiben und dass die Gesetze der Mechanik für sehr große Geschwindigkeiten modifiziert werden müssen.

Der Äther und das Michelson-Morley Experiment Die zum Ende des 19. Jahrhunderts gängige Vorstellung war, dass elektromagnetische Wellen sich in einer allgegenwärtigen Grundsubstanz, dem *Äther*, ausbreiten. Die Ausbreitung von Wellen ohne Trägermedium erschien damals zu abwegig, um als ernsthafte Erklärung in Frage zu kommen.

Als eines der Schlüsselexperimente zur Widerlegung der Äthervorstellung gilt ein Interferenzexperiment ($\Rightarrow$ S. 72), das erstmals 1881 durchgeführt wurde, das *Michelson-Morley-Experiment*. Dabei kommt ein Michelson-Interferometer zum Einsatz, in dem ein Lichtstrahl durch einen halbdurchlässigen Spiegel aufgeteilt wird und die beiden Lichtstrahlen nach zweimaligem Durchlaufen der Arme wieder zusammengeführt werden.

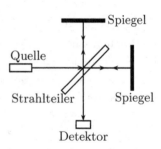

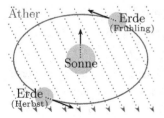

Beim Schwenken der Arme sollte sich die aktuelle Bewegung der Erde relativ zum Äther bemerkbar machen. Zu einem bestimmten Zeitpunkt könnte es natürlich sein, dass dieser Effekt gerade verschwindet, ein halbes Jahr später müsste er dann aber umso deutlicher wahrnehmbar sein – was nicht der Fall ist.

Es gab zwar Überlegungen, den negativen Ausgang dieses Experiments durch zusätzliche Effekte, etwa ein Mitschleppen des Äthers durch die Erde, zu erklären. Doch auch andere Experimente, etwa der Fizeau'sche Mitführversuch oder Untersuchungen zur Aberration von Sternenlicht, brachten keinen Beleg für die Existenz des Äthers.

Der relativistische Formalismus

In der Relativitätstheorie verschmelzen Raum und Zeit zu einer Einheit, zur vier-dimensionalen Raumzeit. Die Zeit wird zu einer zusätzlichen Koordinate, die aller-dings noch immer eine Sonderstellung gegenüber den Raumkoordinaten hat. Lorentz-Transformationen (9.2) drücken das bereits zu einem guten Teil aus.

Besonders klar und einfach werden die Zusammenhänge jedoch in einem Formalismus, der von Henri Poincaré angedacht, von Hermann Minkowski entwickelt und später weiter verfeinert wurde. Darin werden die Zeitkomponente und die drei Raumkompo-nenten mittels $x^0 = ct$ zu einem *Vierervektor*

$$x^\mu = \left(ct,\, x^1,\, x^2,\, x^3\right) = (ct,\, x^i) = (ct,\, \boldsymbol{x})$$

zusammengefasst. Dass die Vektorindizes hier hochgestellt geschrieben werden, ist ein wenig gewöhnungsbedürftig. In der Speziellen Relativitätstheorie würde man notfalls auch noch ohne das auskommen. Die Allgemeine Relativitätstheorie erfordert aber auf jeden Fall die Verwendung sowohl von hochgestellten (kontravarianten) als auch von tiefgestellten (kovarianten) Indizes; daher verwenden wir die entsprechende Schreib-weise von Anfang an.

Analog zu Zeit und Raum werden auch Energie W und Impuls $\boldsymbol{p}$ mittels $p^0 = \frac{W}{c}$ zu einem Vierervektor, dem *Viererimpuls*

$$p^\mu = \left(\frac{W}{c},\, p^1,\, p^2,\, p^3\right) = \left(\frac{W}{c},\, p^i\right) = \left(\frac{W}{c},\, \boldsymbol{p}\right),$$

zusammengefasst. Dabei laufen griechische Indizes (μ, ν, ...) per Konvention von 0 bis 3, lateinische (i, j, ...) von 1 bis 3.

Die Sonderstellung der nullten Komponente (in x^μ die Zeit, in p^μ die Energie) gegen-über den anderen ist vorerst noch nicht ersichtlich. Ihre spezielle Rolle wird in den Formalismus durch den metrischen Tensor[a]

$$g^{\mu\nu} = g_{\mu\nu} = \mathrm{diag}(1,\, -1,\, -1,\, -1)$$

eingebaut. Mit diesem kann man Indizes *heben* oder *senken*:

$$a_\mu = (a_0,\, a_1,\, a_2,\, a_3) = g_{\mu\nu}a^\nu = \left(a^0,\, -a^1,\, -a^2,\, -a^3\right).$$

Dabei kommt die *Einstein'sche Summenkonvention* zum Tragen, dass in einem Term über einen Index, der einmal ko- und einmal kontravariant steht, zu summieren ist. Auf diese Weise kann man im vierdimensionalen *Minkowski-Raum* auch eine Art von Skalarprodukt[b] zwischen zwei Vektoren definieren:

$$a_\mu b^\mu = a_0 b^0 + a_i b^i = a^0 b^0 - a^1 b^1 - a^2 b^2 - a^3 b^3 = a^0 b^0 - \boldsymbol{a} \cdot \boldsymbol{b}.$$

Größen, die wie das Skalarprodukt zweier Vierervektoren Lorentz-Skalare sind, sind damit auch *relativistische Invarianten*. Der Viererimpuls hat im Ruhesystem des betrachteten Körpers nur eine nullte Komponente $p^0 = \frac{W_{\text{Ruhe}}}{c} = \frac{m_0 c^2}{c} = m_0 c$. Damit gilt in beliebigen Bezugssystemen für den Viererimpuls $p^\mu = (\frac{W}{c}, \boldsymbol{p})$ die Beziehung

$$p^\mu p_\mu = \frac{W^2}{c^2} - \boldsymbol{p}^2 = m_0^2 c^2 \qquad \Rightarrow \qquad W = \sqrt{m_0^2 c^4 + \boldsymbol{p}^2 c^2} \, .$$

Kausale Beziehung   Sind zwei Ereignisse durch einen Vektor s^μ voneinander getrennt, so legt das Vorzeichen von $s^2 = s^\mu s_\mu$ die Beziehung zwischen den beiden Ereignissen fest:

- zeitartig getrennt: $s^2 > 0$ (auf möglicher Bahn eines Körpers),
- lichtartig getrennt: $s^2 = 0$ (auf möglicher Bahn eines Lichtstrahls),
- raumartig getrennt: $s^2 < 0$ (keine kausale Verbindung).

Bei zwei zeitartig getrennten Ereignissen ist es unabhängig vom Bezugssystem stets möglich festzustellen, welches der beiden früher stattgefunden hat (und damit das andere prinzipiell beeinflussen konnte).

Im Minkowsi-Raum formen alle Ereignisse, die in jedem Inertialsystem *vor* einem bestimmten Ereignis liegen, dessen *Vergangenheitslichtkegel*, und alle Ereignisse, die in jedem Inertialsystem *danach* geschehen, den *Zukunftslichtkegel*. Den Rand des Lichtkegels formen Punkte mit Abstand $s^2 = 0$. Die raumartig getrennten Ereignisse außerhalb des Lichtkegels geschehen je nach Bezugssystem davor, zugleich oder danach.

Der elektromagnetische Feldstärketensor   Das $\boldsymbol{E}$- und $\boldsymbol{B}$-Feld des Elektromagnetismus lassen sich nicht sinnvoll durch Hinzunahme einer nullten Komponente zu einem Vierervektor ergänzen. Es ist auch nicht zu erwarten, dass sich elektrische und magnetische Felder unabhängig voneinander transformieren. Eine Punktladung, die in ihrem eigenen Ruhesystem nur das elektrische Coulomb-Feld besitzt, erzeugt in einem relativ dazu bewegten Bezugssystem auch ein magnetisches Feld.

Einfacher als mit den Feldern selbst kann man hier mit den entsprechenden Potenzialen ($\Rightarrow$ S. 64) arbeiten. Skalar- und Vektorpotenzial lassen sich zu einem Vierervektor $A^\mu = (\frac{\Phi}{c}, \boldsymbol{A})$ zusammenfassen. Elektrisches und magnetisches Feld werden dann durch ein einzelnes Objekt, den *Feldstärketensor* $F^{\mu\nu} = \partial^\mu A^\nu - \partial^\nu A^\mu$, beschrieben. In einem festen Koordinatensystem hat dieser Tensor die Form[c]

$$F = \begin{pmatrix} 0 & \frac{E^1}{c} & \frac{E^2}{c} & \frac{E^3}{c} \\ -\frac{E^1}{c} & 0 & B^3 & -B^2 \\ -\frac{E^2}{c} & -B^3 & 0 & B^1 \\ -\frac{E^3}{c} & B^2 & -B^1 & 0 \end{pmatrix} \, .$$

Relativistische Effekte und Paradoxa

Die kosmische Strahlung erzeugt durch Wechselwirkung mit der Erdatmosphäre unter anderem auch Myonen ($\Rightarrow$ S. 130). Diese entstehen großteils in mehr als zehn Kilometern Höhe. Myonen haben eine mittlere Lebensdauer von etwa $2.2 \cdot 10^{-6}$ s und können in dieser Zeit selbst bei Bewegung mit annähernd Lichtgeschwindigkeit nur etwa eine Strecke von 660 Metern zurücklegen.[a]

Tatsächlich trifft aber an der Erdoberfläche noch immer ein erheblicher Teil der Myonen ein. Dass das möglich ist, ist ein Effekt der SRT, der sich für den Beobachter auf der Eroberfläche und für die Myonen unterschiedlich darstellt:

- Für den in Bezug auf die Erde ruhenden Beobachter bewegen sich die Myonen sehr schnell, mit einer Geschwindigkeit $v \approx c$. Die Lorentz-Transformationen ($\Rightarrow$ S. 210) verändern auch die Zeitkoordinate, und die Zeit der Myonen scheint um den Faktor $\gamma = \frac{1}{\sqrt{1-\frac{v^2}{c^2}}}$ langsamer zu vergehen als die im ruhenden System. Durch diese *Zeitdilatation* reicht die Lebensdauer der Myonen aus, um großteils bis zur Erdoberfläche zu kommen.

- Aus Sicht der Myonen verändert sich an der Zeit selbstverständlich nichts. Durch die Lorentz-Transformationen verändern sich aber die Längenabmessungen relativ zueinander bewegter Objekte. Die Dicke der Erdatmosphäre reduziert sich um den Faktor $\frac{1}{\gamma} = \sqrt{1 - \frac{v^2}{c^2}}$. Diese *Längenkontraktion* ermöglicht es einem Großteil der Myonen, in ihrer begrenzten Lebenszeit die Atmosphäre zu durchqueren und zur Erdoberfläche zu gelangen.

Zeitdilatation und Längenkontraktion sind zwei der prägnantesten Effekte der SRT. Ein dritter ist die relativistische *Massenzunahme*. Die Ruhemasse m_0 eines Körpers ist zwar invariant unter Bezugssystemwechseln, es ist aber für viele Zwecke sinnvoll, auch eine geschwindigkeitsabhängige Masse $m(v) = \frac{E}{c^2} = \frac{m_0}{\sqrt{1-\frac{v^2}{c^2}}}$ zu definieren.

Die entsprechende Massenzunahme muss man etwa berücksichtigen, wenn man die Ablenkung von sehr schnellen Teilchen durch elektrische oder magnetische Felder bestimmt, etwa in Teilchenbeschleunigern ($\Rightarrow$ S. 126).

Anschaulich kann man sich die Massenzunahme so erklären: Da Kräfte, die auf einen Körpers mit $v \approx c$ wirken, dessen Geschwindigkeit nicht mehr merklich erhöhen können, manifestiert sich die zusätzliche kinetische Energie als zusätzliche Masse.

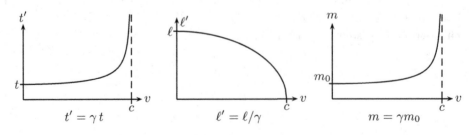

Relativistische Paradoxa Die Bezugssystemabhängigkeit von Längen, Zeiten und Konzepten wie der Gleichzeitigkeit in der SRT ist wenig intuitiv. Entsprechend ist es möglich, Abläufe zu konstruieren, die zunächst recht paradox wirken. Das vielleicht berühmteste Beispiel dafür ist das *Zwillingsparadoxon*, das auf dem Effekt der Zeitdilatation beruht:

Dabei trennt sich ein Zwillingspaar. Der eine Zwilling, ein Raumfahrer, bricht zu einem Flug ins All auf, der nahezu mit Lichtgeschwindigkeit erfolgt, der andere bleibt auf der Erde zurück. Da sich der Raumfahrer in Bezug auf seinen Bruder mit sehr großer Geschwindigkeit bewegt, vergeht seine Zeit langsamer, und er ist nach der Rückkehr zur Erde deutlich weniger gealtert.

Paradox ist hier, dass es den Anschein hat, man könnte die Argumentation genauso gut auch in die andere Richtung führen. Schließlich bewegt sich auch der auf der Erde verbliebene Zwilling in Bezug zum anderen mit erheblicher Geschwindigkeit. Sollte er nicht auch aus Sicht des Bruders durch die Zeitdilatation jünger bleiben?

Allerdings kann nur der Bruder auf der Erde in einem Inertialsystem bleiben; entsprechend ist nur seine Argumentation zulässig. Der Raumfahrer muss sein Bezugssystem mindestens einmal wechseln und kann entsprechend nicht mit gleicher Berechtigung mit der Zeitdilatation argumentieren.[b]

Auf den Effekt der Längenkontraktion beziehen sich zwei andere Paradoxa:

- *Garagentorparadoxon*: Ein 4 m langes Auto fährt mit 99.5 % der Lichtgeschwindigkeit in eine 2 m lange Garage mit zwei Toren. Das vordere Tor ist zuerst offen und schließt sich, sobald das gesamte Auto die Öffnung durchquert hat. Das hintere Tor ist zuerst geschlossen und öffnet sich, sobald das Auto dagegen stößt.

  Aus Sicht der Garage kontrahiert das Auto auf ca. 40 cm, hat also problemlos in der Garage Platz. Entsprechend befindet es sich (für einen sehr begrenzten Zeitraum) in einem durch beide Tore verschlossenen Raum. Aus Sicht des Autos kontrahiert hingegen die Garage auf ca. 20 cm, das Auto hat also keinesfalls vollständig Platz darin. Entsprechend gibt keinen Zeitpunkt, zu dem beide Tore geschlossen sind und sich das Auto dazwischen befindet.

- *Skifahrerparadoxon*: Ein Skifahrer fährt mit 99.5 % der Lichtgeschwindigkeit auf 2 m langen Skiern auf eine 1 m breite Gletscherspalte zu. Aus seiner Sicht gibt es keine Probleme, die Spalte kontrahiert ja auf etwa 10 cm. Aus Sicht der Spalte schrumpfen aber die Skier auf ca. 20 cm, der Skifahrer müsste also in die Spalte stürzen.

Während das Garagentorparadoxon auf der Relativität der Gleichzeitigkeit beruht,[c] kann die Lösung beim Skifahrerparadoxon nicht so einfach sein. Ob der Skifahrer in die Gletscherspalte stürzt oder sie heil überquert, muss ja bezugssystem-unabhängig sein. Es zeigt sich, dass das Konzept des starren Körpers, auf dem das Paradoxon beruht, in der SRT nicht mehr haltbar ist.[d]

Čerenkov-Strahlung

Die Wasserbecken, mit denen Kernreaktoren
gekühlt und – bei Verwendung von schwerem
Wasser – manchmal auch moderiert werden,
leuchten oft in gespenstischem Blau. (In der
nebenstehenden Abbildung ist im gedruckten
Buch nur das Leuchten zu erkennen, die Farbe bitte ggf. selbst dazudenken.)

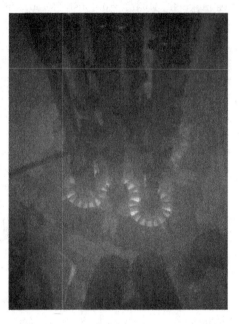

   Woher kommt dieses Licht? Ist es radioak-
tive Strahlung? Nun, Radioaktivität ist hier
natürlich beteiligt, der eigentliche Ursprung
des Leuchtens ist allerdings ein ganz anderer:
Es handelt sich hierbei um eine Art „Über-
lichtknall", die **Čerenkov-Strahlung**.

Das klingt zunächst befremdlich, da nach
heutigem Wissensstand die Lichtgeschwindigkeit ja nicht überschritten werden kann.
(Tachyonen sind bislang höchst hypothetisch
($\Rightarrow$ S. 134).)

Die *Vakuum*lichtgeschwindigkeit $c = c_0$ können mit Masse behaftete Körper tatsächlich
nicht erreichen, geschweige denn überschreiten. In durchsichtigen Materialien wie Luft,
Glas oder Wasser reduziert sich die Lichtgeschwindigkeit aber zu $c_M = c_0/n_M$ mit der
Brechzahl $n_M > 1$.

In Wasser beträgt die Lichtgeschwindigkeit damit nur rund

$$c_{\text{Wasser}} = \frac{c_0}{n_{\text{Wasser}}} \approx \frac{3 \cdot 10^8 \,\text{m/s}}{1.33} \approx 2.26 \cdot 10^8 \,\text{m/s},$$

und kein grundlegendes Prinzip verbietet einem Körper, sich schneller als mit dieser
Geschwindigkeit zu bewegen. Möglich wird das in der Praxis nur für mikroskopisch
kleine Objekte sein, die durch hochenergetische Prozesse sehr stark beschleunigt wurden. Das könnten Teilchen aus einem Beschleuniger sein – aber auch Elektronen, die
beim radioaktiven Betazerfall entstehen. Bei diesem zerfällt ja ein Neutron n in ein
Proton p, ein Elektron e^- und ein Anti-Elektronneutrino $\bar{\nu}_e$. (Auch der β^+-Zerfall des
Protons, bei dem ein Neutron, ein Positron e^+ und ein Elektronneutrino ν_e entstehen,
tritt in der Natur auf, jedoch deutlich seltener.)

Schätzen wir mögliche Geschwindigkeiten des Elektrons ab. Dabei benutzen wir die in
der Kernphysik übliche Einheit MeV für Energien und (per $E = m\,c^2$) auch Massen:
Das Elektron hat eine Masse von etwa 0.5 MeV, und typische Kernprozesse spielen sich
im Energiebereich von einigen MeV ab. Bei einem Betazerfall wird die Energie auf das
Elektron, das $\bar{\nu}_e$ und (in geringem Ausmaß) auf den Kern verteilt.

Hat das Elektron insgesamt eine Energie von 5 MeV erhalten, ergibt sich aus

$$5\,\text{MeV} = \frac{0.5\,\text{MeV}}{\sqrt{1 - \frac{v^2}{c_0^2}}} \quad \Longleftrightarrow \quad \sqrt{1 - \frac{v^2}{c_0^2}} = \frac{0.5}{5} = \frac{1}{10}$$

sofort

$$v \approx 0.995\,c_0 > \frac{c_0}{1.33} = c_{\text{Wasser}}\,.$$

Die Energien von Kernprozessen können die sehr leichten Elektronen also durchaus auf Geschwindigkeiten beschleunigen, die jenseits der Lichtgeschwindigkeit in Wasser oder der in anderen optisch dichten Materialien liegen. Für die deutlich schwereren α-Teilen wären derartige Geschwindigkeiten kaum zu erreichen.

Das Elektron ist elektrisch geladen, also ständig umgeben von seinem eigenen elektromagnetischen Feld. Auch Änderungen in diesem Feld breiten sich mit Lichtgeschwindigkeit aus. Für $v > c_{\text{M}}$ „überholt" das Elektron sein eigenes Feld – ähnlich wie ein mit Überschallgeschwindigkeit fliegendes Flugzeug die von ihm erzeugten Schallwellen überholt.

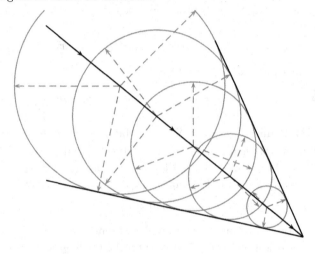

Auch der Effekt ist ähnlich wie beim Schall, wo ja ein lauter Knall (Überschallknall) entsteht. Im elektromagnetischen Fall findet die Emission von vergleichsweise intensivem Licht statt. In einer sehr bildhaften Vorstellung: Die elektromagnetischen Feldlinien können zum Elektron, von dem sie ausgegangen sind, nicht mehr zurückkehren, schnüren sich ab und setzen ihre Existenz als elektromagnetische Wellen fort. Das Elektron verliert dadurch natürlich Energie, bis es auf $v < c_{\text{M}}$ abgebremst ist.

Für typische Elektronenenergien und die Brechzahl von Wasser liegen die Wellenlängen der Čerenkov-Strahlung am kurzwelligen Ende des sichtbaren Spektrums bzw. reichen bis ins Ultraviolett hinein. So ergibt sich das bläuliche Leuchten des Wassers.

Der Effekt der Čerenkov-Strahlung kann ausgenutzt werden, um hochenergetische Teilchen zu detektieren. Wie die meisten anderen Detektoren (⇒ S. 128) sprechen auch derartige Čerenkov-Detektoren nur auf geladene Teilchen an.

Lorentz- und Poincaré-Gruppe

Symmetrien und Invarianzen ($\Rightarrow$ S. 32) sind für die Charakterisierung physikalischer Theorien von großer Bedeutung; manche Theorien werden sogar aus Symmetrieprinzipien hergeleitet. Entsprechend ist es sinnvoll, den relativistischen Formalismus noch einmal vertieft unter dem Gesichtspunkt von Symmetrien zu betrachten.

Symmetrien werden üblicherweise durch Gruppen charakterisiert. In der Speziellen und der Allgemeinen Relativitätstheorie sind es die *Lorentz-Gruppe* und die *Poincaré-Gruppe*, die die zentrale Rolle spielen.

Die Lorentz-Gruppe Das Minkowski-Skalarprodukt ($\Rightarrow$ S. 212) wird von den Lorentz-Transformationen (9.2) invariant gelassen. Schreibt man die Transformationen in der Form

$$(x')^\mu = \Lambda^{\mu\nu} x_\nu$$

mit einer Matrix Λ, so ergibt sich aus

$$(x')^\mu (x')_\mu = x_\nu \Lambda^{\nu\mu} \Lambda_{\mu\rho} x^\rho = \Lambda^{\nu\mu} \Lambda_{\mu\rho} x^\rho x_\nu \overset{!}{=} x^\mu x_\mu$$

die Forderung $\Lambda^{\nu\mu} \Lambda_{\mu\rho} = \delta^\nu_\rho$. Die Matrizen Λ können räumliche Rotationen, Boosts (Wechsel zwischen zueinander bewegten Inertialsystemen) sowie Raum- und Zeitspiegelungen beinhalten. Formal können Boosts ähnlich wie Rotationen beschrieben werden, allerdings kommen in der Rotationsmatrix statt Sinus und Kosinus die dazu analogen hyperbolischen Funktionen zum Einsatz.[a]

Alle derartigen Matrizen bilden die Lorentz-Gruppe, die mit O(1,3) bezeichnet wird. Wie bei Rotationen steht das „O" für die Orthogonalität der Matrizen; die Kennzeichnung „(1,3)" weist auf die spezielle Rolle der Zeitdimension hin.[b]

O(1,3) ist nicht zusammenhängend – Transformationen, die eine Raum- oder Zeitspiegelung enthalten, lassen sich nicht auf stetige Weise aus solchen zusammensetzen, die das nicht tun. Für alle Matrizen $\Lambda \in$ O(1,3) gilt aufgrund der Orthogonalität $(\det \Lambda)^2 = 1$, zudem kann man zeigen, dass $|\Lambda_{00}| \geq 1$ sein muss.

Entsprechend zerfällt die Lorentz-Gruppe in vier sogenannte Zusammenhangskomponenten, zwischen denen jeweils kein stetiger Übergang möglich ist.

Durch zusätzliche Forderungen kann man in der Lorentz-Gruppe Untergruppen definieren. Die *eigentliche Lorentz-Gruppe* SO(1,3) erhält man mit der Forderung $|\Lambda| = 1$, die *orthochrone Lorentz-Gruppe* O(1,3)$^\uparrow$ durch den Ausschluss von Zeitspiegelungen, d. h. die Forderung $\Lambda_{00} \geq 1$.

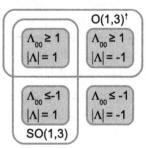

Die *eigentliche orthochrone Lorentz-Gruppe* $\mathrm{SO}(1,3)^\uparrow$ ergibt sich als Schnitt von $\mathrm{SO}(1,3)$ mit $\mathrm{O}(1,3)^\uparrow$ (oder als jene Zusammenhangskomponente, die das Eins-Element enthält). Sie ist ist eine sechsparametrige nicht-kompakte Lie-Gruppe ($\Rightarrow$ S. 150), die die kompakte dreiparametrige Drehgruppe $\mathrm{SO}(3)$ als Untergruppe enthält.[c]
Jede Lorentz-Transformation lässt sich aus einer Transformation $\Lambda \in \mathrm{SO}(1,3)^\uparrow$ sowie ggf. einer Raumspiegelung (Paritätstransformation) $\mathcal{P} = \mathrm{diag}(1, -1, -1, -1)$ und/-oder einer Zeitspiegelung $\mathcal{T} = \mathrm{diag}(-1, 1, 1, 1)$ zusammensetzen ($\Rightarrow$ S. 248).

Die Lorentz-Algebra Die zu $\mathrm{SO}(1,3)^\uparrow$ gehörige Lie-Algebra $\mathfrak{so}(1,3)$ hat sechs Generatoren: die drei Erzeuger J^i, $i = 1, 2, 3$, der räumlichen Drehungen und die drei Erzeuger K^i, $i = 1, 2, 3$, der Boosts. Für diese gelten die Kommutatorrelationen[d]

$$\left[J^i, J^j\right] = \varepsilon^{ijk}J_k\,, \qquad \left[K^i, K^j\right] = -\varepsilon^{ijk}J_k\,, \qquad \left[J^i, K^j\right] = \varepsilon^{ijk}K_k\,.$$

Die sechs Erzeuger werden auch gerne als antisymmetrischer Ausdruck $M_{\mu\nu}$ zusammengefasst, wobei $K^i = M^{0i} = -M^{i0}$ und $J^i = \frac{1}{2}\varepsilon^{ijk}M_{jk}$ ist.

Poincaré-Gruppe und Poincaré-Algebra Die *Poincaré-Gruppe* erhält man durch Kombination der Lorentz-Gruppe mit der Translationsgruppe, die räumliche Verschiebungen beschreibt. Poincaré-Transformationen haben die Gestalt

$$(x')^\mu = \Lambda_{\mu\nu}x^\nu + a^\mu\,,$$

worin auch die mögliche Translation um einen Vektor a^μ enthalten ist. Beschränkt man sich auf $\Lambda \in \mathrm{SO}(1,3)^\uparrow$, so liegt eine zehnparametrige Lie-Gruppe vor. Die zugehörige *Poincaré-Algebra* beinhaltet neben den Erzeugern von Rotationen und Boosts auch die vier Erzeuger P^μ von räumlichen und zeitlichen Translationen. Während die Translationsgruppe selbst Abel'sch ist und daher $[P^\mu, P^\nu] = 0$ gilt, findet man

$$[M^{\mu\nu}, P^\rho] = g^{\mu\rho}P^\nu - g^{\nu\rho}P^\mu.$$

Drehungen und Translationen vertauschen also nur dann, wenn die Drehachse parallel zur Translationsrichtung ist.

Komplikationen in der relativistischen Quantenmechanik Der Erzeuger P^0 der Zeittranslation ist die Hamilton-Funktion, die durch Quantisierung in den Hamilton-Operator $\hat{H}$ übergeht. Der Hamilton-Operator beschreibt einerseits alle Wechselwirkungen innerhalb eines Systems, andererseits ist er mittels Kommutatorrelationen an die anderen Generatoren, die dann ebenfalls Operatorcharakter ($\Rightarrow$ S. 150) haben, gekoppelt. Entsprechend müssen auch zumindest einige der anderen Generatoren ebenfalls Wechselwirkungen enthalten.
Es gibt verschiedene konsistente Wege, einigen Generatoren Wechselwirkungsterme zuzuweisen, so dass die Kommutatorrelationen erfüllt sind. Die drei gängigsten gehen auf Dirac zurück und werden als „instant form", „point form" und „front form" bezeichnet; jede von ihnen hat bestimmte Vor- und Nachteile.

Relativistische Quantenmechanik

Die Schrödinger-Gleichung

$$\mathrm{i}\hbar \frac{\partial}{\partial t} \, |\Psi\rangle = \left(-\frac{\hbar^2}{2m} \Delta + V(\hat{x}) \right) |\Psi\rangle$$

transformiert sich nicht gemäß den Regeln der Speziellen Relativitätstheorie. Sie kann das auch gar nicht, enthält sie doch zweite Ableitungen nach den Ortskoordinaten, aber nur die erste Ableitung nach der Zeit. Schon Schrödinger selbst störte dieser Umstand. Er hatte jedoch die relativistische Gleichung, die er zuerst betrachtet hatte, aufgrund „unphysikalischer" Lösungen verworfen.

Die Suche nach einer relativistischen Quantengleichung wurde unter anderem von Oskar Klein und Walter Gordon weitergeführt. Eine relativistisch korrekte Gleichung für die quantenmechanische Zeitentwicklung sollte man aus der passenden Energie-Impuls-Beziehung durch die üblichen Ersetzungen $E \to \mathrm{i}\hbar \frac{\partial}{\partial t}$, $p_k \to \mathrm{i}\hbar \frac{\partial}{\partial x^k}$ bekommen.

Die Beziehung $E = \sqrt{p^2 c^2 + m^2 c^4}$ ist dafür aber nicht besonders gut geeignet. Zum einen ist die weitgehende Gleichberechtigung von Raum und Zeit hier extrem versteckt. Viel schlimmer noch ist, dass man auf der rechten Seite die Wurzel eines Differenzialoperators stehen hat. Ein solches Objekt lässt sich zwar über eine Operatorpotenzreihe prinzipiell definieren, hat aber äußerst unangenehme Eigenschaften, insbesondere Nichtlokalität. Mehr Erfolg verspricht es, von der Beziehung $E^2 = p^2 c^2 + m^2 c^4$ auszugehen; dies liefert die *Klein-Gordon-Gleichung*

$$\left(-\frac{\hbar^2}{c^2} \frac{\partial^2}{\partial t^2} + \hbar^2 \Delta - m^2 c^2 \right) \phi(\boldsymbol{x}, t) = 0 \,.$$

Die Energie-Impuls-Beziehung $E^2 = p^2 c^2 + m^2 c^4$ hat für die Energie zwei Lösungen, nämlich eine positive und eine negative Wurzel. In der klassischen Theorie kann man die negative Lösung recht einfach wegargumentieren.

Im quantenmechanischen Fall ist das jedoch anders: Auch hier gibt es Lösungen mit negativer Energie – genau jene, die Schrödinger von diesem Ansatz abbrachten. Da nun spontane Übergänge zwischen verschiedenen Zuständen möglich sind, kann es einen „Sprung" vom Bereich positiver in den negativer Energie geben.

Damit könnte ein Teilchen beliebig viel Energie (etwa in Form von Photonen) abgeben und dabei selbst Zustände beliebig niedriger Energie einnehmen. Solch ein Verhalten wird in der Natur nicht beobachtet und ist für eine sinnvolle physikalische Theorie indiskutabel.

P. A. M. Dirac versuchte Abhilfe zu finden, indem er eine relativistische Gleichung *erster Ordnung* in Raum- und Zeitableitungen aufstellte. Diese hat die Gestalt

$$\left(\mathrm{i}\hbar\gamma^0 \frac{1}{c} \frac{\partial}{\partial t} + \mathrm{i}\hbar\gamma^k \frac{\partial}{\partial x^k} - m \right) \psi(\boldsymbol{x}, t) = 0 \,,$$

wobei über k gemäß der Summenkonvention von 1 bis 3 zu summieren ist. Es zeigt sich dabei, dass die Größen γ^μ mit $\mu \in \{0, 1, 2, 3\}$ keine Zahlen sein können, sondern Matrizen sein müssen.[a] Für diese γ- oder *Dirac-Matrizen* gibt es verschiedene gleichwertige Darstellungen; auf jeden Fall müssen die Antikommutatorrelation

$$\{\gamma^\mu, \gamma^\nu\} = 2\eta^{\mu\nu}$$

mit dem metrischen Tensor $\eta^{\mu\nu} = \mathrm{diag}(1, -1, -1, -1)$ erfüllt sein. Mit $x^0 = ct$ lässt sich die obige *Dirac-Gleichung* in der eleganten Form $(\mathrm{i}\,\hbar\gamma^\mu\partial_\mu - m)\psi = 0$ schreiben. In vier Raumzeit-Dimensionen müssen die γ^μs zumindest (4×4)-Matrizen sein. Ausführlicher schreibt sich die Dirac-Gleichung also als

$$\left(\mathrm{i}\,\hbar\gamma^\mu_{\alpha\beta}\partial_\mu - m\delta_{\alpha\beta}\right)\psi_\beta = 0\,, \qquad \alpha = 1, 2, 3, 4\,.$$

Die vier Komponenten ψ_β, $\beta = 1, 2, 3, 4$ erfüllen jeweils wieder eine Klein-Gordon-Gleichung – das Problem der Lösungen mit negativer Energie wird also auch durch Diracs Ansatz nicht beseitigt.

Die Dirac-Gleichung ist komplizierter als die Klein-Gordon-Gleichung, sie beschreibt ein vierkomponentiges Objekt. Diese vier Komponenten von ψ_β sind die Lösungen mit positiver und negativer Energie jeweils für Spin $+\frac{\hbar}{2}$ und $-\frac{\hbar}{2}$ ($\Rightarrow$ S. 154). Die Dirac-Gleichung beschreibt also Spin-$\frac{1}{2}$-Teilchen, wie z. B. Elektronen oder Protonen. Daher wird ψ_α auch ein *Spinor* genannt, α und β sind hier die Spinorindizes. Im Gegensatz dazu beschreiben die Lösungen ϕ der Klein-Gordon-Gleichung Teilchen mit Spin null (sogenannte skalare Teilchen). Spin-$\frac{1}{2}$-Teilchen sind Fermionen ($\Rightarrow$ S. 170) und gehorchen dem Pauli-Prinzip.

Auf diesem Umstand aufbauend fand Dirac einen ersten Weg, mit den Lösungen negativer Energie umzugehen, die *Dirac'sche Löchertheorie*. Dabei wird postuliert, dass die Zustände mit Energien $E = -\sqrt{p^2c^2 + m^2c^4}$ bereits *alle besetzt* sind. Das Pauli-Prinzip verbietet, dass ein Zustand mehrfach besetzt wird; Teilchen mit positiver Energie können also nicht mehr in den Bereich mit negativer Energie fallen.

Das Vakuum ist in diesem Bild nicht wirklich leer, sondern ein „See" von Teilchen mit negativer Energie. Da es in der Physik (außer bei der Berücksichtigung der Gravitationswirkung) nur auf Energiedifferenzen ankommt, lassen sich alle Größen in Bezug auf diesen bereits gefüllten See angeben.

So wie sich in einem Festkörper Elektronen vom Valenz- ins Leitungsband anregen lassen, sollte es in diesem Bild jedoch möglich sein, Teilchen mit negativer Energie in Zustände positiver Energie anzuregen. Ein Photon mit Energie $E \geq 2mc^2$ sollte aus dem Vakuum ein neues Teilchen erzeugen können, wobei ein Loch zurückbleibt, das sich ebenfalls wie ein Teilchen, aber mit genau entgegengesetzten Eigenschaften verhält. Das ist die Vorhersage von *Antiteilchen* ($\Rightarrow$ S. 222). Diese werden auch beobachtet; es gibt zu ihnen aber inzwischen einen allgemeineren Zugang als die Löchertheorie.

Antiteilchen

Die Grundgleichungen der relativistischen Quantenmechanik ($\Rightarrow$ S. 220), etwa die Klein-Gordon-Gleichung (für Spin-0-Teilchen) und die Dirac-Gleichung (für Spin-$\frac{1}{2}$-Teilchen), liefern Lösungen negativer Energie. Dieser Umstand ließ diese Gleichungen ursprünglich sehr fragwürdig erscheinen.

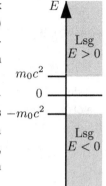

Für die Dirac-Gleichung wurde ein Ausweg im Rahmen der Löchertheorie gefunden, das führte zur Vorhersage[a] des Positrons als „Loch" im sonst gefüllten Dirac-See der Elektronen. Die skalaren Teilchen, die durch die Klein-Gordon-Gleichung beschrieben werden, sind jedoch Bosonen; für sie kann es also keinen bereits gefüllten Dirac-See geben.

Zudem wirft der Dirac-See konzeptionelle Probleme auf; insbesondere hätte durch ihn schon das Vakuum unendlich große Masse und unendliche negative elektrische Ladung, und es ist fraglich, wie weit sich dieser Umstand durch geeignete Wahl des Bezugspunkts kompensieren lässt. (Ähnliche Probleme sind allerdings in nur geringfügig milderer Form bis heute in der Quantenfeldtheorie präsent geblieben ($\Rightarrow$ S. 264).)

Entsprechend wurde nach einer Möglichkeit gesucht, die Lösungen negativer Energie anders in den Griff zu bekommen. Die Propagation eines Teilchens lässt sich – etwa mittels Fourier-Transformation – so darstellen, dass nur das Produkt von Energie und Zeit vorkommt. Fügt man das negative Vorzeichen nicht der Energie, sondern der Zeit zu, so kann man die problematischen Lösungen als Teilchen interpretieren, die zwar positive Energie haben, sich aber dafür rückwärts in der Zeit bewegen – was vorerst noch nicht nach einer echten Verbesserung aussieht.

Es zeigt sich aber, dass in der relativistischen Quantenmechanik (und nach bisherigem Kenntnisstand in der gesamten Physik) alle Observablen unverändert bleiben, wenn man zugleich Zeitspiegelung, Paritätstransformation (d. h. Raumspiegelung) und Ladungskonjugation anwendet ($\Rightarrow$ S. 248). Ein Teilchen, das sich rückwärts in der Zeit bewegt, ist also nicht zu unterscheiden von einem Teilchen mit gleicher Masse, aber umgekehrter Parität und umgekehrter Ladung, das sich vorwärts in der Zeit bewegt.

Demnach ist zu erwarten, dass es zu jedem Teilchen ein entsprechendes *Antiteilchen* gibt, dessen Eigenschaften entweder genau gleich (Masse, Spin) oder genau entgegengesetzt (Parität, elektrische Ladung, andere Ladungen) sind. Bei Fermionen decken sich diese Eigenschaften mit denen, die man für Löcher im Dirac-See erwarten würde; dieser Zugang ist aber auch problemlos auf Bosonen anwendbar. Diese *Feynman-Stückelberg-Interpretation* hat konzeptionell den Dirac-See abgelöst, auf den aber trotzdem noch in vielen Lehrbüchern und Abhandlungen Bezug genommen wird.[b] Diese Vorhersage hat sich bisher umfassend bestätigt, denn zu jedem bekannten Teilchen wurde auch das zugehörige Antiteilchen nachgewiesen.

Namen und Symbole für Antiteilchen Dass das Positron einen speziellen Namen bekommen hat, liegt vor allem an den historischen Gegebenheiten. Meist wird schlicht der Vorsatz „Anti" benutzt, wenn das betreffende Teilchen nicht schon aus anderer Systematik heraus einen Namen hat (wie es etwa bei Mesonen typischerweise der Fall ist).

Manche Teilchen sind auch ihre eigenen Antiteilchen – das ist natürlich nur für Teilchen möglich, die keine (Netto-)Ladung tragen, etwa für das Photon γ oder das neutrale Pion π^0. Wenn das Antiteilchen sich vom ursprünglichen Teilchen unterscheidet, wird es meist mit einem Überstrich gekennzeichnet. So ist etwa $\bar{u}$ das Symbol für das Anti-*up*-Quark.

Bei Teilchen, deren Symbol ihre Ladung beinhaltet, verwendet man statt des Querstrichs oft den Austausch $+ \leftrightarrow -$. So ist e^+ das Symbol für das Positron, π^- (Quarkstruktur $\bar{u}d$) ist das Antiteilchen des π^+ (Quarkstruktur $u\bar{d}$). Allerdings ist beispielsweise Δ^- (Quarkstruktur ddd) nicht das Antiteilchen des Δ^+ (Quarkstruktur uud).

Zerstrahlung und Bindungszustände Trifft ein Teilchen auf sein zugehöriges Antiteilchen, so kommt es zur *Annihilation* bzw. *Zerstrahlung*, d. h. zur vollständigen Umwandlung in hochenergetische Photonen. Der Umkehrprozess dazu ist die *Paarbildung*, d. h. die Erzeugung eines Teilchen-Antiteilchen-Paars aus entsprechend hochenergetischer Strahlung.

Trotz des „Damoklesschwerts" der Annihilation können auch Bindungszustände elektrisch geladener Teilchen und ihrer Antiteilchen auftreten. Ein wichtiges Beispiel ist das *Positronium*, ein wasserstoffatom-artiges System aus einem Elektron und einem Positron. Nach dem Gesamtspin S unterscheidet man Parapositronium ($S = 0$) und Orthopositronium ($S = \hbar$).[c]

Praktischer Einsatz von Antiteilchen Neben ihrer konzeptionellen Bedeutung in relativistischer Quantenmechanik und Quantenfeldtheorie haben Antiteilchen, vor allem das Positron, auch praktische Anwendung gefunden. Werden Positronen auf Materie geschossen, so dringen sie typischerweise so weit ein, bis ihre kinetische Energie nahezu aufgebraucht ist – erst dann ist der Wirkungsquerschnitt für Annihilationsprozesse so groß, dass es in größerem Ausmaß zu Zerstrahlung kommt. Die Annihilationsstrahlung gibt Aufschluss über die chemische Zusammensetzung im Inneren der so untersuchten Materie. Das benutzt man einerseits in den Materialwissenschaften, andererseits in der medizinischen Diagnose (etwa mit der Positronenemissionstomographie).

Antiteilchen würden sich im Prinzip auch als hocheffizienter Energiespeicher[d] anbieten, da bei Zerstrahlung die gesamte Ruhemasse von Teilchen und Antiteilchen in elektromagnetische Energie umgewandelt wird. Allerdings wäre einerseits die Handhabung von Antimaterie aufwändig und mit großen Sicherheitsrisiken verbunden, andererseits ist Energie in Form von hochenergetischer Gammastrahlung schwierig direkt zu nutzen oder sinnvoll in andere Energieformen überzuführen.

10 Gravitation und Kosmologie

Die Spezielle Relativitätstheorie (SRT), wie sie in Kapitel 9 vorgestellt wurde, hat unser Verständnis von Raum und Zeit, Lokalität und Kausalität deutlich erweitert. Sie stößt aber an ihre Grenzen, wenn es darum geht, beschleunigte Systeme oder Bereiche mit starker Gravitation zu beschreiben. Insbesondere zum Betreiben von Kosmologie, jener Disziplin, die Entstehung, Form und Zukunft unseres Universums untersucht, ist sie nicht geeignet. In der SRT ist die Raumzeit statisch und eben, sie macht keine Entwicklung durch und wird durch die vorhandene Materie nicht beeinflusst.

Das ist aus Sicht der Kosmologie unbefriedigend, oder, um es mit Einsteins Worten zu sagen: „Es widerstrebt dem wissenschaftlichen Verstande, ein Ding zu setzen, das zwar wirkt, aber auf das nicht gewirkt werden kann." Eine Raumzeit, auf die sehr wohl „gewirkt werden kann", nämlich durch die Anwesenheit von Masse, ist Gegenstand der Allgemeinen Relativitätstheorie (ART). Diese ist eine konsistente Erweiterung der SRT, die Beschleunigungen berücksichtigt, Gravitation nahezu zwanglos als *Trägheitskraft* erklärt und eine dynamische Entwicklung der Raumzeit ermöglicht, ja geradezu fordert.

Nach den Vorüberlegungen, die zur ART führen ($\Rightarrow$ S. 226), präsentieren wir sehr knapp den grundlegenden Formalismus ($\Rightarrow$ S. 228). Die wahrscheinlich wichtigste Lösung der Feldgleichungen, die Schwarzschild-Lösung ($\Rightarrow$ S. 230), beschreibt einerseits das Gravitationsfeld von Planeten und Sternen, erlaubt aber auch das Studium von Schwarzen Löchern ($\Rightarrow$ S. 232).

Bei der Untersuchung galaktischer und noch größerer Strukturen zeigt sich aber, dass die dort beobachteten Bewegungen mit der Gravitationswirkung der beobachtbaren Materie allein nicht erklärbar sind. Eine Abhilfe ist es, zusätzliche dunkle Materie sowie dunkle Energie ($\Rightarrow$ S. 234) einzuführen.

Letztere ist insbesondere in der Kosmologie wichtig, zu der wir einerseits grundsätzliche Überlegungen präsentieren ($\Rightarrow$ S. 236), sie andererseits direkt im Kontext der ART diskutieren ($\Rightarrow$ S. 238). Als Abschluss widmen wir uns noch dem Phänomen der Gravitationswellen sowie unkonventionelleren Lösungen der Feldgleichungen ($\Rightarrow$ S. 240).

Grundidee der ART und klassische Tests

In der Mechanik tritt die Masse auf zweierlei Weise auf: Einerseits wirkt sie als *träge Masse* m_{tr}, die die Beschleunigung aufgrund wirkender Kräfte bestimmt, $m_{\text{tr}}\ddot{x} = F$. Andererseits bestimmt die *schwere Masse* m_{s} die Stärke der Gravitationskraft.[a]

Setzen wir einen Körper mit Masse m_1 an den Punkt x und betrachten die Gravitationswirkung einer Masse m_2, die sich im Ursprung befindet, so gilt:

$$m_{1,\text{tr}}\,\ddot{x} = -G_{\text{N}}\,\frac{m_{1,\text{s}}\,m_{2,\text{s}}}{\|x\|^3}\,x \qquad \Longleftrightarrow \qquad \ddot{x} = -G_{\text{N}}\,\frac{m_{1,\text{s}}}{m_{1,\text{tr}}}\,\frac{m_{2,\text{s}}}{\|x\|^3}\,x\,.$$

Wenn $m_{1,\text{tr}} = m_{1,\text{s}}$ ist, dann fällt die Masse des Körpers aus dieser Rechnung komplett heraus. Eine größere Masse spürt zwar eine größere Gravitationswirkung, ist aber auch entsprechend schwerer zu beschleunigen.

Die Gleichheit von träger und schwerer Masse ist experimentell sehr genau überprüft. So wurden von Loránd Eötvös die gravitativen und die trägheitsbedingten Beiträge zur Erdbeschleunigung untersucht. Schon zu Beginn des 20. Jahrhunderts war bekannt, dass träge und schwere Masse mit einer Genauigkeit von zumindest 10^{-8} übereinstimmen. Dieser Wert wurde durch spätere Experimente noch verbessert.[b]

Eine so genaue zufällige Übereinstimmung wäre erstaunlich, und so gab es diverse Versuche, einen direkten Zusammenhang herzustellen. Ernst Mach postulierte, dass Trägheit ein Effekt ist, der durch die Gravitationswechselwirkung mit allen anderen Massen im Universum zustande kommt. Dieses *Mach'sche Prinzip* wurde zwar bislang nicht bestätigt, war aber für Einstein ein wichtiger Denkanstoß bei der Entwicklung der allgemeinen Relativitätstheorie (ART).

Wenn träge und schwere Masse äquivalent sind, kann man dann durch irgendein (lokales) Experiment externe Beschleunigungen von Gravitationswirkungen unterscheiden? Kann man durch Experimente innerhalb einer geschlossenen Kammer herausfinden, ob diese (etwa durch Triebwerke) beschleunigt wird oder aber sich in einem homogenen Gravitationsfeld befindet? Wenn umgekehrt in der Kammer keine Beschleunigungen messbar sind, kann man dann unterscheiden, ob sich die Kammer weit entfernt von allen Massen oder im freien Fall befindet?

Einsteins Postulat, das *allgemeine Äquivalenzprinzip* , besagt, dass gerade das nicht möglich ist, also dass es kein Experiment erlaubt, diese Fälle jeweils voneinander zu unterscheiden. Die Trägheit wird in der ART als fundamental betrachtet, Gravitation hingegen als reiner Trägheitseffekt beschrieben, in einer Raumzeit, die (anders als in der SRT) nicht eben, sondern von der enthaltenen Materie abhängig ist.

Die Geometrie der Raumzeit wird durch die anwesenden Massen deformiert, und diese Krümmung der Raumzeit wirkt umgekehrt auf die Bewegungen der Massen zurück. An jedem Raumzeitpunkt kann man zwar ein ebenes Bezugssystem definieren; die einzelnen Systeme an unterschiedlichen Raumzeitpunkten stimmen aber nicht mehr überein – „jedem Punkt seine eigene SRT".

Es gibt sehr anschauliche Bilder dafür, warum Krümmung die Richtung einer Bewegung ändern kann und ihr Einfluss daher als Kraft empfunden wird:

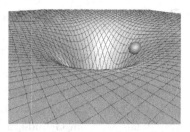

Dazu stellen wir die Raumzeit durch eine dicke Gummimatte dar, Massen sind Kugeln oder andere Gegenstände, die in die Matte einsinken und sie so deformieren.

Betrachten wir nun einen Käfer, der auf der Oberfläche dieser Matte dahinkrabbelt. Der Käfer kann sich aus seiner Sicht geradeaus vorwärts bewegen, dennoch wird die Bahn, die dadurch auf der verformten Matte zustande kommt, aus der Vogelperspektive (also in der Projektion auf den $\mathbb{R}^2$) krumm wirken.

Das gleiche Prinzip, wenn auch in höheren Dimensionen, kommt in der ART zum Tragen. Massive Körper und auch Lichtstrahlen bewegen sich ohne Einwirkung äußerer Kräfte auf *Geodäten*, also auf Kurven, die zwei Punkte bei geringster Länge verbinden. Eine Geodäte ist quasi „die geradeste Linie, die in einem gekrümmten Raum noch möglich ist". Projiziert man eine solche Geodäte in den dreidimensionalen Raum, so ergibt sich eine gekrümmte Bahn, die sogar geschlossen sein kann.

Diese Idee mathematisch zu fassen, ist sehr anspruchsvoll ($\Rightarrow$ S. 228), und Lösungen der Gleichungen für konkrete Situationen zu finden, nicht minder. Auf der Schwarzschild-Lösung ($\Rightarrow$ S. 230) beruhen drei klassische Tests der ART:

- **Periheldrehung des Merkur**: Für die Bewegung eines einzelnen Planeten um die Sonne ergibt sich als Lösung eine Kepler-Ellipse ($\Rightarrow$ S. 26). Durch die Einflüsse der anderen Himmelskörper wandern aber die Scheitel der Ellipsen im Laufe der Zeit, die Planeten beschreiben Rosettenbahnen.

  Im Falle des Merkur dreht sich das Perihel (der sonnennächste Punkt) der Bahn in hundert Erdenjahren um $(5600.73 \pm 0.42)''$, davon sind $(5557.62 \pm 0.20)''$ auf die Einflüsse anderer Planeten zurückzuführen. Die übrigen $(43.11 \pm 0.47)''$ sind klassisch nicht erklärbar, ergeben sich aber im Rahmen der ART schon recht genau aus der Störungsrechnung niedrigster Ordnung.

- **Lichtablenkung**: Auch die Bahn eines Lichtstrahls wird durch die Raumkrümmung beeinflusst. Dieser Effekt ergibt sich zwar auch schon in der Newton'schen Mechanik bei Betrachtung von Lichtteilchen, in der ART ist er aber doppelt so groß, was inzwischen sehr genau überprüft ist.[c]

- **Gravitative Rotverschiebung**: Im Gegensatz zu massiven Körpern wird Licht bei Bewegung gegen die Gravitationskraft nicht langsamer. Sehr wohl aber wird immer noch kinetische Energie in potenzielle umgewandelt, und da $E \propto \nu$ gilt, muss die Frequenz des Lichts geringer werden. Diese *Rotverschiebung* lässt sich mit Hilfe des Mößbauer-Effekts ($\Rightarrow$ S. 206) schon bei Höhenunterschieden von wenigen Metern nachweisen.[d]

Der Formalismus der ART

Wir wollen nun die Grundidee der Allgemeinen Relativitätstheorie ($\Rightarrow$ S. 226) – Körper und Lichtstrahlen bewegen sich auf Geodäten in einer gekrümmten Raumzeit – mathematisch präzisieren. Der Schlüsselbegriff dazu ist jener der *Mannigfaltigkeit*, der die Idee von glatten Kurven und Flächen verallgemeinert.[a] Sehr grob gesprochen, ist eine Mannigfaltigkeit ein Gebilde, das lokal wie ein Teil eines ebenen Raumes „aussieht", global aber ganz andere Eigenschaften besitzen kann.

Die für uns hier interessanten Mannigfaltigkeiten lassen sich durch ihren metrischen Tensor $g_{\mu\nu}$ charakterisieren, dieser fungiert als eine Art Potenzial des Gravitationsfeldes. Anders als in der SRT mit $g_{\mu\nu} = \eta_{\mu\nu} \equiv \mathrm{diag}(1, -1, -1, -1)$ ($\Rightarrow$ S. 212) kann der metrische Tensor nun ortsabhängig sein: $g_{\mu\nu} = g_{\mu\nu}(x)$.

Diese Ortsabängigkeit lässt sich mittels Ableitungen der Metrik nach den Raumzeitkoordinaten beschreiben. Die Feldgleichungen, die die Metrik in Abhängigkeit von der Massenverteilung bestimmen, enthalten sogar zweite Ableitungen der Metrik. Doch bevor wir die Feldgleichungen angeben können, müssen wir ein wenig genauer auf die Herausforderungen eingehen, die sich beim Rechnen in gekrümmten Räumen ergeben.

Verschiebt man in einem gekrümmten Raum einen Vektor von einem Punkt zu einem anderen, so verändert sich der Vektor – im Gegensatz zum ebenen Fall – üblicherweise schon allein durch die Krümmung.

Betrachten wir auf einer Kugel einen Tangentialvektor an den Äquator. Verschiebt man diesen direkt entlang des entsprechenden Längenkreises an den Nordpol, so ist das Ergebnis ein anderes, als wenn man den Vektor zunächst ein Stück den Äquator entlang und erst denn entlang eines Längenkreises nach Norden verschiebt.

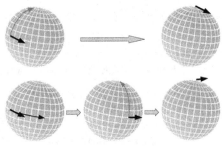

Diese Art von Änderung will man von der „echten" trennen, sie also aus dem Ausdruck, den die konventionelle Ableitung liefert, herausnehmen. Das erledigt die *kovariante Ableitung* $\nabla_\mu a^\nu = \partial_\mu a^\nu + \Gamma^\nu_{\mu\rho} a^\rho$, die mit Hilfe der *Christoffel-Symbole* (Vernetzungen)

$$\Gamma^\gamma_{\mu\alpha} := \frac{1}{2} g^{\gamma\nu} \left(\frac{\partial g_{\mu\nu}}{\partial x^\alpha} + \frac{\partial g_{\nu\alpha}}{\partial x^\mu} - \frac{\partial g_{\mu\alpha}}{\partial x^\nu} \right)$$

aufgeschrieben wird.

Ein Maß dafür, welchen Unterschied es macht, ob man einen Vektor a^μ infinitesimal zunächst in α-, dann in β-Richtung verschiebt oder umgekehrt, ist der Kommutator

$$[\nabla_\alpha, \nabla_\beta] a^\mu \equiv \nabla_\alpha \nabla_\beta a^\mu - \nabla_\beta \nabla_\alpha a^\mu.$$

Dabei setzt man

$$[\nabla_\alpha, \nabla_\beta]\, a^\mu = R^\mu_{\ \nu\alpha\beta}\, a^\nu\,,$$

mit dem *Riemann'schen Krümmungstensor* $R^\mu_{\ \nu\alpha\beta}$, der sich auch mittels Christoffel-Symbolen ausdrücken lässt:

$$R^\mu_{\ \alpha\beta\gamma} = \frac{\partial \Gamma^\mu_{\alpha\gamma}}{\partial x^\beta} - \frac{\partial \Gamma^\mu_{\alpha\beta}}{\partial x^\gamma} + \Gamma^\mu_{\sigma\beta}\Gamma^\sigma_{\alpha\gamma} - \Gamma^\mu_{\sigma\gamma}\Gamma^\sigma_{\alpha\beta}\,.$$

Eine wichtige Verjüngung des Krümmungstensors ist der *Ricci-Tensor* $R_{\mu\nu} := R^\alpha_{\ \mu\alpha\nu}$. Dieser ist, wie auch der metrische Tensor $g_{\mu\nu}$, symmetrisch in den beiden Indizes. Daneben definiert man noch die *skalare Krümmung* $R := g^{\mu\nu} R_{\mu\nu}$.

Die Idee, dass die Krümmung der Raumzeit durch die Massenverteilung bestimmt wird, schlägt sich in den *Einstein'schen Feldgleichungen*[b]

$$R_{\mu\nu} - \frac{1}{2} g_{\mu\nu} R = \frac{8\pi G_{\mathrm N}}{c^4}\, T_{\mu\nu} \tag{10.1}$$

nieder. Dabei ist $T_{\mu\nu}$ der *Energie-Impuls-Tensor*, der die Verteilung von Materie und anderen Energieformen beschreibt.

Der Krümmungstensor und die daraus durch Kontraktion erhaltenen Größen enthalten erste und zweite Ableitungen der Metrik nach den Raumzeit-Koordinaten. Da sich im Grenzfall kleiner Krümmung ja die klassischen Bewegungsgleichungen mit dem Newton'schen Gravitationsgesetz ergeben müssen, war es auch zu erwarten, dass die Feldgleichungen (zumindest) Ableitungen zweiter Ordnung enthalten.

Die Feldgleichungen der ART lassen sich auch über ein Variationsprinzip ($\Rightarrow$ S. 36) herleiten. Dabei fordert man, dass die *Einstein-Hilbert-Wirkung*

$$S_{\mathrm{grav}}(g) = \frac{c^3}{16\,\pi\,G_{\mathrm N}} \int R\,\sqrt{|\det g|}\,\mathrm{d}^4 x \tag{10.2}$$

stationär unter Variation in Bezug auf die Metrik bleibt: $\delta_g S_{\mathrm{grav}}(g) \overset{!}{=} 0$.

Eigenschaften der Feldgleichungen Wegen der Symmetrie in den Indizes μ und ν enthält (10.1) insgesamt zehn gekoppelte nichtlineare partielle Differenzialgleichungen. Dass die Gleichungen nichtlinear sein müssen, ist sehr leicht zu verstehen: Jede Form von Energie wirkt als Quelle für das Gravitationsfeld. Das gilt auch für jene Energie, die das Gravitationsfeld selbst beinhaltet.

Die Nichtlinearität der Gleichungen macht es ausgesprochen schwierig, sie zu lösen, da kein Superpositionsprinzip mehr zum Tragen kommt. Analytisch exakte Lösungen der Feldgleichungen sind nur für einige wenige Spezialfälle bekannt, etwa sphärisch-symmetrische Massenverteilungen ($\Rightarrow$ S. 232) oder ein räumlich isotropes Universum ($\Rightarrow$ S. 238). Mittels Störungsrechnung lassen sich einige weitere Probleme behandeln. Inzwischen gibt es allerdings auch zunehmend erfolgreiche Bemühungen, die Feldgleichungen durch Diskretisierung der Raumzeit zu lösen.

Die Schwarzschild-Lösung

Als A. Einstein die Feldgleichungen ($\Rightarrow$ S. 228) 1915 der Öffentlichkeit vorstellte, war er der Meinung, niemand werde diese Gleichungen (10.1) für den Materiefall $T_{\mu\nu} \neq 0$ je lösen können. Bereits ein Jahr später war jedoch die erste Lösung gefunden. Entdeckt hat sie K. Schwarzschild, ein deutscher Astronom und Physiker, der zu jener Zeit (es tobte ja der Erste Weltkrieg) an der russischen Front eingesetzt war.

Die *Schwarzschild-Lösung* beschreibt den Bereich außerhalb einer kugelsymmetrischen Massenverteilung im Vakuum. Damit ist sie in guter Näherung für die meisten größeren Himmelskörper (Sterne und Planeten) anwendbar. Das Global Positioning System (GPS) berücksichtigt allgemein-relativistische Korrekturen; ohne Verwendung der Schwarzschild-Lösung für die Gravitationswirkung der Erde würde es nicht den inzwischen erreichten Genauigkeitsgrad aufweisen.

Lösungen der ART kann man in Form des Linienelements

$$\mathrm{d}s^2 = g_{\mu\nu}\mathrm{d}x^\mu\,\mathrm{d}x^\nu = g_{u_\mu u_\nu}\mathrm{d}u^\mu\,\mathrm{d}u^\nu$$

angeben. Dabei werden besonders gern angepasste Koordinaten (u^μ) verwendet, in denen der metrische Tensor an jedem Raumzeit-Punkt Diagonalgestalt annimmt. Die Schwarzschild-Lösung für einen kugelsymmetrischen Körper mit Gesamtmasse M und Radius R ergibt sich entsprechend zu

$$\mathrm{d}s^2 = c^2\left(1 - \frac{R_\mathrm{S}}{r}\right)\mathrm{d}t^2 - \frac{\mathrm{d}r^2}{1 - \frac{R_\mathrm{S}}{r}} - r^2\left(\mathrm{d}\theta^2 + \sin^2\theta\,\mathrm{d}\varphi^2\right) \qquad \text{für } r > R\,, \quad (10.3)$$

mit dem *Schwarzschild-Radius*

$$R_\mathrm{S} := \frac{2G_\mathrm{N}M}{c^2}\,.$$

Diese Lösung wird an zwei Stellen singulär: einerseits bei $r = 0$, andererseits bei $r = R_\mathrm{S}$.

Allerdings ist Lösung nur außerhalb des betrachteten Objekts, für $r > R$, gültig. Wie rechts anhand einiger Beispiele illustriert, ist typischerweise $R_\mathrm{S} \ll R$.

Objekt	M (kg)	R (m)	R_S (m)
Atomkern	10^{-26}	10^{-14}	10^{-53}
Mensch	10^2	1	10^{-25}
Erde	$6\cdot 10^{24}$	$6\cdot 10^6$	$9\cdot 10^{-3}$
Sonne	$2\cdot 10^{30}$	$7\cdot 10^8$	$3\cdot 10^3$
Galaxis	10^{41}	10^{21}	10^{14}

Entsprechend wurden die singulären Stellen der Schwarzschild-Lösung lange Zeit als irrelevant betrachtet – bestenfalls wurde R_S als Grenze gesehen, bis zu der die Schwarzschild-Lösung maximal Gültigkeit haben könnte, wenn es entsprechend große oder dichte Objekte gäbe.

Fortschritte in der Astrophysik einerseits und im Verständnis der Differenzialgeometrie der Raumzeit andererseits legten aber später nahe, dass einerseits Objekte mit $R \leq R_S$ durchaus existieren könnten ($\Rightarrow$ S. 232) und dass andererseits die Singularität der Metrik bei $r = R_S$ nur durch die Wahl der Koordinaten zustandekommt.[a] Die Schwarzschild-Koordinaten $(t, r, \vartheta, \varphi)$ geben die Sichtweise eines unendlich weit entfernten Beobachters wieder, und aus dessen Sicht kann die Grenze $r = R_S$ tatsächlich nicht überschritten werden.

Durch die Einführung eines entsprechend angepassten Koordinatensystems kann die Singularität bei $r = R_S$ jedoch eliminiert werden. Ein frei fallender Beobachter erreicht die einzige echte Singularität $r = 0$ in endlicher Eigenzeit τ.

Eine eventuelle Rückkehr ist für ihn allerdings nur möglich, solange $r > R_S$ ist. Um zu verstehen warum betrachten wir (10.3) für $r < R_S$:

$$\mathrm{d}s^2 = \underbrace{\left(1 - \frac{R_S}{r}\right)}_{=g_{00}<0} \mathrm{d}x_0^2 + \underbrace{\frac{-1}{1 - \frac{R_S}{r}}}_{=g_{rr}>0} \mathrm{d}r^2 - r^2 \, \mathrm{d}\Omega \,.$$

(Dabei haben wir $x_0 = ct$ gesetzt und den Winkelanteil zu $\mathrm{d}\Omega = \mathrm{d}\theta^2 + \sin^2\theta \, \mathrm{d}\varphi^2$ zusammengefasst.) Das Vorzeichen von g_{00} ist in diesem Fall negativ, jenes von g_{rr} positiv. Negative bzw. positive Vorzeichen im metrischen Tensor in Diagonalform geben aber an, ob eine Richtung raum- oder zeitartig ist.

Der Lichtkegel, den man lokal konstruieren kann, ist gegenüber jenem im flachen Raum so stark gekippt, dass nur noch Bewegung in Richtung kleinerer Werte der Radialkoordinate r möglich ist. Genausowenig, wie man sich im flachen Raum in Richtung kleinerer x_0-Werte bewegen (also rückwärts in der Zeit $t = \frac{x_0}{c}$ reisen) kann, kann man sich in diesem Bereich der Schwarzschild-Raumzeit in Richtung größerer r-Werte bewegen.

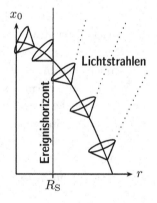

Selbst für Licht gibt es keine Möglichkeit, aus dem Bereich mit $r < R_S$ zu entkommen. Die Fläche $r = R_S$ bezeichnet man daher treffend als *Ereignishorizont*.

Fällt ein Beobachter A aus großer Entfernung frei in Richtung $r = 0$ und sendet dabei in gleichem Takt Signale, so werden diese Signale zunächst wenig verändert bei einem entfernten Beobachter B ankommen. Nähert sich A jedoch dem Ereignishorizont, so brauchen seine Signale immer länger, um zu B zu kommen, zugleich wird die gravitative Rotverschiebung immer größer. Bei B kommen die Signale also in immer größerem Abstand und mit immer niedrigerer Frequenz an – der Fall von A hinab zu $r = R_S$ dauert aus B's Sicht unendlich lang. Wie schon in der SRT kann die Beschreibung des gleichen Sachverhalts in verschiedenen Bezugssystemen sehr unterschiedlich aussehen ($\Rightarrow$ S. 214).

Schwarze Löcher

Die erste Vorhersage von *Schwarzen Löchern*[a] ist bei weitem älter als die ART. Schon 1783 postulierte der britische Amateurastronom John Mitchell, dass ausreichend große und dichte Sterne unsichtbar sein könnten; wenig später kam Pierre-Simon Laplace unabhängig zum gleichen Ergebnis, dass die größten und eigentlichen hellsten Sterne möglicherweise gar nicht am Himmel zu sehen sind.

In der Newton'schen Mechanik ergibt sich für jeden Himmelskörper eine *Fluchtgeschwindigkeit*, also eine Mindestgeschwindigkeit, die ein Körper besitzen müsste, um ohne zusätzliche Beschleunigung von seiner Oberfläche in den freien Raum zu entkommen. Sollte, so Mitchell und Laplace, diese Geschwindigkeit für ein sehr massereiches Gestirn größer sein als die Lichtgeschwindigkeit, so würde das von ihm ausgesandte Licht wieder auf die Oberfläche zurückfallen. Ein derartiger Stern wäre also unsichtbar.

Inzwischen weiß man, dass weder die klassischen Bewegungsgleichungen noch das Newton'sche Gravitationsgesetz zur Beschreibung sehr starker Gravitationsfelder geeignet sind. Doch auch in der ART gibt es analoge Situationen, bei denen selbst das Licht aus bestimmten Bereichen nicht mehr entkommen kann. Im Falle der Schwarzschild-Lösung ($\Rightarrow$ S. 230) ist das der Raum innerhalb des Ereignishorizonts. Der Ereignishorizont ist im Schwarzschild-Fall zugleich jene Fläche, an der die gravitative Rotverschiebung unendlich groß wird.

Derartige Überlegungen sind aber nur außerhalb von $r = R$ gültig. Ein Ereignishorizont bildet sich also nur aus, wenn ein Objekt kleiner als sein eigener Schwarzschild-Radius ist: $R < R_S$. Das ist zwar ein sehr extremer Fall, er kann aber eintreten, wenn ein sehr massereicher Stern am Ende seines Lebenszyklus angekommen ist.

In Sternen läuft Kernfusion ($\Rightarrow$ S. 124) ab, dadurch wird Bindungsenergie in Strahlung umgewandelt. Der Strahlungsdruck, der durch die Fusion zustandekommt, gleicht in einem stabilen Stern den Gravitationsdruck aus. Ist der Brennstoff in der Fusionszone aufgebraucht, dann ist das nicht mehr der Fall, und der Stern beginnt zu kollabieren. Das ist ein Prozess, der über mehrere Phasen erfolgt und in dessen Verlauf es zu spektakulären Zwischenstufen, etwa roten Riesensternen oder Supernovae kommen kann.

Für einen kleinen Stern genügt der Fermi-Druck des Elektronengases, um den Kollaps aufzuhalten. Bei größerer Masse und entsprechend stärkerem Gravitationsfeld ist es energetisch günstiger, wenn sich die Protonen der Kerne durch Elektroneneinfang in Neutronen umwandeln. Man erhält durch diesen Prozess einen *Neutronenstern*, einen extrem dichten Himmelskörper, der nur noch aus Neutronen besteht.

Der Fermi-Druck der Neutronen wirkt ebenfalls dem Gravitationsdruck entgegen. Bei einer Masse von mehr als $m_{\mathrm{Grenz}} \approx 2.8\,M_\odot \approx 5.6 \cdot 10^{30}$ kg reicht aber auch dieser Druck nicht mehr aus, um den Radius des Stern größer als R_S zu halten. Es bildet sich ein Ereignishorizont aus – ein Schwarzes Loch entsteht.

Geladene und rotierende Schwarze Löcher   Nicht jedes Schwarze Loch wird durch die Schwarzschild-Lösung beschrieben. Sollte der kollabierende Körper elektrisch geladen sein, so ist das von außen stets feststellbar. (Die Dichte der vom Körper ausgehenden elektrischen Feldlinien verändert sich durch den Kollaps nicht, und mit dem Gauß'schen Integralsatz lässt sich damit stets die Gesamtladung ermitteln.) So entstandene Schwarze Löcher lassen sich durch die *Reissner-Nordström-Metrik* beschreiben.

Es erscheint jedoch unwahrscheinlich, dass astronomische Objekte nennenswerte elektrische Nettoladungen besitzen bzw. dass geladene Schwarze Löcher, selbst wenn sie entstünden, ihre Nettoladung lange behalten würden. Immerhin würde ein geladenes Schwarzes Loch verstärkt entgegengesetzt geladene Teilchen anziehen.

Hingegen besitzen die meisten Himmelskörper einen nichtverschwindenden Drehimpuls, und auch dieser bleibt beim Kollaps erhalten. 1963 wurde von Roy Patrick Kerr eine Lösung für rotierende Schwarze Löcher gefunden und wenig später von Newman et al. auf den geladenen Fall erweitert.[b] Durch Masse, Drehimpuls und elektrische Ladung wird ein stationäres Schwarzes Loch – zumindest im Kontext der ART – vollständig beschrieben. In diesem Sinne ist die *Kerr-Newman-Lösung* die allgemeinste Darstellung für ein Schwarzes Loch.

In der Kerr-Newman-Metrik fallen die *statische Grenzfläche*, an der $g_{00} = 0$ gilt, und der Ereignishorizont nicht mehr zusammen. Hingegen ist die statische Grenzfläche hier noch immer auch jene Fläche, an der die Rotverschiebung unendlich wird. (Selbst das muss in noch allgemeineren Raumzeit-Geometrien nicht mehr der Fall sein.)

Der Bereich zwischen statischer Grenzfläche und dem Ereignishorizont wird als *Ergosphäre* bezeichnet. Einem rotierenden Schwarzen Loch kann Rotationsenergie entzogen werden. Das kann etwa durch den *Penrose-Prozess* erfolgen, den Zerfall eines Körpers innerhalb der Ergosphäre, wobei zumindest ein Zerfallsprodukt den Bereich des Schwarzen Lochs wieder verlässt.

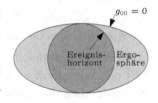

Der Umstand, dass drei Kenngrößen zur Beschreibung eines Schwarzen Lochs ausreichen, wurde als *No-hair-Theorem* bekannt: Ein Schwarzes Loch hat keine Haare – oder eine andere relevante innere Struktur. Diese Betrachtungen klammern allerdings Quanteneffekte aus. Berücksichtigt man diese, so ändert sich der Blick auf Schwarze Löcher deutlich (⇒ S. 268).

Nachweis Schwarzer Löcher   Auch wenn sie kein Licht aussenden, so machen sich Schwarze Löcher doch durch ihre Gravitationswirkung bemerkbar, und die Evidenz für ihre Existenz ist inzwischen sehr gut. So gibt es Doppelsternsysteme, in denen einer der Partner nicht leuchtet. Am sichtbaren Stern kann man anhand des Doppler-Effekts die Masse des Partners abschätzen, und in manchen Fällen findet man Massen jenseits von m_{Grenz}. Sehr massereiche Schwarze Löcher befinden sich offenbar auch im Zentrum fast aller Galaxien.[c]

Dunkle Materie und dunkle Energie

Dunkle Materie Das Newton'sche Gravitationgesetz und erst recht die Allgemeine Relativitätstheorie geben eine exzellente Beschreibung der Gravitation im Bereich von einigen Millimetern bis hin zur Objekten von der Größe unseres Sonnensystems. Das Gravitationsgesetz für kleinere Abstände zu testen, ist sehr schwierig ($\Rightarrow$ S. 276).

Um das Gravitationsgesetz bei sehr großen Abständen zu überprüfen, lässt sich das Rotationsverhalten der Galaxien untersuchen – doch hier zeigen sich Diskrepanzen. Die Rotationsgeschwindigkeit stimmt bei weitem nicht mit jener überein, die man aufgrund der Gravitationswirkung der sichtbaren Materie erwarten würde. Das eröffnet zumindest zwei Möglichkeiten:

- Es gibt noch unbeobachtete weitere Masse, die für die zusätzliche Anziehung sorgt.
- Das Gravitationsgesetz ist nicht akkurat und muss korrigiert bzw. erweitert werden.

Beide Fälle gab es auch schon bei Beobachtungen in unserem Sonnensystem. Nach der Entdeckung des Uranus war bald klar, dass dessen Bahn anders verläuft als vorausberechnet. Aus den störenden Einflüssen wurde die Existenz eines weiteren Planeten vorhergesagt, und der Neptun wurde tatsächlich wie vorhergesagt entdeckt.

Ähnliche Abweichungen gab es bei der Bahn des Merkur, und auch hier wurde vermutet, dass ein noch näher bei der Sonne liegender (und deshalb schwer beobachtbarer) Planet – der *Vulkan* – dafür verantwortlich sei. Es gab zwar einige Meldungen über Sichtungen dieses Planeten, sie wurden aber letztlich nicht bestätigt, und der Übergang vom klassischen Gravitationsgesetz zur Allgemeinen Relativitätstheorie erklärte die Abweichungen der Merkurbahn.

Auch bei der Rotation der Galaxis stehen beide Möglichkeiten zur Debatte – die Mehrheit der Astrophysiker verfolgt momentan die erste Variante.[a] Das würde allerdings bedeuten, dass die bisher bekannten Teilchen nur einen kleinen Teil der Masse des Universums ausmachen – ein sehr viel größerer Teil wäre *dunkle Materie*.

Mit Sicherheit können diese „dunklen" Teilchen nicht elektrisch geladen sein, und es erscheint auch unwahrscheinlich, dass sie die starke Wechselwirkung „spüren". Würde auf sie tatsächlich von allen bekannten fundamentalen Kräften nur die Gravitation wirken, so wären sie sehr schwierig direkt nachzuweisen.

Daher verfolgen verschiedene experimentelle Gruppen die Hypothese von WIMPs – *weakly interacting massive particles*, die neben der Gravitation zumindest noch von der schwachen Kernkraft erfasst würden. In diesem Fall könnte es möglich sein, derartige dunkle Teilchen auch in Beschleunigerexperimenten zu erzeugen und nachzuweisen. Der Nachweis würde wahrscheinlich in der Form von plötzlich fehlender Energie bzw. fehlendem Impuls erfolgen, den solch ein sonst unbeobachtbares Teilchen aus einem Zerfalls- oder Kollisionsprozess „mitnehmen" würde.

Die kosmologische Konstante Die Feldgleichungen der ART ($\Rightarrow$ S. 228) in der Form (10.1) haben noch nicht die allgemeinste Gestalt. So ist es möglich, noch den *kosmologischen Term* hinzuzunehmen, der proportional zur Metrik $g_{\mu\nu}$ ist. Die Proportionalitätskonstante, die meist mit Λ bezeichnet wird, nennt man dabei *kosmologische Konstante*. Bei Berücksichtigung dieses Terms erhalten die Feldgleichungen die Gestalt[b]

$$R_{\mu\nu} - \frac{1}{2} g_{\mu\nu} R + \Lambda g_{\mu\nu} = \frac{8\pi G_N}{c^4} T_{\mu\nu} . \tag{10.4}$$

Im Gegensatz zu den anderen Termen auf der linken Seite beschreibt der kosmologische Term $\Lambda g_{\mu\nu}$ eine *abstoßende* Kraft, die noch dazu umso größer wird, je größer der Abstand zwischen zwei Punkten ist. (Diese Eigenschaft könnte erklären, warum der Effekt dieses Terms bei einem entsprechend kleinen Wert von Λ die Bahnen innerhalb des Sonnensystems nicht merklich verändert.)

Einstein selbst erweiterte die ursprünglichen Feldgleichungen um den kosmologischen Term, vor allem da die ursprünglichen Feldgleichungen keine statischen Lösungen zulassen. Der Glaube, das Universum sei im Großen statisch und unabänderlich, war auch zu Beginn des 20. Jahrhunderts noch sehr fest verankert ($\Rightarrow$ S. 236).

Doch auch mit dem kosmologischen Term erhält man bestenfalls ein Universum im *labilen* Gleichgewicht – selbst winzigste Störungen würden dazu führen, dass ein solches Universum entweder durch seine eigene Anziehungskraft kollabiert oder aber immer schneller und schneller expandiert.

Seit Hubbles Beobachtungen ($\Rightarrow$ S. 236) ist jedoch klar, dass das Universum keineswegs statisch ist, sondern expandiert. Entsprechend nannte Einstein rückblickend die Einführung des kosmologischen Terms „die größte Eselei meines Lebens".

Dunkle Energie Inzwischen hat Einsteins „Eselei" eine Renaissance erfahren. In verschiedenen kosmologischen Modellen wird Λ wieder verwendet, und neueste astronomische Daten legen nahe, dass die Expansion unseres Universums sich beschleunigt. Der kosmologische Term ist dementsprechend wohl vorhanden, Λ also zwar klein, aber ungleich null – was diverse Grundsatzfragen aufwirft ($\Rightarrow$ S. 278).

Allerdings muss der kosmologische Term nicht zwangsläufig konstant sein, sondern Λ könnte auch örtlich und zeitlich variieren bzw. überhaupt durch dynamische Prozesse erzeugt werden. Um diese Möglichkeit zu betonen, schreibt man den kosmologischen Term gerne auf die rechte Seite der Gleichung, dorthin, wo auch schon der Energie-Impuls-Tensor steht, und nennt die dadurch beschriebene Größe *dunkle Energie*.

Nach aktuellen Analysen ($\Rightarrow$ S. 238) macht die dunkle Energie – obwohl Λ sehr klein sein muss – mehr als zwei Drittel des gesamten Energieinhalts des Universums aus, dunkle Materie mehr als ein Viertel, und nur wenige Prozent sind „konventionelle" (vor allem baryonische) Materie.

Grundüberlegungen zur Kosmologie

Sonnensysteme und Galaxien   Unser Verständnis vom Kosmos hat sich im Lauf der Jahrhunderte dramatisch verändert. Die ersten entscheidenden Schritte waren das Erkennen der Kugelgestalt der Erde und der Übergang vom geozentrischen zum heliozentrischen Weltbild.

Doch im Lauf der Zeit wurde klar, dass auch die Sonne nur ein Stern wie Milliarden andere in unserer Milchstraße ist und dass auch diese nur eine von Milliarden Galaxien ist, die wiederum in Galaxienhaufen gruppiert sind. Auch der Umstand, dass sie ein Planetensystem besitzt, ist keine große Besonderheit unserer Sonne – seit 1992 werden laufend neue extrasolare Planeten, kurz *Exoplaneten*, entdeckt.[a]

Es ist zwar schwierig (und erst in allerjüngster Vergangenheit überhaupt gelungen), Exoplaneten direkt zu beobachten. Bereits hunderte Exoplaneten wurden aber mit zwei *indirekten* Methoden nachgewiesen:

- *Transitmethode*: Ein Beobachter genau in der Ebene einer Planetenbahn kann Helligkeitsschwankungen des Zentralgestirns feststellen. Steht der Planet vor dem Stern, dunkelt er ihn ab, steht er dagegen schräg dahinter, so reflektiert er (abhängig von seiner Albedo) einen Teil des Lichts und vergrößert so die wahrgenommene Helligkeit. Diese Schwankungen sind zwar, gemessen an der gesamten Leuchtkraft eines Sterns, winzig, lassen sich aber doch in vielen Fällen detektieren. So kann man nicht nur die Existenz eines Planeten nachweisen, sondern auch gleich dessen Umlaufdauer bestimmen.

- *Radialgeschwindigkeitsmethode*: Ein Stern und seine Planeten bewegen sich in guter Näherung auf Kepler-Ellipsen um einen gemeinsamen Schwerpunkt. ($\Rightarrow$ S. 26). Auch wenn die Bahn des Sternes viel enger und die Bewegung entsprechend langsamer ist, resultiert daraus doch eine Doppler-Verschiebung ($\Rightarrow$ S. 84), die inzwischen messbar ist.

Kosmologie im Großen   Noch bis ins 20. Jahrhundert hinein ging man in der Kosmologie von einem im Wesentlichen statischen, unendlich alten und unendlich ausgedehnten Universum aus. Ein solcher Ansatz bringt aber diverse Schwierigkeiten mit sich, etwa das *Olbers'sche Paradoxon*: In einem unendlich alten und unendlich weit ausgedehnten Universum dürfte der Nachthimmel nicht dunkel sein, sondern müsste ebenso hell leuchten wie die Oberfläche der Sonne.

Der Grund dafür ist simple Geometrie. Gehen wir von einer näherungsweise konstanten Sterndichte ρ_{St} aus (was natürlich nur sehr eingeschränkt stimmt) und betrachten eine Kugelschale mit innerem Radius R und Dicke ΔR. Diese enthält

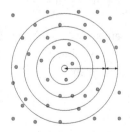

$$N_{\mathrm{St}} = \frac{4\pi}{3}\, \rho_{\mathrm{St}} \left\{ (R + \Delta R)^3 - R^3 \right\} \approx 4\pi\, \rho_{\mathrm{St}}\, R^2\, \Delta R$$

Sterne.

Die Intensität des ankommenden Lichts nimmt mit $\frac{1}{R^2}$ ab, gleichzeitig nimmt aber die Zahl der Sterne mit R^2 zu, d. h. der Beitrag aus jeder Kugelschale, egal wie groß R auch sein mag, ist gleich. Die Gesamtintensität wäre unendlich groß.

Diese Überlegung ist zwar nur soweit richtig, wie das Licht nicht von dazwischenliegenden Sternen abgefangen wird. Auf jeden Fall aber muss, egal in welche Richtung man schaut, in einem unendlich ausgedehnten und einigermaßen gleichmäßig mit Sternen erfüllten Universum der Blick auf der Oberfläche eines Sterns enden. In einem unendlich alten Universum hätte das Licht auch noch so weit entfernter Sterne bereits zur Erde gelangen können. Der Himmel müsste also zu jeder Tageszeit sonnenhell leuchten.

Man könnte zwar einwenden, dass zum Beispiel dunkle Gaswolken oder andere Objekte das Sternenlicht absorbieren könnten und der Himmel deshalb größtenteils dunkel sei. Nach hinreichend langer Zeit müsste sich aber ein thermisches Gleichgewicht eingestellt haben, die Gaswolken sich also durch das absorbierte Licht so weit aufgeheizt haben, dass sie selbst hell wie die Sterne leuchten.[b]

Derartige Überlegungen sprechen gegen ein statisches Universum. Ein solches wäre im Kontext der klassischen Mechanik mit dem Newton'schen Gravitationsgesetz auch bestenfalls eine sehr instabile Angelegenheit – schon kleinste Störungen würden ein vorhandenes Gleichgewicht zerstören und zu einem gravitativen Kollaps von weiten Bereichen führen. Nicht besser sieht es mit der ART ($\Rightarrow$ S. 228) aus, auch in der um die kosmologische Konstante ($\Rightarrow$ S. 234) erweiterten Fassung. So hätte man schon aus theoretischen Gründen vermuten können, dass das Universum nicht statisch und unendlich alt sein kann.

Historisch waren es jedoch experimentelle Befunde, die zu diesem Schluss führten. Untersucht man das Licht anderer Galaxien, so ist dieses Doppler-verschoben, je nachdem, ob sich die entsprechende Galaxis auf uns zu oder von uns weg bewegt. Würden sich sich Galaxien zufällig bewegen, so müsste man Rot- und Blauverschiebungen etwa in gleichem Ausmaß finden. Tatsächlich überwiegen aber bei den weiter entfernten Galaxien die rotverschobenen, und diese Rotverschiebung wird immer stärker, je größer die Entfernung ist.

Die meisten Galaxien bewegen sich also von uns weg, und dieser Effekt ist umso ausgeprägter, je weiter sie von uns entfernt sind. Das mittlere Ausmaß dieser Bewegung wird durch die *Hubble-Konstante*[c]

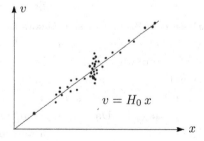

$$H_0 \approx (70 \pm 5)\, \frac{\text{km/s}}{\text{Mpc}} \approx (2.3 \pm 0.2) \cdot 10^{-18}\ \text{s}^{-1}$$

angegeben. Was diese Beobachtung über die Entstehungsgeschichte und die weitere Entwicklung unseres Universums aussagt, kann mit Hilfe kosmologischer Modelle ($\Rightarrow$ S. 238) untersucht werden.

Kosmologische Modelle

Ein sehr einfaches Modell, das die Expansion des Universums ($\Rightarrow$ S. 236) beschreibt, kann man aus den folgenden beiden Annahmen[a] herleiten:

- Das Universum als Ganzes lässt sich mit Hilfe einer globalen Zeitkoordinate $x^0 = ct$ beschreiben.
- Für einen fixen Wert von x^0 ist der dreidimensionale Raum isotrop, d. h. kein Punkt ist gegenüber einem anderen ausgezeichnet.

Diese Annahmen führen auf die *Friedmann-Robertson-Walker-Metrik* (FRW-Metrik) mit dem Linienelement ds, für das gilt:

$$\mathrm{d}s^2 = c^2\,\mathrm{d}t - \frac{R^2(t)}{r_0^2\left(1 - \frac{k^2 r^2}{4 r_0^2}\right)}\left(\mathrm{d}r^2 + r^2\,\mathrm{d}\Omega^2\right).$$

Darin ist r_0 ein konstanter Längenparameter und $k = \mathrm{sign}\,(W_{\mathrm{univ}})$ das Vorzeichen der Gesamtenergie des Universums. Die Ausdehnung des Universums wird in dieser Metrik durch den *Skalenfaktor R* beschrieben, der allein von der globalen Zeit $t = \frac{x^0}{c}$ abhängt. Für diesen Skalenfaktor erhält man aus den Feldgleichungen die vergleichsweise einfachen Differenzialgleichungen

$$\frac{2\ddot{R}}{R} + \frac{\dot{R}^2 + kc^2}{R^2} = -\frac{8\pi G_{\mathrm{N}} p}{c^2} + \Lambda, \qquad \frac{\dot{R}^2 + kc^2}{R^2} = \frac{8\pi G_{\mathrm{N}} \rho}{3} + \frac{\Lambda}{3}.$$

Dabei ist p der Druck des Universiums, ρ ist seine Dichte.

Für $\Lambda = 0$ ergeben sich abhängig von $k \in \{-1, 0, 1\}$ drei Szenarien:

1. **Hyperbolischer Fall**, $k = -1$, d. h. $W_{\mathrm{univ}} < 0$: Die Expansion setzt sich fort, das Universum wächst über jede Schranke hinaus.

2. **Parabolischer Fall**, $k = 0$, d. h. $W_{\mathrm{univ}} = 0$: Die Expansion verlangsamt sich so, dass sie für $t \to \infty$ verschwindet, das Universum strebt einer endlichen maximalen Ausdehnung zu.

3. **Elliptischer Fall**, $k = 1$, d. h. $W_{\mathrm{univ}} > 0$: Hier enthält das Universum so viel Energie, dass die Expansion nach endlicher Zeit durch die Gravitation zum Stillstand kommt und im Anschluss ein Kollaps erfolgt.

Diese drei Szenarien sind rechts skizziert. Die *kritische Dichte*, die dem parabolischen Fall entspricht (und damit die beiden anderen Fälle voneinander trennt), ergibt sich zu $\rho_{\mathrm{krit}} = \frac{3H^2}{8\pi G_{\mathrm{N}}}$.

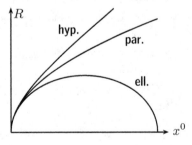

Diese Ergebnisse werden deutlich modifiziert, wenn, wie es aktuelle Daten andeuten, die kosmologische Konstante Λ ($\Rightarrow$ S. 234) nicht verschwindet, sondern einen kleinen positiven Wert hat.[b]

Neben dem Einfluss der Gravitation, die die Expansion bremst, gibt es dann noch einen Term, der die Expansion beschleunigt.

Fluktuationen und der Mikrowellenhintergrund Natürlich ist unser Universum auf kleinen Skalen nicht isotrop, und es sind keineswegs alle Raumpunkte gleichberechtigt. Es gibt Strukturen auf den verschiedensten Größenskalen – von einzelnen Himmelskörpern über Sonnensysteme, Sternhaufen, interstellare Nebel und Galaxien bis hin zu Galaxienhaufen und Superhaufen.

Die Strukturiertheit des Universums spiegelt sich auch im kosmischen *Mikrowellenhintergrund* wider, jener (durch die Ausdehnung des Universums extrem in den langwelligen Bereich verschobenen) Reststrahlung aus der frühen, sehr heißen Phase kurz nach dem Urknall.

Aus der Größe der Fluktuationen lässt sich schließen, dass die Dichte des Universums sehr nahe bei der kritischen Dichte liegt. Da dafür weder konventionelle noch dunkle Materie ausreichen, schließt man auf die Existenz einer weiteren Energieform, der dunklen Energie ($\Rightarrow$ S. 234). Die Frage, wie derartige Fluktuationen zustande gekommen sind, ist bislang nicht zufriedenstellend geklärt – als aussichtsreichste Erklärung gilt momentan die sogenannte *inflationäre Phase*, in der sich das Universum rapide ausdehnte und Quantenfluktuationen dabei auf makroskopische Skalen „aufgeblasen" wurden („Standardmodell der Kosmologie").

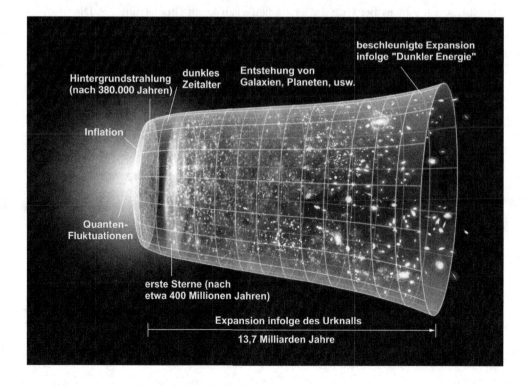

Gravitationswellen und unkonventionelle Lösungen

Gravitationswellen   Für das elektromagnetische Feld ist die Möglichkeit von Wellen – sich im Raum ausbreitenden Feldschwankungen – charakteristisch. Das Gravitationsfeld weist zum elektromagnetischen Feld zwar deutliche Unterschiede auf, hat aber auch einige Gemeinsamkeiten. Entsprechend ist es eine durchaus interessante Frage, ob es auch wellenartige Lösungen der Einstein'schen Feldgleichungen (10.1) gibt.

Die korrekte Vorgehensweise wäre es, die Einstein'schen Feldgleichungen zu lösen und anschließend die Lösungen zu linearisieren. Das liegt für Abstrahlungsphänomene allerdings – zumindest auf analytischem Wege – jenseits unserer Möglichkeiten.

Statt dessen kann man bereits die Feldgleichungen linearisieren und dann für diese vereinfachten Gleichungen Lösungen suchen, die sich ausbreitende Wellen beschreiben.[a] Dazu trennt man die Metrik gemäß $g_{\mu\nu} = \eta_{\mu\nu} + h_{\mu\nu}$ in eine konstante flache Hintergrundmetrik η und eine kleine Störung h. Alle Terme, die zumindest quadratisch in h sind, werden vernachlässigt.

Setzt man $h'_{\mu\nu} = h_{\mu\nu} - \frac{1}{2}\eta_{\mu\nu}h^\rho_\rho$, so erfüllt h' bei Forderung der Transversalitätsbedingung $\partial^\nu h'_{\mu\nu} = 0$ die Wellengleichung $\Box h'_{\mu\nu} = 0$ mit dem *d'Alembert-Operator* $\Box \equiv \partial^\mu \partial_\mu = \frac{1}{c^2}\frac{\partial^2}{\partial t^2} - \Delta$. Kleine Störungen der Raumzeit sollten sich demnach in der Tat wellenartig ausbreiten können.

Da jede Art von Masse anziehend wirkt (zumindest sofern es keine *exotische Materie* gibt, s. u.), gibt es bei Gravitationswellen auch keine Dipolstrahlung. Die niedrigste Ordnung wäre Quadrupolstrahlung, die auftritt, wenn sich das Quadrupolmoment ($\Rightarrow$ S. 62) einer Massenverteilung ändert. Beim Kollaps von kugelsymmetrisch verteilter Masse ist das nicht der Fall, hingegen z. B. bei Doppelsternsystemen. Der Energieverlust, der in solchen Systemen auftritt, gilt als der bislang beste indirekte Nachweis von Gravitationswellen (Nobelpreis 1993 für R. Hulse und J. Taylor).

Ein direkter Nachweis steht allerdings bislang noch aus, es laufen jedoch Bemühungen, ihn zu erbringen.[b] Zu den gravierendsten Auswirkungen einer Gravitationswelle zählen Längenänderungen in bestimmten Vorzugsrichtungen (je nach Polarisation der Welle).

Ein solcher Effekt könnte sich interferometrisch ($\Rightarrow$ S. 72) nachweisen lassen. Vielversprechend ist dafür das geplante eLISA-Experiment (eLISA = evolved Laser Interferometer Space Antenna). In diesem sollen mittels Laserinterferometrie die Abstände zwischen drei Satelliten in Umlaufbahn um die Sonne überwacht werden.

Entsprechend präzise Messungen von Abstandsänderungen würden es nicht nur erlauben, Gravitationswellen direkt nachzuweisen, sondern auch, zusätzliche Daten über zahlreiche astronomische Ereignisse zu erhalten.

Die Beschreibung von Gravitationswellen beruht auf der Linearisierung der Feldgleichungen. Dass diese nichtlinear sind, macht es einerseits schwierig, Lösungen zu finden, erlaubt aber andererseits auch eine große Vielfalt von möglichen Lösungen. Neben
der Beschreibung astrophysikalischer Objekte und neben realistischen kosmologischen
Modellen steckt also auch deutlich Unkonventionelleres als Möglichkeit in den Feldgleichungen:

Zeitreisen 1949 fand Kurt Gödel eine Lösung der Feldgleichungen, die ein rotieren-
des Universum beschreibt, in dem geschlossene zeitartige Kurven möglich sind. Die
Gödel-Lösung ist wohl nicht auf unser Universum anwendbar, sie zeigt aber doch, dass
Zeitreisen im Kontext der ART nicht prinzipiell ausgeschlossen sind.[c]

Weiße Löcher und die Einstein-Rosen-Brücke Zeitspiegelung macht aus einem
Schwarzen Loch ($\Rightarrow$ S. 232) ein Weißes Loch – eine gültige, wenn auch sehr instabile (und entsprechend noch nie beobachtete) Lösung der Feldgleichungen.[d]

Man kann einen Teil der Raumzeit-Geometrie für
ein Schwarzes und ein Weißes Loch so „verkleben",
dass eine Art Brücke zwischen zwei – sonst unter
Umständen weit entfernten oder überhaupt voneinander getrennten – Bereichen der Raumzeit entsteht. Diese *Einstein-Rosen-Brücke* wird auch oft
als „Wurmloch" bezeichnet, hätte für interstellare
Reisen aber einen gravierenden Nachteil:

Durch die Gravitationswirkung jedes Objekts, das versuchen würde, eine solche Brücke
zu passieren, würde sie sich schließen. Um die Verbindung offen zu halten, wäre *exotische Materie* notwendig, eine sehr hypothetische Form von Materie mit *abstoßender*
Gravitationswirkung.[e]

Warp-Antrieb Ausreichende Mengen exotischer Materie würden auch für eine andere
Form der interstellaren Reise benötigt, den *Warp-Antrieb*.[f] Salopp gesprochen ist
die Idee die, vor einem Raumschiff mit Warp-Antrieb Raumzeit zu vernichten und
sie dahinter wieder zu erzeugen. So könnte sich eine „Raumzeit-Blase", die das Schiff
enthält, relativ zur Umgebung mit mehr als Lichtgeschwindigkeit bewegen, ohne dass
das Schiff relativ zur direkt umgebende Raumzeit auch nur in Bewegung sein müsste.

Eine entsprechende Metrik wurde 1994 von M.
Alcubierre konstruiert und ist rechts grob skizziert. Eine technische Umsetzung des so beschrie-
benen Warp-Antriebs erscheint allerdings aus heutiger Sicht (schon mangels exotischer Materie) nicht
realistisch.

11 Quantenfeldtheorie

Die Quantenmechanik, wie sie in Kapitel 7 behandelt wurde, ist noch zu einem guten Teil klassisch. Das sieht man insbesondere bei einer ihrer Grundaufgaben, nämlich die Schrödinger-Gleichung für ein Teilchen in einem externen Potenzial zu lösen. Während das Teilchen selbst auf Quantenniveau beschrieben wird, ist das Potenzial immer noch rein klassisch. Um eine konsistente Beschreibung des Systems zu erhalten, müssen auch die Wechselwirkungen des Teilchens mit seiner Umwelt quantisiert werden. Dabei sind für die fundamentalen Wechselwirkungen die Prinzipien von Kausalität und Lokalität zu beachten – das bedeutet, dass man eine Formulierung als Feldtheorie benötigt, eben eine Quantenfeldtheorie (QFT).

Wir skizzieren zunächst auf qualitativem Niveau die Grundideen der Quantenfeldtheorie ($\Rightarrow$ S. 244), bevor wir genauer auf den eigentlichen Formalismus eingehen ($\Rightarrow$ S. 246). Fundamentale Eigenschaften nahezu jeder physikalischen Theorie sind ihre Symmetrien ($\Rightarrow$ S. 248), und in der QFT ist das besonders deutlich sichtbar.

Die für die meisten mikroskopischen Systeme wichtigsten Wechselwirkungen sind elektromagnetisch, und so war die historisch erste QFT die Quantenelektrodynamik ($\Rightarrow$ S. 250), die die Quantisierung des elektromagnetischen Feldes beschreibt. Diese wurde auch konzeptionell zum Modell für andere Quantenfeldtheorien, etwa für die Quantenchromodynamik ($\Rightarrow$ S. 252), die die starke Kernkraft beschreibt.

Nahezu ebenso wichtig wie vorhandene Symmetrien sind jene, die in einer Theorie zwar angelegt, aber gebrochen sind. Das Konzept der spontanen Symmetriebrechung ($\Rightarrow$ S. 254) erlaubt es, Masseerzeugung zu beschreiben sowie elektromagnetische und schwache Wechselwirkung zu vereinheitlichen ($\Rightarrow$ S. 256).

Sowohl zur konkreten Berechnung vieler Eigenschaften als auch für qualitative Analysen eignen sich in der QFT besonders gut diagrammatische Methoden, die ihren Ursprung in der Feynman'schen Störungstheorie haben ($\Rightarrow$ S. 258). In nahezu allen Berechnungen in der QFT treten allerdings Divergenzen auf, die durch den Prozess der Renormierung ($\Rightarrow$ S. 260) beseitigt werden müssen. Das ist auch bei Anwendung jener Methoden erforderlich, die nicht auf einer Störungstheorie beruhen ($\Rightarrow$ S. 262).

Den wahrscheinlich extremsten Unterschied zwischen der QFT und anderen Zugängen findet man in der Beschreibung des Vakuums, das keineswegs im naiven Sinne „leer" ist, sondern sich auf vielfältige Weise bemerkbar machen kann ($\Rightarrow$ S. 264).

Grundideen der Quantenfeldtheorie

Die *Quantenfeldtheorie* (QFT) beruht auf mathematisch höchst anspruchsvollen Konzepten, und einige grundlegende konzeptionelle Fragen sind bis heute unbeantwortet. Einige Grundkonzepte der Theorie lassen sich aber auch ohne komplizierte Formeln oder intellektuelle Klimmzüge darstellen.

Kraftübertragung durch virtuelle Teilchen   In der QFT müssen (im Gegensatz zur Quantenmechanik) keine externen Potenziale benutzt werden. Alle Wechselwirkungen lassen sich selbstkonsistent auf der Basis des Austauschs von Teilchen beschreiben.

Beispielsweise ist das Photon das Überträgerteilchen der elektromagnetischen Kraft. Jede elektromagnetische Wechselwirkung wird in der Quantenelektrodynamik ($\Rightarrow$ S. 250) durch den Austausch von Photonen erklärt. Die dabei ausgetauschten Photonen sind allerdings nicht genau jene Teilchen, die sich mittels Photodetektoren oder mit unseren Augen wahrnehmen lassen.

Um als eigenständige Teilchen zu existieren, müssen Photonen eine spezielle Beziehung zwischen Energie und Impuls erfüllen, nämlich $E^2 = \boldsymbol{p}^2 c^2$. Jene Photonen, die die elektromagnetische Wechselwirkung vermitteln, verletzen diese Bedingung. Teilchen, die nicht das „richtige" Verhältnis von Energie zu Impuls besitzen, nennt man *virtuell*, sie können nur für begrenzte Zeit in Erscheinung treten.

Warum virtuelle Teilchen überhaupt möglich sind, kann man am besten anhand der Unschärferelation verstehen. Im relativistischen Kontext gibt es analog zur Orts-Impuls-Unschärfe auch eine Unschärferelation zwischen Zeit und Energie: $\Delta E \cdot \Delta t \geq \frac{\hbar}{2}$.

Gibt man eine Zeitspanne Δt vor, so erlaubt die Unschärferelation die Existenz eines Teilchens mit der Energie $E \leq \frac{\hbar}{2\Delta t}$. Je kürzer die Zeitspanne, desto größer der Energiebereich, der für ein solches Teilchen zur Verfügung steht.

Auch ein virtuelles Teilchen kann sich aber nur maximal mit Lichtgeschwindigkeit bewegen, d. h. seine Reichweite ist auf den Abstand $s = c\,\Delta t$ eingeschränkt. Allein anhand dieser Beziehungen kann man bereits verstehen, wie in diesem Bild die Abstoßung zwischen zwei geladenen Teilchen, etwa zwei Elektronen, vor sich geht:

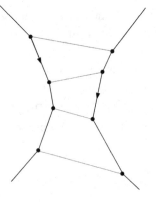

Wird ein virtuelles Photon von einem Elektron emittiert und vom anderen absorbiert, so ist damit ein realer Austausch von Energie und Impuls verbunden. Damit ein solches virtuelles Photon aber tatsächlich den Weg s zum anderen Teilchen zurücklegen kann, muss es zumindest eine Zeitspanne $\Delta t = \frac{s}{c}$ zur Verfügung haben.

Sind die beiden Teilchen weit voneinander entfernt, so ist Δt groß, und entsprechend ist die maximale Energie ΔE klein. Je näher sich die beiden Teilchen kommen, desto höherenergetische Wechselwirkungsquanten können ausgetauscht werden.

Analog zum gerade geschilderten Fall der Abstoßung erfolgt auch die Anziehung zwischen zwei ungleichen Ladungen. Dabei werden in diesem Fall allerdings *negative* Impulse ausgetauscht.

Zur Veranschaulichung der Wechselwirkung durch Teilchenaustausch gibt es auch klassische Bilder. Zwei Personen, die jeweils in einem Boot auf einem ruhigen See sitzen, können sich gegenseitig „abstoßen", indem sie sich Bälle zuwerfen. Die Anziehung lässt sich – bei ausreichender Fertigkeit – durch das wechselweise Werfen und Fangen von Bumerangs erzielen.

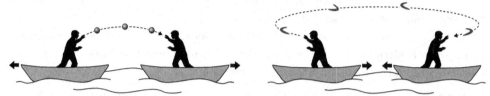

Am Bild des Austauschs von virtuellen Teilchen erkennt man auch, warum nur Kräfte mit masselosen Überträgerteilchen eine unbegrenzte Reichweite haben können ($\Rightarrow$ S. 132). Nur Teilchen ohne Ruhemasse lassen sich als virtuelle Teilchen mit beliebig geringer Energie und entsprechend beliebig langer Lebensdauer erzeugen. Für ein Überträgerteilchen mit Ruhemasse m benötigt man zumindest die Energie $\Delta E = mc^2$ und erhält auch eine entsprechend begrenzte Lebensdauer.

Vakuumfluktuationen   Virtuelle Teilchen spielen nicht nur bei Wechselwirkungen eine Rolle. Auch das Vakuum (der Zustand mit $E = 0$) ist der Unschärferelation unterworfen, d. h. je enger ein Zeitbereich eingegrenzt ist, desto größer ist die Energie, die für entsprechend kurzlebige virtuelle Teilchen zur Verfügung steht. Salopp gesagt: Je genauer man hinsieht, desto weniger sicher kann man sich sein, dass das Vakuum tatsächlich leer ist.

Dabei kann es sich um ganz unterschiedliche Teilchen handeln, deren Gemeinsamkeit ist, dass sie nur im Rahmen der Unschärferelation existieren und die Energie-Impuls-Beziehung $E^2 = m^2c^4 + p^2c^2$ nicht erfüllen.[a]

Man kann sich (sehr grob) vorstellen, dass sich das Vakuum beispielsweise mit Hilfe der Unschärferelation Energie „borgt", mit dieser Energie ein Elektron-Positron-Paar erzeugt und die „Energieschuld" mit Annihilation dieses Paares wieder „zurückzahlt". Das Vakuum ist dementsprechend erfüllt von virtuellen Teilchen in Form von Teilchen-Antiteilchen-Paaren. Nur in extremen Ausnahmefällen passiert es, dass solch ein virtuelles Teilchen tatsächlich real wird – etwa beim Anlegen von extrem starken elektrischen Feldern oder am Rande eines Schwarzen Lochs ($\Rightarrow$ S. 232). In letzterem Fall bilden die ehemals virtuellen Teilchen die Hawking-Strahlung ($\Rightarrow$ S. 268).

Doch auch wenn die Teilchen der Vakuumfluktuationen virtuell bleiben, können sie dennoch durchaus messbare Auswirkungen haben. Wichtige Beispiele sind die spontane Emission ($\Rightarrow$ S. 164) sowie der Casimir-Effekt und der Lamb-Shift ($\Rightarrow$ S. 264).

Zum Formalismus der Quantenfeldtheorie

Zum Verständnis der fundamentalen Naturgesetze ist es notwendig, relativistische Effekte und Quantenphänomene zugleich beschreiben zu können. Die relativistische Quantenmechanik ($\Rightarrow$ S. 220) ist dazu oft nützlich, sie führt aber bei der Benutzung als Ein- oder auch Viel-Teilchen-Theorie manchmal zu problematischen Ergebnissen. Der Grund dafür ist, dass gemäß der SRT Masse und Energie äquivalent sind. Steht genug Energie zur Verfügung, so können neue Teilchen erzeugt werden; umgekehrt können sich Teilchen auch gegenseitig annihilieren. Daher können sich Widersprüche ergeben, wenn man mit einer festen Zahl von Teilchen rechnet.

Abhilfe schafft der Übergang zur Quantenfeldtheorie, in der die Teilchen als Anregungen von Feldern beschrieben werden. Auch Lokalität und Kausalität sind in einer passenden Feldformulierung „automatisch" eingebaut.

Ausgangspunkt ist meist eine Grundgleichung der relativistischen Quantenmechanik, etwa die Klein-Gordon- oder die Dirac-Gleichung. Diese wird vorerst als „klassische" Gleichung interpretiert. Ihre Lösungen Φ hängen natürlich von den Raumzeitkoordinaten $x = x^\mu = (x^0, x^i)$ ab, sind also Felder.

Diese Felder werden als neue Größen behandelt, auf denen die weitere Formulierung aufbaut. Die Beschreibung der jeweiligen Theorie erfolgt über die *Lagrange-Dichte* $\mathcal{L}$, aus der sich die Wirkung S durch Integration über die Raumzeit ergibt:

$$S = \int_{\mathbb{R}^4} \mathrm{d}^4 x \, \mathcal{L}(x, \Phi, \partial\Phi).$$

Wendet man das Variationsprinzip ($\Rightarrow$ S. 36) an und fordert $\delta S = 0$, so erhält man die Ausgangsgleichung als entsprechende Euler-Lagrange-Gleichung.

Im Fall der Klein-Gordon-Gleichung[a] für ein reelles Skalarfeld ϕ hat die Lagrange-Dichte die Form

$$\mathcal{L}_{\text{KG}}^{(\text{reell})} = \frac{1}{2}\left[(\partial_\mu\phi)(\partial^\mu\phi) - m^2\phi^2\right].$$

Sowohl die kinetische Energie $(\partial\phi)^2$ als auch der Massenterm $m^2\phi^2$ sind quadratisch in den Feldern. Derartige quadratische Ausdrücke beschreiben die Propagation des Feldes, d. h. wie es sich von einem Raumzeitpunkt zu einem anderen ausbreitet. Wechselwirkungen werden durch Terme höherer Ordnung (ϕ^3, ϕ^4) beschrieben.

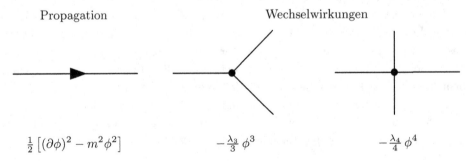

Propagation   Wechselwirkungen

$\frac{1}{2}\left[(\partial\phi)^2 - m^2\phi^2\right]$ $-\frac{\lambda_3}{3}\phi^3$ $-\frac{\lambda_4}{4}\phi^4$

Die graphische Darstellung der Felder, die hier angedeutet ist, kann zu einem mächtigen Formalismus weiterentwickelt werden, jenem der Feynman-Diagramme ($\Rightarrow$ S. 258).

Da die ϕ^3-Wechselwirkung ohne Anwesenheit von Termen höherer Ordnung einem nach unten unbeschränkten Potenzial entspricht, ist die einfachste sinnvolle QFT mit Wechselwirkungen die ϕ^4-Theorie, $\mathcal{L} = \mathcal{L}_{\mathrm{KG}}^{(\mathrm{reell})} - \frac{\lambda}{4} \phi^4$ mit $\lambda > 0$.[b]

Im nächsten Schritt werden die Felder zu Operatoren aufgewertet, beispielsweise für komplexe Skalare $\phi \to \hat{\phi}$, $\phi^* \to \hat{\phi}^\dagger$. Um die Viel-Teilchen-Quanteneffekte angemessen zu berücksichtigen, werden diesen Feldoperatoren und den kanonisch konjugierten Operatoren passende Vertauschungs- bzw. Antivertauschungsrelationen aufgeprägt. Dieses Vorgehen bezeichnet man als *kanonische Quantisierung*.

Analog zum Fall der Phononen im Festkörper ($\Rightarrow$ S. 194) ist auch es auch hier sinnvoll, zur Impulsraumdarstellung überzugehen. Für ein komplexes Skalarfeld ϕ erhält man beispielsweise

$$\hat{\phi}(x) = \int \frac{\mathrm{d}^4 k}{(2\pi)^3} \, \delta(k^2 - m^2)\Theta(k_0) \left(\hat{a}_k \mathrm{e}^{-ikx} + \hat{b}_k^\dagger \mathrm{e}^{ikx} \right).$$

Die Operatoren $\hat{a}_k^\dagger$ und $\hat{a}_k$ sind Erzeugungs- bzw. Vernichtungsoperatoren ($\Rightarrow$ S. 174) für Teilchen mit Impuls $k = (k_0, \boldsymbol{k})$. Entsprechend sind $\hat{b}_k^\dagger$ und $\hat{b}_k$ Erzeugungs- bzw. Vernichtungsoperatoren für die zugehörigen Antiteilchen ($\Rightarrow$ S. 222).[c]

Eine Alternative zur kanonischen Quantisierung ist die *Pfadintegralquantisierung*, die Übertragung des Feynman'schen Pfadintegrals ($\Rightarrow$ S. 166) auf Feldtheorien. Statt einer Summe oder eines Integrals über alle möglichen Wege hat man hier ein Funktionalintegral über alle möglichen Feldkonfigurationen vorliegen:

$$Z = \int \mathcal{D}[\Phi] \exp\left(\frac{\mathrm{i}}{\hbar} \int_{\mathbb{R}^4} \mathrm{d}^4 x \, \mathcal{L}(x, \Phi, \partial\Phi) \right).$$

Dabei bezeichnet Φ die Menge aller Felder, mit denen die Theorie formuliert ist.[d]

Von der Formulierung der Theorie bis zum Berechnen von Observablen ist es allerdings noch ein weiter Weg ($\Rightarrow$ S. 262). Besonders oft benötigt man Übergangswahrscheinlichkeiten, die eng mit den experimentell bestimmbaren Wirkungsquerschnitten zusammenhängen.

Dabei geht man meist von der vereinfachten Situation aus, dass Teilchen als ebene Wellen aus dem Unendlichen kommen, miteinander wechselwirken und wieder als ebene Wellen in das Unendliche verschwinden.[e] Alle derartigen Amplituden

$$_\infty \langle \mathrm{final} | \mathrm{initial} \rangle_\infty$$

werden zur Streumatrix oder kurz *S-Matrix*[f] (was auch zum englischen *scattering* passt) zusammengefasst. Die Wahrscheinlichkeit für einen Übergang $|\mathrm{initial}\rangle_\infty \to |\mathrm{final}\rangle_\infty$ ergibt sich als Quadrat des Betrags der entsprechenden Amplitude.

Symmetrien in der QFT

Symmetrien – sowohl kontinuierliche als auch diskrete – spielen in der QFT und der Teilchenphysik eine überragende Rolle. Die mathematische Beschreibung von Symmetrien erfolgt über Gruppen, und so ist die *Gruppentheorie* ein wichtiges Hilfsmittel beim Studium von Quantenfeldtheorien.

Schon das Quark-Modell wurde von Gell-Mann ursprünglich anhand von Symmetrieüberlegungen zur Systematik der Hadronen eingeführt und wurde zuerst eher als formal-mathematisches Hilfsmittel statt als physikalisches Modell gesehen.

Die Elemente von Symmetriegruppen lassen sich recht allgemein mit Hilfe von Matrizen darstellen, und so ist die Darstellungstheorie jener Zweig der Gruppentheorie, auf den man in der QFT am häufigsten stößt.

Kontinuierliche Symmetrien   Kontinuierliche Symmetrien sind solche, deren Transformationen sich aus beliebig kleinen Teilschritten zusammensetzen lassen und entsprechend durch ein Kontinuum von Parametern beschrieben werden. Sie spielen schon durch ihren Zusammenhang mit Erhaltungsgrößen ($\Rightarrow$ S. 32) eine entscheidende Rolle. Die mathematische Sprache ist jene der kontinuierlichen Gruppen, insbesondere der *Lie-Gruppen* ($\Rightarrow$ S. 150).

Typischerweise betrachtet man zunächst *globale* Symmetrien, d. h. man untersucht den Fall, dass die entsprechende Symmetrietransformation an jeder Stelle des Systems gleichzeitig durchgeführt wird. Insbesondere in Feldtheorien ist es aber besonders interessant, zu *lokalen* Symmetrien überzugehen. Dabei wird an jeder Stelle *unabhängig* eine Symmetrietransformation durchgeführt.

Invarianz einer Feldtheorie unter solchen Transformationen kann meist nur dadurch gewährleistet werden, dass zusätzliche Felder eingeführt werden, die manche Auswirkungen der lokalen Transformation kompensieren. Für die Eichsymmetrie in der Quantenelektrodynamik ($\Rightarrow$ S. 250) ist dies das Feld A^μ, das die Photonen beschreibt. Auch in anderen Theorien führt die Verschärfung einer globalen Symmetrie zu einer lokalen Symmetrie zum Auftreten von Wechselwirkungsmechanismen.[a]

Kurz gesprochen: Globale Symmetrien führen zu Ladungen (d. h. Erhaltungsgrößen). Die entsprechenden lokalen Symmetrien führen zu Wechselwirkungen, die an diese Ladungen koppeln.

Die Anzahl der Wechselwirkungfelder, deren Anregungen als Überträgerteilchen der Wechselwirkung betrachtet werden können, ergibt sich aus gruppentheoretischen Prinzipien. Konkret geht es dabei um die Anzahl der Generatoren. Für die Gruppe U(1) der Elektrodynamik ist das nur einer, daher gibt es nur ein Photonfeld. Die Gruppe SU(3) hat acht Generatoren, und so gibt es in der Quantenchromodynamik ($\Rightarrow$ S. 252), die auf dieser Gruppe basiert, acht verschiedene Gluonfelder.[b]

Diskrete Symmetrien Unter den diskreten Symmetrietransformationen haben drei in der QFT einen ganz speziellen Status:

- Bei der Ladungskonjugation C werden die ladungsartigen Größen eines Feldes (etwa elektrische Ladung und Farbladung) umgekehrt. Beispielsweise macht die Ladungskonjugation aus einem roten up-Quark (mit Ladung $q = +\frac{2}{3}\,e$) ein antirotes Anti-up (mit Ladung $q = -\frac{2}{3}\,e$).

- Bei der Paritätstransformation P werden die Ortskoordinaten am Ursprung gespiegelt: $\boldsymbol{x} \to -\boldsymbol{x}$.

- Bei der Zeitumkehr T wird die Zeitrichtung umgekehrt: $t \to -t$.

Man kann die Wellenfunktionen vieler Teilchen nach ihrem Verhalten unter der Paritätstransformation in einen rechts- (R) und einen linkshändigen (L) Anteil zerlegen. Mit dem Paritätsoperator $\hat{P}$ gilt

$$\psi = \psi_R + \psi_L\,, \qquad \hat{P}\psi_R = \psi_R\,, \qquad \hat{P}\psi_L = -\psi_L\,.$$

Die „Händigkeit" wird als *Chiralität* bezeichnet. Für masselose Spin-$\frac{1}{2}$-Teilchen fällt die Chiralität bis auf einen Vorfaktor mit der *Helizität*, der Projektion des Spins in Bewegungsrichtung des Teilchens, zusammen.

Bei massebehafteten Teilchen ist die Helizität aber bezugssystemabhängig, denn man kann ein Teilchen, das sich mit weniger als Lichtgeschwindigkeit bewegt, stets überholen. In einem entsprechend schnell bewegten Bezugssystem dreht sich die Projektion des Spins auf die Bewegungsrichtung um.

Ursprünglich war man der Meinung, dass physikalische Theorien alle drei Symmetrien C, P und T unabhängig voneinander respektieren, d.h. dass auf grundlegendem Niveau jeder Prozess ebenso wahrscheinlich ist, wenn alle Ladungen konjugiert, der gesamte Aufbau gespiegelt oder die Zeitrichtung umgekehrt wird. Es zeigte sich jedoch, dass schwache Zerfallsprozesse (⇒ S. 256) die Paritätsinvarianz maximal verletzen. Die entsprechenden Überträger der Wechselwirkung koppeln nur an linkshändige Teilchen.

Auch die Erwartung, dass CP und T voneinander unabhängig respektiert werden, hat sich nicht erfüllt. Schon im Standardmodell gibt es (wenn auch winzige) CP-Verletzungen, und eine signifikantere CP- (und damit, s. u. auch T-)Verletzung jenseits des Standardmodells ist wohl dafür verantwortlich, dass es im Universum mehr Materie als Antimaterie gibt.

Dass die vollständige CPT-Transformation alle Observablen unverändert lässt, folgt allerdings sehr allgemein schon aus den grundlegenden Axiomen der Quantenfeldtheorie. Bislang gibt es auch keinen experimentellen Hinweis darauf, dass die CPT-Invarianz in irgendwelchen Prozessen verletzt würde.

So entscheidend Symmetrien sind, so wichtig ist manchmal auch die spontane Brechung von Symmetrien (⇒ S. 254). Diese wird zum Beispiel für die Massenerzeugung (einerseits im Rahmen der elektroschwachen Theorie (⇒ S. 256), andererseits im Rahmen der starken Wechselwirkung (⇒ S. 252)) verantwortlich gemacht.

Quantenelektrodynamik und Eichinvarianz

Die Quantisierung des elektromagnetischen Feldes – die überhaupt erst schlüssig zum Konzept der Photonen führt – steht historisch ganz am Anfang der Quantenphysik. In Max Plancks Erklärung des schwarzen Strahlers wird das Strahlungsfeld quantisiert, und nur so ergibt sich das richtige Strahlungsgesetz ($\Rightarrow$ S. 104).

Die vollständige Behandlung der elektromagnetischen Wechselwirkung auf Quantenniveau ist aber sehr anspruchsvoll, und so wurden zunächst (wie hier in Kapitel 7) einfachere Systeme behandelt. Erst in den 1960er Jahren gelang es, die Quantenfassung der Elektrodynamik wirklich in den Griff zu bekommen.

Das Ziel ist es, das elektromagnetische Feld zu quantisieren und an jene Felder zu koppeln, die geladene Teilchen beschreiben. Dabei lässt sich der Formalismus der QFT ($\Rightarrow$ S. 246) prinzipiell direkt verwenden, bei einigen Schritten muss man aber Vorsicht walten lassen.

Ausgangspunkt sind die Maxwell-Gleichungen der Elektrodynamik ($\Rightarrow$ S. 56). Diese lassen sich aus einem Variationsprinzip herleiten, das sich am elegantesten mit Hilfe des relativistischen Feldstärketensors ($\Rightarrow$ S. 212) in der Form $\delta \int \mathrm{d}^4 x \, \mathcal{L}_{\mathrm{elmag}} = 0$ mit der Lagrange-Dichte $\mathcal{L}_{\mathrm{elmag}} = -\frac{1}{4} F_{\mu\nu} F^{\mu\nu}$ schreiben lässt.

Das zugrundeliegende Feld ist das Vektorpotenzial A^μ, das in diesem Zusammenhang auch gerne als *Eichfeld* bezeichnet wird. Der Formalismus der kanonischen Quantisierung ist hier aber wegen $\pi_0 = \frac{\partial \mathcal{L}_{\mathrm{elmag}}}{\partial(\partial_0 A_0)} = 0$ nicht direkt anwendbar, sondern nur dann, wenn man zusätzlich noch eine Eichbedingung stellt. Die Pfadintegralquantisierung lässt sich hingegen auch ohne Wahl einer Eichung durchführen.

Es reicht aber nicht aus, das elektromagnetische Feld zu quantisieren. Man muss es auch passend an geladene Teilchen koppeln, insbesondere – etwa zur Beschreibung der Wechselwirkung mit Elektronen – an Spin-$\frac{1}{2}$-Teilchen. Die einfachste Möglichkeit ist die *Minimalankopplung*, d. h. die Ersetzung $\partial_\mu \to \partial_\mu + \mathrm{i} q A_\mu$ in $\mathcal{L}_{\mathrm{Dirac}} = \mathrm{i} \, \overline{\psi} \gamma^\mu \partial_\mu \psi - m \overline{\psi} \psi$ für ein Teilchen mit Ladung q. Auch wenn zusätzliche Kopplungsterme prinzipiell möglich wären, hat sich diese einfachste Form der Kopplung an das elektromagnetische Feld als völlig akkurat erwiesen.

Man erhält also für die Langrange-Dichte der Quantenelektrodynamik für eine Sorte von Spin-$\frac{1}{2}$-Teilchen mit Masse m und Ladung $q = -e$:

$$\mathcal{L}_{\mathrm{QED}} = \mathrm{i} \, \overline{\psi} \gamma^\mu \left(\partial_\mu - \mathrm{i} e A_\mu \right) \psi - m \overline{\psi} \psi - \frac{1}{4} F_{\mu\nu} F^{\mu\nu} + G_{\mathrm{Eichfix}}(A^\mu) \,,$$

wobei man mit dem Term $G_{\mathrm{Eichfix}}(A^\mu)$ eine Eichung festlegen kann.

QED aus der Eichinvarianz Wie im klassischen Fall ($\Rightarrow$ S. 64) erscheint die Eichinvarianz der Theorie auch hier vorerst als eher lästige Angelegenheit. Sie behindert die kanonische Quantisierung und gibt bei der Formulierung der Theorie Freiheiten, auf die man meist lieber verzichten würde.

Es zeigt sich jedoch, dass sich die Form der QED aus der Eichinvarianz *herleiten* lässt. Dazu betrachten wir die freie Dirac-Theorie und beobachten, dass sie invariant unter einer Phasenänderung $\psi \to \psi' = e^{i\chi}\psi$ mit einer beliebigen reellen Konstanten χ ist:

$$\mathcal{L}'_{\text{Dirac}} = i\,\overline{\psi'}\gamma^\mu\partial_\mu\psi' - m\overline{\psi'}\psi' = i\,\overline{\psi}\underbrace{e^{-i\chi}e^{i\chi}}_{=1}\gamma^\mu\partial_\mu\psi - m\overline{\psi}\underbrace{e^{-i\chi}e^{i\chi}}_{=1}\psi = \mathcal{L}_{\text{Dirac}}\,.$$

Das ist eine kontinuierliche Symmetrie, zu der es gemäß dem Noether-Theorem ($\Rightarrow$ S. 32) eine Erhaltungsgröße gibt – die elektrische Ladung.

Kann man diese Invarianz auch erhalten, wenn man χ nicht als konstant, sondern als Funktion der Raum- und der Zeitkoordinaten auffasst, $\chi = \chi(x)$? Im Massenterm $m\overline{\psi}\psi$ macht das keinerlei Probleme. Im kinetischen Term $i\,\overline{\psi}\gamma^\mu\partial_\mu\psi$ hingegen taucht durch die Produktregel ein zusätzlicher Term auf:

$$i\,\overline{\psi'}\gamma^\mu\partial_\mu\psi' = i\,\overline{\psi}e^{-i\chi}\gamma^\mu\partial_\mu e^{i\chi}\psi = i\,\overline{\psi}\gamma^\mu\left(\partial_\mu + i\,(\partial_\mu\chi)\right)\psi\,.$$

Dieser Term kann nur kompensiert werden, wenn ein zusätzliches Feld A_μ eingeführt wird. Um die Kopplung dieses Feldes an die elektrische Ladung q zu verdeutlichen, definiert man direkt $q\,A_\mu = \partial_\mu\chi$ und modifiziert die Ableitung ∂_μ zur *(eich)kovarianten Ableitung*[a]

$$D_\mu = \partial_\mu + i\,q\,A_\mu\,.$$

Die Existenz eines Eichfelds A_μ mit Anregungen, die oft als *Eichbosonen* bezeichnet werden, ergibt sich demnach zwingend aus der Forderung nach lokaler Gültigkeit der (Eich-)Transformation $\psi \to \psi' = e^{i\chi}\psi$. Zudem ist die Struktur der Wechselwirkung mit den ursprünglichen Feldern eindeutig festgelegt.

Hier zeigt sich explizit, wie die Forderung nach lokaler Gültigkeit einer ursprünglich globalen Symmetrie ($\Rightarrow$ S. 248) zum Auftauchen einer zusätzlichen Wechselwirkung führt.

Konkrete Berechnungen   Von den für die Quantenfeldtheorie verfügbaren Rechenmethoden ($\Rightarrow$ S. 262) bietet sich in der QED vor allem die Störungsrechung im Gewand der Feynman-Diagramme ($\Rightarrow$ S. 258) an. Das liegt daran, dass die Kopplungskonstante, die die Stärke der Wechselwirkung beschreibt, klein ist.

Jede Wechselwirkung in der QED wird durch den Austausch von (virtuellen) Photonen – den Anregungen des Eichfelds – erklärt. Ein ausgetauschtes Photon koppelt jeweils an zwei Elementarladungen, einmal bei Emission, einmal bei Absorption. Die Kopplungskonstante α muss also proportional zu e^2 sein – tatsächlich handelt es sich gerade um die (dimensionslose) *Sommerfeld'sche Feinstrukturkonstante*

$$\alpha = \frac{e^2}{4\pi\,\varepsilon_0\hbar c} \approx \frac{1}{137.036}\,.$$

Wegen $1 \gg \alpha \gg \alpha^2 \gg \dots$ ist das ein ausgezeichneter Parameter für die Entwicklung in Störungsreihen.

Quantenchromodynamik

Die fundamentale Theorie zur Beschreibung der meisten Vorgänge im Atomkern eben-
so wie der Bildung von Hadronen ist aus heutiger Sicht die *Quantenchromodynamik*
(QCD). Ausgangspunkt ist, das Quarks offenbar eine zusätzliche Art von Ladung, die
Farbe, besitzen ($\Rightarrow$ S. 130). Man kann experimentell Größen untersuchen, die abhängig
von der Zahl N_C der Farben sind, und erhält mit hoher Genauigkeit $N_C = 3$.[a] Die
Übertragung der Farbkraft erfolgt durch den Austausch von *Gluonen*.

Grob gesprochen, hat jedes Gluon eine Farbe und eine Antifarbe; entsprechend lassen
sich Farbänderungen von Quarks durch Gluonaustausch verstehen:

Da Gluonen einerseits selbst Farbe haben, andererseits aber die Farbkraft übertragen,
gibt es eine direkte Wechselwirkung zwischen Gluonen und eine daraus resultierende
Anziehungskraft. Entsprechend verändert sich das Kraftgesetz gegenüber dem elektromagnetischen Fall. Vergleichen wir die Kraft zwischen einer positiven und einer
negativen elektrischen Ladung mit jener zwischen einer Farbe und ihrer Antifarbe:

<table>
<tr>
<td>

Photonen sind elektrisch neutral; es gibt
keine direkte Photon-Photon-Wechsel-
wirkung. Entsprechend breiten sich die
Feldlinien gleichmäßig in alle Richtungen
aus. Die Kraft nimmt nach dem rein
geometrischen $\frac{1}{r^2}$-Gesetz ab.

</td>
<td>

Gluonen tragen selbst Farbladung, ent-
sprechend wirkt zwischen ihnen die Farb-
kraft. Durch die Anziehungskraft zie-
hen sich die Feldlinien zu einem *Fluss-
Schlauch* zusammen. Da die Zahl der
Feldlinien, die die beiden Farbladungen
verbinden, nicht kleiner wird, bleibt auch
die Kraft zwischen ihnen konstant.

</td>
</tr>
<tr>
<td>

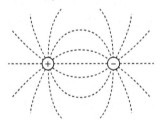

</td>
<td>

</td>
</tr>
</table>

Ist es also völlig unmöglich, Farbladungen voneinander zu trennen, weil das ja unendlich viel Energie erfordern würde? Die Antwort auf diese Frage ist nicht ganz eindeutig. Einerseits wurden farbige Teilchen noch nie frei beobachtet. Andererseits kann
die Energie, die in einem Fluss-Schlauch gespeichert ist, so groß werden, dass sie zur
Bildung eines realen Quark-Antiquark-Paares ausreicht und sich neue Kombinationen
von weißen Teilchen ergeben. Man spricht dann von *string breaking*:

Grundfragen der QCD   Der Effekt des *Confinement*, des permanten Einschlusses von Farbladungen in weiße Teilchen, ist zwar tief in der Theorie verankert. Der Mechanismus aber, durch den er zustandekommt, gilt bis heute als ungeklärt, und es gibt dafür mehrere komplementäre Beschreibungen.

Ein weiteres fundamentales Problem der QCD ist die Massenerzeugung[b] bei der Bildung von Hadronen aus Quarks. Protonen und Neutronen sind ca. hundertmal so schwer wie die drei Quarks, aus denen sie im Quark-Modell bestehen. Das Bild von Hadronen, die sich nur aus zwei oder drei Quarks zusammensetzen, ist zu simpel.

Um diese *Valenzquarks* kondensieren nämlich weitere virtuelle Quark-Antiquark-Paare, die zusammen mit den ausgetauschten Gluonen viel Energie tragen und so einen entsprechenden Beitrag zur Masse liefern. Beschrieben wird das durch Brechung ($\Rightarrow$ S. 254) der (näherungsweisen) chiralen Symmetrie ($\Rightarrow$ S. 248) zwischen links- und rechtshändigen Quarks – viele Fragen dazu sind aber noch ungeklärt.

Der Beweis, dass alle rein gluonischen Bindungszustände eine Masse $m > 0$ haben, steht noch aus und wurde (mit dem Nachweis, dass die zugrunde liegende Theorie überhaupt wohldefiniert ist) in die Liste der sieben *millenium problems* aufgenommen.[c]

Vom Eichprinzip zur QCD   Wie schließt man von Farbladungen auf die komplizierte Struktur der QCD mit selbstwechselwirkenden Gluonen? Das Korrepondenzprinzip steht uns – anders als im Fall der QED – nicht zur Verfügung. Wir haben jedoch gesehen, dass sich die Form der QED auch aus dem Eichprinzip herleiten lässt ($\Rightarrow$ S. 250). Die Forderung nach lokaler Invarianz unter Rotationen in einem abstrakten Raum erzwingt die Existenz von Wechselwirkungsteilchen und bestimmt sogar die genaue Form der Kopplung – auch im Fall der QCD.

Da es nun drei Ladungen gibt, werden aber kompliziertere Symmetrieoperationen als nur Phasenänderungen der Form $e^{i\chi}$ benötigt. Die zulässigen Operationen werden durch die Lie-Gruppe SU(3) beschrieben ($\Rightarrow$ S. 248). Fordert man nun lokale Eichinvarianz, so erhält man die Lagrange-Dichte der QCD:

$$\mathcal{L}_{\text{QCD}} = \bar{\psi}\left(i\gamma^\mu D_\mu - m\right)\psi + F^a_{\mu\nu}F^{a,\mu\nu}.$$

Diese sieht nahezu gleich aus wie jene der Quantenelektrodynamik. Allerdings gibt es nun nicht mehr nur ein Photonfeld A^μ, sondern gleich acht Gluonfelder $A^{a,\mu}$. Alle acht Felder gehen zusammen mit den Generatoren der SU(3) in die kovariante Ableitung D_μ ein. Vor allem aber verändert die kompliziertere Symmetriegruppenstrukur auch das Aussehen des Feldstärketensors zu

$$F^a_{\mu\nu} = \partial_\mu A^a_\nu - \partial_\nu A^a_\mu + g\, f^{abc} A^b_\mu A^c_\nu,$$

mit den total antisymmetrischen *Strukturkonstanten* f^{abc}. Alle Farbindizes a, b, ... laufen von 1 bis 8. Der Term $F^a_{\mu\nu}F^{a,\mu\nu}$ beschreibt, wie man durch Ausmultiplizieren nachprüfen kann, nicht nur die kinetische Energie des Gluonfeldes, sondern auch Vertizes, bei denen drei oder sogar vier Gluonen aneinander koppeln.

Dynamische Symmetriebrechung

Symmetrien haben sich in der Physik – und insbesondere in der Quantenfeldtheorie – als essentiell erwiesen. Das Noether-Theorem ($\Rightarrow$ S. 32) zeigt den Zusammenhang zwischen globalen Symmetrien und Erhaltungsgrößen. In den Eichtheorien ergeben sich die Wechselwirkungen aus der Forderung nach lokaler Gültigkeit derartiger Symmetrien ($\Rightarrow$ S. 248).

Noch gar nicht so alt ist jedoch die Erkenntnis, dass in vielen wichtigen Fällen der Grundzustand des Systems *nicht* mehr die Symmetrie des Systems besitzen muss. Man spricht dann von spontaner oder dynamischer *Symmetriebrechung*. Ein anschauliches Beispiel erhält man, wenn man zunehmend Druck von oben auf einen stehenden biegsamen Stab ausübt.

Ist der Druck groß genug, biegt sich der Stab in eine zufällige Richtung durch. Obwohl die Ausgangssituation bezüglich der Stabachse völlig symmetrisch ist, ist es der resultierende Endzustand nicht mehr.

Betrachten wir ein klassisches Teilchen in einem Potenzial $V(x) = \alpha_m x^2 + \lambda x^4$, mit $\lambda > 0$. Dieses Potenzial ist symmetrisch bzgl. $x = 0$, und für $\alpha_m \geq 0$ ist $x = 0$ zugleich auch der Ort minimaler potenzieller Energie.

Wenn hingegen $\alpha_m < 0$ ist, dann liegt zwar immer noch Symmetrie bzgl. $x = 0$ vor, aber dieser Punkt ist nun kein lokales Minimum, sondern ein lokales Maximum. Die Punkte minimaler Energie liegen in diesem Fall bei den beiden anderen Lösungen der Gleichung

$$V'(x) = 2\alpha_m x + 4\lambda x^3 = 2x\left(\alpha_m + 2\lambda x^2\right) \stackrel{!}{=} 0\,,$$

nämlich bei

$$x_{\min} = \pm\sqrt{\frac{-\alpha_m}{2\lambda}} =: \pm v\,.$$

Der Zustand $x = 0$ ist zwar immer eine Gleichgewichtslage des Systems, es handelt sich aber um ein labiles Gleichgewicht. Schon die kleinste Störung führt dazu, dass einer der beiden Zustände $x = v$ oder $x = -v$ angestrebt wird.

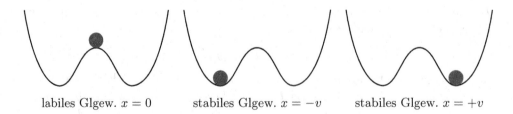

labiles Glgew. $x = 0$ stabiles Glgew. $x = -v$ stabiles Glgew. $x = +v$

Nehmen wir eine weitere Dimension hinzu und betrachten das Potenzial

$$V(x,\, y) = \alpha_m (x^2 + y^2) + \lambda \,(x^2 + y^2)^2.$$

Der Graph dieses Potenzials erinnert für $\alpha_m < 0$ an den Boden einer Weinflasche; oft wird es aus durchaus naheliegenden Gründen auch als Sombrero-Potenzial (oder *Mexican-hat-potential*) bezeichnet. Am symmetrischen Punkt $x = y = 0$ findet man nur ein labiles Gleichgewicht.

Am Kreis $x^2 + y^2 = v^2$ liegt nun ein stabil-indifferentes Gleichgewicht vor: In Radialrichtung herrschen rücktreibende Kräfte, in Tangentialrichtung wirkt keine Kraft.

Setzt man $z = x + \mathrm{i}y$, so nimmt das Potenzial die Form $V(z) = \alpha_m \, zz^* + \lambda \,(zz^*)^2$ an, und diese kann man nun auf komplexe Felder ϕ bzw. Feldoperatoren übertragen:

$$V(\phi) = \alpha_m \, \phi\phi^\dagger + \lambda \left(\phi\phi^\dagger\right)^2. \tag{11.1}$$

Da in Radialrichtung näherungsweise das Potenzial eines harmonischen Oszillators vorliegt,beschreiben radiale Anregungen des Feldes Teilchen mit positiver Masse. In Tangentialrichtung sind hingegen Anregungen mit beliebig kleiner Energie möglich, was masselosen Teilchen entspricht.

Dass derartige masselose Teilchen auftreten, ist ein sehr allgemeines Phänomen. Laut *Goldstone-Theorem* ist die spontane Brechung einer globalen Symmetrie mit dem Auftreten von masselosen Teilchen (typischerweise Goldstone-Bosonen, in Spezialfällen auch Goldstone-Fermionen) verbunden.

Ein klassisches Beispiel ist die Brechung eines Teils der (näherungsweisen) chiralen $\mathrm{SU}(2)_{\mathrm{flavor}}$-Symmetrie zwischen linkshändigen und rechtshändigen *up*- und *down*-Quarks. Die Goldstone-Teilchen, die dabei auftreten, können als Pionen identifiziert werden. Diese sind zwar nicht masselos (da ja auch *up*- und *down*-Quarks Masse besitzen und die chirale Symmetrie eben nur näherungsweise gilt), aber doch deutlich leichter als alle anderen Hadronen.

Symmetriebrechung und Masse Die Massenerzeugung sowohl im Kontext der starken ($\Rightarrow$ S. 252) als auch der elektroschwachen ($\Rightarrow$ S. 256) Theorie beruht auf spontaner Symmetriebrechung. Im einen Fall ist es die Brechung der chiralen Symmetrie, im anderen der Higgs-Mechanismus, der für die Erzeugung der Masse verantwortlich gemacht wird.

Im Higgs-Mechanismus kommt tatsächlich ein Potenzial der Form (11.1) zum Einsatz, wobei man meist $\alpha_m = \mu^2$ setzt. Wäre μ reell und positiv, könnte man es direkt als Masse des Teilchens interpretieren.

Der Fall $\alpha_m > 0$ entspricht aber einem imaginären Wert für den Massenparameter μ. Entsprechend würde das instabile Gleichgewicht $\phi = 0$ mit tachyonischen Teilchen ($\Rightarrow$ S. 134) korrespondieren. Erst im stabilen Gleichgewicht $|\phi| = v$ entsprechen Anregungen des Feldes „physikalischen" Teilchen mit reeller Masse $m \geq 0$.

Elektroschwache Theorie und Higgs-Mechanismus

Auch QED und QCD gemeinsam können nicht alle Prozesse erklären, die in der Kern-
und der Teilchenphysik beobachtet werden. Für den Betazerfall oder die Fusion von
vier Wasserstoffkernen zu einem Heliumkern ist die Umwandlung zwischen Protonen
und Neutronen erforderlich.

Auf Quark-Niveau ($\Rightarrow$ S. 130) bedeutet das, dass eine Umwandlung zwischen *up*- und
down-Quarks möglich sein muss. Auch für den Zerfall von Quarks und geladenen Leptonen der zweiten und der dritten Generation können weder QED noch QCD verantwortlich sein. All diese Prozesse gehorchen der *schwachen Kernkraft*, und diese
beinhaltet einige Feinheiten.

So zeigt sich bei genauer experimenteller Untersuchung[a] des β-Zerfalls ($\Rightarrow$ S. 122), dass
die schwache Wechselwirkung die Paritätsinvarianz ($\Rightarrow$ S. 248) verletzt: Beim β-Zerfall
sind offenbar nur linkshändige Teilchen und rechtshändige Antiteilchen beteiligt.

Theoretische Beschreibung der schwachen Wechselwirkung   Da die schwache Wechselwirkung Prozesse wie

$$u + e^- \nu \to d + \nu_e$$

vermittelt, war es naheliegend, dafür eine QFT mit einer Vier-Fermionen-Wechselwirkung anzusetzen. Diese *Fermi-Theorie der schwachen Wechselwirkung* ist allerdings
nicht renormierbar ($\Rightarrow$ S. 260) und damit bestenfalls als Näherung für niedrige Energi-
en brauchbar.

Die Verlockung, auch hier mit dem Eichprinzip zu arbeiten, ist groß, und tatsächlich
basiert die bislang beste Beschreibung der schwachen Wechselwirkung auf einer SU(2)-
Eichtheorie. Allerdings ist noch ein weiteres Element notwendig, um zwei eklatante
Schwierigkeiten der resultierenden Theorie zu beseitigen:

- Die Eichinvarianz verbietet, dass Eichbosonen Masse haben, denn ein Masseterm
  der Art $m^2 A^\mu A_\mu$ wäre nicht eichinvariant. Es zeigt sich aber, dass die Überträgerteilchen der schwachen Wechselwirkungen, $W^\pm$ und Z^0, sehr schwer sind,
  $m_W \approx 80.4 \, \frac{\text{GeV}}{c^2}$, $m_Z \approx 91.2 \, \frac{\text{GeV}}{c^2}$. (Die schwache Wechselwirkung ist nicht wegen
  der Größe ihrer Kopplungskonstanten „schwach", sondern weil ihre Überträgerteil-
  chen so schwer sind. Dadurch ist deren Lebensdauer in Form von virtuellen Teilchen
  sehr gering; entsprechend selten kommt es zu Prozessen, und entsprechend schwach
  scheint die Wechselwirkung insgesamt zu sein.)
- Dass die elektroschwache Theorie links- und rechtshändige Fermionen unterscheidet,
  ist eigentlich nur für masselose Teilchen möglich, denn ein Masseterm der Art $m\bar{\psi}\psi$
  mischt links- und rechtshändige Anteile von Wellenfunktionen.

Beide Probleme lassen sich auf einen Schlag lösen, wenn man eine Möglichkeit findet, Teilchen mit einer Masse zu versehen, ohne dass ein expliziter Masseterm in der
Lagrange-Dichte auftaucht.

Der populärste (wenn auch nicht einzige) Ansatz, das zu erreichen, ist der *Higgs-Mechanismus*[b] : Dazu wird in der Theorie ein zusätzliches skalares Feld, das *Higgs-Feld* φ, eingeführt, das mit den Eichbosonen und allen Fermionen direkt wechselwirkt. Zusätzlich hat dieses Feld eine Selbstwechselwirkung der Form

$$V(\varphi) = \mu^2 \varphi\varphi^\dagger + \lambda\left(\varphi\varphi^\dagger\right)^2 .$$

Dabei ist $\lambda > 0$, hingegen wird $\mu^2 < 0$ (und damit der Massenparameter μ imaginär) gewählt. Durch die resultierende dynamische Symmetriebrechung ($\Rightarrow$ S. 254) erhält das Higgs-Feld einen nicht-verschwindenden Vakuumerwartungswert $v := \langle\varphi\rangle \neq 0$.
Das Vakuum ist demnach erfüllt von „Higgs-Kondensat", dessen Anwesenheit andere Teilchen bremst, ihnen auf diese Weise Trägheit und damit auch Masse gibt.

Es zeigt sich, dass sich die schwache und die elektromagnetische Wechselwirkung am besten gemeinsam behandeln lassen – man spricht dann von der *elektroschwachen Theorie* mit der Eichgruppe $U(1) \times SU(2)$. In dieser Theorie gibt es ursprünglich die vier Eichbosonen B^0, W^0, W^1 und W^2. Diese mischen zu

$$\gamma = \cos\theta_W\, B^0 + \sin\theta_W\, W^0, \qquad Z^0 = -\sin\theta_W\, B^0 + \cos\theta_W\, W^0$$

und $W^\pm = \frac{1}{\sqrt{2}}(W^1 \pm iW^2)$. Dabei ist θ_W der *Weinberg-Winkel*, ein Parameter der Theorie, der in diesem Kontext experimentell bestimmt werden muss. Von den ursprünglich vier Freiheitsgraden des Higgs-Feldes werden drei verbraucht, um den W- und dem Z-Teilchen Masse zu geben. Nur das Photon bleibt masselos – und entsprechend sollte es auch ein Teilchen geben, das den verbliebenen Freiheitsgrad des Higgs-Feldes repräsentiert – das *Higgs*-Teilchen ($\Rightarrow$ S. 134).

Die dem β-Zerfall zugrunde liegende Quarkumwandlung wird durch den Austausch eines W^--Teilchens vermittelt, wobei nur linkhändige Fermionen beteiligt sind:

$$d_L + \nu_{e,L} \to W^- \to u_L + e_L^- .$$

Der Austausch geladener W-Bosonen erklärt so unmittelbar die Umwandlungen innerhalb einer Generation, allerdings noch nicht direkt die Übergänge zwischen den Generationen. Diese kommen dadurch zustande, dass die Masseneigenzustände der Fermionen nicht mit den Eigenzuständen in Bezug auf die schwache Wechselwirkung zusammenfallen.
Grob gesprochen, hat beispielsweise ein *strange*-Quark eine gewisse Chance, für die schwache Wechselwirkung wie ein *down*-Quark „auszusehen" und entsprechend in ein *up*- statt in ein *charm*-Quark umgewandelt zu werden. Die entsprechenden Wahrscheinlichkeiten werden durch die Elemente der *Cabibbo-Kobayashi-Maskawa-Matrix* (kurz CKM-Matrix) beschrieben.

Feynman-Diagramme

Manche Quantenfeldtheorien lassen sich gut mittels Störungstheorie behandeln. Musterbeispiel dafür ist die QED ($\Rightarrow$ S. 250). Doch auch Aspekte der allgemeineren elektroschwachen Theorie ($\Rightarrow$ S. 256), die QCD ($\Rightarrow$ S. 252) für große Impulsüberträge und manche supersymmetrischen Theorien ($\Rightarrow$ S. 274) sind auf diese Weise in den Griff zu bekommen.

Für die Terme, die in einer typischen Störungsreihe auftauchen, wurde von Richard Feynman eine sehr intuitive graphische Darstellung entwickelt. Am *Feynman-Diagramm* eines Beitrags lässt sich dessen Struktur meist auf einen Blick erkennen, während das Herauslesen der relevanten Information aus den komplizierten Brüchen und Integralen der analytischen Ausdrücke deutlich mühsamer wäre.

Die elementaren Teilchen bzw. Felder der Theorie werden dabei durch Linien dargestellt, elementare Wechselwirkungen durch Punkte, komplexere Objekte durch schraffierte oder anders ausgefüllte Kreise oder Ellipsen.

In der QED stehen nach gängiger Notation durchgezogene Linien für Elektronen bzw. Positronen (der Pfeil zeigt den Fluss der negativen Ladung an) und Wellenlinien für Photonen. Betrachten wir als Beispiel die Propagation (Ausbreitung/Bewegung) eines Elektrons, wobei die Beiträge nach Potenzen der Kopplung $\alpha = \frac{e^2}{4\pi\,\varepsilon_0\hbar c}$ sortiert sind:

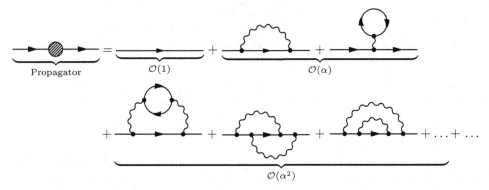

Der Beitrag von $\mathcal{O}(1)$ entspricht der freien Bewegung eines „nackten" Elektrons ohne weitere Zwischenprozesse vom Anfangs- zum Endzustand. Doch auch ein einzelnes Elektron kann mit sich selbst in Wechselwirkung treten. So kann es auf dem Weg ein virtuelles Photon emittieren und wieder absorbieren oder aber mit einer Vakuumfluktuation ein Photon austauschen.[a] Beide Prozesse sind von $\mathcal{O}(\alpha)$.

Ein Diagramm von $\mathcal{O}(\alpha^2)$ ist die Emission eines virtuellen Photons, das in ein Elektron-Positron-Paar zerfällt, das zu einem Photon annihiliert, das wieder vom ursprünglichen Elektron absorbiert wird. Andere Diagramme von $\mathcal{O}(\alpha^2)$ sind Emission und Re-Absorption von zwei Photonen; daneben gibt es noch diverse andere Prozesse von dieser Ordnung.

Die Anzahl der möglichen Diagramme steigt mit wachsender Ordnung rasch an; allerdings sind die Beiträge von Diagrammen höherer Ordnung auch mit höheren Potenzen der Kopplung unterdrückt.

Alle derartigen Prozesse zusammengenommen beschreiben, was ein Elektron bei der Propagation „tut". Sie sind zu berücksichtigen, um die Eigenschaften des „physikalischen" Elektrons zu beschreiben.

Bei der Auswertung der Diagramme ergibt sich aber eine Komplikation. Die Gesetze der Quantenphysik verlangen, dass bei der Bestimmung von Übergangsamplituden über *alle* möglichen Zwischenzustände zu summieren bzw. zu integrieren ist. Entsprechend muss man etwa im Diagramm ⌣ über alle möglichen Impulse des ausgetauschten Photons integrieren.

Eine derartige Integration ist für jede geschlossene Schleife in einem Diagramm notwendig – und viele dieser Integrale sind divergent. Üblicherweise ist das Auftreten von Divergenzen ein deutliches Zeichen dafür, dass eine Theorie über ihren Geltungsbereich hinaus benutzt wurde. In der QFT liegen die Dinge allerdings ein wenig anders.

Es stellt sich heraus, dass sich bei vielen praktisch relevanten Theorien die Divergenzen so eliminieren lassen, dass nur endliche Größen übrig bleiben und sich quantitative Vorhersagen machen lassen. Diesen Prozess nennt man *Renormierung* ($\Rightarrow$ S. 260).

Feynman-Diagramme sehen diversen Detektoraufnahmen sehr ähnlich, und so ist die Versuchung groß, sie als deren theoretische Beschreibung zu interpretieren. Das ist aber nicht zulässig. Die Feynman-Diagramme beinhalten Mechanismen (etwa die Integration über alle Impulse), die gerade deswegen auftreten, weil die Zwischenzustände eben nicht beobachtet werden.

Detektoren bilden nur Spuren physikalischer Teilchen ab, d. h. jener Objekte, die sich durch Berücksichtigung *aller* virtuellen Zwischenprozesse (salopp aller Diagramme, siehe aber unten zur Konvergenzproblematik) ergeben. Ein Feynman-Diagramm steht nur für einen einzelnen Beitrag zu einem physikalischen Prozess, der nur als Ganzes beobachtbar ist.

Zur Konvergenz von Störungsreihen Mit wachsender Ordnung n steigt in einer typischen Störungsreihe die Anzahl der Diagramme etwa proportional zu $n!$ an, während der Beitrag dieser Diagramme zugleich mit α^n unterdrückt wird. Der Ausdruck $\alpha^n n!$ *divergiert* aber für $n \to \infty$. Entsprechend ist nicht zu erwarten, dass die resultierende Störungsreihe konvergiert. Was man zumindest hoffen (wenn auch meist nicht beweisen) kann, ist, dass Störungsreihen *asymptotisch* sind.

Konvergent könnte eine derartige Reihe wohl nur dann sein, wenn sich die Beiträge der meisten Diagramme hoher Ordnung zufällig gegenseitig aufheben („miraculous cancellations"). Ansonsten aber verbessert die Hinzunahme von mehr Termen das Ergebnis einer Störungsrechnung nur etwa bis zur Ordnung $n_{\text{Grenz}} \approx \frac{1}{\alpha}$, danach treten wieder tendenzielle Verschlechterungen auf, bis das Ergebnis völlig unbrauchbar wird.[b]

Renormierung

Bei der Behandlung von Quantenfeldtheorien stößt man sehr schnell auf divergente Integrale ($\Rightarrow$ S. 258). Glücklicherweise lassen sich in vielen Fällen diese Divergenzen so eliminieren, dass sich letztlich doch quantitative Aussagen machen lassen.

In vielen praktisch relevanten Theorien kommen nämlich nur wenige unterschiedliche Typen von Divergenzen vor, und zwar höchstens so viele, wie es Parameter in der Theorie gibt. In diesem Fall spricht man von einer *renormierbaren* Theorie.[a]

Hier kann man argumentieren, dass sich die Parameter der Theorie so, wie sie in der Lagrange-Dichte stehen, ohnehin nicht messen lassen. Messen kann man nur Größen, die sich aus der vollen wechselwirkenden Theorie ergeben. Man kann also die divergenten Integrale mit den ohnehin unbekannten „nackten" Parametern der Theorie so kombinieren, dass sich insgesamt die gemessenen physikalischen Parameter ergeben.[b]

Die Renormierungsgruppe Dieser Prozess der *Renormierung* lässt sich systematisieren und führt dabei sogar auf ein sehr nützliches Werkzeug, die *Renormierungsgruppe*. Im Prozess der Renormierung taucht eine Referenz-Impulsskala μ auf, die man als den maximalen Impulsübertrag interpretieren kann.

Für die Abhängigkeit der Green-Funktionen von μ lassen sich charakteristische Gleichungen finden, insbesondere die *Callan-Symanzik-Gleichung*. Diese können benutzt werden, um die Struktur von Green-Funktionen zu bestimmen ($\Rightarrow$ S. 262).

Vom Laufen der Kopplungen Eines der bemerkenswertesten Resultate der Renormierungsgruppe ist, dass auch die Stärke der Kopplungskonstanten von der Impulsskala μ abhängt. Für eine Kopplung g gilt die Gleichung

$$\mu\,\frac{\partial g}{\partial \mu} = \beta(g)\,,$$

wobei die Beta-Funktion[c] β jeweils für eine bestimmte Theorie charakteristisch ist und mitbestimmt, wie sich nahezu alle Größen der Theorie mit μ ändern. Physikalisch relevant sind vor allem die *Fixpunkte*, an denen $\beta(g) = 0$ ist und wo entsprechend die μ-Abhängigkeit der Kopplung verschwindet.

Die anschauliche Erklärung für die Impulsabhängigkeit der Kopplung ist, dass größere Impulsüberträge mit kleineren Abständen korrespondieren. Das entspricht einem tieferen Eindringen in die Schicht aus polarisierten Vakuumfluktuationen ($\Rightarrow$ S. 264). Diese Vakuumfluktuationen können die Ladung abschirmen (wie im Fall der QED) oder verstärken (wie im Fall der QCD). Ob Abschirmung oder Verstärkung vorliegt, lässt sich am Vorzeichen der β-Funktion in der Umgebung des relevanten Fixpunkts ablesen. Für wachsende Impulse nähern sich die Kopplungen der QED, der schwachen Kraft und der QCD einander an, im Standardmodell treffen sie sich allerdings nicht in einem Punkt.

Nicht renormierbare Theorien   Während renormierbare Theorien mit entsprechendem Aufwand präzise Vorhersagen erlauben, ist das bei nicht renormierbaren Theorien (in denen immer neue Typen von divergenten Integralen auftauchen) gar nicht oder bestenfalls in einem sehr begrenzten Energiebereich möglich.

Anhand einer Dimensionsanalyse der Lagrange-Funktion und insbesondere der darin vorkommenden Kopplungskonstanten lässt sich sich sehr schnell bestimmen, ob eine Theorie renormierbar ist oder nicht. Während die Theorien des Standardmodells renormierbar sind, gilt das für andere interessante Fälle nicht. In der Quantengravitation ist es etwa ein Kernproblem, dass die ART in Quantenformulierung nicht (perturbativ) renormierbar ist.[d]

Auch viele effektive Theorien, etwa die Fermi-Theorie der schwachen Wechselwirkung ($\Rightarrow$ S. 256) oder die chirale Störungstheorie ($\Rightarrow$ S. 262) sind nicht renormierbar.[e] Diese können für niedrige Energien, wo in der Störungsrechnung nur wenige Terme der Störungsreihen gebraucht werden, durchaus nützlich sein. Für jede neue Ordnung der Reihen tauchen aber neue Parameter auf, die aus dem Vergleich mit dem Experiment bestimmt werden müssen; entsprechend wenig Vorhersagekraft hat eine solche Theorie dann.

Warum Renormierung?   Dass man Renormierung verwendet, weil sie bei den meisten Rechnungen im Rahmen der QFT notwendig ist, um endliche Ergebnisse zu erhalten, ist zwar ein pragmatischer Zugang, intellektuell aber wenig befriedigend. Woher also kommt die Notwendigkeit für einen derartigen Prozess?

Oft wird argumentiert, dass die bekannten Theorien keineswegs vollständig sind – spätestens auf der Planck-Skala, also bei Impulsüberträgen der Größenordnung $p_{Pl} = m_{Pl}c$ ($\Rightarrow$ S. 8), müssen ohnehin neue Effekte ins Spiel kommen. Dass die Impulsintegrale der QFT divergieren, liegt entsprechend daran, dass im Bereich $p \geq p_{Pl}$ unzulässigerweise lediglich auf Basis der schon bekannten Theorien extrapoliert wird.

Die grundlegenden Mechanismen für sehr große Impulsüberträge (und damit sehr kleine Abstände) sind unbekannt und werden durch Anwendung der Renormierungsprozedur auf ihre effektive Wirkung reduziert. In diesem Bild ist Renormierung letztlich nur „Handhabung von Unwissen".

In Quantenfeldtheorien ist Renormierung nahezu unumgänglich, aber auch in anderen Bereichen der Physik wird sie – mehr oder weniger versteckt – angewandt. So führt schon in der Elektrodynamik die Behandlung von Punktladungen auf unendlich große Selbstenergien, die „wegrenormiert" werden.

Auch die Einführung effektiver Parameter (etwa effektiver Massen) in der Festkörperphysik kann als Renormierung verstanden werden: Im Festkörper selbst lässt sich die Masse m_e des isolierten Elektrons nie messen, sondern nur die durch Wechselwirkungen modifizierte effektive Masse m^*.

Rechenmethoden in der QFT

In Quantenfeldtheorien ist es nur in Ausnahmefällen möglich, Probleme analytisch ohne Vereinfachungen zu lösen. Entsprechend haben einerseits Näherungen und Ansätze, andererseits numerische Methoden große Bedeutung.

- **Störungsrechnung**: Eine der populärsten Näherungsmethoden in der Physik ist die *Störungstheorie*. In der QFT geht man hier von einer freien, d. h. nicht wechselwirkenden Theorie aus und betrachtet Wechselwirkungen als „kleine" Störungen. Eine Größe X wird entsprechend in der Form

$$X = \underbrace{X_0}_{\text{frei}} + \underbrace{X_1}_{\text{einmalige Wechselwirkung}} + \underbrace{X_2}_{\text{zweimalige Wechselwirkung}} + \cdots$$

dargestellt. Störungsrechnungen in der QFT werden typischerweise in der Sprache von Feynman-Diagrammen ($\Rightarrow$ S. 258) formuliert; die entsprechenden Integrale lassen sich (zumindest im Prinzip) analytisch auswerten.

Besonders in der QED ($\Rightarrow$ S. 250) ist die Störungsrechnung sehr beliebt und liefert auch höchst akkurate Ergebnisse. Für Theorien mit starker Kopplung, wie etwa die QCD ($\Rightarrow$ S. 252), ist sie jedoch nur sehr eingeschränkt brauchbar, und bestimmte Effekte lassen sich überhaupt nicht störungstheoretisch behandeln.[a]

- **Funktionale Methoden**: Eine Quantenfeldtheorie gilt als gelöst, wenn alle ihre *Korrelationsfunktionen*, d. h. alle Ausdrücke der Form

$$G_{i_1 \ldots i_n}(x_1, \ldots, x_n) = \langle \Phi_{i_1}(x_1) \ldots \Phi_{i_n}(x_n) \rangle,$$

bekannt sind. Aufgrund der Ähnlichkeiten mit den Green'schen Funktionen, mit denen lineare partielle Differenzialgleichungen gelöst werden können, werden Korrelationsfunktionen auch als *Green-Funktionen* bezeichnet.[b]

In Analogie zu den Euler-Lagrange-Gleichungen klassischer Theorien ($\Rightarrow$ S. 36) lassen sich auch in Quantenfeldtheorien aus dem Variationsprinzip Bewegungsgleichungen herleiten, die *Dyson-Schwinger-Gleichungen*. Dabei handelt es sich um Integralgleichungen, die Green-Funktionen verschiedener Ordnungen verknüpfen. Integrodifferenzialgleichungen ähnlicher Struktur, die ebenfalls Beziehungen zwischen Green-Funktionen herstellen, erhält man auch aus dem Renormierungsgruppenzugang ($\Rightarrow$ S. 260).

Da die Gleichung jeder Green-Funktion zumindest eine Funktion höherer Ordnung enthält, erhält man ein System von unendlich vielen gekoppelten Gleichungen. Durch entsprechende Trunkierungen und Ansätze lassen sich derartige Gleichungen im Prinzip lösen und die Green-Funktionen bestimmen. Das erfordert allerdings meist erheblichen numerischen Aufwand; zudem ist kaum einzuschätzen, wie gravierend sich die Näherungen auf die Brauchbarkeit der Ergebnisse auswirken.

- **Gittereichtheorie**: Gittermethoden beruhen generell auf Diskretisierung, meist jener des Raumes. Statt im gesamten Raum betrachtet man die gesuchten Größen nur noch auf einem Gitter von Punkten bzw. auf den Kanten eines solchen Gitters. In der QFT wird dabei üblicherweise nicht nur der Raum, sondern auch die Zeit diskretisiert, das erhaltene Gitter ist also vierdimensional.

  Durch diese Diskretisierung wird das (unendlichdimensionale) Pfadintegral ($\Rightarrow$ S. 246) zu einem sehr hochdimensionalen Mehrfachintegral. Im Prinzip lassen sich derartige Integrale mit stochastischen Methoden (meist speziellen Verfahren der Monte-Carlo-Integration) auswerten – allerdings bislang nur dann effizient, wenn eine *Wick-Rotation* durchgeführt wird, d. h. man von reellen Zeitkoordinaten $x_0 = ct$ auf imaginäre Zeiten $x_4 = ict$ übergeht.[c]

  Der Gitterzugang gilt für stark wechselwirkende Quantenfeldtheorien (für die die Störungstheorie nicht anwendbar ist) als rigoroseste Methode, um konkrete Ergebnisse zu erhalten. Allerdings ist der Rechenaufwand selbst für vergleichsweise kleine Gitter gewaltig; eine anspruchsvolle Gitterrechnung kann durchaus Dutzende Prozessoren für Wochen oder sogar Monate in Anspruch nehmen.

- **Modelle, effektive Theorien und Grenzfälle**: Gerade bei sehr komplizierten Theorien, wie es die meisten interessanten Quantenfeldtheorien sind, versucht man gerne, statt der vollen Theorie einfachere Modelle zu studieren. Diese sollen natürlich noch immer die grundlegenden Eigenschaften (insbesondere die Symmetrien) besitzen, die man untersuchen will.

  Vereinfachungen ergeben sich auch durch Ausintegration von Freiheitsgraden. Dabei erhält man *effektive Theorien*, die einfacher zu handhaben sind, aber auch meist Nachteile haben. Beispiele wären die chirale Störungstheorie in der starken und die Fermi-Theorie in der schwachen Wechselwirkung – beide sind einfacher als die zugrundeliegenden Theorien, aber nicht renormierbar ($\Rightarrow$ S. 260) und daher nur im Niederenergiebereich sinnvoll anwendbar.

  Auch die Untersuchung von Grenzfällen kann neue Erkenntnisse bringen. Die $SU(N)$-Eichtheorie, die für $N = 2$ Grundlage der schwachen Wechselwirkung und für $N = 3$ Grundlage der QCD ist, vereinfacht sich für $N \to \infty$ deutlich. Daher bietet es sich für manche Zwecke an, Effekte in diesem „Large-N-limit" zu untersuchen. Unter Umständen kann auch eine Entwicklung in $\frac{1}{N}$ interessant sein.

Die Strategien, die hier im Kontext der QFT diskutiert wurden, lassen sich – natürlich mit spezifischen Modifikationen – auf weite Teile der Physik übertragen. So sind etwa Gittermethoden auch in der theoretischen Festkörperphysik (Kapitel 8), insbesondere für stark korrelierte Systeme, in der Geophysik und seit einigen Jahren auch in der Allgemeinen Relativitätstheorie (Kapitel 10) weit verbreitet.

Das Vakuum in der QFT

Im Bild der Quantenfeldtheorie ist das Vakuum nicht leer im naiven Sinne, sondern erfüllt von Vakuumfluktuationen, von Paaren kurzlebiger virtueller Teilchen. Das macht sich durch Phänomenen wie den Lamb-Shift oder den Casimir-Effekt bemerkbar. Doch auch eine der wichtigsten offenen Fragen der Physik hängt direkt mit dem Vakuum in der QFT (und der Gravitationswirkung, die es eigentlich haben müsste) zusammen.

Der Lamb-Shift In der Atomspektroskopie beobachtet man, dass manchmal zwei Niveaus, die selbst bei sorgfältiger Berechnung im Kontext der relativistischen Quantenmechanik energetisch entartet sein sollten, doch eine leichte Aufspaltung zeigen. Das ist dann der Fall, wenn bei einem der beiden Orbitale die Aufenthaltswahrscheinlichkeit in Kernnähe deutlich größer ist als beim anderen.

Durch die ständige Wechselwirkung mit Vakuumfluktuationen kommt es zu einer „Ausweitung" jedes realen Teilchens gegenüber einem idealen Punktteilchen. Ein so „aufgeweitetes" Teilchen ist, verglichen mit einem Punktteilchen, etwas schwächer gebunden. Relevant ist dieser Effekt aber nur, wenn der Abstand vom Zentrum des Potenzials nicht viel größer ist ist als die Abmessungen des so verschmierten Teilchens. Im Atom haben (aufgrund der für $\ell \geq 1$ bestehenden Zentrifugalbarriere) nur s-Elektronen eine signifikante Aufenthaltswahrscheinlichkeit in Kernnähe, und entsprechend werden nur sie merklich energetisch angehoben.

Der Casimir-Effekt Durch die Anwesenheit von virtuellen Teilchen muss der „leere" Raum nicht zwangsläufig der Zustand niedrigster Energie sein. Würde man es schaffen, in einem Raumbereich einige der Vakuumfluktuationen zu unterbinden, könnte man die Energiedichte dadurch reduzieren.

Da man die Energie des Vakuums als Nullpunkt definiert, könnte man so Bereiche *negativer* Energiedichte schaffen – was zumindest einen sanften Anklang an die hypothetische exotische Materie ($\Rightarrow$ S. 240) darstellt. In der Tat ist es möglich, so etwas in sehr geringem Ausmaß zu realisieren.

Leitfähige Materialien zwingen auch virtuellen Teilchen bestimmte Randbedingungen auf. So muss sich an der Oberfläche einer leitfähigen Platte ein Knoten der entsprechenden Wellenfunktion befinden. Eine zweite parallele Platte erzwingt eine analoge Bedingung, und nur Wellenfunktionen, die beide Randbedingungen erfüllen, sind zwischen den beiden Platten erlaubt.

In diesem Bereich treten also weniger Vakuumfluktuationen auf. Die Energiedichte ist dort geringer als im umliegenden Vakuum, und entsprechend wirkt von außen ein (allerdings sehr kleiner) Druck auf die Platten.

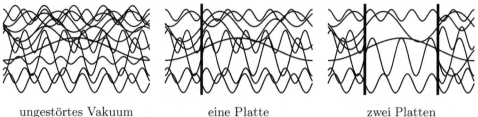

ungestörtes Vakuum   eine Platte   zwei Platten

Die entsprechenden Casimir-Kräfte werden allerdings umso größer, je kleiner der Abstand zwischen den Platten ist. Bei fortschreitender Miniaturisierung von elektronischen Bauelementen werden irgendwann Skalen erreicht, bei denen die Casimir-Kräfte beim Entwurf von Schaltungen berücksichtigt werden müssen.

Das Problem der Nullpunktsenergie   In der Quantenfeldtheorie werden Teilchen als Anregungen von Feldern interpretiert. Diese Felder lassen sich im bosonischen Fall durch harmonische Oszillatoren an jedem Raumpunkt beschreiben ($\Rightarrow$ S. 246).
Jeder Oszillator besitzt aber eine Nullpunktsenergie.[a] Diese Energie kann man auch grob als die Gesamtenergie aller Vakuumfluktuationen interpretieren. Schon das Vakuum hätte angesichts von unendlich vielen Oszillatoren unendlich große Energie.
Formal kann man dieses Problem umgehen, indem man *Normalordnung* fordert – jene Reihenfolge der Operatoren, bei der alle Vernichter links von allen Erzeugern angeordnet werden, wobei man die (Anti-)Kommutatorrelationen ignoriert. Üblicherweise rechtfertigt man dieses Vorgehen damit, dass ja ohnehin nur Energiedifferenzen messbar sind und man daher den Nullpunkt der Energieskala beliebig setzen kann.
Diese Argumentation ist aber nicht mehr haltbar, wenn man zusätzlich Gravitationseinflüsse betrachtet. Gravitation koppelt an jede Form von Energie, und die Nullpunktsenergie des Vakuums müsste einen Beitrag zur kosmologischen Konstanten Λ ($\Rightarrow$ S. 234) liefern.
Berücksichtigt man, dass in der Quantengravitation wahrscheinlich die Planck-Skala ($\Rightarrow$ S. 8) in Erscheinung tritt, hätte man statt an jedem Raumpunkt wohl nur noch an jedem Planck-Würfel der Seitelänge ℓ_P einen Oszillator anzusetzen, dessen maximale Anregungsenergie zudem nach oben mit $E_P = m_P c^2$ beschränkt wäre.
Diese Betrachtung liefert einen endlichen Wert für die kosmologische Konstante – allerdings einen, der sich ca. um einen Faktor 10^{120} vom gemessenen unterscheidet. Diese Diskrepanz harrt bis heute einer Erklärung. Eine Möglichkeit wäre, dass sich der „klassische" Wert von Λ und die Quantenbeiträge gegenseitig fast kompensieren.
Dass zwei Größen mit ganz unterschiedlichen Ursprüngen (abgesehen vom Vorzeichen) auf 120 Stellen übereinstimmen, erscheint allerdings wenig wahrscheinlich – außer im Kontext von anthropischen Ansätzen wie *Cosmic Landscape* ($\Rightarrow$ S. 276).

12 Vereinheitlichung und Quantengravitation

Auf fundamentalem Niveau wird die moderne Physik durch zwei komplementäre Ansätze beschrieben. Das Standardmodell der Teilchenphysik beruht auf Quantenfeldtheorien (Kapitel 11), wobei auch darin die die starke und die elektroschwache Wechselwirkung zwar auf weitgehend analoge Weise, aber nicht auf einer gemeinsamen Basis behandelt werden.

Hingegen erfolgt die Beschreibung der Raumzeit in der ART (Kapitel 10) mit Mitteln der Differenzialgeometrie. Eine Quantisierung dieser Theorie erweist sich als ausgesprochen problematisch.

Trotz derartiger Diskrepanzen lassen sich aus dem Zusammenspiel von Quantenphysik und Gravitationstheorie bereits einige weitreichende Aussagen herleiten, etwa was die Strahlung schwarzer Löcher ($\Rightarrow$ S. 268) oder Informationsdichte und Entropiegehalt von Raumzeitbereichen ($\Rightarrow$ S. 270) angeht.

Zu einer wahrhaft fundamentalen Behandlung dieses Themenbereichs wäre allerdings eine konsistente Theorie erforderlich. Dafür gibt es eine Vielzahl von Kandidaten ($\Rightarrow$ S. 272), die meist zusätzliche Symmetrien ($\Rightarrow$ S. 274) aufweisen oder, wie etwa die Stringtheorie ($\Rightarrow$ S. 276), überhaupt auf neuen Konzepten beruhen und auch neue Aspekte (wie zusätzliche Dimensionen) implizieren.

Noch keinem dieser Ansätze ist es gelungen, Vorhersagen zu machen, die über jene der etablierten Theorien hinausgehen und experimentell bestätigt wären. Sollten sich allerdings für eine oder mehrere davon Evidenzen finden lassen, ist es durchaus möglich, dass sich dadurch auch in Bezug auf die Kosmologie unser Weltbild erweitern wird ($\Rightarrow$ S. 278).

Hawking-Strahlung

In der Allgemeinen Relativitätstheorie sind Schwarze Löcher ($\Rightarrow$ S. 232) perfekte Einbahnstraßen. Nichts, was einmal hinter dem Ereignishorizont verschwunden ist, kommt jemals wieder zum Vorschein – in welcher Form auch immer.

Die ART ist jedoch keine Quantentheorie, und bei Einbeziehung von Quanteneffekten ändert sich dieses Bild fundamental. Auch Schwarze Löcher geben nach jetzigem Wissen Strahlung ab und verlieren damit Masse. Die ersten entsprechenden Rechnungen gehen ebenso wie ein recht intuitives Bild des Vorgangs auf Stephen Hawking zurück (und Letzteres wurde vor allem durch sein Buch *Eine kurze Geschichte der Zeit* [Hawking88] auch einem weiteren Publikum bekannt):

1. Vakuumfluktuation am Rande des Ereignishorizonts,	2. ein virtuelles Teilchen überquert den Horizont,

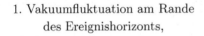
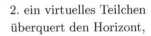

3. das andere wird ohne Partner real und verlässt diesen Bereich,	4. das Schwarze Loch hat netto Strahlung emittiert[a] und schrumpft.

Diese Darstellung ist die bildliche Beschreibung einer störungstheoretischen Berechnung ($\Rightarrow$ S. 258) in der QFT auf einem gekrümmten Raumzeit-Hintergrund, ohne Berücksichtigung von Rückwirkungen. Eine derartige Rechnung enthält sehr grobe Näherungen und wäre für sich allein noch nicht allzu überzeugend. Doch es gibt noch andere Zugänge, die jeweils zu den gleichen Schlussfolgerungen führen.

So werden ein weit entfernter Beobachter und ein solcher, der gerade frei in das Schwarze Loch fällt, nicht darüber übereinstimmen, was die „natürliche" Zeitkoordinate dieses Systems ist. Entsprechend werden sie auch unterschiedliche Hamilton-Operatoren benutzen, um die Zeitentwicklung zu beschreiben.

Im Formalismus der zweiten Quantisierung ($\Rightarrow$ S. 174) kann man eine Fourier-Entwicklung des (freien) Hamilton-Operators in Erzeugungs- und Vernichtungsoperatoren ansetzen; das Vakuum ist dabei jener Zustand, der von allen Vernichtungsoperatoren annihiliert wird.

Da die Hamilton-Operatoren der beiden Beobachter nicht übereinstimmen, stimmen im Allgemeinen auch die Vernichtungsoperatoren nicht überein, und entsprechend haben die beiden Beobachter unterschiedliche Definitionen des Vakuums. Das Vakuum des frei fallenden Beobachters ist für den ruhenden Beobachter nicht leer. Dieser Umstand ist eng verwandt mit dem *Unruh-Effekt*: Bei Beschleunigung erscheint das Vakuum nicht mehr leer, sondern erhält Charakteristiken eines thermischen Teilchenbades.

Auch Überlegungen zur Entropie und zum zweiten Hauptsatz der Thermodynamik führen zu dem Schluss, dass Schwarze Löcher eine Temperatur haben und entsprechend thermisch strahlen ($\Rightarrow$ S. 270).

Hawking-Strahlung und Weiße Löcher   In der ART erhält man aus der Schwarzschild-Lösung durch Zeitumkehr ebenfalls eine gültige Lösung der Feldgleichungen ($\Rightarrow$ S. 240). Doch während die Evidenz für die Existenz Schwarzer Löcher inzwischen sehr gut ist ($\Rightarrow$ S. 232), wurden die entsprechenden Gegenstücke, „Weiße Löcher", die nur emittieren und nichts absorbieren, bislang noch nicht beobachtet.

Quantenmechanisch können Schwarze Löcher jedoch als Superposition von Weißen Löchern gesehen werden, die ständig Teilchen emittieren. Aus diesen Teilchen setzt sich die Hawking-Strahlung zusammen.[b]

Das Informationsparadoxon   Das hier gezeichnete Bild bringt allerdings einige Schwierigkeiten mit sich. Die Hawking-Strahlung ist thermisch – das bedeutet, der Endzustand nach Zerstrahlung eines Schwarzen Lochs kann stets nur mehr durch eine Dichtematrix beschrieben werden, nicht mehr durch einen reinen Zustand ($\Rightarrow$ S. 144).

Das gilt auch, wenn das Objekt, das zu dem Schwarzen Loch kollabiert ist, ursprünglich durch einen reinen Zustand beschrieben wurde. In diesem Fall wäre Unitarität verletzt, also eines der Grundprinzipien der Quantenmechanik. Beim Fall eines Objekts in ein Schwarzes Loch und späterer Hawking-Reemission würde Information verloren gehen. Die Frage, ob das tatsächlich der Fall sein kann, wurde und wird sehr kontrovers diskutiert.[c] Am wahrscheinlichsten erscheint allerdings inzwischen, dass es zu keinem Informationsverlust kommt. Alle hier dargelegten Überlegungen sind ja ohne konsistente Theorie der Quantengravitation notwendigerweise unvollständig.

Bei vollständiger Betrachtung ist es naheliegend, dass die Hawking-Strahlung nicht exakt thermisch ist, sondern dass die fragliche Information in ihren Fluktuationen (wenn auch sehr gut versteckt) enthalten ist.

Entropieschranken und das holographische Prinzip

Bisher verfügen wir über keine vollständige Theorie der Quantengravitation. Dennoch lassen sich auch aus bekannten Prinzipien schon einige Aussagen über das Zusammenspiel von Quanteneffekten und Gravitation herleiten.

Eine Schlüsselrolle spielt dabei die Thermodynamik. Diese erlaubt es, auch dann Aussagen über makroskopische Größen zu treffen, wenn die zugrundeliegenden mikroskopischen Mechanismen nicht oder zumindest nicht vollständig bekannt sind.

Betrachten wir etwa den Fall eines Körpers in ein Schwarzes Loch ($\Rightarrow$ S. 232): Ursprünglich hat der Körper eine gewisse Entropie S, die sich nach der Boltzmann-Formel $S = k_B \ln \Omega$ aus der Zahl Ω der zugänglichen Mikrozustände bestimmen lässt.

Das Schwarze Loch hingegen lässt sich, egal ob vor oder nach dem Sturz, gemäß *No-hair-Theorem* durch Masse, Ladung und Drehimpuls eindeutig charakterisieren. Klassisch gesehen ist damit $\Omega = 1$, und die Entropie eines Schwarzen Lochs wäre entsprechend immer gleich null. Beim Fall eines Körpers mit $S > 0$ in das Schwarze Loch wäre also Entropie verloren gegangen – im Widerspruch zum Zweiten Hauptsatz.

Was sich bei dem Prozess allerdings vergrößert hat, das ist die Masse M und damit die Oberfläche $A_{\mathrm{SL}} \propto M^2$ des Schwarzen Lochs. Auch beim Verschmelzen von zwei Schwarzen Löchern nimmt die Gesamtoberfläche stets zu. Aufgrund dieser Analogien postulierte Jacob Bekenstein 1972 einen *verallgemeinerten Zweiten Hauptsatz*:

$$\frac{\mathrm{d}}{\mathrm{d}t}\left(S_{\mathrm{konv}} + c_{\mathrm{Entr}} A_{\mathrm{SL}}\right) \geq 0\,,$$

wobei S_{konv} die konventionelle Entropie, A_{SL} die Gesamtoberfläche aller beteiligten Schwarzen Löcher und c_{Entr} eine Konstante ist. Der Oberfläche eines Schwarzen Lochs wird also die Rolle einer Entropie zugewiesen, ohne dass bekannt ist, von welcher Art die zugrundeliegenden Freiheitsgrade sind.[a] Der Wert von c_{Entr} hängt vom benutzten Einheitensystem ab. Bei Verwendung der Planck-Einheiten ($\Rightarrow$ S. 8), die für solche Fragestellungen besonders gut geeignet sind, ergibt sich $c_{\mathrm{Entr}} = \frac{1}{4}$.

Thermodynamik Schwarzer Löcher   Schreibt man Schwarzen Löchern Entropie, eine extensive termodynamische Größe, zu, so muss auch die zur Entropie konjugierte intensive Größe, die Temperatur, definiert sein. Sie ist indirekt proportional zur Masse des Schwarzen Lochs, $T \propto \frac{1}{M}$. Die zugehörige Temperaturstrahlung entpuppt sich gerade als die Hawking-Strahlung ($\Rightarrow$ S. 268). Berechnet man einige Zahlenwerte, so zeigt sich, dass schwere Schwarze Löcher, wie sie aus dem Kollaps von Sternen hervor gehen, sehr kalt sind; ihre Temperatur liegt weit unter jener der kosmischen Hintergrundstrahlung. Die Hawking-Strahlung würde aber dazu führen, dass kleine Schwarze Löcher, wie sie etwa durch die Kollision zweier sehr energiereicher Teilchen entstehen könnten, schnell wieder „verdampfen" müssten.[b]

Dass die Temperatur eines Schwarzen Lochs mit wachsender Masse (und entsprechend wachsendem Energieinhalt) abnimmt, führt dazu, dass die Wärmekapazität schwarzer Löcher *negativ* ist. Entsprechend kann kein stabiles thermisches Gleichgewicht zwischen einem Schwarzen Loch und einem umgebenden Wärmebad mit fester Temperatur existieren.[c]

Die Entropieschranke Die Oberfläche Schwarzer Löcher zu berücksichtigen, rettet die Gültigkeit des zweiten Hauptsatzes nur unter einer zusätzlichen Voraussetzung. Damit die Entropie beim Kollaps eines Objekts zu einem Schwarzen Loch nicht doch abnehmen kann, darf die konventionelle Entropie eines Systems nicht größer sein als jene eines Schwarzen Lochs gleicher Größe.

Schwarze Löcher haben demgemäß nicht nur Entropie, sondern sind sogar die entropiereichsten Objekte, die überhaupt existieren. Da die Entropie eines Schwarzen Lochs nur von seiner Oberfläche abhängt, erhält man für die Entropie S beliebiger Systeme die *Bekenstein-Schranke*

$$S \leq c_{\mathrm{Entr}}\, A\,,$$

wobei A der Flächeninhalt einer beliebigen Oberfläche ist, die das betrachtete System vollständig umschließt.

Das Holographische Prinzip Die Entropieschranke hat weitreichende Bedeutung, und zwar wegen des engen Zusammenhangs zwischen Entropie und Information ($\Rightarrow$ S. 110). Die Entropie, die ein System besitzen kann, ist direkt proportional zu seiner Speicherkapazität bzw. zur Menge an Information, die man benötigt, um es vollständig zu beschreiben.

Eine universelle obere Schranke für die Entropie physikalischer Systeme impliziert eine obere Schranke für ihren Informationsgehalt. Dass es eine Obergrenze für die Information gibt, die man in einem endlichen System speichern kann, ist nicht weiter überraschend. Aus der Bekenstein-Schranke folgt aber, dass diese Obergrenze nicht vom Volumen, sondern von der *Oberfläche* des Systems abhängt und entsprechend weniger stark mit der Ausdehnung des Systems anwächst. Man kann sich vorstellen, dass jedes physikalische System vollständig auch durch Informationen auf jeder Fläche beschrieben werden kann, die es vollständig umschließt. Jedes Oberflächenstück von vier Planck-Flächeneinheiten enthält dabei etwa ein bit an Information.

Zumindest im Prinzip findet man also eine Äquivalenz zwischen der drei- und der zweidimensionalen Beschreibung des gleichen Systems. Aufgrund der Analogie zur optischen Holographie[d] (bei der die Information über ein dreidimensionales Objekt in einem zweidimensionalen Interferenzmuster codiert ist) nennt man dieses Phänomen das *holographische Prinzip*.

Eine explizites Beispiel für holographische Dualität existiert übrigens in der Stringtheorie ($\Rightarrow$ S. 276): die AdS/CFT-Korrespondenz, die eine fünfdimensionale Gravitationsmit einer vierdimensionalen Quantenfeldtheorie verbindet.[e]

Vereinheitliche Theorien und Quantengravitation

Das Standardmodell der Elementarteilchenphysik bietet (soweit rechnerisch zugänglich) eine sehr gute Beschreibung der beobachteten Teilchenphänomene. Dennoch ist es notwendigerweise unvollständig, schon weil es die Gravitation ausklammert. Dass es Renormierung ($\Rightarrow$ S. 260) erfordert, ist ein weiterer deutlicher Hinweis darauf, dass es keine fundamentale Theorie, sondern „nur" eine effektive Beschreibung darstellt. Auch die beobachtete Materie-Antimaterie-Asymmetrie im Universum lässt sich im Rahmen des Standardmodells nicht erklären.

Das Standardmodell beinhaltet 25 Parameter (Wechselwirkungstärken, Teilchenmassen, Mischungswinkel), deren Werte sich nicht aus der Theorie ergeben, sondern experimentell bestimmt werden müssen.[a] Zudem ist es intellektuell unbefriedigend, für ähnliche Phänomene jeweils auf verschiedene Theorien zurückgreifen zu müssen. Die gemeinsame Beschreibung von auf den ersten Blick getrennt wirkenden Aspekten kann große Erkenntnisgewinne bringen, wie es etwa die Vereinheitlichung von Magnetismus und Elektrizitätslehre zum Elektromagnetismus (Kapitel 3) zeigte.

So wie es für die Quantenelektrodynamik und die schwache Theorie eine Vereinheitlichung im Rahmen des Glashow-Salam-Weinberg-Modells gibt ($\Rightarrow$ S. 256), so hofft man, auch elektroschwache Theorie und Quantenchromodynamik vereinheitlichen zu können. Eine entsprechende Theorie würde man als GUT (*Grand Unified Theory*) bezeichnen. Da sowohl die elektroschwache Theorie als auch die QCD Eichtheorien ($\Rightarrow$ S. 250) sind, gehen die meisten GUT-Ansätze ebenfalls von einer Symmetriegruppe aus, die entsprechend geeicht wird. Diese Gruppe muss „groß" genug sein, um U(1) × SU(2) und SU(3) als separate Untergruppen enthalten zu können.

Die „kleinste" entsprechende Gruppe ist die SU(5), und in der Tat hat die SU(5)-GUT einige ansprechende Eigenschaften: So ergeben sich etwa die drittelzahligen Ladungen der Quarks auf ganz natürliche Weise. Allerdings sagt die SU(5)-GUT den Zerfall des Protons mit einer Halbwertszeit von etwa 10^{31} Jahren voraus. Bisher wurde der Protonenzerfall aber nicht nachgewiesen, und die Untergrenze für die Halbwertszeit liegt inzwischen bei über 10^{33} Jahren.[b] Auch andere Theorien mit ähnlicher Struktur, die auf anderen Symmetriegruppen, z.B. der SO(10), beruhen, sagen den Protonenzerfall voraus, allerdings zum Teil mit erheblich geringeren Raten, die bislang nicht im Widerspruch zum Experiment stehen.

Ein Ansatz, der nicht nur mit erweiterten Symmetriegruppen, sondern mit einem prinzipiell neuen Konzept arbeitet, ist die Stringtheorie ($\Rightarrow$ S. 276). Diese hat den zusätzlichen Vorteil, dass sie auch in der Lage sein könnte, die Gravitation zu beschreiben, und damit sogar ein Kandidat für eine TOE ist, eine „*Theory Of Everything*". Auch die Stringtheorie hat allerdings bislang keine neuen Vorhersagen gemacht, die sich experimentell bestätigt hätten.

Quantengravitation Die Gravitation ist die erste der fundamentalen Wechselwirkungen, die systematisch untersucht wurde – zugleich ist sie wohl die mysteriöseste Wechselwirkung geblieben. In der ART ($\Rightarrow$ S. 228) wird sie auf eine reine Trägheitskraft reduziert, deren Wirkung sich aus der Geometrie der Raumzeit ergibt. Das ist eine deutlich andere Beschreibung als jene der anderen Wechselwirkungen.[c]

Zudem ist die Gravitation bei weitem die schwächste Wechselwirkung.[d] Während aber die anderen Kräfte (durch entgegengesetzte bzw. ergänzende Ladungen oder durch Polarisation) abgeschirmt werden können, ist die Wirkung der Gravitation für die bekannte Materie kumulativ. *Exotische Materie*, von der eine abstoßende Gravitationswirkung ausginge, wurde zwar postuliert, aber bislang nicht gefunden ($\Rightarrow$ S. 240).

Wahrscheinlich wird auch die Beschreibung der Gravitation letztlich auf Quantenniveau erfolgen; entsprechend ist man auf der Suche nach einer Quantentheorie der Gravitation. Die direkte Quantisierung der ART führt auf massive Probleme, insbesondere ist die so erhaltene Theorie nicht renormierbar ($\Rightarrow$ S. 260) und daher kaum aussagekräftig. Es gibt aber diverse Ansätze, dieses Problem zu umgehen:

- Die Supersymmetrie ($\Rightarrow$ S. 274) enthält eine direkte Verbindung zur Gravitation. Doppeltes Ausführen einer Supersymmetrie-Transformation ergibt eine Poincaré-Transformation ($\Rightarrow$ S. 218). Tatsächlich eine konsistente Theorie der „Supergravitation" zu formulieren, die mit der bekannten Physik verträglich ist, hat sich aber als äußerst schwierig erwiesen.

- Die Stringtheorie ($\Rightarrow$ S. 276) sagt das Graviton, das postulierte Überträgerteilchen der Gravitation, „richtig" voraus.[e] Damit ist ein wesentlicher Aspekt der Quantengravitation beschrieben – allerdings ist eine Theorie, als deren klassischer Grenzfall sich die ART ergibt, damit allein noch lange nicht gefunden.

- Die direkte Quantisierung der Einstein-Gravitation führt zu einem Bild der Raumzeit als dynamischem Netzwerk auf der Planck-Skala, das viele Eigenschaften eines Spin-Netzwerks besitzt. Durch die diskrete Natur des Netzwerks vermeidet man die Renormierungsprobleme, die in kontinuierlichen Ansätzen auftreten.
  Der entsprechende Formalismus beruht auf geschlossenen Wegen (*Loops*, Schleifen) und wird als *Quantum Loop Gravity* bezeichnet. Diese Theorie gilt als ernsthaftester Konkurrent der Stringtheorie, der in mancher Hinsicht konservativer, in anderer aber deutlich radikaler ist.[f]

- Dass die Quantenversion der ART nicht renormierbar ist, ist nur bedingt richtig. Die Renormierung im störungstheoretischen Zugang, wie sie in der Teilchenphysik üblich ist, schlägt fehl. Es ist aber durchaus möglich, dass die Renormierungsgruppe einen nicht-Gauß'schen Fixpunkt besitzt und die Renormierung (wenn auch technisch aufwändiger) möglich ist.

- Auch noch fundamentalere Zugänge werden erwogen. So geht man man in der *Causal Set Theory* von der Frage aus, wie man eine beliebige Menge so strukturieren kann, dass sich das physikalische Prinzip der Kausalität ergibt.

Supersymmetrie

In der Teilchenphysik haben wir es mit zwei Sorten von Teilchen zu tun ($\Rightarrow$ S. 170):

- Bosonen haben ganzzahligen Spin (in Vielfachen von $\hbar$); beliebig viele können sich im gleichen Zustand befinden. Zu den Bosonen gehören die Überträger diverser Wechselwirkungen (Photon, $W^{\pm}$, Z^0, Gluonen), das postulierte Higgs-Teilchen sowie verschiedene zusammengesetzte Teilchen, etwa die Pionen oder der ^{4}He-Kern.

- Fermionen haben halbzahligen Spin; in jedem Zustand darf sich nur maximal ein Teilchen befinden. Zu den Fermionen gehören die Quarks, die Leptonen (Elektron, Myon, τ, die Neutrinos) sowie verschiedene zusammengesetzte Teilchen, etwa das Proton oder der ^{3}He-Kern.

Diese Teilchen gehorchen zwangsläufig verschiedenen Statistiken und unterscheiden sich auch sonst deutlich. Dass gerade die Teilchen mit halbzahligem Spin Fermionen, jene mit ganzzahligem Spin Bosonen sind, folgt gemäß dem *Spin-Statistik-Theorem* aus grundlegenden Prinzipien wie Lokalität und Kausalität.

Wir haben bereits mehrfach gesehen, dass Symmetrien in der modernen Physik eine zentrale Rolle spielen. Dabei gibt es Symmetrien der verschiedensten Arten: diskrete, kontinuierliche, globale, lokale, spontan gebrochene,... Könnte es auch eine Symmetrie zwischen Bosonen und Fermionen geben, also einen Operator, der ein Boson in ein Fermion umwandelt und umgekehrt?

Angesichts der Verschiedenheit der beiden Teilchenarten scheint die Vorstellung einer solchen *Supersymmetrie* auf den ersten Blick absurd. Noch dazu kennt man aus dem Experiment keine derartige Boson-Fermion-Symmetrie – und doch wird diese Möglichkeit seit Jahrzehnten sehr ernsthaft diskutiert.

Dafür gibt es gute Gründe. Bevor wir diese nennen, wollen wir aber ein einfaches quantenmechanisches Modell konstruieren, das Supersymmetrie aufweist. Dazu betrachten wir den harmonischen Oszillator ($\Rightarrow$ S. 148), dessen Hamilton-Operator mit Hilfe von Erzeugungs- und Vernichtungsoperatoren die Gestalt $\hat{H} = \frac{1}{2}(\hat{a}^\dagger \hat{a} + \hat{a}\hat{a}^\dagger)$ annimmt.

Der harmonische Oszillator kann beliebig hoch angeregt werden. Interpretiert man die Anregungsmode n als Teilchenzahl ($\Rightarrow$ S. 174), so beschreibt man auf diese Weise eindeutig Bosonen:

$$\hat{H}^{\text{bos.}}_{\text{h.O.}} = \frac{1}{2}\left(\hat{a}^\dagger \hat{a} + \hat{a}\hat{a}^\dagger\right) = \hat{a}^\dagger \hat{a} + \frac{\mathbb{1}}{2} = \hat{n}_{\text{bos.}} + \frac{\mathbb{1}}{2}\,.$$

Man kann aber auch ein fermonisches Objekt von analoger Gestalt konstruieren:

$$\hat{H}^{\text{fer.}}_{\text{h.O.}} = \frac{1}{2}\left(\hat{c}^\dagger \hat{c} + \hat{c}\hat{c}^\dagger\right) = \hat{c}^\dagger \hat{c} - \frac{\mathbb{1}}{2} = \hat{n}_{\text{fer.}} - \frac{\mathbb{1}}{2}\,.$$

Im Gegensatz zum bosonischen harmonischen Oszillator hat der fermionische eine *negative* Grundzustandsenergie.

Wie könnte nun ein Supersymmetrie-Operator aussehen? Ein solcher Operator $\hat{Q}$ muss aus einem Fermion ein Boson machen können – in der Viel-Teilchen-Sprache also einen Fermion-Vernichter $\hat{c}$ und einen Boson-Erzeuger $\hat{a}^\dagger$ enthalten. Ebenso muss aber auch die umgekehrte Kombination auftreten. Der einfachste Operator mit den gewünschten Eigenschaften ist

$$\hat{Q} = \hat{a}^\dagger \hat{c} + \hat{c}^\dagger \hat{a} \, .$$

Dieser Operator wirkt auf einen Zustand, der $n_b \geq 1$ Bosonen und $n_f = 0$ Fermionen enthält, gemäß

$$\hat{Q} \, |n_b, 0\rangle = \hat{a}^\dagger \underbrace{\hat{c} \, |n_b, 0\rangle}_{=0} + \hat{c}^\dagger \hat{a} \, |n_b, 0\rangle = \hat{c}^\dagger \, |n_b - 1, 0\rangle = |n_b - 1, 1\rangle \, .$$

Die wichtigste Kenngröße einer supersymmetrischen Theorie ist die Zahl $\mathcal{N}$ der Generatoren Q_i. Je nach dieser Zahl spricht man von $\mathcal{N} = 1$-, $\mathcal{N} = 2$-, $\mathcal{N} = 4$- oder $\mathcal{N} = 8$-Theorien. Für $\mathcal{N} = 4$ ergibt sich die folgende Kette von Teilchenspins:[a]

$$-1 \xrightarrow[Q_{i_1}]{} -\tfrac{1}{2} \xrightarrow[Q_{i_2}]{} 0 \xrightarrow[Q_{i_3}]{} \tfrac{1}{2} \xrightarrow[Q_{i_4}]{} 1$$

Das MSSM Große Anstrengungen wurden unternommen, um das Standardmodell (SM) der Teilchenphysik in ein supersymmetrisches Modell einzubetten. Da keines der bekannten Teilchen der Superpartner eines anderen bekannten Teilchens sein kann, muss dazu die Zahl der Teilchen zumindest verdoppelt werden. Tatsächlich sind, um die Theorie konsistent zu halten, sogar mehr als doppelt so viele Teilchen notwendig. (Statt eines Higgs-Teilchens gibt es mehrere, von denen jedes natürlich wieder einen entsprechenden Partner hat.)

Das *minimal supersymmetrische Standardmodell* (MSSM) beinhaltet also zu jedem bekannten Boson einen fermionischen Partner und zu jedem bekannten Fermion einen bosonischen. Die Namen der Superpartner lehnen sich an denen der Standardteilchen an, wobei die fermionischen Superteilchen ein „-uino" angehängt bekommen, die bosonischen hingegen ein „s-" vorangestellt. Man spricht also von Squarks, dem Selektron, dem Photino und Gluinos.

Während im Standardmodell der Weinberg-Winkel, der Teilchenmischungen in der elektroschwachen Theorie beschreibt ($\Rightarrow$ S. 256), ein experimentell zu bestimmender Parameter ist, ergibt er sich im MSSM direkt in der korrekten Größe. Zudem erlaubt das MSSM eine Vereinheitlichung der Kopplungsstärken, die im Standardmodell ohne zusätzliche Teilchen nicht möglich ist.[b]

Der Preis dafür sind allerdings eine Vielzahl neuer Parameter, die eingeführt werden müssen, etwa die Massen alle supersymmetrischen Partnerteilchen. Insgesamt enthält das MSSM 120 neue Parameter. Diese Zahl reduziert sich allerdings wieder beträchtlich, wenn das Modell als Niederenergielimes einer Supergravitationstheorie ($\Rightarrow$ S. 272) aufgefasst wird.

Stringtheorie

Das Teilchenspektrum der Hadronen zeigt einige bemerkenswerte Charakteristiken. Eines davon sind sogenannte *Regge-Trajektorien*:

Trägt man die quadrierten Massen von Hadronen gegen ihre Drehimpulse J auf, so ergibt sich ein annähernd linearer Zusammenhang. Die Beziehung $E^2 \propto J$ ist genau jene, die man bei relativistischer Behandlung einer rotierenden elastischen Saite erhält.

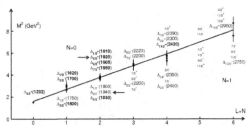

Aus der Quantisierung des Drehimpulses ergäbe sich ein diskretes Energie- und damit Massenspektrum. So war es in den frühen 1970er Jahren ein durchaus vielversprechender Ansatz, die vielen unterschiedlichen Hadronen lediglich als verschieden Rotations- und Schwingungszustände einer Art Saite (engl. string) zu interpretieren. Allerdings führte dieser Ansatz auch auf Probleme; insbesondere wurde ein masseloses Spin-2-Teilchen vorhergesagt, das nach diesem Ansatz nahezu allgegenwärtig sein müsste, aber im Hadronenspektrum nicht auftaucht.

Mit dem Aufkommen der QCD ($\Rightarrow$ S. 252) wurde die hadronische Stringtheorie weitestgehend obsolet. Dass sich manche Eigenschaften von Hadronen durch schwingende Saiten beschreiben lassen, liegt wahrscheinlich an der Bildung von gluonischen Fluss-Schläuchen zwischen den Quarks. Diese Schläuche könnten sich wie schwingungsfähige Saiten verhalten und so das Zustandkommen der Regge-Trajektorien erklären.

Schon bald erlebte die Stringtheorie aber eine Renaissance – jedoch nicht mehr zur Beschreibung von Hadronen, sondern als Kandidat für eine vereinheitlichte Theorie von Teilchenphysik und Gravitation ($\Rightarrow$ S. 272). Das ominöse Spin-2-Teilchen, das von der Stringtheorie vorhergesagt wird, hat genau jene Eigenschaften, die für das Graviton, das Austauschteilchen der Gravitation auf Quantenniveau, erwartet werden. Zudem würde die Beschreibung von Teilchen als Saiten statt als punkförmige Objekte einige fundamentale Probleme der Teilchenphysik lösen, insbesondere bei Fragen der Renormierung ($\Rightarrow$ S. 260).

So wie die ART aus der Reparametrisierungsinvarianz der Weltlinie eines Teilchens hergeleitet werden kann, so erhält man die Stringtheorie aus der Reparametrisierungsinvarianz der Weltfläche eines Strings, der als $X(\tau, \sigma)$ mit der Eigenzeit τ und einer skalierten Raumkoordinate σ beschrieben wird. Das ergibt die *Nambu-Goto-Wirkung*

$$\mathcal{L} = -\frac{1}{2\pi \, \alpha' \, \hbar c^2} \int_{\tau_i}^{\tau_f} \mathrm{d}\tau \int_0^\pi \sqrt{\left(\frac{\partial X}{\partial \tau} \cdot \frac{\partial X}{\partial \sigma}\right)^2 - \left(\frac{\partial X}{\partial \tau}\right)^2 \left(\frac{\partial X}{\partial \sigma}\right)^2},$$

mit der Stringspannung α'. Die so erhaltene Theorie muss natürlich noch quantisiert werden.

Zusätzliche Dimensionen Es gibt fünf Typen von Stringtheorien, die in der Lage sein könnten, das fundamentale Teilchenspektrum unserer Welt zu beschreiben. Sie alle beinhalten Supersymmetrie ($\Rightarrow$ S. 274), weswegen sie auch manchmal als *Superstringtheorien* bezeichnet werden, und sind nur in zehn Dimensionen konsistent. Die M-Theorie, die alle diese fünf Varianten der Stringtheorie als Grenzfälle einschließt, ist in elf Dimensionen definiert. Die bosonische Stringtheorie, die allerdings nicht in der Lage ist, Fermionen zu beschreiben, ist nur in 26 Dimensionen konsistent.

Auf den ersten Blick scheint diese Vielzahl an Dimensionen ein gravierendes Argument gegen die Richtigkeit der Theorie zu sein – immerhin hat die bekannte Raumzeit recht offensichtlich nur vier Dimensionen.

Nicht auszuschließen ist allerdings, dass es weitere Dimensionen gibt, die „aufgerollt" sind.[a] Das Konzept zusätzlicher Dimensionen wurde schon in den 1930er Jahren von Kaluza und Klein bei einem Versuch eingeführt, Elektromagnetismus und Gravitationstheorie zu vereinheitlichen.

Zusätzliche Dimensionen hätten tatsächlich sogar eine Reihe von Vorteilen, die im *Cosmic-Landscape*-Zugang ($\Rightarrow$ S. 278) am deutlichsten werden.

Gravitonen werden in der Stringtheorie durch geschlossene Strings beschrieben, die sich frei in alle Richtungen ausbreiten können. Entsprechend müsste das Gravitationsgesetz sensibel auf die Anwesenheit zusätzlicher Dimensionen sein. Statt eines $\frac{1}{r^2}$-Kraftgesetzes müsste man einen stärkeren Abfall der Gravitationskraft finden.

Bis hinab in den Millimeterbereich ist das Gravitationsgesetz einigermaßen genau überprüft. Entsprechend lassen sich zusätzliche Dimensionen von zumindest einigen Millimetern Ausdehnung weitgehend ausschließen; ab dem Submillimeterbereich liegen sie aber im Bereich des Möglichen.

Offene Strings und D-Branen Die Trägerteilchen der Gravitation (das Graviton sowie ein etwaiges supersymmetrisches Partnerteilchen, das Gravitino) manifestieren sich als geschlossene Strings. Die übrigen Teilchen hingegen werden durch offene Strings dargestellt.

Neben den Strings selbst enthält die Stringtheorie auch andere Objekte, insbesondere die *D-Branen*, an denen offene Strings „befestigt" sind.[b] Diese Objekte haben sich als essentiell erwiesen, um die Stringtheorie mit den bekannten Wechselwirkungen in Einklang zu bringen.

Die Stringtheorie ist bislang nicht durch Experimente gestützt und hat noch keine echte Vorhersagekraft gezeigt. Trotz ihrer unbestreitbaren Eleganz und trotz aller Arbeit, die in diesen Bereich investiert wurde, sollte man im Sinne der Wissenschaftstheorie ($\Rightarrow$ S. 286) korrekterweise momentan nur von einer „Stringhypothese" sprechen. Das gleiche gilt allerdings auch für die anderen „Theorien" jenseits des Standardmodells, die in diesem Kapitel angesprochen werden.

Anthropisches Prinzip und Cosmic Landscape

Das Standardmodell der Elementarteilchenphysik enthält viele Parameter, die nur aus dem Experiment bestimmt werden können und bei denen keinerlei Systematik erkennbar ist. Bei gängigen Erweiterungen des Standardmodells, etwa dem MSSM ($\Rightarrow$ S. 274), kommen noch viele weitere Parameter hinzu. Einen Teil davon kann man eliminieren, indem man die Theorie als effektive Niederenergiebeschreibung einer Supergravitationstheorie auffasst ($\Rightarrow$ S. 272), aber noch immer bleiben sehr viele willkürlich wirkende Parameter übrig. Das wäre für eine Theorie, die den Anspruch stellt, wahrhaft fundamental zu sein, sehr unbefriedigend.

Zudem ist es bei einigen Parametern ein Rätsel, wie fein abgestimmt sie erscheinen. Es gibt diverse Überlegungen und Abschätzungen, dass jeweils schon geringfügige Änderungen einer Naturkonstanten unser Universum wahrscheinlich für Leben, wie wir es kennen (oder uns auch nur vorstellen können), ungeeignet machen würden.[a]

Das Problem der kosmologischen Konstanten   Am vielleicht deutlichsten ist das Problem der Feinabstimmung bei der kosmologischen Konstante Λ ($\Rightarrow$ S. 234). Diese muss betragsmäßig sehr klein sein, damit sich während der Expansion des Universums regelmäßige Strukturen wie Sterne, Planeten und Sonnensysteme überhaupt bilden konnten. Aktuelle Messungen legen nahe, dass Λ zwar klein, aber doch nicht gleich null ist. Ursprünglich war Λ als rein klassische Größe eingeführt worden. Es ist aber zu erwarten, dass es auch Quantenbeiträge zu Λ gibt – Auswirkungen der Nullpunktsenergie des Vakuums ($\Rightarrow$ S. 264). Der experimentell ermittelte Wert Λ_{exp} würde sich demnach als

$$\Lambda_{\mathrm{exp}} = \Lambda_{\mathrm{quant}} + \Lambda_{\mathrm{klass}}$$

zusammensetzen, wobei Λ_{klass} völlig unbekannt ist. Die Größe von Λ_{quant} kann hingegen abgeschätzt werden. Ohne Berücksichtigung von Gravitationseffekten divergiert die Nullpunktsenergie des Vakuums zwar. In einer Theorie der Quantengravitation kommt aber die Planck-Skala ($\Rightarrow$ S. 8) zum Tragen. Ein Bereich der Ausdehnung ℓ_{Pl}^3 sollte maximal die Energie $E_{\mathrm{Pl}} = m_{\mathrm{Pl}}c^2$ enthalten. Benutzt man diese Planck-Energiedichte als Wert der Quantenbeiträge, so erhält man

$$\Lambda_{\mathrm{quant}} \approx 10^{120} \Lambda_{\mathrm{exp}} \,.$$

Die theoretische Vorhersage und der experimentelle Wert liegen also 120 Größenordnungen auseinander![b] Diese Diskrepanz gehört zu den größten Rätseln der modernen Physik. Eine mögliche Erklärung wäre, dass $Lambda_{\mathrm{klass}}$ und Λ_{quant} betragsmäßig nahezu gleich sind, aber entgegengesetzte Vorzeichen haben, $\Lambda_{\mathrm{klass}} \approx -\Lambda_{\mathrm{quant}}$. Das würde allerdings eine extreme Feinabstimmung bedeuten. Zwei Größen von ganz unterschiedlicher Herkunft, die abgesehen vom Vorzeichen auf 119 signifikante Stellen übereinstimmen, um sich dann ab der 120. Stelle zu unterscheiden – das erscheint wenig überzeugend.

Das anthropische Prinzip   Zumindest teilweise könnte bei einer Beantwortung dieser Fragen das *anthropische Prinzip* helfen: Nur Bewohner eines Universums, das die Existenz intelligenten Lebens erlaubt, sind überhaupt in der Lage, sich derartige Fragen zu stellen. Um das anthropische Prinzip aber sinnvoll anwenden zu können, müsste es eine große Zahl von Universen geben, von denen wohl nur wenige bewohnt wären – eben jene, in denen alle Parameter gerade gut genug zusammenpassen. Die bewohnbaren Universen wären in diesem Bild kleine, weit verstreute Inseln in einem weiten Ozean ihrer fremdartigen und unbelebten Gegenstücke.

Alle Versuche, mit den in unserem Universum gemachten Erfahrungen und den hier hergeleiteten Gesetzen Aussagen über einen weiteren Bereich zu machen sind naturgemäß sehr spekulativ. Insbesondere die (selbst weitgehend spekulative) Stringtheorie ($\Rightarrow$ S. 276) bietet aber einen Rahmen, in den sich viele unterschiedliche Universen sehr natürlich einbetten lassen.

Cosmic Landscape   Die Stringtheorie ($\Rightarrow$ S. 276) ist erst in zehn Dimensionen konsistent. Damit sie mit der beobachteten Realität verträglich ist, müssen also (zumindest) sechs Dimensionen kompaktifiziert („eingerollt") sein. Die Kompaktifizierung der überzähligen Dimensionen kann auf sehr viele Arten geschehen; die entsprechenden geometrischen Strukuren, um das zu beschreiben, heißen *Calabi-Yau-Mannigfaltigkeiten*. Dass es so viele dieser Mannigfaltigkeiten gibt, eröffnet eine faszinierende Möglichkeit: Wesentliche Komponenten der Physik (Anzahl und Art der Wechselwirkungen, Art, Ladungen und Massen der Teilchen) sind möglicherweise gar nicht „fundamental", sondern ergeben sich aus der Kompaktifizierung zusätzlicher Dimensionen. Wirklich grundlegend wären dann nur wenige Naturkonstanten (c_0, $\hbar$, G_N), die quasi „die Skala setzen", alle anderen würden sich als spezielle Lösungen für die Geometrie der entsprechend hochdimensionalen Raumzeit ergeben.[c]

Eine Darstellung dieses Szenarios erfolgt als fiktive Landschaft, in der die geographische Höhe den Wert der effektiven Vakuumenergie, also Λ, angibt. Jedes lokale Minimum in dieser „kosmischen Landschaft" entspricht einer (meta)stabilen Konfiguration, die die Wechselwirkungen und sonstigen Parameter eines möglichen Universums beschreibt. Durch Tunneln kann ein Universum in eine andere Konfiguration mit niedrigerer Energie übergehen – das ist umso wahrscheinlicher, je größer die Vakuumenergie ist. Entsprechend kann man annehmen, dass Universen, die lange genug bestehen, um Leben zu ermöglichen, $\Lambda \approx 0$ haben müssen, im Einklang mit der einzigen Beobachtung (nämlich der unseres Universums), die wir haben.

Als Abschätzung für die Zahl der möglichen Konfigurationen erhält man etwa einen Wert von 10^{500}. Selbst wenn also nur in einem von etwa 10^{120} Universen die Werte von Λ_{klass} und Λ_{quant} ausreichend gut zusammen passten, um $\Lambda \approx 0$ zu ermöglichen, so wären das noch immer etwa 10^{380} Universen. Das eröffnet genug Spielraum, um auch in Bezug auf die anderen Naturkonstanten und Wechselwirkungen mit dem anthropischen Prinzip argumentieren zu können.[d]

13 Ausklang

Wir schließen den Bogen dieses Buches mit einem Kapitel, in dem es wie schon in Kapitel 1 mehr um Meta-Aspekte der Physik als um den naturwissenschaftlichen Gehalt geht.

Eine wesentliche Frage dazu ist, auf welchen Grundannahmen überhaupt die Physik, so wie sie heute betrieben wird, beruht ($\Rightarrow$ S. 282) und mit welchen Methoden sie vorgeht ($\Rightarrow$ S. 284). Eine wesentliche Komponente in allen Naturwissenschaften sind wissenschaftstheoretische Konzepte, die ebenfalls kurz angerissen werden ($\Rightarrow$ S. 286). Diese werden hier naturgemäß aus der Sicht eines Physikers dargestellt. Zu manchen Themen haben „echte" Philosophen und Wissenschaftstheoretiker andere Zugänge, und es ist lohnenswert, sich auch mit diesen auseinanderzusetzen.

Auf die Frage, inwieweit menschliche Aspekte im Wissenschaftsbetrieb eine Rolle spielen ($\Rightarrow$ S. 290), gehen wir ebenso ein wie auf den Aufbau eines typischen Physikstudiums ($\Rightarrow$ S. 288) und auf die Frage, welche Auswirkungen physikalische Erkenntnisse auf die Gesellschaft hatten und haben ($\Rightarrow$ S. 292).

Einige Grundannahmen der Physik

In der Physik gibt es einige Grundannahmen, die meist ganz beiläufig und selbstverständlich getroffen werden, von denen es aber interessant sein kann, sie sich zumindest einmal bewusst zu machen:

Realität   Physikalische Betrachtungen gehen davon aus, dass es eine objektiv vorhandene Realität gibt, die untersucht werden kann. Das ist nicht selbstverständlich. Radikale Konstruktivisten würden schon die Existenz einer Realität als solche verneinen. Doch auch wenn es eine Realität gibt, muss sie nicht zwangsläufig unserem Wahrnehmungs- und Denkvermögen zugänglich sein.

Unsere Sinnesorgane und unser Verstand haben sich ursprünglich entwickelt, um das Überleben in der afrikanischen Steppe zu gewährleisten.[a] Die Annahme, dass diese Mittel, selbst unter Zuhilfenahme entsprechender Werkzeuge, ausreichen, um die Grundgesetze der Welt zu erkennen und begreifen, ist gewagt und wohl nur durch die bislang erzielten Erfolge einigermaßen zu rechtfertigen. Es könnte aber durchaus sein, dass in unserer Welt diverse weitere Gesetzmäßigkeiten herrschen, die eine weniger klar strukturierte, unserem Verstand schlechter zugängliche Form haben.

Separabilität   Implizit wird in der Physik nahezu immer ein *Separabilitätsprinzip* vorausgesetzt: Man kann auch Teile eines Systems untersuchen und äußere Einflüsse so weit minimieren, dass man sie zunächst vernachlässigen kann. Anders gesagt, man kann von den vielen Variablen, die auf eine Größe Einfluss haben, die allermeisten konstant halten und nur die Änderungen in Bezug auf einige wenige untersuchen. Die so gewonnenen Erkenntnisse lassen sich dann wieder kombinieren und in andere Bereiche extrapolieren. Ohne Wirksamkeit dieses Prinzips wären Experimente ebenso wie mathematische Modellbildung wohl unmöglich, da man stets eine unüberschaubare Menge von Einflüssen berücksichtigen müsste.

Der Ansatz, möglichst einfache Einzelsysteme zu isolieren und für sich zu betrachten, war und ist in der Physik ungemein erfolgreich. In anderen Disziplinen, etwa der Ökologie oder der Medizin, wo es typischerweise vielfältige Wechselwirkungen und Rückkopplungen gibt, ist ein solcher Zugang hingegen höchst problematisch.

Universalität[b]   Wir gehen davon aus, dass es einige einfache und typischerweise mathematisch beschreibbare *Naturgesetze* gibt, die universelle Gültigkeit haben, d. h. insbesondere orts- und zeitunabhängig sind. Derartige absolute und unabänderliche Naturgesetze beherrschen unsere Welt, hingegen gibt es keinerlei Rückwirkung der Welt auf die Gesetze selbst.

Dieses Weltbild steht klar in der Tradition des westlichen, platonisch-christlich geprägten Denkens, in dem eine übergeordnete Instanz (Reich der Ideen bzw. göttliche Ordnung) die irdischen Abläufe bestimmen. Bisher hat sich dieser Ansatz gut bewährt, aber man kann nicht ausschließen, dass er irgendwann doch modifiziert werden muss.

Doch selbst diese Grundannahmen haben im Lauf der Zeit ihren Charakter zum Teil verändert. So hatte die klassische Physik des 18. und 19. Jahrhunderts eine recht klare Vorstellung davon, was objektive Realität ausmacht, insbesondere, dass sie unabhängig davon existiert, ob und von wem sie beobachtet wird.

Dieses Bild wurde durch die Quantenmechanik tief erschüttert. Plötzlich kam dem Beobachter eine entscheidende Rolle zu. Dieser *Paradigmenwechsel*, wie eine solche Änderung der Weltsicht gelegentlich genannt wird, hatte nicht nur Auswirkungen auf die Physik, sondern sogar noch viel deutlicher auf die Philosophie, insbesondere die Erkenntnistheorie. Einstein, obwohl selbst Mitbegründer der Quantenphysik, war wahrscheinlich der prominenteste Vertreter der alten Weltsicht: „Die Quantenmechanik ist sehr Achtung gebietend. Aber eine innere Stimme sagt mir, dass das noch nicht der wahre Jakob ist." In der grundlegenden Arbeit zum EPR-Paradoxon ($\Rightarrow$ S. 180) wird noch zum Teil mit dem Begriff „physikalische Realität" argumentiert, auch wenn das zur Formulierung des Paradoxons nicht notwendig ist.

Aus den Grundannahmen lassen sich unmittelbar weitere Folgerungen ziehen, etwa die *Reproduzierbarkeit* von Experimenten. Das Prinzip der Universalität verlangt ja, dass man bei gleichartigen Experimenten stets die gleichen Resultate erhält.

Dabei ist natürlich zu bedenken, dass sich auch eigentlich gleichartige Aufbauten zumindest in Kleinigkeiten unterscheiden, dass äußere Einflüsse schwanken – selbst mit genau der gleichen Versuchsanordnung erhält man typischerweise leicht unterschiedliche Ergebnisse. Das Erkennen und Eliminieren von systematischen Fehlern und der Umgang mit zufälligen Fehlern sind zentrale Aufgaben in der Experimentalphysik ($\Rightarrow$ S. 6).

Ein weiterer nahezu allgegenwärtiger Grundsatz in der Physik ist die *Invarianz gegenüber Beschreibungen*: Um Zusammenhänge formelmäßig darstellen zu können, müssen zwangsläufig Hilfskonstrukte eingeführt werden, etwa Einheiten oder Koordinatensysteme. Was physikalisch passiert, muss aber von der Beschreibung und damit vom Bezugssystem des Beobachters unabhängig sein.

Daraus kann man diverse Folgerungen ziehen. Die Unabhängigkeit vom verwendeten Koordinatensystem bedeutet letztlich, dass zur Beschreibung vieler Sachverhalte *Tensorgleichungen* zum Einsatz kommen, also Gleichungen zwischen Größen, die sich genau auf die richtige Art und Weise transformieren.

Der Invarianzaspekt kann aber noch wesentlich weiter getrieben werden: So lassen sich die Eichtheorien, denen ein erheblicher Teil von Kapitel 11 gewidmet ist und auf denen die moderne Teilchenphysik beruht, aus der Forderung herleiten, dass bestimmte Symmetrietransformationen keine beobachtbaren Auswirkungen haben dürfen. Einen weitgehend analogen Zugang gibt es auch zur Allgemeinen Relativitätstheorie ($\Rightarrow$ S. 228). Auch aus der Systematik, wie sich die Beschreibung des gleichen Systems auf unterschiedlichen Längenskalen ändert, lässt sich eine ungemein nützliche Methode herleiten, die Renormierungsgruppe ($\Rightarrow$ S. 260).

Zur Methodik der Physik

It is a good rule not to put overmuch confidence in a theory until it has been confirmed by observation. I hope I shall not shock the experimental physicists too much if I add that it is also a good rule not to put overmuch confidence in the observational results that are put forward until they have been confirmed by theory.

Sir Arthur Eddington

Die oberste Instanz in der Physik ist die Beobachtung, oft im „künstlichen" Rahmen eines Experiments ($\Rightarrow$ S. 6). Doch auch in den Entwurf und die Auswertung von Experimenten fließen meist wieder umfangreiche theoretische Überlegungen ein, und nur ein grundlegendes theoretisches Verständnis erlaubt es, experimentelle Ergebnisse vollständig und richtig zu interpretieren. In diesem Sinne ist wohl auch Eddingtons Eingangszitat zu verstehen. Letztlich greifen Messung und theoretische Beschreibung fast immer eng ineinander.

Dadurch ist die Physik einerseits eine durch und durch empirische Wissenschaft, andererseits ist sie von allen Naturwissenschaften die wohl am stärksten mathematisierte ($\Rightarrow$ S. 4). Wie jede menschliche Tätigkeit beruht auch die Physik auf einigen impliziten Grundannahmen ($\Rightarrow$ S. 282); sie stützt sich zudem wesentlich auf Konzepte der Wissenschaftstheorie ($\Rightarrow$ S. 286). Daneben gibt es auch eine starke soziologische Komponente ($\Rightarrow$ S. 290) und wie in allen Naturwissenschaften eine enge Verflechtung mit technischem Fortschritt und gesellschaftlichem Wandel ($\Rightarrow$ S. 292).

Darüber hinaus gibt es einige Methoden, die für die Physik besonders charakteristisch sind oder sich in ihrem Kontext besonders gut diskutieren lassen:

Induktion und Deduktion Aus der Wissenschaftstheorie stammen zwei Schlussweisen, die beide in der Physik große Bedeutung haben: *Induktion*, der Schluss vom Besonderen auf das Allgemeine, und *Deduktion*, der Schluss vom Allgemeinen auf das Besondere. (Die vollständige Induktion in der Mathematik ist kein Induktionsschluss in diesem Sinne.)

In der Physik steht am Anfang stets der – logisch nicht zwingende – induktive Schluss: Aus meist umfangreichen Beobachtungen stellt man Vermutung an, wie ein Naturgesetz lauten könnte. Aus dem so postulierten Gesetz lassen sich üblicherweise deduktiv Schlüsse ziehen, die wiederum günstigerweise durch Beobachtung bestätigt oder widerlegt werden können.

Ockhams Rasiermesser In der Wissenschaft gilt ein „Ökonomieprinzip", das nach W. von Okham als *Ockhams Rasiermesser* (Occam's razor) bezeichnet wird: Von zwei ansonsten gleichwertigen Beschreibungen ist jene vorzuziehen, die effizienter ist, also mit einem geringeren Ausmaß an Annahmen bzw. Parametern auskommt.

Modellbildung Die theoretische Physik studiert letztlich mathematische Modelle der Wirklichkeit, und auch anschauliche Erklärungen haben fast immer Modellcharakter. So ist das Bohr'sche Atommodell ($\Rightarrow$ S. 116) für manche Zwecke durchaus zufriedenstellend. Die quantenmechanische Beschreibung des Atoms – und auch die Quantenmechanik ist ein Produkt mathematischer Modellbildung – ist deutlich tiefgreifender, aber auch schwieriger zu handhaben. Noch akkurater, aber komplizierter werden die Beschreibungen des Atoms im Rahmen der relativistischen Quantenmechanik bzw. der Quantenfeldtheorie ($\Rightarrow$ S. 264).

Idealisierungen und Vereinfachungen Eng verbunden mit der Modellbildung sind Idealisierungen, d. h. das Vernachlässigen jener Aspekte, die einerseits schwierig zu behandeln sind, andererseits auf das, was uns interessiert, kaum Auswirkungen haben. Die wahre Kunst in der Physik ist es meist nicht, eine akkurate Beschreibung eines Systems zu finden, sondern diese soweit zu vereinfachen, dass eine quantitative Behandlung möglich wird.

Eine Vereinfachung, die besonders häufig verwendet wird, ist die *Linearisierung* von Gleichungen und Größen. Lineare Gleichungssysteme sind typischerweise viel einfacher zu lösen als nichtlineare. Zumeist sind Zusammenhänge in der Natur aber nichtlinear, und Linearisierungen stoßen schnell an ihre Grenzen. Das ist insbesondere bei der Untersuchung chaotischer Dynamik ($\Rightarrow$ S. 46) der Fall, ferner in der Teilchenphysik und der Allgemeinen Relativitätstheorie.

Betrachtung von Grenzfällen Hat man ein Modell oder eine Theorie vorliegen, so ist es meist hilfreich, bestimmte Grenzfälle zu betrachten, in denen manche Parameter extreme Werte annehmen. Das kann einerseits dazu führen, dass man ein schon bekanntes einfacheres Modell zurück erhält, andererseits ergeben sich oft auch sonst Vereinfachungen.

Das man aus der Speziellen Relativitätstheorie für $v \ll c$ die Formeln der klassischen Mechanik zurück erhält, wurde bereits mehrfach betont. Doch auch für $v \approx c$ (also $\frac{c-v}{c} \ll 1$), den *ultrarelativistischen Grenzfall*, vereinfachen sich viele Beziehungen. So können in diesem Fall wegen $m_0^2 c^2 \ll p^2$ die Teilchen als masselos betrachtet werden.[a]

Gedankenexperimente Von den vielen weiteren Methoden der Physik wollen wir hier nur noch eine besonders prominente herausgreifen, das *Gedankenexperiment*. Viele Schlüsselexperimente der Physik wurden nie wirklich durchgeführt – manchmal weil es technisch noch nicht machbar war, oft aber, weil keine Notwendigkeit dafür bestand. Das bloße genaue Durchdenken „Was wäre, wenn" genügte in vielen Fällen, um zu grundlegend neuen Erkenntnissen zu kommen.

Einstein war ein Meister des Gedankenexperiments; doch auch beim Ringen um Fundiertheit und Interpretation der Quantenmechanik ($\Rightarrow$ S. 144) kamen zahlreiche Gedankenexperimente zum Einsatz, und hier gelang es Bohr wiederholt, Einsteins Ansätze, mit denen dieser Lücken in der QM aufzeigen wollte, zu entkräften.[b]

Konzepte der Wissenschaftstheorie

Die Physik ist eine empirische Wissenschaft – in vieler Hinsicht sogar das Musterexemplar dieser Gattung. Beobachtungen, oft in Form von Experimenten, und Theoriebildung, d. h. meist formal-mathematische Beschreibung, greifen ineinander, um tiefergehendes Verständnis und immer bessere Vorhersagen zu ermöglichen. Entsprechend ist es wohl sinnvoll, auch etwas über allgemeine wissenschaftstheoretische Konzepte zu sagen, insbesondere zu Theorien und Hypothesen.

Theorien und Hypothesen   Das Wort „Theorie" wird im Alltag typischerweise in einem recht schwachen Sinne verwendet, in der Bedeutung einer mehr oder weniger vagen Vermutung. Im wissenschaftlichen Bereich hingegen hat „Theorie" eine ganz andere Bedeutung: Eine *Theorie* ist eine in sich schlüssiges, mit anderen Theorien verträgliches und durch zahlreiche Beobachtungen oder Experimente abgesichertes Gedankengebäude. Damit ist sie zugleich das Optimum dessen, was erreicht werden kann.

Dogmen, die vorbehaltlos geglaubt werden, gibt es in der Wissenschaft nicht – oder sollte es zumindest nicht geben. Die beiden Bedeutungen des Wortes „Theorie" sind eine Quelle von Missverständnissen. Erst wenn uns das bewusst ist, verstehen wir auch, warum Wissenschaftler teils recht heftig auf den Einwand „Aber das ist doch nur eine Theorie" reagieren. Doch keine Theorie beginnt ihre Existenz bereits als solche. Typischerweise gibt es zu einem unerklärten Phänomen oder für einen experimentell noch unzugänglichen Bereich zunächst Vermutungen, sogenannte *Hypothesen*. (Diese entsprechen sehr viel eher den „Theorien" der Alltagssprache.)

Ein wesentliches Kriterium sinnvoller Hypothesen ist, dass sie konsistent (d. h. in sich widerspruchsfrei) und mit bestehenden Theorien in deren Gütigkeitsbereich verträglich sind. So müssen die Vorhersagen der Speziellen Relativitätstheorie für Geschwindigkeiten, die viel kleiner als c sind, in jene der klassischen Mechanik übergehen, ebenso wie jene der Quantenmechanik für Wirkungen, die viel größer sind als $\hbar$. Meist wird eine Hypothese erst dann, wenn diese beiden Kriterien erfüllt sind, einer experimentellen Überprüfung unterzogen.

Vorhersagekraft und Falsifizierbarkeit   Mehrere bekannte Phänomene auf einheitliche und damit einfachere Weise beschreiben zu können, hat großen Reiz – wirklich Existenzberechtigung hat eine Hypothese (und in weiterem Verlauf eine Theorie) aber meist nur, wenn sie darüber hinaus auch neue Resultate vorhersagt. Konkrete Experimente können derartige Vorhersagen nun bestätigen – oder eben nicht. Der erste Fall ist nun keineswegs ein „Beweis" für eine Hypothese, hilft aber, sie im Lauf der Zeit als Theorie zu etablieren.

Findet man man hingegen Resultate, die den Vorhersagen einer Hypothese oder Theorie widersprechen, dann ist ist sie – zumindest für diesen Fall – widerlegt. Insbesondere seit den Arbeiten von Karl Popper wird *Falsifizierbarkeit* als wesentliches – vielleicht sogar das wesentlichste – Kriterium für wissenschaftliche Konzepte angesehen.[a]

Ein Gedankengebäude, das auf keine Art widerlegt werden könnte, kann zugleich auch keine Vorhersagekraft mehr haben und ist damit aus naturwissenschaftlicher Sicht uninteressant.

In der Praxis haben Hypothesen und Theorien einen unterschiedlichen Status, was Falsifikation angeht. Widerspricht ein Experiment einer neuen Hypothese, wird meist die Hypothese verworfen, widerspricht es hingegen einer seit langem etablierten Theorie stehen, dann wird – meist zu Recht – erst einmal das Experiment in Zweifel gezogen. Bestätigen sich die Resultate aber, dann gibt es mehrere Möglichkeiten:

- Die Theorie wird als „falsch" erkannt und verworfen, d. h. meist durch eine andere ersetzt. Das war zum Beispiel bei der Phlogistontheorie der Fall, die Wärme als materiellen Stoff (das Phlogiston) betrachtet hatte. Mit der Phlogistontheorie konnten erstaunlich viele Phänomene erklärt werden, dennoch ist sie aus heutiger Sicht unzutreffend und Wärme kein Stoff, sondern ungeordnete Bewegungsenergie.
- Die Theorie wird modifiziert, was oft den Charakter von Bastelei und Herumprobieren hat. Solche Modifikationen können am Ende aber sehr wohl wieder zu schlüssigen und leistungsfähigeren Konzepten führen. Ebenso kann es aber auch sein, dass noch so viele Ergänzungen eine Theorie nicht retten können und sie am Ende doch verworfen wird.

  - Die Quantenmechanik etwa wurde im Lauf ihrer Entwicklung mehrfach umformuliert, bevor sie die heutige Gestalt erhielt. Den Ausgang des Stern-Gerlach-Experiments ($\Rightarrow$ S. 154) sagten die frühen Fassungen der Quantentheorie noch falsch voraus. Aber die heutige Quantenmechanik ist eine der am besten bestätigten Theorien überhaupt.
  - Die Epizyklentheorie, die die Planetenbahnen durch Überlagerung von Kreisbewegungen erklären wollte, musste, je besser die Beobachtungen wurden, immer mehr Kreise verschachteln und wurde so immer aufwändiger. Die Abkehr vom geozentrischen Weltbild und die Erkenntnis, dass die Planetenbahnen (in guter Näherung) Ellipsen sind, ersetzte die komplizierten Epizyklen durch neue und sehr viel einfachere geometrische Strukturen ($\Rightarrow$ S. 26).

- Der Gültigkeitsbereich der Theorie wird eingegrenzt. Wir können davon ausgehen, dass jede Theorie nur einen eingeschränkten Gültigkeitsbereich hat. Das Newton'sche Gravitationsgesetz etwa ist in vielen Fällen hervorragend geeignet, um die Schwerkraft zu beschreiben und ihre Effekte zu berechnen. Manchmal – etwa bei der Periheldrehung des Merkur oder der Lichtablenkung durch die Sonne – greift es allerdings zu kurz, und man benötigt die (viel kompliziertere) Allgemeine Relativitätstheorie. Selbst diese beinhaltet aber keine Quanteneffekte und ist damit wohl zwangsläufig nur eingeschränkt gültig.

Von daher ist es meistens schwierig, eine Theorie als „richtig" oder „falsch" zu klassifizieren, angemessener ist typischerweise die Angabe eines Gültigkeitsbereichs.

Das Physikstudium

Von den Leserinnen und Lesern dieses Buches studieren viele wahrscheinlich Physik. Manche stehen allerdings vielleicht ganz am Anfang des Studiums oder spielen gar noch mit dem Gedanken, ein solches zu beginnen. Daher erscheint es sinnvoll, etwas zum prinzipiellem Aufbau dieses Studiums zu sagen.

So unterschiedlich die Curricula und Studienpläne für das Physikstudium an verschiedenen Universitäten auch sein mögen, so beinhalten doch nahezu alle in den ersten drei oder vier Semestern eine Grundausbildung in angewandter Mathematik (Lineare Algebra, Analysis, Differenzialgleichungen, Statistik) sowie Physikgrundvorlesungen und Laborübungen. Daneben finden in diesem ersten Teil des Studiums oft noch Vorlesungen über Chemie sowie Grundlagen des Programmierens ihren Platz.[a]

Meist im dritten oder vierten Semester beginnen die Lehrveranstaltungen der theoretischen Physik (Mechanik, Elektrodynamik, Quantenmechanik, Statistische Physik), in denen ausgewählte Themen der Grundvorlesungen vertieft und mathematisch fundierter behandelt werden.[b]

Daneben gibt es üblicherweise weiterführende Laborübungen, oft Vorlesungen zu Fächern wie Festkörperphysik, Atom-, Kern- und Teilchenphysik, eine Grundausbildung in Numerik, manchmal auch andere Fächer wie Präsentationstechniken oder Betriebswirtschaftslehre.

Viele Themen der Lehrveranstaltungen sind weitgehend kanonisch, aber insbesondere in weiterführenden Vorlesungen gibt es doch große Freiheiten, und je nach Vorlieben und Forschungsthemen der Vortragenden kann eine Vorlesung *Quantenphysik II* sich schwerpunktmäßig mit Streutheorie, Modellen aus der theoretischen Festkörperphysik, Grundlagen der Quantenfeldtheorie, der rigorosen mathematischen Formulierung der Quantentheorie oder noch anderen Themen beschäftigen.

Die Physik ist als Fachgebiet sehr umfangreich, und und so ist im Lauf des Studium eine entsprechende Spezialisierung notwendig. Diese beginnt in manchen Curricula sehr früh, in anderen erfolgt sie erst im letzten Teil des (Master-)Studiums mit der Auswahl der Wahlfächer und der Diplom- bzw. Masterarbeit. Gängige Spezialisierungen sind die klassischen Zweige *Experimentalphysik* und *Theoretische Physik*, aber durchaus auch stärker eingegrenzte Gebiete wie Astrophysik, Geophysik, medizinische Physik, Materialphysik oder Umweltphysik.[c]

Zur groben Orientierung ist nachstehend angegeben, wo sich die Beiträge dieses Buches in einem fiktiven Physik-Curriculum einordnen könnten. Die Zeilen in diesem Schema entsprechen dabei den sechs Semestern eines Bachelor-Studiums.

Viele Themen können dabei durchaus an mehreren Stellen ihren Platz finden. So kann man beispielsweise Grundzüge der Fluidmechanik (⇒ S. 42) schon in der Grundlagenphysik des ersten Semesters ansprechen, sie im Rahmen der theoretischen Mechanik behandeln oder ihr überhaupt eine eigene Vorlesung widmen.

(⇒S.8) (⇒S.10)(⇒S.14)(⇒S.22)
(⇒S.24)(⇒S.26)(⇒S.40)(⇒S.42)
(⇒S.44)(⇒S.70)(⇒S.72)(⇒S.76)
(⇒S.88)(⇒S.90)(⇒S.92)(⇒S.96)

Grundlagen der Mathematik (⇒S.4)   *Lineare Algebra*   *Chemie* (⇒S.152)

Analysis 1 (Folgen, Reihen, Diff.-Int.-Rechnung einer Var.)

(⇒S.50) (⇒S.52) (⇒S.56)
(⇒S.58) (⇒S.54) (⇒S.74)
(⇒S.79) (⇒S.84) (⇒S.85)
(⇒S.104) (⇒S.126) (⇒S.128)

(⇒S.6) (⇒S.20)
(⇒S.58) (⇒S.54)
(⇒S.74) (⇒S.85)

Analysis 2 (mehrdim Diff.-Int.-Rech., Vektoranalysis) (⇒S.4)   (⇒S.4) *Gew. DGln*   *Prog.*

(⇒S.78) (⇒S.80) (⇒S.82)
(⇒S.114) (⇒S.116) (⇒S.118)
(⇒S.120) (⇒S.122) (⇒S.124)
(⇒S.130) (⇒S.132) (⇒S.138)

(⇒S.80)
(⇒S.114)
(⇒S.122)

(⇒S.14) (⇒S.22) (⇒S.24)
(⇒S.26) (⇒S.28) (⇒S.30)
(⇒S.32) (⇒S.34) (⇒S.36)
(⇒S.38) (⇒S.42) (⇒S.46)

Analysis 3 (Funkt-An, Fourier-Th.) (⇒S.4) *Part. DGln*

(⇒S.58) (⇒S.188) (⇒S.190)
(⇒S.192) (⇒S.194) (⇒S.198)
(⇒S.204) (⇒S.206)

(⇒S.80)
(⇒S.188)

(⇒S.56) (⇒S.60) (⇒S.62)
(⇒S.64) (⇒S.210) (⇒S.212)
(⇒S.216) (⇒S.218)

Analysis 4 (Funkt-Th. Spez. Fkt.) (⇒S.4) *Wahrscheinl. & Statistik*

Fortgeschritt.-Labor

(⇒S.140) (⇒S.142) (⇒S.144) (⇒S.146)   (⇒S.88) (⇒S.94) (⇒S.96)   (⇒S.4)
(⇒S.148) (⇒S.150) (⇒S.152) (⇒S.154)   (⇒S.98) (⇒S.100) (⇒S.102)   (⇒S.162)
(⇒S.156) (⇒S.158) (⇒S.162) (⇒S.164)   (⇒S.106) (⇒S.108) (⇒S.110)   (⇒S.262)
(⇒S.166) (⇒S.170) (⇒S.172) (⇒S.180)   (⇒S.172) (⇒S.200) (⇒S.202)

(⇒S.212) (⇒S.218) (⇒S.226)
(⇒S.228) (⇒S.230) (⇒S.232)
(⇒S.234) (⇒S.236) (⇒S.238)
(⇒S.240) (⇒S.278)

Spezialisierung

(⇒S.284) (⇒S.286) (⇒S.290) *Arbeiten*

Bachelor-Arbeit

(⇒S.174) (⇒S.220) (⇒S.222) (⇒S.244)
(⇒S.246) (⇒S.248) (⇒S.250) (⇒S.252)
(⇒S.254) (⇒S.256) (⇒S.258) (⇒S.260)
(⇒S.262) (⇒S.264) (⇒S.272) (⇒S.274)

(⇒S.174) (⇒S.192) (⇒S.194)
(⇒S.196) (⇒S.198) (⇒S.200)
(⇒S.202) (⇒S.204) (⇒S.206)

(⇒S.4) (⇒S.40) (⇒S.42)
(⇒S.46) (⇒S.66) (⇒S.160)
(⇒S.178) (⇒S.206) (⇒S.220)
(⇒S.252) (⇒S.256) (⇒S.260)

(⇒S.2) (⇒S.4) (⇒S.46) (⇒S.134) (⇒S.168) (⇒S.182)
(⇒S.184) (⇒S.268) (⇒S.270) (⇒S.272) (⇒S.274) (⇒S.276)
(⇒S.278)

(⇒S.282) (⇒S.284) (⇒S.286)
(⇒S.290) (⇒S.292)

Natürlich hat ein Studium neben Vorlesungen, Übungen, Labors und Abschlussarbeiten noch andere Aspekte. Zwar trifft das Klischee vom ständig feiernden, sich die Nächte um die Ohren schlagenden Studenten nur auf eine kleine Minderheit zu, aber gelegentliche Feste sind doch ein wichtiger Bestandteil des Lebens an der Universität.

Besonders engagierte Studierende arbeiten in den Studienvertretungen bzw. den Fachschaften mit und haben dort die wichtige Aufgabe, die Interessen der Studierenden gegenüber Universitätsleitung, Professorenschaft und anderen Lehrenden zu vertreten.

Um auf einfache Weise Auslandserfahrung zu ermöglichen, gibt es Austauschprogramme wie etwa *Erasmus*.[d] Typischerweise nach den zwei bis drei Studienjahren wird es auch interessant, *summer schools*, *winter schools* oder andere Blockkurse zu besuchen, die teils von sehr renommierten Institutionen in der vorlesungsfreien Zeit angeboten werden. Daneben gibt es die Möglichkeit, Praktika bei Firmen oder in außeruniversitären Forschungszentren zu absolvieren. Oft bereiten solche Praktika den Weg für eine Bachelor-, Diplom-, Master- oder Doktorarbeit oder münden überhaupt in eine fixe Stelle.

Der Wissenschaftsbetrieb

Wie jede Art von Forschung wird auch jene in der Physik von Menschen betrieben. Entsprechend sind psychologische und soziologische Komponenten immer wieder zu berücksichtigen, wenn man die dortigen Abläufe verstehen will. Persönliche Sympathien oder Antipathien sowie die Fähigkeit zur Selbstdarstellung haben einen viel größeren Einfluss auf den Erfolg in der Forschung, als man naiverweise erwarten würde.

Zur Karriere in der Wissenschaft   Entgegen dem immer noch verbreiteten Klischee vom wissenschaftlichen Einzelkämpfer, der sich in seiner Kammer oder seinem Labor einsperrt und dort isoliert vom Rest der Welt monatelang Rechnungen anstellt oder Messungen durchführt, werden Teamwork und internationale Vernetzung auch in der Wissenschaft immer wichtiger. Üblicherweise erfordert es eine enge Einbindung in die „scientific community", um langfristig in der Wissenschaft erfolgreich zu sein. Ausnahmen kommen vor, sind aber selten. Der Grundstock für diese Einbindung wird oft mit der Doktorarbeit gelegt.[a]

Um sich dauerhaft zu etablieren, sind also neben der eigentlichen Forschungsarbeit noch diverse andere Aktivitäten erforderlich: Veröffentlichungen in möglichst renommierten Zeitschriften, Tätigkeit als Gutachter (*referee*) für solche Zeitschriften, Besuch von Konferenzen, auf denen man seine Ergebnisse mit einem Vortrag oder einem Poster vorstellt, Aufbau von Kooperationen mit anderen Instituten, Besuch oder Organisation von Workshops, *summer schools* etc.

Hat man keine Professur inne, was bis zum Alter von etwa 40 der Normalfall ist, so sind die Arbeitsverhältnisse (Doktorandenstellen, *Postdoc*-Stellen, Assistentenstellen, Positionen als wissenschaftlicher Mitarbeiter oder Lehrbeauftrager) typischerweise jeweils auf wenige Jahre, manchmal sogar nur auf einige Monate befristet. Neben der eigentlichen Forschungsarbeit sind daher auch Bewerbungen bzw. das Einreichen von Projektanträgen bei Forschungsförderungsgesellschaften (z. B. der DFG in Deutschland oder dem FWF in Österreich) erforderlich. Allgemein ist vor allem in Bezug auf den Arbeitsort erhebliche Flexibilität gefragt.[b]

Auch mit einer Dauerstelle ist das Einreichen von Anträgen nahezu unumgänglich, um Geld für befristete Mitarbeiterstellen zu bekommen. Das ist umso wichtiger, weil die meisten etablierten Wissenschaftler mit Verwaltungsaufgaben und Lehre bereits so ausgelastet sind, dass ihnen kaum mehr Zeit für eigene Forschungstätigkeit bleibt.[c]

Veröffentlichungen   Um eine grobe Vorstellung von der Zahl und vom Aussehen von wissenschaftlichen Veröffentlichungen zu bekommen, empfiehlt sich ein Blick auf den *e-print*-Server `www.arxiv.org`. Dort werden viele Arbeiten präsentiert, noch bevor sie (nach Begutachtung und etwaigen Korrekturen) in Zeitschriften erscheinen. Auch in einem begrenzten Gebiet (wie etwa `hep-ex` für Experimente in der Hochenergiephysik) erscheinen typischerweise jeden Tag mindestens ein Dutzend neuer Arbeiten.

Im Englischen – der Sprache der Wissenschaft, deren Beherrschung de facto Voraussetzung für eine wissenschaftliche Karriere ist – wurde der Zwang zum ständigen Veröffentlichen in der Phrase *publish or perish* treffend formuliert.

Spezialisierung Die Flut an neuen Veröffentlichungen, von denen die meisten didaktisch schlecht aufgearbeitet sind, und der Aufwand, der schon mit kleinen Forschungsarbeiten verbunden ist, macht es nahezu unumgänglich, sich zu spezialisieren. Das geht weit über die klassische Aufspaltung in *Experimentalphysik* und *Theoretische Physik* (die inzwischen oft sehr stark computerorientiert ist) hinaus.

Meist spezialisiert man sich als Forscher auf einen nur auf kleinen Teilbereich einer Disziplin, und auch dort arbeiten viele nur mit einer einzelnen Methode. Gelegentliche Wechsel sind nach wie vor nicht unüblich, aber nur wenige sind dabei erfolgreich, Gebiet und Methode gleichzeitig zu wechseln.

Reputation Den Einfluss einer einzelnen Person auf ihr Fachgebiet zu beurteilen, ist schwierig. Interessante Kenngrößen sind die Zahl der Publikationen und die Zahl jener Zitate in anderen Arbeiten, die auf diese Publikationen verweisen.

Eine Kombination aus beiden Größen ist der h-Index: Ein h-Index 4 bedeutet, dass man zumindest vier Arbeiten veröffentlicht hat, von denen jede zumindest viermal zitiert wurde, aber noch nicht fünf Arbeiten, von denen jede zumindest fünfmal zitiert wurde. Sortiert man die Publikationen nach Anzahl der darauf verweisenden Zitate und stellt diese in einem Balkendiagramm dar, so ist der h-Index die Seitenlänge des größten Quadrats, dass sich vollständig innerhalb der Balken unterbringen lässt.

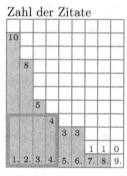

Zahl der Zitate

Wissenschaftliches Ethos Die ethischen Grundsätze, nach denen Wissenschaft betrieben werden sollte, sind relativ klar festgelegt. Fälschungen von Resultaten kommen gelegentlich vor, sind aber (hoffentlich) doch großen Ausnahmen.

Hingegen ist es wohl natürlich, dass sich durch intensive Arbeit mit hochspezialisierten Methoden bestimmte „Scheuklappen" bilden. Hinweise darauf, dass ein jahrelang benutztes oder sogar selbst entwickeltes Konzept grobe Schwächen haben könnte, werden die wenigsten Forscher mit offenen Armen empfangen. Meist entwickelt sich in diesem Fall Gegenwehr, die bis hin zu persönlichen Angriffen gehen kann.[d]

Besonders prägnant hat Max Planck diesen „Trägheitsaspekt" in seiner Selbstbiographie ausgedrückt: *Eine neue wissenschaftliche Wahrheit pflegt sich nicht in der Weise durchzusetzen, dass ihre Gegner überzeugt werden und sich als belehrt erklären, sondern vielmehr dadurch, dass ihre Gegner allmählich aussterben und dass die heranwachsende Generation von vornherein mit der Wahrheit vertraut gemacht ist.*

Physik, Technik und Gesellschaft

Überlassen wir die Physiker, die Mathematiker und die Philosophen sich selber, treiben wir sie endgültig in die Ghettos ihrer Fachgebiete zurück, wo sie hilflos und unbemerkt den Raubzügen der Techniker und der Ideologen ausgeliefert sind; Raubzüge, die immer stattfanden und immer wieder stattfinden.

Friedrich Dürrenmatt:[a] Albert Einstein – Ein Vortrag,
1979 gehalten zu dessen 100. Geburtstag

Wissenschaftlicher Fortschritt, technische Weiterentwicklung, gesellschaftlicher Wandel und das Weltbild als Ganzes sind untrennbar miteinander verwoben. Das betrifft natürlich weite Bereiche der Wissenschaft: Insbesondere aus Informations- und Biotechnologie sind in den kommenden Jahren und Jahrzehnten Entwicklungen zu erwarten, die ganz neue technische Möglichkeiten eröffnen werden und Potenzial haben, das Selbstbild des Einzelnen und der Gesellschaft massiv zu verändern. Doch auch die Physik war und ist hierbei eine Schlüsseldisziplin.

Physik und Technik   Die klassischen Ingenieurwissenschaften, insbesondere Maschinenbau und Elektrotechnik, sind letztlich angewandte Physik, und noch stärker ist das im immer wichtiger werdenden Bereich der Materialwissenschaften der Fall. Egal ob beim Bau von Motoren oder beim Entwurf von Computerchips, die Physik ist dabei eine wichtige Grundlagenwissenschaft.

Wo physikalische Forschungsarbeit wahrscheinlich noch eine tragende Rolle spielen wird, das ist die Energietechnik. Insbesonders bei der früher oder später bevorstehenden Abkehr von fossilen Brennstoffen als Energiequelle und Energieträger wird wahrscheinlich ein ganzes Arsenal an Ersatztechnologien zur Verfügung stehen müssen.[b]

In der Umkehrung geben auch technische Fragestellungen der Wissenschaft oft wichtige Impulse. Die Entropie ($\Rightarrow$S.96) etwa, eine der fundamentalsten und bedeutungsschwersten Größen nicht nur der Thermodynamik, sondern der gesamten Physik, wurde von Rudolf Clausius ursprünglich eingeführt, um den Wirkungsgrad von Dampfmaschinen berechnen zu können.

Physik und die Stellung im Kosmos   Dass in der europäischen Geschichte wissenschaftliche und gesellschaftliche Revolutionen oft Hand in Hand gingen, ist wohl kein Zufall. Die Abkehr vom geozentrischen Weltbild, eingeleitet von Kopernikus, Galilei, Kepler und anderen, sowie Newtons Erkenntnis, dass irdische Mechanik und Planetenbewegungen den gleichen Gesetzen gehorchen, haben weltliche und kirchliche Autorität untergraben und so wesentlich zur Dynamik der Aufklärung beigetragen.

Heute sind es vor allem die Teilbereiche Elementarteilchenphysik und Kosmologie, von denen Antworten auf Grundfragen erwartet werden. Einerseits geht dabei – wie in Goethes Faust – darum, „was die Welt // im Innersten zusammenhält", andererseits um die große Frage nach dem Ursprung des Universums.

Wohl aus diesem Grund werden Teilchenphysik und Astrophysik, die durch den erforderlichen Bau von Teilchenbeschleunigern bzw. Teleskopen sehr kostenintensiv sind, von der Gesellschaft auf erfreulich hohem Niveau unterstützt. Gerade in diesen Bereichen (und generell in der Grundlagenforschung) kann man nicht davon ausgehen, dass sich jemals direkt technisch oder anderweitig verwendbare Resultate ergeben. Um es mit einem der berühmtesten Aussprüche von Richard Feynman zu sagen: *Science is like sex. Sure, it may give some practical results, but that's not why we do it.*
Ganz unterschätzen sollte man aber auch die mögliche Umwegrentabilität der Grundlagenforschung für die Gesellschaft nicht. Materialien und Technologien, die etwa für die Weltraumfahrt oder den Beschleunigerbau entwickelt wurden, fanden später auch in anderen Bereichen Verwendung. Auch was Algorithmik und Numerik angeht, gehören Probleme der theoretischen Physik zu den schwierigsten, mit denen man sich überhaupt beschäftigt, und viele dafür entwickelte Methoden lassen sich im Anschluss auf andere Bereiche übertragen. Nicht zuletzt lernt man bei der Beschäftigung mit physikalischen Fragestellungen eine strukturierte Herangehensweise auch an andere Probleme. Wahrscheinlich werden vor allem deshalb Absolventen der Physik des öfteren im Management oder in der Unternehmensberatung eingesetzt.

Physik und Gesellschaft Neben den indirekten Auswirkung durch ein sich änderndes Weltbild können neue physikalische Erkenntnisse auch sehr viel direktere und dramatischere Auswirkungen haben:
Die nukleare Waffentechnik, letztlich eine Anwendung von Erkenntnissen der Kernphysik, hat nach 1945 die Welt von Grund auf verändert; für Jahrzehnte stand die Gefahr eines globalen Atomkriegs im Raum (mit der Kuba-Krise 1962 als traurigem Höhepunkt), und noch heute gehören Kernwaffen zu den sensibelsten Themen der internationalen Politik. Auch die zivile Nutzung der Kernenergie war und ist umstritten – dabei spielen vor allem die Möglichkeit schwerer Unfälle (wie bei Three Miles Island, Tschernobyl und Fukushima) sowie die nach wie vor ungelöste Endlagerfrage eine Rolle. Physikalisch-technische Möglichkeiten und Beschränkungen bestimmen die Handlungen der Gesellschaft.

Doch auch der umgekehrte Fall kann eintreten, und gesellschaftliche Entwicklungen können erheblichen Einfluss darauf haben, welche Richtungen in der Wissenschaft verfolgt werden. So ging beispielsweise mit dem Erstarken des Nationalsozialismus in den 1930er Jahren die Bewegung der „Deutschen Physik" einher. Deren Vertreter – am prominentesten die beiden Nobelpreisträger P. Lenard und J. Stark – lehnten Relativitätstheorie und Quantenphysik als „jüdisch" ab.
Ihr Haupteinwand war die Unanschaulichkeit dieser Theorien; eigene Erfolge hatte die „Deutsche Physik" allerdings nicht vorzuweisen.[c] Eine gegen die Relativitätstheorie gerichtete Veröffentlichung mit dem Titel „Hundert Autoren gegen Einstein" kommentierte dieser übrigens treffend mit „Warum denn hundert? Wenn ich unrecht hätte, würde einer genügen!"

Anmerkungen und Quellen

Dieses Buch stellt nicht den Anspruch, neue physikalische Erkenntnisse zu enthalten; etwaige Innovation sind allein didaktischer bzw. darstellungstechnischer Art. Viele Inhalte sind in einem solchen Ausmaß physikalisches Allgemeinwissen, dass auf die Angabe einer Quelle verzichtet wurde; sie können üblicherweise in verschiedensten Lehrbüchern oder Lehrbuchreihen nachgelesen werden. Bei spezielleren Themen wurde versucht, stets zumindest eine passende Referenz anzugeben. In einigen wenigen Fällen ist das nicht gelungen (etwa bei Zusammenhängen, die dem Autor im Laufe eines Vortrags, zu dem es keine veröffentlichte Fassung gibt, klar wurden). Hier werden Hinweise auf entsprechende Publikationen gerne entgegengenommen.

Die verwendeten Web-Quellen, zu denen jeweils auch die Links angegeben sind, wurden alle im Dezember 2014 nochmals auf ihre Aktualität überprüft.

Mit ^{A} werden allgemeine Anmerkungen zu einem Beitrag gekennzeichnet, mit ^{L} Literaturempfehlungen. Anmerkungen mit hochgestellten Kleinbuchstaben ^{a}, ^{b}, ... gehören direkt zu den entsprechenden Stellen in den Beiträgen (oder gelegentlich in einer vorangegangenen Anmerkung). Unter ^{Q} finden sich die verwendeten Quellen.

1 Einführung

^{L} Zur Physik gibt es eine Vielzahl hervorragender Bücher. Insbesondere existieren sehr umfangreiche Bücher bzw. ganze Lehrbuchreihen, die einen Großteil jener physikalischen Themen behandeln, die etwa im Physikstudium (⇒S.288) angesprochen werden. Auf spezialisierte Bücher wird direkt in den Anmerkungen zu den jeweiligen Kapiteln oder auch Beiträgen eingegangen. Bei den Büchern und Reihen, die die Physik in voller Breite behandeln, gibt es im Wesentlichen zwei Arten:

Die ersten sind oft einzelne dicke Bücher, etwa „der Tipler" [Tipler09], „der Gerthsen" [Gerthsen10] oder „der Halliday" [Halliday09], manchmal auch mehrbändige Reihen, beispielsweise „der Demtröder" [Demtröder10], „der Bergmann-Schäfer" [Bergmann08] oder der amerikanische *Berkeley Physics Course* [Berkeley65] sowie die definitiv lesenswerten *Feynman Lectures on Physics* [Feynman11].

Diese Bücher sind darauf ausgelegt, auch mit moderatem Vorwissen (von höchstens Abitur- bzw. Maturaniveau) verständlich zu sein; auf ihnen beruhen oft die (Experimental-)Physik-Vorlesungen der ersten ein bis zwei Studienjahre.

Der zweite Zugang widmet sich expliziter dem theoretischen Zugang zur Physik und erfordert neben physikalischem Grundwissen auch fundiertere Mathematikkenntnisse, wie man sie meist ebenfalls in den ersten ein bis zwei Studienjahren erwirbt.

Eine sehr umfassende Reihe (und ehemals die „Bibel" der Physik in der Sowjetunion) ist „der Landau-Lifschitz" [Landau97]. Weitere klassische Reihen sind die Lehrbuchreihen von Greiner [Greiner07] und Fließbach [Fließbach14]. Ein modernes Werk, das auch spannende Fragen anspricht, die sonst in Lehrbüchern selten behandelt werden, ist das zweibändige Werk von E. Rebhan [Rebhan11] (das inzwischen auch als mehrbändige Reihe mit dünneren Einzelbüchern erhältlich ist).

Ganz allgemein gilt bei Büchern, dass der beste Leitfaden meist der eigene Geschmack ist. Es gibt ganz unterschiedliche didaktische Zugänge, und diese sind für verschiedene Menschen verschieden gut geeignet. Will man das Buch zum Lernen für eine Prüfung benutzen, so spielt natürlich auch eine Rolle, wie weit sich Zugang und Stoffauswahl des Buches mit jener der entsprechenden Lehrveranstaltung decken. Ein Besuch in der Bibliothek oder einer gut sortierten Buchhandlung sind hier meist sehr hilfreich.

Als sehr nützliches (wenn auch nach wie vor umstrittenes) Nachschlagewerk hat sich Wikipedia, `http://www.wikipedia.org`, etabliert. Die großen Vorteile gegenüber gedruckten Büchern und Skripten sind leichte Zugänglichkeit und große Aktualität. Der größte Nachteil ist wohl die fehlende Zuverlässigkeit aufgrund der leichten Änderbarkeit der Artikel.[a] Von daher wird empfohlen, Wikipedia keinesfalls exklusiv zu benutzen, sondern dort gefundene Informationen immer mit anderen Quelle zu vergleichen. (Zu den potenziellen Gefahren, die auch bei diesem Vorgehen noch auftreten können, siehe etwa `http://xkcd.com/978/`.)

Den Anspruch, Aktualität mit Zuverlässigkeit zu verbinden, haben Projekte wie etwa Scholarpedia, `www.scholarpedia.org`. Hier hat jeder Artikel einen Kurator, der üblicherweise ein führender Experte für das entsprechende Thema ist und Änderungen des Artikels genehmigen muss, bevor sie wirksam werden. Die Zahl der verfügbaren Artikel ist allerdings bislang viel kleiner als bei Wikipedia.

Auch spezialisierte Websites und Blogs sind eine Quelle vielfältiger Informationen. Das Spektrum reicht etwa von leicht lesbaren bunt aufgemachten Websites wie *I Fucking Love Science*, `http://www.iflscience.com/` bis hin zu thematisch sehr anspruchsvollen Blogs wie etwa *This Week's Find* von J. Baez, `http://math.ucr.edu/home/baez/twf.html` (ursprünglich *This Week's Find in Mathematical Physics*).

[a] Die leichte Änderbarkeit der Wikipedia-Artikel führt allerdings auch dazu, dass Fehler meist schnell wieder ausgemerzt werden. Entsprechend kann man vermuten, dass sich in den Artikeln eine dynamische „Gleichgewichtsfehlerdichte" einstellen wird, grob analog zur Defektdichte in einem Festkörper ($\Rightarrow$S.190). Je aktueller und umstrittener ein Thema, desto kritischer sollten Einträge in Wikipedia wohl betrachtet werden.

■ **Eine Landkarte der Physik** (ab S. 2): –

- **Zur Bedeutung der Mathematik in der Physik** (ab S. 4): [L] Es gibt mehrere Zugänge zum Erlernen der angewandten Mathematik auf einem Niveau, wie es in der Physik erforderlich ist. Einerseits gibt es verschiedene Bücher, die meist Titel wie *Höhere Mathematik für Naturwissenschaftler und Ingenieure* tragen und die Rechentechnik in den Vordergrund stellen. Diese können zum Einstieg sehr nützlich sein, bieten aber meist auf lange Sicht zu wenig Hintergrundwissen. Zudem haben die Beispiele oft einen geringeren Schwierigkeitsgrad als die Aufgaben, die in der Physik bei Übungen und Prüfungen gestellt werden.

  Ein anderer Zugang ist es, direkt jene Bücher zu verwenden, die für das Studium der Mathematik gedacht sind. (In früheren Jahrzehnten war es durchaus üblich, dass Studierende der Physik in den ersten Semestern ihre Mathematik-Vorlesungen gemeinsam mit Studierenden der Mathematik besuchten; an manchen Universitäten wird das bis heute so gehandhabt.) Zu jedem Teilgebiet gibt es natürlich gute Lehrbücher, sei es zur Linearen Algebra ([Jänich13], [Fischer13]), zur Analysis ([Heuser09a], [Freitag06]), zu Differenzialgleichungen ([Heuser09b]), zur Funktionalanalysis ([Heuser06]) oder zu weiterführenden Themen.

  Dieser Zugang vermittelt sehr fundiertes Wissen, ist allerdings zeitaufwändig. Manche Mathematik-Lehrbücher sind zudem eher „trocken"; erfahrungsgemäß ist es für viele Studierende der Physik wenig motivierend, Aspekte der Mathematik ohne Bezug zu den Anwendungen zu lernen. Hier setzen Bücher an, die eine Synthese aus den beiden Zugängen anstreben und alle für das Physikstudium relevanten Themen fundiert, jedoch mit direktem Praxisbezug darstellen, insbesondere [Arens11] und [Lang05].

  [a] Die Disziplin, die sich mit Ensembles von Zufallsmatrizen beschäftigt, ist die *Random Matrix Theory*; zum Einstieg in dieses Gebiet empfiehlt sich [Mehta04].

- **Messung und Experiment** (ab S. 6): [a] Zur Frage der Authentizität des angegebenen Zitats siehe [Kleinert09].

  [b] Messung bedeutet typischerweise einen Vergleich mit einer vorgegebenen Referenzgröße.[d] Wie diese aussieht, ist auch eine Frage des Einheitensystems ($\Rightarrow$S.8). Bei einer konkreten Messung erhält man einen Wert als Vielfaches eines kleinsten messgerätspezifischen Grundmaßes, d. h. in der Form

  $$x = (\text{natürliche Zahl}) \cdot \text{Grundmaß},$$

  mit Grundmaß = (rationale Zahl) · Einheit. Insgesamt hat x die Struktur „(rationale Zahl) · Einheit", und der Bereich der rationalen Zahlen wird nicht verlassen. So nützlich die reellen Zahlen aufgrund ihrer Vollständigkeit in der Mathematik auch sind, als Messergebnisse tauchen irrationale Zahlen nie direkt auf.

  [c] Ist der Abszissenwert fehlerfrei, so wird der Fehlerbalken für $x = \mu \pm \sigma$ wie rechts dargestellt gezeichnet. Hat auch der Abszissenwert einen Fehler, so wird korrekterweise auch ein waagrechter Fehlerbalken gezeichnet.

^{d} Nur in wenigen Fällen werden Größen durch direkten Vergleich bzw. gemäß ihrer Definition ermittelt; für präzise Messungen nutzt man oft spezielle Effekte oder Anordnungen aus. So ist beispielsweise der Widerstand als Quotient von Spannung und Strom (oder genauer als $R = \frac{\partial U}{\partial I}$) definiert. Um einen Widerstand zu bestimmen, wird man aber kaum Strom und Spannung messen, sondern beispielsweise mit einer Widerstandsbrücke arbeiten.

■ **Einheitensysteme und Dimensionen** (ab S. 8): ^{a} Im cgs-System sind die mechanischen Grundeinheiten Zentimeter, Gramm und Sekunde. Aufgrund der „Kleinheit" dieser Grundeinheiten für Länge und Masse wird es gelegentlich als „Mäusesystem" bezeichnet. Die Formeln der Elektrostatik haben allerdings im cgs-System eine einfachere Gestalt, weswegen es in manchen Bereichen bis heute noch in Verwendung ist.

^{b} Vielfach sind auch Einheiten üblich, die mittels Vorsätzen gebildet werden, zu einer Tabelle wichtiger Vorsätze und Anmerkungen dazu s. S. 412. Ebenfalls vielerorts verbreitet ist das angelsächsische Einheitensystem (mit Einheiten wie etwa pound per square inch, psi, für den Druck). Die Umrechnung in das SI-System erfolgt hier meist mittels „krummer" Vorfaktoren.

^{c} Gerade für die Energie als Schlüsselgröße der Physik sind neben dem Joule noch viele verschiedene Einheiten in Gebrauch. In der Atomphysik benutzt man oft das Elektronenvolt,

$$1\,\text{eV} = e \cdot (1\,\text{V}) \approx 1.602176 \cdot 10^{-19}\,\text{J},$$

in der Kernphysik meist das Megaelektronenvolt, $1\,\text{MeV} = 10^{6}\,\text{eV}$. Im Alltag stößt man häufig auf die Kalorie, $1\,\text{cal} \approx 4.185\,\text{J}$ (wobei oft schlampigerweise auch die Kilokalorie kcal als „Kalorie" bezeichnet wird). In der Energieversorgung sind etwa die Kilowattstunde ($1\,\text{kWh} = 3.6\,\text{MJ}$) oder das Öläquivalent (das sich am Energieinhalt von Rohöl, ca. $38\,\text{MJ/kg}$, orientiert) verbreitet.

■ **Die Naturkonstanten** (ab S. 10): ^{A} Astronomische und kosmologische Größen wie die Erdmasse oder die Hubble-Konstante (⇒S.236) sind nicht wirklich konstant, sondern verändern sich, allerdings nur sehr langsam; entsprechend werden sie manchmal in Aufstellungen physikalischer Konstanten mit aufgeführt. Die meisten von ihnen sind allerdings nicht wirklich universell, der genaue Wert der Erdmasse etwa hat außerhalb unseres Sonnensystems wohl keine Relevanz.

^{a} Die Stoffmenge ist – auch wenn das in der Chemie manchmal ungern gehört wird – an sich eine reine Zählgröße. Hat man ein Mol einer Substanz, so bedeutet das, dass rund $6.022 \cdot 10^{23}$ Atome oder Moleküle dieser Substanz vorliegen. Wie auch die Boltzmann-Konstante dient N_{A} letztlich nur dazu, für Alltagsprobleme gut handhabbare Zahlenwerte zu liefern. Um den Charakter der Stoffmenge als Zählgröße hervorzuheben, gibt es beispielsweise den Vorschlag,

$$N_{A} = 84\,446\,888^{3}\,\text{mol}^{-1}.$$

zu *definieren*, siehe `http://www.americanscientist.org/issues/pub/2007/2/an-exact-value-for-avogadros-number`. Diese Zahl liegt innerhalb der aktuellen Fehlerschranken, wäre also mit der momentanen Definition ausreichend gut verträglich, und hat den ästhetischen Reiz, die dritte Potenz einer ganzen Zahl zu sein. Damit würde das Mol eine geometrisch recht anschauliche Bedeutung erhalten, nämlich als jene Stoffmenge, die (bei einfach-kubischer Anordnung ($\Rightarrow$S.188)) in einem Würfel mit 84 446 888 Atomen bzw. Molekülen auf jeder Kante enthalten ist.

[b] Die genauen Werte der Teilchenmassen sind im Handbuch der *particle data group* zu finden, erhältlich z. B. auf `http://pdg.web.cern.ch/pdg/`.

[c] Zu einer Diskussion der möglichen Variation von α siehe z. B. [Petrov06].

[Q] Die Zahlenwerte und Fehlerangaben stammen aus den *2006 CODATA recommended values*, wie auf `http://www.ptb.de/de/naturkonstanten/_zahlenwerte.html` angegeben. Die Fehlerangaben sind allerdings mit Vorsicht zu genießen: Typischerweise wird der genaue Zahlenwert aus den Resultaten mehrerer unabhängiger Hochpräzisionsmessungen ermittelt. Durch Hinzunahme eines weiteren Experiments (oder durch Weglassen von einem, das bislang berücksichtigt wurde) kann sich der Wert stärker ändern, als es die Fehlerangaben suggieren würden. Die heutigen Werte liegen teils außerhalb der Fehlerschranken jener Angaben, die noch vor einigen Jahrzehnten gültig waren.

2 Klassische Mechanik

[A] Der fundamentale Charakter der Mechanik rührt nicht nur von den nahezu allgegenwärtigen Problemstellungen her, sondern auch daher, dass viele physikalische Begriffe im Rahmen der Mechanik definiert und später auf andere Bereiche übertragen wurden. Viele Konzepte lassen sich am besten im Rahmen der Mechanik verstehen, etwa die Bedeutung von Variationsprinzipien. Auch in Theorien, die über die klassische Physik hinausgehen, versucht man zunächst meist, *mechanische* Probleme zu lösen.

[L] Zur klassischen Mechanik gibt es viele gute Lehrbücher, und hier sind der persönliche Geschmack (sowie ggf. Stil und Themenauswahl des oder der Vortragenden einer Vorlesung, die man besucht) die besten Richtlinien. Grundlegende Themen der Mechanik werden schon in allgemeinen Physiklehrbüchern ([Tipler09], [Gerthsen10], [Halliday09]) und Experimentalphysik-Reihen ([Demtröder10], [Bergmann08]) in einiger Ausführlichkeit behandelt.

Auch für den theoretischen Zugang gibt es diverse gute Bücher, neben den entsprechenden Teilen oder Bänden vollständiger Reihen ([Landau97], [Rebhan11], [Greiner07], [Fließbach14]) etwa „den Goldstein" [Goldstein06]. Einen formaler gehaltenen, mathematisch anspruchsvolleren Zugang bietet jeweils der erste Band der Lehrbuchrei-

hen von Scheck [Scheck09] und Thirring [Thirring13] sowie Bücher, die sich explizit mit der mathematisch-geometrischen Interpretation der Mechanik befassen, etwa [Schottenloher95].

Zur Kontinuumsmechanik, insbesondere zur Fluidmechanik, gibt es auch separate
Lehrbücher, beispielsweise [Acheson02]. Themen der Elastizitätstheorie werden oft genauer in jenen Büchern behandelt, die für die Ingenieurswissenschaften geschrieben
wurden, etwa [Dubbel12].

- **Die Newton'schen Axiome** (ab S. 14): –

- **Konservative Kräfte, Gleichgewichte, Energiesatz** (ab S. 16): [a] Wir haben
  angemerkt, dass beschleunigungsabhängige Kräfte i. A. das Superpositionsprinzip
  für Kräfte verletzen. Nehmen wir an, es gäbe eine solche Kraft $F(\dots, a)$. Das
  Superpositionsprinzip würde nun besagen, dass, wenn die Kraft $F(\dots, a_1)$ eine
  Beschleunigung a_1 und die Kraft $F(\dots, a_2)$ eine Beschleunigung a_2 bewirkt, ihre gemeinsame Wirkung eine Beschleunigung $a_1 + a_2$ verursachen muss. Demnach
  müsste

$$F(\dots, a_1) + F(\dots, a_2) = F(\dots, a_1 + a_2)$$

sein, die Kraft dürfte also bestenfalls linear in der Beschleunigung sein, alles andere
würde direkt zu Widersprüchen führen.

[b] Der Energieerhaltungssatz unter Einbeziehung aller Energieformen ist ein sehr
allgemeines Prinzip, gilt aber nicht völlig universell. In der Allgemeinen Relativitätstheorie findet man zwar lokal Energieerhaltung, diese muss aber nicht global,
d. h. für ausgedehnte Systeme gelten. In der relativistischen Quantenphysik kann
der Energiesatz im Rahmen der Zeit-Energie-Unschärfe kurzfristig verletzt werden,
über hinreichend lange Zeiten betrachtet muss er aber erfüllt sein.

- **Das Gravitationsgesetz** (ab S. 18): [a] Die Näherung für $x = \frac{h}{R} \ll 1$ ergibt sich
  mit dem Satz von Taylor zu

$$\frac{1}{1+x} = \left[\frac{1}{1+x}\right]_{x=0} + \left[\left(\frac{1}{1+x}\right)'\right]_{x=0} \cdot x + \mathcal{O}(x^2) = 1 - x + \mathcal{O}(x^2).$$

Der Gauß'sche Satz ergibt sich am einfachsten durch Betrachtung des Gravitations-
potenzials und Bestimmung der entsprechenden Integrale

$$\int_{r<r_0} \frac{\rho(r)}{\|x - x_0\|}\, dx \qquad \text{sowie} \qquad \int_{r>r_0} \frac{\rho(r)}{\|x - x_0\|}\, dx.$$

[b] Bei genauerer Analyse setzt sich die Erdbeschleunigung aus Gravitationsbeschleu-
nigung und rotationsbedingten Trägheitseffekten ($\Rightarrow$S.24) – der „Zentrifugalbe-
schleunigung" – zusammen. Da die Massenverteilung der Erde nicht exakt sphärisch-
symmetrisch ist, ergibt sich eine zusätzliche Ortsabhängigkeit von g. Deren genaue
Kenntnis kann z. B. bei der Suche nach Bodenschätzen sehr hilfreich sein.

^{Q} Die Skizze zur Drehwaage stammt aus Cavendishs Originalarbeit, zu finden ist sie unter `http://commons.wikimedia.org/wiki/File:Cavendish_Experiment.png`.

- **Messung der Erdbeschleunigung** (ab S. 20): ^{a} Das Zykloidenpendel beruht darauf, dass die Evolute einer Zykloide selbst wieder eine Zykloide ist. Dadurch beschreibt die Spitze eines zwischen zwei Zykoiden schwingenden Fadenpendels selbst auch eine Zykoide.

- **Grundaufgaben der Mechanik** (ab S. 22): ^{a} Beim total elastischen Stoß ist insbesondere die Betrachtung von Grenz- und Sonderfällen interessant. So erhält man für $m_1 = m_2$:

$$v_1' = 0, \qquad v_2' = v_1,$$

d. h. der erste Körper bleibt stehen, der zweite übernimmt Energie und Impuls vollständig. Für $m_2 \gg m_1$ (z. B. Stoß an einer festen Wand) ist hingegen

$$v_1' \approx -v_1, \qquad v_2' \approx 0,$$

d. h. der erste Körper wird reflektiert. Beim Stoß wurde ein Impuls mit dem Betrag $\Delta p \approx 2m_1 v_2$ auf den zweiten übertragen.

^{b} Für die Endgeschwindigkeit einer Rakete sind die Geschwindigkeit des ausgestoßenen Gases und das Massenverhältnis von vollgetankter zu ausgebrannter Raktete relevant. Für die verwendete Technik ist $v_{\text{Gas}} \approx 5$ km/s, und ein Massenverhältnis von $\frac{m_0}{m_{\text{end}}} = 6$ ist bei einstufigen Raketen kaum zu übertreffen. Für Weltraummissionen werden daher mehrstufige Raketen eingesetzt.

^{c} Newtons Betrachtungen zur Eindringtiefe von Geschossen wird z.B. auch in [Gerthsen10] behandelt. Die Betrachtung ist aber insofern vereinfacht, als dass das Medium nicht unbedingt im ganzen Eindringkanal auf die Eindringgeschwindigkeit v_0 gebracht werden muss.

Im Grenzfall genügt das Erreichen der gerade aktuellen Geschossgeschwindigkeit v. Damit nimmt die kinetische Energie durch die Beschleunigungsarbeit mit der Eindringtiefe x nur mehr gemäß

$$W_{\text{kin}}(x) = \rho_G\, \ell_G\, A_G\, \frac{v_0^2}{2}\, e^{-\frac{\rho_M}{\rho_G} \cdot \frac{x}{\ell_G}}$$

ab. In der Praxis wird es aber kaum möglich sein, nur die minimale Menge an Material nur auf die minimal notwendige Geschwindigkeit zu beschleunigen. Zudem muss neben Beschleunigungsarbeit auch noch Arbeit gegen die Kohäsionskräfte im Medium verrichtet werden. Von daher ist es für ein Geschoss dennoch kaum möglich, weiter als $L_{\text{max}} = \ell_G\, \frac{\rho_G}{\rho_M}$ in das Medium einzudringen.

- **Starre Körper, Trägheit und rotierende Systeme** (ab S. 24): [a] Die Beziehung $L_i = I_{ij}\omega_j$ ist nur gültig, wenn die Drehachse durch den Massenmittelpunkt verläuft. Für allgemeine Drehachsen kann die Berechnung des Drehimpulses mit dem *Satz von Steiner* erfolgen. In bewegten Bezugssystemen können sich durch die Verschiebung des Bezugspunkts noch weitere Terme ergeben.

- **Zwei-Körper- und Mehr-Körperprobleme** (ab S. 26): [a] Da die Sonne mehr als 99 % der Masse des Sonnensystems in sich vereint, ist die Näherung als Ein-Körper-Problem bei der Betrachtung jedes einzelnen Planeten recht gut. Allerdings ist die Sonne nicht exakt sphärisch-symmetrisch, sondern leicht abgeplattet. Sie besitzt daher auch ein Quadrupolmoment, das zu einem $\frac{1}{r^3}$-Beitrag im Potenzial führt. Ein solches Quadrupolmoment verursacht – ebenso wie die allgemein-relativistischen Korrekturen ($\Rightarrow$S.226) – eine kleine Periheldrehung der Planetenbahnen.

  Die Wirkung der Planeten aufeinander ist verglichen mit dem Einfluss der Sonne klein und kann für kurzfristige Bahnberechnungen vernachlässigt werden. Bei genauerer Betrachtung handelt es sich beim Sonnensystem jedoch um ein chaotisches System, für das längerfristige präzise Vorhersagen nicht möglich sind. ($\Rightarrow$S.46)

  [b] Die drei Kepler'schen Gesetze lauten:

  1. Die Planeten bewegen sich auf Ellipsen, in deren einem Brennpunkt die Sonne steht.

  2. Der „Fahrstrahl" $r(t)$ vom Zentrum des Zentralkörpers zum sich bewegenden Körper überstreicht in gleichen Zeiten gleiche Flächen.

  3. Die Quadrate der Umlaufzeiten T verhalten sich wie die Kuben der großen Halbachsen a, d. h. $\frac{T_1^2}{T_2^2} = \frac{a_1^3}{a_2^3}$.

  [c] Für das $\frac{1}{r}$-Potenzial gibt es „zufällig" noch eine weitere Erhaltungsgröße, den *Runge-Lenz-Vektor* (der manchmal auch als Laplace-Lenz-Vektor bezeichnet wird).

  [d] Beim Drei-Körper-Problem besteht immer die prinzipielle Möglichkeit, dass zwei Körper auf den dritten so viel Energie übertragen, dass dieser das System verlässt („Verdunstungseffekt"). Noch extremer ist die Lage beim allgemeinen Vier-Körper-Problem. Dieses besitzt Lösungen, in denen einer der Körper nicht nur aus dem System heraus geschleudert wird, sondern sogar der zurückgelegte Weg in beschränkter Zeit divergiert. Anders gesagt, einer der Körper erreicht das Unendliche in endlicher Zeit.[e] Derartige Lösungen klassisch-mechanischer Probleme sind noch heute ein aktives Forschungsgebiet, allerdings eher in der Mathematik als in der Physik.

  [e] Natürlich beinhalten solche Lösungen Geschwindigkeiten, die über der Vakuumlichtgeschwindigkeit c liegen; entsprechend sind sie nicht physikalisch sinnvoll. Im physikalischen Kontext müsste man in derartigen Fällen längst mit der Speziellen Relativitätstheorie arbeiten, die die Beschleunigung massiver Körper auf Geschwindigkeiten $v \geq c$ verbietet. Auf formal-mathematischer Ebene sind aber auch solche Ergebnisse der klassischen Mechanik interessant.

- **Zwangsbedingungen und virtuelle Verrückungen** (ab S. 28): –
- **Generalisierte Koordinaten und Lagrange-Mechanik** (ab S. 30): [a] Die Schreibweise mit eckigen Klammern deutet an, dass S ein *Funktional* ($\Rightarrow$S.36) der Bahn q ist.
- **Symmetrien und das Noether-Theorem** (ab S. 32): [L] Die ausführlichste Diskussion der Rolle von Symmetrien in der Physik findet sich üblicherweise in Lehrbüchern zu physikalischen Anwendungen der Gruppentheorie, etwa [WuKiTung85].

[a] Das Theorem von Noether wird in wohl allen neueren Lehrbüchern der klassischen Mechanik behandelt. Gelegentlich findet sich allerdings die Formulierung, dass jeder kontinuierlichen Symmetrie eine Erhaltungsgröße entspricht *und umgekehrt*. Das ist allerdings nur eingeschränkt richtig. Bestimmte topologische Größen können erhalten bleiben, aber dennoch nicht mit einer Symmetrie verknüpft sein, siehe dazu etwa die Diskussion der Sine-Gordon-Gleichung in Kapitel 10 von [Ryder96].

[b] Dass $s = 0$ eine nahe liegende Wahl ist, liegt schon daran, dass dieser Wert der einzige ist, der – wegen der Forderung $\tilde{q}(q, 0) = q$ – mit Sicherheit für jede Transformation im für s zulässigen Wertebereich liegt. Generell zeigt sich, dass man Symmetrietransformationen oft völlig anhand ihres Verhaltens in der Umgebung der Einheitstransformation charakterisieren kann.

Das geschieht eben mit Hilfe der Ableitung der Transformation nach dem Transformationsparameter s an der Stelle $s = 0$, für die die Transformation die Einheitsoperation darstellt. Bei Lie-Gruppen ($\Rightarrow$S.150) führt das zu den Generatoren der Gruppe, die ihrerseits eine Lie-Algebra bilden.

- **Hamilton'sche Mechanik** (ab S. 34): [a] Allgemein ist eine Legendre-Transformation das Umschreiben einer differenzierbaren Funktion f auf eine neue Funktion, deren Argument die Ableitung von f ist. Durch einen simplen Koordinatenwechsel vom Argument x zu $u = \frac{\mathrm{d}f}{\mathrm{d}x}$ ginge allerdings Information über die Lage des Graphen verloren. Will man das vermeiden, kann man die Funktion durch ihre Tangenten charakterisieren.

Dazu wird jedem Wert von u der Ordinatenabschnitt der entsprechenden Tangente zugewiesen. Der Funktionsgraph kann dann als Einhüllende der Tangenten rekonstruiert werden. Eine ausführlichere Diskussion der geometrischen Interpretation der Legendre-Transformation findet sich in Abschnitt 7.3 von [Ryder96].

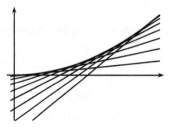

Die Langrange'sche Mechanik, die auf (jeweils verallgemeinerten) Orts- und Geschwindigkeitskoordinaten beruht, spielt sich aus mathematischer Sicht auf dem *Tangentialbündel* der Basismannigfaltigkeit ab. Die Hamilton'sche Mechanik, die die Geschwindigkeiten durch kanonisch konjugierte Impulse ersetzt, wird hingegen auf dem *Kotangentialbündel* der Mannigfaltigkeit formuliert. Den Übergang zwischen den beiden Darstellungen vermittelt gerade die Legendre-Transformation.

[b] Die Darstellung der Hamilton'schen Bewegungsgleichung mit Hilfe der Matrix

$$\widetilde{I} = \begin{pmatrix} 0 & \mathbb{1}_{n_F} \\ -\mathbb{1}_{n_F} & 0 \end{pmatrix}$$

ist besonders instruktiv, wenn es um die differenzialgeometrische Interpretation der Mechanik geht. Diese Matrix erfüllt die Bedingung $\widetilde{I}^2 = -\mathbb{1}_{2n_F}$, und ganz allgemein kann man auf eine Operation $\widetilde{i}$, die die Bedingung $\widetilde{i}^2 = -\mathrm{Id}$ erfüllt, einen speziellen Formalismus aufbauen, die *symplektische Struktur*. Dieser Zugang wird etwa in [Schottenloher95] oder [Scheck09] genauer behandelt, die beide generell gute Quellen für den mathematisch anspruchsvolleren Zugang zur Mechanik sind.

[c] *Pseudokanonische Transformationen*, die zwar nicht alle Eigenschaften kanonischer Transformationen besitzen, entsprechend aber allgemeiner und daher manchmal sehr sehr nützlich sind, werden etwa im ersten Band von [Rebhan11] behandelt.

[d] Die Poisson-Klammern erfüllen (mit Funktionen u, v und w und Konstanten λ und μ) die folgenden Eigenschaften:

$$\text{Antikommutativität} \quad [u,v] = -[v,u]\,,$$
$$\text{Linearität} \quad [\lambda u + \mu v, w] = \lambda[u,w] + \mu[v,w]\,,$$
$$\text{zudem} \quad [uv,w] = [u,w]v + u[v,w] \quad \text{und}$$
$$\text{Jacobi-Identität} \quad [[u,v],w] + [[w,u],v] + [[v,w],u] = 0\,.$$

Diese Bedingungen definieren eine nicht-assoziative Lie-Algebra. Analoge Beziehungen gelten für das Vektorprodukt $\boldsymbol{a} \times \boldsymbol{b}$ und den quantenmechanischen Kommutator $[\hat{A},\hat{B}] = \hat{A}\hat{B} - \hat{B}\hat{A}$. Die Ähnlichkeit zwischen Poisson-Klammern und Kommutatoren zeigt die Verwandtschaft zwischen klassischer Mechanik und Quantenmechanik auf.

[e] Für die Zeitableitung der Poisson-Klammer findet man

$$\frac{\mathrm{d}[F_1,F_2]}{\mathrm{d}t} = \left[\frac{\mathrm{d}F_1}{\mathrm{d}t}, F_2\right] + \left[F_1, \frac{\mathrm{d}F_2}{\mathrm{d}t}\right]\,.$$

Klammerbildung erzeugt also aus zwei Erhaltungsgrößen eine dritte. Diese muss nicht von den beiden ursprünglichen unabhängig sein, kann es aber, und mit Glück kann man durch mehrfache Klammerbildung einen ganzen Satz von Erhaltungsgrößen finden.

- **Das Hamilton'sche Prinzip** (ab S. 36): [a] Die Variationsrechnung, in der Funktionen als Argumente von Abbildungen auftauchen, ist eine der Wurzeln der modernen Funktionalanalysis. Neben Funktionalen, also Abbildungen von einem Funktionen- in einen Zahlenraum, beschäftigt sich diese Disziplin auch mit *Operatoren*, also Abbildungen zwischen Funktionenräumen.

  [b] Während im Hamilton'schen Prinzip die Endzeit t_{End} fixiert, die Energie hingegen variabel ist, wird im Prinzip von Maupertuis die Energie fixiert und die Zeitdauer variiert. Die beiden Prinzipien sind für zeitunabhängige Lagrange- bzw. Hamilton-Funktionen äquivalent, und je nach Aufgabenstellung kann sich die Benutzung des einen oder des anderen anbieten.

  [c] Aus dem Prinzip von Maupertuis kann man folgern, dass bei kräftefreier Bewegung der Weg gewählt wird, bei dem die Ankunftzeit t_2 am kleinsten und damit die Wegstrecke am kürzesten ist. Das ist das mechanische Analogon zum Fermat'schen Prinzip in der Optik.

- **Konfigurations- und Phasenraum** (ab S. 38): [a] Die instabilen Ruhelagen des Pendels werden durch $\vartheta = (2n + 1)\pi$ mit $n \in \mathbb{Z}$ und $\dot\vartheta = 0$ gekennzeichnet. Das Durchlaufen eines Abschnitts der Separatrix zwischen zwei derartigen Ruhelagen erfordert unendlich viel Zeit. Alle Betrachtungen in diesem Beispiel gelten natürlich nur für den ungedämpften Fall.

  Die Bestimmung der Phasenraumbahnen ist in diesem Beispiel recht einfach. Dazu multipliziert man die (bereits durch die Masse m gekürzte) Bewegungsgleichung $\ell\ddot\vartheta + g \sin\vartheta = 0$ mit $\dot\vartheta$ und erhält durch Integration den Energiesatz

  $$\frac{1}{2}\dot\vartheta^2 - \frac{g}{\ell}\cos\vartheta = \text{const}.$$

  Für kleine Ausschläge ist $\cos\vartheta \approx 1 - \frac{1}{2}\vartheta^2$, und man erhält die lineare Schwingungsgleichung, deren Lösungen trigonometrische Funktionen sind. Für den allgemeinen Fallen lässt sich die Zeitabhängigkeit von ϑ (und damit auch die Periodendauer des Pendels) aber nur mit Hilfe von elliptischen Integralen analytisch beschreiben.

- **Kontinuumsmechanik deformierbarer Körper** (ab S. 40): [a] Salopp gesprochen: E ist die Spannung, die einen Körper auf seine doppelte Länge dehnen würde – wenn er dann nicht schon längst zerrissen wäre oder man zumindest den Linearitätsbereich verlassen hätte. Für den Fall, dass zwar ein Gesetz der Form (2.10) gilt, allerdings mit spannungsabhängigem statt konstantem E, spricht man von *Gummielastizität*.

  [b] G wird auch als Gleitmodul, Schermodul oder Torsionsmodul bezeichnet. Materialeigenschaften wie E und G können natürlich experimentell bestimmt werden. Ein Ziel der theoretischen Materialphysik ist es aber, die mechanischen und sonstigen Eigenschaften von Festkörpern (siehe Kapitel 8) aus grundlegenden Prinzipien („ab

initio") vorhersagen zu können. Durch Verständnis, wie diese Eigenschaften zustande kommen, kann man auch gezielt Funktionswerkstoffe, d. h. neue Materialien mit spezifischen Eigenschaften, entwickeln.

[c] Übt man auf einen zylindrischen Körper mit Durchmesser d und Länge ℓ Zug aus, so gilt im elastischen Bereich

$$\frac{\Delta d}{d} = -\nu \, \frac{\Delta \ell}{\ell} \, ,$$

mit der Poisson-Zahl ν. Das negative Vorzeichen wird gesetzt, weil bei Zug der Durchmesser des Körpers meist abnimmt, man aber für ν positive Werte bevorzugt. Insgesamt nimmt das Volumen durch Zug meist zu, woraus sich die Einschränkung $\nu < \frac{1}{2}$ ergibt. Für spezielle Materialien sind aber auch Werte $\nu < 0$ und $\nu \geq \frac{1}{2}$ möglich.

[d] Die Gleichung $w''''(x) = \delta(x - y)$ ist für $x \neq y$ homogen, d. h. $w''''(x) = 0$. Die allgemeine Lösung dieser Differenzialgleichung ist ein Polynom dritten Grades, und entsprechend muss auch die Green'sche Funktion in den Bereichen $[0, y)$ und $(y, L]$ ein derartiges Polynom sein. Man findet (siehe z. B. [Dubbel12]):

$$G_0(x,y) = \frac{1}{6EI_yL} \begin{cases} x(L-x)(2L-x)y - (L-x)y^3 & \text{für } 0 \leq y < x \\ x(L^2 - x^2)(L-y) + x(L-y)^3 & \text{für } x \leq y \leq L \, . \end{cases}$$

Generell ist die Methode der Green'schen Funktionen bzw. Grundlösungen ein sehr nützliches Verfahren, um lineare Differenzialgleichungen zu behandeln.

- **Fluidmechanik** (ab S. 42): [L] Zur Fuidmechnik gibt es diverse gute Bücher, sowohl eigenständige Werke wie [Acheson02] als auch die entsprechenden Bände von Lehrbuchreihen. Die Behandlung zweidimensionaler Strömungen mit Mitteln der Funktionentheorie wird zum Beispiel in Kapitel 32 von [Arens11] und detaillierter in [Spiegel80] behandelt.

[A] Die Fluidmechanik ist von enormer Bedeutung, insbesondere im ingenieurwissenschaftlichen Bereich, etwa der Konstruktion von Fahrzeugen und anderen Anlagen. Da sich fluidmechanische Probleme nur in Spezialfällen analytisch lösen lassen, haben sich diverse numerische Verfahren zur Lösung der Navier-Stokes-Gleichung etabliert, die unter *Computational Fluid Dynamics* (CFD) zusammengefasst werden. CFD zählt inzwischen zu den Standardmethoden beim Entwurf technischer Anlagen, und Computersimulationen können hier oft Monate an Prototypenbau und Experimenten ersetzen.

Auch wenn die Fluidmechanik eine vergleichsweise alte Disziplin der Physik und dazu noch von enormer praktischer Wichtigkeit ist, so ist die Mathematik hinter der Navier-Stokes-Gleichung bis heute nicht vollständig verstanden. Das Lösungsverhalten der Gleichung rigoros zu charakterisieren, ist eines der sieben *millenium problems*, siehe `http://www.claymath.org/millennium/navier-stokes-equation`.

^{a} Für den Druck waren und sind die verschiedensten Einheiten in Verwendung. Das Pascal ist für Alltagszwecke eine sehr „kleine" Einheit, daher werden Drücke auch häufig in der Einheit Bar, $1\,\text{bar} = 10^5\,\text{Pa}$, angegeben. Ein Bar entspricht etwa dem äußeren Luftdruck auf Meereshöhe. Daneben waren auch die „physikalische Atmosphäre" $1\,\text{atm} = 1.01323\,\text{bar}$ und die „technische Atmosphäre" $1\,\text{at} = 0.980665\,\text{bar}$ (Druck einer 10 m hohen Wassersäule auf Meereshöhe) gebräuchlich. Manchmal stößt man auch auf die Einheit Torr (benannt nach E. Torricelli, auch „mm Hg", der Druck einer 1 mm hohen Quecksilbersäule auf Meereshöhe), $760\,\text{Torr} = 1\,\text{atm}$, oder die angelsächsische Einheit psi (pounds per square inch).

^{b} Auf ein Flüssigkeitsteilchen am Rand werden nicht (so wie auf eines im Inneren) von allen Seiten her gleichförmig Kräfte ausgeübt. An der Grenzfläche zu einem Gas ergibt sich so eine Nettokraft, die ins Innere der Flüssigkeit gerichtet ist. Das führt zur Tendenz einer Flüssigkeit, ihre Oberfläche aus energetischen Gründen möglichst klein zu halten, und damit zur *Oberflächenspannung.*

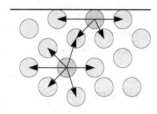

An der Grenzfläche zu einem Festkörper kann die Kraft zu diesem hin größer oder kleiner sein als jene ins Innere der Flüssigkeit, entsprechend spricht man (in Bezug auf diesen Körper) von einer *benetzenden* bzw. einer *nicht benetzenden* Flüssigkeit.

^{c} Derartige Kontinuitätsgleichungen tauchen in vielen Bereichen der Physik auf – letztlich überall dort, wo man es mit Erhaltungsgrößen zu tun hat. Da die elektrische Ladung ebenso erhalten bleibt wie die Masse, gibt es für elektrische Ladungsdichte ρ_{el} und die elektrische Stromdichte $\boldsymbol{j}_{\text{el}}$ ebenso eine Kontinuitätsgleichung der Form

$$\frac{\partial \rho_{\text{el}}}{\partial t} - \text{div}\,\boldsymbol{j}_{\text{el}} = 0.$$

^{d} Der Impulsstrom $\boldsymbol{\Pi}$ in einem Fluid ist ein Tensor zweiter Stufe, da ja, salopp ausgedrückt, einerseits für die Angabe der Impulsrichtung, andererseits für die Angabe der Stromrichtung jeweils ein Index gebraucht wird. Man kann die Impulsstromdichte gemäß $\Pi_{ik} = \rho v_i v_k - \sigma_{ik}$ in einen Geschwindigkeitsanteil und einen Spannungstensor $\boldsymbol{\sigma}$ ($\Rightarrow$ S.40) zerlegen. Dieser wiederum zerfällt gemäß

$$\sigma_{ik} = -p\,\delta_{ik} + \sigma'_{ik}$$

in einen Druckanteil und einen *Reibungstensor* $\boldsymbol{\sigma}'$. Dieser Tensor lässt sich mit zwei skalaren Größen η und ζ charakterisieren, wenn man ihn nach Linearisierung gemäß

$$\sigma'_{ik} = \eta \left(\frac{\partial v_i}{\partial x_k} + \frac{\partial v_k}{\partial x_i} - \frac{2}{3}\,\frac{\partial v_\ell}{\partial x_\ell} \right) + \zeta\,\delta_{ik}\,\frac{\partial v_\ell}{\partial x_\ell}$$

in einen spurfreien und einen diagonalen Anteil zerlegt.

Eine Flüssigkeit, die die Beziehung $\tau_{ij} = \eta \frac{dv_i}{dx_j}$ mit konstanter dynamischer Viskosität η erfüllt, heißt *Newton'sch*. Diverse Flüssigkeiten fallen nicht in diese Kategorie, und nicht-Newton'sche Flüssigkeiten können teils erstaunliche Eigenschaften aufweisen. So ist etwa möglich, auf speziellen nicht-Newton'schen Flüssigkeiten zu laufen, siehe z.B. `http://www.youtube.com/watch?v=f2XQ97XHjVw`.

[e] Grenzschichten haben große Bedeutung für Wärmeübergänge. Die Wärmeleitfähigkeit der Luftgrenzschicht um einen Körper ist gering; die Grenzschicht isoliert ihn gegen die Umgebung. Daher wird die Wärmeübertragung umso effizienter, je dünner diese Grenzschicht ist, je höher also die Relativgeschwindigkeit zwischen Körper und Luft ist. Daher kühlt Fahrtwind (allerdings nur, solange die Lufttemperatur unterhalb der Körpertemperatur liegt), und daher wirkt Kälte bei Wind deutlich intensiver – ein Effekt, der mit dem tabellierten *Windchill-Faktor* zumindest näherungsweise quantifiziert wurde.

[f] Das Hagen-Poiseuille-Gesetz gilt, ebenso wie das parabolische Geschwindigkeitsprofil nur für laminare Strömungen (s.ü.). Jenseits des laminaren Bereichs werden die „einfachen" Lösungen der hydrodynamischen Gleichungen instabil, und es bilden sich turbulente Verwirbelungen aus.

[g] Die Reynolds-Zahl gibt das Verhältnis von Trägheitskräften zu viskosen Kräften an und charakterisiert damit das Turbulenzverhalten von Strömungen. Bei Re < 2300 sind Strömungen laminar, darüber setzt der Übergang zu Turbulenzen (Zwischenbereich) an; bei Re > 10^4 sind Strömungen stets turbulent.
Neben der Reynolds-Zahl werden insbesondere in den Ingenieurswissenschaften noch Dutzende andere dimensionslose Kennzahlen verwendet, etwa die Nußelt-Zahl Nu (ein dimensionsloser Wärmeübergangskoeffizient), die Fourier-Zahl Fo (eine dimensionslose Zeit bei der Wärmeleitung) oder die Froude-Zahl Fr (die das Verhältnis von stationären Trägheitskräften zur Schwerkraft charakterisiert).
Auf dimensionslosen Kennzahlen beruht auch die experimentelle Untersuchung von miniaturisierten Modellen größerer Anlagen oder Gebäuden: Stellt man alle Parameter so ein, dass die relevanten dimensionslosen Kennzahlen gleich sind, so kann man anhand des Modells das zu erwartende Strömungsverhalten gut vorhersagen.

■ **Reibung** (ab S. 44): [a] Die Beziehung $\mu_{HR} = \tan\varphi_{Grenz}$ kommt folgendermaßen zustande: Im homogenen Gravitationsfeld wirkt auf einer mit dem Winkel φ schräggestellten Platte die Tangentialkomponente $F_T = mg\sin\varphi$ der Schwerkraft als „Antriebskraft". Aus der Normalkraft $F_N = mg\cos\varphi$ resultiert die Haftreibungskraft $F_R = \mu_{HR}F_N$. Ins Rutschen kommt der Körper, wenn $F_T \geq F_R$ ist, d. h. bei $mg\sin\varphi \geq \mu_{HR}\,mg\cos\varphi$. Für den Grenzwinkel φ gilt damit $\mu_{HR} = \tan\varphi_{Grenz}$.

[b] Reibung ist wohl der bedeutendste Dissipationsmechanismus, doch auch andere Effekte führen zu einer zunehmenden Gleichverteilung der Energie, etwa der elektrische Widerstand (der sehr salopp als „Reibung der fließenden Elektronen am Leiter"

aufgefasst werden kann). Die Verteilung von Energie auf mehr Freiheitsgrade und die entsprechende Erhöhung der Entropie (⇒S.96) sind notwendig für die Bildung und das Fortbestehen komplexer Systeme – bis hin zu Lebewesen und Ökosystemen. Die systematische Untersuchung komplexer Systeme als *dissipative Strukturen* geht auf I. Prigogine zurück.

■ **Chaotische Systeme** (ab S. 46): [L] Zu chaotischen Systemen und zum verwandten Themengebiet der Fraktale gibt es viele gute Bücher, von anspruchsvoller mathematischer Literatur bis hin zu prachtvollen Bildbänden. Ein Klassiker zur fraktalen Geometrie ist [Mandelbrot90], die physikalischen Aspekte sowohl von klassischem als auch Quantenchaos behandelt [Cvitanović12]. Einen guten mathematischen Zugang zu nichtlinearen Differenzialgleichungen, die Grundlage der meisten (kontinuierlichen) chaotischen Systeme sind, bietet etwa [Verhulst13]. Als Einstieg in die Thematik des Quantenchaos eignen sich [Gutzwiller92] oder der von M. C. Gutzwiller verfasste und bis zu seinem Tod von ihm betreute Scholarpedia-Artikel http://www.scholarpedia.org/article/Quantum_chaos.

[A] Die Existenz chaotischer Systeme wirft diverse konzeptionelle Probleme auf. So werden numerische Berechnungen stets mit rationalen Zahlen durchgeführt. Diese machen aber nur einen kleinen Teil der reellen Zahlen aus, sie sind abzählbar und bilden daher lediglich eine Menge vom Maß null. Entsprechend sind sie nicht notwendigerweise repräsentativ für die rellen Zahlen, und das könnte sich prinzipiell auf die mit ihnen angestellten Berechnungen übertragen. Da in chaotischen Systemen auch kleinste Abweichungen langfristig gravierende Auswirkungen haben können, ist das potenziell problematisch.

[a] Eine genauere Analyse zeigt, dass es für jede Phasenraumdimension einen eigenen Ljapunov-Exponenten gibt. Da allerdings i.Ä. der größte dieser Exponenten das Verhalten des Systems bestimmt, betrachtet man oft nur diesen und spricht einfach von „dem Ljapunov-Exponenten".

[b] Die Darstellung der Ljapunov-Exponenten zeigt deutliche Selbstähnlichkeiten, sie gehört zu einer Klasse von geometrischen Gebilden, die als *Fraktale* bezeichnet werden. Chaotische Systeme und fraktale Strukturen sind eng miteinander verwoben.

Algorithmen, die Fraktale, etwa die rechts dargestellte Mandelbrot-Menge (das „Apfelmännchen"), produzieren, sind typischerweise chaotisch: Nahe beieinander liegende Startwerte können sehr verschiedenes Verhalten produzieren, was mit entsprechender Farbkennzeichnung zur beobachteten zerklüfteten Geometrie führt.

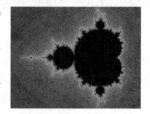

[c] Beim Lorenz-System beruhte die Entdeckung des chaotischen Verhaltens auf einem Zufall, nämlich dem Vergleich von zwei Berechnungen, von denen eine mit gerundeten Startwerten durchgeführt wurde. Generell ist ein einfacher Test, um ein

System, das numerisch behandelt wird, auf chaotisches Verhalten zu untersuchen, die Berechnung mit zwei unterschiedlichen Genauigkeitsstufen (z. B. *single precision* und *double precision*) durchzuführen.

[Q] Die Abbildung zu den Ljaponv-Exponenten, *Bidimensional Visualization of the Verhulst Dynamics*, stammt von Jean-Francois Colonna (CMAP/Ecole Polytechnique, `www.lactamme.polytechnique.fr`), auf dessen Website noch eine Vielzahl anderer Kunstwerke mathematischen Ursprungs zu bewundern sind. Die Abbildung des Lorenz-Attraktors stammt von `http://en.wikipedia.org/wiki/File:Lorenz_attractor.svg`. Die Eigenfunktion des Stadionbillards stammt aus einer Arbeit von Chris King, zu finden unter `http://www.dhushara.com/DarkHeart/QStad/QStad.htm`. Verwendung der Abbildungen jeweils mit freundlicher Genehmigung der Urheber.

3 Elektrizität und Magnetismus

[L] Neben den schon erwähnten Lehrbuchreihen, in denen es natürlich auch einen Band zu Elektrodynamik bzw. klassischer Feldtheorie gibt, sollte hier insbesondere ein Lehrbuch-Klassiker nicht unerwähnt bleiben, der „Jackson" [Jackson13], ein sehr umfangreiches Buch.

■ **Elektrische und magnetische Erscheinungen; Felder** (ab S. 50): [a] Der Bernstein, griechisch $\eta\lambda\epsilon\kappa\tau\rho\nu$ (elektron), hat auch dem Elektron und damit der gesamten Elektrizitätslehre, der Elektrotechnik und der Elektronik seinen Namen gegeben.

[b] Eine explizite Berücksichtigung des Faktors $\frac{1}{4\pi}$ wäre natürlich auch im Gravitationsgesetz möglich und hätte auch dort den Vorteil, besser die Geometrie von der „echten Physik" zu trennen. Zu der Zeit, als das Gravitationsgesetz aufgestellt wurde, waren derartige Überlegungen aber noch nicht so ausgereift, und eine nachträgliche Umformulierung des Gesetzes (und eine entsprechende Umdefinition der Gravitationskonstanten) wurde nie vorgenommen.

[c] Die Unterscheidung zwischen elektrischem und magnetischem Feld ist bezugssystemabhängig ($\Rightarrow$ S.212) – in ihrem eigenen Ruhesystem hat jede Ladung nur ein elektrisches Feld. Nur in einem relativ dazu bewegten System kommt auch ein magnetisches Feld hinzu. Dieser Umstand drückt sich auch in der Leistungsfreiheit der Lorentz-Kraft aus, $v \cdot F_{\mathrm{L}} = 0$. (Nebenbei, auch manche Menschen müssen sich gelegentlich anhören, sie seien wie Magnetfelder – sie würden zwar ablenken, aber keine Arbeit verrichten.)

[d] Im Kontext der ART hat auch das Gravitationsfeld eine Selbstwechselwirkung (jede Form von Energie führt zu Gravitation, das Gravitationsfeld selbst enthält

ebenfalls Energie), und entsprechend gibt es dort die Möglichkeit von Gravitationswellen ($\Rightarrow$S.240). Diese sind allerdings viel schwächer und bis heute nicht direkt nachgewiesen.

^{Q} Die Abbildung der Eisenfeilspäne stammt von `http://upload.wikimedia.org/` `wikipedia/commons/5/5c/Magnet0873.jpg`.

■ **Ströme und Induktion** (ab S. 52): ^{a} Im cgs-System ($\Rightarrow$S.8) wird keine eigene Basiseinheit für elektrische Größen definiert, sondern die elektrischen Größen werden anhand der Kraftwirkungen aus den mechanischen abgeleitet. Dadurch erhalten aber sehr viele verschiedenartige Größen formal die gleiche Einheit; so werden Längen und Widerstände im cgs beide in cm angegeben.

^{b} In einem Supraleiter ($\Rightarrow$S.204) gibt es einen Mechanismus zur verlustfreien Stromleitung, und entsprechend besteht ein Stromfluss auch ohne treibendes externes Feld weiter.

^{c} Im technischen Kontext wird die Stromrichtung konventionell vom positiven zum negativen Pol definiert („technische Stromrichtung"). Weil der Stromfluss in Metallen fast ausschließlich durch die negativ geladenen Elektronen zustande kommt, kann diese Konvention gelegentlich etwas irreführend sein.

^{d} Die magnetische Induktion hat nichts mit dem Induktionsschluss in Logik und Wissenschaftstheorie ($\Rightarrow$S.284) oder der vollständigen Induktion in der Mathematik zu tun.

■ **Elektrische Bauelemente und Messtechnik** (ab S. 54): ^{a} Elektrolytkondensatoren, wie sie insbesondere in der Elektronik oft verwendet werden, können bei gleicher Kapazität kleiner ausgeführt werden als klassische Kondensatoren, sie werden aber durch falsche Polung zerstört – ein Prozess, der meist durch eine kleinere Explosion und einen ausgesprochen üblen Geruch auf sich aufmerksam macht.

^{b} Allgemein könnte man $U(t) = U_0\, e^{i(\omega t - \varphi_U)}$ und $I(t) = I_0\, e^{i(\omega t - \varphi_I)}$ ansetzen. Da aber für nahezu alle Betrachtungen nur die Phasenverschiebung zwischen Strom und Spannung interessant ist, aber nicht die absolute Phasenlage in Bezug auf einen ohnehin stets willkürlichen Bezugszeitpunkt, kann man der Einfachheit halber beispielsweise $\varphi_U = 0$ und $\varphi_I = \varphi$ setzen. Diese Konvention hat den Vorteil, dass φ dann direkt auch der Phasenwinkel der Impedanz ist.

In der Elektrotechnik ist übrigens für die imaginäre Einheit die Bezeichnung j statt i verbreitet. Zudem ist es dort gängig, komplexe Größen durch Unterstreichung zu kennzeichnen, etwa $\underline{Z} = R + jX$.

^{c} Der Betrag der Impedanz, $|Z| = \sqrt{R^2 + X^2}$, wird auch als Scheinwiderstand bezeichnet. Für Netzbetreiber sind große Blindwiderstände im Netz unangenehm, da die zugehörige Blindleistung zwischen Erzeuger und Verbraucher hin- und herpendelt und dabei zur Belastung der Netze beiträgt. Entsprechend wird zumindest Großverbrauchern üblicherweise auch die Blindleistung verrechnet.

[d] In der Analogelektronik werden die Kennlinien und andere physikalische Eigenschaften der Bauelemente direkt genutzt. In der Digitalelektronik versucht man hingegen, Bauelemente zu verwenden, die möglichst präzise bestimmte Strukturen der Boole'schen Logik abbilden.

[Q] Die Abbildungen der Bauelemente stammen von `http://bwir.de/bauteile/` und werden mit freundlicher Genehmigung durch Herrn Benedikt Wirmer verwendet.

- **Die Maxwell-Gleichungen** (ab S. 56): [a] Welche Terme in den Maxwell-Gleichungen auf die rechte bzw. auf die linke Seite geschrieben werden, ist natürlich Geschmackssache, Hier haben wir die Darstellung gewählt, in der alle Feldausdrücke links und nur die Quellen der Felder rechts stehen.

[b] Bei den meisten elektromagnetischen Wellen stehen das elektrische und das magnetische Feld normal auf die Ausbreitungsrichtung, man spricht dann auch von transversal-elektrisch-magnetischen (TEM-)Wellen. In speziellen Fällen, etwa in Hohlleitern oder in Laserresonatoren, können auch elektromagnetische Wellen auftreten, in denen nur eines der beiden Felder normal auf der Ausbreitungsrichtung steht. Bei transversal-elektrischen (TE-)Wellen ist es das E-Feld, bei transversal-magnetischen (TM-)Wellen das H-Feld, das diese Transversalitätsbedingung erfüllt, während das jeweils andere Feld auch eine Komponente in Ausbreitungsrichtung besitzt. Rein longitudinale elektromagnetische Wellen treten aber nicht auf.

- **Dielektrika und magnetische Materialien** (ab S. 58): [a] Auch Atomkerne können ein magnetisches Moment besitzen, allerdings ist dieses durch die größere Masse der Kerne wesentlich kleiner und spielt für die magnetischen Eigenschaften eines Stoffs nur eine sehr untergeordnete Rolle.
Dieses magnetische Moment der Atomkerne, insbesondere jenes des Wasserstoffkerns, ist die Grundlage eines vor allem in der Medizin oft eingesetzten Untersuchungsverfahrens, der *Kernspintomographie*.

[b] Ferromagneten behalten eine makroskopische Magnetisierung auch dann, wenn kein äußeres Feld mehr anliegt. Der Zustand eines derartigen magnetischen Materials ist nicht nur von den aktuellen Bedingungen, sondern auch von der Vorgeschichte abhängig. (Das System hat ein „Gedächtnis" – daher eignen sich ferromagnetische Materialien auch für die Speicherung von Daten, was bei Magnetbändern oder in Festplatten ausgenutzt wird.)

Statt einer Funktion $H \mapsto B(H)$ wie in Dia- und Paramagneten findet man bei Ferromagneten eine *Hysteresekurve*, die in Abhängigkeit von der äußeren Feldstärke durchlaufen wird. Vom unmagnetisierten Zustand aus wird zunächst eine *Neukurve* durchlaufen. Das ist schematisch in der nebenstehenden Abbildung dargestellt. Die *remanente Flussdichte* $B_{\mathrm{r}} \neq 0$ bleibt auch bei $H = 0$ erhalten; es muss eine *Koerzitivfeldstärke* H_{k} angelegt werden, um wieder $B = 0$ zu erreichen.

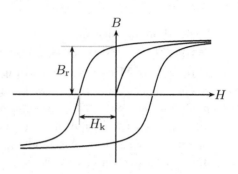

Die Fläche, die von der Hysteresekurve eingeschlossen wird, entspricht der Energie, die bei einmaligem Durchlaufen der Kurve in Wärme umgewandelt wird (auch als BH-Produkt bezeichnet). Diese soll für Werkstoffe, die of ummagnetisiert werden (etwa jene, die in Transformatorkernen zum Einsatz kommen), möglichst klein sein.

[c] Da Antiferromagnete makroskopisch keine Magnetisierung aufweisen, wurde der Effekt – obwohl er durchaus häufig auftritt – erst relativ spät entdeckt. Wie der Ferromagnetismus ist er temperaturempfindlich und verschwindet oberhalb der *Néel-Temperatur* T_{N}.

Der Ferrimagnetismus nimmt eine Mittelstellung zwischen Ferro- und Antiferromagnetismus nimmt ein. Wie beim Antiferromagnetismus gibt es zwei entgegengesetzt ausgerichtete ferromagnetische Untergitter. Allerdings sind bei Ferrimagneten die magnetischen Momente der beiden Gitter unterschiedlich groß, und so kann sich wie bei Ferromagneten eine makroskopische Magnetisierung ergeben.

Ferrimagneten werden oft in technischen Anwendungen eingesetzt. Das magnetische Feld von Ferrimagneten ist zwar im Normalfall schwächer als das von Ferromagneten, dafür besitzen aber viele Ferrimagneten einen hohen spezifischen Widerstand, was Wirbelstromverluste weitgehend verhindert.

■ **Elektrostatische Grundaspekte** (ab S. 60): [L] Die Methode der konformen Abbildungen wird in der Elektrostatik im Wesentlichen ebenso wie in der Fluidmechanik ($\Rightarrow$S.42) eingesetzt; entsprechend sind gute Quellen auch hier Kapitel 32 von [Arens11] und für mehr Details [Spiegel80].

[a] Alle Betrachtungen über die Feldkonfigurationen bei Anwesenheit von Leitern gelten unter der Voraussetzung, dass nicht bereits alle freien Ladungsträger zur Kompensation äußerer Felder „aufgebraucht wurden. Das ist für nahezu alle realistischen Situationen eine vernünftige Annahme.

Bei extremen Feldstärken ist es aber möglich, dass die hier dargelegten Überlegungen nicht mehr in vollem Umfang gelten. Auch bei mikroskopisch kleinen Strukturen kann das der Fall sein – dafür ist aber typischerweise ohnehin eine quantenphysikalische Behandlung erforderlich.

Q Die Abbildung der Spiegelladung stammt von `http://de.wikipedia.org/w/` `index.php?title=Datei:Spiegelladung.svg`.

- **Dipole und Multipolentwicklung** (ab S. 62): [a] Der erste nichtverschwindende Koeffizient einer Multipolentwicklung ist unabhängig von der Wahl des Bezugspunktes. Die weiteren Koeffizienten sind im Allgemeinen bezugssystemabhängig, allerdings werden diese Abhängigkeiten jeweils durch Terme höherer Ordnung korrigiert, so dass sich bei Verwendung der gesamten Reihe wieder ein bezugspunktunabhängiges Potenzial ergibt.

  Auch die direkte Bezugspunktsabhängigkeit, die durch die Definition $r = |\boldsymbol{x}|$ entsteht, wird durch höhere Ordnungen korrigiert. Die Abweichung zwischen zwei Entwicklungen mit verschiedenen Bezugspunkten ist nur von der Größenordnung des ersten weggelassenen Terms der Reihe und damit nur von einer Größe, die man durch den Abbruch der Reihe ohnehin in Kauf nimmt.

  [b] Analog zum so konstruierten *infinitesimalen Dipol* kann man etwa auch aus zwei entgegengesetzt ausgerichteten Dipolmomenten durch einen passenden Grenzübergang einen infinitesimalen Quadrupol konstruieren. Ebenso kann man natürlich auch von vier einzelnen Ladungen ausgehen.

  Allgemein lässt sich ein Multipol n-ter Ordnung aus jeweils Multipolen $(n-1)$-ter Ordnung konstruieren, alternativ aus vier Multipolen $(n-2)$-ter Ordnung etc., natürlich auch aus aus 2^n Punktladungen, woher die Namensgebung stammt.

  [c] In beweglichen Ladungsverteilungen stellen sich naturgemäß bevorzugt energetisch günstigere Konfigurationen ein. Entsprechend wird durch freie Ladungen auch elektrisch neutrales Material polarisiert ($\Rightarrow$S.58). Selbst ohne Anwesenheit von freien Ladungen ist für zwei fluktuierende Ladungsverteilungen eine Konfiguration, die zwei sich anziehenden Dipolen entspricht, energetisch gegenüber einer, die zwei sich abstoßenden entspricht, bevorzugt. Daraus resultiert eine effektive schwache Netto-Anziehungskraft, eben die Van-der-Waals-Kraft.

  Q Das Bild der Briefmarke mit dem Hertz'schen Dipol stammt von `http://commons.` `wikimedia.org/wiki/File:DBP_1983_1176_Schwingungskreis.jpg`.

- **Vektorpotenzial und Eichungen** (ab S. 64): [a] Besonders klar werden die erlaubten Eichtransformationen im Formalismus der Speziellen Relativitätstheorie ($\Rightarrow$S.212), wo die beiden Potenziale zu einem Vierervektor $A^\mu = \left(\frac{\Phi}{c}, \boldsymbol{A}\right)$ zusammengefasst werden. Die Lorentz-Eichbedingung hat in dieser Sprache die Form $\partial_\mu A^\mu = 0$.

  [b] Neben Lorenz- und Coulomb-Eichung werden insbesondere in den nicht-Abelschen Eichtheorien (siehe Kapitel 11) noch eine Vielzahl weiterer Eichungen verwendet, etwa axiale Eichung, maximal Abel'sche Eichung oder Zentrumseichung. Zu

einer ausführlicheren Diskussion der Geschichte des Eichbegriffs siehe Kapitel 1 von [Leibbrandt94].

- **Plasmaphysik** (ab S. 66): [a] Auch das Erdmagnetfeld kommt sehr wahrscheinlich durch magnetohydrodynamische Effekte zustande: Im Erdkern, der großteils aus den (an sich ferromagnetischen) Metallen Eisen und Nickel besteht, herrschen Temperaturen weit oberhalb der Curie-Temperatur ($\Rightarrow$S.58). Konventioneller Ferromagnetismus kann also nicht für das Erdmagnetfeld verantwortlich sein. Statt dessen ist es wohl das Wechselspiel zwischen magnetischen Feldern und elektrisch leitfähigen Flüssigkeiten, durch die sich ein weitgehend stabiles Feld ausbildet („Geodynamo", siehe z.B. http://www.es.ucsc.edu/~glatz/geodynamo.html).

  Dieser Stabilität ist jedoch begrenzt. Wie man von das Analyse magnetisierbarer Erstarrungsgesteine weiß, hat das Erdmagnetfeld schon mehrfach seine Ausrichtung geändert. Zusammenbrüche und Neubildungen des Feldes dürften erdgeschichtlich völlig normale Prozesse sein, die im Mittel ca. alle 200 000 Jahre auftreten.

4 Wellen, Optik und Akustik

[L] Schwingungen und Wellen werden meist im Kontext des zugehörigen Fachgebiets behandelt, insbesondere werden mechanische Schwingungen (inklusive Schall) meist direkt im Kontext der Mechanik diskutiert. Bei elektromagnetischen Wellen stimmt das nur zum Teil, und es gibt auch sehr gute Lehrbücher, die sich ausschließlich mit der Optik befassen – z.B. [Hecht03].

- **Schwingungen** (ab S. 70): [a] Die Lösung der Schwingungsgleichung kann man alternativ auch in der Form

$$x(t) = A_0 \sin\left(\sqrt{\tfrac{k}{m}}\, t + \delta\right),$$

mit der Amplitude A_0 und einem Phasenwinkel δ, darstellen.

[b] Die Lösungen der Schwingungsgleichung lassen sich mit einem Exponentialansatz $e^{\lambda t}$ finden. Dabei liefert der Schwingfall komplexe Exponentialfunktionen, die sich zu Sinus oder Kosinus mit überlagertem exponentiellem Abfall kombinieren lassen. Im Kriechfall erhält man nur reelle Exponentialfunktionen. Im aperiodischen Grenzfall gibt es eine doppelte Nullstelle (innere Resonanz), weswegen neben $e^{\lambda t}$ auch die linear unabhängige Lösung $t\, e^{\lambda t}$ benötigt wird, um das allgemeine Anfangswertproblem zu lösen.

[c] Der eindrucksvolle Einsturz der Tahoma Bridge, deren Eigenfrequenzen den Frequenzen der Anregung durch den Wind zu ähnlich waren, ist beispielsweise auf www.youtube.com/watch?v=3mclp9QmCGs zu sehen.

- **Wellen** (ab S. 72): [a] Auch die Schreibweise als Sinus ist natürlich möglich. Für lineare Probleme ist oft die Rechnung mit der komplexen Darstellung $C_0\,\mathrm{e}^{\mathrm{i}(kx\pm\omega t)}$ mit $C_0 = A_0\,\mathrm{e}^{\mathrm{i}\varphi}$ einfacher, wobei man am Ende nur den Realteil betrachtet. Das ist möglich, da lineare Operationen Real- und Imaginärteil nicht mischen. Auch Absorbtion kann man in der komplexen Schreibweise einfach behandeln. Erweitert man die reelle Wellenzahl k zu $\widetilde{k} = k + \mathrm{i}\alpha$, so erhält man

$$\mathrm{e}^{\mathrm{i}(\widetilde{k}x\pm\omega t)} = \mathrm{e}^{\mathrm{i}((k+\mathrm{i}\alpha)x\pm\omega t)} = \mathrm{e}^{-\alpha x}\,\mathrm{e}^{\mathrm{i}(kx\pm\omega t)}$$

und hat damit den Abfall in positiver x-Richtung durch Absorption beschrieben.

[b] Diese Betrachtung gilt nur für den absorptionsfreien Fall. Bei Vorhandensein von Absorption wird der Wellenwiderstand komplex, die Berechnungen erfolgen dann ähnlich wie in der komplexen Wechselstromrechnung.

- **Interferenz, Beugung, Streuung** (ab S. 74): [a] Doppelte Intensität wird vom Auge nicht als „doppelt so hell" wahrgenommen, da die Helligkeitswahrnehmung – analog zur Lautstärkewahrnehmung in der Akustik ($\Rightarrow$S.76) – etwa logarithmisch erfolgt.

[b] Da für ein Interferometer nicht die geometrischen Wege s_i, sondern die *optischen Wege* $n_i s_i$, in die auch die jeweilige Brechzahl n_i eingeht, relevant sind, kann man mit Hilfe eine Interferometers auch Brechzahlunterschiede sehr genau bestimmen.

[c] Streuung ist ein sehr allgemeines Phänomen, das sich nicht auf Wellen beschränkt. Ein besonders einfach zu behandelnder Fall ist etwa die Streuung von harten Kugeln aneinander. Die Rutherford-Streuung ($\Rightarrow$S.118) elektrisch geladender Teilchen an anderen Ladungen hat wesentliche Einsichten über den Bau des Atoms gebracht. Heute sind Streuexperimente die wichtigste Quelle von neuen Erkenntnissen über subatomare Teilchen.

- **Akustik** (ab S. 76): [a] Dazu leitet man die erste Gleichung nach x und die zweite nach t ab. Nun kann man die gemischte Ableitung $\frac{\partial^2 v}{\partial x\,\partial t}$ eliminieren und erhält genau die eindimensionale Wellengleichung für den Druck p.

[b] Der Adiabatenexponent tritt auf, weil die Kompression der Luft so schnell erfolgt, dass die Wärme nicht abfließen kann. Wärmeres Gas hat einen höheren Druck und lässt sich schwerer komprimieren (d. h die rücktreibende Kraft ist größer); entsprechend steigt die Schallgeschwindigkeit.

[c] Das Zustandekommen des typischen dumpfen Donnergrollens ist für sich allein schon interessant und im Kontext der Fourier-Transformation gut zu verstehen: Bei einem Blitzschlag dehnt sich die erhitzte Luft schlagartig aus – das entspricht grob einem Dirac-Impuls im Ortsraum. Die Fourier-Transformierte eines solches Dirac'schen Delta-Funktionals ist eine Konstante im Frequenzraum.

Ursprünglich sind demnach alle Frequenzen gleichberechtigt vertreten. Schwingungen mit hohen Frequenzen verlieren aber schneller ihre Energie, entsprechend sind in größerer Entfernung nur noch die tieferen hörbar.

Weil hohe Frequenzen in der Luft schneller gedämpft werden als tiefe, erfolgt auch akustische Kommunikation über größere Entfernung bevorzugt mittels tiefer Frequenzen, z. B. mittels Buschtrommeln, insbesondere im Tiefland und in feuchten Regionen (weil die Dämpfung in dichterer und in feuchterer Luft stärker ist). In vergleichsweise trockenen Bergregionen kann akustische Kommunikation auch mit höheren Frequenzen (z. B. beim Jodeln in den Alpen) gut funktionieren.

[d] Die Charakterisierung einer Intensität mit dem Logarithmus des Verhältnisses zu einer Bezugsintensität ist nicht nur in der Akustik üblich, sondern in den verschiedensten Disziplinen, etwa für Übertragungsfunktionen in der Signaltheorie. Da die Intensität I proportional zum Quadrat der Amplitude A ist, findet man

$$L = 10 \cdot \log_{10} \frac{I}{I_0} = 10 \cdot \log_{10} \frac{A^2}{A_0^2} = 20 \cdot \log_{10} \frac{A}{A_0},$$

d. h. für das Amplitudenverhältnis erhält man den Vorfaktor 20 statt des Vorfaktors 10, und mit diesem ist die Dezibel-Skala in der Signaltheorie definiert.

[e] Für die physiologische Wirkung der Lautstärke wird eine eigene Einheit, das *Phon* verwendet – der dB-Wert eines gleich laut empfundenen 1000-Hz-Tons. Natürlich gibt es bei der Schallempfindlichkeit große individuelle Unterschiede; zudem nimmt typischerweise der Hörbereich mit zunehmendem Alter ab. Dabei geht vor allem die Empfindlichkeit für hohe Frequenzen verloren. Als Faustregel gilt, dass sich die Maximalfrequenz von 20 kHz mit jedem Lebensjahrzehnt um etwa 2 kHz reduziert.

[f] Für die Untersuchung und Bearbeitung von akustischen Signalen braucht man nicht gleich ein eigenes Tonstudio. Inzwischen gibt es Anwenderprogramme mit sehr guter Funktionalität zur Aufnahme, Erzeugung und Bearbeitung von akustischen Signalen. Ein kostenlos erhältliches Programm, das für viele Zwecke völlig ausreicht, ist *Audacity*, verfügbar unter http://audacity.sourceforge.net/.

- **Das elektromagnetische Spektrum** (ab S. 78): [A] Die spektrale Aufspaltung von Licht kann durch Dispersion (etwa beim Durchgang durch ein Prisma) oder durch Reflexion und Interferenz (wie am Gitter) erfolgen. Während es für den optischen Bereich sowie das nahe Infrarot sehr gute Möglichkeiten zur Aufspaltung nach der Frequenz bzw. der Wellenlänge gibt, ist das für sehr kurz- oder sehr langwellige Strahlung mit deutlich größeren Schwierigkeiten verbunden.

[a] In der Teilchenphysik wird als Symbol für Photonen durchgehend γ verwendet, ganz egal, wie hoch die Frequenz und damit die Energie ist.

[Q] Die Abbildung ist an jene auf http://www.roro-seiten.de/physik/lk12/ emwellen/elektromagnetisches_spektrum.html angelehnt und wurde um Frequenzen und Photonenenergien erweitert.

- **Strahlung und Photometrie** (ab S. 79): –

- **Absorption und Emission** (ab S. 80): [a] Die Tafel über Kirchhoff und die Spektralanalyse der Sterne befindet sich in der Innenstadt von Heidelberg. Bis heute ist die Spektroskopie die wichtigste Informationsquelle über die chemische Zusammensetzung astronomischer Objekte.

  [b] Nehmen wir an, es gäbe ein Material, das – zumindest in einem bestimmten Frequenzbereich – mehr Strahlung absorbiert als emittiert. Stellen wir nun eine Platte aus diesem Material gegenüber einem schwarzen Körper ($\Rightarrow$S.104), der alle Frequenzen perfekt absorbiert und emittiert, auf. Auch wenn die beiden Körper ursprünglich auf gleicher Temperatur waren, wird die Platte sich dadurch, dass sie mehr Strahlung absorbiert als emittiert, langsam erwärmen.
  Gleichzeitig würde sich der schwarze Körper, der mehr Strahlung abgibt als empfängt, langsam abkühlen. Demnach würde Wärme vom tieferen zum höheren Niveau fließen, was der zweite Hauptsatz verbietet. Auch dass ein Material in einem Frequenzbereich mehr Strahlung emittiert als absorbiert, würde – nun eben in der anderen Richtung – zu solch einem verbotenen Wärmefluss führen.

- **Der Laser** (ab S. 82): [A] Alle Anwendungen aufzuzählen, die der Laser seit seiner Entwicklung gefunden hat, würde den Rahmen dieser Anmerkung bei weitem sprengen; sie reichen von hochpräzisen Vermessungsmethoden über Materialbearbeitung bis hin zu medizinischer Technik. Selbst zum Erreichen ultratiefer Temperaturen können Laser eingesetzt werden ($\Rightarrow$S.176).

  [a] Neben dem Laser gibt es natürlich noch andere Möglichkeiten, kohärentes Licht zu erzeugen. Benutzt man von einer konventionellen Lichtquelle (etwa einer Glühlampe) nur einen nahezu punktförmigen Bereich, indem man den Rest des Lichts ausblendet, so ist dieses Licht kohärent und damit interferenzfähig. Die Intensität ist allerdings gering.
  Sehr hohe Intensitäten kann man hingegen dadurch erzielen, dass man freie Ladungsträger, meist Elektronen, zu Schwingungen anregt. Hier handelt es sich nicht um einen Laser im ursprünglichen Sinn, da keine stimulierte Emission zum Einsatz kommt. Da „Laser" aber inzwischen weitgehend zum Synomym für „Quelle kohärenter intensiver Lichtstrahlung" geworden ist, bezeichnet man diese Technik dennoch als *Free Electron Laser*.

  [Q] Die Abbildung der transversalen Moden stammt von `http://de.wikipedia.org/w/index.php?title=Datei:Laguerre-gaussian.png`.

- **Der Doppler-Effekt** (ab S. 84): [a] Der relativistische Doppler-Effekt setzt sich aus zwei Beiträgen zusammen: Einerseits kann sich der Empfänger aufgrund des Relativitätsprinzips als ruhend betrachten und misst dadurch wie im nichtrelativistischen Fall eine Frequenzverschiebung von $\frac{1}{1-v/c}$.

Zusätzlich ist allerdings noch die Zeitdilatation ($\Rightarrow$S.214) zu berücksichtigen, die einen zusätzlichen Faktor $\sqrt{1 - \frac{v^2}{c^2}}$ liefert. Die Aufschlüsselung in diese beiden Faktoren wird wichtig, wenn man den Effekt in Medien mit Lichtgeschwindigkeiten c_{Mat} betrachtet, die deutlich kleiner sind als die Vakuumlichtgeschwindigkeit c. Da die geringere Lichtgeschwindigkeit nur für die Wellenausbreitung, aber nicht für die Zeitdilatation zu berücksichtigen ist, ergibt sich

$$\nu' = \nu \, \frac{\sqrt{1 - \frac{v^2}{c^2}}}{1 - \frac{v}{c_{\text{Mat}}}} \, .$$

Durch die Zeitdilatation erhält man im relativistischen Kontext auch eine Doppler-Verschiebung $\nu' = \nu \sqrt{1 - \frac{v^2}{c^2}}$ bei Bewegungen, bei denen sich der Abstand zwischen Sender und Empfänger nicht ändert, man spricht vom *transversalen Doppler-Effekt*.

[b] Anhand der Taylor-Entwicklungen

$$\frac{1}{1 - x} = 1 + x + \mathcal{O}(x^2) \qquad \text{und} \qquad \sqrt{1 \pm x} = 1 \pm \frac{x}{2} + \mathcal{O}(x^2)$$

erkennt man schnell, dass sich für $\frac{v}{c} \to 0$ die drei Ausdrücke einander annähern. Für $\frac{v}{c} \to \pm 1$ hingegen passt jeweils nur ein nichtrelativistischer Fall zumindest qualitativ zum relativistischen.

[Q] Die erste Abbildung dieses Beitrags stammt von `http://upload.wikimedia.org/wikipedia/commons/d/d3/Doppler_effect.jpg`.

- **Geometrische Optik** (ab S. 85): [a] Man beachte, dass sich die Strecke, die das Licht im optisch dichten Medium zurücklegt, für $\alpha_1 > 0$ nicht auf das geometrisch mögliche Minimum reduziert. Das kann man selbst nachvollziehen, wenn man sich in einem Gelände bewegt, in dem je nach Untergrund verschieden hohe Geschwindigkeiten möglich sind (etwa Straße, Wiese und Acker).
  Will man möglichst schnell einen bestimmten Ort erreichen, dann wird man versuchen, die Wegstrecke durch das schwierige Gelände zu reduzieren, selbst wenn dadurch der gesamte Weg länger wird. Der schnellste Weg ist demnach nicht jener, bei dem die zurückgelegte Gesamtstrecke das geometrisch mögliche Minimum annimmt.

[b] Beim Fermat'schen Prinzip sind natürlich – wie stets bei Variationsprinzipien – auch die Randbedingungen zu beachten. Untersucht man die Reflexion an einem Spiegel, so muss natürlich die Bedingung, dass der Lichtstrahl zumindest einmal am Spiegel auftreffen muss, in der Berechnung berücksichtigt werden.

5 Thermodynamik

^{A} Insgesamt hat sich die Thermodynamik weit über die ursprüngliche Wärmelehre hinaus entwickelt und beschreibt Stoff- und Energieumwandlungen in einem sehr allgemeinen Rahmen. Thermodynamische Betrachtungen sind zum Verständnis der Biologie ebenso nützlich wie in nahezu allen technischen Disziplinen. Die moderne Informationstheorie benutzt den Begriff der Informationsentropie, und verallgemeinerte Entropien erweisen sich bei der Untersuchung komplexer Systeme als hilfreich.

Der Zugang, der in der statistischen Physik gewählt wird, ist zwar einerseits fundamentaler, andererseits ist er aber nur anwendbar, wenn die entsprechende mikroskopische Struktur bekannt ist. Die klassische Thermodynamik erlaubt es hingegen oft, allgemeine Aussagen über nahezu beliebige Systeme zu machen.

Methoden, die der Thermodynamik entlehnt sind (etwa *Simulated Annealing*), haben inzwischen auch in der Numerik große Bedeutung erlangt, insbesondere für Optimierungsaufgaben, in denen die Zielfunktion viele lokale Extrema besitzt. Auch Aufgaben aus der Quantenfeldtheorie (Kapitel 11) werden oft in äquivalente statistisch-thermodynamische Probleme übersetzt, um sie tatsächlich zu lösen.

- **Wärme und Temperatur** (ab S. 88): ^{a} Die Celsius-Skala ist so definiert, dass bei $p = 1\,\mathrm{atm} = 1.013\,\mathrm{bar}$ der Schmelzpunkt von Wasser bei $T = 0\,^\circ\mathrm{C}$ und der Siedepunkt bei $T = 100\,^\circ\mathrm{C}$ liegt. (Bei Angaben in Grad Celsius wird für die Temperatur statt T auch oft ϑ verwendet.) Die Kelvin-Skala wurde so festgelegt, dass eine Temperaturdifferenz von $1\,\mathrm{K}$ einer von $1\,^\circ\mathrm{C}$ entspricht und die Temperatur in Kelvin direkt proportional zur Energie pro Freiheitsgrad ist.
  Wegen der einfacheren Reproduzierbarkeit geht man vom Tripelpunkt ($\Rightarrow$S.106) des Wassers aus und legt für diesen eine Temperatur von $T = 273.16\,\mathrm{K}$ fest. Da an diesem Punkt eine Temperatur von $T = 0.01\,^\circ\mathrm{C}$ herrscht, erfolgt die Umrechnung gemäß $T[\mathrm{K}] = T[^\circ\mathrm{C}] + 273.15$.
  Neben Kelvin- und Celsius-Skala sind auch andere Temperaturskalen in Verwendung. In der Teilchenphysik gibt man Temperaturen oft direkt als Energien (und dann meist in der Einheit MeV) an, in den USA ist noch immer die Fahrenheit-Skala gebräuchlich, $T[^\circ\mathrm{C}] = \frac{5}{9}(T[^\circ\mathrm{F}] - 32)$. Ältere Temperaturskalen, die inzwischen kaum mehr verwendet werden, sind unter anderem die Réaumur-, die Rømer- und die Delisle-Skala.

- **Zustandsgleichungen und Zustandsänderungen** (ab S. 90): ^{a} Strenggenommen ist das Konzept eines idealen Gases schon in sich widersprüchlich: Einerseits werden die Wechselwirkungen zwischen den Gasteilchen nicht berücksichtigt. Andererseits wird davon ausgegangen, dass das Gas stets sofort das thermische Gleichgewicht erreicht, was nur aufgrund dieser Wechselwirkungen möglich ist. Die Näherung des idealen Gases ist dennoch gut, wenn die freie Weglänge, die ein Teilchen ohne nennenswerte Wechselwirkung zurücklegt, groß gegen jene Strecken ist, auf denen spürbare Wechselwirkungen erfolgen.

[b] In der technischen Wärmelehre wird meist auf die Masse statt auf die Stoffmenge Bezug genommen. Die ideale Gasgleichung hat dann die Form $pV = m R_{subs} T$ mit einer substanzspezifischen Gaskonstante $R_{subs} = \frac{R}{\mu_{subs}}$, wobei $\mu_{subs} = \frac{m}{N_{mol}}$ die molare Masse der Substanz bezeichnet; N_{mol} ist dabei die Anzahl der Mole der Substanz.

[c] Ein klassisches Beispiel für einen metastabilen Zustand ist Diamant, der unter Normalbedingungen verglichen mit Graphit die energetisch ungünstigere Modifikation des Kohlenstoffs ist. Die spontane Umwandlung von Diamant in Graphit ist aber sehr unwahrscheinlich. Eine solche Umwandlung würde eine erhebliche Menge an Aktivierungsenergie erfordern.

[d] Das Gesetz von Gay-Lussac wird gelegentlich auch als Gesetz von Charles bezeichnet (nach einem Forscher, der das Gesetz zwar postuliert, seine Vermutung aber zu Lebzeiten nicht publiziert hat). Oft wird auch die Kombination der Gesetze von Gay-Lussac und von Amontons wiederum als Gay-Lussac-Gesetz bezeichnet. Wie beim Gesetz von Boyle-Mariotte handelt es sich bei diesem „Gesetz" lediglich um einen Spezialfall der Zustandsgleichung für das ideale Gas.

■ **Kreisprozesse** (ab S. 92): [a] Mit Hilfe des zweiten Hauptsatzes lässt sich sehr einfach zeigen, dass der Wirkungsgrad eines Carnot-Prozesses unabhängig vom Arbeitsmedium sein muss. Wäre das nämlich nicht der Fall, so könnte man zwei Carnot-Prozesse so zusammenschalten, dass der mit dem höheren Wirkungsgrad als Wärmekraftmaschine, der andere als Wärmepumpe funktioniert. In Kombination würde so Wärme ohne Arbeitsleistung vom niedrigeren auf das höhere Temperaturniveau gebracht und damit der zweite Hauptsatz verletzt. Entsprechend müssen die Wirkungsgrade übereinstimmen.

[b] Dampfprozesse sind auch heute noch von großer Bedeutung. Im Großteil aller kalorischen Kraftwerke (und ebenso in den meisten Kernkraftwerken) werden Dampfturbinen eingesetzt, um elektrischen Strom zu erzeugen. Als Beschreibung für den Dampfprozess wird meist der *Clausius-Rankine-Prozess* verwendet, der auf zwei Isobaren und zwei Adiabaten verläuft und so deutlich realistischer ist als der Carnot-Prozess, der nur sehr schwer technisch umzusetzen wäre.
Im Transportbereich hingegen wurde die Dampfmaschine durch andere Technologien abgelöst. Einerseits sind das Elektromotoren, andererseits Verbrennungsmotoren, die meist auf dem Otto- oder dem Diesel-Prozess beruhen. Im Verbrennungsmotor wird in jedem Arbeitszylus das Arbeitsgas ausgestoßen und neue Luft eingelassen, der durch Verbrennung Wärme zugeführt und die dabei auch chemisch verändert wird. Dadurch ist eine Darstellung als Kreisprozess in einem Phasendiagramm streng genommen nicht möglich (ebenso wie auch bei jenen Dampfprozessen, bei

denen der Dampf ausgestoßen wird). Man kann aber meist Vergleichsprozesse mit fixem Arbeitsgas angeben, die sehr ähnliche Eigenschaften haben.

Der Vergleichsprozess für den Otto-Prozess arbeitet auf zwei Isentropen und zwei Isochoren (bei Volumina V_1 und $V_2 < V_1$), er wird daher auch Gleichraumprozess genannt. Für den Diesel-Prozess arbeitet der Vergleichsprozess auf zwei Isentropen, einer Isobaren und einer Isochoren. In beiden Fällen liegt schon der ideale Wirkungsgrad unter η_{Carnot}, der reale Wirkungsgrad ist natürlich nochmals geringer und liegt im Fall von Automotoren meist im Bereich von 25 % bis 30 %.

Ein weiterer sehr interessanter (und in Zukunft vielleicht auch praktisch bedeutsamer) Prozess ist der *Stirling-Prozess*, der auf zwei Isothermen und zwei Isochoren verläuft. Stirling-Motoren arbeiten im Gegensatz zu klassischen Verbrennungsmotoren nicht direkt mit Verbrennungsprodukten, sondern mit einem Arbeitsgas, das während des Prozesses nicht ausgetauscht wird. Dadurch können sie im Prinzip mit beliebigen Wärmequellen operieren, was eine enorme Flexibilität bei den Anwendungen möglich macht.

Der theoretisch erreichbare Wirkungsgrad des Stirling-Motors ist gleich dem Carnot-Wirkungsgrad, also optimal. In der Praxis ist aber die effiziente Wärmeübertragung schwierig, zudem gibt es noch diverse andere technische Probleme. Daher sind die tatsächlich erreichbaren Wirkungsgrade bislang bescheiden.

- **Statistik und Ensembles** (ab S. 94): [a] Dass bei einem derartigen Stoß keine Energie übertragen wird, ist natürlich nur der Fall, wenn die Wand als homogenes makroskopisches Objekt betrachtet wird. Berücksichtigt man den mikroskopischen Aufbau der Wand, die auch aus kleinen Teilchen besteht, so kann auf einzelne dieser Teilchen sehr wohl nennenswerte Energie übertragen werden, wodurch es gerade zum Wärmetransport ($\Rightarrow$ S.102) und letztlich zum Zustand des thermischen Gleichgewichts kommt. Im Gleichgewicht sind die Energieüberträge vom Gas zur Wand und von der Wand zum Gas im Mittel gleich groß.

  [b] Dass auch das Ensemblemittel im Detail komplizierter sein kann als hier skizziert, sieht man etwa im Fall eines gezinkten Würfels. Hier einfach wieder nur über die sechs möglichen Ausgänge zu mitteln, führt nicht zum richtigen Erwartungswert.

- **Reversibilität und Entropie** (ab S. 96): [a] Bei Zeitrichtungen spricht man öfter auch vom *Zeitpfeil*, der die Richtung von der Vergangenheit in die Zukunft angibt. Man kann unterschiedliche Kriterien anwenden, um Vergangenheit und Zukunft zu unterscheiden, und so kann man auch unterschiedliche Zeitpfeile definieren. So spricht man etwa von dem psychologischen, dem thermodynamischen oder dem kosmologischen Zeitpfeil, je nachdem, ob man sich am subjektiven Zeitempfinden, an der Zunahme der Entropie oder an der Ausdehnung des Universums ($\Rightarrow$ S. 236, S.238) orientiert. Wie diese unterschiedlichen Zeitpfeile zusammenhängen, insbesondere welcher möglicherweise die Ursache von welchem ist, ist eine der spannendsten, aber auch schwierigsten Fragen im Grenzgebiet zwischen Physik, Psychologie und Philosophie.

[b] Für diese Abschätzung wurde die *Stirling-Formel*

$$n! \sim n^n \, e^{-n} \sqrt{2\pi n}$$

benutzt. Hier soll $\sim$ andeuten, dass der absolute Fehler dieser Näherung mit wachsendem n zwar immer größer wird, der in solchen Fällen wichtige relative Fehler aber wie $1/n$ verschwindet.

[c] Diese Definition der Entropie ist für „einfache" Systeme gültig, wie sie im Rahmen der Thermodynamik zumeist untersucht werden. Für *komplexe Systeme*, in denen starke Korrelationen herrschen, können andere Entropiebegriffe günstiger sein, etwa die *Tsallis-Entropie*

$$S_q = k_B \, \frac{\Omega^{1-q} - 1}{1 - q} \,,$$

die die Boltzmann-Entropie im Grenzfall $q \to 1$ enthält (wie man etwa mit Hilfe der Regel von de l'Hospital selbst nachprüfen kann).

Dass Korrelationen Auswirkungen auf die Größe des Raums der erlaubten Zustände und damit auf die Entropie haben, liegt anschaulich daran, dass Korrelationen Hand in Hand mit „Spielregeln" gehen, die bei Veränderungen des Systems eingehalten werden müssen.

Ein derartiges komplexes System ist etwa die Sprache. Unter der Voraussetzung, dass die Regeln der Grammatik eingehalten werden, kann man aus der Kombination {ein, zwei, drei} mit {Kind, Kinder} nur drei sinnvolle Ausdrücke bilden, nicht sechs, wie es bei naiver Handhabung möglich wäre. Entsprechend wächst der „Möglichkeitenraum" eines komplexen Systems bei Systemvergrößerung langsamer als der eines einfachen. Statt eines exponentiellen Zusammenhangs findet man typischerweise Potenzgesetze.

[d] Ein *perpetuum mobile* erster Art wäre eine Maschine, die während eines periodischen Vorgangs netto Energie abgäbe, also den ersten Hauptsatz ($\Rightarrow$S.88) verletzte. Die Namensgebung *perpetuum mobile* (lat. „sich ewig Bewegendes") für solche unmöglichen Maschinen ist insofern unglücklich, als dass eine nahezu ewige Bewegung tatsächlich in sehr guter Näherung möglich ist, etwa beim Umlauf der Planeten um die Sonne. Nicht möglich ist hingegen, dass bei einer solchen Bewegung zusätzlich noch Energie abgegeben wird, ohne dass diese dem System entzogen wird.

■ **Thermodynamische Potenziale** (ab S. 98): [A] Auch die Entropie ist – da sie ja im Gegensatz zur Wärme eine eindeutige Funktion der Zustandsvariablen ist – ein thermodynamisches Potenzial, und auch aus ihr kann man weitere Größen ableiten. So gilt etwa für die Wärmekapazität C bei Konstanthaltung einer beliebigen Größe X die Beziehung $C_X = T \, \frac{\partial S}{\partial T}\big|_{X=\text{const}}$.

Auch die allgemeinste Formulierung des dritten Hauptsatzes beruht auf der Ableitung der Entropie, $\lim_{T\to 0} \frac{\partial S}{\partial X}\big|_{T=\text{const}} = 0$.

[a] In mikroskopischer Betrachtung ist ein Gleichgewichtszustand keineswegs notwendigerweise statisch. Ganz im Gegenteil, die meisten Gleichgewichtszustände sind bei mikroskopischer Betrachtung ausgesprochen dynamisch. Allerdings sind im Mittel Hin- und Rückreaktionen gleich häufig, weshalb makroskopisch keine zeitliche Änderung beobachtbar ist.

So ist das thermische Gleichgewicht so charakterisiert, dass netto keine Wärmeenergie mehr fließt. Das ist dann der Fall, wenn alle betrachteten „Grundbausteine" im Mittel gleich viel ungeordnete Bewegungsenergie haben. Diese Erkenntnis ist es, die es uns erlaubt, die Temperatur als mittlere ungeordnete Energie pro Freiheitsgrad (versehen mit dem Proportionalitätsfaktor k_B) zu identifizieren.

[b] Dabei ist „von selbst ablaufen" nur mit Vorbehalten gültig. Nicht nur, dass die Differenz des entsprechenden thermodynamischen Potenzials das richtige Vorzeichen hat, ist wichtig, sondern es muss für die meisten Prozesse auch eine gewisse Aktivierungsenergie aufgebracht werden. Das erlaubt es manchen metastabilen Zuständen, für sehr lange Zeit zu existieren. Diamant ist etwa unter Normalbedingungen nur metastabil, der spontane Übergang in den Gleichgewichtszustand (Graphit) ist allerdings extrem unwahrscheinlich.

[c] Ein wichtiges Beispiel dafür ist unsere Atmosphäre: Einerseits versuchen die Gasteilchen, den Zustand minimaler Energie im Gravitationsfeld anzunehmen, d. h. so weit wie möglich abzusinken. Gäbe es nur diese Tendenz, dann würden sich die Gasteilchen in Bodennähe so dicht sammeln, wie es die Abstoßung zwischen den Teilchen zulässt.

Zu unserem Glück wird andererseits aber auch der Zustand größerer Entropie ($\Rightarrow$S.96) angestrebt. Die Entropie eines Gases nimmt zu, wenn mehr Volumen zur Verfügung steht, über das sich die Teilchen verteilen können. Von daher versucht das Gas, ein möglichst großes Volumen auszufüllen. Als Kompromiss aus diesen beiden Bestrebungen ergibt sich ein mit der Höhe exponentiell abfallender Dichteverlauf, der durch die *barometrische Höhenformel* beschrieben wird.

Diese würde es zum Beispiel erlauben, die Höhe eines Hochhauses mit Hilfe eines Barometers zu bestimmen. Dass es dazu neben der Benutzung der Höhenformel noch eine Vielzahl anderer Methoden gäbe, ist Inhalt einer wissenschaftlichen „urban legend", siehe etwa `http://www.familie-ahlers.de/wissenschaftliche_witze/barometer.html`.

[d] Die freie Energie wird auch als Helmholtz-Energie bezeichnet, die freie Enthalpie auch als Gibbs-Energie. Dabei hat F nichts mit der „freien Energie" zu tun, die oft in technik-affinen Esoterik-Kreisen (unter fragwürdiger Berufung auf N. Tesla) propagiert wird.

^{e} Die Angabe, welche Variablen festgehalten werden, ist durchaus von Bedeutung, da man ja prinzipiell von jedem konjugierten Paar eine beliebige Variable benutzen kann, um das System zu beschreiben. Es ist aber sehr wohl beispielsweise $\left(\frac{\partial U}{\partial S}\right)_V \neq \left(\frac{\partial U}{\partial S}\right)_p$.

- **Wärmekapazität** (ab S. 100): ^{A} Bei Wärmekapazitäten können auch sehr exotische Fälle auftreten: Schwarze Löcher etwa besitzen bei quantenmechanischer Behandlung *negative* Wärmekapazität ($\Rightarrow$S.268), d. h. sie kühlen durch die Zufuhr von Wärme ab.

^{a} Für ideale Gase findet man $C_V = \frac{n_F}{2} N_A k_B = \frac{n_F}{2} R$ und $C_p = C_V + R$. Damit ist $\gamma = \frac{n_F+2}{n_F}$. Sauerstoff und Stickstoff sind zweiatomige Moleküle, für die bei Zimmertemperatur $N_F = 5$ zu erwarten ist. Entsprechend ist für Luft $\gamma \approx \frac{7}{5} = 1.4$ zu erwarten, was sich mit dem gemessenen Wert $\gamma = 1.402$ sehr gut deckt.

- **Diffusion und Wärmetransport** (ab S. 102): ^{a} Auch in Festkörpern tritt Diffusion auf. So können Gase auch durch Festkörper diffundieren – insbesondere die sehr kleinen H_2-Moleküle diffundieren durch die meisten Metalle, was die Lagerung von molekularem Wasserstoff zu einer Herausforderung machen kann.

Selbst bei den Teilchen eines Festkörpers kommt es zu Diffusion. Allerdings haben die zugrundeliegenden Platzwechselprozesse eine vergleichsweise hohe Aktivierungsenergie und treten entsprechend selten auf. Effizienter kann die Diffusion durch Defekte ($\Rightarrow$S.190) erfolgen.

Bei Mikrochips, deren Funktionalität davon abhängt, dass an den richtigen Stellen und im richtigen Ausmaß Dotierungen mit den richtigen Fremdatomen vorhanden sind, und die sich im Betrieb stark erhitzen, sind (neben anderen Einflüssen, etwa Strahlenschäden) auch Diffusionsprozesse dafür verantwortlich, dass die Lebensdauer solcher Bauteile begrenzt ist.

^{b} Auch bei der Wärmeübertragung kann es nützlich sein, mit dimensionslosen Kennzahlen ($\Rightarrow$S.42) zu arbeiten, etwa mit der Nußelt- und der Fourier-Zahl, die man als dimensionslosen Wärmeleitungskoeffizienten bzw. als dimensionslose Zeitgröße für Wärmetransportvorgänge auffassen kann.

- **Strahlungsgesetze** (ab S. 104): ^{A} Für ein nicht selbstwechselwirkendes System wie (in sehr guter Näherung^e) das „Photonengas" in einem Hohlraum gilt zwischen Energiedichte $e = \int_0^\infty \rho(\nu)\, d\nu$ und Druck p die Beziehung $e = 3p$. Damit folgt unmittelbar, dass auch der Strahlungsdruck eine Proportionalität zu T^4 haben muss. Diese prinzipielle Abhängigkeit von der Temperatur gilt auch für wechselwirkende Systeme; allerdings verschwindet dort das *Wechselwirkungsmaß* (die Anomalie) $A = e - 3p$ nicht.

^{a} Da wegen des Differenzialfaktors $d\nu$ die Umrechnung zwischen Frequenz- und Wellenlängendarstellung nicht trivial ist, gilt für die jeweilige Position des Maximums auch nicht einfach die naiv zu erwartende Beziehung $\nu_{max} \lambda_{max} = c$.

[b] Die Herleitung des Stefan-Boltzmann-Gesetzes aus dem Planck'schen Strahlungsgesetz wird in vielen Lehrbüchern nur sehr grob skizziert. Insbesondere für den geometrischen Faktor ist allerdings eine nähere Erklärung hilfreich:

Beziehen wir die spektrale Energiedichte auf den Raumwinkel, so erhalten wir

$$S(\nu, T)\, d\nu = \frac{\rho(\nu, T)\, d\nu}{4\pi} = \frac{2h}{c^3}\, \frac{\nu^3}{e^{h\nu/k_B T} - 1}\, d\nu\,.$$

Nun betrachten wir ein Flächenelement, das als idealer (Lambert'scher) Strahler angenommen wird. Das bedeutet: Führen wir Kugelkoordinaten ein, bei denen die x_3-Achse normal auf dem Flächenelement steht, so ist die Intensität der Emission in eine bestimmte Richtung proportional zu $\cos\vartheta$. Abstrahlung ist nur in einen Halbraum hinein möglich, also in den Winkelbereich $\vartheta \in [0, \frac{\pi}{2}]$.

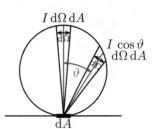

Damit ergibt sich für die Abstrahlung der geometrische Vorfaktor

$$f_{\text{geom}} = \int_0^{2\pi} d\varphi \int_0^{\pi/2} \cos\vartheta\,\sin\vartheta\,d\vartheta = 2\pi \cdot \left.\frac{\sin^2\vartheta}{2}\right|_0^{\pi/2} = \pi\,.$$

Die spezifische Abstrahlung ist damit

$$R(T) = c\,f_{\text{geom}} \int_0^\infty S(\nu, T)\, d\nu = \frac{2\pi h}{c^2} \int_0^\infty \frac{\nu^3}{e^{h\nu/k_B T} - 1}\, d\nu = \cdots = \sigma_{\text{SB}}\, T^4\,.$$

Das gilt vorerst nur für ein infinitesimales Flächenelement. Aus solchen lässt sich aber jede reale Fläche zusammensetzen, man muss nur darauf achten, dass die ausgesandte Strahlung nicht wieder vom Körper selbst absorbiert wird. Das ist erfüllt, wenn die Oberfläche konvex ist, und dann gilt unmittelbar das Stefan-Boltzmann-Gesetz.

[c] Die Auswertung des Planck-Integrals $\int_0^\infty \frac{y^3\, dy}{e^y - 1}$ wird zum Beispiel im frei verfügbaren Bonusmaterial (Kapitel 34) zu Arens et al., *Mathematik*, besprochen, siehe `www.matheweb.de`.

[d] Die bislang wahrscheinlich beste Annäherung an „echtes" Schwarz stammt aus der Nanotechnologie. Das Material VANTAblack (von **V**ertically **A**ligned carbon **N**ano**T**ube **A**rray) weist im sichtbaren Bereich $\alpha = \varepsilon = 0.99965$ auf, siehe z. B. `http://www.iflscience.com/technology/new-super-black-material-absorbs-99965-light`.

[e] Berücksichtigt man die Ergebnisse der Quantenelektrodynamik ($\Rightarrow$ S.250), dann gibt es auch eine Wechselwirkung zwischen Photonen, nämlich die Photon-Photon-Streuung an virtuellen Teilchen-Antiteilchen-Paaren. Von daher gilt auch für das Photonengas die Beziehung $e = 3p$ nicht exakt; die Abweichung ist allerdings sehr, sehr klein.

- **Phasenübergänge und kritische Phänomene** (ab S. 106): [L] Für eine sehr anschauliche Einführung in die Renormierungsgruppentheorie siehe Kapitel 5 von [Lichtenegger11].

[a] Ist das Wasser einem von außen wirkenden konstanten Druck (etwa dem Luftdruck) ausgesetzt, so siedet es erst, wenn die Temperatur so hoch ist, dass der Dampfdruck gleich dem Außendruck ist. Daher siedet Wasser auf hohen Bergen bei deutlich niedrigeren Temperaturen als auf Meereshöhe. Auch die Funktions des Druckkochtopfs beruht auf der Druckabhängigkeit des Siedepunkts.

[b] In Wahrheit ist das Phasendiagramm des Wassers viel reichhaltiger, da dieses je nach Druck und Temperatur verschiedene kristalline Phasen hat. Die *Anomalie* des Wassers zeigt sich an der Form der Übergangskurve zwischen festem und flüssigem Zustand: Im Gegensatz zu den meisten anderen Substanzen hat Wasser die maximale Dichte im flüssigen Zustand, was für Wasserlebewesen von großer Bedeutung ist. Durch ausreichende Erhöhung des Drucks kann man Eis verflüssigen, was zur geringen Reibung von Schlittschuh-Kufen auf Eis beiträgt.

[c] Dass Staubteilchen als Kondensationskeime wirken, ist dafür verantwortlich, dass es (bei ansonsten gleichen Bedingungen) in Gebieten mit hoher Luftverschmutzung erkennbar häufiger regnet oder schneit als in solchen mit ziemlich reiner Luft.

[d] Klassische Beispiele dafür, dass die Abwesenheit einer Skala mit einem Potenzgesetz verbunden ist, sind die $\frac{1}{r^2}$-Gesetze der Elektrostatik und der Gravitation. Die entsprechenden Überträgerteilchen (das Photon bzw. das bislang nur postulierte Graviton) sind masselos.
Für Kräfte mit massiven Überträgerteilchen existieren eine Massenskala m_0 und eine korrespondierende Längenskala $r_0 = \frac{\hbar}{c\,m_0}$. Statt eines (in diesem Fall von der Dimensionalität des Raums bestimmten) Potenzgesetzes findet man eine exponentiell unterdrückte Yukawa-Wechselwirkung (6.2).

[Q] Die Abbildung des Phasendigramms von Wasser stammt von `http://commons.wikimedia.org/wiki/File:Phasendiagramm_Wasser.png`.

- **Verteilungsfunktionen und Transportgleichungen** (ab S. 108): [a] Das Differenzial dW explizit anzuschreiben, ist hier zwar nicht unbedingt notwendig, es erinnert aber daran, dass bei der Umrechnung auf andere Variablen auch das Differenzial transformiert werden muss und dadurch im Allgemeinen der Normierungsfaktor $\mathcal{N}$ eine andere Gestalt erhält.

[b] In einem Gas mit Teilchen verschiedener Massen bewegen sich im Gleichgewicht die schwereren Teilchen langsamer. Das wird anschaulich, wenn man sich ein Gemisch von leichten und schweren fliegenden Kugeln vorstellt, die sich zunächst alle mit gleicher Geschwindigkeit bewegen. Die von hinten kommenden leichten Kugeln werden auf die schweren kaum Energie übertragen, die von vorne kommenden wer-

den sie hingegen bremsen. Ein Gleichgewicht kann sich erst einstellen, wenn die schweren Kugeln deutlich langsamer geworden sind als die leichten.

Die Maxwell'sche Geschwindigkeitsverteilung liefert auch Geschwindigkeiten $v \geq c$, im Widerspruch zu den Erkenntnissen der Speziellen Relativitätstheorie ($\Rightarrow$S.210). Bei realistischen Temperaturen beinhalten diese extremen Ausläufer der Verteilungsfunktion allerdings nur einen verschwindend kleinen Anteil der Teilchendichte, und so ist der resultierende Fehler minimal. Schon bei Geschwindigkeiten, die c nahekommen, müssten ohnehin die klassischen Ausdrücke, insbesondere die Form der kinetischen Energie, durch die entsprechenden relativistischen Ausdrücke ersetzt werden. Eine Verteilungsfunktion, die das berücksichtigt, hätte eine deutlich kompliziertere Form.

^{c} Die zentrale Reduktionsmethode ist die BBGKY-Hierarchie (nach Born, Bogoljubov, Green, Kirkwood und Yvon). Dabei wird die Liouville-Gleichung sukzessive über die Koordinaten der N-Teilchen-Verteilungsfunktion integriert, woraus gekoppelte Integro-Differenzialgleichungen resultieren, in denen Korrelationsfunktionen immer höherer Ordnung auftreten.

Integriert man die Verteilungsfunktion über die Orts- und die Geschwindigkeitskoordinaten aller Teilchen bis auf eines, so erhält man eine Ein-Teilchen-Verteilungsfunktion. Deren Entwicklungsgleichung enthält aber die Wechselwirkung mit allen anderen Teilchen. Um also die Ein-Teilchen-Verteilungsfunktion zu bestimmen, müsste man die Zwei-Teilchen-Verteilungsfunktion kennen, und um diese zu bestimmen, die Drei-Teilchen-Verteilungsfunktion, ... Man erhält also eine Hierarchie von Gleichungen, die man an einer Stelle abbrechen muss, etwa indem man Korrelationen ab dieser Ordnung vernachlässigt oder für sie einen spezifischen Ansatz macht.

^{Q} Die Diskussion der Hierarchie der Transportgleichungen folgt jener in www.mpa-garching.mpg.de/lectures/HYDRO/hydro-1.pdf.

■ **Maxwells Dämon und das Rekurrenztheorem** (ab S. 110): ^{L} Zu Maxwells Dämon und seinen Implikationen in Thermodynamik und Informationstheorie gibt es eine Vielzahl von Arbeiten, von denen einige zentrale in [Leff02] gesammelt wurden.

^{a} Ein System, das aus n bits besteht, hat $\Omega = 2^n$ zugängliche Zustände. Diese korrepondieren im Normalfall mit dem gleichen Makrozustand – einem USB-Stick oder einer Festplatte sieht man von außen nicht an, ob und wenn ja welche Daten darauf gespeichert sind. Die entsprechende Entropie ist gegeben durch

$$S = k_{\mathrm{B}} \ln{(2^n)} = n\, k_{\mathrm{B}} \ln 2\, \frac{\mathrm{J}}{\mathrm{K}}$$

und ist damit direkt proportional zur Speicherkapazität des Systems.

^{Q} Das Relief *Maxwell and His Demon* (University of Oregon, Eugene, Oregon) stammt von von Wayne Chabre. Das Bild ist unter `https://library.uoregon.edu/guides/architecture/oregon/xmaxwell.html` zu finden. Verwendung mit freundlicher Genehmigung des Künstlers sowie des Fotografen Edward H. Teague.

6 Atome, Kerne, Elementarteilchen

^{L} Lehrbücher zur Atomphysik, die nur moderates Vorwissen voraussetzen, gibt es diverse, ein beliebter Klassiker ist [Haken04].

Einführungen in die Elementarteilchenphysik fallen grob in zwei Kategoren: leicht zugängliche Übersichten, die kaum Vorwissen erfordern, aber entsprechend sehr oberflächlich sind (und sich oft in einer Aufzählung der Teilchen und ihrer Eigenschaften erschöpfen), und solche, die den quantenfeldtheoretischen Zugang verwenden und daher sehr viel Vorwissen erfordern. Einen Mittelweg schlägt [Sexl92] ein. Eine leichtverständliche Darstellung der Teilchenphysik, gemischt mit vielen Anekdoten zu den Akteuren, bietet [Veltman03].

- **Die Elementarladung und das Millikan-Experiment** (ab S. 114): ^{a} Der von Milikan ermittelte Wert für e war aufgrund eines falschen Wertes für die Viskosität von Luft etwas zu klein. Erst schrittweise näherten sich die offiziellen Werte dem heute akzeptierten an. Diese nur schrittweise Annäherung als Zeichen für konservative Züge des Wissenschaftsbetriebs hat Richard Feynman in seinem Vortrag *Cargo Cult Science* angesprochen – zu finden z. B. unter `http://www.lhup.edu/~DSIMANEK/cargocul.htm`.

  ^{b} Auch die Monopol-Erklärung verschiebt das Problem der Existenz einer kleinsten Ladung lediglich auf das der Existenz einer kleinsten Wirkung. Da dieses Prinzip in der Quantenmechanik aber ohnehin fundamental ist, würde eine solche Erklärung allerdings zumindest die Zahl der notwendigen Grundannahmen reduzieren.

  ^{Q} Die Abbildung zum Millikan-Experiment stammt aus Millikans Originalarbeit [Millikan17], zu finden beispielsweise unter `http://commons.wikimedia.org/wiki/File:Scheme_of_Millikan%E2%80%99s_oil-drop_apparatus.jpg`.

- **Atommodelle** (ab S. 116): ^{a} Atome sind die Grundbausteine der chemischen Elemente. Neunzig Elemente kommen natürlich vor (alle von Wasserstoff bis Uran, mit Ausnahme von Technetium und Promethium), einige weitere lassen sich künstlich erzeugen. Moleküle hingegen, bei deren Aufbau zwei oder mehr Atome beteiligt sind, gibt es hingegen entsprechend den kombinatorischen Möglichkeiten nahezu unzählige.

[b] Die hier angegebene Energie $E_n = R_\infty \frac{1}{n^2}$ mit der Rydberg-Konstante

$$R_\infty = \frac{m_e e^4}{8\varepsilon_0^2 h^3 c} \frac{1}{n^2}$$

gilt strenggenommen nur für einen unendlich schweren Kern. Für einen Kern der Masse M muss die Elektronenmasse m_e durch die reduzierte Masse $\mu = \frac{m_e M}{m_e + M}$ ersetzt werden.

[c] Dass Atome diskrete Anregungsniveaus haben, ist vor allem aus der optischen Spektroskopie (⇒S.80) bekannt. Dieser Umstand lässt sich aber auch mit Experimenten nachweisen, die keinen direkten Bezug zur Optik haben, etwa durch den *Franck-Hertz-Versuch*.

■ **Rutherford-Streuung und Wirkungsquerschnitt** (ab S. 118): [a] Bei Verwendung etwa der Born'schen Näherung (⇒S.146) zeigt sich, dass die klassischen Ergebnisse in erster Ordnung korrekt sind und quantenmechanische Effekte erst in höherer Ordnung eingehen. Haben die α-Teilchen sehr hohe Energie, so spielt auch die innere Struktur der Kerne eine Rolle. Es gehen dann auch elektromagnetische *Formfaktoren* ein, die die Ladungsverteilung innerhalb eines Kernes beschreiben. Kommen α-Teilchen einem Kern sehr nahe, so kann auch die starke Wechselwirkung (⇒S.132) in Erscheinung treten.

[b] Da typische Wirkungsquerschnitte sehr klein sind, werden sie selten in m^2 angegeben. Stattdessen hat sich in der Kernphysik die Einheit *barn* (engl. für Scheune) eingebürgert, 1 barn $= 10^{-28}$ m^2 – was für ein subatomares Teilchen „groß wie ein Scheunentor" ist.

[c] Dass der integrale Wirkungsquerschnitt σ divergiert ist plausibel, da die Coulomb-Wechselwirkung eine unendliche Reichweite und damit auch eine unendlich große „Wechselwirkungsfläche" hat. Die meisten Wechselwirkungsakte sind aber sehr schwach, und entsprechend sind auch die zugehörigen Ablenkwinkel klein.

[Q] Die Abbildung zur Streuung in beiden Atommodellen stammt von
`http://upload.wikimedia.org/wikipedia/commons/c/c3/Rutherford_gold_foil_experiment_results.svg`, die Skizze zur Bahnkurve von `http://upload.wikimedia.org/wikipedia/commons/5/5f/Rutherford-scattering-atom_de.svg`, wurde vom Autor aber in einigen Punkten überarbeitet.

■ **Kernmodelle** (ab S. 120): [a] Die Bethe-Weizsäcker-Formel setzt sich aus fünf Beiträgen zusammen, die in der folgenden Abbildung graphisch dargestellt sind:

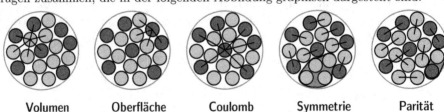

Volumen   Oberfläche   Coulomb   Symmetrie   Parität

Die Koeffizienten der einzelnen Beiträge sind empirisch, die Abhängigkeiten von Kernladungs- und Massenzahl hingegen werden gemäß dem Tröpfchenmodell ermittelt. Für sehr leichte Kerne ist die Bethe-Weizsäcker-Formel unbrauchbar, für schwerere hingegen liefert sie gute Ergebnisse.

[b] Eine Analyse der Bindungsenergie pro Nukleon findet sich in M. P. Fewell: *The atomic nuclide with the highest mean binding energy*, American Journal of Physics, Volume 63, Issue 7, pp. 653–658 (1995). In älteren Quellen wird ^{56}Fe als stabilster Kern angegeben, und tatsächlich ist dieses Isotop bei weitem häufiger als ^{62}Ni und ^{58}Fe. Das scheint allerdings daran zu liegen, dass die Kernprozesse im Inneren der Sterne die Bildung und Anreicherung dieses Isotops bevorzugen. Die Bindungsenergie pro Nukleon in ^{62}Ni scheint noch ein wenig höher zu sein als in ^{58}Fe.

Die schematische Abbildung zur Bindungsenergie pro Nukleon im Beitrag ist eine überarbeitete Fassung von http://commons.wikimedia.org/wiki/File: Binding_energy_curve_-_common_isotopes.svg; die nebenstehende Abbildung stammt von http:// hyperphysics.phy-astr.gsu.edu/hbase/nucene/ nucbin2.html.

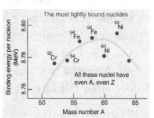

Man beachte, dass in einem Diagramm der Bindungsenergie pro Nukleon für jede Massenzahl typischerweise nur der jeweils häufigste Kern angegeben wird. Für einen vollständigen Überblick müsste man einen 3D-Plot anfertigen (Energie in Abhängigkeit von Protonen- und Neutronen- bzw. Massenzahl), und das wäre angesichts der vielen Isotope recht unübersichtlich.

- **Radioaktivität** (ab S. 122): [a] Mit Ausnahme von Technetium ($Z = 43$) und Promethium ($Z = 61$) gibt es nach heutigem Wissensstand zu jedem Element bis hin zu Blei ($Z = 82$) zumindest ein stabiles Isotop. Ursprünglich hatte man auch vermutet, dass das Bismut-Isotop ^{209}Bi ($Z = 83$) stabil sei, es hat sich allerdings inzwischen als α-Strahler mit einer extrem langen Halbwertszeit von $(1.9 \pm 0.2) \cdot 10^{19}$ Jahren herausgestellt [Marcillac03].

[b] Die typischen α-Zerfälle sind nur durch den quantenmechanischen Tunneleffekt ($\Rightarrow$S.146) überhaupt möglich – oder würden sonst zumindest mit einer um Größenordnungen geringeren Rate auftreten. Dass die α-Teilchen den Coulomb-Wall des Kerns „durchtunneln" können, ist hier essentiell.

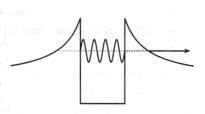

[c] Normalerweise werden Kerneigenschaften nicht von der Elektronenhülle beeinflusst. Beim Betazerfall gibt es aber einige Fälle, wo das anders ist. Als Kern eines neutralen Atoms ist ^{163}Dy stabil. Wird dieses Atom aber ausreichend stark ionisiert, so ist ein Betazerfall möglich.

Das in beim Zerfall dieses Kerns erzeugte Elektron hätte nicht genug Energie, um als freies Elektron das System zu verlassen. Der Zerfall ist daher nur möglich, wenn Platz in einer ausreichend tief liegenden Schale frei ist und das Elektron als Hüllenelektron an den Kern gebunden bleiben kann (siehe z. B. `http://www.weltderphysik.de/de/1056.php`).

Auch ein doppelter Betazerfall kann in bestimmten Kernen vorkommen; dabei werden zwei Elektronen und zwei Antineutrinos gleichzeitig emittiert. Gemäß Standardmodell nicht möglich ist hingegen der *neutrinolose* Doppel-β-Zerfall, zu dem es äußerst umstrittene experimentelle Daten (Heidelberg-Moskau-Experiment) gibt.

[d] Die Einheiten für Frequenz und Aktivität haben formal die gleiche physikalische Dimension, $\frac{1}{s}$. Dennoch handelt es sich um deutlich verschiedenartige Größen. 1 Bq ist eine sehr „kleine" Einheit; entsprechend werden Aktivitäten häufig in kBq, MBq oder gar GBq angegeben.
Die alte Einheit für die Aktivität war das Curie (Ci). Diese war ursprünglich als die Aktivität von einem Gramm ^{226}Ra definiert. Später setzte man (was grob mit der alten Definition übereinstimmt) 1 Ci $= 3.7 \cdot 10^{10}$ Bq $= 37$ GBq.

[e] Bei der Äquivalentdosis handelt es sich nur mehr eingeschränkt um eine „echte" physikalische Größe, da biologische Überlegungen einfließen und die Festsetzung von Q auch eine politische Entscheidung ist. Für die maximal zulässige Äquivalentdosis gibt es gesetzliche Bestimmungen. Eine ausgezeichnete Aufstellung der Größenordnungen von Äquivalentdosen findet sich unter `http://xkcd.com/radiation/` – auf einer Seite, die sonst vor allem als Quelle brillant-zynischer Webcomics zu Mathematik, Physik, Informatik und Zwischenmenschlichem bekannt ist.

- **Kernspaltung und Kernfusion** (ab S. 124): [A] Dass neutroneninduzierte Kernspaltung auch als natürlicher Prozess ablaufen kann oder zumindest konnte, ist seit Entdeckung des Naturreaktors Oklo im afrikanischen Gabun bekannt. Dort konnte Wasser in eine Uranlagerstätte eindringen und als Moderator fungieren. Der „Reaktor" war offenbar mehrere hunderttausend Jahre lang aktiv.

[a] Neben der neutroneninduzierten Kernspaltung ist auch die spontane Spaltung sowie die durch Gammaquanten induzierte Photospaltung möglich. Auch der Zerfall in drei Kerne tritt in seltenen Fällen auf.

[b] Im Anreicherungsprozess wird meist mit der leicht flüchtigen Verbindung UF_6 (Uranhexafluorid) gearbeitet. Da von Fluor nur ein Isotop natürlich vorkommt, wird der Massenunterschied der Moleküle nur vom jeweiligen Uran-Isotop bestimmt. Mittels Gasdiffusionsverfahren oder mit Zentrifugen können die Isotope getrennt werden. Da der relative Massenunterschied zwischen den Molekülen aber klein ist, ist das ein schwieriger Prozess. Seine Beherrschung gilt als eine Schlüsselfähigkeit in der Nukleartechnik, und entsprechend sind bei Verhandlungen über Nuklearpro-

gramme – wie aktuell etwa mit dem Iran – zulässige Zentrifugentechnologien und -kapazitäten wesentliche Themen.

[c] In Schnellen Brüter darf für den inneren Kühlkreislauf kein Wasser verwendet werden, da dieses die Neutronen zu stark bremsen würde – der Moderatoreffekt reduziert die Ausbeute des Brutprozesses. Als alternatives Kühlmedium wird flüssiges Natrium verwendet. Natrium reagiert ausgesprochen heftig mit Wasser oder Luft – ein Umstand, der die bisherige Brütertechnologie ausgesprochen riskant macht.

[d] Eine Alternative zum Arbeiten mit Magnetfeldern in der Fusionsphysik wäre der *Trägheitseinschluss*, z. B. durch den Beschuss kleiner Brennstoffkugeln mit Lasern oder Teilchenstrahlen (⇒S.126). Die Trägheit des Materials müsste in diesem Fall ausreichen, um für hinreichend lange Zeit das Ablaufen eines Fusionsprozesses zu erlauben.

Prinzipiell sind die Gefahren durch Radioaktivität bei der Fusion viel kleiner als bei der Kernspaltung. Das Endprodukt ^{4}He ist stabil, und auch die Halbwertszeit von Tritium, dem einzigen radioaktiven Ausgangsstoff, ist vergleichsweise kurz. Die Hauptgefahr sind Isotope, die aus dem Reaktor- oder Gebäudematerial durch Neutroneneinfang entstehen. Hier ist sorgfältige Planung notwendig, um das Entstehen von langlebigen Isotopen zu verhindern.

[Q] Der Graph der Verteilung der Spaltprodukte stammt von `http://de.wikipedia.org/wiki/Datei:Fission_product-en.svg`. Das Bild des JET-Reaktors stammt von der Website des European Fusion Development Agreement, `http://www.efda.org/`. Zur Zeit wird am Nachfolgeprojekt ITER gearbeitet, einem der ambitioniertesten Projekte der europäischen Energieforschung.

- **Teilchenbeschleuniger** (ab S. 126): [a] Ein Beispiel für einen modernen Linearbeschleuniger ist der *Stanford Linear Accelerator and Collider* (SLAC). Gegenwärtig ist ein neuer Linearbeschleuniger, der *International Linear Collider* (ILC), in Planung.

[b] Die beiden großen Beschleunigerringe am CERN liegt etwa hundert Meter unter der Erde. Eine derartige Tiefe wäre für die Strahlungsabschirmung nicht mehr notwendig, sondern es sind geologische Gründe, die für diese Positionierung der Anlage ausschlaggebend waren.

[Q] Einige Informationen zum Beschleunigertunnel am CERN stammen von `http://www.swiss-lhc.ch/index.php?id=27`, die Skizze der Beschleunigerringe (`http://cds.cern.ch/record/1708847`) wurde mit freundlicher Genehmigung des CERN verwendet.

- **Teilchendetektoren** (ab S. 128): [L] Informationen zum Gran-Sasso-Laboratorium findet man unter `http://www.lngs.infn.it/`, zu Super-Kamiokande unter `http://www-sk.icrr.u-tokyo.ac.jp/sk/index-e.html` und zu IceCube unter `http://icecube.wisc.edu/`.

[a] Eine einfache Nebelkammer ist gar nicht so schwierig zu bauen. Die Bau- und Betriebsanleitung für ein Modell, das mit Isopropanol und Trockeneis arbeitet, findet man unter `http://w4.lns.cornell.edu/~adf4/cloud.html`.

[b] Zu einem besonders spektukären Fall der Nutzung des Metalls aus alten Wracks siehe `http://www.spiegel.de/wissenschaft/weltall/0,1518,689783,00.html`.

[c] Die Bindungsenergie der Wasserstoffkerne innerhalb eines Wassermoleküls ist viel kleiner als die typische Energie von Kernreaktionen. Entsprechend sind diese Protonen aus Sicht der Kern- und Teilchenphysik nahezu frei. Analoges gilt natürlich für meisten anderen chemischen Verbindungen, die Wasserstoff enthalten. Wasser ist aber billig, ungiftig und weitgehend unproblematisch zu handhaben.
Molekularer Wasserstoff enthält keine Fremdkerne, seine Handhabung ist aufgrund seiner Diffusionseigenschaften aber aufwändig. (Als kleinstes und leichtestes Molekül diffundiert H_2 durch nahezu alle Materialien.) Zudem stellt er aufgrund seiner Brennbarkeit ein Sicherheitsrisiko dar.

[Q] Die Blasenkammeraufnahme (`http://cds.cern.ch/record/842723`) wurde mit freundlicher Genehmigung des CERN verwendet.

■ **Vom Teilchenzoo zum Standardmodell** (ab S. 130): [L] Viel Information zur Teilchenphysik findet man auf *Kworkquark*, den populärwissenschaftlichen Seiten des Deutschen Elektronen-Synchotrons DESY, `http://kworkquark.desy.de/`. Ein beträchtlicher Teil des Teilchenzoos ist übrigens in Form niedlicher Plüschfiguren auf `http://www.particlezoo.net/` erhältlich.

[a] Die Existenz des Positrons ergab sich fast zwingend aus der Dirac-Gleichung der relativistischen Quantenmechanik ($\Rightarrow$S.220). Dirac selbst hatte allerdings gezögert, seine Theorie konsequent anzuwenden, und stattdessen versucht, das Proton (aufbauend auf einem inzwischen längst verworfenen Ansatz von A. Eddington) als Antiteilchen des Elektrons zu interpretieren.

[b] Das Tauon, das schwerste bekannte Lepton, hat etwa doppelt so viel Masse wie das Proton, das leichteste Baryon. Teilchenmassen und andere Daten werden am besten dem jährlich erscheinenden Handbuch der *Particle Data Group* entnommen, das unter `http://pdg.lbl.gov` verfügbar ist. Für die Neutrinomassen sind zwar nur obere Grenzen bekannt, aber aufgrund eines Effekts, der *Neutrinooszillation* genannt wird, gilt inzwischen als gesichert, dass die Neutrinos nicht masselos sind.

Da Quarks nicht als freie Teilchen auftreten ist die Messung ihrer Masse schwierig; insbesondere hängt die Masse von der Energie ab, mit der Streuexperimente durchgeführt werden – ein Effekt der Renormierung ($\Rightarrow$S.260). Je leichter ein Quark, desto größer die Unsicherheit. Auf jeden Fall weiß man, dass $m_d \geq m_u + m_e$ sein muss, sonst wäre der Zerfall des Neutrons in ein Proton und ein Elektron nicht möglich.

[c] Die Anordung der leichtesten Mesonen und Baryonen ergibt sich aus der Gruppentheorie, genauer gesagt, aus der darstellungstheoretischen Zerlegung

$$3 \otimes \bar{3} = 8 \oplus 1 \,, \qquad 3 \otimes 3 \otimes 3 = 10 \oplus 8 \oplus 8 \oplus 1 \,.$$

Gell-Mann hatte die Anordnung allerdings zuerst ohne Benutzung der Gruppentheorie gefunden. Erst später zeigte sich, dass sich das gesamte Schema sehr elegant aus irreduziblen Darstellungen der zugrunde liegenden Symmetriegruppe (der näherungsweise gültigen $SU(3)_{\text{flavor}}$) ergibt.

[d] Die Achsen in dieser Abbildung sind einerseits die dritte Komponente I_3 einer abstrakten „spin-artigen" Größe, des *Isospins*, andererseits die Hyperladung Y. Aus diesen beiden Größen setzt sich die elektrische Ladung zusammen, die von links unten nach rechts oben zunimmt.

■ **Kernkräfte und fundamentale Wechselwirkungen** (ab S. 132): [A] In vereinheitlichten Theorien ($\Rightarrow$S.272) tauchen typischerweise weitere Wechselwirkungsteilchen auf, die z. B. auch einen Zerfall von Quarks nur in Leptonen und damit auch einen Zerfall des Protons erlauben.

[a] Man beachte, dass sich in (6.2) für $m \to 0$ wieder das quadratische Abstandsgesetz ergibt. Generall gilt als Faustregel in der Physik und auch in allgemeinen Systemen, dass das Vorhandensein einer charakteristischen Skala oft auf ein Exponentialgesetz hindeutet. Gibt es keine solche Skala, so findet man typischerweise Potenzgesetze ($\Rightarrow$S.106).

■ **Hypothetische Teilchen** (ab S. 134): [a] Die erste Meldung über den möglichen Fund des Higgs-Teilchens wurde vom CERN am 4. Juli 2012 veröffentlicht. Der Autor dieses Buches zieht es allerdings vor, skeptisch zu bleiben und das Higgs-Teilchen erst als nachgewiesen zu betrachten, wenn die Datenlage besser ist. In der Geschichte der Teilchenphysik gab es schon einige Fälle, in denen sich Erfolgsmeldungen zum Fund eines schon intensiv gesuchten Teilchens als voreilig herausgestellt haben, etwa bei der frühen Suche nach den W- und den Z-Bosonen.

In den Populärwissenschaften wird das Higgs-Teilchen gelegentlich auch als das „Gottes-Teilchen" bezeichnet, was schon Anlass zu wilden Spekulationen gegeben hat. Ihren Ursprung hat diese eher unglückliche Bezeichnung im Titel eines Buches des Nobelpreisträgers Leon Lederman. Lederman wollte das Higgs-Teilchen ursprünglich als „goddamn particle" bezeichnen – was aber sein Verleger kurzerhand auf „god particle" änderte, siehe z. B. http://www.theguardian.com/science/2008/jun/30/higgs.boson.cern.

[b] Durch geschicktes Ausnutzen der Eichfreiheit kann man übrigens auch das Feld eines punktförmigen Monopols trotz div $\boldsymbol{B} \neq 0$ noch durch ein Vektorpotenzial $\boldsymbol{A}$ mittels $\boldsymbol{B} = \mathbf{rot}\,\boldsymbol{A}$ beschreiben. Der erste entsprechende Ansatz stammt von Dirac selbst, er wurde von Wu und Yang weiterentwickelt.

Monopole sind zwar einerseits sehr spekulativ; andererseits legen manche verein-heitlichte Theorien ($\Rightarrow$S.272) ihre Existenz doch nahe. Die Diskussion des Dirac- und des Wu-Yang-Monopols findet sich beispielsweise in M. Nakahara, *Geometry, Topology and Physics.*

[c] Tachyonen hätten, wenn es sie gäbe, fürwahr erstaunliche Eigenschaften: So wür-de es unendlich viel Energie erfordern, sie auf Lichtgeschwindigkeit *abzubremsen.* Elektrisch geladene Tachyonen müssten ständig Čerenkov-Strahlung emittieren und dabei immer schneller werden.

Die Wechselwirkung mit Tachyonen würde überlichtschnelle Kommunikation erlau-ben und damit die Möglichkeit bieten, Signale in die Vergangenheit zu senden. Ent-sprechend sind Tachyonen von allen hier genannten Teilchen die spekulativsten. Ihre Existenz würde die weitreichendsten Modifikationen unseres physikalischen Welt-bilds erfordern.

Wenn Tachyonen in Theorien auftauchen, ist das meist ein Zei-chen für Instabilitäten ($\Rightarrow$S.254). Im Esoterik-„Fachhandel" stößt man übrigens immer wieder auf Produkte, die angeblich auf Tachyonenbasis arbeiten. Diese entbehren allerdings jeder wissenschaftlichen Grundlage.

[d] Den *Unparticle-physics*-Boom hat der Artikel von H. Georgi, *Unparticle Physics* (Phys. Rev. Lett. 98:221601, 2007, `arXiv:hep-ph/0703260`), angestoßen. Doch wäh-rend in Folge 2007 und 2008 viele Artikel zu diesem Thema veröffentlicht wurden, geht ihre Zahl seit 2009 bereits wieder stark zurück. Erst der langfristige Rückblick wird wohl zeigen, ob es sich dabei – wie so oft – um eine reine Modeerscheinung ohne tiefere Tragweite oder um ein tatsächlich relevantes Konzept handelt.

7 Quantenmechanik

[L] Zur Quantenmechanik gibt es zahlreiche klassische Lehrbücher, etwa [Messiah91], [Sakurai93] oder [Shankar11]. Es kann aber auch ein Blick in ein moderneres Werk loh-nend sein, etwa [McIntyre12], in dem einerseits die Grundlagen sehr ausführlich erklärt werden, andererseits aber der Blick auch sehr schnell auf moderne Anwendungen, von Neutrino-Oszillationen über Bose-Einstein-Kondensation bis zu Quantencomputern, gelenkt wird.

- **Vom Doppelspalt zur Quantenmechanik** (ab S. 138): [a] Das Doppelspaltexpe-riment mit Elektronen wird häufig als Anschauungsbeispiel für quantenmechanische Effekte gebracht, ist aber in der Praxis kaum durchführbar. Stattdessen kann man die Beugung von Elektronen an Kristallgittern (also einem „Vielfachspalt") untersu-chen und findet auch dort Interferenzeffekte analog zu jenen beim Laue-Experiment mit Röntgenstrahlung. An einem echten Doppelspalt kann man hingegen mit Strahlen von Atomen oder kleinen Molekülen arbeiten und findet auch dort noch Interferenzeffekte. Selbst für *Buckyballs*, fußballartig aufgebaute C_{60}-Moleküle, wurden die Interferenzmuster bereits nachgewiesen.

[b] Der Begriff des „Welle-Teilchen-Dualismus" fällt in der Diskussion von Quantenphänomenen recht häufig.

In mancher Hinsicht ist er nützlich, greift letztlich aber zu kurz. Die quantenmechanischen Wellenfunktionen sind Objekte, die je nach Situation Wellen- oder Teilcheneigenschaften offenbaren – so wie etwa ein Kreiszylinder je nach Projektionsrichtung ein Rechteck oder einen Kreis ergeben kann.

[c] Die Wellennatur von Teilchen wird inzwischen auch ganz konkret ausgenutzt, etwa in der Elektronenmikroskopie. Da sich – zumindest im Fernfeld – mit Wellen nur Strukturen auflösen lassen, die zumindest von der Größe der Wellenlänge sind, ist das Auflösungsvermögen von Lichtmikroskopen schon aus Prinzip auf einige hundert Nanometer begrenzt. (Für die Nahfeldmikroskopie, die auch stark abfallende Feldbeiträge erfasst, gilt diese Einschränkung nicht.)

Für Elektronen, die ausreichend beschleunigt werden, ist die De-Broglie-Wellenlänge deutlich kleiner als die Wellenlänge von sichtbarem Licht, und entsprechend kann ein typisches *Elektronenmikroskop* deutlich kleinere Strukturen sichtbar machen als ein Lichtmikroskop. Allerdings müssen die so zu betrachtenden Objekte speziell behandelt (z. B. mit leitfähigem Material bedampft) werden, was die Einsatzmöglichkeiten wieder einschränkt.

[Q] Das Ambigramm „Light is a Wave/Particle" stammt von D. R. Hofstadter, der auch für sein höchst lesenswertes Buch *Gödel, Escher, Bach*, [Hofstadter92], Berühmtheit erlangt hat. Die Abbildung ist z. B. unter `http://commons.wikimedia.org/wiki/File:Wave-particle.jpg` und auf `http://www.ambigram.com/` zu finden. Benutzung mit freundlicher Genehmigung des Urhebers.

■ **Wellenmechanik und Schrödinger-Gleichung** (ab S. 140): [a] Wichtige Lösungen der Schrödinger-Gleichung, die nicht normierbar sind, sind ebene Wellen, die die Eigenzustände des Impulsoperators und damit auch jene des Hamilton-Operators für freie Teilchen sind. Für diese bietet sich eine Interpretation nicht als Aufenthaltswahrscheinlichkeit eines einzelnen Teilchens, sondern als Intensität einer einfallenden (oder austretenden) Teilchenstrahlung an.

[b] Die Forderungen, die man sinnvollerweise an eine Gleichung zur Beschreibung der Quantendynamik stellen sollte (und die die Schrödinger-Gleichung als einfach-

ste Gleichung erfüllt) sind im zweiten Band von [Rebhan11] (in der zweibändigen Ausgabe) sehr schön zusammengestellt.

In einem alternativen Zugang kann man die Schrödinger-Gleichung als wellentheoretische Erweiterung der Hamilton-Jacobi-Gleichung ($\Rightarrow$S.34) verstehen, analog zur Wellenoptik als wellentheoretischer Erweiterung der geometrischen Optik.

[c] Da der Hamilton-Operator die Zeitentwicklung beschreibt, gilt: Kommutiert eine Observable $\hat{A}$ mit dem Hamiltonian $\hat{H}$, so haben die beiden Operatoren eine gemeinsame Eigenbasis. Ein Eigenzustand von $\hat{A}$ verändert sich durch Zeitentwicklung nicht, und $\hat{A}$ repräsentiert eine Erhaltungsgröße.

■ **Einfache Potenzialprobleme** (ab S. 142): [a] Dass die Kenntnis der Energieeigenzustände so fundamental wichtig ist, liegt vor allem daran, dass der Hamiltonian der Erzeuger der Zeitentwicklung ist. Für einen Energieeigenzustand ist die Zeitentwicklung nur eine komplexe Rotation,

$$\psi_n(x,t) = e^{\frac{i}{\hbar}E_n t}\psi_n(x,0)\,,$$

und da absolute Phasen keine Erwartungswerte beeinflussen, bleibt die Physik invariant.

Für eine Überlagerung von Energieeigenzuständen, etwa

$$\psi(x,t) = c_1\psi_1(x,t) + c_2\psi_1(x,t)\,,$$

überlagern sich Oszillationen verschiedener Frequenzen, und entsprechend macht sich die Energiedifferenz $E_2 - E_1$ in physikalisch relevanten Oszillationen mit der *Bohr-Frequenz* $\omega_B = \frac{E_2 - E_1}{\hbar}$ bemerkbar:

$$\psi(x,t) = e^{\frac{i}{\hbar}E_n t}\left(c_1\psi_1(x,0) + e^{i\omega_B t}\psi_2(x,0)\right)\,.$$

Während sich die Aufenthaltswahrscheinlichkeiten für einen Energieeigenzustand durch Zeitentwicklung nicht ändern, „zerfließen" andere Zustände durch das „Auseinanderlaufen" der verschiedenen darin enthaltenen Energieeigenzustände.

[b] Prinzipiell sollte man erwarten, dass die Lösung einer Differenzialgleichung zweiter Ordnung auch überall zumindest zweimal differenzierbar sein muss. (Das ist für die Wellenfunktionen im Kastenpotenzial nicht der Fall, die ersten Ableitungen springen jeweils an den Stellen $x = 0$ und $x = L$.)

Derartige Differenzierbarkeitsforderungen sind aber unnötig hart. In der Funktionalanalysis ($\Rightarrow$S.178) gibt es das Konzept der *schwachen Lösung* einer Differenzialgleichung ($\Rightarrow$S.178). Dabei wird die Differenzialgleichung als äquivalentes Integralproblem formuliert. Da Mengen vom Maß null den Wert eines Integrals nicht beeinflussen, dürfen Funktionen hier durchaus an einzelnen Punkten „seltsames" Verhalten zeigen und dennoch Lösungen des Integralproblems darstellen.

Für die Schrödinger-Gleichung schwächen sich die Differenzierbarkeitsforderungen ab, wenn das Potenzial unendlich wird. So kann etwa auf dem Trägerpunkt eines δ-Funktionals die erste Ableitung von ψ springen.

[c] Dass das Teilchen Druck auf die Wände ausübt, sieht man auch sofort anhand folgender Überlegung: Die Energie eines Teilchens im Kastenpotenzial nimmt mit $\frac{1}{L^2}$ ab. Entsprechend ist Energie erforderlich, um L zu verkleinern, also die Wände nach innen zu schieben. Umgekehrt kann man dem System Energie entnehmen, indem man zulässt, dass das Teilchen die Wände nach außen schiebt.

[d] Das Kastenpotenzial ist besonders einfach zu berechnen und ist entsprechend ein Musterbeispiel in Quantenmechanik-Vorlesungen und Lehrbüchern. Lange Zeit wurde es als sehr akademisches (weil von der Struktur realer System weit entferntes) Beispiel betrachtet. Inzwischen ist es in der Halbleitertechnik aber möglich, Strukturen zu erzeugen, die einem endlich tiefen Kasten sehr nahe kommen, und diese finden etwa Anwendungen in Laserdioden.

- **Abstrakte Formulierung der QM** (ab S. 144): [a] In allgemeiner Sichtweise gehören die *kets* zu einem Vektorraum, die *bras* zum zugehörigen Dualraum, der aber zum ursprünglichen Vektorraum isomorph ist.

[b] Für allgemeine Zustände wird die zeitliche Dynamik durch die Gleichung

$$\mathrm{i}\,\hbar\,\frac{\mathrm{d}}{\mathrm{d}t}\hat{\rho}(t) = \left[\hat{H},\,\hat{\rho}(t)\right]$$

beschrieben. Man kann sich leicht überzeugen, dass diese sich für reine Zustände auf die Schrödinger-Gleichung reduziert.

[c] Das Zeichen $\sum\!\!\!\!\!\int$ steht für eine Summation bzw. Integration, je nachdem, ob die Menge der gerade relevanten Eigenwerte bzw. allgemeiner der gerade relevante Teil des Spektrums diskret oder kontinuierlich ist. Ein Operator kann durchaus auch ein teilweise diskretes, teilweise kontinuierliches Spektrum besitzen, etwa der Hamilton-Operator des Wasserstoffatoms.

[d] Sind die Eigenvektoren eines selbstadjungierten Operators unterschiedlich, so sind die entsprechenden Eigenvektoren orthogonal. Für *entartete* Eigenwerte findet man einen Eigenraum höherer Dimension, in dem man aber ebenfalls stets eine orthogonale Basis wählen kann.

Oft ist es nützlich, dass sich Funktionen von selbstadjungierten Operatoren mit Hilfe des *Spektraltheorems* als

$$f(\hat{O}) = \sum\!\!\!\!\!\int_k f(o_k)\,|o_k\rangle\,\langle o_k|$$

darstellen lassen. Das gilt insbesondere für die Eins, $\mathbb{1} = \sum_k |o_k\rangle \langle o_k|$. Schiebt man in das Skalarprodukt $\langle \phi|\psi \rangle$ eine Eins als $\mathbb{1} = \int d\boldsymbol{x} |x\rangle \langle x|$ ein, so erhält man

$$\langle \phi|\psi \rangle = \int d\boldsymbol{x} \, \langle \phi|x\rangle \langle x|\psi \rangle = \int d\boldsymbol{x} \, \langle x|\phi \rangle^* \langle x|\psi \rangle = \int d\boldsymbol{x} \, \phi^*(\boldsymbol{x})\psi(\boldsymbol{x})$$

und damit die bekannte Ortsraumdarstellung einer solchen Projektion.

[e] Um die Unschärferelation präzise zu formulieren, muss zunächst geklärt werden, wie die Unschärfe ΔX bei der Messung einer Observablen X überhaupt in mathematische Sprache übersetzt werden soll. Die gängige Definition ist

$$(\Delta X)^2 := \left\langle \left(\hat{X} - \langle \hat{X} \rangle \right)^2 \right\rangle = \langle \hat{X}^2 \rangle - \langle \hat{X} \rangle^2.$$

- **Quantenstreuung und Tunneleffekt** (ab S. 146): [A] Quantenmechanische Erscheinungen wie der Tunneleffekt lassen sich nicht im Kontext der modernen Physik erklären. Dennoch ist bei vielen quantenmechanischen Problemen eine klassisch inspirierte Betrachtung der Dinge oft hilfreich. So kann man den Tunneleffekt so auffassen, dass ein Teilchen bei jedem „Anlaufen" gegen eine Potenzialbarriere eine gewisse Chance hat, diese zu überwinden.

[a] Die Möglichkeit zur Reflexion an einer rechteckigen Barriere der Länge L verschwindet nur, wenn $\sqrt{2m(E - V_0)/\hbar^2}\, L$ ein ganzzahliges Vielfaches von π ist. Für $E \gg U_0$ wird die Reflexionswahrscheinlichkeit allerdings generell sehr gering.

[b] Dieses Resutat erhält man in erster Ordnung der Störungstheorie, die auch als *Born'sche Näherung* bezeichnet wird. Im Allgemeinen kann es natürlich auch Übergänge zwischen zwei Zuständen geben, die nicht direkt durch den Störterm verbunden sind, allerdings treten diese erst in höherer Ordnung der Störungsreihe auf. Streuungen mit starker Wechselwirkung oder gar Bindungszustände (die formal auch eng mit Streuung zusammenhängen) lassen sich ohnehin meist nicht mehr störungstheoretisch behandeln.

- **Der harmonische Oszillator** (ab S. 148): [a] Auch für große Werte von n ist das quantenmechanische Ergebnis für den harmonischen Oszillator immer noch deutlich anders als das klassische. So gibt es innerhalb des klassisch erlaubten Bereichs viele Knoten der Wellenfunktion, an denen die Aufenthaltswahrscheinlichkeit verschwindet. Berücksichtigt man aber das begrenzte Auflösungsvermögen von Messinstrumenten, so wird die Aufenthaltswahrscheinlichkeit effektiv „verschmiert". Ist das Auflösungsvermögen des Instruments geringer als der Abstand zwischen zwei Knoten, so verschwinden in der Beobachtung die vielen Minima und Maxima, und man findet eine Aufenthaltswahrscheinlichkeit, die der klassischen sehr ähnlich ist.

[b] Insbesondere im Kontext von Viel-Teilchen-Theorien ($\Rightarrow$S.174), in denen ein sehr ähnlicher Formalismus verwendet wird, wird $\hat{a}^\dagger$ meist als *Erzeugungsoperator* und $\hat{a}$ als *Vernichtungsoperator* bezeichnet.

^{c} Kurzschreibweisen wie $|n\rangle$ und $|\alpha\rangle$ können sehr praktisch sein, es muss aber stets klar sein, was im aktuellen Kontext gemeint ist. Insbesondere ist etwa $|n = 1\rangle$ ein anderer Zustand als $|\alpha = 1\rangle$. Ersterer ist ein Eigenzustand des Hamiltonians, der zweite ein spezieller kohärenter Zustand. Nur für den Grundzustand stimmen $|n = 0\rangle$ und $|\alpha = 0\rangle$ überein, weswegen die Schreibweise $|0\rangle$ problemlos ist.

^{Q} Die Abbildung der Ortswellenfunktionen des harmonischen Oszillators stammt von http://de.wikipedia.org/w/index.php?title=Datei:HarmOsziFunktionen. png.

- **Impulse und Drehimpulse in der QM** (ab S. 150): ^{A} Für die Ortsraumdarstellung des Impulses erhält man $p_k = -\mathrm{i}\hbar\frac{\partial}{\partial x_k}$ und damit für den Drehimpuls

$$L_i = x_j p_k - x_k p_j = -\mathrm{i}\hbar \left(x_j \, \frac{\partial}{\partial x_k} - x_k \, \frac{\partial}{\partial x_j} \right) ,$$

mit zylischer Wahl von i, j und k.

^{a} Salopp gesagt sieht eine Lie-Gruppe „überall gleich aus". Damit weiß man schon das Wichtigste über ihre Struktur, wenn man sie nur in Umgebung des Eins-Elements kennt, und entsprechend reicht es für viele Zwecke aus, nur infinitesimale Transformationen und deren Generatoren zu betrachten. Aus der „Gleichartigkeit" folgt, dass sich beim Zusammensetzen infinitesimaler Transformationen Exponentialfunktionen ergeben.

Die Generatoren einer Lie-Gruppe bilden wiederum eine eigene mathematische Struktur, nämlich eine *Lie-Algebra*. Die Drehimpulsalgebra ist ein spezieller Fall einer solchen Lie-Algebra. Meist bezeichnet man Lie-Gruppe und zugehörige Lie-Algebra mit den gleichen Buchstaben, aber während diese für die Gruppe groß und lateinisch geschrieben werden, schreibt man sie für die Algebra in klein und in Fraktur. So bilden etwa die Generatoren der Lie-Gruppe SO(3) die Lie-Algebra $\mathfrak{so}(3)$.

- **Das Wasserstoffatom und Orbitale** (ab S. 152): ^{a} Reihenansätze und deren Verallgemeinerungen spielen bei der Lösung derartiger Probleme eine wichtige Rolle. Sowohl bei der Behandlung des Winkel- als auch den Radialanteils stellt sich heraus, dass die Rekursionsformeln für die Reihenkoeffizienten divergente Reihen liefern, sofern die Reihe nicht abbricht. Aus der Bedingung eines Abbrechens der Reihe ergeben sich einerseits die Legendre- und Laguerre-Polynome, andererseits folgt die Ganzzahligkeit von Haupt- und Drehimpulsquantenzahl sowie die Beschränkung $\ell \leq n - 1$.

^{b} Diese Bezeichnung stammt aus der spektroskopischen Tradition: s steht für *sharp*, p für *principal*, d für *diffuse* und f für *fundamental*, danach folgen die Buchstaben nach dem Alphabet. Die energetisch am tiefsten liegenden Orbitale sind $1\mathrm{s}_{1/2}$, $2\mathrm{p}_{1/2}$, $2\mathrm{s}_{1/2}$ und $2\mathrm{p}_{3/2}$.

^{Q} Die Abbildung der Orbitale stammt von `http://commons.wikimedia.org/wiki/`
`File:8orbitals.jpg` und wurde leicht überarbeitet.

■ **Der Spin; das Stern-Gerlach-Experiment** (ab S. 154): ^{L} In diversen Lehrbüchern der Quantenmechanik wird das Stern-Gerlach-Experiment an den Anfang
gestellt. Ein didaktisch besonders gut gelungener Zugang findet sich in [McIntyre12].

^{a} Teilchen mit halbzahligem Spin ergeben sich aus der Kombination von Relativitätstheorie und Quantenmechanik in der Dirac-Gleichung. Allerdings ist das
nicht der einzige Weg, der zu Spin-$\frac{1}{2}$-Teilchen führt; es gibt auch einen formal-
mathematischen Pfad dorthin:

Drehungen im dreidimensionalen Raum werden durch die Gruppe SO(3) beschrieben, die orthogonalen (3×3)-Matrizen mit Determinante 1. Nun ist SO(3) nicht
nur eine Gruppe, sondern sogar eine Lie-Gruppe ($\Rightarrow$S.150), d. h. es gibt bestimmte
Parameter (hier die Drehwinkel), von denen die Gruppenelemente auf stetige, ja
sogar differenzierbare Weise abhängen.

Für viele Zwecke benötigt man in der Mathematik allerdings Lie-Gruppen, die einfach zusammenhängend sind, was bei SO(3) nicht der Fall ist. Kann man eine
nicht einfach zusammenhängende Lie-Gruppe durch mehrfaches Aneinanderfügen
so erweitern, dass sie einfach zusammenhängend wird, nennt man das Resultat die
universelle Überlagerung der ursprünglichen Gruppe.

Die universelle Überlagerung der SO(3) ist die SU(2), genau die Gruppe, die den
Spin beschreibt. In gewisser Weise ist der halbzahlige Spin also auch ohne Quantenmechanik oder Relativistik bereits in der der gewöhnlichen Drehgruppe „versteckt".

^{b} Die Definition der Pauli-Matrizen ist an eine Beschreibung des Spins angepasst,
bei der man in der S_z-Basis arbeitet – daher ist σ_z diagonal. Die Lage von x- und
y-Achse in der x-y-Ebene wurde so gewählt, dass sich ein rechtshändiges Koordinatensystem ergibt und die Einträge von σ_x reell sind.

Die Pauli-Marizen sind spurfrei, d. h. es ist $\mathrm{Tr}(\sigma_i) = 0$. Es gilt $\det(\sigma_i) = -1$ und
$\sigma_i^2 = \mathbb{1}$. Man findet neben der Kommutatorrelation $[\sigma_i, \sigma_j] = 2\mathrm{i}\varepsilon_{ijk}\,\hat{\sigma}_k$ die Antikommutatorrelation

$$\{\sigma_i, \sigma_j\} = 2\delta_{ij}$$

und für das Matrixprodukt zwei Pauli-Matrizen:

$$\sigma_i\sigma_j = \mathrm{i}\varepsilon_{ijk}\sigma_k + \delta_{ij}\,\mathbb{1} \,.$$

Zusammen mit der Einheitsmatrix $\mathbb{1}$ bilden sie mit reellen Koeffizienten eine Basis
der hermiteschen (2×2)-Matrizen, mit komplexen Koeffizienten eine Basis aller
komplexen (2×2)-Matrizen.

Die Pauli-Matrizen können zur Darstellung der *Quaternionen*, der nächsten Erweiterung des Zahlenbereichs über die komplexen Zahlen hinaus, benutzt werden. Die Quaternionen besitzen drei „imaginäre Einheiten", die mit i, j und k bezeichnet werden:

$$i^2 = j^2 = k^2 = ijk = -1.$$

Eine allgemeine quaternionische Zahl hat damit die Form $a = a_0 + a_1 i + a_2 j + a_3 k$ und ist isomorph zu (2×2)-Matrizen der Form $a = a_0 \mathbb{1} - a_1 i\sigma_x - a_2 i\sigma_y - a_3 i\sigma_z$.

[c] Oft wird das Stern-Gerlach-Experiment direkt mit Elektronen beschrieben. Tatsächlich ist es ja der Spin eines einzelnen Elektrons, der das Verhalten des Atoms im magnetischen Feld bestimmt. Auf ein isoliertes Elektron würde allerdings neben der Kraft grad $(\boldsymbol{\mu} \cdot \boldsymbol{B})$ noch die viel stärkere Lorentz-Kraft wirken; der Versuch wäre also extrem schwierig durchzuführen.

[d] Eine skalare Größe bleibt unter Raumspiegelung invariant, während eine vektorielle Größe ein zusätzliches Vorzeichen erhält: $c \mapsto c$, $\boldsymbol{A} \mapsto -\boldsymbol{A}$. Tritt bei einer indexfreien Größe dennoch ein Vorzeichenwechsel auf, spricht man von einem Pseudoskalar. Eine vektorartige Größe, die bei Raumspiegelung invariant bleibt, wird als Axialvektor (oder auch Pseudovektor) bezeichnet. Ein bekanntes Beispiel für einen Axialvektor ist das vektorielle Produkt zweier Vektoren, $\boldsymbol{A} \times \boldsymbol{B} \mapsto (-\boldsymbol{A}) \times (-\boldsymbol{B}) = \boldsymbol{A} \times \boldsymbol{B}$.

Die Klassifikation von Teilchen anhand ihrer Transformationseigenschaften ist wichtig für die systematische Behandlung von Bindungszuständen. Ein Bindungszustand von zwei Spin-$\frac{1}{2}$-Teilchen, beispielsweise ein aus zwei Valenzquarks zusammengesetztes Meson, kann ein Skalar-, ein Vektor-, ein Tensor-, ein Axialvektor- oder ein Pseudoskalarteilchen sein.

[Q] Das obige Foto der Tafel mit der Definition der Quaternionen wurde von Tevian Dray gemacht und ist auf http://math.ucr.edu/home/baez/dublin/ zu finden. Verwendung mit freundlicher Genehmigung des Fotografen.

- **Magnetismus** (ab S. 156): [a] Aus der relativistischen Quantenmechanik ($\Rightarrow$S.220) ergibt sich g_L genau zu 2. In der Quantenelektrodynamik ($\Rightarrow$S.250) und allgemeiner im Standardmodell der Elementarteilchenphysik ergeben sich allerdings noch Korrekturen durch virtuelle Teilchen. Diese Korrekturen sind zwar klein, aber sehr präzise messbar und damit ein guter Test für das Standardmodell.

[b] Klassisch wird dieser Diamagnetismus oft damit erklärt, dass durch das Magnetfeld Ringströme induziert werden, deren Feld gemäß der Lenz'schen Regel dem ursprünglichen Feld entgegengesetzt ist. Diese Erklärung greift jedoch zu kurz, da sich die Kreisströme benachbarter Kreise gegenseitig kompensieren. Das Bohr-van-

Leeuwen-Theorem zeigt, dass es (im thermodynamischen Limes, d. h. in guter Näherung für makroskopische Systeme) keinen klassischen Diamagnetismus gibt.

[c] Tatsächlich ist der Einstein-de-Haas-Effekt klein, und so wird typischerweise das bei der Umpolung wirkende Drehmoment durch Aufhängung an einem Torsionsfaden gemessen. Bei der Vorhersage des Effekts war noch nicht bekannt, dass der Magnetismus des Eisens auf dem Elektronenspin beruht. Aufgrund des um den Landé-Faktor $g_L \approx 2$ größeren magnetischen Moments des Spins ist auch der Effekt etwa um den Faktor 2 größer als ursprünglich angenommen.

- **Verschränkte Zustände** (ab S. 158): [a] Verschränkte Zustände sind die Grundlage der Quantenteleportation, die allerdings zusätzlich auch auf die „klassische" Übertragung von Information angewiesen ist. Entsprechend erlaubt auch sie nicht die instantane Übermittlung von Information.
  Die Quantenteleportation umgeht das Quantum-Non-Xeroxing-Theorem ($\Rightarrow$S.159), indem der Ausgangszustand zerstört wird. Man geht dabei von zwei vollständig verschränkten Zuständen $|\psi_V^{(1/2)}\rangle$ aus. Nun nimmt man am zu teleportierenden System $|\psi_0\rangle$ und z. B. an $|\psi_V^{(1)}\rangle$ Messungen vor. Das verändert natürlich sowohl $|\psi_0\rangle$ als auch $|\psi_V^{(1)}\rangle$. Mit der so gewonnenen Information kann sich aber aus $|\psi_V^{(2)}\rangle$ der Zustand $|\psi_0\rangle$ wieder herstellen lassen.

- **Die Grenzen des Kopierens** (ab S. 159): [A] Während das Anfertigen einer exakten Kopie eines Zustands aus prinzipiellen Gründen nicht möglich ist, kann durch Einbindung des unbekannten Zustands in ein größeres System und passende Zeitentwicklung sehr wohl Kopien minderer Qualität erzeugen. Diese reichen zwar nicht aus, um etwa die Unschärferelation zu umgehen, könnten aber benutzt werden, um Methoden der Quantenkryptographie ($\Rightarrow$S.160) zu unterlaufen.

[a] Das Quantum-Non-Xeroxing-Theorem hat seinen Ursprung in der Linearität der Quantenmechanik. Statt direkt mit der Linearität der Operatoren kann man jedoch mit der Unitarität arbeiten, um zu zeigen, dass exaktes Kopieren nicht möglich ist: Der Kopieroperator $\hat{K}$ müsste ja als Zeitentwicklungsoperator unitär sein. Würde für beliebige Zustände $|\psi\rangle$ und $|\phi\rangle$ jeweils

$$\hat{K}|\psi\rangle_1|0\rangle_2 = |\psi\rangle_1|\psi\rangle_2 \qquad \text{und} \qquad \hat{K}|\phi\rangle_1|0\rangle_2 = |\phi\rangle_1|\phi\rangle_2$$

gelten, so müsste

$$\langle\phi|\psi\rangle^2 = {}_2\langle\phi|\,{}_1\langle\phi|\psi\rangle_1|\psi\rangle_2 = {}_2\langle0|\,{}_1\langle\phi|\,\hat{K}^\dagger\hat{K}|\psi\rangle_1|0\rangle_2 = {}_2\langle0|\,{}_1\langle\phi|\psi\rangle_1|0\rangle_2$$
$$= {}_2\langle0|0\rangle_2\,\langle\phi|\psi\rangle_1 = \langle\phi|\psi\rangle$$

sein. Das muss für allgemeine Zustände $|\psi\rangle$ und $|\phi\rangle$ keineswegs der Fall sein, sondern gilt nur, wenn $\langle\phi|\psi\rangle = 0$ oder $\langle\phi|\psi\rangle = 1$ ist.

- **Quantencomputer und Quantenkryptographie** (ab S. 160): [a] Quantencomputer wären nicht unbedingt in der Lage, beliebige Aufgaben schneller zu erfüllen. Bei Operationen, die nur sequentiell durchgeführt werden können, hätten sie gegenüber konventionellen Rechnern wahrscheinlich keinen Vorteil.

  [b] In der Praxis hat jede Datenübertragung eine gewisse Fehlerrate, und die Spuren raffinierterer Abhörversuche könnten durchaus in dieser untergehen. Zudem kann es je nach technischer Umsetzung auch andere Schlupflöcher geben. Dass quantenkryptographische Verfahren keineswegs prinzipiell abhörsicher sind, wurde inzwischen mehrfach demonstriert, siehe z. B. `http://www.nature.com/news/2010/100829/full/news.2010.436.html`.

- **Rechenmethoden in der Quantenmechanik** (ab S. 162): [a] Zur Herleitung der Formeln ist es sinnvoll, den Hamiltonian in der Form $\hat{H} = \hat{H}_0 + \lambda \hat{H}_I$ mit einem formalen Parameter λ anzuschreiben. Dieser künstlich eingeführte Parameter erlaubt es, auf einfache Weise die Übersicht über die Potenzen in der Reihenentwicklung zu bewahren. Erst am Ende der Rechnung wird $\lambda = 1$ gesetzt.

  [b] Das Deltafunktional in Fermis Goldener Regel stellt die Energieerhaltung sicher. Ganz allgemein gilt, dass eine Störung nur dann einen Übergang $|f\rangle \to |i\rangle$ induzieren kann, wenn sie auch eine Frequenzkomponente mit ω_{fi} einschließt, d. h. die Resonanzbedingung $\omega \approx \omega_{fi}$ muss erfüllt sein.
  Dass näherungsweise Gleichheit ausreicht, liegt daran, dass jede Störung mit endlicher Dauer auch eine gewisse Breite im Frequenzraum aufweist; manchmal sind E_i oder E_f aufgrund der endlichen Lebensdauer des entsprechenden Zustands zudem nur mit einer gewissen Unschärfe definiert.

  [c] Die zur Schrödinger-Gleichung äquivalente Integralgleichung ist die *Lippmann-Schwinger-Gleichung*. Integralgleichungsformulierungen spielen in der Festkörper- und der Teilchenphysik eine wichtige Rolle, die entsprechenden Gleichungen sind Dyson- und Dyson-Schwinger-Gleichungen ($\Rightarrow$S.262). Der Integralgleichungszugang hängt eng mit *Green-Funktionen* zusammen, mit denen insbesondere in der Viel-Teilchen-Physik die Zeitentwicklung von Teilchen und die Wechselwirkungen zwischen ihnen beschrieben werden.

  [d] Abhängig vom speziellen Problem können ganz unterschiedliche Basen zum Einsatz kommen. In Festkörperphysik und Quantenchemie ist *Linear Combination of Atomic Orbitals* (LCAO) eine beliebte Methode, wobei atomare Orbitale als Basiszustände für größere Viel-Teilchen-Systeme verwendet werden.
  Oft wiegen bei der Wahl der Basis rechnerische Vorteile physikalische Vergröberungen auf. So fallen Atomorbitale typischerweise exponentiell ab. Ersetzt man aber ein solches Orbital durch eine geeignete Summe von Gauß-förmigen (d. h. $\propto e^{-x^2}$ abfallenden) Orbitalen, so kann man die Berechnung von Überlapp-Integralen wesentlich vereinfachen und so Berechnungen stark beschleunigen.

Die Darstellung des Hamilton-Operators als Matrix in einer geeigneten Basis und anschließende Diagonalisierung spielt insbesondere für stark wechselwirkende Systeme im Formalismus der „zweiten Quantisierung" ($\Rightarrow$S.174) eine große Rolle. Hier stößt die (numerisch) exakte Diagonalisierung schnell an ihre Grenzen. Da der Hilbert-Raum exponentiell mit der Größe des Systems wächst, erreichen auch die zugehörigen Matrizen schnell eine Größe, an der herkömmliche Diagonalisierungsmethoden scheitern. Spezielle stochastische Methoden sowie Verfahren, die nur die am tiefsten liegenden Eigenwerte bestimmen, lassen etwas mehr Spielraum, doch auch mit diesen Hilfsmitteln sind die Systeme, die sich so behandeln lassen, in ihrer Größe stark begrenzt.

- **Atom-Photon-Wechselwirkung** (ab S. 164): [a] Diese Interpretation wird inzwischen durch Experimente gestützt, bei denen, analog zur Situation beim Casimir-Effekt ($\Rightarrow$S.264), die möglichen Vakuumfluktuationen eingeschränkt werden (cavity QED). Dadurch ändert sich auch die Rate der spontanen Emissionen.

- **Das Feynman'sche Pfadintegral** (ab S. 166): [a] Das Ordnen nach der Größe der Wirkung bedeutet natürlich nicht, dass es nur abzählbar viele Pfade gibt; ganz im Gegenteil, es werden in fast allen Fällen überabzählbar viele sein. Die prinzipielle Argumentation ändert sich nicht. Die mathematischen Schwierigkeiten einer sauberen Formulierung sind aber beträchtlich, und in voller Allgemeinheit ist eine mathematisch einwandfreie Formulierung des Pfadintegrals noch nicht gelungen.

- **Der Aharanov-Bohm-Effekt** (ab S. 168): [L] Eine Diskussion des Aharanov-Bohm-Effekts (der oft auch als Bohm-Aharanov-Effekt bezeichnet wird) findet man in vielen Lehrbüchern der Quantenmechanik. Auf die Interpretation als topologischen Effekt geht zum Beispiel [Nakahara03] ein.

- **Bosonen und Fermionen** (ab S. 170): [a] Heuristisch lässt sich dieser Zusammenhang insbesondere an Spin-$\frac{1}{2}$-Teilchen illustrieren. Für ein solches Teilchen bringt eine Rotation um $2\pi = 360°$ einen Vorzeichenwechsel der Wellenfunktion mit sich. Erst nach einer weiteren Drehung um 2π, also nach einer Gesamtdrehung um $4\pi = 720°$, ist der Ausgangszustand wieder hergestellt.

  Auch bei Teilchen mit höherem halbzahligem Spin bringt eine Rotation um 2π einen Vorzeichenwechsel mit sich. (Beispielsweise erhält die Wellenfunktion eines Teilchens mit Spin $\frac{3}{2}$ nach jeder Rotation um $\frac{2}{3}\pi$ ein anderes Vorzeichen; eine Rotation um 2π liefert demnach ebenfalls $(-1)^3 = -1$.)

  Das Vertauschen von zwei Teilchen beinhaltet eine Rotation der beiden Teilchen gegeneinander um 2π. Während diese bei Teilchen mit ganzzahligem Spin keine Rolle spielt, liefert sie bei Teilchen mit halbzahligem Spin ein anderes Vorzeichen für die Gesamtwellenfunktion, $\hat{P}|\psi_1\psi_2\rangle = -|\psi_2\psi_1\rangle$.

  Das Spin-Statistik-Theorem gilt für „echte" Teilchen. Manchmal werden in der QFT Hilfsfelder eingeführt, deren Anregungen zwar rechnerisch als Teilchen behandelt werden, die aber trotzdem nicht mit realen Teilchen korrespondieren.

Diese „Geistteilchen" können das Spin-Statistik-Theorem verletzen. So sind etwa die Fadeev-Popov-Geister, die in der Quantenchromodynamik ($\Rightarrow$S.252) eingeführt werden, um die Behandlung von Eichbedingungen zu vereinfachen, skalare Fermionen.

[b] Die Hartree-Fock-Gleichung ist immer noch eine Ein-Teilchen-Gleichung, die für jedes Elektron im Feld der anderen Elektronen separat gelöst werden kann. Um zu einer konsistenten Lösung zu kommen (*self-consistent field approach*), kann, ausgehend von einem Ansatz für die Wellenfunktionen, die Hartree-Fock-Gleichung iterativ behandelt werden, indem man sie wechselweise für alle vorhandenen Elektronen im jeweils zuletzt ermittelten Feld der anderen löst.

[c] Im Normalfall ist die Wellenfunktion eines Mehr-Teilchen-Zustands nicht als einzelne Slater-Determinante darstellbar. Schon der Zwei-Teilchen-Grundzustand hat nicht die Form einer Slater-Determinante.
Slater-Determinanten sind lediglich jene Kombinationen von Einzelwellenfunktionen, die die Symmetrieeigenschaften eines fermionischen Systems respektieren, also gewissermaßen die besten einfachen Wellenfunktionen, die sich für N Teilchen aus N Einzelwellenfunktionen konstruieren lassen. Der wahre Viel-Teilchen-Zustand lässt sich allerdings nach Slater-Determinanten entwickeln.

[d] Die Mathematik, die die Vertauschungseigenschaften der Anyonen beschreibt, heißt *braid algebra* (Zopfalgebra). Der Name stammt daher, dass man sich vorstellen kann, dass an zwei sich in der Ebene bewegenden Teilchen jeweils ein Faden angebracht ist, der von einem Punkt außerhalb der Ebene ausgeht. Bei mehrfachem Vertauschen von Teilchen wird also gewissermaßen ein Zopf geflochten.

- **Quantenstatistik** (ab S. 172): –
- **Viel-Teilchen-Formalismus** (ab S. 174): [a] Das Eingangszitat findet man beispielsweise auf `http://nobelprize.org/nobel_prizes/physics/laureates/1965/feynman-lecture.html`. Dass es bei der Verwendung von Erzeugungs- und Vernichtungsoperatoren keine Konflikte etwa mit der Ladungserhaltung gibt, liegt daran, dass in physikalisch sinnvollen Operatoren Erzeuger und Vernichter stets in Kombinationen auftreten, die die fundamentalen Erhaltungssätze respektieren (etwa indem ein Elektron in einem Zustand vernichtet und zugleich eines in einem anderen erzeugt wird).

[b] Die Bezeichnung „zweite Quantisierung" stammt daher, dass den einzelnen Lösungen der Schrödingergleichung, die ja bereits Quantensysteme beschreibt, nochmals Vertauschungs- oder Antivertauschungsrelationen aufgeprägt werden. Die Bezeichnung gilt als eher unglücklich, weil sie suggeriert, dass damit ein völlig neuer Schritt gesetzt wird – tatsächlich ist es aber die gleiche Quantentheorie wie auch zuvor, nur in einer eleganteren Beschreibung.

^{c} Für Erzeugungs- und Vernichtungsoperatoren sind noch diverse andere Ausdrücke gängig, etwa Leiteroperatoren oder Kletteroperatoren. Gerade bei diesen Operatoren werden die „Hüte" üblicherweise weggelassen, d. h. man schreibt z. B. nur a statt $\hat{a}$. Für Erzeuger und Vernichter ist das unproblematisch. Aufpassen muss man in einem solchen Fall allerdings bei der Unterscheidung zwischen dem Anzahloperator $n_i = \hat{n}_i$ und seinen Eigenwerten, den Teilchenzahlen n_i.

^{d} Neben den „interessanten" Vertauschungsrelationen $[\hat{a}_i, \hat{a}_j^\dagger] = \delta_{ij}\hat{1}$ bzw. $\{\hat{c}_i, \hat{c}_j^\dagger\} = \delta_{ij}\hat{1}$ sind noch die „trivialen" Relationen $[\hat{a}_i, \hat{a}_j] = [\hat{a}_i^\dagger, \hat{a}_j^\dagger] = 0$ bzw. $\{\hat{c}_i, \hat{c}_j\} = \{\hat{c}_i^\dagger, \hat{c}_j^\dagger\} = 0$ zu beachten.

Natürlich kann ein allgemeiner Zustand sowohl Bosonen als auch Fermionen enthalten:

$$|\Psi\rangle = |n_1, \ldots, n_N, m_1, \ldots, m_M\rangle \,,$$

mit bosonischen Besetzungszahlen $n_i \in \mathbb{N}_0$ und fermionischen Besetzungszahlen $m_j \in \{0, 1\}$. Die bosonischen und die fermionischen Operatoren wirken unabhängig voneinander. Allerdings ist es nicht schwierig, einen Operator zu konstruieren, der die Umwandlung von Bosonen in Fermionen oder umgekehrt beschreibt – das ist Thema der Supersymmetrie ($\Rightarrow$S.274).

^{e} Die Erweiterung auf höhere Dimensionen für das Hubbard-Modell ist einfach – in D Dimensionen hat jedes Orbital $2D$ Nachbarorbitale, in die das Hüpfen möglich ist. Obwohl das dreidimensionale Hubbard-Modell nur eine sehr grobe Näherung für die tatsächlichen Verhältnisse in einem Festkörper ist, ist es bereits äußerst aufwändig zu lösen. Von daher wird es manchmal als das „einfachste schwierige Problem der Festkörperphysik" bezeichnet.

■ **Bose-Einstein-Kondensation und Suprafluidität** (ab S. 176): ^{L} Der Nobelpreis 2001 wurde für die experimentelle Realisierung des Bose-Einstein-Kondensats verliehen, und Informationen zur Bose-Einstein-Kondensation selbst und zu ihrer Verbindung mit Suprafluidität und Supraleitung finden sich unter `http://www.nobelprize.org/nobel_prizes/physics/laureates/2001/advanced-physics prize2001.pdf`. Zur Bose-Einstein-Kondesation von Photonen siehe z. B. `http://www.nature.com/news/2010/101124/full/news.2010.630.html` und die darin zitierten Artikel, zur Suprafluidität bei Paarbildung in fermionischen Systemen z. B. `http://www.jpl.nasa.gov/news/news.cfm?release=2005-101`.

^{a} Absorbiert ein Atom ein Photon von geeigneter Energie und emittiert es anschließend wieder, so ist das energetisch im Normalfall ein Nullsummenspiel: Die gesamte zuerst gewonnene Energie wird wieder abgegeben. Allerdings erfolgt die spontane Emission in eine zufällige Richtung. Wird ein Atom also gezielt von einer Seite her bestrahlt, so wird kann seine Bewegung in diese Richtung (schwach) gebremst werden.

Dabei spielt der Doppler-Effekt ($\Rightarrow$S.84) eine wesentliche Rolle. Ein Photon mit etwas geringerer Energie wird vom Atom normalerweise gar nicht absorbiert. Bewegt sich das Atom allerdings auf das Photon zu, so erscheint dieses blauverschoben und kann damit eine ausreichend hohe Frequenz haben, um doch absorbiert zu werden. Bei der nachfolgenden Emission gibt das Atom dann (im ruhenden System betrachtet) mehr Energie ab, als es durch die Absorption des Photons erhalten hat. Die Differenz muss das Atom mit seiner kinetischen Energie „bezahlen", es wird abgebremst.

Durch gezieltes Ausnutzen dieses Effekts, indem etwa eine Gruppe von Atomen von allen Seiten mit Laserlicht geeigneter, d.h. für Absorption in Ruhe etwas zu niedriger Frequenz bestrahlt wird, kann man Atome auf sehr tiefe Temperaturen abkühlen. Dabei wird die Frequenz allmählich erhöht, um sie an die geringere Doppler-Verschiebung der nun langsameren Atome anzupassen. Die Atome werden dabei mit Hilfe eines geeigneten Magnetfelds in einem räumlich begrenzten Bereich gehalten; man spricht von einer magneto-optischen Falle.

Da das Atom beim Emittieren des Photons allerdings durch die Impulserhaltung einen Rückstoß erhalten muss, hat diese Methode eine Untergrenze für die erreichbaren Temperaturen, die etwa bei $100\,\mu$K liegt.

[b] Bei der evaporativen Kühlung werden gezielt die schnellsten Atome entfernt, wodurch sich – analog zur bekannten Verdunstungskälte – die mittlere kinetische Energie der verbliebenen Teilchen verringert, die Temperatur also abnimmt. Um Temperaturen zu erreichen, die für eine Bose-Einstein-Kondensation ausreichen, werden bis zu 99.9 % der Teilchen entfernt.

[c] Die Absorptions-Abbildungen, mit deren Hilfe die Dichteverteilung im Kondensat rekonstruiert werden kann, werden erzeugt, indem die magnetische Falle, in der das Kondensat gefangen ist, abgeschaltet und das expandierende Gas mit Laserlicht bestrahlt wird. Aus der Schwächung des Lichts lässt sich die Dichte des Gases ermitteln.

[Q] Die Abbildungen zum Bose-Einstein-Kondensat stammen aus [Anderson95] (in etwas anderer Darstellung) und [Andrews97]; sie sind auch im oben erwähnten Dokument zum Nobelpreis 2001 zu finden.

- **Zur Mathematik der Quantenmechanik** (ab S. 178): [L] Einige wenige Themen wurden hier kurz gestreift, für eine eingehendere Analyse muss aber auf die entsprechende mathematische Literatur verwiesen werden, insbesondere auf Lehrbücher der Funktionalanalysis. Die gängigen Lehrbücher der Quantenmechanik sind, was die mathematische Präzision angeht, oft ein wenig schlampig, und manche häufig gebrachten Argumente (wie etwa, dass eine quadratintegrable Funktion im Unendlichen verschwinden muss) sind schlichtweg falsch.

[a] Für endlichdimensionale lineare Operatoren A ist das Spektrum die Menge der Eigenwerte, also jener Zahlen λ, für die die Gleichung $A\,x = \lambda\,x$ nichttriviale Lösungen besitzt. Schreibt man diese Gleichung in der Form $(A - \lambda\,\mathbf{E})\,x = 0$, so erkennt man, dass diese Gleichung nur dann nichttriviale Lösungen haben kann, wenn der Operator $R(\lambda) = (A - \lambda\,\mathbf{E})^{-1}$ singulär wird.

Auch für unendlichdimensionale Operatoren erweist es sich als sinnvoll, diesen Operator, die *Resolvente*, zu betrachten. Ein Punkt $\lambda \in \mathbb{C}$ gehört zum Spektrum, wenn $R(\lambda)$ singulär ist, aber auch dann, wenn $R(\lambda)$ aus anderem Grund kein stetiger und beschränkter linearer Operator mehr ist.

■ **EPR-Paradoxon und Bell'sche Ungleichung** (ab S. 180): [a] Ohne eine derartige Fernwirkung – die Einstein absurd erschien – müsste es *verborgene Parameter* geben, die zwar nicht direkt bestimmbar sind, aber doch von vornherein festlegen, wie bestimmte Messungen ausgehen werden. Dass wir nicht alle (komplementären) Größen messen können, läge an unserer Unzulänglichkeit, wäre aber keine Grundeigenschaft der Welt.

Der Experimente zur Bell'schen Ungleichung zeigen, dass dieses Bild nicht korrekt ist. Selbst wenn es verborgene Parameter gäbe, so müssten sie sich doch in eine nichtlokale Theorie einfügen – ein Ansatz, der etwa in der Bohm'schen Mechanik ($\Rightarrow$S.184) verfolgt wird.

[b] In Wirklichkeit wurde die Bell'sche Ungleichung nicht in der angegebenen Form getestet, sondern in einer verallgemeinerten, die robuster gegenüber experimentellen Fehlern ist und von J. F. Clauser, M. A. Horne, A. Shimony and R. A. Holt hergeleitet wurde. Die originale Bell'sche Ungleichung wurde 1964 veröffentlicht, ihre Verallgemeinerung 1969. Es dauerte jedoch noch über zehn Jahre, bis sie 1981/82 (von A. Aspect, P. Grangier, G. Roger und J. Dalibard) zuverlässig experimentell überprüft wurde. Die Experimente wurden dabei nicht mit der Spinorientierung von Elektronen, sondern mit der Polarisation von Photonen ausgeführt.

[Q] Eine ausführliche Diskussion des EPR-Paradoxons, der Bell'schen Ungleichung und ihrer experimentellen Überprüfung findet sich in den Kapitel 7 bis 9 von Jim Baggots höchst lesenswertem Buch *Beyond Measure*, [Baggott04].

Einige zentrale Arbeiten zum EPR-Paradoxon wurden in gesammelter Form als *Quantum theory and measurement*, Princeton University Press, 1983, von J. A. Wheeler und W. H. Zurek herausgegeben.

■ **Das Messproblem und Schrödingers Katze** (ab S. 182): [A] Auch in der Quantenmechanik können durch geschickte Anordnung bestimmte Sachverhalte nahezu wechselwirkungsfrei gemessen werden. Ein berühmtes Beispiel dafür ist die *bomb factory*, die in Kapitel 5 von [Baggott04] ausführlich diskutiert wird.

[a] Dass sich die Zeitabhängigkeit wahlweise den Zuständen oder den Operatoren zuschlagen lässt, liegt daran, dass es sich bei ihnen um Elemente der mathematischen

Modellierung und nicht um direkt beobachtbare Größen handelt. Der Messung zugänglich sind hingegen Erwartungswerte der Form

$$\left\langle \hat{O} \right\rangle (t) = \underbrace{\langle \psi(t_0)|\hat{U}^{\dagger}(t)}_{=\langle \psi(t)|} \, \hat{O} \, \underbrace{\hat{U}(t)|\psi(t_0)\rangle}_{=|\psi(t)\rangle} = \langle \psi(t_0)| \, \underbrace{\hat{U}^{\dagger}(t)\hat{O}\hat{U}(t)}_{=\hat{O}(t)} \, |\psi(t_0)\rangle .$$

Es kann auch sinnvoll sein, die Zeitabhängigkeit zwischen Zuständen und Operatoren aufzuteilen, etwa durch Verwendung des Wechselwirkungsbildes (⇒S.146).

[b] Die Abkürzung „s. v. v." in Schrödingers Ausführung steht für *sit venia verbo*, d. h. „man verzeihe mir die Formulierung".

[Q] Der Aufsatz *Die gegenwärtige Situation in der Quantenmechanik*, in dem Schrödinger die Katze einführte, erschien 1935 in der Zeitschrift *Naturwissenschaften*.

■ **Interpretation und Status der Quantenmechanik** (ab S. 184): [a] Die „Quantenfassung" der Unsterblichkeit wäre allerdings vermutlich weit weniger erfreulich als ihr in diversen Religionen versprochenes Gegenstück. Zwar gibt es für jedes Ereignis eine (wenn auch vielleicht nur kleine) Wahrscheinlichkeit, es zu überleben und so – immer vorausgesetzt, die Viele-Welten-Interpretation wäre richtig – als Beobachter in manchen der vielen Welten zu verbleiben. Das beinhaltet aber noch keine Aussage darüber, in welchem (gesundheitlichen) Zustand man sich in einem solche Fall befände.

[b] In der Bohm'schen Mechanik gibt es Teilchentrajektorien, die als verborgene Parameter fungieren. Die Teilchen werden von nichtlokalen Führungsfeldern, die formal die gleiche Gestalt haben wie Ortsraumwellenfunktionen und ebenfalls der Schrödinger-Gleichung gehorchen, geleitet. Die Bewegungsgleichungen der Teilchen sind Bewegungsgleichungen erster Ordnung; eine Trajektorie ist demnach durch die Angabe von $(t_0, \boldsymbol{x}(t_0))$ eindeutig bestimmt.

Die Unkenntnis des Ausgangs eines Messprozesses stammt in der Bohm'schen Mechanik von der Unkenntnis der Anfangsbedingungen her. Sind diese „quantenartig" verteilt, so bleibt dieses Charakteristikum auch für alle späteren Zeiten erhalten. Ungeklärt ist in diesem Zugang allerdings, warum in unserer Welt die ursprünglichen Anfangsbedingungen von dieser Art sein sollten.

8 Festkörperphysik

■ **Kristallgitter** (ab S. 188): [L] Eine Vertonung der Bravais-Gitter findet man auf der Seite der Haverford-Universität unter http://www.haverford.edu/physics-astro/songs/bravais.htm.

[a] Es gibt auch Festkörper, die keine Periodizität aufweisen. Dazu gehören insbesondere amorphe Festkörper wie etwa Gläser. Bei diesen gibt es zwar noch Nahordnung, d. h. einzelne Atome oder Moleküle haben klar definierte Nachbarn; eine etwaige Fernordnung, deren deutlichste Ausprägung vollständige Periodizität ist, fehlt aber.

Das Studium von festen Stoffen, die sich nicht mit den klassischen Mitteln der Festkörperphysik beschreiben lassen, seien es nun amorphe Festkörper, Quasikristalle oder nanostrukturierte Materialien, hat in den letzten Jahren stark an Bedeutung gewonnen.

[b] Eng verwandt mit den Gittersystemen sind die *Kristallsysteme* der Kristallographie. (Im Zweidimensionalen fallen die beiden Konzepte zusammen, im Dreidimensionalen unterscheiden sie sich nur bei der Klassifizierung der rhomboedrischen und hexagonalen Gittersysteme bzw. trigonalen und hexagonalen Kristallsysteme) Beide Systeme beruhen auf der Invarianz unter den ingesamt 32 *kristallographischen Punktgruppen*, die 32 Kristallklassen entsprechen. Lässt man auch Symmetrietransformationen zu, die Translationen enthalten, so erhält man die 320 *Raumgruppen*.

[c] Da jeder Basisvektor des reziproken Gitters normal auf zwei Basisvektoren des ursprünglichen Gitters steht, ist er auch der Normalvektor einer Gitterebene. Allgemein werden Gitterebenen durch *Miller-Indizes* (hkl), mit h, k, $l \in \mathbb{N}_0$, beschrieben. Das bedeutet, dass $h\boldsymbol{b}_1 + k\boldsymbol{b}_2 + l\boldsymbol{b}_3$ der kürzeste Vektor des reziproken Gitters ist, der normal zur entsprechenden Ebene ist.

[Q] Die Abbildung der Brillouin-Zone des kubisch-flächenzentrierten Gitters stammt von http://de.wikipedia.org/w/index.php?title=Datei:Brillouin_Zone_(1st,_FCC).svg. Das Röntgenbeugungsbild stammt aus [Friedrich13].

■ **Defekte in Festkörpern** (ab S. 190): [a] Insbesondere in Ionengittern werden diese Begriffe etwas anders verwendet. Von einem Schottky-Defekt spricht man, wenn im Gitter ein Kation und ein Anion fehlen, von einem Frenkel-Defekt, wenn ein Teilchen (meist das im Normalfall kleinere Kation) auf einem Zwischengitterplatz sitzt.

[b] In dieser Rechung wird die Stirling-Formel in der groben Form $\ln(n!) \approx n \ln n$ verwendet. Da aber N und N_{def} sehr groß sind, ist der relative Fehler der Näherung sehr klein, und entsprechend aussagekräftig ist das so erhaltene Ergebnis.

[c] Defekte, die die thermodynamisch günstige Dichte überschreiten, können „ausheilen". Mit einer merklichen Rate geschieht das allerdings nur bei ausreichend hohen Temperaturen, da nur dann die Beweglichkeit der Atome hoch genug ist. Durch Erhitzen und langsames Abkühlen kann man die Defektdichte merklich reduzieren.

[d] Diese Überlegungen gelten vor allem für Metalle, in denen alle Ionenrümpfe im Wesentlichen gleichwertig sind und das Gitter durch das Gas delokalisierter Elektronen zusammengehalten wird. Ionenkristalle sind typischerweise nicht plastisch

verformbar. Bei zu starker Verschiebung benachbarter Gitterebenen gegeneinander liegen einander jeweils positive und ebenfalls positive sowie negative und und ebenfalls negative Gitterteilchen gegenüber, was zu starken abstoßenden Kräften und folglich zu einem Bruch des Kristall entlang dieser Ebene führt.

- **Dynamik des Festkörpers** (ab S. 192): [a] Die kernnahen Elektronen schwererer Atome haben so große Geschwindigkeiten, dass die relativistischen Korrekturen nicht mehr klein sind und man statt mit der Schrödiger-Gleichung mit der Dirac-Gleichung ($\Rightarrow$S.220) arbeiten sollte. Beschränkt man sich, wie es ja meist gemacht wird, auf die Valenzelektronen, so gehen die relativistischen Charakteristika der kernnahen Elektronen in die Form des entsprechenden effektiven Potenzials für die Ionenrümpfe ein, und eine Behandlung mittels nichtrelativistischer QM ist für alle praktischen Zwecke völlig ausreichend.

[b] Um die Qualität der Born-Oppenheimer-Näherung abzuschätzen, hilft es, typische Energien der jeweiligen Teilsysteme und der Wechselwirkung zu betrachten. Deren Verhältnis wird vor allem vom Massenverhältnis $\frac{m_e}{M_K}$ bestimmt, das meist etwa von der Größenordnung 10^{-4} bis 10^{-5} ist. Man findet:

$$\left\langle \frac{p^2}{2m_e} + V_{ee} \right\rangle =: E_{el}\,,$$

$$\left\langle \frac{P^2}{2K_K} + V_{KK} \right\rangle =: E_K = \mathcal{O}\left(\sqrt{\frac{m_e}{M_K}}\, E_{el} \right),$$

$$\langle V_{eK} \rangle =: E_{eK}^{WW} = \mathcal{O}\left(\sqrt[4]{\frac{m_e}{M_K}}\, E_K \right).$$

Die Wechselwirkungsenergien sind also um $(\frac{m_e}{M_K})^{3/4} \leq 10^{-3}$ kleiner als die Elektronenenergien und um $(\frac{m_e}{M_K})^{1/4} \approx 10^{-1}$ kleiner als die Energien der Kerne. Während der Einfluss der direkten Elektron-Gitter-Wechselwirkung auf die Elektronen also sehr klein ist, sollte er in genaueren Berechnungen für das Gitter zumindest im Rahmen der Störungsrechnung ($\Rightarrow$S.162) berücksichtigt werden.

[c] Mit steigender Temperatur werden Zustände mit höheren Energien angeregt. Da für das Parabelpotenziel $V = a(x - x_0)^2$ aber aufgrund der Symmetrie der „Schwerpunkt" jeder Energieeigenfunktion bei $x = x_0$ liegt, kommt es auch bei beliebig hohen Temperaturen zu keiner Verschiebung der Kernpositionen und damit auch zu keiner Ausdehnung des Festkörpers – eine offensichtliche Schwäche des verwendeten Modells.

- **Normalschwingungen und Phononen** (ab S. 194): [a] Anhand derartiger Berechnungen wird auch klar, warum es in der Quantenmechanik oft sinnvoll ist, von der Orts- zur Impulsraumdarstellung zu wechseln, und warum der Operator der kinetischen Energie im Impulsraum diagonal ist.

b Die akustischen Phononen lassen sich vor allem durch mechanische Einwirkung anregen. Sind die Grundbausteine des Gitters abwechselnd elektrisch geladen (wie es etwa in einem Ionenkristall der Fall ist), so lassen sich die optischen Phononen gut durch elektromagnetische Wellen anregen.

c Bildlich kann man sich die Bewegung eines Polaritons so vorstellen, dass ein Photon vom Festkörper absorbiert wird, die entsprechende Anregung, die als Quasiteilchen beschrieben werden kann, sich weiter bewegt und nach Rekombination wieder ein Photon emittiert, das nach kurzer Zeit wieder ein Quasiteilchen erzeugt. Je nach beteiligtem Quasiteilchen findet man Phonon-Polaritonen, Plasmon-Polaritonen und Exziton-Polaritonen. Sowohl Photonen als auch alle drei Quasiteilchen sind bosonisch, entsprechend sind auch Polaritonen Bosonen.

Die meisten Quasiteilen gehorchen der Bose-Einstein-Statistik. Eine wichtige Ausnahme sind die Polaronen, die ja als „Kern" ein fermionisches Teilchen (meist ein Elektron) enthalten und entsprechend die Fermi-Dirac-Statistik „erben".

Q Die Darstellung der Normalschwingungen einer zweiatomigen Kette folgt grob jener in [Aitchison02].

■ **Fermi-Fläche und Bloch'sches Theorem** (ab S. 196): *a* Selbst für das freie Elektronengas im Festkörper kann man bereits kompliziertere Formen für die Fermi-Fläche erhalten, nämlich dann, wenn die Fermi-Kugel den Rand der ersten Brillouin-Zone schneidet. Die Berücksichtigung der Brillouin-Zone ist im Modell freier Elektronen auch die einzige Stelle, an der sich die Anwesenheit des Gitters überhaupt bemerkbar macht.

b Die effektive Masse kann viel größer sein als die Elektronenmasse, aber auch kleiner; sie kann sogar negativ werden. (In diesem Fall hat man es mit Löchern in einem fast gefüllten Band zu tun.) Dass man, ausgehend von einer freien Theorie, durch komplizierte Wechselwirkungseffekte eine Theorie von wieder gleicher Gestalt erhält, in der sich nur die Werte von ein oder mehreren Parametern verändert haben, kann als Prozess der Renormierung ($\Rightarrow$S.260) verstanden werden.

■ **Elektronenbänder und Bandstrukturmethoden** (ab S. 198): *L* Eine leicht verständliche Einführung in Bandstrukturmethoden, die auch auf die historische Dimension eingeht, bietet Kapitel 12 von [Lichtenegger11].

a Dass die Vernachlässigung der elektrischen Elektron-Elektron-Wechselwirkung überhaupt sinnvolle Ergebnisse liefert, ist erstaunlich – immerhin ist diese einer der dominanten Terme des Problems. Sehr oft aber lassen sich auch Viel-Teilchen-Systeme näherungsweise auf effektive Ein-Teilchen-Systeme reduzieren, in denen der Einfluss der anderen Teilchen nur mehr durch modifizierte Potenziale und veränderte Parameter, etwa eine effektive Masse m^* statt der echten Elektronenmasse m_e, in Erscheinung treten ($\Rightarrow$S.196).

[b] Man kann bei der Behandlung des periodischen Potenzials von den Bindungszuständen des einzelnen Atoms ausgehen. Die Bänder können dann mit den atomaren Quantenzahlen indiziert werden (2s-Bänder, 3d-Bänder, ...). Eine Verbesserung erhält man durch Linearkombination verschiedener Orbitale (LCAO-Methode, Linear Combination of Atomic Orbitals). Berücksichtigt man nur den Einfluss der jeweils nächsten Nachbarn, so spricht man von einer *Tight-binding-Näherung*.

Alternativ kann man von einer Entwicklung nach ebenen Wellen ausgehen. Die direkte Entwicklung ist allerdings aufwändig, da die Bloch-Funktionen, die man beschreiben will, in der Nähe der Atomkerne schnell oszillieren. Daher wurden verschiedene Ergänzungen und Erweiterungen des Ansatzes ebener Wellen entwickelt: Bei der APW-Methode (Augmented Plane Waves) wird in Kernnähe mit atomaren Potenzialen und nur in Außenbereichen mit ebenen Wellen gearbeitet. Bei der OPW-Methode (Orthogonalized Plane Waves) wird nach ebenen Wellen entwickelt, die orthogonal auf den inneren Elektronenzuständen stehen, und in der Pseudopotenzial-Methode werden die Einflüsse der inneren Schalen durch Einführung eines zusätzlichen Potenzialoperators im Hamilton-Operator berücksichtigt.

[c] Die Unterscheidung zwischen Halbleitern und Isolatoren ist letztlich willkürlich, denn der Übergang ist fließend. Meist spricht man bei Energielücken unter 1.5 eV von Halbleitern, über 2 eV von Isolatoren. Da in reinen Halbleitern die Ladungsträger durch thermische Anregung entstehen, nimmt die Leitfähigkeit von Halbleitern mit der Temperatur zu. Im Gegensatz dazu nimmt in Metallen mit steigender Temperatur typischerweise die Leitfähigkeit ab, da Stöße von Elektronen (insbesondere an Phononen) häufiger werden.

In der Halbleitertechnik werden keine reinen Halbleiter, verwendet, sondern diese werden mit Fremdatomen dotiert. Es werden also künstlich Defekte (⇒S.190) erzeugt, die die elektronische Struktur verändern. In einem n-dotierten Halbleiter („n" von negativ) stehen Atome zur Verfügung, die schon bei geringer Anregungsenergie ein zusätzliches Elektron in das Leitungsband hinein abgeben können, sogenannte *Donatoren*. In einem p-dotierten Halbleiter gibt es entsprechend Atome, die ein Elektron aus dem Valenzband aufnehmen können, die *Akzeptoren*.

Am Übergang zwischen einem n- und einem p-dotierten Bereich herrscht ein starkes elektrisches Feld, das zur Drift von Ladungsträgern und damit zur Ausbildung einer ladungsträgerarmen *Sperrschicht* führt. Darauf, dass diese Sperrschicht nur in einer Richtung für Stromfluss durchlässig ist, beruhen die Funktionen wichtiger elektronischer Bauelemente, etwa der Diode und des Transistors.

[d] In einem fast vollständig gefüllten Band macht sich das Fehlen eines Elektrons ähnlich bemerkbar wie die Anwesenheit eines Elektrons in einem nahezu leeren Band. Daher ist es sinnvoll, die Löcher als eigenständige Entitäten zu behandeln, auch wenn der Ladungstransport letztlich natürlich durch die Bewegung von Elek-

tronen erfolgt. Man kann die Löcher hier als Quasiteilchen ($\Rightarrow$S.194) betrachten, die eine einfache Beschreibung des kollektiven Verhaltens vieler Teilchen ermöglichen. Formal und methodisch hat die Behandlung von Löchern große Ähnlichkeit mit jener von Antiteilchen ($\Rightarrow$S.222). Während aber ein Teilchen und das zugehörige Antiteilchen die gleiche Masse haben, können sich die effektiven Massen m^* von Elektronen und Löchern durchaus unterscheiden. Diese effektiven Massen hängen ja von der Krümmung des Bandes ab. Entsprechend können die Beiträge von Elektronen und von Löchern zur Leitfähigkeit unterschiedlich groß sein.

[e] Bei vielen Halbleitern, auch beim Silizium, liegt das Maximum des Valenzbandes bei einem anderen Impuls als das Minimum des Leitungsbandes; man spricht dann von einem *indirekten Halbleiter*. Zur Absorption eines Photons ist hier meist die zusätzliche Beteiligung eines Phonons ($\Rightarrow$S.194) erforderlich, was die Absorptionsrate deutlich reduziert.

Der Grund hierfür liegt darin, dass die Photonen des sichtbaren Lichts auf atomarem Maßstab eines zwar eine beachtliche Energie, aber nur einen kleinen Impuls besitzen. Phononen haben im Gegensatz dazu typischerweise nur geringe Energie, aber einen großen Impuls. In einem indirekten Halbleiter steuert also, grob gesprochen, das Photon die Energie und das Phonon den Impuls für den Anregungsprozess bei. Für eine Anregung ist die Wechselwirkung von drei Teilchen (Elektron, Photon und Phonon) erforderlich.

[Q] Die Abbildung zur Bandstruktur von Silizium stammt von `http://commons.` `wikimedia.org/wiki/File:Band_structure_Si_schematic.svg`.

- **Transportvorgänge im Festkörper** (ab S. 200): [a] Im Wechselwirkungsbild gilt

$$\hat{O}_W(t) = e^{i\hat{H}_0 t/\hbar} \hat{O} e^{i\hat{H}_0 t/\hbar}.$$

Die Von-Neumann-Gleichung für die Wechselwirkungsbild-Dichtematrix hat die Form

$$\frac{d}{dt}\rho_W(t) = \frac{i}{\hbar}\left[\hat{A}_W(t), \hat{\rho}_W\right] F(t).$$

[b] Harmonische Störungen sind so bedeutsam, weil sich nahezu beliebige Signale gemäß Fourier-Transformation aus ihnen zusammensetzen. Um die Bedingung des adiabatischen Einschaltens erfüllen zu können, d. h. damit für $t \to \infty$ ein ungestörtes System vorliegt, kann man allerdings nicht mit rein trigonometrischen Funktionen arbeiten, sondern die Frequenz muss einen kleinen Imaginärteil δ erhalten: $F(t) = F_0 e^{-i(\omega + i\delta)t}$.

[c] Mit dem Symbol $\mathcal{P}$ wird ein Hauptwertintegral bezeichnet (engl. *principal value*). Dieses Spezifikation ist hier notwendig, da die auftretenden Integrale divergente Anteile enthalten, die sich nur bei einer Auswertung als Hauptwertintegral wegheben. Allerdings ist das Konzept des Hauptwertintegral nicht unproblematisch, da sich bei

geschickter Manipulation eines solchen Integrals dessen Wert verändern lässt, ähnlich wie bei bedingt konvergenten Reihen durch Umordnung. Entsprechend sind die angegeben Formeln nur unter der Annahme einer „gutartigen" Auswertung gültig.

[Q] Die Darstellung in diesem Beitrag folgt in groben Zügen dem Kapitel 7 von [Czycholl08].

■ **Kollektiver Magnetismus** (ab S. 202): [a] Gerade die bekanntesten magnetischen Materialien, nämlich Eisen, Nickel und Kobalt, lassen sich allerdings nicht mittels lokalisierter magnetischer Momente beschreiben. Bei diesen Metallen sind die für den Magnetismus verantwortlichen 3d-Elektronen nicht lokalisiert, sondern bilden Bänder ($\Rightarrow$S.198). Zur Beschreibung dieses *Bandmagnetismus* ist das Heisenberg-Modell nicht geeignet; man verwendet hier etwa das Hubbard-Modell ($\Rightarrow$S.174).

[b] Insbesondere bei antiferromagnetischen Systemen ist allerdings die Art des Gitters wichtig. So ist es etwa in einem Dreiecksgitter nicht möglich, dass sich jeder Spin antiparallel zu allen seinen nächsten Nachbarn ausrichtet. Ein derartiges System wird *frustriert* genannt.

Lässt man zu, dass die Kopplungen J_{ij} lokal variieren und insbesondere sogar das Vorzeichen ändern, so erhält man sogenannte *Spingläser*. Solche Systeme weisen keine Translationsinvarianz mehr auf, und die Energiefunktion hat typischerweise viele lokale Minima. Das globale Minimum der Energie und damit den Grundzustand eines solchen Spinglases zu bestimmen, ist ein numerisch extrem aufwändiges Problem, das meist nur mit stochastischen Methoden (etwa Simulated Annealing) lösbar ist.

[c] Die Anisotropie im Spinraum ist von der räumlichen Anisotropie zu unterscheiden, die ebenfalls in vielen Gittern auftritt. Räumliche Anisotropie kann dazu führen, dass die Wechselwirkung J_{ij} in Richtung einer speziellen Achse stärker oder schwächer ist als orthogonal dazu. Die Annahme $J_{ij} = J(|\boldsymbol{R}_i - \boldsymbol{R}_j|)$ ist in diesem Fall nicht mehr gerechtfertigt.

[d] Gegenüber dem vorherigen Abschnitt wird der Komponentenindex $^{(z)}$ weggelassen, da ja ohnehin nur mehr eine Achse relevant ist. Zudem haben wir gegenüber dem vorherigen Abschnitt die Kopplung gemäß $J \to 4J$ umdefiniert und die Abkürzung $h = \frac{1}{2} g \mu_B B$ eingeführt, um die von der Halbzahligkeit des Spins stammenden Faktoren $\frac{1}{2}$ zu eliminieren.

[e] Das Ising-Modell wurde 1920 von S. Lenz formuliert und seinem Doktoranden E. Ising zur Analyse übergeben, der allerdings lediglich für den eindimensionalen Fall eine Lösung fand. Für den zweidimensionalen Fall mit periodischen Randbedingungen gelang 1944 L. Onsager die analytische Lösung. In drei oder mehr Dimensionen (oder auch für zwei Dimensionen mit offenen Randbedingungen bei entsprechend großen Gittern) wurde bis heute keine analytische Lösung des Modells gefunden.

Durch Verallgemeinerung des Ising-Modells auf mehr als zwei Zustände erhält man das *Potts-Modell*, das ebenfalls oft zur Untersuchung kritischer Phänomene benutzt wird.

^{Q} Die Bilder zum Ising-Modell wurden mit den Applikationen von [Gürtler02] erstellt.

■ **Supraleitung** (ab S. 204): ^{A} Die verlustlosen Ströme, die in Supraleitern fließen können, werden insbesondere zur Erzeugung von starken Magnetfeldern verwendet. Dazu werden Materialien mit möglichst hohem kritischem Magnetfeld verwendet. Für den verlustfreien Transport von elektrischer Energie über weitere Entfernungen ist hingegen der Kühlaufwand beim Einsatz von Supraleitern viel zu hoch.

^{a} Dass die Elektron-Elektron-Streuung einen deutlich anderen Beitrag zum Widerstand liefert als die Elektron-Phonon-Streuung, liegt an der fermionischen Natur der Elektronen. Damit auf ein Elektron Energie übertragen werden kann, muss es diese Energie auch aufnehmen können. Das erfordert insbesondere, dass es einen geeigneten freien Zustand geben muss, der das Elektron aufnehmen kann. Das ist nur bei Elektronen nahe der Fermi-Kante möglich. Für Elektronen mit Energien, die deutlich unterhalb der Fermi-Energie liegen, gibt es keine zugänglichen freien Zustände; entsprechen können sie auch nicht angeregt werden.

Es kann auch noch weitere Beiträge zum Widerstand geben; so führen etwa magnetische Verunreinigungen zu einem Widerstandsterm der Form $\rho_{mag} = a \ln \frac{T_0}{T}$. Dieser Term führt dazu, dass es bei einer Temperatur T_{min} ein Widerstandsminimum gibt und der spezifische Widerstand für weiter sinkende Temperaturen wieder ansteigt. Das wird als *Kondo-Effekt* bezeichnet.

^{b} Man kann Supraleiter unterhalb des kritischen Magnetfelds als perfekte Diamagneten bezeichnen. Das wirkt plausibel; immerhin kann das Anlegen eines äußeren Magnetfeldes in einem Supraleiter Ringströme induzieren, die ein genau kompensierendes Gegenfeld aufbauen.

Allerdings geht der Effekt der Supraleitung noch darüber hinaus. Legt man nämlich ein Magnetfeld an und kühlt dann unter die Sprungtemperatur, so wird das Magnetfeld ebenfalls aus dem Supraleiter heraus gedrängt, obwohl es in diesem Fall nicht zur Induktion von Ringströmen kommen sollte.

^{c} Supraleitung wird in der Ginzburg-Landau-Theorie also durch spontane Symmetriebrechung beschrieben. Diese ist beim Higgs-Mechanismus ($\Rightarrow$S.256) für die Erzeugung der Teilchenmassen verantwortlich. Man kann in diesem Licht auch den Meißner-Effekt ähnlich interpretieren: Das Photon als Träger des magnetischen Feldes erhält durch Symmetriebrechung eine Masse und hat damit nur noch eine endliche Reichweite. Es kann also nur in die Randschichten des Supraleiters eindringen; das Innere ist magnetfeldfrei.

Die Ginzburg-Landau-Theorie liefert zwei charakteristische Längenskalen, einerseits die Kohärenzlänge ξ, d. h. die Längenskala des Ordnungsparameters, andererseits die Eindringtiefe λ des magnetischen Feldes. Die Änderung der Oberflächenenthalpie durch den normal-supraleitenden Übergang hat etwa die Form $\Delta H \approx \frac{A}{8\pi}(\xi H_C^2 - \lambda H^2)$. So kann man verstehen, dass für schwache Magnetfelder die Oberfläche A des supraleitenden Bereichs minimal wird (Typ-I-Supraleiter), für stärkere Felder hingegen möglichst groß (Typ-II-Supraleiter).

[d] Diese Erklärung gilt auf jeden Fall für konventionelle Supraleiter. Auch in Hochtemperatur-Supraleitern sind mit ziemlicher Sicherheit Cooper-Paare für den widerstandslosen Stromfluss verantwortlich; der mikroskopische Mechanismus der Elektron-Elektron-Anziehung ist hier allerdings noch nicht restlos geklärt.

[e] Der BCS-Hamilton-Operator hat in der Schreibweise von Erzeugern und Vernichtern ($\Rightarrow$S.174) die Form

$$\hat{H} = \sum_{k,\sigma} \varepsilon_k c_{k,\sigma}^\dagger c_{k,\sigma} - V \sum_{k,k'} c_{k',\uparrow}^\dagger c_{-k',\downarrow}^\dagger c_{-k,\downarrow} c_{k,\uparrow} \,.$$

Ist q der ausgetauschte Impuls und $\hbar\omega_q$ die Energie des Austauschphonons, so ergibt sich die Energieabsenkung durch Paarbildung zu $\Delta E = -2\hbar\omega_q \, e^{-\frac{1}{V\rho_0}}$, wobei ρ_0 die Zustandsdichte freier Elektronen an der Fermi-Kante ist. Bei $V = 0$ liegt also eine wesentliche Singularität. Diese nicht-analytische Struktur findet man auch in anderen Ergebnissen der BCS-Theorie, etwa beim Resultat für die Sprungtemperatur.

■ **Spezielle Effekte der Festkörperphysik** (ab S. 206): [A] Die meisten hier genannten Effekte sind nach einer Person benannt. Das gilt auch für den Hall-Effekt, der nichts mit dem akustische Phänomen des Halls zu tun hat, sondern von Edwin H. *Hall* entdeckt wurde. Eine Ausnahme davon ist der Piezo-Effekt, dessen Namen vom griechischen *piezein* (pressen, drücken) stammt.

[a] Bei noch tieferen Temperaturen, stärkeren Magnetfeldern und reineren Proben kann auch ein *gebrochenzahliger* Quanten-Hall-Effekt beobachtet werden, bei dem sich Plateaus auch bei Werten $\frac{h}{f e^2}$, mit Brüchen der Form $f = \frac{p}{q}$ mit $p \in \mathbb{N}$ und ungeradem $q \in \mathbb{N}$, ausbilden.

[b] Das Problem, die Maxwell-Gleichungen in einem gekrümmten Raum ($\Rightarrow$S.228) zu lösen, kann man auf den Fall eines flachen Raums mit modifizierten Werten für ε_r und μ_r transformieren. Diese Werte können auch negativ werden, und entsprechend kann man, ausgehend von der Elektrodynamik in gekrümmten Räumen, zur Beschreibung von Metamaterialien gelangen.

Allen bisher erzeugten Metamaterialien ist gemeinsam, dass ein negativer Brechungsindex nur für einen sehr schmalen Frequenzbereich realisierbar ist – der Anwendbarkeit für Unsichtbarkeitsschirme sind also bislang enge Grenzen gesetzt, wobei es hier allerdings rasante Fortschritte gibt.

^{c} Oberflächenphysik wird in den Anwendungen immer wichtiger. Zugleich ist die theoretische Behandlung ungleich schwieriger, und auch experimentell gibt es zahlreiche Fallstricke, etwa die unerwünschte Verunreinigung der Oberfläche durch Fremdatome oder -moleküle.

9 Spezielle Relativitätstheorie

^{L} Zur SRT allein gibt es nur wenige Lehrbücher – meist wird dieser Themenbereich in Lehrbüchern zur Elektrodynamik, gelegentlich auch der Mechanik, mitbehandelt. Eine kurze Einführung in die SRT wird manchmal auch in Büchern zur ART oder zur Quantenfeldtheorie gebracht, zuweilen werden dort entsprechende Vorkenntnisse aber auch schon vorausgesetzt. Ein Klassiker, der insbesondere auf die Symmetrien der SRT ausführlich eingeht, ist [Sexl92].

■ **Der Weg zur Relativitätstheorie** (ab S. 210): ^{L} Eine ausführliche Diskussion der Vor- und Frühgeschichte der SRT findet sich in Kapitel 13 von [Lichtenegger11].

^{a} Für den Fall, dass $v = v\, e_x$ ist, erhalten die Transformationsgleichungen die vertrautere Gestalt

$$x' = \gamma\,(x - vt), \qquad t' = \gamma\left(t - \frac{xv}{c^2}\right).$$

■ **Der relativistische Formalismus** (ab S. 212): ^{a} Ob der metrische Tensor als $\mathrm{diag}(1, -1, -1, -1)$, wie in diesem Buch, oder als $\mathrm{diag}(-1, 1, 1, 1)$ definiert wird, ist reine Konvention. Wichtig sind nur die relativen Vorzeichen zwischen zeit- und raumartigen Anteilen. Der ursprüngliche Ansatz, diese Vorzeichen einzubauen, war es, $x_0 = \mathrm{i}ct$ zu setzen. Der Zugang, mit *imaginärer Zeit* in einem Euklid'schen Raum zu arbeiten, hat in manchen Bereichen große Bedeutung, etwa beim Gitterzugang zur Quantenfeldtheorie ($\Rightarrow$S.252).

^{b} Diverse mathematische Fachbegriffe dürften in der Relativitätstheorie eigentlich nur unter Anführungszeichen verwendet werden. Der metrische Tensor gibt zwar eine Vorschrift zur Entfernungsmessung an, der Minkowksi-Raum erfüllt aber nicht die Axiome eines metrischen Raums. Ebensowenig stellt das Minkowski-Skalarprodukt ein Skalarprodukt im Sinne eines unitären Raums dar, denn die Bedingung $\langle x,\, x\rangle \geq 0$ ist genausowenig erfüllt wie $\langle x,\, x\rangle = 0 \iff x = 0$.

^{c} Betrachtet man den Feldstärketensor, so mischen Lorentz-Transformationen ($\Rightarrow$S.218) $(F')^{\mu\nu} = \Lambda^\mu_\rho \Lambda^\nu_\sigma F_{\rho\sigma}$ elektrische und magnetische Anteile. Darin zeigt sich, dass es eine Frage des Bezugssystems ist, ob ein Effekt als magnetisch charakterisiert wird. Der Ausdruck $F^{\mu\nu} F_{\mu\nu}$, der etwa in der Lagrange-Dichte der Quantenelektrodynamik ($\Rightarrow$S.250) auftaucht, bleibt unter Lorentz-Transformationen invariant.

■ **Relativistische Effekte und Paradoxa** (ab S. 214): [L] Die hier besprochenen relativistischen Paradoxa sind besonders gut in Abschnitt 19.5 des ersten Bandes von [Rebhan11] (in der zweibändigen Ausgabe) dargestellt.

[a] Natürlich ist die angegebene Lebensdauer nur ein mittlerer Wert, und einzelne Myonen existieren deutlich länger. Die Teilchendichte nimmt aber mit der Entfernung vom Entstehungsort exponentiell ab und müsste nach 10 Kilometern auf etwa $2^{-10/0.66} \approx 2.75 \cdot 10^{-5}$ des Ursprungswerts gefallen sein.

[b] Besonders gut kann man sich den Ablauf der Ereignisse dadurch veranschaulichen, dass sich die beiden Brüder jeweils einmal im Jahr ein Lichtsignal zusenden.

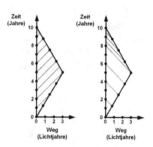

In der nebenstehenden Abbildung ist das für die Geschwindigkeit $v = 0.6\,c$ und eine Reisedauer von 10 Jahren im Bezugssystem der Erde dargestellt. Links sieht man die vom Bruder auf der Erde ausgesandten Signale, rechts die vom Astronauten gesendeten Signale.

Solange sich die beiden voneinander weg bewegen, ist die Situation in der Tat symmetrisch. In diesem Beispiel erhalten beide nur jedes zweite Jahr ein Signal vom anderen, dessen Zeit aus beider Sicht also jeweils langsamer vergeht. Am Umkehrpunkt geht die Symmetrie verloren, und der Astronaut erhält von seinem Bruder mehr Signale als umgekehrt.

[c] Vierdimensional gesehen, ist die Garage immer offen. In einigen Bezugssystemen erscheint sie zu gewissen Zeiten räumlich geschlossen, in anderen (wie dem des Autos) nicht.

[d] Starre Körper sind eine Idealisierung, die unter anderem darauf beruht, dass die Reaktionskräfte in einem Körper (die einer Verformung entgegenwirken) schnell gegenüber allen anderen Einflüssen wirken. Diese Reaktionskräfte breiten sich mit Schallgeschwindigkeit aus, d. h. starre Körper können nur dann eine sinnvolle Idealisierung sein, wenn die Schallgeschwindigkeit groß gegenüber allen anderen relevanten Geschwindigkeiten ist.

Für relativistische Situationen ist das wegen $c_S < c$ sicher nicht erfüllt, und entsprechend dürfen die Skier auch nicht als starre Körper betrachtet werden. Statt dessen gehen die einzelnen Teile der Skier nahezu unabhängig in den freien Fall über – die Skier verformen sich (bei Wirkung einer ausreichend starken Abwärtskraft) so, dass es zu einem Absturz in die Gletscherspalte kommt.

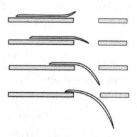

[Q] Die Abbildung zu den Signalen beim Zwillingsparadoxon wurde von Wolfgang Beyer erstellt und ist unter `http://de.wikipedia.org/w/index.php?title=Datei:`

`Zwillingsparadoxon_-_Lichtsignale.png` verfügbar. Die Abbildung zum Skifahrerparadoxon wurde von Thomas Traub erstellt und erstmals in [Lichtenegger11] verwendet.

- **Čerenkov-Strahlung** (ab S. 216): [Q] Das Bild des Reaktors stammt von `http://en.wikipedia.org/wiki/File:Advanced_Test_Reactor.jpg`.

- **Lorentz- und Poincaré-Gruppe** (ab S. 218): Aufgrund ihrer Bedeutung in der relativistischen Quantenfeldtheorie wird die Lorentz-Gruppe oft in entsprechenden Büchern diskutiert. Eine besonders ausführliche Übersicht bietet Anhang B von [Hees03].

[a] Wir stellen eine Rotation in der 1-2-Ebene einem Boost in 1-Richtung gegenüber. Für die Rotationsmatrix $\Lambda^{R_{12}}$ und die Boost-Matrix Λ^{B_1} erhält man

$$\Lambda^{R_{12}} = \begin{pmatrix} 1 & 0 & 0 & 0 \\ 0 & \cos\varphi_{12} & \sin\varphi_{12} & 0 \\ 0 & -\sin\varphi_{12} & \cos\varphi_{12} & 0 \\ 0 & 0 & 0 & 1 \end{pmatrix}, \qquad \Lambda^{B_1} = \begin{pmatrix} \cosh\eta_1 & \sinh\eta_1 & 0 & 0 \\ \sinh\eta_1 & \cosh\eta_1 & 0 & 0 \\ 0 & 0 & 1 & 0 \\ 0 & 0 & 0 & 1 \end{pmatrix},$$

wobei die *Rapidität* η_1 mittels $\tanh\eta_1 = \beta = \frac{v}{c_0}$ definiert ist.

[b] Auch die Schreibweise O(3, 1) ist für die Lorentz-Gruppe gängig, insbesondere dann, wenn der metrische Tensor mittels $g = \mathrm{diag}(-1, 1, 1, 1)$ statt mittels $g = \mathrm{diag}(1, -1, -1, -1)$ definiert wird.

[c] Dass $\mathrm{SO}(1,3)^\uparrow$ Gruppe nicht kompakt ist, liegt an den Matrizen, die die Boosts beschreiben; deren Elemente können betragsmäßig beliebig groß werden.
Die $\mathrm{SO}(1,3)^\uparrow$ ist zwar zusammenhängend, aber nicht einfach zusammenhängend. Ihre universelle Überlagerungsgruppe (d. h. die „kleinste" Gruppe, die sie enthält und die einfach zusammenhängend ist) ist die $\mathrm{SL}(2,\mathbb{C})$.

[d] Die Generatoren X einer Lie-Gruppe können ausgehend von den Gruppenelementen G als $X_t = \left.\frac{\partial G}{\partial t}\right|_{\mathbb{1}}$ oder als $X_t = \frac{1}{i}\left.\frac{\partial G}{\partial t}\right|_{\mathbb{1}}$ definiert werden. Wählt man die erste Definition (wie es in der Mathematik üblich ist), so ergeben sich in den Kommutatorrelationen gegenüber denen in diesem Buch zusätzliche Vorfaktoren von i.
Abhängig von der Metrik und der Definition von Vorzeichen in Dreh- und Boost-Matrizen können sich auch Vorzeichen bzw. Indexreihenfolgen unterscheiden, weswegen hier noch mehr als in anderen Gebieten Vorsicht bei der Verwendung von Formeln aus unterschiedlichen Quellen geboten ist.

- **Relativistische Quantenmechanik** (ab S. 220): [L] Es gibt zur relativistischen Quantenmechanik eigene Bücher, etwa [Bjorken66]. Da die Kombination von Spezieller Relativitätstheorie mit Quantenmechanik aber ohne gleichzeitigen Übergang zu einer Feldtheorie zu Inkonsistenzen (etwa dem Klein'schen Paradoxon) führt, wird relativistische Quantenmechanik meist in den einführenden Kapiteln von Lehrbüchern der Quantenfeldtheorie diskutiert.

[a] Aus den Matrizen γ^μ der Dirac-Gleichung kann man auf einfache Weise Matrizen konstruieren, die sich als Geschwindigkeitsoperatoren interpretieren lassen. Die einzigen Eigenwerte dieser Operatoren sind $\pm c$, ein relativistisches Teilchen müsste sich also stets mit Lichtgeschwindigkeit bewegen. Um dieses Ergebnis mit dem beobachteten Verhalten in Einklang zu bringen, wurde das Konzept der *Zitterbewegung* eingeführt. Die Teilchen „zittern" mit Lichtgeschwindigkeit auf eine Weise hin und her, so dass sich im Mittel die beobachtete Geschwindigkeit $v < c$ ergibt.

- **Antiteilchen** (ab S. 222): [a] Dirac selbst zögerte zuerst, seine Löchtheorie konsequent zu interpretieren und ein positiv geladenes Teilchen vorherzusagen, das die gleiche Masse wie das Elektron besitzt. Stattdessen versuchte er zunächst, das Proton als besagtes Loch im Elektronensee aufzufassen und dessen größere Masse durch Wechselwirkung mit dem Dirac-See zu erklären. Erst nachdem Hermann Weyl gezeigt hatte, dass der Dirac-See auf Löcher und Elektronen in gleicher Weise wirken müsste, postulierte Dirac 1931 das Positron, das wenig später experimentell nachgewiesen wurde.

[b] Von Richard Feynman stammt auch die Idee, dass es möglicherweise von jeder Teilchenart tatsächlich im ganzen Universum nur einen Vertreter gibt. Dieser bewegt sich vorwärts in der Zeit (Teilchen), wieder rückwärts (Antiteilchen), wieder vorwärts und so weiter. Damit wären alle Elektronen „Inkarnationen" des gleichen Elektrons, was elegant erklären würde, warum sie ununterscheidbar sind. Nach momentanem Kenntnisstand hat dieser Ansatz aber einige Mängel; so wäre er nur dann konsequent durchzuhalten, wenn es im Universum exakt gleich viel Materie wie Antimaterie gäbe. Zudem sind in diesem Bild Vakuumfluktuationen, wie sie in der Quantenfeldtheorie eine wichtige Rolle spielen, schwer zu erklären.

[c] Während Parapositronium in zwei Photonen zerfallen kann, ist beim Orthopositronium aufgrund von Impuls- und Drehimpulserhaltung nur ein Zerfall in drei Photonen möglich. Entsprechend hat Orthopositronium eine deutlich größere Lebensdauer (142 ns im Vergleich zu 125 ps).

[d] Hier ist zu beachten, dass Antimaterie bestenfalls als Energiespeicher, aber nicht als „Energiequelle" dienen kann (außer für den sehr unwahrscheinlichen Fall, dass man im erdnahen All auf signifikante Mengen von Antimaterie stößt). Das wird etwa in Dan Browns Bestseller *Illuminati*, in dem mit Antimaterie ein Anschlag auf den Papst verübt werden soll, missverständlich dargestellt.

10 Gravitation und Kosmologie

■ **Grundidee der ART und klassische Tests** (ab S. 226): [L] Eine klare Darstellung des Mach'schen Prinzips findet man in [Lichtenegger04]. Die klassischen Tests der ART werden in zahlreichen Lehrbüchern diskutiert und explizit durchgerechnet.

[a] Strenggenommen müsste man sogar noch zwischen einer aktiven und einer passiven schweren Masse unterscheiden, je nachdem, ob die Gravitation von ihr ausgeht oder auf sie wirkt. Aus dem dritten Newton'schen Axiom folgt aber sofort, dass diese beiden im Kontext der Mechanik gleich sein müssen.

[b] Zu den Experimenten von Eötvös siehe z. B. L. Bod et al., *One Hundred Years of the Eötvös Experiment*, http://www.kfki.hu/~tudtor/eotvos1/onehund.html. Generell werden Experimente zum Vergleich von träger und schwerer Masse oft als *Eötvös-Experimente* bezeichnet. Besonders präzise Untersuchungen wurden anhand des Falls zweier Kugeln gleicher Größe, aber unterschiedlicher Massen, zur Sonne gemacht, auch hier zeigte sich keine Abweichung zwischen träger und schwerer Masse.

[c] Die erste Vermessung der Lichtablenkung im Gravitationsfeld der Sonne wurde 1919 bei einer Sonnenfinsternis in Afrika von einer Expedition unter der Leitung von A. Eddington durchgeführt und zeigte das von Einstein vorhergesagte Ergebnis. Das wurde damals nicht nur als wissenschaftlicher Meilenstein, sondern auch als völkerverbindendes Ereignis angesehen – immerhin wurde so im Jahr nach dem Ende des Ersten Weltkriegs die Vorhersage eines Deutschen von einem Engländer bestätigt.
Bei späterer Analyse stellte sich allerdings heraus, dass der Messfehler des Experiments ebenso groß war wie der zu messende Effekt, die Übereinstimmung also im Grunde genommen Zufall war – und auf Europa sollte noch der schreckliche Zweite Weltkrieg zukommen.

[d] Die gravitationsbedingte Frequenzverschiebung elektromagnetischer Strahlung wurde erstmal 1960 von Pound und Rebka anhand von Gammastrahlung nachgewiesen.

■ **Der Formalismus der ART** (ab S. 228): [a] Um den Mannigfaltigkeitsbegriff mathematisch sauber zu fassen, muss man deutlich weiter ausholen: Die Betrachtungen beginnen typischerweise mit einem topologischen Raum, der das Hausdorff'sche Trennungsaxiom erfüllt und eine abzählbare Basis besitzt. Nun betrachtet man *Kartenabbildungen*, die auf beliebig oft differenzierbare Weise offene Mengen dieses Raums auf offene Teilmengen des $\mathbb{R}^n$ abbilden. Eine Familie von Kartenabbildungen, die alle untereinander verträglich sind und gemeinsam den gesamten Raum erfassen, nennt man einen *Atlas*, und der maximale Atlas (der alle zulässigen Kartenabbildungen enthält) definiert eine Mannigfaltigkeit.

Dieser Zugang wird nur in wenigen Lehrbüchern der Allgemeinen Relativitätstheorie rigoros gebracht. Interessiert man sich für derartige Grundlagen, so sind eher Lehrbücher der Differenzialgeometrie zu empfehlen, etwa *Vektoranalysis* von Klaus Jänich (Springer, 4. Aufl. 2003).

[b] Die Feldgleichungen (10.1) bzw. die Wirkung (10.2) haben noch nicht die allgemeinste Form. Eine Erweiterung enthält den *kosmologischen Term* bzw. die *kosmologische Konstante* (⇒S.234).

- **Die Schwarzschild-Lösung** (ab S. 230): [a] In entsprechend angepassten Koordinaten, etwa Kruskal-Koordinaten oder Eddington-Finkelstein-Koordinaten gibt es beim Schwarzschild-Radius kein singuläres Verhalten mehr. Während Schwarzschilds ursprüngliches Koordinatensystem sich am unendlich weit entfernten Beobachter orientiert, repräsentieren diese Koordinatensysteme die Sicht des frei fallenden Beobachters, der das Überschreiten des Schwarzschild-Radius u.U. gar nicht bemerkt.

- **Schwarze Löcher** (ab S. 232): [L] Schwarze Löcher werden in nahezu jedem Lehrbuch zur Allgemeinen Relativitätstheorie mehr oder weniger ausführlich behandelt. Ein Buch, in dem sie das zentrale Thema sind und in dem auch nur minimale Vorkenntnisse der ART vorausgesetzt werden, ist [Raine05]. Schwarze Löcher gehören zu jenen physikalischen Konzepten, die auch in populärwissenschaftlichen Büchern und Sendungen oft diskutiert werden und auch in der Populärkultur durchaus präsent sind.

[a] Der Begriff „Schwarzes Loch" – „black hole" wurde von John Archibald Wheeler geprägt. Der Vorschlag kam während eines Vortrags aus dem Publikum, und Wheeler griff ihn dankbar auf, um nicht zu oft den umständlichen Ausdruck „gravitationally collapsed star" verwenden zu müssen. Diese Episode wird auch im Nachruf der New York Times hervorgehoben, http://www.nytimes.com/2008/04/14/science/14wheeler.html. Das französische Pendant zu „Schwarzes Loch", „trou noir", wurde übrigens lange Zeit nicht verwendet, da es als zu stark sexuell angehaucht empfunden wurde.

[b] Für Masse M, Drehimpuls $\boldsymbol{L} \propto a\boldsymbol{e}_z$ und elektrische Ladung $Q \propto q$ hat die Kerr-Newman-Lösung die Form

$$\mathrm{d}s^2 = \frac{\Delta_{\mathrm{KN}} - a^2 \sin^2 \vartheta}{\rho_{\mathrm{KN}}^2} c^2 \mathrm{d}t^2 + \frac{2aG_{\mathrm{N}}(2Mr - q^2)}{c\,\rho_{\mathrm{KN}}^2} \sin^2 \vartheta\,\mathrm{d}\varphi\,\mathrm{d}t - \frac{\rho_{\mathrm{KN}}^2}{\Delta_{\mathrm{KN}}}$$
$$- \rho_{\mathrm{KN}}^2\,\mathrm{d}\vartheta^2 - \frac{\left((r^2 + a^2)^2 - a^2 \sin^2 \vartheta\right)}{\rho_{\mathrm{KN}}^2} \sin^2 \vartheta\,\mathrm{d}\varphi^2 \qquad \text{mit}$$

$$\Delta_{\mathrm{KN}} := r^2 + a^2 - \frac{G_{\mathrm{N}}(2Mr - q^2)}{c^2} \qquad \text{und} \qquad \rho_{\mathrm{KN}}^2 := r^2 + a^2 \cos^2 \vartheta.$$

^{c} Man beachte, dass für ein Schwarzes Loch $R \propto M$ gilt, und entsprechend $V \propto M^3$. Die Dichte $\rho = \frac{M}{V} \propto \frac{1}{M^2}$ nimmt also mit zunehmender Masse ab. Das Schwarze Loch, das sich höchstwahrscheinlich im Zentrum unserer Milchstraße befindet, hat wohl noch etwa die Dichte von Wasser unter Alltagsbedingungen.

■ **Dunkle Materie und dunkle Energie** (ab S. 234): ^{a} Auch wenn dunkle Materie momentan der populärere Ansatz zur Erklärung des Rotationsverhaltens der Galaxien ist, so kann es doch auch sein, dass statt dessen auch die Allgemeine Relativitätstheorie für entsprechend große Entfernungen unzureichend oder zumindest durch eine spezielle Form von Quanteneffekten zu modifizieren ist.

Ein zwischenzeitlich verfolgter Ansatz war MOND (MOdified Newtonian Dynamics). Auch die Behandlung der Allgemeinen Relativitätstheorie mit Renormierungsgruppengleichungen ($\Rightarrow$S.260) zeigt zumindest die Möglichkeit auf, eventuell ohne dunkle Materie auszukommen.

^{b} Auch die erweiterten Feldgleichungen (10.4) lassen sich über ein Variationsprinzip erhalten. Dazu ergänzt man die Einstein-Hilbert-Wirkung (10.2) durch den Term

$$S_{\text{kosm}}(g) = -\frac{c^3}{16\,\pi\,G_{\text{N}}} \int 2\Lambda \sqrt{|\det g|}\,\mathrm{d}^4 x\,.$$

■ **Grundüberlegungen zur Kosmologie** (ab S. 236): ^{a} Dass die meisten Sterne von Planeten umkreist werden, war schon von Giordano Bruno im sechzehnten Jahrhundert vermutet worden. Neben Hypothesen über Struktur und Unendlichkeit des Weltalls stellte Bruno, ein Zeitgenosse Galileis auch noch diverse andere unbequeme Mutmaßungen an, brach mit der katholischen Kirche und wurde wegen Ketzerei und Magie zum Tod auf dem Scheiterhaufen verurteilt.

^{b} Einen Ausweg aus dem Olbers'schen Paradoxon hätten – zumindest ansatzweise – Mitchells „dunkle Sterne" ($\Rightarrow$S.232) bieten können.

^{c} Für die Hubble-Konstante findet man noch immer leicht unterschiedliche Werte, je nachdem, mit welcher Methode sie bestimmt wird. Eine Problem ist dabei insbesondere die Entfernungsbestimmung im Weltall, in der mehrere (natürlich jeweils fehlerbehaftete) Methoden aufeinander aufbauen. Der Kehrwert der Hubble-Konstante kann grob als Alter des Universums interpretiert werden, wobei es dazu je nach zugrundeliegendem kosmologischen Modell noch Korrekturen geben kann. Die Angabe der Hubble-Konstante erfolgt oft in $\frac{\text{km/s}}{\text{Mpc}}$, wobei das Megaparsec eine gängige astronomische Längeneinheit ist. (Ein Parsec – ein Kurzwort aus *parallax second* – ist jene Entfernung, aus der der mittlere Abstand von der Erde zur Sonne unter einem Winkel von einer Bogensekunde erscheint, $1\,\text{pc} \approx 3.0857 \cdot 10^{16}\,\text{m}$.)

^{Q} Die Grafik zur Hubble-Konstante stammt von `http://imagine.gsfc.nasa.gov/features/yba/M31-velocity/hubble-more.html`.

- **Kosmologische Modelle** (ab S. 238): [L] Ein anspruchsvoller Klassiker zur Kosmologie, der profunde Kenntnisse der ART voraussetzt, ist [Hawking75].

[a] Mit der ersten Annahme ist ein spezielles Bezugssystem, quasi das Ruhesystem des Universums, ausgezeichnet. Das scheint dem Relativitätsprinzip zuwider zu laufen. Die Beschreibung in anderen Bezugssystemen ist aber natürlich weiterhin möglich, nur eben nicht so einfach.

[b] Bei Berücksichtigung der kosmologischen Konstante Λ hat diese wesentlichen Einfluss auf die Beschreibung des Universums. So erlaubt sie etwa eine sich beschleunigende Expansion, wie wir sie anscheinend in unserem Universum beobachten.
Für $\Lambda \neq 0$ gelten diverse einfache Zusammenhänge nicht mehr, wie etwa jener zwischen Topologie und weiterer Zukunft des Universums. Ein offenes Universum kann für $\Lambda < 0$ wieder kollabieren, ein geschlossenes Universum mit $\Lambda > 0$ kann sich permanent weiter ausdehnen.
Universen mit $\Lambda > 0$ und konstanter positiver Krümmung werden als *De-Sitter-Universen* bezeichnet, solche mit $\Lambda < 0$ und konstanter negativer Krümmung als *Anti-de-Sitter-Universen*.

[Q] Die Abbildung zur Expansion im FRW-Modell stammt von `http://www.peter-junglas.de/pers/astro/DunkleMaterie/html/text8.html`. Die Abbildung des kosmischen Mikrowellenhintergrunds wurde vom WMAP-Satelliten aufgenommen und um die Doppler-Verschiebung aufgrund der Bewegung der Erde relativ zum Mikrowellenhintergrund korrigiert; sie stammt von `http://apod.nasa.gov/apod/image/0509/sky_wmap_big.jpg`. Die Abbildung der Expansion des Universums stammt von `http://commons.wikimedia.org/wiki/File:Expansion_des_Universums.png`.

- **Gravitationswellen und unkonventionelle Lösungen** (ab S. 240): [L] Gravitationswellen werden in nahezu allen Lehrbüchern der ART behandelt. Nähere Erläuterungen zum Nobelpreis für Hulse und Taylor finden sich auf `http://nobelprize.org/nobel_prizes/physics/laureates/1993/press.html`.

[a] Dass die Lösungen linearisierter Gleichungen keineswegs immer realistische Fälle beschreiben müssen, sieht man etwa am Beispiel der Quantenchromodynamik ($\Rightarrow$ S.252). Die Dynamik der Gluonen ist nichtlinear, da es direkte Gluon-Gluon-Wechselwirkungen (durch den Drei-Gluon-Vertex und den Vier-Gluon-Vertex) gibt. Linearisiert man die Theorie, indem man die Selbstwechselwirkung vernachlässigt, so ergibt sich die Möglichkeit von Gluonabstrahlung (analog zur Photonabstrahlung in der Quantenelektrodynamik). Freie Gluonen treten aber in der Natur nicht auf – durch die Linearisierung ist hier ein essentieller Teil der Dynamik, nämlich das Confinement, verloren gegangen.

[b] Die ersten Experimente zu Gravitationswellen wurden ab 1958 durchgeführt, zuerst von Joseph Weber an der Universität Maryland. Der Versuchsaufbau mit Re-

sonanzdetektoren spricht aber nur auf starke Gravitationswellen in einem engen Frequenzbereich an. Experimente dieser Art haben bislang keine von der wissenschaftlichen Gemeinschaft anerkannten Ergebnisse gebracht.

^{c} In der ART ist die prinzipielle Möglichkeit von Zeitreisen enthalten. Allerdings könnten andere Naturgesetze sehr wohl Zeitreisen verbieten: So würden zeitartige Kurven grundlegende Ursache-Wirkungs-Beziehungen in Frage stellen und hätten die Tendenz, den zweiten Hauptsatz der Thermodynamik ($\Rightarrow$S.96) zu verletzen.

^{d} Weiße Löcher sind in der Tat eine sehr ungewöhnliche Lösung der Feldgleichungen, die der spontanen „Entfaltung" eines sehr dichten Objekts entsprechend würden. Es sind Entropie- und damit letztlich Wahrscheinlichkeitsargumente, die gegen einen derartigen Prozess sprechen.
Entsprechend werden Weiße Löcher am besten im thermodynamischen Kontext diskutiert, wie er sich bei der quantenmechanischen Behandlung Schwarzer Löcher sehr natürlich ergibt ($\Rightarrow$S.270). Weiße Löcher haben auch einen Platz in der Erklärung der Hawking-Strahlung ($\Rightarrow$S.268).

^{e} Exotische Materie ist spekulativ, aber nicht völlig unplausibel. Zwar haben alle bisher bekannten Teilchen positive schwere Masse und ziehen sich entsprechend durch Gravitation an. Gäbe es jedoch Teilchen mit negativer schwerer Masse, die sich entsprechend gravitativ abstoßen, so hätten sie die Tendenz, sich gleichmäßig zu verteilen (im Gegensatz zu konventioneller Materie, die sich durch Gravitation zusammenballt).
Würden diese Teilchen auch sonst nur schwach wechselwirken, also insbesondere keine elektrische und keine Farbladung tragen, dann wären sie sehr schwer nachzuweisen. Ein schwacher Anklang an die Eigenschaften exotischer Materie zeigt sich im Casimir-Effekt ($\Rightarrow$S.264), einem quantenfeldtheoretischen Phänomen.

^{f} Der Warp-Antrieb tauchte erstmals in der unter Physik-Studierenden durchaus beliebten Science-Fiction-Serie *Star Trek* auf, um dort zu erklären, wie das überlichtschnelle Reisen mit der Relativitätstheorie verträglich ist. Generell sollte man den Einfluss von Themen und Ideen aus der Science Fiction auf wissenschaftliche und technische Entwicklungen nicht unterschätzen.
Umgekehrt gibt es Konzepte und Ideen von sehr renommierten Wissenschaftlern, die zumindest zur Zeit von der Fachwelt eher als Science Fiction denn als ernstzunehmende Vorschläge betrachtet werden, etwa die *Dyson-Sphäre*, siehe `http://www.scholarpedia.org/article/Dyson_sphere`.

^{Q} Das Bild zur Illustration des eLISA-Satelliten (Bildquelle: AEI/MM/exozet; NASA/C. Henze) stammt von `www.elisascience.org/multimedia/image/elisa-spacecraft-two-laser-arms`. Weitere Informationen zur Mission finden sich auf `www.elisascience.org`.

Die Abbildung zur Alcubierre-Metrik stammt von `AllenMcC`, `http://commons.` `wikimedia.org/wiki/File:Alcubierre.png`, jene zum Wurmloch von `http://www.` `mensch-einstein.de/biografie/biografie_jsp/key=2111/mkey=2291.html`.

11 Quantenfeldtheorie

[L] Die Quantenfeldtheorie wird in den gängigen Lehrbüchern meistens nur gestreift, oder die Darstellung ist, wie etwa in [Landau97], schon etwas antiquiert. Hier empfiehlt es sich, auf spezifische Literatur zurückzugreifen, etwa [Ryder96] oder [Peskin95]. Ein zwar mühsam zu lesendes Buch, das aber auch Themen behandelt, zu denen einführende Literatur sonst schwer zu finden ist, ist [Itykson06].

- **Grundideen der Quantenfeldtheorie** (ab S. 244): [a] Im Impulsraum definiert die Gleichung $p^2 = m^2 c^2 - \frac{E^2}{c^2}$ eine Kugelfläche, die man die *Massenschale*, engl. *mass shell*, nennt. Teilchen, die diese Energie-Impuls-Beziehung nicht erfüllen, nennt man entsprechend *off-shell*.

- **Zum Formalismus der Quantenfeldtheorie** (ab S. 246): [L] Ein anspruchsvolles, aber dafür sehr präzise formuliertes Buch zu den Grundlagen der Quantenfeldtheorie ist [Streater00].

[a] Neben dem reellen Klein-Gordon-Feld kann man etwa das komplexe Klein-Gordon-Feld betrachten, das geladene Teilchen mit Spin 0 beschreibt, das Dirac-Feld, das Spin-$\frac{1}{2}$-Teilchen beschreibt, oder die Eichfelder, die die fundamentalen Wechselwirkungen beschreiben ($\Rightarrow$S.250).

[b] Die ϕ^4-Theorie ist eines der „Lieblingsspielzeuge" in der theoretischen Teilchenphysik. In Lehrbüchern zur Quantenfeldtheorie und auch in vielen wissenschaftlichen Arbeiten werden Methoden und Formalismen erst einmal anhand dieser Theorie demonstriert, bevor man sie auf „realistischere" Situationen (etwa Eichtheorien) anwendet.

Eine etwas modifizierte Variante der ϕ^4-Theorie ist auch im Standardmodell der Elementarteilchenphysik enthalten, und zwar im Higgs-Mechanismus der elektroschwachen Wechselwirkung ($\Rightarrow$S.256). Allerdings zeigt sich bei sorgfältiger Untersuchung der Renormierungseigenschaften ($\Rightarrow$S.260), dass die ϕ^4-Theorie nur für $\lambda = 0$ konsistent ist. Strenggenommen „gibt es" also gar keine ϕ^4-Theorie – was allerdings kaum jemanden daran hindert, sie dennoch zu verwenden.

[c] Für jeden Impulswert k erhält man zum Hamilton-Operator einen Beitrag

$$\hat{H}_k = \frac{1}{2}\left(a_k^\dagger a_k + a_k a_k^\dagger\right) = a_k^\dagger a_k + \frac{\hat{1}}{2}.$$

Summiert bzw. integriert man über alle Impulswerte, so liefert der Nullpunkts-Term $\frac{1}{2}$ selbst für den Vakuumzustand einen unendlich großen Beitrag zum Erwartungswert der Gesamtenergie ($\Rightarrow$ S.264).

Eine formale Methode, dem Problem der Nullpunktsenergie auszuweichen, ist die Verwendung der sogenannten *Normalordnung*, die üblicherweise durch Doppelpunkte gekennzeichnet wird. Dabei werden alle Erzeuger nach links und alle Erzeuger nach rechts gebracht, wobei man die Vertauschungsrelationen ignoriert. Aus dem obigen Hamiltonian-Beitrag erhält man so : $\hat{H}_k := a_k^\dagger a_k$; die Nullpunktsenergie ist verschwunden.

[d] Die Zahl der Felder, die in einer bestimmten Theorie vorkommen, kann durchaus variabel sein. So ist es manchmal sinnvoll, im Pfadintegral Hilfsfelder einzuführen. Mit derartigen Hilfsfeldern (in diesem Fall den Faddeev-Popov-Geistern und eventuell dem Nakanishi-Lautrup-Feld) lässt sich etwa für nicht-Abel'sche Eichtheorien die Fixierung der Eichung besonders elegant behandeln.

[e] Streng genommen ist die Beschreibung streuender Teilchen mittels ebener Wellen unzulässig. Schon anschaulich ist klar, dass ein Feld, das zu irgendeinem Zeitpunkt an irgendeinem Ort eine Wechselwirkung erleidet, nicht als ebene Welle angesetzt werden darf – diese wäre ja räumlich und zeitlich unendlich ausgedehnt und streng periodisch, würde also insbesondere ihren Impuls niemal verändern.

Formal wird dieser Sachverhalt durch das *Haag'sche Theorem* beschrieben: Theorien zu unterschiedlichen Wechselwirkungsstärken sind unitär inequivalent, d. h. nicht (etwa durch raffiniertes „adiabatisches Einschalten" der Wechselwirkung) ineinander überführbar. Ein wechselwirkungsfreies Teilchen, und nur ein solches kann durch eine ebene Welle beschrieben werden, bleibt auch in aller Zukunft wechselwirkungsfrei.

Dennoch ist die eigentlich unzulässige Beschreibung von Streuprozessen mittels ebener Wellen zuverlässig und erfolgreich. Gerade in der Quantenfeldthorie, deren mathematische Struktur bis heute nicht völlig verstanden ist, kommt es bei einigen Gelegenheiten vor, dass sich konzeptionell problematische Ansätze beim praktischen Rechnen als höchst erfolgreich erweisen.

[f] Es gab Versuche, eine fundamentale S-Matrix-Theorie ohne Rückgriff auf eine zugrundeliegende lokale Quantenfeldtheorie aufzubauen; diese Ansätze sind allerdings gescheitert. Werner Heisenberg, der einen solchen Ansatz verfolgt hatte, stellte entsprechend fest: „The S-matrix and particles are the roof of the theory and not its foundation".

■ **Symmetrien in der QFT** (ab S. 248): [a] Eine anschauliche Darstellung von globalen und lokalen Symmetrien kann mit Hilfe einer runden Gummimatte erfolgen. Eine kontinuierliche globale Tansformation wäre etwa die in ihrer Ebene erfolgende

Drehung der gesamten Matte um ihren Mittelpunkt. Wenn sich nach der Drehung der gleiche Anblick bietet wie zuvor, so handelt es sich um eine Symmetrieoperation. Nun betrachten wir die Matte in einem Spiegel, der aus vielen kleinen Teilspiegelchen zusammengesetzt ist, und verändern zufällig die Stellung der einzelnen Spiegelchen. Das erzeugt ein verzerrtes Bild der Matte. Durch eine entsprechende Verformung der Matte, Drücken und Schieben kann man es aber (im Idealfall) erreichen, dass das Bild im Spiegel wieder dem ursprünglichen gleicht.

Das entspricht einer lokalen Symmetrietransformation, und wie in den physikalischen Theorien ist Invarianz unter einer solchen Transformation mit dem Auftreten von Kräften verbunden – hier mit den rücktreibenden Kräften, die die Gummimatte wieder in die ursprüngliche Form bringen wollen.

[b] Allgemein hat eine Gruppe SU(N) insgesamt $N^2 - 1$ Generatoren, und so viele (Eich-)Felder sind auch notwendig, um die Wechselwirkungen der Theorie zu erfassen, die auf dieser Gruppe beruht. Für den Fall der QCD mit $N = 3$ sind das genau die 8 Gluonfelder.

■ **Quantenelektrodynamik und Eichinvarianz** (ab S. 250): [L] Als Musterbeispiel einer Eichtheorie wird die QED in nahezu jedem Lehrbuch der Quantenfeldtheorie ausführlich behandelt. Eine anschauliche („populäre") Einführung in die QED stammt von einem ihrer Väter [Feynman06].

[a] Die Eichfreiheit tritt zwar schon in der klassischen Elektrodynamik in Erscheinung. Dort wirkt sie jedoch eher als manchmal nützliches, meist jedoch eher lästiges Kuriosum. In der Quantenelektrodynamik bringt die Eichfreiheit zwar auch Schwierigkeiten mit sich, jedoch lässt sich die Theorie aus der Forderung nach Eichinvarianz, also Invarianz unter U(1)-Symmetrietransformation, herleiten.

Wendet man denselben Formalismus auf andere, kompliziertere Symmetrien an, so erhält man jene Theorien, die heute zur Beschreibung der starken und der schwachen Kernkraft verwendet werden: die Quantenchromodynamik (⇒S.252) und die elektroschwache Theorie (⇒S.256). In diesen Fällen hat man nicht-Abel'sche Symmetriegruppen und erhält für die Eichfelder sogenannte *Yang-Mills-Theorien*, die für eine umfassende Beschreibung noch an die der Materieteilchen gekoppelt werden muss. Damit ist das Eichprinzip das Fundament der modernen Elementarteilchenphysik.

Auch jenseits der Elementarteilchenphysik spielt Eichinvarianz eine bedeutende Rolle. Die Allgemeine Relativitätstheorie kann als Eichtheorie interpretiert werden – wenn auch bislang noch nicht erfolgreich auf Quantenniveau. Das zeigt sich auch an der Ähnlichkeit zwischen der eichkovarianten Ableitung und der kovarianten Ableitung in der Differenzialgeometrie (⇒S.228).

Die meisten Ansätze, über das Standardmodell der Teilchenphysik hinauszugehen, beruhen ebenfalls auf dem Eichprinzip (⇒S.272). Dabei werden Symmetriegruppen untersucht, die jene der schon gut bestätigten Theorien als Untergruppen enthalten.

■ **Quantenchromodynamik** (ab S. 252): [L] Für eine klare Einführung in die QCD wird auf den Beitrag *Von Quarks, Gluonen und Confinement* in [Lichtenegger11] verwiesen, und als klassischer Übersichtsartikel gilt [Marciano78].

[a] Dass die Zahl der Farben Eingang in experimentell messbare Größen findet, liegt in erster Linie an Phasenraumargumenten. Durch die zusätzliche Quantenzahl „Farbe" vergrößert sich der zugängliche Phasenraum. Ohne Farbe wäre es für ein hochenergetisches Photon nahezu gleich wahrscheinlich, in ein e^+-e^-- oder ein u-$\bar{u}$-Paar zu zerfallen. Da das *up*-Quark aber in drei Farben vorkommen kann, hat die zweite Variante tatsächlich eine dreimal so hohe Amplitude und damit eine neunmal so hohe Wahrscheinlichkeit.
Gelegentlich kann es allerdings nützlich sein, für Berechnungen auch andere Werte von N_C zu verwenden. Insbesondere werden viele Betrachtungen zunächst für den einfacheren Fall $N_C = 2$ angestellt. Umgekehrt vereinfachen sich viele Beziehungen auch für $N_C \to \infty$ („Large-N-limit").

[b] Die Massenerzeugung bei Hadronen beruht größtenteils nicht auf dem Higgs-Mechanismus ($\Rightarrow$S.256). Selbst bei völlig masselosen Quarks (im sogenannten chiralen Limes) wären die Nukleonen nach Modellrechnungen nur unwesentlich leichter, als sie es sind. Die schwache und die starke Wechselwirkung erzeugen beide Masse – bei konventioneller Materie ist der Anteil der starken Wechselwirkung, der durch chirale Symmetriebrechung zustandekommt, deutlich größer.

[c] Die Theorie, die noch keine Quarks, sondern nur Gluonen enthält, ist die *Yang-Mills-Theorie* für die Eichgruppe SU(3). Allgemein beruht eine Yang-Mills-Theorie jeweils auf einer nicht-Abelschen Symmetriegruppe als Eichgruppe. Schon die Yang-Mills-Theorien (auch als „reine Eichtheorien" bezeichnet) sind so schwierig, dass sie bis heute ungelöste Probleme enthalten – u. a. eben jenes des *mass gap*. Die genaue Formulierung des zugehörigen *millenium problem* findet man unter http://www.claymath.org/millennium/Yang-Mills_Theory/.

■ **Dynamische Symmetriebrechung** (ab S. 254): –

■ **Elektroschwache Theorie und Higgs-Mechanismus** (ab S. 256): [a] Das Schlüsselexperiment zur Paritätsverletzung durch die schwache Wechselwirkung ist das 1956 durchgeführte Wu-Experiment. Bei diesem Experiment zum Beta-Zerfall zeigte sich erstmals, dass für die schwache Wechselwirkung die P-Symmetrie nicht erhalten bleibt, sondern im Gegenteil massiv verletzt wird. (Es wird gerne gesagt, dass die schwache Wechselwirkung die Parität *maximal* verletzt, da man nur eine Kopplung von linkshändigen Fermionen findet. Streng würde eine solche Aussage aber nur für masselose Fermionen gelten.)

b Der Higgs-Mechanismus wird oft salopp als „spontane Brechung einer Eichsymmetrie" beschrieben. Das ist allerdings problematisch, denn das *Elitzur-Theorem* besagt, dass eine Eichsymmetrie nicht spontan gebrochen werden kann. Der Higgs-Mechanismus kann zwar durch spontane Brechung einer lokalen Symmetrie beschrieben werden, diese hat aber nicht den Status einer Eichsymmetrie. Da die so gebrochene Symmetrie lokal, nicht global, ist, treten keine Goldstone-Bosonen ($\Rightarrow$S.254) auf.

Eine Alternative zum Higgs-Mechanismus wäre die Wahl nichttrivialer Randbedingungen in einer zusätzlichen (kompaktifizierten) Dimension. (Auf diese Möglichkeit wurde der Autor von Prof. Jonathan Ellis (CERN) in einem Vortrag aufmerksam gemacht.) Angesichts der aktuellen Datenlage zum Higgs-Teilchen gilt es allerdings als unwahrscheinlich, dass diese Möglichkeit in unserem Universum tatsächlich realisiert ist.

■ **Feynman-Diagramme** (ab S. 258): *a* Diagramme mit einer Form wie ──── heißen *Tadpole-* (d. h. Kaulquappen-)*diagramme.* Überhaupt haben viele Diagramme klingende Namen bekommen.

Vielleicht die berühmtesten derartigen Diagramme sind die *Pinguin-Diagramme,* die ihren Namen von J. Ellis aufgrund einer Wette um ein Dart-Spiel erhalten haben, siehe etwa `http://www.symmetrymagazine.org/article/june-2013/the-march-of-the-penguin-diagrams.`

Rechts ist ein solches Diagramm (samt namensverdeutlichendem Pinguin) von `http://en.wikipedia.org/wiki/File:Penguin_diagram.JPG` dargestellt.

b Gerade in der Quantenfeldtheorie, in der noch viele mathematische und konzeptionelle Fragen offen sind, ist es manchmal erstaunlich, wie gut an sich unzulängliche Methoden in der Praxis funktionieren. Ein Musterbeispiel dafür ist die Berechnung des magnetischen Moments des Elektrons.

Sehr überspitzt formuliert: Ausgehend von einer Theorie, die für sich allein wahrscheinlich gar nicht konsistent ist (der QED), macht man einen Ansatz, von dem bekannt ist, dass er für diese Zwecke im Grunde unzulässig ist (ebene Wellen ($\Rightarrow$S.246)), entwickelt die gesuchte Größe in eine divergente Reihe, bricht diese nach einigen Termen ab – und erhält eine auf 10 Stellen genaue Übereinstimmung zwischen Theorie und Experiment.

■ **Renormierung** (ab S. 260): *a* Von renormierbaren Theorien spricht man, wenn die Anzahl der Typen von Divergenzen gleich der Anzahl der freien Parameter ist. Gibt es zwar Divergenzen, aber weniger als freie Parameter, so heißt die Theorie *superrenormierbar.*

b Die Prozedur, eine Renormierung tatsächlich durchzuführen, ist mit erheblichem Aufwand verbunden. Zuerst müssen die divergenten Integrale geeignet regularisiert

werden. Das kann zum Beispiel durch Einführung eines Maximalimpulses geschehen, bis zu dem die Impulsintegration nur läuft. Auch die Einführung zusätzlicher
Felder kann zur Regularisierung benutzt werden. Ein besonders beliebte Methode
ist die *dimensionale Regularisierung*, in der die Integrationen in $4 - \varepsilon$ Dimensionen
durchgeführt werden. Die ursprünglichen Divergenzen erscheinen dann als Terme,
die für $\varepsilon \to 0$ divergieren.

Hat man die Divergenzen auf eine dieser Arten isoliert, so lassen sie sich durch
geeignete *Renormierungsvorschriften* eliminieren, etwa das Einführen von *counter-
Termen* oder durch multiplikative Renormierung. Die Renormierungsvorschriften
sind allerdings keineswegs eindeutig, und so gibt es eine Vielzahl von Renormie-
rungsschemata (MS, $\overline{\text{MS}}$, MOM, $\overline{\text{MOM}}$, RD, $\overline{\text{RD}}$, ...). Die Observablen sind natürlich vom gewählten Schema unabhängig; die Umrechnung von Größen zwischen
verschiedenen Schemata ist stets möglich, praktisch aber meist mühsam.

[c] Auch in der Mathematik gibt es eine Beta-Funktion B, die zwei Argumente hat
und sich in der komplexen rechten Halbebene mit Hilfe von Gamma-Funktionen
(d. h. von verallgemeinerten Fakultäten) als

$$B(x,y) = \frac{\Gamma(x)\,\Gamma(y)}{\Gamma(x+y)}$$

darstellen lässt. Diese Funktion hat trotz Namensgleichheit keinen direkten Zusammenhang mit den in der Renormierungstheorie betrachteten Beta-Funktionen.

[d] Es heißt üblicherweise, dass die ART nicht renormierbar sei. Mit Sicherheit gilt das
aber nur für die perturbative Renormierung, bei der um die verschwindende Wechselwirkungsstärke (den Gauß'schen Fixpunkt) entwickelt wird. Arbeiten, die sich
mit nicht-perturbativen Renormierungszugängen beschäftigen, legen inzwischen nahe, dass eine derartige Renormierung der ART in der Tat möglich ist, wobei die
Raumzeit für sehr kleine Abstände eine zweidimensionale fraktale Struktur erhält
[Lauscher05].

Wäre das der Fall, so könnte es sein, dass diverse aufwändigere Zugänge zur Quantengravitation ($\Rightarrow$S.272) zum Aufstellen einer einheitlichen Theorie gar nicht notwendig sind und dass sich die Kosmologie großer Entfernungen auch ohne die Annahme von dunkler Energie ($\Rightarrow$S.234) schlüssig erklären lässt.

[e] Anhand der Vier-Fermionen-Theorie zur Beschreibung von Prozessen der schwachen Kernkraft lässt sich die Stellung von effektiven Theorien gut illustrieren. Die
ursprünglich von Fermi postulierte Vier-Fermionen-Wechselwirkung ist nicht renormierbar, beschreibt aber für niedrige Energien die beobachteten Effekte ausreichend
gut. Für höhere Energien ist es allerdings notwendig, im Rahmen der elektroschwachen Wechselwirkung ($\Rightarrow$S.256) explizit den Austausch eines schweren Überträgerteilchens (eines W- oder Z-Bosons) zu berücksichtigen.

Plakativ gesagt: Sieht man sich den Vier-Fermionen-Vertex nur genau genug an, erkennt man, dass er „in Wirklichkeit" aus zwei Vertizes und einem Austauschteilchen aufgebaut ist. Entsprechend ist die Beschreibung durch die Vier-Fermionen-Wechselwirkung nur für nicht zu große Energien sinnvoll. (Die Erwartung des Autors wäre allerdings, dass auch die renomierbare elektroschwache Wechselwirkung nur die effektive Beschreibung einer noch fundamentaleren Wechselwirkung ist, die sich als endliche Theorie formulieren lässt und entsprechend keine Renormierung mehr erfordert.)

- **Rechenmethoden in der QFT** (ab S. 262): [a] Da in der QCD die Kopplung mit zunehmendem Impulsübertrag kleiner wird (asymptotische Freiheit), haben Störungsrechnungen nur für große Impulsüberträge Bedeutung. Im Niederenergiebereich, der für die hadronischen Bindungszustände entscheidend ist, wird die Kopplungsstärke α_s so groß, dass der störungstheoretische Zugang nicht mehr anwendbar ist. Überhaupt sind im Kontext der QFT Bindungszustände einer störungstheoretischen Behandlung nur schlecht zugänglich.

[b] Die in der Quantenmechanik sehr populäre Variationsrechnung ist in der QFT nur in Ausnahmesituationen anwendbar. Das liegt daran, dass in relativistischen Quantenfeldtheorien auch Zustände mit negativer Norm auftreten können und damit die Grundlage der Variationsrechnung zusammenbricht. Um das zu vermeiden, muss man spezielle Eichungen wählen, etwa die Coulomb-Eichung $\partial_\mu A^{a,\mu} = 0$.

[c] Tatsächlich beruht die Wick-Rotation („Einführung imaginärer Zeit") auf der Verschiebung von Integrationswegen in der komplexen Ebene. Diese Verschiebung erfolgt so, dass sich die Weise, in der Pole der zu integrierenden Funktionen umlaufen werden, nicht verändert. Der Cauchy'sche Integralsatz bzw. der Residuensatz garantiert (für zum Unendlichen hin ausreichend schnell abfallende Funktionen), dass sich die Werte der Integrale nicht ändern.

Durch den Übergang zu imaginärer Zeit erhält man einen Übergang $e^{iS} \to e^{-S}$, also von einem Phasenfaktor zu einem Boltzmann-Faktor. Dadurch werden vielfältige Methoden der statistischen Physik anwendbar, darunter eben die Monte-Carlo-Integration.

Diese Methode ist aber nicht universell anwendbar. Betrachtet man eine Quantenfeldtheorie bei endlichem chemischem Potenzial, so hat man auch nach der Wick-Rotation noch imaginäre Anteile im Exponenten und entsprechend bei der Auswertung mit Monte-Carlo-Methoden ein massives *Vorzeichenproblem*: Das gesuchte Ergebnis ergibt sich als kleine Differenz sehr großer Werte und ist entsprechend schwierig zu bestimmen. Diese Problematik ist ein wesentliches Hindernis dabei, etwa das Phasendiagramm ($\Rightarrow$S.106) der QCD (mit chemischem Potenzial μ und Temperatur T als Achsen) mit Hilfe von Gittermethoden zuverlässig zu charakterisieren.

- **Das Vakuum in der QFT** (ab S. 264): [a] Die Nullpunktsenergie eines „fermionischen Oszillators" ist negativ, und so könnten sich bososnische und fermionische Beiträge zum Teil kompensieren. Dass dadurch die Nullpunktsenergie des Vakuums völlig verschwindet, wäre aber ein enormer Zufall – außer in supersymmetrischen Theorien, in denen es zu jedem Boson ein völlig analoges Fermion gibt ($\Rightarrow$S.274).

12 Vereinheitlichung und Quantengravitation

- **Hawking-Strahlung** (ab S. 268): [L] Die mögliche Rolle von Weißen Löchern in der quantenmechanischen Behandlung Schwarzer Löcher wird etwa in [t'Hooft10] behandelt.

[a] Es ist durchaus interessant, zu betrachten, von welcher Art die emittierten Teilchen sind. Der Strahlung eines schwarzen Lochs kann eine Temperatur T_{SL} zugeordnet werden, die indirekt proprtional zu dessen Masse ist. Nur Teilchen, deren Energie höchstens von der Größenordnung der entsprechendten thermischen Energie $k_B T_{SL}$ ist, werden in nennenswertem Ausmaß emittiert. Für die sehr schweren astrophysikalischen Schwarzen Löcher, die im Rahmen des Kollapses von Sternen entstehen, kommen daher nur Photonen (und die hypothetischen Gravitonen) sowie allenfalls noch Neutrinos in Frage. Erst von sehr leichten und damit sehr heißen Schwarzen Löchern werden auch Elektronen emittiert, von noch leichteren auch Myonen, Pionen, andere Mesonen oder gar Nukleonen und noch schwerere Teilchen.

[b] Auch besteht die Möglichkeit von Tunnelphänomene ($\Rightarrow$S.146), durch die ein Schwarzes Loch in ein Weißes übergehen könnte, [Haggard14]. Das könnte ebenfalls einen Mechanismus darstellen, durch den ein Schwarzes Loch die darin „gefangene" Energie wieder abgibt und entsprechend nur eine endliche Lebensdauer hat.

[c] Die Frage, ob Information beim Fall in ein Schwarzes Loch verloren gehen kann, hat auch zu einer berühmten Wette zwischen S. Hawking, K. Thorne und J. Preskill geführt; zu ihrem (zumindest vorläufigen) Ausgang siehe `http://math.ucr.edu/home/baez/dublin/`.

- **Entropieschranken und das holographische Prinzip** (ab S. 270): [L] Ein hervorragender Review zum holographischen Prinzip ist [Bousso02].

[a] Als wichtiger Test für jede Theorie der Quantengravitation gilt inzwischen, ob sie einen mikroskopischen Mechanismus für das Zustandekommen der Entropie Schwarzer Löcher enthält und ob sie die bekannten Werte für „große" Schwarzer Löcher

richtig vorhersagt. Je kleiner ein Schwarzes Loch ist, desto fragwürdiger wird die thermodynamische Argumentation und desto signifikanter können die Abweichungen von den so erhaltenen Werten werden. Aus diesem Grund ist auch nicht klar, ob Schwarze Löcher vollständig zerstrahlen oder ob z. B. ein Rest-Teilchen von ca. einer Planck-Masse übrigbleibt.

[b] Ausreichend massive Schwarze Löcher absorbieren mehr von der kosmischen Hintergrundstrahlung ($T \approx 2.7\,K$), als sie an Hawking-Strahlung emittieren, und wachsen allein dadurch auch ohne weitere Materiezufuhr. Sehr leichte Schwarze Löcher, wie sie kurz nach dem Urknall entstanden sein könnten, wären hingegen sehr heiß. Sie würden entsprechend viel Energie durch Hawking-Strahlung abgeben, Masse verlieren und dadurch noch heißer werden, letztlich quasi verdampfen. Dies gilt als ein wichtiges Argument dafür, dass der (ohnehin sehr unwahrscheinliche) Fall einer Erzeugung Schwarzer Löcher im LHC oder anderen Teilchenbeschleunigern ($\Rightarrow$ S.126) für die Erde keine Gefahr darstellt.

[c] Die negative Wärmekapazität Schwarzer Löcher verbietet, dass sich ein stabiles thermisches Gleichgewicht einstellt. Bringt man ein Schwarzes Loch der Temperatur T_0 in ein Wärmebad mit der genau gleichen Temperatur, so können zwei Fälle eintreten:

– Durch Fluktuationen, wie sie durch den stochastischen Charakter der thermischen Strahlung zwangsläufig auftreten, absorbiert das Schwarze Loch irgendwann etwas mehr Strahlung, als es zugleich durch den Hawking-Mechanismus emittiert. Seine Masse nimmt zu, seine Temperatur entsprechend ab. Von nun an emittiert es dauerhaft weniger Strahlung, als es absorbiert, und kühlt sich entsprechend immer weiter ab.

– Umgekehrt kann das Schwarze Loch irgendwann zufällig mehr Strahlung emittieren als absorbieren, verliert Masse und heizt sich dadurch auf. Entsprechend emittiert es nun ständig mehr Strahlung, als es absorbiert, und heizt sich auf diese Weise so lange weiter auf, bis es vollständig (oder zumindest weitestgehend, s. o.) zerstrahlt ist.

Auf jeden Fall aber wird ein Schwarzes Loch in einem Wärmebad nicht dauerhaft die Umgebungstemperatur T_0 behalten.

[d] Allgemein geht das Konzept der Holographie weit über die Optik hinaus. Selbst in der Gehirnforschung gibt es Ansätze, das Gedächtnis zu einem Gutteil holographisch zu erklären.

Zerbricht man ein Hologramm in mehrere Teile, so erhält man nicht etwa Hologramme von einzelnen Teilen des ursprünglich abgebildeten Objekts. Stattdessen hat man mehrere Hologramme des ganzen Objekts, die allerdings unschärfer sind als das Ausgangshologramm. Eine holographieähnliche Speicherung von Erinnerungen könnte erklären, warum das Großhirn oft auch die Zerstörung oder den Ausfall größerer Regionen verhältnismäßig gut kompensieren kann – die Erinnerungen gehen nicht verloren, sondern werden nur unschärfer.

[e] Das Studium holographischer Dualität hat sich zu einem wichtigen Seitenzweig der Stringtheorie ($\Rightarrow$S.276) entwickelt. Besonders prominent ist dabei die AdS/CFT-Korrespondenz, die eine explizite Dualität zwischen einem fünfdimensionalen Anti-de-Sitter-Raum (AdS, ein Raum konstanter negativer Krümmung) und einer konformen Feldtheorie (CFT, eine Feldtheorie ohne charakteristische Zeit-, Massen- und Längenskala) herstellt.

Dabei werden von den zehn Dimensionen der Stringtheorie fünf zu einer Hyperkugel S^5 kompaktifiziert. Die übrigen fünf Raumzeitdimensionen erhalten die Topologie eines leeren Anti-de-Sitter-Raums. Auf der vierdimensionalen Oberfläche dieses Raums kann man eine konforme Feldtheorie formulieren, die zur Gravitationstheorie im Anti-de-Sitter-Raum holographisch korrespondiert.

- **Vereinheitliche Theorien und Quantengravitation** (ab S. 272): [L] Eine populärwissenschaftliche Darstellung der wichtigsten Zugänge zur Quantengravitation findet sich in [Smolin02].

[a] Bei den Parametern des ursprünglichen Standardmodells handelt es sich um neun Fermionmassen (bzw. die Kopplungsstärken an das Higgs-Feld), drei Mischungswinkel und eine globale Phase in der CKM-Matrix ($\Rightarrow$S.256), die Kopplungskonstanten der elektromagnetischen, der schwachen und der starken Kraft sowie die Masse von Z_0 und Higgs-Teilchen.

Das sind 18 Parameter. In der Erweiterung des Standardmodells auf massive Neutrinos kommen noch drei Neutrinomassen und vier Parameter für die Mischungsmatrix hinzu, was insgesamt 25 Parameter ergibt.

Alle diese Parameter könnten sich in einer wirklich fundamentalen Theorie der Physik möglicherweise eliminieren bzw. auf grundlegendere Prinzipien zurückführen lassen. Die Lichtgeschwindigkeit, das Wirkungsquantum und die Gravitationskonstante hingegen setzen wohl die grundlegende Skala des Universums und werden wahrscheinlich auch in einer solchen Theorie als Parameter bestehen bleiben.

[b] Auch wenn man beim Zerfall baryonischer Materie üblicherweise vom Protonenzerfall spricht, würde er doch auch Neutronen betreffen. (Das ist nur für im Kern gebundene Neutronen relevant; ein freies Neutron zerfällt ohnehin mit einer Halbwertszeit von ca. 15 Minuten über die schwache Wechselwirkung ($\Rightarrow$S.256) in ein Proton und ein Elektron ($\Rightarrow$S.122).)

Die Untersuchung des Protonenzerfalls erfordert Langzeitmessungen, in denen möglichst viel baryonische Materie mit möglichst kleinen äußeren Störungen überwacht werden kann. Das sind ähnliche Anforderungen, wie sie auch bei Neutrinoexperimenten auftreten. Daher wird in den meisten Neutrinoexperimenten auch auf Hinweise auf den Protonenzerfall geachtet. Da diese bisher ausgeblieben sind, können für die Halbwertszeit bzw. die Lebensdauer nur Untergrenzen angegeben werden.

[c] Auch wenn der Zugang zur Gravitation ein ganz anderer ist als jener zu den anderen Kräften, so gibt es doch starke Analogien. Insbesondere basiert die Beschreibung aller dieser Wechselwirkungen auf Symmetriegruppen ($\Rightarrow$S.248). Während das für die Wechselwirkung in der Teilchenphysik aber die „abstrakten" Gruppen U(1), SU(2) und SU(3) sind, ist es für die Gravitation die Poincaré-Gruppe ($\Rightarrow$S.218). Ein Weg zu einer „Theory of Everything" wäre es entsprechend, von einer Symmetriegruppe auszugehen, die sowohl U(1) × SU(2) × SU(3) als auch die Poincaré-Gruppe als Untergruppen enthält, etwa die exzeptionelle Gruppe E_8.

[d] Zur Illustration der Wechselwirkungsstärken: Im Wasserstoffatom ist die gravitative Anziehung zwischen Kern und Elektron um den Faktor

$$\frac{F_{\text{grav}}}{F_{\text{elmag}}} = \frac{G m_e m_p}{\frac{1}{4\pi\varepsilon}e^2} \approx 4.4 \cdot 10^{-40}$$

kleiner als die elektromagnetische.

[e] Auch wenn bislang keine konsistente Quantentheorie der Gravitation existiert, die in der Lage ist, unsere Welt zu beschreiben, so lassen sich aufgrund der allgemeinen Gesetzmäßigkeiten von Quanten- und Gravitationstheorie doch einige Aussagen über die Struktur einer solchen Theorie treffen. So muss etwa ein Überträgerteilchen der Gravitation ein masseloses Spin-2-Teilchen sein, das an alle anderen Arten von Materie koppeln kann. Dieses Teilchen wird *Graviton* genannt ($\Rightarrow$S.134). (In manchen Theorien treten zusätzlich noch weitere Träger der Gravitation auf, in der Supergravitation etwa die supersymmetrischen Partner des Gravitions, die Gravitinos mit Spin $\frac{3}{2}$.)

[f] Die Quantum Loop Gravity (QLG) ist insofern konservativer als die Stringtheorie, als dass sie nur von der Poincaré-Symmetrie ausgeht und keine zusätzlichen Dimensionen erfordert (auch wenn diese in den Formalismus wahrscheinlich konsistent eingebaut werden können). Radikaler ist sie allerdings insofern, als dass die grundlegende Beschreibung der Raumzeit als Netzwerk, als „Raum-Zeit-Schaum", einen Bruch mit dem kontinuierlichen Zugang sowohl der ART als auch der gängigen Quantenfeldtheorien (und eben auch der Stringtheorie) darstellt.

Ob unsere Welt auf fundamentalem Niveau kontinuierlich oder diskret strukturiert ist, kann zur Zeit noch nicht beantwortet werden. Für den diskreten Fall bietet die QLG auf jeden Fall einen faszinierenden Ansatzpunkt – dass es sich in diesem Fall um die „richtige" Theorie handelt, ist aber noch keineswegs klar. Neben diversen Erfolgen (etwa bei der Berechnung der Entropie Schwarzer Löcher ($\Rightarrow$S.232)) gibt es auch noch diverse Probleme und Lücken; so ist etwa noch nicht gezeigt, dass sich die ART als klassischer Grenzfall dieser Theorie ergibt.

■ **Supersymmetrie** (ab S. 274): [L] Supersymmetrie ist das Kernthema des dritten
Bandes von [Weinberg05].

[a] Die Zahl der Generatoren beschränkt demnach den maximal möglichen Spin für
fundamentale Teilchen der Theorie. Um das Graviton, ein Spin-2-Teilchen, in eine
solche Theorie einzubetten, sind 8 Generatoren notwendig. Daher sind supersymmetrischen $\mathcal{N} = 8$-Theorien interessante Kandidaten für eine Theorie der Quantengravitation ($\Rightarrow$S.272). Solche Theorien enthalten notwendigerweise auch stets
Spin-$\frac{3}{2}$-Teilchen, die *Gravitinos*.
Generell könnte die Supersymmetrie eine wichtige „Zutat" einer umfassen-
deren Gravitationstheorie sein, allein schon, weil doppelte Supersymmetrie-
Transformationen keine Identitätsoperation sein müssen, sondern eine zusätzliche
Poincaré-Transformation ($\Rightarrow$S.218) beinhalten können. Die grundlegende Symmetriegruppe der ART ist also auf eine geheimnisvolle Weise in der Supersymmtrie
enthalten.

[b] Durch die Renormierung ($\Rightarrow$S.260) verändert sich die Kopplungsstärke der fundamentalen Wechselwirkung in Abhängigkeit von der relevanten Längen- bzw. Impulsskala („laufende Kopplungen"). So wird die Kopplung der QCD für größere Impule
schwächer, jene der elektromagnetischen und der schwachen Wechselwirkung stärker. Allerdings treffen sich die drei Kopplungen im Standardmodell nicht in einem
Punkt, sondern jeweils zwei der drei Kurven schneiden einander bei unterschiedlichen Impulswerten. In supersymmetrischen Modellen ist es möglich, die Parameter
so zu wählen, dass sich alle drei Kopplungsverläufe in einem Punkt treffen.

■ **Stringtheorie** (ab S. 276): [L] Eine gute erste Einführung in die Stringtheorie,
die zuerst noch einmal die erforderliche theoretische Physik im Schnelldurch-
lauf rekapituliert, ist [Zwiebach09]. Vertiefende Standardwerke sind [Polchinski08]
und [Green12]. Als sehr gute populärwissenschaftliche Einführung gilt [Greene05].

[a] Das Einrollen von Dimensionen bedeutet übrigens nicht, dass in der Raumzeit eine
zusätzliche intrinsische Krümmung auftritt, die ja zu Gravitationskräften führen
würde. Die Situation ist eher wie die beim Zusammenrollen eines Blattes Papier zu
einem Zylinder. Auch wenn es von außen betrachtet eine Krümmung gibt, ist diese
für zweidimensionale Blattbewohner nicht wahrnehmbar. Bewohner einer Kugeloberfläche hingegen könnten durch geometrische Messungen feststellen, dass sie
eine gekrümmte Fläche bewohnen.

[b] Das „D" von D-Branen steht für Dirichlet, und D-Branen sind notwendig, um
offenen Strings Dirichlet'sche Randbedingungen vorzugeben. Die Dimensionalität
der D-Branen, an denen sie haften, schränken auch die Bewegungsmöglichkeiten
der Strings entsprechend ein. Die meisten Teilchen werden durch offene Strings beschrieben, Gravitonen hingegen durch geschlossene Strings, die an keinen D-Branen
haften und sich entsprechend in alle Dimensionen frei bewegen können.

^{Q} Die Abbildung der Regge-Trajektorien stammt von Eberhard Klemp und wurde u. a. auf einem Vortrag auf der *Hadron 2009* präsentiert, siehe `http://arxiv.org/abs/1001.3290`.

■ **Anthropisches Prinzip und Cosmic Landscape** (ab S. 278): ^{L} Eine populäre Einführung in die Thematik bietet [Susskind06].

^{a} Würde etwa die Masse des *up*-Quarks merklich unter jene des *down*-Quarks abgesenkt, so wären Protonen nicht stabil, und der gesamte Wasserstoff des Universums würde innerhalb von kurzer Zeit zerfallen. Ein geringfügig anderer Wert der Feinstrukturkonstante hätte wohl verhindert, dass sich bei Fusionsprozessen mit einer solch hohen Rate Kohlenstoff bildet – organische Chemie, wie wir sie kennen, ist aber ohne Kohlenstoff und seine vielfältigen Bindungsmöglichkeiten nicht möglich.^{e} Noch schlimmer wären wohl grundlegendere Modifikationen der Naturgesetze. Hätte die Gravitationskraft eine Abstandsabhängigkeit proportional zu $\frac{1}{r^s}$ mit $s \neq 2$ (wie es etwa bei mehr Raumdimensionen der Fall wäre), so würde man keine einigermaßen stabilen Planetenbahnen erhalten. Wäre im Universum exakte Supersymmetrie ($\Rightarrow$S.274) realisiert, so könnten Elektronen spontan zu Selektronen werden, die als Bosonen in der Lage wären, alle den Grundzustand zu besetzen. Die komplexe Orbitalstruktur ($\Rightarrow$S.152), die sich als Konsequenz des Pauli-Prinzips ergibt, würde verschwinden; es gäbe de facto keine Chemie und damit wohl kein Leben mehr.

Derartige Überlegungen wären prinzipiell Munition für kreationistische Strömungen, die aktuell bevorzugt unter dem pseudowisschenschaftlichen Deckmantel „Intelligent Design" auftreten, sich momentan allerdings in erster Linie gegen die Evolutionstheorie (eine der schlüssigsten, weitreichendsten und am besten bestätigten Theorien der modernen Wissenschaft) wenden.^{f} Im Rahmen von Cosmic Landscape oder verwandten Ansätzen lassen sich derartige Feinabstimmungen mit Hilfe des anthropischen Prinzips zwanglos erklären, ohne dass zusätzliche „Design-Annahmen" erforderlich sind. Daher auch der Untertitel in Susskinds Buch [Susskind06]: *the Illusion of Intelligent Design.*

^{b} In einer supersymmetrischen Welt ($\Rightarrow$S.274) wäre der Quantenbeitrag zur kosmologischen Konstante exakt gleich null, da sich bosonische und fermionische Beiträge gegenseitig genau kompensieren würden. Nimmt man an, dass in unserer Welt gebrochene Supersymmetrie herrschte, die schon knapp oberhalb des derzeit zugänglichen Messbereichs wiederhergestellt wäre, dann würde sich die Abweichung zwischen theoretischer Vorhersage und experimentellem Wert von Λ etwas reduzieren, noch immer aber wäre die Diskrepanz enorm.

^{c} In diesem Bild wären selbst die Naturgesetze zu einem Großteil lokal. Dass etwa die Elektronenmasse auf der Erde und auf der Sonne die gleiche ist, läge daran, dass an beiden Orten zur entsprechenden Zeit die gleiche Kompaktifizierung der Raumzeit verwirklicht wäre.

In unterschiedlichen Bereichen des Universums könnte es unterschiedliche Kompaktifizierungen geben, wobei sich jene Bereiche, deren Vakuumenergie niedriger ist, auf Kosten jener Bereiche mit höherer Vakuumenergie ausbreiten würden.

Die so unsystematisch wirkenden Teilchenmassen etwa würden in diesem Bild einfach daraus resultieren, dass in unserem Universum eine spezielle Kompaktifizierung realisiert ist. Eine spezielle Lösung hat üblicherweise nicht mehr die Symmetrie und Eleganz des ursprünglichen Problems. Zu fragen, warum man gerade das vorliegende Massenspektrum von Teilchen findet, hätte dann nicht mehr Sinn, als zu fragen, warum etwa ein Atomcluster eine bestimmte Form hat. Die Form des Clusters ist mit den grundlegenden Gesetzen verträglich, also eine von vielen möglichen Lösungen der fundamentaleren Theorie (in diesem Fall der Quantenmechanik mit elektromagnetischen Wechselwirkungen).

[d] Die Stringtheorie bietet bislang den konsistentesten Rahmen für das Bild der kosmischen Landschaft. Doch auch wenn sich die Stringtheorie als unzutreffend erweisen sollte, besteht immer noch die Möglichkeit, dass die Wechselwirkungen, Teilchen und Naturkonstanten unserer Welt nur spezielle Lösungen einer viel allgemeineren Theorie sind, und in anderen Bereichen des Universums völlig andere Gesetze herrschen.

[e] Schon kleine Abweichungen in den Naturkonstanten würden also Leben, wie wir es verstehen, unmöglich machen. Allerdings kann es durchaus Konfigurationen geben, in denen viele Konstanten andere Werte haben, so dass sich insgesamt wieder lebensfreundliche Bedingungen fänden. Bewohnbare Universen wären wie kleine Inseln in einem weiten Ozean von lebensfeindlichen Konfigurationen.

[f] Insbesondere in den USA ist der Kreationismus nach wie vor sehr einflussreich. Als Gegenbewegung zu religiösem Fundamentalismus und zu Intelligent Design sowie mit der zusätzlichen Mission, andere pseudowissenschaftliche Denkweisen aufzuzeigen (etwa das willkürliche Interpretieren von Korrelationen als Kausalbeziehungen), wurde 2008 vom Physiker B. Henderson die „Kirche des fliegenden Spaghettimonsters" gegründet, deren Anhänger (in Anlehnung an den Rastafarismus) als *Pastafari* bezeichnet werden, www.venganza.org.

13 Ausklang

[L] Neben den bisher angesprochenen Lehr- und Fachbüchern gibt es noch diverse andere Arten von Literatur, die interessant sein können, um sich Gebieten oder Aspekten der Physik (oder anderer Wissenschaften) zu nähern.

Populärwissenschaftliche Bücher, von denen es gerade in der Physik sehr viele gibt, können eine gute erste Vorstellung von einem Themenbereich vermitteln. Oft ist die in solchen Büchern enthaltene Information bezüglich Grundideen und Ergebnissen sogar recht akkurat; sie können aber naturgemäß die Methoden und Herausforderungen bestenfalls sehr unzureichend darstellen.

Auch Biographien von Physikern und Physikerinnen, autobiographische Erzählungen wie [Feynman97] und Anekdotensammlungen können faszinierende Hintergrundinformationen zur Entstehungsgeschichte physikalischer Theorien bieten.

Neben Büchern gibt es natürlich noch andere Medien, die sich des populärwissenschaftlichen Zugangs angenommen haben. In den Weiten der Internet-Videotheken finden sich etwa die Beiträge von *Alpha-Centauri*, `http://www.br.de/fernsehen/br-alpha/sendungen/alpha-centauri/`, Videos aus der Reihe *minute physics*, `http://www.youtube.com/user/minutephysics/videos` oder diverse *TED-Talks*, `http://www.ted.com/`.

Darüber hinaus gibt es populärwissenschaftliche Zeitschriften von sehr unterschiedlicher Qualität. Hilfreich dabei, das Niveau einer solchen Zeitschrift oder des Wissenschaftsteils einer Zeitung zu beurteilen, ist es, in zumindest einem Fachgebiet selbst wirklich gut Bescheid zu wissen. Auch wenn die Qualität der Artikel nicht zwingend in allen Fachgebieten gleich ist, hat man so doch schon einen sehr guten Anhaltspunkt für den allgemeinen Standard.

- **Einige Grundannahmen der Physik** (ab S. 282): [a] Auch das, was wir über die Entwicklungsgeschichte des Menschen und über die Prinzipien der Evolution allgemein wissen, sind wissenschaftliche Erkenntnisse, die letztlich auf den in diesem Beitrag diskutierten Annahmen beruhen. Dieser Umstand mag in Grundsatzdiskussionen (etwa zur Berechtigung von Kreationismus) zur Relativierung der wissenschaftlichen Weltsicht verwendet werden.

  Das von wissenschaftlichen Erkenntnissen gestützte Weltbild ist jedoch das plausibelste, das wir haben, und jenes, das wohl die am wenigsten willkürlichen Annahmen trifft. Stellte man diese Annahmen (vor allem, dass unsere Sinneseindrücke sinnvolle Aussagen über die Welt liefern und dass unsere Logik üblicherweise zu sinnvollen Schlüssen führt) in Frage, so wären die Auswirkungen gravierender als es beim Infragstellen der wortwörtlichen Gültigkeit von jahrtausendealten religiösen Texten der Fall ist.

  [b] Der Begriff „Universalität" wird in der Physik auch in einem anderen (engeren) Sinne verwendet. In der Theorie der kritischen Phänomene ($\Rightarrow$ S.106) bezeichnet er den Umstand, dass sich viele ganz verschiedenartige Substanzen nahe einem Phasenübergang sehr ähnlich verhalten und sogar quantitativ den gleichen Gesetzen folgen.

- **Zur Methodik der Physik** (ab S. 284): [a] Diese Situation erinnert ein wenig an das Zusammensetzen eines Puzzles, wo ja auch die Ränder am einfachsten zu behandeln und damit üblicherweise zuerst fertig sind.

[b] Besonders pikant war eine Diskussion auf einer Konferenz, auf der Einstein ein Gedankenexperiment vorstellte, das die gleichzeitige genaue Messung von Austrittszeit und Energie eines Teilchens erlauben und so die Unschärferelation umgehen sollte. Wie Bohr nach einer schlaflosen Nacht nachweisen konnte, zog dieses Gedankenexperiment ausgerechnet einen Aspekt der ART, nämlich die Zeitdilatation im Gravitationsfeld, nicht in Betracht – und dieser Aspekt verhindert in diesem Fall die gleichzeitige beliebig genaue Messung von Zeit und Energie.

■ **Konzepte der Wissenschaftstheorie** (ab S. 286): [L] Zur Wissenschaftstheorie als Teilgebiet der Philosophie gibt es diverse Fachlehrbücher. Ihre Verbindung zur Physik bzw. die Physik aus wissenschaftstheoretischer Perspektive wird zum Beispiel in den Werken von H. Pietschmann und C. F. von Weizsäcker (etw [Pietschmann96] und [Weizsäcker86]) diskutiert.

[a] Es sollte uns bewusst sein, dass auch der wissenschaftstheoretisch fundierte Zugang zu Wissen und Forschung kein völlig klares und transparentes System darstellt. Von den eigenen Denkmustern löst man sich nur sehr schwer, und manchmal werden Grundannahmen über lange Zeit hinweg von niemandem hinterfragt. Mit den Worten des österreichischen Mathematikers Karl Sigmund:

„In der Wissenschaft spielt das Unterbewusste eine ebenso wichtige Rolle wie im Denken des einzelnen. Das Aufstellen, Überprüfen und Verwerfen von Hypothesen gehört zur offiziellen, geregelten, zu der wachen Hälfte des wissenschaftlichen Tuns. Unbemerkt aber greifen Vorstellungen, Erwartungshaltungen, Bilder, Vorurteile und Denkzwänge in die Forschertätigkeit ein, die erst dann artikuliert werden können, wenn sie bereits überwunden sind. Sie bilden den Hintergrund und die Grenze des Denkens." ([Sigmund95], Kapitel 3)

Für die Gesamtheit der unbewusst vorhandenen Denkmuster und Grundvorstellungen wurde vom Erkenntnistheoretiker Thomas Kuhn der Begriff *Paradigma* verwendet. Das Überwinden alter Denkmuster nennt er entsprechend einen *Paradigmenwechsel*. Dieses Vokabular ist inzwischen weit verbreitet – wie gut aber das Konzept von Paradigmen und relativ plötzlichen Paradigmenwechseln den Entwicklungsprozess in Wissenschaft und Gesellschaft tatsächlich beschreibt, ist umstritten.

■ **Das Physikstudium** (ab S. 288): [a] Zu den behandelten Gebieten gibt es meist einerseits jeweils *Vorlesungen*, in denen die Themen von den Lehrenden (mit sehr unterschiedlichem didaktischem Geschick) als Frontalunterricht präsentiert werden, sowie *Übungen*, in denen üblicherweise Aufgaben von einer Woche zur nächsten gestellt werden. Während der Besuch von Vorlesungen freiwillig erfolgt (aber gerade am Anfang sehr empfehlenswert ist), haben Übungen meist Anwesenheitspflicht. Zu den Physik-Grundvorlesungen werden üblicherweise auch Laborübungen abgehalten, in denen die Studierenden Erfahrung mit eigenen Messungen sammeln.

[b] An einigen wenigen Universitäten wird statt dieser aufbauenden Struktur ein themenorientierter Aufbau bevorzugt, wobei in jeweils einem Semester ein Kernthema

(z. B. Mechanik oder Thermodynamik) herausgegriffen und auf allen Ebenen, von den mathematischen Grundlagen über die experimentellen Aspekte bis hin zur theoretischen Behandlung und den zugehörigen Laborübungen, behandelt wird.

Ein nochmals alternativer Zugang ist es, (nach Vermittlung einiger Grundlagen) gebietsübergreifend jeweils verwandte Themen gemeinsam zu behandeln. So könnte man etwa in einem Kurs über Zentralkräfte das Kepler-Problem der Mechanik ($\Rightarrow$S.26) ebenso wie die Lösung der Schrödinger-Gleichung für das Wasserstoffatom ($\Rightarrow$S.152) und die Periheldrehung in der ART ($\Rightarrow$S.226) diskutieren.

[c] Meist ist ein Institut auch innerhalb eines solchen Gebiets nur auf wenige Forschungsthemen spezialisiert, und nur zu diesen werden meist Spezialvorlesungen, Seminare und Abschlussarbeiten angeboten. Tatsächlich sollte man sogar ausgesprochen vorsichtig sein, wenn man in einer Diplom-, Master- oder Doktorarbeit ein Thema behandeln will, zu dem es am eigenen Institut keinen ausgewiesenen Experten gibt. Die Gefahr, dabei viel Zeit auf Irrwegen zu verbringen, ist ausgesprochen groß – diese Gefahr lässt sich in der Forschung allerdings nie ganz eliminieren. Mit Einsteins Worten: *Zwei Dinge sind zu unserer Arbeit nötig: Unermüdliche Ausdauer und die Bereitschaft, etwas, in das man viel Zeit und Arbeit gesteckt hat, wieder wegzuwerfen.*

[d] Durch den Übergang von den Diplomstudien zum Bachelor-Master-System ist es zwar etwa schwieriger geworden, innerhalb eines Studiums ein Auslandsjahr zu absolvieren, dafür hat man aber z. B. die Möglichkeit, den Master überhaupt im Ausland zu machen.

■ **Der Wissenschaftsbetrieb** (ab S. 290): [A] Wissenschaftliche Artikel sind meist in einem sehr charakteristischen Stil geschrieben. Dieser ist oft sehr diplomatisch – insbesondere was die möglichen Schwächen der eigenen Arbeit angeht. Im Folgenden eine „Übersetzungsliste" für einige gängige Phrasen (in jener Sprache, in der üblicherweise wissenschaftlich publiziert wird, also Englisch):

As it is well known...	I have lost the original reference.
As it is easy to check...	With a few pages of calculations...
Typical results are shown in fig. X.	Fig. X is the prettiest graph.
The Author is grateful to Mr. A. for help with the experimental setup and to Mrs. B. for valuable discussions.	Mr. A. did all the experiments and Mrs. B. explained to me what the results actually mean.
The data is inconclusive.	We had no idea what we were doing.
There is no consensus in the literature.	The others have no idea either.
This calls for further investigation.	I have no clue but I still want to publish it and get further funding.
This is beyond the scope of this article.	I don't know how to do it.

Derartige Listen kursieren in verschiedenen Fassungen im WWW. Eine andere Liste mit Phrasen, die in Lehrbüchern oder Vorlesungen üblich sind, findet man etwa unter `http://www.familie-ahlers.de/wissenschaftliche_witze/phrasen.html`.

[a] Gerade der Einstieg in den Wissenschaftbetrieb, der meist im Rahmen einer Master-, Diplom- oder Doktorarbeit erfolgt, kann ernüchternd bis frustrierend sein. Eine erstaunlich akkurate und zugleich sehr humorvolle Darstellung typischer Situationen und Probleme findet man auf *Piled Higher and Deeper*, `www.phdcomics.com`.

[b] Gerade in der Physik ist die Konkurrenz in der Forschung sehr hart – insbesondere in jenen Bereichen, die keine direkte industrielle Anwendung haben und in denen die einzigen attraktiven Stellen an Universitäten und Forschungszentren zu finden sind.

[c] Viele etablierte Wissenschaftler sind mit Koordinations- und Verwaltungsaufgaben sowie Lehre so ausgelastet, dass ihnen nur mehr wenig Zeit mehr für eigene Forschung bleibt. Sie haben sich allerdings normalerweise vor allem durch ihre Forschungsleistung für ihre Position qualifiziert, während Fähigkeiten im Management, Talent für Mitarbeiterführung sowie didaktische Qualitäten bei Stellenbesetzungen in der Wissenschaft meist nur eine Nebenrolle spielen.

Insbesondere in der Lehre kann man es durchaus als Problem ansehen, dass didaktische und pädagogische Qualifikation oft nicht ausschlaggebend für die Vergabe von Lehraufträgen sind. Über eine Lockerung des Humboldt'schen Ideals der Einheit von Forschung und Lehre und über die Einrichtung von schwerpunktmäßigen Lehrprofessuren wird momentan ernsthaft diskutiert.

[d] Die „Trägheit" der Wissenschaft mag als negative Eigenschaft erscheinen, das konservative Element hat aber auch großen stabilisierenden Wert. Immerhin erweisen sich viele neue Ideen in der Tat als wenig sinnvoll oder gar falsch. Die Balance zwischen Beibehaltung des Bewährten und Offenheit für das Neue zu finden, ist nirgendwo einfach, insbesondere nicht in der Wissenschaft.

Auch in der Wissenschaft gibt es neben einer stark konservativen Ausrichtung auch immer wieder Moveströmungen – bestimmte Themen, die innerhalb von kurzer Zeit sehr populär werden. Manchmal hat das politische Gründe, etwa wenn ein bestimmtes Gebiet von Gutachtern und Förderstellen als sehr zukunftsträchtig betrachtet und entsprechend bei der Vergabe von Fördergeldern bevorzugt behandelt wird.

■ **Physik, Technik und Gesellschaft** (ab S. 292): [a] Von Friedrich Dürrenmatt stammt auch ein berühmtes, sehr sehens- bzw. lesenswertes Stück, *Die Physiker* – das zur Gänze in einer „Irrenanstalt" spielt.

[b] Vorhersagen, in welchen technischen Bereichen die gravierendsten Fortschritte zu erwarten sind, sind immer schwierig. Neben der Energietechnik erscheinen momentan Nanowissenschaften und Biotechnologie als extrem vielversprechende Bereiche. Darin verschwimmen zusehends die Grenzen zwischen Quantenphysik, konven-

tioneller Mikrotechnologie, Oberflächenphysik, Oberflächenchemie, Biophysik und Biochemie. Möglicherweise werden Mischtechnologien, wie etwa die Kopplung von (Nerven-)Zellen und konventioneller Elektronik, noch große Bedeutung gewinnen, für Prothesen ebenso wie für Biocomputer.

[c] Die Ablehnung der abstrakteren modernen Physik durch die frühen Nationalsozialisten steht dabei in bemerkenswerter Parallele zur ebenfalls starken Ablehnung der abstrakten (modernen) Kunst.

Eben wegen ihrer Erfolglosigkeit wandte sich die Führung des Dritten Reichs später von den Vertretern der „Deutschen Physik" ab, und das deutsche Nuklearprogramm wurde von gemäßigteren Physikern vorangetrieben.

Kurzbiographien

In diesem Abschnitt werden einige bedeutende Wissenschaftlerinnen und Wissenschaftler anhand knapper Kurzbiographien vorgestellt. Die Auswahl ist dabei natürlich in vieler Hinsicht willkürlich; insbesondere erhebt die Liste keinerlei Anspruch auf irgendeine Art von Vollständigkeit. Wenige Zeilen können natürlich Leben und Werk der jeweiligen Personen niemals angemessen abbilden. Entsprechend dienen diese Kurzbiographien nur einer sehr groben Orientierung und der zeitlichen Einordnung.

Ein dem Namen vorangestelltes „von", „van" oder "de" wurde teilweise bei der alphabetischen Einordnung berücksichtigt, teilweise nicht – je nachdem, welche Form des Namens in der wissenschaftlichen Literatur geläufiger ist. (So findet man z. B. Victor **de Broglie** unter D, aber Pierre de **Fermat** unter F.)

- André Marie **Ampère** (1775–1836) vertiefte die von Hans Christian **Œrsted** (1777–1851) entdeckte Beziehung zwischen elektrischem Strom und Magnetismus ($\Rightarrow$ S. 50, S. 52) und stellte die Vermutung auf, dass auch Permanentmagnetismus auf elektrischen Kreisströmen beruht.

- **Archimedes** (ca. 287–212 v. Chr.) war Mathematiker und Ingenieur; auf ihn gehen neben diversen geometrischen Erkenntnissen die Entdeckungen des Auftriebs und der Hebelgesetze zurück. Seine Exhaustionsmethode kam dem modernen Grenzwertbegriff bereits erstaunlich nahe.

- John **Bardeen** (1908–1991) erhielt zweimal den Nobelpreis, einmal gemeinsam mit W. H. Brattain und W. Shockley für die Erfindung des Transistors – der Grundlage der modernen Elektronik – und einmal gemeinsam mit L. N. Cooper und J. R. Schrieffer für die BCS-Theorie der Supraleitung ($\Rightarrow$S.204).

- Antoine Henri **Becquerel** (1852–1908) war – gemeinsam mit den Curies – wesentlich an der Entdeckung der Radioaktivität ($\Rightarrow$S.122) beteiligt.

- Daniel **Bernoulli** (1700–1782) entdeckte das nach ihm benannte Grundgesetz der Fluidströmungen ($\Rightarrow$S.42). Die Bernoullis waren eine ganze „Dynastie" hochbegabter Mathermatiker und Physiker – die teilweise untereinander verfeindet waren.

- Hans Albrecht **Bethe** (1906–2005) lieferte wesentliche Beiträge zur Kernphysik ($\Rightarrow$S.120), insbesondere zum Verständnis der Fusionsprozesse in Sternen.

- Felix **Bloch** (1905–1983) arbeitete u. a. im Bereich Ferromagnetismus, untersuchte das magnetische Moment des Neutrons und entwickelte die Kernspin-Resonanz.

- David **Bohm** (1917–1992) arbeitete im Bereich der Plasmaphysik und zu Effekten der Quantenmechanik ($\Rightarrow$S.168), lieferte aber auch wesentliche Beiträge zur Philosophie der Physik. Die von ihm entwickelte Bohm'sche Mechanik ist eine faszinierende Alternative zur konventionellen Quantenmechanik ($\Rightarrow$S.184).

- Niels **Bohr** (1885–1962) ist nicht nur der Vater des Bohr'schen Atommodells ($\Rightarrow$S.116), sondern einer der wichtigsten Mitbegründer der Quantenmechanik. Legendär sind seine Diskussionen mit Einstein über die Quantenmechanik.

- Ludwig Eduard **Boltzmann** (1844–1906) ist ein Begründer der statistischen Mechanik. Insbesondere stammen von ihm die mikroskopische Deutung der Entropie und der zweite Hauptsatz der Thermodynamik ($\Rightarrow$S.96). Dass seine kinetische Deutung der Wärme lange Zeit nicht anerkannt wurde, dürfte ein wesentlicher Grund für seinen Selbstmord gewesen sein.

- Max **Born** (1882–1970) lieferte wesentliche Beiträge zur Formulierung der Quantenmechanik, entwickelte wichtige Näherungsmethoden und arbeitete später auch an der QED. Daneben beschäftigte er sich mit der Gitterdynamik in Kristallen.

- Satyendranath **Bose** (1894–1974) leistete wesentliche Beiträge zur Quantenstatistik; nach ihm ist die Klasse der Teilchen mit ganzzahligem Spin benannt ($\Rightarrow$S.170).

- William Henry **Bragg** (1862–1942) und sein Sohn William Lawrence **Bragg** (1890–1971) entwickelten gemeinsam die Drehkristallmethode und fanden die Bragg-Bedingung für konstruktive Interferenz bei Streuung an Kristallen.

- Tycho **Brahe** (1546–1601) war ein dänischer Astronom, der lange Jahre in Prag arbeitete und dabei enorme Mengen an astronischem Beobachtungsdaten ansammelte. Aus diesen Daten erarbeitete J. Kepler seine Gesetze der Planetenbewegungen.

- Auguste **Bravais** (1811–1863) arbeitete auf den Gebieten der Kristallphysik und der Optik. Nach ihm sind die Kristallgitter ($\Rightarrow$S.188) in der Festkörperphysik benannt.

- Léon **Brillouin** (1889–1969) entwickelte bedeutende Näherungsmethoden der Quantenmechanik und lieferte Beiträge zu Festkörperphysik und Quantenstatistik.

- Giordano **Bruno** (1548–1600) war ein Renaissace-typisches Multitalent. Er stellte die Hypothese auf, dass die Sterne Sonnen sind, die ebenfalls von Planeten umkreist werden. (Letzterer Teil seiner Vermutung wurde erst 1992 durch die Entdeckung der ersten Exoplaneten ($\Rightarrow$S.236) bestätigt.) Konflikte mit der katholischen Kirche führten zu seinem Tod auf dem Scheiterhaufen.

- Sadi Nicolas Léonard **Carnot** (1796–1832) war ein französischer Militäringenieur und gilt als einer der Väter der Thermodynamik. In seinem Buch *Réflexions sur la puissance motrice du feu et sur les machines propres à développer cette puissance* legte er den Grundstein für die Betrachtung von Kreisprozessen und thermodynamischen Wirkungsgraden ($\Rightarrow$S.92).

- Henry **Cavendish** (1731–1810) gelang unter anderem die Bestimmung der Gravitationskonstante ($\Rightarrow$S.18) und damit der Erdmasse (da in die Erdbeschleunigung stets das Produkt $G_N M_\oplus$ eingeht).

- James **Chadwick** (1891–1974) wies experimentell das (schon früher von E. Rutherford postulierte) Neutron nach.

- Rudolf **Clausius** (1822–1888) lieferte maßgebliche Beiträge zur Thermodynamik, insbesondere führte er das Konzept der Entropie ($\Rightarrow$S.96) ein.

- Leon N. **Cooper** (*1930) trug maßgeblich dazu bei, eine Theorie der Supraleitung ($\Rightarrow$S.204) zu entwickeln. Nach ihm sind die *Cooper-Paare* benannt; gemeinsam mit John Bardeen und John Robert **Schrieffer** (*1931) entwickelte er die mit einem Nobelpreis gewürdigte BCS-Theorie.

- Charles Augustin de **Coulomb** (1736–1806) forschte vor allem im Bereich Elektrizität und Magnetismus; er fand experimentell das nach ihm benannte Kraftgesetz für zwei Ladungen ($\Rightarrow$S.50).

- Marie **Curie** (1867–1934; geb. Sklodowska) entdeckte gemeinsam mit ihrem Mann Pierre **Curie** (1859–1906) die Radioaktivität ($\Rightarrow$S.122) des Thoriums und die Elemente Radium und Polonium. Dafür erhielten die Curies gemeinsam mit A. H. Becquerel den Nobelpreis für Physik; Marie erhielt zudem später den Nobelpreis für Chemie.

- Jean-Baptiste le Rond **d'Alembert** (1717–1783) war einer der bedeutendsten Mathematiker und Physiker des 18. Jahrhunderts. Er leistete Beiträge zur Mechanik ($\Rightarrow$S.28), insbesondere aber zur Formulierung und Lösung der Wellengleichung. Daneben war er auch ein führender Philosoph der Aufklärung.

- Louis Victor Pierre Raymond **de Broglie** (1892–1987) postulierte in seiner Doktorarbeit den Welle-Teilchen-Dualismus ($\Rightarrow$S.138).

- Wander Johannes **de Haas** (1878–1960) sagte gemeinsam mit A. Einstein den nach den beiden benannten Effekt voraus ($\Rightarrow$S.156). Am bekanntesten wurde er für seine Arbeiten zu magneto-elektrischen Effekten ($\Rightarrow$S.206), insbesondere dem Shubnikov-de-Haas Effekt und dem De Haas-van-Alphen Effekt.

- Peter Joseph William **Debye** (1884–1966) lieferte Beiträge zur Röntgenanalyse von Kristallstrukturen, ferner zu Lichtstreuung, Polarisation, Dipolmomenten und anderen Gebieten.

- Paul Adrien Maurice **Dirac** (1902–1984) gilt als einer der brillantesten theoretischen Physiker des 20. Jahrhunderts, war menschlich aber durchaus eigenwillig. Er entwickelte die relativistische Quantenmechanik ($\Rightarrow$S.220) für Spin-$\frac{1}{2}$-Teilchen, die in der weiterführenden Form als Quantenfeldtheorie eine wesentliche Komponente des Standardmodells der Teilchenphysik ist.

- Christian **Doppler** (1803–1853) entdeckte den Effekt der Tonhöhenverschiebung bei bewegten Schallquellen ($\Rightarrow$S.84) und postulierte einen analogen Effekt beim Licht.

- Paul Karl Ludwig **Drude** (1863–1906) untersuchte die optischen Eigenschaften zahlreicher Stoffe und begründete das Modell freier Elektronen in Metallen ($\Rightarrow$S.200).

- Freeman John **Dyson** (*1923) leistete wesentliche Beiträge zur Quantenfeldtheorie, insbesondere zur Quantenelektrodynamik. Daneben publizierte er auch bahnbrechende Arbeiten in Gebieten der „reinen" Mathematik und beschäftigte sich mit Fragen zur technologischen Entwicklung von Zivilisationen (s.S. 368). Zwei Besonderheiten in seiner Biographie sind, dass Dyson niemals ein Doktorat absolvierte und trotz beeindruckender Leistungen nie einen Nobelpreis erhielt.

- Sir Arthur **Eddington** (1882–1944) erkannte früh die Bedeutung der ART und trug wesentlich zu ihrer Verbreitung bei. Auf die Frage eines Journalisten, ob es auf der

Welt tatsächlich nur drei Menschen gäbe, die diese Theorie verstünden, meinte er angeblich: „Und wer ist der dritte?"

- Albert **Einstein** (1879–1955) ist der Vater der Speziellen und der Allgemeinen Relativitätstheorie. Daneben lieferte er wesentliche Beiträge zur Quantenmechanik (die er allerdings nie völlig akzeptierte) und zu anderen Gebieten der Physik, etwa der Thermodynamik.

- Lóránd (Baron von) **Eötvös** (1848–1919) war ein ungarischer Mathematiker und Physiker, der vor allem für seine Arbeit zu träger und schwerer Masse bekannt ist ($\Rightarrow$S.226).

- **Eratosthenes** von Kyrene (ca. 275–194 v. Chr.), griechischer Philosoph und Naturforscher, bestimmte als Erster den Erdradius mit Hilfe der Längen von Schatten auf verschiedenen Breitengraden.

- Leonard **Euler** (1707–1783) war einer der produktivsten und einflussreichsten Mathematiker überhaupt, daneben lieferter er aber auch wesentliche Beiträge zur Physik, insbesondere zur Fluidmechanik und zur Himmelsmechanik.

- Hugh **Everett** III (1930–1982) begründete die Viele-Welten-Interpretation der Quantenmechanik als Alternative zur Kopenhagener Deutung ($\Rightarrow$S.184) und gab damit den Anstoß zu neuen Sichtweisen auf den Messprozess ($\Rightarrow$S.182).

- Michael **Faraday** (1791–1867) führte umfassende Experimente zu Elektrizität und Magnetismus durch. Seine experimentellen Erkenntnisse wurden von J. Clerk **Maxwell** in den Maxwell-Gleichungen ($\Rightarrow$S.56) zusammengefasst.

- Pierre de **Fermat** (1601–1655) war zwar vor allem Mathematiker (vor allem bekannt für seinen großen Satz in der Zahlentheorie), lieferte aber auch Beiträge zur Physik, insbesondere im Bereich der Extremalprinzipien ($\Rightarrow$S.36).

- Enrico **Fermi** (1901–1954) lieferte wesentliche Beiträge zur Kern- und Teilchenphysik, u. a. beim ersten funktionierenden Kernreaktor. Nach ihm ist die Klasse der Teilchen mit halbzahligem Spin benannt ($\Rightarrow$S.170).

- Richard Phillips **Feynman** (1918–1988) war ein ungemein kreativer Querdenker, zu dem es zahlreiche Anekdoten gibt, [Feynman97]. Er war Mitbegründer der QED ($\Rightarrow$S.250) und Erfinder der diagrammatischen Störungstheorie ($\Rightarrow$S.258).

- Armand Hippolyte Louis **Fizeau** (1819–1896) untersuchte vor allem die Eigenschaften des Lichts. Er bestimmte als Erster einigermaßen genau die Lichtgeschwindigkeit. Der Fizeau'sche Mitführversuch zur Untersuchung des Lichtäthers (der kein messbares Ergebnis brachte) hat auch Einsteins Überlegungen beeinflusst.

- Wladimir Alexandrowitsch **Fock** (1898–1974) war ein sowjetischer Physiker, der vor allem an der Quantentheorie von Viel-Teilchen-Systemen ($\Rightarrow$S.174) und von Systemen mit veränderlicher Teilchenzahl arbeitete.

- León **Foucault** (1819–1868), von Fizeau zur Physik gebracht, verfeinerte dessen Messungen der Lichtgeschwindigkeit. Nach ihm ist das Foucault'sche Pendel ($\Rightarrow$S.24) benannt.

- Joseph **Fourier** (1768–1830) stellte die Gleichung der Wärmeleitung auf und löste sie mit Hilfe von unendlichen Reihen trigonometrischer Funktionen. Die dadurch eingeführten Fourier-Reihen sind nicht nur ein zentrales Werkzeug in Mathematik und Physik; ihre Untersuchung gab immer wieder Anstöße zu neuen mathematischen Entwicklungen.

- Harald **Fritzsch** (*1943) führte mit M. Gell-Mann die Farbquantenzahl ein und trug wesentlich zur Entwicklung der Quantenchromodynamik ($\Rightarrow$S.252) bei. Er ist auch als Autor zahlreicher populärwissenschaftlicher Bücher bekannt.

- Galileo **Galilei** (1564–1642) gilt als Begründer der experimentellen Naturwissenschaft; vor allem in der Mechanik gehen wesentliche Erkenntnisse auf ihn zurück. Auch in der Astronomie machte er zahlreiche Entdeckungen, die ihn später in Konflikt mit der Kirche brachten.

- Carl Friedrich **Gauß** (1777–1855) war vor allem ein herausragender Mathematiker, der aber auch zur Physik vielfältige Beiträge leistete. Insbesondere seine Versuche zum Elektromagnetismus gemeinsam mit Wilhelm Eduard **Weber** (1804–1891) waren bedeutsam. Gauß' Arbeiten zur Differenzialgeometrie und sein Interesse an der Möglichkeit nichteuklidischer Geometrien halfen mit, mathematisch den Boden für die ART zu bereiten. Das Leben von Gauß und seine Beziehung zum Forscher Alexander von **Humboldt** (1769–1859) werden humorvoll in [Kehlmann08] dargestellt.

- Joseph Louis **Gay–Lussac** (1778-1850) gelangte zu Erkenntnissen über das thermodynamische Verhalten von Gasen ($\Rightarrow$S.90) unter anderem bei Fahrten mit Heißluftballons, bei denen er 1804 auch einen Rekord für die höchste Ballonfahrt aufstellte.

- Murray **Gell-Mann** (*1929) begründete das Quark-Modell, führte mit H. Fritzsch die Farbquantenzahl ein und legte so den Grundstein für die Quantenchromodynamik ($\Rightarrow$S.252). Von ihm stammt das lesenswerte populärwissenschaftlich-philosophische Buch *Das Quark und der Jaguar*, [Gell-Mann96].

- Vitaly Lazarewitsch **Ginzburg** (1916–2009) leistete wesentliche Beiträge zur Festkörperphysik, zur Theorie der Supraleitung und zur Superfluidität ($\Rightarrow$S.204).

- George **Green** (1793–1841) erlernte die Mathematik weitgehend autodidaktisch. Er legte den Grundstein für die Vektoranalysis und leistete wesentliche Beiträge zur Theorie der partiellen Differenzialgleichungen, in der Green'sche Funktionen ($\Rightarrow$S.40) ein wichtiges Werkzeug sind.

- Martin C. **Gutzwiller** (1925–2014) war ein Schüler von W. Pauli und leistete Pionierarbeit auf dem Gebiet des Quantenchaos.

- Otto **Hahn** (1879–1968) entdeckte die Kernspaltung – eine Entdeckung, an der Lise Meitner einen wesentlichen Anteil hatte, der damals nicht ausreichend gewürdigt wurde.

- Edwin H. **Hall** (1855–1938) entdeckte die Widerstandsänderung durch Anlegen eines Magnetfeldes ($\Rightarrow$S.206).

- William R. **Hamilton**(1805–1865) formalisierte den Umgang mit komplexen Zahlen, begründete das Kalkül der Quaternionen als Vorläufer der modernen Vektorrechnung, fand das Prinzip der extremalen Wirkung ($\Rightarrow$S.36) und entwickelte eine bedeutende Formulierung der klassischen Mechanik ($\Rightarrow$S.34).

- Douglas Rayner **Hartree** (1897–1958) entwickelte quantenmechanische Näherungsverfahren und numerische Methoden für ballistische und fluidmechanische Probleme.

- Stephen **Hawking** (*1942), durch die Nervenkrankheit ALS seit Jahrzehnten an den Rollstuhl gefesselt, hat es geschafft, zu einem Popstar der theoretischen Physik zu werden und einen festen Platz in der Populärkultur zu erhalten – bis hin zu „Gastauftritten" in der Zeichentrickserie *Die Simpsons*. Neben brillanten Arbeiten in der theoretischen Physik hat zu seinem Ruhm vor allem sein Buch *Eine kurze Geschichte der Zeit* beigetragen, [Hawking88].

- Werner Karl **Heisenberg** (1901–1976) ist einer der Väter der Quantenmechanik. Er entwickelte die Matrizenmechanik – ohne ursprünglich die damals bereits hoch entwickelte Spektraltheorie der Matrizen zu kennen. In späteren Jahren verfolgte er den Ansatz nichtlinearer Feldtheorien zur Beschreibung der Teilchenphysik.

- Hermann Ludwig Ferdinand von **Helmholtz** (1821–1894) war wohl einer der letzten Universalgelehrten, der nicht nur wesentliche Beiträge zur Physik leistete, insbesondere zum Verständnis der Energiesatzes ($\Rightarrow$S.16) und zur Fluidmechanik ($\Rightarrow$S.42), sondern auch in Mathematik und Medizin bedeutenden Einfluss hatte.

- Heinrich Rudolf **Hertz** (1857–1894) wies die von Maxwell postulierten elektromagnetischen Wellen experimentell nach.

- Viktor Franz **Hess** (1883–1964) entdeckte mit Hilfe von Photoplatten und Versuchen mit Heißluftballons die kosmische Höhenstrahlung.

- David **Hilbert** (1862–1943) war einer der größten Mathematiker des 20. Jahrhunderts und federführend an der mathematischen Fundierung der Quantenmechanik beteiligt. („Die Physik ist für die Physiker eigentlich viel zu schwer.") Er entwickelte unabhängig von Einstein nahezu gleichzeitig ein Variationsprinzip, aus dem sich die Feldgleichungen der ART herleiten lassen.

- Robert **Hooke** (1635–1703), ein Zeitgenosse von Newton, entdeckte das nach ihm benannte Elasitizitätsgesetz ($\Rightarrow$S.40).

- John **Hubbard** (1931–1980) arbeitete im Bereich der Festkörperphysik, etwa zu Korrelationen im Elektronengas, Systemen mit schmalen Energiebändern, der Funktionalintegral-Methode und dem Ferromagnetismus.

- Edwin Powell **Hubble** (1889–1953) leitete aus astronomischen Daten zur Rot- und zur Blauverschiebung von Galaxien die Expansion des Universums ab ($\Rightarrow$S.236).

- Christiaan **Huygens** (1629–1695) arbeitete in den Gebieten Mechanik, Optik und Astronomie. Er begründete die Wellentheorie des Lichts und verbesserte die Pendeluhr ($\Rightarrow$S.20), die damals ein wichtiges Instrument bei der Navigation war.

- Carl Gustav Jacob **Jacobi** (1804–1851) war ein hervorragender Mathematiker, der durch Arbeiten im Bereich der partiellen Differenzialgleichungen und der Variationsrechnung auch wesentliche Beiträge zur Physik leistete ($\Rightarrow$ S.34, S.36).

- Brian David **Josephson** (*1940) untersuchte das Tunneln zwischen Supraleitern ($\Rightarrow$S.204), ein Phänomen, das heute als Josephson-Effekt bekannt ist. Für diese Arbeiten erhielt er sehr früh, mit 33, den Nobelpreis.

- James Prescott **Joule** (1818–1889) wies (allerdings später als der unbeachtet gebliebene Julius Mayer) die Äquivalenz von Wärme und mechanischer Energie nach und untersuchte auch die Wärmeentwicklung durch elektrischen Stromfluss.

- Heike **Kamerlingh Onnes** (1853–1926) war ein niederländischer Physiker, der experimentell in Bereiche extrem niederiger Temperaturen vorstieß und so die Supraleitung ($\Rightarrow$S.204) reiner Metalle entdeckte.

- Lord **Kelvin**, vormals Sir William **Thomson** (1824–1907) war wesentlich an der Entwicklung der Thermodynamik beteiligt; insbesondere postulierte und berechnete er den absoluten Nullpunkt der Temperaturskala.

- Johannes **Kepler** (1571–1630) ist heute vor allem für seine Planetengesetze bekannt, die er vor allem mit Hilfe der Daten von Tycho Brahe herleitete. Daneben leistete er Beiträge zu Optik und Geometrie; seine Formel zur Berechnung von Fassinhalten lässt sich bereits als Methode der numerischen Integration (nämlich als Simpson-Formel für ein einzelenes Intervall) auffassen.

- Gustav Robert **Kirchhoff** (1824–1887) formulierte die Gesetzmäßigkeiten der Stromleitung ($\Rightarrow$S.52), aber war auch wesentlich an der Untersuchung der Wärmestrahlung ($\Rightarrow$S.104) und der Entwicklung der Spektralanlayse ($\Rightarrow$S.80) beteiligt.

- Oskar **Klein** ($\Rightarrow$S.220) (1894–1977) entwickelte gemeinsam mit Theodor F. E. **Kaluza** (1885-1954) eine erste Theorie mit verborgenen Dimensionen ($\Rightarrow$S.276) und stellte mit Walter **Gordon** (1893–1939) eine Grundgleichung der relativistischen Quantenmechanik auf ($\Rightarrow$S.220).

- Walter **Kohn** (*1923) lieferte bedeutende Beiträge zur Festkörperphysik, insbesondere durch die Entwicklung der Dichtefunktionaltheorie.

- Jun **Kondo** (*1930) ist ein japanischer Physiker, der vor allem für Arbeiten zum elektrischen Widerstand bei niedrigen Temperaturen bekannt ist ($\Rightarrow$S.204).

- Ryogo **Kubo** (1920–1995) arbeitete im Bereich der statistischen Physik, der Nichtgleichgewichtsphänomene und der Transporttheorie; die zentrale Gleichung der *linear response theory* ($\Rightarrow$S.200) ist nach ihm benannt.

- Joseph Louis **Lagrange** (1736–1813) verfeinerte die Methoden der analytischen Mechanik ($\Rightarrow$S.28), machte damit zahlreiche mechanische Probleme erst zugänglich und etablierte so einen Formalismus, der noch heute in vielen Gebieten der Physik überragende Bedeutung hat ($\Rightarrow$S.30). Den meisten seiner Zeitgenossen war seine Darstellung allerdings viel zu abstrakt.

- Johann Heinrich **Lambert** (1728–1777) leistete in der Physik vor allem Beiträge im Bereich der Optik und der Kosmologie; in der Mathematik untersuchte er nichteuklidische Geometrien und bewies die Transzendenz der Kreiszahl π.

- Lew Davidowitsch **Landau** (1908–1968) war einer der bedeutendsten russischen Physiker, lieferte wesentliche Beiträge auf allen Gebieten der theoretischen Physik, entsprechend viele Effekte sind nach ihm benannt. Zudem ist er Mitautor einer Lehrbuchreihe der theoretischen Physik, [Landau97].

■ Pierre-Simon **Laplace** (1749–1827) prägte nicht nur entscheidend die Wahrscheinlichkeitstheorie, sondern publizierte auch wesentliche Arbeiten zur Mechanik des Sonnensystems. Seine Überlegungen zu dessen Entstehung sind bis heute aktuell.

■ Max von **Laue** (1879–1960) experimentierte mit Röntgenbeugung an Kristallen. Damit wies er einerseits den Wellencharakter der Röntgenstrahlung nach und begründete andererseits die Röntgenstrukturanalyse ($\Rightarrow$S.188).

■ Heinrich Friedrich Emil **Lenz** (1804–1865) erforschte den Elektromagnetismus, insbesondere die inzwischen nach ihm benannte Regel ($\Rightarrow$S.52). Das Formelzeichen L für die Induktivität ($\Rightarrow$S.54) wurde ihm zu Ehren gewählt.

■ Marius Sophus **Lie** (1842–1899) war ein norwegischer Mathematiker, der durch Untersuchung der Rotationsgruppe zum Konzept der unitären Gruppen gelangte, die heute u. a. Grundlage der Beschreibung des Spins sind. Nach ihm sind die Lie-Gruppen ($\Rightarrow$S.150) benannt.

■ Aleksandr Mikhailowitsch **Ljapunov** (auch als Lyapunov transkribiert; 1857–1918) untersuchte Stabilitätsfragen in der Fluidmechanik und begründete damit zahlreiche Methoden zur Stabilitätsanalyse und zur Untersuchung chaotischer Systeme ($\Rightarrow$S.46).

■ Die beiden Brüder Fritz Wolfgang und Heinz **London** (1900–1954 bzw. 1907–1970) formulierten eine phänomenologische Deutung der Supraleitung ($\Rightarrow$S.204).

■ Hendrik Antoon **Lorentz** (1853–1928) trug zur Theorie des Elektromagnetismus bei und legte mit den nach ihm benannten Transformationen ($\Rightarrow$S.210) einen wesentlichen Grundstein der SRT. Nach ihm ist auch die Kraft benannt, die Magnetfelder auf bewegte Ladungen ausüben ($\Rightarrow$S.50).

■ Ludvig Valentin **Lorenz** (1829–1891) war ein dänischer Physiker, der sich parallel zu Maxwell mit der Theorie elektromagnetischer Wellen beschäftigte. Nach ihm ist die Lorenz-Eichung ($\Rightarrow$S.64) benannt.

■ Ernst **Mach** (1838–1916) untersuchte unter anderem die Luftverdichtung bei fliegenden Geschoßen, woran noch heute die Mach-Zahl zur Beschreibung von Überschallbewegungen erinnert. Seine Überlegungen zu Mechanik und Bezugssystemen, vor allem das *Mach'sche Prinzip* ($\Rightarrow$S.226) beeinflussten Einstein bei der Entwicklung der ART; seine Hauptarbeiten leistete er allerdings in Philosophie, Wissenschaftstheorie und Psychologie.

■ Ettore **Majorana** (1906–1938?) forschte insbesondere auf dem Gebiet der relativistischen Quantenmechanik ($\Rightarrow$S.220). Auf seinen Arbeiten beruht die Beschreibung masseloser neutraler Fermionen. Er lebte zurückgezogen, publizierte oft nur auf starkes Drängen und verschwand unter bis heute ungeklärten Umständen während einer Schiffsreise (weshalb sein Todesjahr mit einem Fragezeichen versehen ist).

- Benoit B. **Mandelbrot** (1924–2010) prägte wesentlich die computergestützte Untersuchung von Fraktalen, berühmt wurde er vor allem durch sein Werk *The Fractal Geometry of Nature*, [Mandelbrot90].

- James Clerk **Maxwell** (1831–1879) leistete bahnbrechende Arbeiten zur Thermodynamik, etwa die gemeinsam mit Boltzmann begründete kinetische Gastheorie. Später fand er die vereinheitlichte Theorie von Elektrizität und Magnetismus (⇒S.56) und sagte die Existenz elektromagnetischer Wellen voraus.

- Julius Robert von **Mayer** (1814–1878) zeigte, dass mechanische Energie vollständig in Wärme umgewandelt werden kann, bestimmte den Wert des mechanischen Wärmeäquivalents und formulierte den Energiesatz (⇒S.16). Seine Behauptungen wurden zu seiner Zeit als so ungeheuerlich betrachtet, dass er Jahre in einer Irrenanstalt verbringen musste.

- Lise **Meitner** (1878–1968) war gemeinsam mit O. Hahn wesentlich an der Entdeckung der Kernspaltung (⇒S.124) beteiligt – eine Entdeckung, für die Hahn allerdings allein den Nobelpreis erhielt. Meitners Fall gilt als eine Paradebeispiel dafür, wie Beiträge von Frauen in den Naturwissenschaften nicht ausreichend gewürdigt werden. Meitner war Österreicherin, und der österreichische Wissenschaftsfond FWF hat inzwischen ein nach ihr benanntes Programm zur speziellen Förderung von Frauen in den Naturwissenschaften etabliert [FWF14].

- Albert Abraham **Michelson** (1852–1931) entwickelte optische Hochpräzisionsinstrumente, unter andem das nach ihm benannte Interferometer. Berühmt ist vor allem der Michelson-Morley-Versuch zum (missglückten) Nachweis des Lichtäthers (⇒S.210).

- Robert Andrews **Millikan** (1868–1953) vermaß die elektrische Elementarladung (⇒S.114) und stellte bedeutende Untersuchungen zum photoelektrischen Effekt an.

- Hermann **Minkowski** (1864–1909) war ein Universtätslehrer von Einstein und gab der SRT eine formale Struktur, die auch heute noch verwendet wird.

- John **Mitchell** (1724–1793) war ein englischer Geistlicher, der als Hobby Astronomie betrieb und die Vermutung aufstellte, dass man manche Sterne nicht sehen könne, weil die Gravitation das Licht am Entkommen hindere (⇒S.232).

- Rudolf Ludwig **Mößbauer** (1929–2011) erhielt für den nach ihm benannten Effekt (⇒S.206) den Nobelpreis, im Wesentlichen für Untersuchungen, die er während und bald nach seiner Doktorarbeit durchführte.

- Yoichiro **Nambu** (*1921) trug wesentlich zum Verständnis der spontanten Symmetriebrechung (⇒S.254); er beeinflusste die Quantenfeldtheorie stark und gilt als einer der Begründer der Stringtheorie (⇒S.276).

- Isaac **Newton** (1643–1727) war einer der einflussreichsten Physiker überhaupt. Er entwickelte – parallel zu Gottfried Wilhelm von **Leibniz** (1646–1716) – die Differenzialrechnung, formulierte mit ihrer Hilfe die Newton'schen Axiome als Grundgesetze der Mechanik (⇒S.14) und fand das Gravitationsgesetz. Daneben leistete er noch Beiträge zu diversen anderen Gebieten, etwa zur Optik.

- Emmy **Noether** (1882–1935) war zwar in erster Linie Mathematikern mit dem Spezialgebiet Algebra. Von ihr stammt aber auch einer der wichtigsten Sätze der theoretischen Physik, der Symmetrien und Erhaltungsgrößen verknüpft (⇒S.32).
- Georg Simon **Ohm** (1789–1854) untersuchte das Verhältnis von Spannung und Stromstärke und definierte den elektrischen Widerstand.
- William von **Ockham** (ca. 1285–1347) formulierte die Anforderung an Theorien, mit möglichst wenig Parametern auszukommen (⇒S.284).
- Lars **Onsager** (1903–1976) arbeitete u. a. an statistischer Physik und der Theorie irreversibler Prozesse, er fand die exakte Lösung des zweidimensionalen Ising-Modells (⇒S.202).
- Julius Robert **Oppenheimer** (1904–1967) war Leiter des Manhattan-Projekts und damit federführend bei der Entwicklung der Atombombe.
- Blaise **Pascal** (1623–1662) trug – neben wesentlichen mathematischen Arbeiten – zum Verständnis des hydrostatischen Drucks bei.
- Wolfgang **Pauli** (1900–1958) war einer der Väter der Quantenmechanik, u. a. postulierte er das inzwischen nach ihm benannte Ausschlussprinzip. Er war der Musterfall eines *theoretischen* Physikers – der Legende nach musste sich Pauli in einer Stadt nur aufhalten, damit dort alle Experimente misslangen.
- Rudolf Ernst **Peierls** (1907–1995) arbeitete vor allem im Bereich der Quantenmechanik und der theoretischen Festkörperphysik. Wie viele deutsche und österreichische Physiker emigrierte er bei der Machtergreifung der Nationalsozialisten.
- Jean Charles Athanase **Peltier** (1785–1845), ein gelernter Uhrmacher, untersuchte die Thermoelektrizität und dokumentierte den nach ihm benannten Effekt (⇒S.206); zudem beschäftigte er sich mit Meteorologie.
- Sir Roger **Penrose** (*1931) ist ein Mathematik und theoretischer Physiker, der sich auch intensiv mit Wissenschaftstheorie beschäftigt hat. Bekannt sind vor allem seine Beiträge zur Kosmologie und die Begründung des Konzepts der Spin-Netzwerke, das in der *quantum loop gravity* (⇒S.272) zum Einsatz kommen. Er verfasste eine umfangreiche Übersicht über die Grundgesetze der Physik [Penrose07].
- Max Karl Ernst Ludwig **Planck** (1858–1947) begründete die Quantenphysik durch die – eher widerwillige – Einführung des Wirkungsquantums h, um das nach ihm benannte Strahlungsgesetz (⇒S.104) herleiten zu können.
- Henri **Poincaré** (1854–1912) begründete die Disziplin der Topologie und trug maßgeblich zum Verständnis dynamischer Systeme bei. Seine Arbeiten zum Drei-Körper-Problem waren eine Grundlage der Chaostherie; zudem leistete er wesentliche Beiträge zur Entwicklung der SRT.
- Siméon Denis **Poisson** (1781–1840), ein französischer Mathematiker und Physiker, arbeitete vor allem im Bereich der Wahrscheinlichkeitstheorie sowie der Elastizitäts- und der Wärmelehre.

- Ilya **Prigogine** (1917–2003) leistete wesentliche Beiträge zur Nicht-Gleichgewichts-Thermodynamik, insbesondere zur Theorie der dissipativen Strukturen, die eine Grundlage zur Beschreibung vieler komplexer Systeme sind.

- Lord **Rayleigh** (vormals John William **Strutt**; 1842–1919) entdeckte das Element Argon, beschäftigte sich mit Wellenphänomenen, der Streuung und der Charakterisierung der Wärmestrahlung ($\Rightarrow$S.104).

- Georg Friedrich Bernhard **Riemann** (1826–1866) lieferte bedeutende Arbeiten zu vielen Bereichen; seine Arbeiten im Bereich der Differenzialgeometrie sind einer der Grundlagen der ART ($\Rightarrow$S.228).

- Ernest **Rutherford** (1871–1937) beschäftigte sich mit dem Aufbau von Atomen; am berühmtesten sind seine Experimente, die zeigten, dass die positive Ladung des Atoms und ein Großteil seiner Masse im Kern konzentriert sind ($\Rightarrow$S.118).

- Walter Hans **Schottky** (1886–1976) war ein deutscher Physiker und Elektrotechniker, der mehrfach zwischen akademischem Bereich und Industrie wechselte und u.a. die Existenz von Sperrschichten in Metall-Halbleiter-Übergängen nachwies.

- John Robert **Schrieffer** (*1931) leistete wesentliche Beiträge zur Erforschung der Supraleitung ($\Rightarrow$S.204) und entwickelte gemeinsam mit J. Bardeen und L. N. Cooper die BCS-Theorie zu ihrer Beschreibung.

- Erwin **Schrödinger** (1887–1961) war einer der Begründer der Quantenmechanik. Er entwickelte die Wellenmechanik ($\Rightarrow$S.140) und zeigte ihre Äquivalenz zu Heisenbergs Matrizenmechanik.

- Karl **Schwarzschild** (1873–1916) fand die erste analytische Lösung der Einstein'schen Feldgleichungen bei Anwesenheit von Masse ($\Rightarrow$S.230).

- Julian **Schwinger** (1918–1994) war an der Formulierung der Quantenelektrodynamik ($\Rightarrow$S.250) beteiligt und leistete generell wesentliche Beiträge zur Weiterentwicklung der Quantenfeldtheorie, etwa im Bereich der Renormierung ($\Rightarrow$S.260).

- Thomas Johann **Seebeck** (1770–1831) entdeckte den thermoelektrischen Effekt ($\Rightarrow$S.206).

- John Clarke **Slater** (1900–1976) leistete wesentliche Beiträge zur Viel-Teilchen-Quantenmechanik; seine Konzepte sind von großer Bedeutung in Quantenchemie und Molekülphysik.

- Willebrord **Snellius** (1580–1626) war im Bereich der Optik tätig; das nach ihm benannte Brechungsgesetz ($\Rightarrow$S.85) war allerdings bereits früher gefunden worden.

- Arnold **Sommerfeld** (1868–1951) lieferte Beiträge zu nahezu allen Gebieten der Physik; insbesondere ist er für die Erweiterung des Bohr'schen Atommodells um relativistische Effekte ($\Rightarrow$S.116) bekannt.

- Johannes **Stark** (1874–1957) untersuchte unter anderem den Einfluss elektrischer Felder auf Emission und Absorption und damit auf die Spektrallinien ($\Rightarrow$S.80). Weniger ruhmreich war Starks Rolle in der „Deutschen Physik" ($\Rightarrow$S.292).

- George Gabriel **Stokes** (1819–1903) beschrieb die Bewegung zäher Fluide ($\Rightarrow$S.42), entwickelte den nach ihm benannten Integralsatz und entdeckte die Fluoreszenz.

- Gerardus 't **Hooft** (*1946) war wesentlich daran beteiligt, die elektroschwache Theorie ($\Rightarrow$S.256) handhabbar zu machen, insbesondere durch Entwicklung von Renormierungstechniken ($\Rightarrow$S.260). Dazu lieferte er immer wieder wesentliche Impulse in anderen Bereichen, bis hin zur Quantenphysik Schwarzer Löcher ($\Rightarrow$S.270), und gilt als einer der brillantesten Physiker der Gegenwart.

- Nikola **Tesla** (1857–1943) Erfinder serbisch-kroatischer Herkunft, wanderte (u. a. weil er die österreichischen Studiengebühren nicht bezahlen konnte) in die USA aus. Er gilt zusammen mit seinem Partner und späteren Gegner T. A. **Edison** (1847–1931) als Vater der modernen Elektrotechnik.

- Llewellyn Hilleth **Thomas** (1903–1992) leistete u. a. Beiträge zur Atomphysik, vor allem zum Verständnis der Spin-Bahn-Wechselwirkung ($\Rightarrow$S.154).

- Evangelista **Torricelli** (1608–1647) übertrug Galileis Fallgesetze auf Flüssigkeiten und trug wesentlich zur Entwicklung der Hydrostatik bei, er erfand auch das Quecksilberthermometer.

- Robert Jemison **van de Graaff** (1901–1967) war ein amerikanischer Physiker, der wesentlich zur Entwicklung von Hochspannungsgeneratoren ($\Rightarrow$S.126) beitrug.

- Johannes Diderik **van der Waals** (1837–1923) entwickelte eine Gleichung zur gemeinsamen Beschreibung von Flüssigkeiten und Gasen ($\Rightarrow$S.90).

- Alessandro **Volta** (1745–1827) leistete Pionierarbeit im Bereich der Elektrizität, er konstruierte die erste elektrische Batterie.

- Klaus **von Klitzing** (*1943) entdeckte den Quanten-Hall-Effekt ($\Rightarrow$S.206), durch den $R_\mathrm{K} = \frac{h}{e^2}$ ($\Rightarrow$S.10) mit extrem hoher Präzision gemessen werden kann.

- John **von Neumann** (1903–1957) war ein brillanter Mathematiker, der in verschiedensten Bereichen der Mathematik bahnbrechende Ergebnisse erzielte bzw. ganze Bereiche neu begründete. Für die Physik am bedeutsamsten sind wohl seine Beiträge zur Funktionalanalysis, die die Quantenmechanik auf ein mathematisch solides Fundament stellten.

- Anatoly Alexandrowitsch **Vlasov** (1908–1975) war ein russischer Physiker, der im Bereich der statistischen Physik, der kinetischen Theorie und vor allem der Plasmaphysik arbeitete.

- Stephen **Weinberg** (*1933) trug wesentlich zur Entwicklung der Quantenfeldtheorie und des Standardmodells der Teilchenphysik bei, insbesondere zur Formulierung der elektroschwachen Theorie ($\Rightarrow$S.256). Er ist auch Autor eines Standard-Lehrbuchs zu diesem Thema [Weinberg05].

- Pierre-Ernest **Weiss** (manchmal auch Weiß, 1865–1940) untersuchte die Grundlagen von Para- und Ferromagnetismus. Nach ihm sind die Weiss'schen Bezirke ($\Rightarrow$S.58) in Ferromagneten benannt.

- Victor Frederick **Weisskopf** (1908-2002) lieferte Beiträge zur QED, zu theoretischer Kern- und Teilchenphysik.

- Carl-Friedrich von **Weizsäcker** (1912–2007) leistete in der Physik vor allem Beiträge im Bereich der Kernphysik ($\Rightarrow$S.120). Große Bedeutung erlangte er vor allem durch die historisch-philosophische und gesellschaftsorientierte Auseinandersetzung mit der Physik [Weizsäcker86, Weizsäcker04].

■ Hermann **Weyl** (1885–1955) war ein mathematisches Universaltalent und lieferte Beiträge zu verschiedensten Bereichen der mathematischen Physik. Insbesondere war er neben E. P. Wigner wesentlich daran beteiligt, gruppentheoretische Konzepte in der Physik zu etablieren und begründete das Konzept der Eichtransformation.

■ John Archibald **Wheeler** (1911–2008) war ein bedeutender theoretischer Physiker, insbesondere im Bereich von Gravitation und Kosmologie ($\Rightarrow$ S. 232, S. 238); fast noch größer war aber sein Einfluss als Lehrer und Betreuer (u. a. von Richard Feynman und Hugh Everett III).

■ Gian-Carlo **Wick**(1909–1992) formulierte einen wesentlichen Satz der Quantenfeldtheorie, das Wick'sche Theorem, das auch in Festkörper- und Kernphysik wichtige Anwendungen gefunden hat.

■ Wilhelm **Wien** (1864–1928) erforschte die Gesetzmäßigkeiten der Wärmestrahlung ($\Rightarrow$S.104).

■ Eugene Paul **Wigner** (1902–1995) etablierte die Methoden der Gruppentheorie in der Quantenphysik und lieferte damit ein vertieftes Verständnis der Quantentheorie.

■ Edward **Witten** (*1951) lieferte unter anderem wesentliche Beiträge zu Quantenfeldtheorie und Stringtheorie. Für die mathematischen Aspekte seiner Arbeit wurde ihm die Fields-Medaille, die höchste Auszeichnung in der Mathematik, verliehen.

■ Hideki **Yukawa** (1907–1981) postulierte eine Wechselwirkung zwischen Nukleonen, die durch Teilchen mit endlicher Ruhemasse vermittelt wird ($\Rightarrow$S.132).

■ Pieter **Zeeman** (1865–1943) untersuchte den Einfluss magnetischer Felder auf die Emission, die Absorption und damit auf die Spektrallinien ($\Rightarrow$S.80).

^{Q} Als Quellen für die biographische Daten wurden vor allem [MacMath14], `http://www.mathe.tu-freiberg.de/~hebisch/cafe/lebensdaten.html`, `http://cnr2.kent.edu/~manley/physicists.html`, andere Quellen auf `http://lise.univie.ac.at/links/physikerinnen-links.htm`, teilweise personenspezifische Biographien sowie die Kurzbiographien in [Czycholl08] verwendet. Für Nobelpreisträger wurde zudem auf die Biographien auf `http://www.nobelprize.org/nobel_prizes/physics/laureates` zurückgegriffen. Bei jenen Personen, deren Arbeiten auch philosophische Implikationen hatten und haben, war auch `http://plato.stanford.edu/` eine nützliche Quelle. Für US-Amerikaner und -Amerikanerinnen wurden z. T. zusätzlich Biographien von `http://www.nasonline.org/publications/biographical-memoirs/` benutzt. Einige wenige Daten, die aus keiner anderen verfügbaren Quellen eruiert werden konnten, wurden vom Autor auf Wikipedia (`http://de.wikipedia.org`) nachgeschlagen – zur diesbezüglichen Problematik s. S. 296.

Literaturverzeichnis

[Acheson02]   D. J. Acheson: *Elementary Fluid Dynamics* (Oxford Applied Mathematics & Computing Science Series), Oxford University Press, 2002

[Aitchison02]   I. J. R. Aitchison, A. J. G. Hey: *Gauge Theories in Particle Physics* (zwei Bände), Inst of Physics Pub, 2002

[Anderson95]   M. H. Anderson, J. R. Ensher, M. R. Matthews, C. E. Wieman and E. A. Cornell, Science 269, 198 (1995)

[Andrews97]   M. R. Andrews, C. G. Townsend, H.-J. Miesner, D. S. Durfee, D. M. Kurn and W. Ketterle, Science 275, 637 (1997)

[Arens11]   T. Arens, F. Hettlich, Ch. Karpfinger, U. Kockelkorn, K. Lichtenegger, H. Stachel: *Mathematik*, Spektrum Akademischer Verlag, Heidelberg, 2. Aufl. 2011

[Baggott04]   J. Baggott: *Beyond Measure: Modern Physics, Philosophy, and the Meaning of Quantum Theory*, Oxford University Press, 2004

[Berkeley65]   Berkeley Physics Course, McGraw Hill Higher Education, 1965

[Bergmann08]   L. Bergmann, C. Schaefer: Lehrbuch der Experimentalphysik in acht Bänden, Verlag Gruyter (12. Auflage des 1. Bands 2008)

[Bjorken66]   J. D. Bjorken, S. D. Drell: Relativistic Quantum Mechanics, Mcgraw Hill, 1966 (Von den gleichen Autoren gibt es auch ein Lehrbuch zur Quantenfeldtheorie.)

[Bousso02]   R. Bousso: *The holographic principle*, http://arxiv.org/abs/hep-th/0203101, Rev. Mod. Phys.74:825-874, 2002

[Cvitanović12]   P. Cvitanović, R. Artuso, R. Mainieri, G. Tanner and G. Vattay, *Chaos: Classical and Quantum*, www.ChaosBook.org, Niels Bohr Institute, Kopenhagen 2012

[Czycholl08]   G. Czycholl: *Theoretische Festkörperphysik: Von den klassischen Modellen zu modernen Forschungsthemen*, Springer, 3. Auflage, 2008

[Demtröder10]   W. Demtröder: *Experimentalphysik* in vier Bänden, Springer Spektrum, 3. Auflage, 2010

[Dubbel12]   K.-H. Grote, J. Feldhusen: *Dubbel: Taschenbuch für den Maschinenbau*, Springer, 23. Auflage, 2012

[Feynman06]   R. P. Feynman, A. Zee: *QED, The Strange Theory of Light and Matter*, Princeton University Press, 2006

[Feynman97]   R. P. Feynman, R. Leighton, E. Hutchings: *"Surely you're joking, Mr. Feynman!": adventures of a curious character*, New York: W. W. Norton & Company, Reprint 1997

[Feynman11]   R. P. Feynman, R. B. Leighton, M. Sands: *Feynman Lectures on Physics* (erhältlich als Millenium Edition von Basic Books, 2011)

[Fischer13]   G. Fischer: *Lineare Algebra: Eine Einführung für Studienanfänger*, Springer Spektrum, 18. Auflage, 2013

[Fließbach14] T. Fließbach: Lehrbuch zur Theoretischen Physik in vier Bänden (mit Zu-satzband zur Allgemeinen Relativitätstheorie und Arbeitsbuch), Spektrum Akademischer Verlag (7. Auflage des 1. Bandes 2014)

[Freitag06] E. Freitag, R. Busam: *Funktionentheorie 1*, Springer, 4. Auflage, 2006

[Friedrich13] W. Friedrich, P. Knipping, M. Laue: *Interferenzerscheinungen bei Rönt-genstrahlen*, Annalen der Physik **346** (10) 1913, Seiten 971–988

[FWF14] Lise-Meitner-Programm   des   FWF   `http://www.fwf.ac.at/de/forschungsfoerderung/antragstellung/meitner-programm/`,   abgeru-fen im Dezember 2014

[Gell-Mann96] M. Gell-Mann: *Das Quark und der Jaguar*, Piper, Taschenbuch 1996

[Gerthsen10] D. Meschede, C. Gerthsen: *Gerthsen Physik*, Springer, 24. Auflage, 2010

[Goldstein06] H. Goldstein, C. P. Poole Jr., J. L. Safko Sr.: *Klassische Mechanik*, Wiley-VCH, 3. Auflage, 2006

[Gürtler02] Siegfried Gürtler, Hans Gerd Evertz, *Simulation des Ising und x-y-Modells*, Projekt Multimediale Lehre TU Graz, 2002, `http://www.itp.tugraz.ac.at/MML/isingxy/`

[Greene05] B. Greene, H. Kober: *Das elegante Universum: Superstrings, verborgene Dimensionen und die Suche nach der Weltformel*, Goldmann Taschenbuch, 2005

[Greiner07] W. Greiner: Theoretische Physik in elf Bänden und vier Ergänzungsbän-den, Europa-Lehrmittel/Harri Deutsch (8. Auflage des 1. Bandes 2007)

[Green12] M. B. Green, J. H. Schwarz, E. Witten: *Superstring Theory* in zwei Bänden, Cambridge University Press, 25th Anniversary Edition, 2012

[Gutzwiller92] M.C. Gutzwiller: *Quantum Chaos*, Scientific American 266, S.78–84, 1992.

[Haggard14] H. M. Haggard, C. Rovelli: *Black hole fireworks: quantum-gravity effects outside the horizon spark black to white hole tunneling*, `http://arxiv.org/abs/1407.0989`

[Hawking75] S.W. Hawking, G.F.R. Ellis: *The Large Scale Structure of Space-Time*, Cambridge University Press, 1975

[Hawking88] S. W. Hawking: *Eine kurze Geschichte der Zeit – Auf der Suche nach der Urkraft des Universums*, Rowohlt 1988 (inzwischen auch als erweiterte illustrierte Ausgabe im rororo-Verlag erhältlich)

[Halliday09] D. Halliday, R. Resnick, J. Walker: *Halliday Physik* , Wiley-VCH, 2. Auf-lage, 2009

[Haken04] H. Haken, H. C. Wolf: *Atom- und Quantenphysik: Einführung in die ex-perimentellen und theoretischen Grundlagen*, Springer, 8. Auflage, 2004

[Hees03] H. van Hees: *Introduction to Relativistic Quantum Field Theory*, Univer-sität Bielefeld, 2003

[Heuser06] H. Heuser: *Funktionalanalysis: Theorie und Anwendung*, Vieweg+Teubner, 4. Auflage, 2006

[Heuser09a] H. Heuser: *Lehrbuch der Analysis* (in zwei Bänden), Vieweg+Teubner (17. Auflage des 1. Bandes 2009)

[Heuser09b] H. Heuser: *Gewöhnliche Differentialgleichungen: Einführung in Lehre und Gebrauch*, Vieweg+Teubner, 6. Auflage, 2009

[Hecht03] E. Hecht, A. Zajac: *Optik*, Addison-Wesley Longman, Amsterdam, 2003

[Hofstadter92] D. R. Hoftstadter: *Gödel, Escher, Bach – ein endlos geflochtenes Band*, Deutscher Taschenbuch Verlag, 1992

[Itykson06] C. Itzykson, Claude, J.-B. Zuber: *Quantum Field Theory*, Dover Books on Physics, 2006

[Jackson13] J. D. Jackson, Ch. Witte: *Klassische Elektrodynamik*, de Gruyter, 2013

[Jänich13] K. Jänich: *Lineare Algebra*, Springer, 2. korr. Nachdruck der 11. Aufl., 2013

[Kehlmann08] D. Kehlmann: *Die Vermessung der Welt*, rororo, 2008

[Kleinert09] Andreas Kleinert, *Der messende Luchs: Zwei verbreitete Fehler in der Galilei-Literatur*, NTM Zeitschrift für Geschichte der Wissenschaften, Technik und Medizin, Vol. 17 (**2**) 2009, 199–206.

[Landau97] Lew D. Landau, Ewgeni M. Lifschitz: *Lehrbuch der theoretischen Physik in zehn Bänden*, Harri Deutsch Verlag, 1997

[Lang05] Ch. B. Lang, N. Pucker: *Mathematische Methoden in der Physik*, Springer Spektrum, 2. Aufl., 2005

[Lauscher05] O. Lauscher, M. Reuter: *Fractal Spacetime Structure in Asymptotically Safe Gravity*, JHEP0510:050,2005, http://arxiv.org/abs/hep-th/0508202

[Leibbrandt94] George Leibbrandt: *Noncovariant Gauges*, World Scientific Publishing, 1994

[Leff02] H. S. Leff, A. F. Rex: *Maxwell's Demon 2: Entropy, Classical and Quantum Information, Computing*, Taylor & Francis, 2. (erweiterte) Aufl., 2002

[Lichtenegger04] H. Lichtenegger, B. Mashhon: *Mach's Principle*, in L. Iorio (ed): *The Measurement of Gravitomagnetism: A Challenging Enterprise*, Nova Science, New York, 2007, pp. 13–25, http://arxiv.org/abs/physics/0407078

[Lichtenegger11] K. Lichtenegger, T. Traub (Hrsg.): *Quanten, Felder, Schwarze Löcher – ein Streifzug durch die moderne Physik*, Verlag der TU Graz, 2011

[MacMath14] The MacTutor History of Mathematics archive, http://www-groups.dcs.st-and.ac.uk/~history/, School of Mathematics and Statistics, University of St Andrews, Scotland, abgerufen im Dezember 2014

[Mandelbrot90] B. B. Mandelbrot: *The Fractal Geometry of Nature*, Spektrum Akademischer Verlag, 1990

[Marcillac03] P. de Marcillac et al.: *Experimental detection of alpha-particles from the radioactive decay of natural bismuth*, Nature 422 (2003) S. 876–878

[McIntyre12] David H. McIntyre: *Quantum Mechanics*, Pearson 2012

[Messiah91] A. Messiah: *Quantenmechanik* (in zwei Bänden), de Gruyter, 1991

[Mehta04] L. Metha: *Random Matrices*, Elsevier Science & Technology; 3. Auflage, 2004

[Millikan17]   Robert A. Millikan: *The Electron: Its Isolation and Measurements and the Determination of Some of its Properties*, 1917.

[Marciano78]   W. J. Marciano, H. Pagels: *Quantum Chromodynamics: A Review*, Phys. Rept. **36**, 1978

[Nakahara03]   M. Nakahara: *Geometry, Topology and Physics*, Taylor & Francis, 2. Auflage, 2003

[Penrose07]   R. Penrose: *The Road to Reality: A Complete Guide to the Laws of the Universe*, Vintage, Reprint 2007

[Petrov06]   Petrov et al., *Natural nuclear reactor at Oklo and variation of fundamental constants: Computation of neutronics of a fresh core*, Phys. Rev. C 74, 064610 (2006).

[Peskin95]   M. E. Peskin, D. V. Schroeder: *An Introduction to Quantum Field Theory*, Westview, 1995

[Polchinski08] J. Polchinski: *String Theory* (in zwei Bänden), Cambridge University Press, 2008

[Pietschmann96] H. Pietschmann: *Phänomenologie der Naturwissenschaft: Wissenschaftstheoretische und philosophische Probleme der Physik*, Springer, 1996

[Raine05]   D. J. Raine: *Black Holes: An Introduction*, Imperial College Press, 2005

[Rebhan11]   E. Rebhan: *Theoretische Physik* (zuerst in einer zwei-, dann einer sechsbändigen Ausgabe erschienen), Spektrum Akademischer Verlag, 1999–2011

[Ryder96]   L. H. Ryder: *Quantum Field Theory*, Cambridge University Press, 2. Aufl., 1996

[Sakurai93]   J. J. Sakurai: *Modern Quantum Mechanics*, Prentice Hall, rev. ed. 1993

[Spiegel80]   M.R. Spiegel: *Complex Variables*, Schaum's Outlines, 1980

[Schottenloher95] M. Schottenloher: *Geometrie und Symmetrie in der Physik*, Vieweg, 1995

[Scheck09]   F. Scheck: *Theoretische Physik 1: Mechanik* Springer-Lehrbuch, 2009 (Vom gleichen Autor sind noch vier weitere Bücher zur theoretischen Physik erschienen.)

[Sexl92]   R. U. Sexl, H. K. Urbantke: *Relativität, Gruppen, Teilchen: Spezielle Relativitätstheorie als Grundlage der Feld- und Teilchenphysik*, Springer, 3. Aufl., 1992

[Shankar11]   R. Shankar: *Principles of Quantum Mechanics*, Springer, 2. Aufl., 2011

[Sigmund95]   K. Sigmund: *Spielpläne*, Hoffmann und Campe, Hamburg, 1995

[Smolin02]   L. Smolin: *Three Roads to Quantum Gravity*, Basic Books, reprint 2002

[Streater00]   R. F. Streater, A. S. Wightman: *PCT, Spin and Statistics, and All That*, Princeton University Press, 2000

[Susskind06]   L. Susskind: *The Cosmic Landscape: String Theory and the Illusion of Intelligent Design*, Back Bay Books, reprint 2006

[t'Hooft10]   G. t'Hooft: *Black Holes and Quantum Mechanics*, Vortrag auf den Internationalen Universitätswochen für Theoretische Physik 2010 in Schladming

[Thirring13] W. Thirring: *Lehrbuch der Mathematischen Physik* (in vier Bänden), Springer, 2. Aufl., 1994–2013

[Tipler09] P. A. Tipler, G. Mosca: *Physik: für Wissenschaftler und Ingenieure*, Springer-Spektrum, 7. Aufl., 2015

[Veltman03] M. G. Veltman: *Facts and Mysteries in Elementary Particle Physics*, World Scientific, 2003

[Verhulst13] F. Verhulst: *Nonlinear Differential Equations and Dynamical Systems*, Springer, 2. Aufl., 2013

[Weizsäcker86] C. F. von Weizsäcker: *Aufbau der Physik*, Carl Hanser Verlag, 1986

[Weizsäcker04] C. F. von Weizsäcker: *Große Physiker: Von Aristoteles bis Werner Heisenberg*, Marix Verlag, 2004

[Weinberg05] S. Weinberg: *The Quantum Theory of Fields* (in drei Bänden), Cambridge University Press, 2005

[WuKiTung85] Wu Ki Tung: *Group Theory in Physics*, World Scientific, 1985

[Zwiebach09] B. Zwiebach: *A First Course in String Theory*, Cambridge University Press, 2. Aufl., 2009

Symbol- und Abkürzungsverzeichnis

In den folgenden Listen werden die wichtigsten Symbole und Abkürzungen zusammengefasst, oft auch mit einem Hinweis darauf, in welchem Abschnitt das Symbol das erste Mal vorkommt bzw. wo die entsprechende Größe genauer diskutiert wird. Für viele Größen sind mehrere Symbole üblich; umgekehrt wird ein spezielles Symbol oft für verschiedene Größen verwendet.

Oft wird der Betrag eines Vektors V einfach als V bezeichnet. wodurch z. B. der Druck und der Betrag des Impulses beide das Symbol p erhalten. Solche Fälle sind in dieser Liste nicht explizit vermerkt. Zur weiteren Eindeutigkeit und Einheitlichkeit der Symbole beachte man auch die entsprechenden Hinweise auf Seite vi.

Mathematische Symbole

$\sim$	Ähnlichkeit (meist Proportionalität oder asymptotische Gleichheit)
$\equiv$	*Äquivalenz*, steht in Identitäten manchmal anstelle des Gleichheitszeichens
$\simeq$	asymptotische Gleichheit
$:=$ $=:$ }	Definition der Größe auf der Seite des Doppelpunkts
div	Divergenz (eines Vektorfeldes)
$*$	Faltung ($\Rightarrow$S.40)
[ ]	funktionale Abhängigkeit ($\Rightarrow$S.36)
$\rightarrow$	geht gegen
grad	Gradient (eines Skalarfeldes)
Δ	Laplace-Operator, $\Delta = \nabla \cdot \nabla$
∇	Nabla-Operator (in kartesischen Koordinaten $\nabla_i = \partial_i = \frac{\partial}{\partial x_i}$)
∂	partielle Ableitung, Rand (eines Bereichs)
$\propto$	Proportionalität
rot	Rotation (eines Vektorfeldes)
$\sum$	Summe, $\sum_{k=1}^{n} a_k = a_1 + a_2 + \ldots + a_n$
$\underline{\sum}$	Summe für diskrete Variable, Integral für kontinuierliche
$\approx$	ungefähr gleich
$\gg$	viel größer als
$\ll$	viel kleiner als
$\mathbb{C}$	Menge der komplexen Zahlen
$\mathbb{N}$	Menge der natürlichen Zahlen
$\mathbb{R}$	Menge der reellen Zahlen
$\mathbb{Q}$	Menge der rationalen Zahlen
$\mathbb{Z}$	Menge der ganzen Zahlen

Spezielle Kennzeichungen

$\hat{x}$	Hut/Dach: Operator
$\dot{x}$	Punkt: Zeitableitung (und analog $\ddot{x}$ für doppelte Zeitableitung etc.)
x'	Strich: Ableitung, anderes Bezugssystem, manchmal Integrationsvariable
$\tilde{x}$	Tilde: Fouriertransformierte

Lateinische Symbole

a	Beschleunigung ($\Rightarrow$S.14)
A	Flächeninhalt (von *area*), Anomalie ($\Rightarrow$S.104), Massenzahl ($\Rightarrow$S.122)
$\boldsymbol{A}$	Vektorpotenzial ($\Rightarrow$S.64)
$\boldsymbol{B}$	magnetische Flussdichte ($\Rightarrow$S.56)
c	Ausbreitungsgeschwindigkeit einer (Licht-)Welle ($\Rightarrow$S.72)
C	Kapazität ($\Rightarrow$S.54), Wärmekapazität ($\Rightarrow$S.100), Konzentration ($\Rightarrow$S.102), Ladungskonjugation ($\Rightarrow$S.248)
d	Abstand, Durchmesser
d	Differenzial
D	Federkonstante ($\Rightarrow$S.70), Diffusionskonstante ($\Rightarrow$S.102)
$\boldsymbol{D}$	elektrische Verschiebungsdichte ($\Rightarrow$S.56)
$\boldsymbol{e}_V$	Einheitsvektor in Richtung $\boldsymbol{V}$
E	Elastizitätsmodul ($\Rightarrow$S.40), manchmal Energie (meist W)
$\boldsymbol{E}$	elektrisches Feld ($\Rightarrow$S.50)
f	Ein-Teilchen-Verteilungsfunktion ($\Rightarrow$S.108)
F	Viel-Teilchen-Verteilungsfunktion ($\Rightarrow$S.108)
$\boldsymbol{F}$	Kraft ($\Rightarrow$S.14)
$\mathcal{F}$	Sammel-Kraftvektor ($\Rightarrow$S.38)
g	Erdbeschleunigung ($\Rightarrow$ S.18, S.20), Gluon ($\Rightarrow$S.252)
$g_{\mu\nu}$	(allgemeiner) metrischer Tensor
G	Schubmodul ($\Rightarrow$S.40), Green'sche Funktion ($\Rightarrow$ S.40, S.60), Leitwert ($\Rightarrow$S.52)
h	Höhe
H	Hamilton-Funktion ($\Rightarrow$S.34), Enthalpie ($\Rightarrow$S.98) (eigtl. großes η, s. S. 409)
$\boldsymbol{B}$	magnetische Feldstärke ($\Rightarrow$S.56)
I	Trägheitsmoment/-tensor ($\Rightarrow$S.24), Flächenträgheitsmoment ($\Rightarrow$S.40), (elektrische) Stromstärke ($\Rightarrow$S.52), Intensität ($\Rightarrow$S.72)
j	Stromdichte ($\Rightarrow$S.52)
k	Wellenzahl ($\Rightarrow$S.72)
K	Kompressionsmodul ($\Rightarrow$S.42)
l, ℓ	Länge(nausdehnung)

L	Länge(nausdehnung), Lagrange-Funktion ($\Rightarrow$S.30), (Lebesgue-)integrable Funktionen ($\Rightarrow$S.36), Induktivität ($\Rightarrow$S.54)
$\boldsymbol{L}$	Drehimpuls ($\Rightarrow$S.24)
$\mathcal{L}$	Lagrange-Dichte ($\Rightarrow$S.30) ($\Rightarrow$S.246)
m, M	Masse eines Körpers oder Teilchens
p	Druck ($\Rightarrow$S.42), Wahrscheinlichkeit ($\Rightarrow$S.102)
$\boldsymbol{p}$	Impuls ($\Rightarrow$S.14), konjugierter Impuls ($\Rightarrow$S.34)
P	Paritätstransformation ($\Rightarrow$S.248)
$\boldsymbol{P}$	Polarisation ($\Rightarrow$S.58)
q	generalisierte Koordinate ($\Rightarrow$S.30), Ladung ($\Rightarrow$S.50)
Q	generalisierte Kraft ($\Rightarrow$S.30), Ladung ($\Rightarrow$S.50), Wärme ($\Rightarrow$S.88), Qualitätsfaktor ($\Rightarrow$S.122)
$\boldsymbol{Q}$	Multipolmoment ($\Rightarrow$S.62)
r	Radius, Radialabstand
$\boldsymbol{r}$	Ortsvektor
R	Radius, Widerstand ($\Rightarrow$S.52), Skalenfaktor ($\Rightarrow$S.238)
R_{S}	Schwarzschild-Radius ($\Rightarrow$S.230)
s	zurückgelegte Strecke
$\boldsymbol{s}$	Ortsvektor (auch $\boldsymbol{r}$ oder $\boldsymbol{x}$)
S	Wirkung ($\Rightarrow$S.30), Entropie ($\Rightarrow$S.88, S.96)
$\boldsymbol{S}$	Schwerpunktskoordinaten ($\Rightarrow$S.32), Poynting-Vektor ($\Rightarrow$S.56)
S^n	n-dimensionale Oberfläche einer $(n+1)$-dimensionalen Einheitskugel
t	Zeit
T	Temperatur ($\Rightarrow$S.88), Zeitspiegelung ($\Rightarrow$S.248)
T_{C}	Curie-Temperatur ($\Rightarrow$S.58), kritische Temperatur ($\Rightarrow$S.106)
$\boldsymbol{T}$	Drehmoment ($\Rightarrow$S.24)
U	effektives Potenzial ($\Rightarrow$S.26), generalisiertes Potenzial ($\Rightarrow$S.30), elektrische Spannung ($\Rightarrow$S.52), innere Energie ($\Rightarrow$S.88)
$\boldsymbol{v}$	Geschwindigkeit
V	potenzielle Energie ($\Rightarrow$S.16), Volumen
W	Energie ($\Rightarrow$S.16), manchmal auch E
$\boldsymbol{x}$	Ortsvektor (auch $\boldsymbol{r}$ oder $\boldsymbol{s}$)
X	Blindwiderstand ($\Rightarrow$S.54)
Z	Impedanz ($\Rightarrow$S.54), Kernladungszahl ($\Rightarrow$S.122)

Lateinische Buchstaben werden auch meist für allgemeine Variablenbezeichnungen verwendet. Die Buchstaben x, y und z kommen oft als Bezeichnungen für kartesische Koordinaten zum Einsatz, die Buchstaben i, j, k und ℓ als Indizes. Im relativistischen Formalismus ($\Rightarrow$S.212) werden lateinische Kleinbuchstaben für dreidimensionale Indizes (im Gegensatz zu griechischen für vierdimensionale) benutzt. Auch die Symbole für Einheiten (s. S. 410) werden meist mit lateinischen Buchstaben geschrieben.

Griechische Symbole

α	Winkelbeschleunigung ($\Rightarrow$S.24), Feinstrukturkonstante ($\Rightarrow$S.250)
β	Geschwindigkeit in natürl. Einheiten: $\beta = \frac{v}{c_0}$, inverse Temperatur: $\beta = \frac{1}{k_B T}$
γ	Adiabatenexponent ($\Rightarrow$S.100), relativistischer Kontraktionsfaktor
δ	Verrückung ($\Rightarrow$S.28), Variation ($\Rightarrow$S.36), nicht-exaktes Differenzial ($\Rightarrow$S.96)
Δ	Differenz, Fehler, Unschärfe (oder aber Laplace-Operator, s. S. 406)
ε	numerische Exzentrizität ($\Rightarrow$S.26), Permittivität ($\Rightarrow$S.58), Leistungsziffer ($\Rightarrow$S.92), Emissionsgrad ($\Rightarrow$S.104)
$\boldsymbol{\varepsilon}$	Verzerrungstensor ($\Rightarrow$S.40)
ζ	Volumenviskosität ($\Rightarrow$S.42)
η	dynamische Viskosität ($\Rightarrow$S.42), Wirkungsgrad ($\Rightarrow$S.92), Rapidität ($\Rightarrow$S.218)
$\eta_{\mu\nu}$	metrischer Tensor für den flachen Minkowski-Raum (auch $g_{\mu\nu}$)
H	Enthalpie ($\Rightarrow$S.98) (wird oft als großes h gelesen)
κ	Kompressibilität ($\Rightarrow$S.42), Adiabatenexponent ($\Rightarrow$S.100) (meist γ)
λ	häufig Lagrange-Multiplikator ($\Rightarrow$S.28), Wellenlänge ($\Rightarrow$S.72)
Λ	Transformationsmatrix ($\Rightarrow$S.218), kosmologische Konstante ($\Rightarrow$S.234)
μ	Mittelwert ($\Rightarrow$S.6), reduzierte Masse ($\Rightarrow$S.26), Reibungskoeffizient ($\Rightarrow$S.44), Permeabilität ($\Rightarrow$S.58), chemisches Potenzial ($\Rightarrow$S.98)
$\boldsymbol{\mu}$	magnetisches Moment
ν	Poisson-Zahl ($\Rightarrow$S.40), kinematische Viskosität ($\Rightarrow$S.42), Frequenz
$\boldsymbol{\Pi}$	Impulsstromtensor
ρ	(Massen)dichte, spezifischer Widerstand ($\Rightarrow$S.52)
ρ_{el}	elektrische Ladungsdichte
σ	Standardabw. ($\Rightarrow$S.6), Leitfähigkeit ($\Rightarrow$S.52), Wirkungsquerschnitt ($\Rightarrow$S.118)
$\boldsymbol{\sigma}$	Spannungstensor ($\Rightarrow$S.40), Leitfähigkeitstensor ($\Rightarrow$S.52)
τ	Scherspannung ($\Rightarrow$S.40), Periodendauer ($\Rightarrow$S.72)
φ	Drehwinkel ($\Rightarrow$S.24)
Φ	Potenzial ($\Rightarrow$ S. 14, S. 16, S. 60), Fluss ($\Rightarrow$S.42)
χ	Suszeptibilität ($\Rightarrow$S.156)
ψ, Ψ	Wellenfunktion ($\Rightarrow$ S. 140, S. 142)
ω	Winkelgeschwindigkeit ($\Rightarrow$S.24), Kreisfrequenz ($\Rightarrow$S.72)
Ω	Raumwinkel, Zahl von Mikrozuständen ($\Rightarrow$S.96)

Daneben werden kleine griechische Buchstaben, insbesondere α, β, γ, δ, ε, ϑ und φ, als Bezeichnungen für Winkel verwendet. Im relativistischen Formalismus ($\Rightarrow$S.212) werden griechische Kleinbuchstaben für vierdimensionale Indizes (im Gegensatz zu lateinischen für dreidimensionale) benutzt. Auch viele Elementarteilchen ($\Rightarrow$S.130) haben als Symbol einen griechischen Buchstaben.

Einige Abkürzungen, Einheiten und Kennzahlen

at   „technische Atmosphäre"

atm   „physikalische Atmosphäre"

A   Ampere (SI-Einheit der Stromstärke)

ART   Allgemeine Relativitätstheorie (Kapitel 10)

bar   Bar (Druckeinheit, 1 bar = 10^5 Pa)

barn   Barn (gängige Einheit für den Wirkungsquerschnitt ($\Rightarrow$S.118))

Bq   Becquerel (SI-Einheit der Strahlungsaktivität)

cd   Candela (SI-Einheit der Lichtstärke)

Ci   Curie (eine Einheit für die Aktivität)

°C   Grad Celsius (Temperatureinheit)

dB   Dezibel ($\Rightarrow$S.76)

dpt   Dioptrie (SI-Einheit der Brechkraft)

eV   Elektronenvolt (Energieeinheit)

F   Farad (SI-Einheit der Kapazität)

GUT   Grand Unified Theory ($\Rightarrow$S.272)

Gy   Gray (Einheit der Dosis ($\Rightarrow$S.122))

H   Henri (SI-Einheit der Induktivität)

Im   Imaginärteil

J   Joule (SI-Einheit der Energie)

kg   Kilogramm (SI-Einheit der Masse)

lm   Lumen (SI-Einheit des Lichtstroms)

lx   Lux (SI-Einheit der Lichtintensität)

m   Meter (SI-Einheit der Länge)

MSSM   minimal supersymmetrisches Standardmodell

N   Newton (SI-Einheit der Kraft)

$O(n)$ Gruppe der orthogonalen ($n \times n$)-Matrizen ($\Rightarrow$S.150)

$O(1, 3)$ Lorentz-Gruppe ($\Rightarrow$S.218)

Pa   Pascal (SI-Einheit des Drucks)

QCD   Quantenchromodynamik ($\Rightarrow$S.252)

QED   Quantenelektrodynamik ($\Rightarrow$S.250)

QFT   Quantenfeldtheorie (Kapitel 11)

QLG   Quantum Loop Gravity ($\Rightarrow$S.272)

QM   Quantenmechanik (Kapitel 7)

Re   Realteil, Reynolds-Zahl ($\Rightarrow$S.42)

s   Sekunde (SI-Einheit der Zeit)

SM   Standardmodell (der Teilchenphysik)

Sv   Sievert (Einheit der Äquivalentdosis ($\Rightarrow$S.122))

$SO(n)$ Spezielle Gruppe der orthogonalen ($n \times n$)-Matrizen ($\Rightarrow$S.150)

$SO(1, 3)$ eigentliche Lorentz-Gruppe ($\Rightarrow$S.218)

SRT	Spezielle Relativitätstheorie (Kapitel 9)
SU(n)	Spezielle Gruppe der unitären ($n \times n$)-Matrizen ($\Rightarrow$S.150)
T	Tesla (SI-Einheit der magnetischen Flussdichte)
TOE	Theory Of Everything ($\Rightarrow$S.272)
Torr	Torr (Druckeinheit)
U(n)	Gruppe der unitären ($n \times n$)-Matrizen ($\Rightarrow$S.150)
V	Volt (SI-Einheit der elektrischen Spannung)
Wb	Weber (SI-Einheit der magnetischen Feldstärke)
Ω	Ohm (SI-Einheit des Widerstands)

Einige Naturkonstanten und astronomische Größen

Zahlenwerte der Naturkonstanten finden sich auf Seite 10.

a_B	Bohr'scher Radius ($\Rightarrow$S.10)
c_0	Vakuumlichtgeschwindigkeit ($\Rightarrow$S.56)
e	elektrische Elementarladung ($\Rightarrow$S.114)
e	Euler'sche Zahl, e $= 2.71828\ldots$
g	Erdbeschleunigung ($\Rightarrow$ S.18, S.20)
G_N	Gravitationskonstante ($\Rightarrow$S.18)
h	Wirkungsquantum ($\Rightarrow$S.10)
$\hbar$	reduziertes Wirkungsquantum ($\Rightarrow$S.10)
i	imaginäre Einheit, $i^2 = -1$ (elektrotechnische Schreibweise j)
k_B	Boltzmann-Konstante
K_J	Josephson-Konstante
$m_{e/n/n}$	Elektronen-/Neutronen-/Protonenmasse
$M_\odot$	Sonnenmasse, $M_\odot \approx 2 \cdot 10^{30}\,\mathrm{kg}$
$M_\oplus$	Erdmasse, $M_\oplus \approx 6 \cdot 10^{24}\,\mathrm{kg}$
N_A	Avogadro-Konstante
R	Gaskonstante ($\Rightarrow$S.90)
R_K	Von-Klitzing-Konstante
$R_\oplus$	Erdradius, $R_\oplus \approx 6.378 \cdot 10^6\,\mathrm{m}$
α	Feinstrukturkonstante ($\Rightarrow$S.250)
ε_0	Permittivität des Vakuums ($\Rightarrow$S.50)
Λ	kosmologische Konstante ($\Rightarrow$S.234)
μ_0	Permeabilität des Vakuums ($\Rightarrow$S.50)
π	Kreiszahl $\pi = 3.14159\ldots$
σ_{SB}	Stefan-Boltzmann-Konstante ($\Rightarrow$S.104)
Φ_0	Flussquantum

Vorsätze (Präfixe)

Vorsätze werden oft verwendet, um Einheiten $(\Rightarrow S.8)$ zu erzeugen, mit denen sich das Hantieren mit sehr großen oder kleinen Zahlenwerte vermeiden lässt. So ist im SI etwa die Druckeinheit Pascal eine eher „kleine" Einheit; der Luftdruck auf Meereshöhe beträgt etwa 10^5 Pa. Hingegen ist die Einheit F der Kapazität sehr „groß", gängige Kondensatoren haben Kapazitäten von einigen pF.

Silbe	Name	Größe	Ursprung, Merkhilfe, Anmerkungen
E	Exa	10^{18}	vgl. griechisch hexa (sechs), 1000^6
P	Peta	10^{15}	vgl. griechisch penta (fünf), 1000^5
T	Tera	10^{12}	vgl. griechisch tetra (vier), 1000^4
G	Giga	10^9	vgl. gigantisch
M	Mega	10^6	
k	kilo	10^3	
h	hekto	10^2	
da	deka	10	
d	dezi	10^{-1}	
c	zenti	10^{-2}	
m	milli	10^{-3}	
μ	mikro	10^{-6}	
n	nano	10^{-9}	nanos, griech. für Zwerg
f	femto	10^{-12}	
p	piko	10^{-15}	
a	atto	10^{-18}	

Zu beachten ist, dass die mittels Vorsätzen erzeugten Einheiten keine SI-Einheiten mehr sind (auch wenn die Umrechnung einfach ist). Das ist etwa beim Einsetzen in Formeln wesentlich. Gänzlich unüblich ist die Verwendung zusätzlicher Vorsätze bei der Einheit Kilogramm, deren Name ja bereits einen Vorsatz enthält. Kombinationen wie kkg sollten also vermieden werden. Auch Zusammensetzungen mit Rückgriff auf die ältere Einheit Gramm ($1\,\mathrm{g} = 10^{-3}\,\mathrm{kg}$) sind nur bedingt verbreitet. Während „kleine" Einheiten wie mg und μg durchaus in Verwendung sind, stößt man nur selten auf Varianten wie Mg oder Gg.

Mit einigen wenigen Ausnahmen (etwa cm, hPa) sind in der Physik nur jene Vorsätze verbreitet, die einer ganzzahligen Potenz von $10^3 = 1000$ entsprechen. In manchen Fällen werden auch andere Einheiten der Form Zehnerpotenz $\times$ SI-Einheit gebildet, etwa der Liter, $1\,\mathrm{l} = 10^{-3}\,\mathrm{m}^3 = (\mathrm{dm})^3$ oder das Bar, $1\,\mathrm{bar} = 10^5\,\mathrm{Pa}$.

Index

Printed in the United States
By Bookmasters